blacklabel

1등급을 위한 명품 수학 · 블랙라벨

Tomorrow
better than today

BLACK LABEL

공 통 수 학 1

| 저자 | 이문호 하나고등학교 | 황인중 대원외국어고등학교 | 김원중 강남대성학원 | 조보관 강남대성학원 | 김성은 블랙라벨수학과학전문학원 |

| 검토한 선배님 | 김영현 서울대 자유전공학부 | 성준호 연세대 의예과 | 신정원 서울대 전기정보공학부 | 정지우 고려대 의예과 | |

기획·검토에 도움을 주신 선생님

강동운 이엠스쿨	김선호 세종강남한국학원	배태익 스키마아카데미수학교실	이경환 학문당입시학원	정민호 스테듀입시학원
강동은 반포세정학원	김수진 광주영재사관학원	백지현 대치소자수학	이근대 순품에돛을달다수학학원	정승민 덕이고
강수민 강하이수학학원	김연주 목동쌤올림수학	서동욱 FM최강수학학원	이근영 매스마스터센텀매쓰수학학원	정재호 온품이수학학원
강수민 세종궁극의수학학원	김원대 메이블수학전문학원	서영준 힐탑학원	이나현 엠브릿지수학	정정화 올라스터디
강슬기 위슬런학원	김은숙 김은숙수학	서용준 와이제이학원	이명신 지니얼수학학원	징지용 과수원과학수학전문학원
강원택 탑시드수학전문학원	김일 더브레인코어	서원준 잠실시그마수학학원	이명문 쎈수학러닝센터덕소2학원	정태규 가우스수학전문학원
강진욱 고밀도학원	김준호 양진중	서유니 우방학원	이선미 삼성영수학원	정하윤 정하윤수학전문학원
강한길 미래의학원	김지연 목동올백수학	서한별 정상G1230	이성우 라티오수학학원	조미옥 영재수학
강향진 엠코드학원	김지영 늘찬수학학원	석경진 도담수학학원	이세복 퍼스널수학	조민아 러닝트리학원
강희태 더브레인코어	김지원 대치명인학원	선승엽 매쓰툴수학교습소	이송제 다올입시학원	조연호 ChoisMath
경지현 화서탑이지수학	김지현 파스칼대덕학원	성선유 이루다학원	이수동 E&T수학전문학원	조영민 정석수학풍동학원
고대원 분당더원학원	김진규 서울바움수학역삼력키	소현주 정S과학수학학원	이수연 온품이수학학원	조용호 오르고수학학원
곽병열 연세스카이수학학원	김진우 잠실파인만학원	송은화 MS수학	이수현 하이매쓰수학교습소	조진선 진영수학
곽웅수 봉선카르페영수학원	김초록 수날다수학교습소	송지연 아이비리그데칼트학원	이영민 메카건영수학교습소	조현대 씨앤케이수학학원
구정모 제니스클래스	김태환 대구로고스수학학원성당원	송태원 송태원1프로수학학원	이유리 유명학원	주소연 알고리즘수학연구소
권상수 호크마에듀	김현정 H-Math	신소영 ISL하이스펙학원/ISL상위도전학원	이유림 이유림수학	지정경 분당가인아카데미
권순범 플래닛에듀케이션즈	김현주 정상수학학원	신영진 유나이츠학원	이유진 멘토수학	차슬기 사과나무학원은평관
권승회 양정고	김현호 온풀이수학1관	신원진 공감수학학원	이재호 PGA오목관	차영환 엔에스과학수학학원
권오철 파스칼수학교습소	김호승 MS수학전문학원	신이슬 레전드수학	이종근 소나무학원	채상훈 광성고
기미나 기쌤수학	남재상 정상수학학원	신진아 에듀셀파기숙학원	이종환 이꼼수학	최성문 은평파이온수학
김경문 참진학원	류재현 공감학원	신현우 다원교육	이주희 도안양영학원	최성준 광교라온수학
김경미 페르마수학춘천석사본위	마현진 피드수학	심혜림 별고을교육원	이하나 H-math	최소영 빛나는수학
김경진 경진수학학원다산점	문대승 열성수학학원	양형준 대들보수학	이현수 메가스터디	최승혁 한뜻학원
김광진 포천아름다운우리학원	문상경 수아일체수학학원	엄유빈 대치유빈쌤수학	이현주 진해즐거운수학	최유진 확실한수학학원
김나래 반딧불STUDY	박경원 대치메이드반포관	엄지원 더매쓰수학	임다혜 시대인재수학스쿨	최현정 MQ멘토수학
김리안 수리안학원	박기석 천지명장학원	엄초이 분당파인만학원	임상혁 생각하는두꺼비학원	최호순 관찰과추론
김명후 김명후수학학원	박대희 실전수학	여원구 피드백수학전문학원	임소영 123수학	추경주 쎈수학1018수학전문학원
김미영 명수학교습소	박성찬 성찬쌤's수학의공간	오나경 NK수학	임혜정 새빛수학	하수미 삼성영수학원2호점
김미영 정일품수학전문학원	박소영 분당수이학원	오승제 스키마수학학원	장광덕 동탄의수학학원	한명철 설대학원
김병국 함평고	박수경 수학을읽다학원	왕한비 해태수학	장병훈 로운수학학원	한혜경 한수학
김보름 나주채움수학학원	박수현 후곡리더가되는수학	우진욱 강의하는아이들우정혁신	장보현 청주대치동입시아카데미	함민호 뉴파인마포고등관
김복응 더브레인코어학원	박우진 더오르조학원	원지혜 원지혜수학학원	장성훈 미독수학	홍성주 굿매쓰수학
김봉수 범어신사고학원	박윤정 티케이수학학원	유미정 이화수학학원	장세완 장선생수학학원	홍순요 바른생각학원
김봉조 퍼스트클래스수학영어전문학원	박장호 대구혜화여고	유현수 익산수학당	장승희 명품이앤엠학원	홍승혁 너만의수학
김상미 고덕SM수학	박주현 장훈고	윤도영 FM최강수학학원	장혜련 푸른나비수학	홍진국 저스트학원
김상은 jT영수학원	박준현 의성H-SECRET수학	윤정혜 아주즐거운보습학원	전찬용 다이나믹학원	황성현 현수학영어학원
김상호 전주휴민고등수학전문학원	박진수 성주고	윤정희 프리즘수학학원	정경연 동탄E&M수학학원	황진영 진심수학
김선미 목동시대인재	박흥식 연세수학원	이가영 마루수학국어학원	정규수 정성수학	
김선호 VVS입시학원	배정연 제이엔씨수학학원	이경미 행복한수학	정대철 정샘수학	

초판1쇄 2024년 9월 9일　**펴낸이** 신원근　**펴낸곳** ㈜진학사 블랙라벨부　**기획편집** 윤하나 유효정 홍다솔 김지민 최지영 김대현　**디자인** 이지영　**마케팅** 박세라

주소 서울시 종로구 경희궁길 34　**학습 문의** booksupport@jinhak.com　**영업 문의** 02 734 7999　**팩스** 02 722 2537　**출판 등록** 제300-2001-202호

이 책의 동영상 강의 사이트 　강남구청 인터넷수능방송 / 대성마이맥 / 메가스터디 / 온리원 / 웅진

WWW.JINHAK.COM

1등급을 위한
명품 수학
블랙라벨

공통수학 1

BLACKLABEL

1등급을 위한

명품 수학

블랙라벨

Contents
& Structure

1 1등급 만들기
단계별 학습 프로젝트
(모든 단원에 동일하게 적용됩니다)

1 단계 이해

교과서 핵심개념 + 비법노트

문제해결의 기본은 이해와 암기

- 중요한 개념만 쏙쏙! 개념으로 문제를 잡자! 알짜 개념 정리
- 비교 불가! 도식화·구조화된 선생님들의 비법노트

2 단계 실전 85점 달성

출제율 100% 우수 기출 대표 문제

개념별로 엄선한 기출 대표 유형으로 기본 실력 다지기

- 이것만은 꼭! 기본적으로 85점은 확보해 주는 우수 기출 대표 문제
- 어려운 문제만 틀리는 건 아니다! 문제 해결력을 키워주는 필수 문제

3 단계 종합응용 95점 달성

1등급을 위한 최고의 변별력 문제

수학적 감각, 논리적 사고력 강화

- 외고 & 과고 & 강남 8학군의 변별력 있는 신경향 예상 문제
- 1등급의 발목을 잡는 다양한 유형 & 서술형 문제

4 단계 심화발전 100점 달성

1등급을 넘어서는 종합 사고력 문제

종합적인 사고력 키우기 & 실생활·통합적 문제 해결력 강화

- 응용력을 길러주는 종합 사고력 문제 & 논술형·서술형 문제
- 1등급을 가르는 변별력 있는 고난도 문제로 1등급 목표 달성

이 책의
해설 구성

진짜 1등급을 만들어주는 입체적인 해설

단계별 해결 전략

난도가 높은 문제에 대해서는 논리적 사고 과정을 따라가는 단계별 해결 전략을 제시하였다. 단순히 풀이만 제시한 것이 아니라, 어떤 방식과 과정을 통해 정답이 도출되는지를 보여주어 수학적 사고력을 키울 수 있도록 하였다.

다양한 다른 풀이

해설을 보는 것만으로도 문제 해결 방안이 바로 이해될 수 있도록 구성하였다. 더 쉽고 빠르게 풀 수 있는 다양한 다른 풀이를 제공하여 수학적 사고력을 향상시키고, 실전에서 더 높은 점수를 받을 수 있도록 하였다.

BLACKLABEL 특강

BLACKLABEL 특강에서 풀이 첨삭, 필수 개념, 공식, 원리 및 확장 개념에 대한 설명과 오답 피하기 등을 제공하여 문제 해결 과정을 쉽게 이해할 수 있도록 구성하였다.
BLACKLABEL 특강을 통해 해설만 읽어도 문제를 명확하게 이해할 수 있도록 하였다.

서울대 선배들의 추천 PICK
& 1등급 비법 노하우

서울대 선배들이 강력 추천하는 Best 블랙라벨 문제와 선배들의 1등급 비법 노하우를 담았다.
최고의 블랙라벨 문제들만 엄선하여, 최고의 품질을 자랑하는 진짜 1등급 문제를 표시하였다. 최고의 문제와 선배들의 1등급 비법 노하우를 통해 스스로 향상된 실력을 확인할 수 있다.

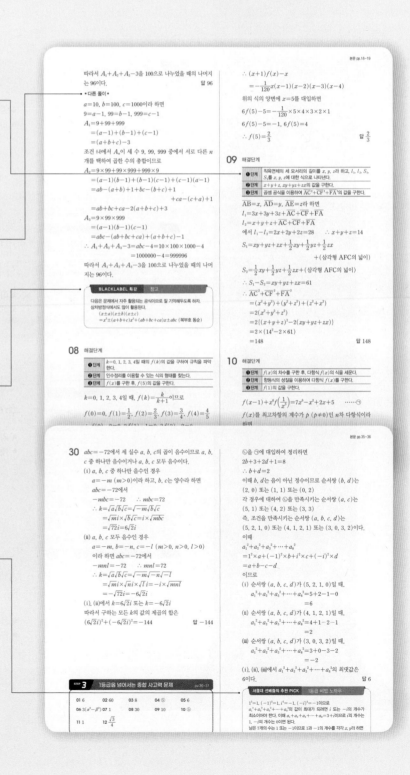

진짜 1등급을 만들어주는 블랙라벨 활용법

1

단계별로 학습하라.
완벽히 내 것으로 소화하지 못했다면
될 때까지 보고 또 본다.

문제집의 단계를 따라가며 학습한다.

각 단계를 학습한 후 Speed Check로 채점하고, 틀린 문제에 표시를 한다.

채점 후 모르는 문제는 정답과 해설을 참고하여 다시 한 번 풀어본다.

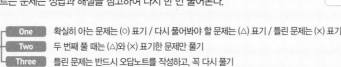

활용 Tip
- **One** 확실히 아는 문제는 (○) 표기 / 다시 풀어봐야 할 문제는 (△) 표기 / 틀린 문제는 (×) 표기
- **Two** 두 번째 풀 때는 (△)와 (×) 표기한 문제만 풀기
- **Three** 틀린 문제는 반드시 오답노트를 작성하고, 꼭 다시 풀기

2

정답과 해설은 최대한 멀리하고,
틀린 문제는 또 틀린다는 징크스를 깨자.

❶ 문제를 풀기 전에는 절대로 해설을 보지 말고, 혼자 힘으로 풀어본다.

❷ 모르거나 틀린 문제는 해설을 보면서 해결 단계를 전략적으로 사고하는 습관을 기른다.

❸ 모르거나 틀린 문제는 반드시 오답노트를 작성하고, 철저히 내 것으로 만든다.

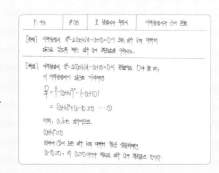

3

단계별, 전략적으로 효율적인 공부가 되도록 한다.

기본 실력을 쌓고 싶을 때 시험이 코앞일 때	1등급에 도전하고 싶을 때 어려운 문제만 풀고 싶을 때	1등급을 완성하고 싶을 때 수능형·논술형에 대비하고 싶을 때
문제 해결의 기본은 이해와 암기	수학적 감각, 논리적 사고력 강화 실생활·통합적 문제 해결력 강화	수학적 감각, 논리적 사고력 강화 통합형·실전 문제 해결력 강화
1단계 교과 핵심개념+비법노트 **2단계** 출제율 100% 우수 기출 대표 문제	**3단계** 1등급을 위한 최고의 변별력 문제 **4단계** 1등급을 넘어서는 종합 사고력 문제	**3단계** 1등급을 위한 최고의 변별력 문제 **4단계** 1등급을 넘어서는 종합 사고력 문제

◉ 시험보기 전에는 반드시 오답노트의 문제들을 다시 확인하고 풀어본다.

Healing

시도 | Time to Act

> Action may not bring happiness, but there is no happiness without action.
> 행동이 반드시 행복을 안겨주지는 않지만, 행동 없이는 행복도 없다.
> – Benjamin Disraeli (벤자민 디즈레일리) –

노력해야 한다는 말이 때로는 지루하게 들릴 수 있습니다. 더욱이 노력한다고 해서 반드시 성공할 것이라는 보장도 없습니다. 하지만 실패하든 성공하든 결론을 내기 위해서는 반드시 시도해야 합니다. 그 자리에서 머뭇거리기만 한다면 결국 오랜 시간이 흐른 후에 '지금은 너무 늦었어!'라는 후회를 할지도 모릅니다.
더 많은 시간이 지나 더 큰 후회가 찾아오기 전에, 당신의 행복을 위해 지금 바로 움직이세요.

I

다항식

BLACKLABEL

01 다항식의 연산과 나머지정리

비법노트

Ⓐ 다항식의 연산법칙 ◀ 덧셈과 곱셈에서만 성립한다.

세 다항식 A, B, C에 대하여
(1) 교환법칙 : $A+B=B+A$, $AB=BA$
(2) 결합법칙 : $(A+B)+C=A+(B+C)$,
　　　　　　 $(AB)C=A(BC)$
(3) 분배법칙 : $A(B+C)=AB+AC$,
　　　　　　 $(A+B)C=AC+BC$

Ⓑ 지수법칙

두 자연수 m, n에 대하여
(1) $a^m \times a^n = a^{m+n}$　　(2) $(a^m)^n = a^{mn}$
(3) $(ab)^n = a^n b^n$, $\left(\dfrac{b}{a}\right)^n = \dfrac{b^n}{a^n}$ (단, $a \neq 0$)
(4) $a^m \div a^n = \begin{cases} a^{m-n} & (m>n) \\ 1 & (m=n) \\ \dfrac{1}{a^{n-m}} & (m<n) \end{cases}$ (단, $a \neq 0$)

Ⓒ 나누는 식의 차수에 따른 나머지의 표현

나누는 식 $\underbrace{f(x)=g(x)Q(x)+\overbrace{R(x)}^{\text{나머지}}}_{}$에서
$(R(x)$의 차수$)<(g(x)$의 차수$)$ 몫
(1) $g(x)$가 일차식이면 $R(x)=a$
(2) $g(x)$가 이차식이면 $R(x)=ax+b$
(3) $g(x)$가 삼차식이면 $R(x)=ax^2+bx+c$
　　　　　　 (단, (1), (2), (3)에서 a, b, c는 상수)
▶ STEP 1 | 17번, STEP 2 | 19번, 23번

Ⓓ x에 대한 항등식과 같은 표현

· 모든(임의의) x에 대하여 성립하는 등식
· x의 값에 관계없이 성립하는 등식
· x가 어떤 값을 갖더라도 성립하는 등식

중요

Ⓔ 다음 등식이 두 문자 x, y에 대한 항등식일 때,
(1) $ax+by+c=0$이면 $a=0$, $b=0$, $c=0$
(2) $ax+by+c=a'x+b'y+c'$이면
　　$a=a'$, $b=b'$, $c=c'$

1등급 비법

Ⓕ (1) 계수비교법 : 양변의 식을 내림차순으로 정리하기
　　 쉽거나 전개가 비교적 간단한 경우에 주로 사용
　(2) 수치대입법 : 적당한 값을 대입하면 식이 간단해
　　 지거나 식이 복잡하여 전개하기 어려운 경우에
　　 주로 사용
▶ STEP 1 | 13번, 14번, STEP 2 | 13번, 14번

**Ⓖ '다항식 $f(x)$가 $x-a$로 나누어떨어진다.'와 같은
　 표현**

· $f(x)$를 $x-a$로 나누었을 때의 나머지는 0이다.
· $f(x)=(x-a)Q(x)$ (단, $Q(x)$는 몫)
· $f(x)$는 $x-a$를 인수로 갖는다.　　 ▶ STEP 1 | 19번

1등급 비법

Ⓗ 나머지정리와 조립제법을 이용하는 경우

다항식 $f(x)$를 일차식 $x-a$로 나눌 때
(1) 나머지만 구하려면 나머지정리를 이용한다.
(2) 몫과 나머지를 모두 구하려면 조립제법을 이용한다.
▶ STEP 1 | 21번

다항식의 연산 Ⓐ Ⓑ Ⓒ
　　　　　　　　　　 특정 문자에 대한 차수가 같은 항
(1) 다항식의 덧셈과 뺄셈 : 덧셈은 동류항끼리 모아서 계산하고, 뺄셈은
　 빼는 식의 각 항의 부호를 바꾸어 더한다. ◀ 보통 내림차순으로 정리한 후, 계산한다.
(2) 다항식의 곱셈 : 분배법칙과 지수법칙을 이용하여 전개한다.
(3) 다항식의 나눗셈
　 다항식 A를 다항식 B($B \neq 0$)로 나누었을 때의 몫을 Q, 나머지를 R
　 이라 하면
　　　　$A=BQ+R$ (단, (R의 차수)$<$(B의 차수))
　 특히, $R=0$, 즉 $A=BQ$일 때, 'A는 B로 나누어떨어진다.'고 한다.

곱셈 공식

(1) $(a+b+c)^2 = a^2+b^2+c^2+2ab+2bc+2ca$
(2) $(a \pm b)^3 = a^3 \pm 3a^2b + 3ab^2 \pm b^3$ (복부호 동순)
(3) $(a \pm b)(a^2 \mp ab + b^2) = a^3 \pm b^3$ (복부호 동순)
(4) $(x+a)(x+b)(x+c) = x^3+(a+b+c)x^2+(ab+bc+ca)x+abc$
(5) $(a^2+ab+b^2)(a^2-ab+b^2) = a^4+a^2b^2+b^4$
(6) $(a+b+c)(a^2+b^2+c^2-ab-bc-ca) = a^3+b^3+c^3-3abc$

곱셈 공식의 변형 ◀ 합과 곱을 이용한 표현법이고,
　　　　　　　　　　　 '이차방정식의 근과 계수의 관계'와 밀접한 관계를 갖고 있다.
(1) $a^2+b^2 = (a+b)^2-2ab = (a-b)^2+2ab$
(2) $a^3 \pm b^3 = (a \pm b)^3 \mp 3ab(a \pm b)$ (복부호 동순)
(3) $a^2+b^2+c^2 = (a+b+c)^2-2(ab+bc+ca)$
(4) $a^3+b^3+c^3 = (a+b+c)(a^2+b^2+c^2-ab-bc-ca)+3abc$

항등식과 미정계수법 Ⓓ Ⓔ Ⓕ
　　　　　　　　　　　　　　 등식에 포함된 문자에 어떤 값을 대입하여도
　　　　　　　　　　　　　　 항상 성립하는 등식
(1) 항등식의 성질 : 다음 등식이 x에 대한 항등식일 때,
　　① $ax^2+bx+c=0$이면 $a=0$, $b=0$, $c=0$
　　② $ax^2+bx+c=a'x^2+b'x+c'$이면 $a=a'$, $b=b'$, $c=c'$
(2) 미정계수법 ◀ 항등식의 성질을 이용하여 등식에서 정해지지 않은 계수와 상수항을 정하는 방법
　　① 계수비교법 : 양변의 동류항의 계수를 비교하여 정하는 방법
　　② 수치대입법 : 양변의 문자에 적당한 수를 대입하여 정하는 방법

나머지정리와 인수정리 Ⓖ

(1) 나머지정리 : 다항식 $f(x)$를 일차식 $x-a$로 나누었을 때의 나머지를
　 R이라 하면 $R=f(a)$이다.
(2) 인수정리
　　① 다항식 $f(x)$가 일차식 $x-a$로 나누어떨어지면 $f(a)=0$이다.
　　② $f(a)=0$이면 다항식 $f(x)$는 일차식 $x-a$로 나누어떨어진다.

조립제법 Ⓗ

$f(x)=a_0x^n+a_1x^{n-1}+a_2x^{n-2}+\cdots+a_n$을 일
차식 $x-a$로 나누었을 때의 몫과 나머지를 오
른쪽과 같이 계수와 상수항을 이용하여 구하는
방법을 조립제법이라 한다.
몫 : $c_0x^{n-1}+c_1x^{n-2}+c_2x^{n-3}+\cdots+c_{n-1}$
나머지 : c_n

$$\begin{array}{c|ccccc} a & a_0 & a_1 & a_2 & \cdots & a_n \\ & & + & + & \cdots & + \\ & \downarrow & b_1 & b_2 & \cdots & b_n \\ \hline & a_0 & c_1 & c_2 & \cdots & c_n \\ & \underset{(=c_0)}{} & {}^{\times a} & {}^{\times a} & {}^{\times a} & \end{array}$$

01 다항식의 덧셈과 뺄셈

두 다항식 A, B에 대하여
$$A-2B=3x^2-5x+5, \quad 2A+B=x^2+5$$
가 성립할 때, $A-B$를 구하시오.

02 다항식의 곱셈

다항식 $(x-2y-1)(3x-y+4)$를 바르게 전개한 것은?

① $3x^2-2y^2-7xy+4x+7y-4$
② $3x^2-2y^2+7xy+x-7y-4$
③ $3x^2+2y^2-7xy+x-7y-4$
④ $3x^2+2y^2-7xy+4x-7y-4$
⑤ $3x^2+2y^2+7xy-x-7y-4$

03 다항식의 전개식에서 계수 구하기

두 다항식 $A=x^3+x+4$, $B=x+4$에 대하여 A^3-B^3의 전개식에서 x^3의 계수를 구하시오.

04 다항식의 나눗셈

다항식 $f(x)$를 x^2+1로 나누었을 때의 몫이 $x+2$이고 나머지가 2일 때, $f(x)$를 x^2-1로 나누었을 때의 나머지는?

① x
② $x+1$
③ $x+3$
④ $2x+3$
⑤ $2x+6$

05 다항식의 나눗셈 – 몫과 나머지의 변형

다항식 $f(x)$를 $x-1$로 나누었을 때의 몫을 $Q(x)$, 나머지를 R이라 할 때, $xf(x)+5$를 $x-1$로 나누었을 때의 몫과 나머지를 순서대로 적은 것은?

① $xQ(x)$, $R-5$
② $xQ(x)$, $R+5$
③ $xQ(x)$, $R+10$
④ $xQ(x)+R$, $R-5$
⑤ $xQ(x)+R$, $R+5$

06 곱셈 공식

$a+b+c=3$, $ab+bc+ca=-6$, $abc=-8$일 때, $(a+b)(b+c)(c+a)$의 값은?

① -10
② -8
③ -6
④ -4
⑤ -2

07 공통부분이 있는 다항식의 전개

$k=\sqrt{3}$일 때,
$$\{(5+3k)^3+(5-3k)^3\}^2-\{(5+3k)^3-(5-3k)^3\}^2$$
의 값은?

① -36
② -32
③ -28
④ -24
⑤ -20

08 곱셈 공식의 변형 – $x^2\pm y^2$, $x^3\pm y^3$

$x+2y=4$, $x^2+4y^2=32$를 만족시키는 두 실수 x, y에 대하여 x^3+8y^3의 값을 구하시오.

09 곱셈 공식의 변형 – $x^2\pm\dfrac{1}{x^2}$, $x^3\pm\dfrac{1}{x^3}$

2보다 큰 실수 x에 대하여 $x^2+\dfrac{4}{x^2}=8$일 때, $x^3-\dfrac{8}{x^3}$의 값은?

① 20   ② 18   ③ 16

④ 14   ⑤ 12

10 곱셈 공식의 변형 – $a^2+b^2+c^2$, $a^3+b^3+c^3$

세 실수 a, b, c에 대하여 $a+b+c=\sqrt{3}$, $a^2+b^2+c^2=11$, $a^3+b^3+c^3=6\sqrt{3}$일 때, abc의 값은?

① $-6\sqrt{3}$ ② $-3\sqrt{3}$ ③ $\sqrt{3}$

④ $3\sqrt{3}$ ⑤ $6\sqrt{3}$

11 곱셈 공식의 활용 – 복잡한 수의 계산

$A=(105^2-95^2)(105^3+95^3)$은 n자리 자연수이다. A의 모든 자리의 숫자의 합을 S라 할 때, $n+S$의 값을 구하시오.

12 곱셈 공식의 활용 – 도형

그림과 같은 직육면체의 겉넓이는 84, 모든 모서리의 길이의 합은 52일 때, $\overline{\mathrm{AF}}^2+\overline{\mathrm{FC}}^2+\overline{\mathrm{CA}}^2$의 값은?

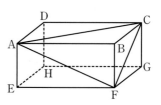

① 130   ② 140   ③ 150

④ 160   ⑤ 170

13 미정계수법 – 계수비교법

실수 x의 값에 관계없이 $\dfrac{x^2+2ax+1}{bx^2-4x-1}$의 값이 항상 일정할 때, 두 상수 a, b에 대하여 $a+b$의 값은?

(단, $bx^2-4x-1\neq0$)

① -2 ② -1 ③ 0

④ 1   ⑤ 2

14 미정계수법 – 수치대입법

등식

$$x^2-3x+6=a(x-1)(x-2)+b(x-2)(x-3)$$
$$+c(x-3)(x-1)$$

이 x에 대한 항등식이 되도록 하는 세 상수 a, b, c에 대하여 $a^2+b^2+c^2$의 값을 구하시오.

15 항등식에서 계수의 합

모든 실수 x에 대하여 등식

$$(1+x-5x^2)^{20}=a_0+a_1x+a_2x^2+\cdots+a_{40}x^{40}$$

이 성립할 때, $\dfrac{a_1}{3}+\dfrac{a_3}{3^3}+\dfrac{a_5}{3^5}+\cdots+\dfrac{a_{39}}{3^{39}}$의 값은?

(단, $a_0,\ a_1,\ a_2,\ \cdots,\ a_{40}$은 상수이다.)

① $\dfrac{7^{20}-1}{3^{40}}$ ② $\dfrac{7^{20}-1}{2\times3^{40}}$ ③ $\dfrac{7^{20}-1}{3^{41}}$

④ $\dfrac{7^{21}-1}{2\times3^{40}}$ ⑤ $\dfrac{7^{21}-1}{2\times3^{41}}$

16 나머지정리 – 일차식으로 나누는 경우

다항식

$$f(x)=a(x-1)^4+b(x-1)^3+c(x-1)^2+d(x-1)+e$$

를 $x-11$로 나누었을 때의 나머지가 15279일 때, $f(x)$를 $x+1$로 나누었을 때의 나머지는?

(단, $a,\ b,\ c,\ d,\ e$는 10보다 작은 자연수이다.)

① -21 ② -14 ③ -7

④ 14   ⑤ 21

17 나머지정리 – 이차식으로 나누는 경우

다항식 $P(x)$를 $x-2$로 나누었을 때의 나머지가 -1이고, $x+3$으로 나누었을 때의 나머지가 -6이다. $P(x)$를 x^2+x-6으로 나누었을 때의 나머지를 $R(x)$라 할 때, $R(5)$의 값을 구하시오.

18 나머지정리의 활용

다항식 $f(x)=x^3+3x^2+ax+b$를 $x-2$로 나누었을 때의 나머지가 16이고, $x+1$로 나누었을 때의 나머지가 -2이다. $f(98)$은 n자리 자연수일 때, n의 값은?

(단, $a,\ b$는 상수이다.)

① 3   ② 4   ③ 5

④ 6   ⑤ 7

19 인수정리

다항식 $f(x)=ax^4-3x^2+(a-1)x-4$에 대하여 $f(x+3)$이 $x+2$로 나누어떨어질 때, 상수 a의 값은?

① 2   ② 3   ③ 4

④ 5   ⑤ 6

20 인수정리의 활용

삼차다항식 $f(x)$에 대하여 $f(x)$는 $(x-1)(x-2)$로 나누어떨어지고, $4-f(x)$는 x^2으로 나누어떨어진다. 이때 $f(3)$의 값을 구하시오.

21 조립제법

모든 실수 x에 대하여 등식

$$2(x-1)^3-3(x-1)-1$$
$$=a(x-2)^3+b(x-2)^2+c(x-2)+d$$

가 성립할 때, 네 상수 $a,\ b,\ c,\ d$에 대하여 $a+b+c-d$의 값은?

① 10   ② 11   ③ 12

④ 13   ⑤ 14

대표
01 유형 ❶ 다항식의 연산

두 다항식 A, B에 대하여
$$3A-B=(x-3)(x^2+3x+9)$$
$$A+B=(x-5)(x+5)$$
일 때, $X+5A=B$를 만족시키는 다항식 X의 상수항을 포함한 모든 항의 계수의 합을 구하시오.

02

그림과 같이 점 O를 중심으로 하는 반원에 내접하는 직사각형 ABCD가 다음 조건을 만족시킨다.

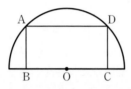

(가) $\overline{OC}+\overline{CD}=x+y+3$
(나) $\overline{DA}+\overline{AB}+\overline{BO}=3x+y+5$

직사각형 ABCD의 넓이를 x, y에 대한 식으로 나타낸 것은?

① $(x-1)(y+2)$ ② $(x+1)(y+2)$
③ $2(x-1)(y+2)$ ④ $2(x+1)(y-2)$
⑤ $2(x+1)(y+2)$

03

다항식 $f(x)$를 x^2+2로 나누었을 때의 나머지가 $x+2$이다. $\{f(x)\}^2$을 x^2+2로 나누었을 때의 나머지가 $R(x)$일 때, $R(2)$의 값은?

① 10   ② 11   ③ 12
④ 13   ⑤ 14

04

다항식 $f(x)=(1+x-x^2+x^3-x^4)^2$에 대하여 **보기**에서 옳은 것만을 있는 대로 고른 것은?

• 보기 •
ㄱ. x^6항의 계수는 3이다.
ㄴ. 다항식 $f(x)$를 x^2+1로 나누었을 때의 나머지를 $R(x)$라 할 때 $R(0)=1$이다.
ㄷ. 두 다항식 $f(x)$와 $(x+3)^2$을 x^2-2x+2로 나누었을 때의 나머지는 같다.

① ㄱ   ② ㄴ   ③ ㄱ, ㄴ
④ ㄴ, ㄷ   ⑤ ㄱ, ㄴ, ㄷ

05

세 실수 x, y, z가 다음 조건을 만족시킨다.

(가) x, y, z 중 적어도 하나는 1이다.
(나) $x+y+z=x^2+y^2+z^2$

$xyz=\dfrac{3}{8}$일 때, $x+y+z$의 값은?

① 2   ② $\dfrac{13}{6}$ ③ $\dfrac{7}{3}$
④ $\dfrac{5}{2}$ ⑤ $\dfrac{8}{3}$

대표
06 유형 ❷ 곱셈 공식과 그 활용

두 실수 x, y에 대하여 $x+y=4$, $x^2-xy+y^2=7$일 때, x^3-y^3의 값은? (단, $x>y$)

① 22   ② 24   ③ 26
④ 28   ⑤ 30

07

1보다 작은 실수 x에 대하여 $x+\dfrac{1}{x}=4$일 때,

$$x+x^2+x^3-\dfrac{1}{x}+\dfrac{1}{x^2}+\dfrac{1}{x^3}=p+q\sqrt{3}$$

이다. 두 유리수 p, q에 대하여 $p+q$의 값을 구하시오.

08

세 실수 a, b, c에 대하여 $a+b+c=\sqrt{3}$, $a^2+b^2+c^2=1$일 때, abc의 값은?

① $\dfrac{\sqrt{3}}{15}$ ② $\dfrac{\sqrt{3}}{12}$ ③ $\dfrac{\sqrt{3}}{9}$

④ $\dfrac{\sqrt{3}}{6}$ ⑤ $\dfrac{\sqrt{3}}{3}$

09

세 실수 x, y, z에 대하여 $x+y+z=4$, $x^3+y^3+z^3=7$일 때, $(x+y)(y+z)(z+x)$의 값은?

① 11   ② 13   ③ 15

④ 17   ⑤ 19

10

두 양수 x, y에 대하여 $x^2=6+2\sqrt{5}$, $y^2=6-2\sqrt{5}$일 때, $\dfrac{(x^3-y^3)(x^3+y^3)}{x^5+y^5}$의 값은?

① $\dfrac{16}{5}$ ② $\dfrac{33}{10}$ ③ $\dfrac{17}{5}$

④ $\dfrac{7}{2}$ ⑤ $\dfrac{18}{5}$

11

그림과 같이 중심이 O, 반지름의 길이가 4이고 중심각의 크기가 90°인 부채꼴 OAB가 있다. 호 AB 위의 점 P에서 두 선분 OA, OB에 내린 수선의 발을 각각 H, I라 하자. 삼각형 PIH에 내접하는 원의 넓이가 $\dfrac{\pi}{4}$일 때, $\overline{\text{PH}}^3+\overline{\text{PI}}^3$의 값은?

(단, 점 P는 점 A도 아니고 점 B도 아니다.) [2020년 교육청]

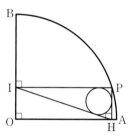

① 56   ② $\dfrac{115}{2}$ ③ 59

④ $\dfrac{121}{2}$ ⑤ 62

대표
12   **유형 ❸ 항등식과 미정계수법**

$2x-y=1$을 만족시키는 모든 실수 x, y에 대하여

$$ax^2+by^2+2x-3y+c=0$$

이 항상 성립할 때, 세 상수 a, b, c에 대하여 $a-b+c$의 값을 구하시오.

13

다항식 $f(x)=x^3+9x^2+4x-45$에 대하여 등식
$$f(x+a)=x^3+bx-3$$
이 x의 값에 관계없이 항상 성립한다. 이때 두 상수 a, b에 대하여 $a+b$의 값은?

① -26 ② -24 ③ -22

④ -20 ⑤ -18

14

자연수 n에 대하여 n차식 $P_n(x)$를
$$P_n(x)=(x-1)(x-2)(x-3)\times\cdots\times(x-n)$$
이라 하자. 등식
$$P_2(x^2)-x^4=a+bP_1(x)+cP_2(x)+dP_3(x)$$
가 x에 대한 항등식이 되도록 하는 네 상수 a, b, c, d에 대하여 $a-b+c-d$의 값을 구하시오.

15

다음은 $x^{100}-1$을 $x-1$로 나누었을 때의 몫과 나머지를 각각 $Q_0(x)$, a_0이라 하고 $Q_0(x)$를 $x-1$로 나누었을 때의 몫과 나머지를 각각 $Q_1(x)$, a_1, $\cdots$, $Q_{98}(x)$를 $x-1$로 나누었을 때의 몫과 나머지를 각각 a_{100}, a_{99}라 하는 조립제법을 100번 반복한 것이다. $a_0+a_2+a_4+\cdots+a_{100}=2^n-1$일 때, 자연수 n의 값을 구하시오.

```
1 | 1   0   0  ···  0   0  -1
  |     1   1  ···  1   1   1
  ----------------------------
1 | 1   1   1  ···  1   1 | a_0
  |     1   2  ···  ···  ···
  ----------------------
1   1   2   3  ···  ··· | a_1
              ⋮
1 | 1  99 | a_98
  |    1
  --------
  a_100 | a_99
```

16

다항식 $f(x)=x^3+px^2+qx+r$이 0이 아닌 모든 실수 x에 대하여 등식 $f\left(x-2+\dfrac{1}{x}\right)=x^3-2+\dfrac{1}{x^3}$을 만족시킬 때, 세 상수 p, q, r에 대하여 $pq+r$의 값을 구하시오.

17

모든 실수 x에 대하여 등식
$$x^{1000}+7$$
$$=a_0+a_1(x+1)+a_2(x+1)^2+\cdots+a_{1000}(x+1)^{1000}$$
이 성립할 때, **보기**에서 옳은 것만을 있는 대로 고른 것은?
(단, a_0, a_1, a_2, $\cdots$, a_{1000}은 상수이다.)

> • 보기 •
> ㄱ. $a_{1000}=1$
> ㄴ. $a_0+a_2+a_4+\cdots+a_{1000}>a_1+a_3+a_5+\cdots+a_{999}$
> ㄷ. $a_0+a_2+a_4+\cdots+a_{1000}$의 값은 홀수이다.

① ㄱ   ② ㄱ, ㄴ   ③ ㄱ, ㄷ

④ ㄴ, ㄷ   ⑤ ㄱ, ㄴ, ㄷ

18

1등급

임의의 실수 x에 대하여 다항식 $f(x)$가 등식
$$f(x^2+2x)=x^2f(x)+8x+8$$
을 만족시킬 때, $f(1)$의 값을 구하시오.

다항식 $f(x)$를 $(x-2)(x-3)(x-4)$로 나누었을 때의 나머지는 x^2+x+1이다. 다항식 $f(8x)$를 $8x^2-6x+1$로 나누었을 때의 나머지를 $ax+b$라 할 때, 두 상수 a, b에 대하여 $a+b$의 값은?

① 47   ② 49   ③ 51

④ 53   ⑤ 55

20

두 다항식 $f(x)$, $g(x)$에 대하여 $f(x)+g(x)$를 $x-1$로 나누었을 때의 나머지가 -5이고, $\{f(x)\}^3+\{g(x)\}^3$을 $x-1$로 나누었을 때의 나머지가 10이다. $f(x)g(x)$를 $x-1$로 나누었을 때의 나머지를 구하시오.

21

x^3의 계수가 2인 삼차다항식 $f(x)$가 다음 조건을 만족시킨다.

> ㈎ $f(0)=0$
> ㈏ $f(x)$를 $(x+1)^2$으로 나누었을 때의 나머지가 $4(x+1)$이다.

$f(x)$를 $x-1$로 나누었을 때의 몫을 $Q(x)$라 할 때, $Q(x)$를 $x-4$로 나누었을 때의 나머지를 구하시오.

22 서술형

$2^{2022}+2^{2015}+2^{2009}$을 31로 나누었을 때의 나머지를 R_1, 33으로 나누었을 때의 나머지를 R_2라 할 때, R_1+R_2의 값을 구하시오.

23

다항식 $f(x)$에 대하여 **보기**에서 옳은 것만을 있는 대로 고른 것은?

> • 보기 •
>
> ㄱ. $xf(x)$를 $x-2$로 나누었을 때의 몫은 $(x+2)f(x+2)$를 x로 나누었을 때의 몫과 같다.
> ㄴ. $xf(x)$를 $x-2$로 나누었을 때의 나머지는 $(x+2)f(x+2)$를 x로 나누었을 때의 나머지와 같다.
> ㄷ. $f(x)f(-x)$를 x^2-4로 나누었을 때의 나머지는 일차식이다.

① ㄱ   ② ㄴ   ③ ㄷ

④ ㄴ, ㄷ   ⑤ ㄱ, ㄴ, ㄷ

24 신유형

다항식 $f(x)=x^2+px+q$를 $x-2a$로 나누었을 때의 나머지가 $4b^2$이고, $x-2b$로 나누었을 때의 나머지가 $4a^2$일 때, $f(x)$를 $x-(a+b)$로 나누었을 때의 나머지는?

(단, a, b, p, q는 상수이고, $a \neq b$이다.)

① $4(a-b)^2$ ② $(a-b)^2$ ③ 0

④ $(a+b)^2$ ⑤ $4(a+b)^2$

25

다항식 $P(x)$를 x^3+2x+1로 나누었을 때의 나머지가 $3x+1$이고, $x-1$로 나누었을 때의 나머지가 -4이다. $P(x)$를 $(x^3+2x+1)(x-1)$로 나누었을 때의 나머지를 $R(x)$라 할 때, $R(2)$의 값은?

① -15 ② -17 ③ -19

④ -21 ⑤ -23

26

최고차항의 계수가 1인 다항식 $f(x)$가 다음 조건을 만족시킨다.

> (가) 다항식 $f(x)$를 다항식 $g(x)$로 나누었을 때의 몫과 나머지는 모두 $g(x)-2x^2$이다.
>
> (나) 다항식 $f(x)$를 $x-1$로 나누었을 때의 나머지는 $-\dfrac{9}{4}$이다.

$f(6)$의 값을 구하시오. [2019년 교육청]

27

서술형

다항식 $x^{n+2}+px^{n+1}+qx^n$을 $(x-2)^2$으로 나누었을 때의 나머지가 $2^n(x-2)$일 때, 두 상수 p, q에 대하여 pq의 값을 구하시오. (단, n은 자연수이다.)

28

1등급

자연수 n에 대하여 등식

$$x^n-1=(x-1)(x^{n-1}+x^{n-2}+\cdots+x^2+x+1)$$

이 항상 성립한다. 이때 다항식 $x^{14}+x^{13}+x^{12}+x^{11}+x+1$을 $x^4+x^3+x^2+x+1$로 나누었을 때의 나머지를 구하시오.

대표 29

유형 ❺ 인수정리

다항식 $f(x)-x^2+2x$가 x^2-4x+3으로 나누어떨어질 때, 다항식 $f(2x^2+1)$을 x^2-x로 나누었을 때의 나머지를 구하시오.

30

다항식 x^3+4x^2+ax+b가 $(x+1)^2$으로 나누어떨어질 때, 두 상수 a, b에 대하여 $a+b$의 값은?

① 3 ② 5 ③ 7

④ 9 ⑤ 11

31

빈출

최고차항의 계수가 1인 사차다항식 $f(x)$에 대하여
$$f(0)=0,\ f(1)=1,\ f(2)=2,\ f(3)=3$$
이 성립할 때, $f(x)$를 x^2-3x-4로 나누었을 때의 나머지를 구하시오.

32

두 다항식 $f(x)$, $g(x)$에 대하여 $2f(x)+g(x)$와 $f(x)+2g(x)$가 모두 $x-7$로 나누어떨어질 때, **보기**에서 옳은 것만을 있는 대로 고른 것은?

• 보기 •

ㄱ. $f(x)$와 $g(x)$ 중 하나는 $x-7$로 나누어떨어지고, 다른 하나는 $x-7$로 나누어떨어지지 않는다.

ㄴ. $f(x)g(x)$는 $(x-7)^2$으로 나누어떨어진다.

ㄷ. $g(f(x))$는 $x-7$로 나누어떨어진다.

---

① ㄱ   ② ㄴ   ③ ㄷ
④ ㄴ, ㄷ   ⑤ ㄱ, ㄴ, ㄷ

33

두 이차다항식 $P(x)$, $Q(x)$가 다음 조건을 만족시킨다.

㈎ 모든 실수 x에 대하여 $4P(x)+Q(x)=0$이다.
㈏ $P(x)Q(x)$는 x^2+x-12로 나누어떨어진다.

$P(1)=20$일 때, $Q(2)$의 값은?

① -42 ② -44 ③ -46
④ -48 ⑤ -50

34

삼차다항식 $f(x)$에 대하여 $f(x)-1$이 $(x-1)^2$으로 나누어떨어지고, $f(x)+1$이 $(x+1)^2$으로 나누어떨어질 때, $f(2)$의 값을 구하시오.

35

서술형

최고차항의 계수가 1인 다항식 $f(x)$가 등식
$$(x+7)f(2x)=8xf(x+1)$$
을 만족시킬 때, $f(x)$를 $x+1$로 나누었을 때의 나머지를 구하시오.

36

최고차항의 계수가 1인 사차다항식 $f(x)$가 다음 조건을 만족시킬 때, $16p$의 값을 구하시오. (단, $p>0$)

㈎ $f(x)$를 $x+3$, x^2+9로 나누었을 때의 나머지는 모두 $3p^2$이다.
㈏ $f(1)=f(-1)$
㈐ $x-\sqrt{p}$는 $f(x)$의 인수이다.

01

세 실수 x, y, z에 대하여
$$(x-y)^2+(y-z)^2+(z-x)^2=4$$
일 때,
$$(x-y)^2(y-z)^2+(y-z)^2(z-x)^2+(z-x)^2(x-y)^2$$
의 값을 구하시오.

02

0이 아닌 두 실수 a, b에 대하여
$$a+\frac{1}{b}=5+\sqrt{21},\ b+\frac{1}{a}=5-\sqrt{21}$$
일 때, a^2+ab+b^2의 값을 구하시오.

03

x의 값에 관계없이 등식
$$(3x^3-2x)^6=a_0+a_1x+a_2x^2+\cdots+a_{17}x^{17}+a_{18}x^{18}$$
이 항상 성립할 때,
$$a_2+4a_4+6a_6-9(a_7+a_9+\cdots+a_{17})$$
의 값을 구하시오.

04

세 실수 x, y, z에 대하여 $x+y+z=5$, $x^2+y^2+z^2=15$, $xyz=-3$일 때, $x^5+y^5+z^5$의 값을 구하시오.

05

네 실수 a, b, x, y에 대하여 $ax+by=4$, $ax^2+by^2=6$, $ax^3+by^3=10$, $ax^4+by^4=18$일 때, ax^5+by^5의 값을 구하시오.

06

$p=\dfrac{1+\sqrt{5}}{2}$, $q=\dfrac{1-\sqrt{5}}{2}$일 때,
$$ap+b=-\frac{1}{p^8},\ aq+b=-\frac{1}{q^8}$$
을 만족시키는 두 유리수 a, b에 대하여 $2a+b$의 값을 구하시오.

07

3 이하의 자연수 n에 대하여 A_n을 다음과 같이 정의한다.

> ㈎ $A_1 = 9 + 99 + 999$
> ㈏ $A_n =$ (세 수 9, 99, 999 중에서 서로 다른 n개를 택하여 곱한 수의 총합) (단, $n \geq 2$)

이때 $A_1 + A_2 + A_3 - 3$을 100으로 나누었을 때의 나머지를 구하시오.

08

사차다항식 $f(x)$에 대하여
$$f(k) = \frac{k}{k+1} \ (k = 0, 1, 2, 3, 4)$$
일 때, $f(5)$의 값을 구하시오.

09

그림과 같이 직육면체 ABCD−EFGH에서 단면 AFC가 생기도록 사면체 F−ABC를 잘라내었다. 입체도형 ACD−EFGH의 모든 모서리의 길이의 합을 l_1, 겉넓이를 S_1이라 하고, 사면체 F−ABC의 모든 모서리의 길이의 합을 l_2, 겉넓이를 S_2라 하자. $l_1 - l_2 = 28$, $S_1 - S_2 = 61$일 때, $\overline{AC}^2 + \overline{CF}^2 + \overline{FA}^2$의 값을 구하시오. [2023년 교육청]

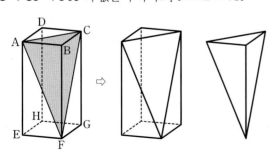

10

다항식 $f(x)$에 대하여
$$f(x-1) + x^6 f\left(\frac{1}{x^3}\right) = 7x^6 - x^2 + 2x + 5$$
가 0이 아닌 모든 실수 x에 대하여 항상 성립할 때, $f(1)$의 값을 구하시오.

11

최고차항의 계수가 양수인 두 다항식 $f(x)$, $g(x)$가 다음 조건을 만족시킨다.

> ㈎ $f(x)$를 $x^2 + g(x)$로 나누었을 때의 몫은 $x+3$이고 나머지는 $\{g(x)\}^2 - 4x^2$이다.
> ㈏ $f(x)$는 $g(x)$로 나누어떨어진다.

$f(0) \neq 0$일 때, $f(2)$의 값을 구하시오.

12

이차다항식 $P(x)$가 다음 조건을 만족시킬 때, $P(6)$의 최댓값과 최솟값의 합을 구하시오.

> ㈎ $P(1)P(2) = 0$
> ㈏ 사차다항식 $P(x)\{P(x)-4\}$는 $x(x-4)$로 나누어떨어진다.

02 인수분해

비법노트

A 세 실수 a, b, c에 대하여
$a^3+b^3+c^3=3abc$를 만족시키면
$a^3+b^3+c^3-3abc$
$=(a+b+c)(a^2+b^2+c^2-ab-bc-ca)$
$=(a+b+c)\times\dfrac{1}{2}\{(a-b)^2+(b-c)^2+(c-a)^2\}$
$=0$
즉, $a^3+b^3+c^3=3abc$이면 $a+b+c=0$ 또는
$a=b=c$이다. ▶ STEP 2 | 09번

1등급 비법

B 복잡한 식의 인수분해의 과정
다항식을 인수분해할 때는 다음과 같은 흐름으로 진행한다.

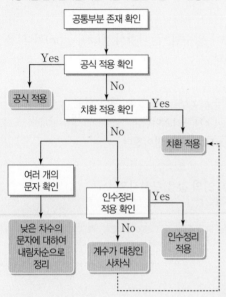

C 인수정리를 이용할 수 없는 경우
인수분해되는 삼차식은 (일차식)×(일차식)×(일차식) 또는 (일차식)×(이차식) 꼴이기 때문에 반드시 인수정리를 이용할 수 있다. ┌─ 더 이상 인수분해되지 않는 이차식
그러나 인수분해되는 사차식 중에서 (이차식)×(이차식)의 경우에는 인수정리를 이용할 수 없다. 일반적으로 인수정리를 이용할 수 없는 사차식은 다음과 같은 2가지 경우이다.
(1) 치환하여 풀 수 없는 x^4+ax^2+b 꼴의 식
  예 x^4+3x^2+4 ▶ STEP 1 | 05번, STEP 3 | 06번
(2) 계수가 대칭인 사차식
  예 $x^4-4x^3+5x^2-4x+1$
  $=x^2\left(x^2-4x+5-\dfrac{4}{x}+\dfrac{1}{x^2}\right)$
  $=x^2\left\{\left(x^2+\dfrac{1}{x^2}\right)-4\left(x+\dfrac{1}{x}\right)+5\right\}$
  $=x^2\left\{\left(x+\dfrac{1}{x}\right)^2-4\left(x+\dfrac{1}{x}\right)+3\right\}$
  $=x^2\left(x+\dfrac{1}{x}-1\right)\left(x+\dfrac{1}{x}-3\right)$
  $=(x^2-x+1)(x^2-3x+1)$
  ▶ STEP 1 | 10번, STEP 3 | 05번

인수분해
하나의 다항식을 두 개 이상의 다항식의 곱으로 나타내는 것을 인수분해라 하고, 이는 다항식의 전개의 역과정이다.

예 $x^2+3x+2 \underset{\text{전개}}{\overset{\text{인수분해}}{\rightleftharpoons}} \underset{\text{인수}}{(x+1)}\underset{\text{인수}}{(x+2)}$

인수분해 공식 A
(1) $a^2+2ab+b^2=(a+b)^2$
(2) $a^2-2ab+b^2=(a-b)^2$
(3) $a^2-b^2=(a+b)(a-b)$
(4) $x^2+(a+b)x+ab=(x+a)(x+b)$
(5) $acx^2+(ad+bc)x+bd=(ax+b)(cx+d)$
(6) $a^2+b^2+c^2+2ab+2bc+2ca=(a+b+c)^2$
(7) $a^3+3a^2b+3ab^2+b^3=(a+b)^3$
(8) $a^3-3a^2b+3ab^2-b^3=(a-b)^3$
(9) $a^3+b^3=(a+b)(a^2-ab+b^2)$
(10) $a^3-b^3=(a-b)(a^2+ab+b^2)$
(11) $a^3+b^3+c^3-3abc=(a+b+c)(a^2+b^2+c^2-ab-bc-ca)$
(12) $a^4+a^2b^2+b^4=(a^2+ab+b^2)(a^2-ab+b^2)$

복잡한 식의 인수분해 B
(1) 공통부분이 있는 다항식의 인수분해
  ① 공통부분을 한 문자로 치환하여 인수분해한다.
  ② 공통부분이 드러나지 않는 경우에는 공통부분이 생기도록 식을 적당히 전개한 다음 치환하여 인수분해한다.
(2) x^4+ax^2+b 꼴의 다항식의 인수분해
  ① $x^2=X$로 치환하여 X^2+aX+b를 인수분해한다.
  ② X^2+aX+b가 인수분해되지 않으면 x^4+ax^2+b의 이차항을 분리하여 $(x^2+A)^2-(Bx)^2$ 꼴로 변형한 후 인수분해한다.
(3) 여러 개의 문자를 포함한 다항식의 인수분해 <small>예 $x^4+x^2+1=x^4+2x^2+1-x^2=(x^2+1)^2-x^2$
$=(x^2+x+1)(x^2-x+1)$</small>
  ① 차수가 가장 낮은 한 문자에 대하여 내림차순으로 정리한 다음 인수분해한다.
  ② 차수가 모두 같으면 어느 한 문자에 대하여 내림차순으로 정리한 다음 인수분해한다. ┌─ 계수가 간단한 문자에 대하여 내림차순으로 정리하면 편리하다.

인수정리를 이용한 삼차 이상의 다항식 $f(x)$의 인수분해 C
(i) $f(\alpha)=0$을 만족시키는 α의 값을 구한다.
(ii) 조립제법을 이용하여 $f(x)$를 $x-\alpha$로 나눈 몫 $Q(x)$를 구한 다음 $f(x)=(x-\alpha)Q(x)$라 한다.
(iii) $Q(x)$가 더 이상 나누어지지 않는 다항식의 곱으로 나타날 때까지 인수분해 공식 또는 위의 (i), (ii)의 과정을 반복한다.
참고 다항식 $f(x)$의 계수가 모두 정수일 때, $f(\alpha)=0$을 만족시키는 α의 값은 $\pm\dfrac{(f(x)\text{의 상수항의 약수})}{(f(x)\text{의 최고차항의 계수의 약수})}$ 중에서 찾을 수 있다.

01 인수분해 공식

다음 중 옳지 <u>않은</u> 것은?

① $a^2+b^2-2ab+2a-2b+1=(a-b+1)^2$

② $27x^3-27x^2y+9xy^2-y^3=(3x-y)^3$

③ $x^3-27=(x-3)(x^2+6x+9)$

④ $x^4+4x^2+16=(x^2+2x+4)(x^2-2x+4)$

⑤ $a^6-b^6=(a+b)(a-b)(a^2+ab+b^2)(a^2-ab+b^2)$

02 공통부분이 있는 식의 인수분해(1)

다항식 $(x^2-x+1)(x^2-x-9)+21$을 인수분해하였더니 $(x+2)(x+1)(x+a)(x+b)$가 되었다. 이때 두 상수 a, b에 대하여 $a+b$의 값은?

① -1 ② -2 ③ -3

④ -4 ⑤ -5

03 공통부분이 있는 식의 인수분해(2)

다항식 $(x-2)(x-4)(x-6)(x-8)+k$가 x에 대한 이차식의 완전제곱식으로 인수분해될 때, 상수 k의 값을 구하시오.

04 x^4+ax^2+b 꼴의 인수분해(1)

다항식 x^4-20x^2+64를 인수분해하면 $(x-a)(x-b)(x-c)(x-d)$일 때, 네 상수 a, b, c, d에 대하여 $ad-bc$의 값은? (단, $a<b<c<d$)

① -18 ② -16 ③ -14

④ -12 ⑤ -10

05 x^4+ax^2+b 꼴의 인수분해(2)

다음 중 다항식 $x^4-6x^2y^2+y^4$의 인수인 것은?

① x^2-xy-y^2 ② $x^2-2xy-y^2$

③ $x^2-3xy+y^2$ ④ x^2+xy-y^2

⑤ $x^2+6xy+y^2$

06 여러 개의 문자를 포함한 식의 인수분해

다항식 $x^2+3xy-3x-5y+2y^2+2$가 $(x+ay-1)(x+by+c)$로 인수분해될 때, 세 상수 a, b, c에 대하여 $a+b+c$의 값을 구하시오.

07 순환형 식의 인수분해

다음 중 다항식 $xy(x+y)-yz(y+z)-zx(z-x)$의 인수인 것은?

① $x-y$ ② $x-z$ ③ $y-z$

④ $x-y+z$ ⑤ $x+y+z$

08 조건이 주어진 식의 인수분해

$x+y+z=1$일 때, 다항식 $x^2-4xy+3y^2-x-7y-2z$를 x, y에 대한 두 일차식의 곱으로 인수분해하시오.

09 인수정리를 이용한 인수분해

두 일차식 $x+1$, $x+2$를 인수로 갖는 다항식 $x^4-x^3+ax^2+bx+6$을 인수분해하시오.

(단, a, b는 상수이다.)

10 계수가 대칭인 사차식의 인수분해

다항식 $(x^2-1)^2-3x(x^2+1)$이 $(x^2+x+a)(x^2+bx+c)$로 인수분해될 때, 세 상수 a, b, c에 대하여 $a+b+c$의 값은?

① -2 ② -1 ③ 0
④ 2 ⑤ 3

11 인수분해를 이용하여 식의 값 구하기

$a+b=2$, $b+c=5$일 때,
$$ac^2-2a^2c+a^3+bc^2-2abc+a^2b$$
의 값은?

① 12 ② 14 ③ 16
④ 18 ⑤ 20

12 인수분해를 이용한 삼각형의 모양 판단

삼각형의 세 변의 길이 a, b, c에 대하여
$$(a-b)c^3-(a^2-b^2)c^2-(a^3-a^2b+ab^2-b^3)c$$
$$+(a^4-b^4)=0$$
이 성립할 때, 이 삼각형은 어떤 삼각형인가?

① 정삼각형
② $a=c$인 둔각삼각형
③ 빗변의 길이가 a인 직각삼각형 또는 $b=c$인 이등변삼각형
④ 빗변의 길이가 b인 직각삼각형 또는 $a=c$인 이등변삼각형
⑤ 빗변의 길이가 c인 직각삼각형 또는 $a=b$인 이등변삼각형

13 인수분해를 이용한 수의 계산

10 이상의 두 자연수 a, b에 대하여
$$13^3+13^2-13+2=a\times b$$
일 때, $a+b$의 값은?

① 168 ② 170 ③ 172
④ 174 ⑤ 176

14 인수분해의 도형에의 활용

그림과 같이 자연수 n에 대하여 가로의 길이가 $n^3+7n^2+14n+8$, 세로의 길이가 n^2+4n+3인 직사각형 모양의 바닥이 있다. 한 변의 길이가 $n+1$인 정사각형 모양의 타일로 이 바닥 전체를 겹치지 않게 빈틈없이 깔려고 한다. 이때 필요한 타일의 개수는?

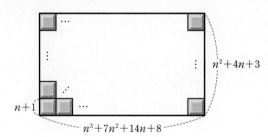

① $(n+2)(n+3)$ ② $(n+3)(n+4)$
③ $(n+1)(n+2)(n+3)$ ④ $(n+1)(n+2)(n+4)$
⑤ $(n+2)(n+3)(n+4)$

대표
01 유형 ❶ 공식을 이용한 인수분해

1000개의 이차다항식

$$x^2+2x-1, \ x^2+2x-2, \ \cdots, \ x^2+2x-1000$$

중에서 계수와 상수항이 모두 정수인 두 일차식의 곱으로 인수분해되는 것의 개수는?

① 24   ② 26   ③ 28

④ 30   ⑤ 32

02

$a+b+c=5$, $a^2+b^2+c^2=9$, $a^3+b^3+c^3=14$일 때, $ab(a+b)+bc(b+c)+ca(c+a)$의 값을 구하시오.

03 신유형

세 자연수 a, b, c에 대하여 **보기**에서 $\dfrac{a^3+b^3}{a^3+c^3}=\dfrac{a+b}{a+c}$ 를 만족시키는 순서쌍 (a, b, c)만을 있는 대로 고른 것은?

• 보기 •
┌─────────────────────────────────────┐
│ ㄱ. (49, 99, 99)   ㄴ. (135, 68, 67) │
│ ㄷ. (75, 49, 87)   ㄹ. (48, 50, 59) │
└─────────────────────────────────────┘

① ㄱ, ㄴ   ② ㄱ, ㄷ   ③ ㄱ, ㄹ

④ ㄴ, ㄷ   ⑤ ㄴ, ㄷ, ㄹ

04

0이 아닌 두 실수 a, b에 대하여 x에 대한 다항식 ax^3+b를 $ax+b$로 나눈 몫을 $Q_1(x)$, 나머지를 R_1이라 하고, x에 대한 다항식 ax^4+b를 $ax+b$로 나눈 몫을 $Q_2(x)$, 나머지를 R_2라 하자. $R_1=R_2$일 때, $Q_1(3)+Q_2(4)$의 값은?

① 96   ② 97   ③ 98

④ 99   ⑤ 100

대표
05 유형 ❷ 치환을 이용한 인수분해

다항식 $(a+1)(b+1)(ab+1)+ab$를 인수분해하시오.

06

자연수 $308\times310\times313-3116$의 양의 약수의 개수는?

① 8   ② 24   ③ 36

④ 64   ⑤ 72

07

최고차항의 계수가 1인 두 이차식 $f(x)$, $g(x)$가 모든 실수 x에 대하여

$$f(x)g(x)=(x^2-3x+2)(x^2+7x+12)+4$$

를 만족시킬 때, $f(5)+g(5)$의 값을 구하시오.

08

자연수 중에서 서로 다른 한 자리의 짝수 a, b에 대하여 두 다항식 $x^4-2(a^2+b^2)x^2+(a^2-b^2)^2$과 x^2-4a^2이 공통인수를 가질 때, a^2+b^2의 값을 구하시오.

09

1이 아닌 세 실수 x, y, z에 대하여 $x+2y+3z=6$일 때,

$$\frac{360(x-1)(y-1)(z-1)}{(x-1)^3+8(y-1)^3+27(z-1)^3}$$

의 값을 구하시오.

대표 **10** 유형 ❸ 여러 개의 문자를 포함한 식의 인수분해

다항식 $(a+b)(b+c)(c+a)+abc$를 인수분해하시오.

11 빈출

다항식 $x^2+4xy+3y^2-x+y+k$가 x, y에 대한 두 일차식의 곱으로 인수분해될 때, 상수 k의 값은?

① -6 ② -4 ③ -2
④ 0 ⑤ 2

12 서술형

0이 아닌 세 실수 a, b, c에 대하여

$f(a, b, c)=\dfrac{a}{b}+\dfrac{b}{c}+\dfrac{c}{a}$로 정의한다.

$$f(b, a, c)+f(c, a, b)=-3,\ a+b+c\neq0$$

일 때, $\dfrac{1}{a}+\dfrac{1}{b}+\dfrac{1}{c}$의 값을 구하시오.

13

세 자연수 x, y, z에 대하여 $x^3+y^3+z^3-3xyz=10$이고 $xy(x-y)+yz(y-z)+zx(z-x)=0$일 때, xyz의 값은?

① 32   ② 36   ③ 40
④ 44   ⑤ 48

대표 14

유형 ❹ 인수정리를 이용한 인수분해

세 양수 a, b, c에 대하여 두 다항식 $ax^4+bx^3+cx^2-16a$와 $x^4+x^3-3x^2-4x-4$가 일차식인 공통인수를 가질 때, 다음 중 다항식 $ax^5+bx^2-4ax-c$의 인수로 항상 옳은 것은?

① $x+2$ ② $x-2$ ③ x^2+2
④ x^2-2 ⑤ x^2+4

15

자연수 n에 대하여 두 다항식 $f(n)$, $g(n)$을
$$f(n)=n^2-3n+2,\ g(n)=2n^3-12n^2+28n-24$$
라 할 때, $\dfrac{g(n)}{f(n)}$이 자연수가 되도록 하는 모든 n의 값의 합을 구하시오.

16

한 모서리의 길이가 x인 정육면체 모양의 나무토막이 있다. [그림 1]과 같이 한 변의 길이가 y인 정사각형 모양으로 이 나무토막의 윗면의 중앙에서 아랫면의 중앙까지 구멍을 뚫었다. 구멍은 정사각기둥 모양이고, 각 모서리는 처음 정육면체의 모서리와 평행하다. 이와 같은 방법으로 각 면에서 구멍을 뚫어 [그림 2]와 같은 입체도형을 얻었다.

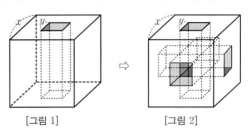

[그림 1]   [그림 2]

이때 [그림 2]의 입체도형의 부피를 x, y에 대한 식으로 나타낸 것은?

① $(x-y)^2(x+2y)$ ② $(x-y)(x+2y)^2$
③ $(x+y)^2(x-2y)$ ④ $(x+y)(x-2y)^2$
⑤ $(x+y)^2(x+2y)$

17

모든 실수 x에 대하여 두 이차다항식 $P(x)$, $Q(x)$가 다음 조건을 만족시킨다.

> (가) $P(x)+Q(x)=2$
> (나) $\{P(x)\}^3+\{Q(x)\}^3=6x^4+24x^3+24x^2+2$

$P(x)$의 최고차항의 계수가 음수일 때, $P(1)+Q(2)$의 값은?

① 6   ② 7   ③ 8
④ 9   ⑤ 10

18

1등급

다항식 $3x^3+(k-3)x^2+(6-k)x-6$을 인수분해하면 계수와 상수항이 모두 정수인 세 일차식의 곱으로 인수분해된다. 상수 k의 최댓값을 M, 최솟값을 m이라 할 때, $M-m$의 값을 구하시오.

01

삼각형 ABC의 세 변의 길이 a, b, c에 대하여 등식
$$(a+b)^2(a^2+b^2)-2(a^2+ab+b^2)c^2+c^4=0$$
이 성립한다. 삼각형 ABC의 한 변의 길이가 8이고, 둘레의
길이가 40일 때, 삼각형 ABC의 넓이를 구하시오.

02

2 이상의 자연수 n에 대하여 다항식
$$x^n+a_{n-1}x^{n-1}+a_{n-2}x^{n-2}+\cdots+a_1x+1000$$
이 계수와 상수항이 모두 자연수인 서로 다른 일차식의 곱으
로만 인수분해될 때, 다음 중 a_{n-1}의 값으로 적당하지 <u>않은</u>
것은?

① 131   ② 132   ③ 133
④ 134   ⑤ 135

03

그림과 같이 $\overline{AB}=\overline{AC}=8$인
이등변삼각형 ABC가 있다. 변
AB 위에 $\overline{AP_1}=a$, $\overline{P_1P_2}=b$,
$\overline{BP_2}=c$인 두 점 P_1, P_2를 잡고
두 점 P_1, P_2에서 변 AC와 평행
한 직선을 그어 변 BC와 만나는
점을 각각 Q_1, Q_2, 두 점 Q_1, Q_2

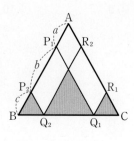

에서 변 AB와 평행한 직선을 그어 변 AC와 만나는 점을
각각 R_1, R_2라 하자. 색칠한 부분의 넓이가 삼각형 ABC의
넓이의 $\frac{1}{2}$일 때, $a^3+b^3+c^3-3abc$의 값을 구하시오.

04

한 자리의 세 자연수 a, b, c에 대하여
$$a^3(b-c)+b^3(c-a)+c^3(a-b)=114$$
가 성립할 때, abc의 값을 구하시오. (단, $a>b>c$)

05

다항식 $f(x)=x^4+2ax^3+bx^2+2ax+1$을 인수분해하였을
때, 인수 중에서 일차항의 계수가 양의 정수이고, 상수항이
정수인 서로 다른 일차식의 개수를 $N(a,b)$라 하자. **보기**에
서 옳은 것만을 있는 대로 고른 것은? (단, a, b는 정수이다.)

┌─ 보기 ─────────────────────────┐

ㄱ. $N(0,-2)=2$이다.
ㄴ. $N(a,2)=1$을 만족시키는 a는 2개이다.
ㄷ. $b=a^2+2$이면 $N(a,b)\geq1$이다.

└──────────────────────────────┘

① ㄱ   ② ㄱ, ㄴ   ③ ㄱ, ㄷ
④ ㄴ, ㄷ   ⑤ ㄱ, ㄴ, ㄷ

06

100 이하의 자연수 a에 대하여 사차다항식 x^4-ax^2+1이
계수와 상수항이 모두 정수인 두 개 이상의 다항식의 곱으로
인수분해되도록 하는 a의 개수를 구하시오.

Ⅱ 방정식과 부등식

BLACKLABEL

03 복소수

A z^2이 실수가 될 조건

복소수 $z=a+bi$ (a, b는 실수)에 대하여

(1) z^2이 실수 $\iff$ z는 실수 또는 순허수
$\iff a=0$ 또는 $b=0$ ▶ STEP 1 | 05번

(2) z^2이 양수 $\iff$ z는 0이 아닌 실수
$\iff a\neq0$, $b=0$

(3) z^2이 음수 $\iff$ z는 순허수
$\iff a=0$, $b\neq0$ ▶ STEP 2 | 01번

B i의 거듭제곱

(1) i^n의 규칙성 (n은 음이 아닌 정수, $i^0=1$)

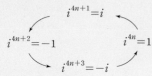

$$i^{4n+1}=i$$
$$i^{4n+2}=-1 \qquad i^{4n}=1$$
$$i^{4n+3}=-i$$

(2) i의 거듭제곱의 계산의 특징
① $i+i^2+i^3+i^4=0$
② $\dfrac{1}{i}+\dfrac{1}{i^2}+\dfrac{1}{i^3}+\dfrac{1}{i^4}=0$ ▶ STEP 2 | 07번

중요

C 복소수 $z=a+bi$ (a, b는 실수)에 대하여

(1) $\overline{z}=z$이면
$\overline{a+bi}=a+bi$에서 $a-bi=a+bi$이므로
$b=0$
즉, $z=a$이므로 z는 실수이다.

(2) $\overline{z}=-z$, $z\neq0$이면
$\overline{a+bi}=-(a+bi)$에서 $a-bi=-a-bi$이므로
$a=0$, $b\neq0$
즉, $z=bi$이므로 z는 순허수이다.

(3) $z\overline{z}=(a+bi)(a-bi)=a^2+b^2$이므로
$z\overline{z}$는 0 이상의 실수이다.

(4) $z+\overline{z}=(a+bi)+(a-bi)=2a$이므로
$z+\overline{z}$는 실수이다.

(5) $z-\overline{z}=(a+bi)-(a-bi)=2bi$이므로
$z-\overline{z}$는 순허수 또는 0이다. ▶ STEP 2 | 17번, 20번

D 복소수 $z=\dfrac{1\pm\sqrt{3}i}{2}$의 특징

$z=\dfrac{1+\sqrt{3}i}{2}$에서 $2z-1=\sqrt{3}i$

위의 식의 양변을 제곱하면
$(2z-1)^2=-3$, $4z^2-4z+4=0$
$\therefore z^2-z+1=0$
위의 식의 양변에 $z+1$을 곱하면
$(z+1)(z^2-z+1)=0$, $z^3+1=0$
$\therefore z^3=-1$
마찬가지로 $z=\dfrac{1-\sqrt{3}i}{2}$일 때도 $\overline{z}^3=-1$이 성립한다.

▶ STEP 1 | 09번, STEP 2 | 12번

복소수

(1) 제곱하여 -1이 되는 새로운 수를 i로 나타내고, 이를 허수단위라 한다.
즉, $i^2=-1$, $i=\sqrt{-1}$

(2) 실수 a, b에 대하여 $a+bi$ 꼴의 수를 복소수라 하고, a를 실수부분, b를 허수부분이라 한다. 이때 복소수 $a+bi$는 $b=0$이면 실수, $b\neq0$이면 허수이고, $a=0$, $b\neq0$이면 순허수이다.

$$\text{복소수 } a+bi \begin{cases} \text{실수 } a & (b=0) \\ \text{허수 } a+bi & (b\neq0) \end{cases} (a, b\text{는 실수})$$

복소수가 서로 같을 조건

두 복소수 $a+bi$, $c+di$ (a, b, c, d는 실수)의 실수부분과 허수부분이 각각 같을 때, 즉 $a=c$, $b=d$일 때 두 복소수는 '서로 같다'고 하고,
$$a+bi=c+di$$
로 나타낸다. 특히, $a+bi=0$이면 $a=0$, $b=0$이다.

복소수의 사칙연산 A B

(1) a, b, c, d가 실수일 때,
① $(a+bi)+(c+di)=(a+c)+(b+d)i$
② $(a+bi)-(c+di)=(a-c)+(b-d)i$
③ $(a+bi)(c+di)=(ac-bd)+(ad+bc)i$
④ $\dfrac{a+bi}{c+di}=\dfrac{ac+bd}{c^2+d^2}+\dfrac{bc-ad}{c^2+d^2}i$ (단, $c+di\neq0$)
　　분모, 분자에 분모 $c+di$의 켤레복소수 $c-di$를 각각 곱하여 정리한다.

(2) i의 거듭제곱의 성질
$$i^{4n}=1, \ i^{4n+1}=i, \ i^{4n+2}=-1, \ i^{4n+3}=-i$$
$$(\text{단, } n\text{은 음이 아닌 정수, } i^0=1)$$

켤레복소수 C

(1) 복소수 $z=a+bi$ (a, b는 실수)에 대하여 $a-bi$를 z의 켤레복소수라 하고, $\overline{z}$로 나타낸다. 즉, $\overline{z}=\overline{a+bi}=a-bi$

(2) 켤레복소수의 성질 : 두 복소수 z_1, z_2에 대하여
① $\overline{(\overline{z_1})}=z_1$　　　　② $\overline{z_1\pm z_2}=\overline{z_1}\pm\overline{z_2}$ (복부호 동순)
③ $\overline{z_1z_2}=\overline{z_1}\times\overline{z_2}$　　④ $\overline{\left(\dfrac{z_1}{z_2}\right)}=\dfrac{\overline{z_1}}{\overline{z_2}}$ (단, $z_2\neq0$)
⑤ $z_1\overline{z_1}$는 0 이상의 실수　⑥ $z_1+\overline{z_1}$는 실수, $z_1-\overline{z_1}$는 순허수 또는 0

음수의 제곱근

(1) $a>0$일 때, $\sqrt{-a}=\sqrt{a}i$이고, 음수 $-a$의 제곱근은 $\pm\sqrt{a}i$이다.

(2) $a<0$, $b<0$이면 $\sqrt{a}\sqrt{b}=-\sqrt{ab}$
$\sqrt{a}\sqrt{b}=-\sqrt{ab}$이면 $a<0$, $b<0$ 또는 $a=0$ 또는 $b=0$

(3) $a>0$, $b<0$이면 $\dfrac{\sqrt{a}}{\sqrt{b}}=-\sqrt{\dfrac{a}{b}}$
$\dfrac{\sqrt{a}}{\sqrt{b}}=-\sqrt{\dfrac{a}{b}}$이면 $a>0$, $b<0$ 또는 $a=0$, $b\neq0$

01 복소수의 뜻

다음 설명 중 옳은 것은?

① $i^{1001}=-i$
② $7-5i$는 순허수이다.
③ $\overline{-1+5i}$의 켤레복소수는 $1-5i$이다.
④ $5-2i$의 실수부분은 5, 허수부분은 -2이다.
⑤ 두 실수 a, b에 대하여 $a+bi$가 실수이면 $a=0$, $b=0$이다.

02 복소수의 실수부분과 허수부분

복소수 $\dfrac{a+3i}{2-i}$의 실수부분과 허수부분의 합이 3일 때, 실수 a의 값은?

① 1   ② 2   ③ 3
④ 4   ⑤ 5

03 복소수의 연산⑴

$1+2i+\dfrac{1+i}{1-i}+\dfrac{7-i}{1+2i}$ 를 간단히 하시오.

04 복소수의 연산⑵

두 복소수 $x=\dfrac{2}{1+\sqrt{3}i}$, $y=\dfrac{2}{1-\sqrt{3}i}$ 에 대하여 $\dfrac{x^2}{y}+\dfrac{y^2}{x}$의 값은?

① -1 ② -2 ③ -3
④ -4 ⑤ -5

05 복소수가 실수가 될 조건

복소수 $a=(2-n-5i)^2$에 대하여 a^2이 실수가 되도록 하는 모든 자연수 n의 값의 합을 구하시오.

06 복소수가 서로 같을 조건

서로 다른 두 실수 x, y에 대하여
$$(x^2-y^2-2x+5y)+(5-xy)i=2x+y+2i$$
일 때, x^3+y^3의 값을 구하시오.

07 i의 거듭제곱

두 실수 a, b에 대하여
$$i-2i^2+3i^3-4i^4+\cdots+199i^{199}-200i^{200}=a+bi$$
일 때, $a+b$의 값은?

① -200 ② -100 ③ 0
④ 100   ⑤ 200

08 복소수의 거듭제곱(1)

자연수 n에 대하여 $f(n)=\left(\dfrac{1+i}{\sqrt{2}}\right)^{4n}+\left(\dfrac{1-i}{\sqrt{2}}\right)^{8n}$일 때, $f(1)+f(2)+f(3)+\cdots+f(400)$의 값을 구하시오.

09 복소수의 거듭제곱(2)

$\left(\dfrac{2}{-1+\sqrt{3}i}\right)^{5}=a+bi$를 만족시키는 두 실수 a, b에 대하여 $a^{2}+b^{2}$의 값을 구하시오.

10 켤레복소수

복소수 z의 켤레복소수를 $\overline{z}$라 할 때, 다음 조건을 만족시키는 복소수 z는?

> (가) $(z-\overline{z}-i)+z\overline{z}=5-3i$
> (나) $z+\overline{z}$의 실수부분은 양의 실수이다.

① $-2+i$ ② $-1-2i$ ③ $1-2i$
④ $2-i$ ⑤ $2+i$

11 켤레복소수의 성질

복소수 z와 그 켤레복소수 $\overline{z}$에 대하여 $f(z)=z\overline{z}$라 할 때, 두 복소수 z, ω에 대하여 **보기**에서 옳은 것만을 있는 대로 고른 것은?

> • 보기 •
> ㄱ. $f(z)\geq0$
> ㄴ. $f(z+\omega)=f(z)+f(\omega)$
> ㄷ. $f(z\omega)=f(z)f(\omega)$

① ㄱ   ② ㄴ   ③ ㄷ
④ ㄱ, ㄴ   ⑤ ㄱ, ㄷ

12 복소수가 포함된 식의 값 구하기

$x=\dfrac{-1-\sqrt{3}i}{2}$일 때, $3x^{3}-4x^{2}+2x+1$의 값은?

① $5-3\sqrt{3}i$ ② $5+3\sqrt{3}i$ ③ $3+3\sqrt{3}i$
④ $3-5\sqrt{3}i$ ⑤ $3+5\sqrt{3}i$

13 음수의 제곱근(1)

$\sqrt{-4}\sqrt{-9}+\sqrt{-2}\sqrt{18}+\dfrac{\sqrt{24}}{\sqrt{-6}}+\dfrac{\sqrt{-32}}{\sqrt{-8}}=a+bi$일 때, 실수 a, b에 대하여 $a^{2}+b^{2}$의 값은?

① 24   ② 28   ③ 32
④ 36   ⑤ 40

14 음수의 제곱근(2)

$(x^{2}-1)(y^{2}-1)\neq0$인 두 실수 x, y에 대하여
$$\sqrt{x-1}\sqrt{y-1}=-\sqrt{(x-1)(y-1)},$$
$$\dfrac{\sqrt{x+1}}{\sqrt{y+1}}=-\sqrt{\dfrac{x+1}{y+1}}$$
이 성립할 때, $|x-2|+|y-3|+\sqrt{y^{2}}$을 간단히 하시오.

대표

01   유형 ❶ 복소수의 뜻과 사칙연산

0이 아닌 복소수
$$z=(x^2-x-6)+(x^2+x-2)i$$
에 대하여 z가 실수가 되도록 하는 실수 x를 x_1이라 하고, z^2이 음의 실수가 되도록 하는 실수 x를 x_2라 하자. 이때 x_1+x_2의 값은?

① 1   ② 2   ③ 3
④ 4   ⑤ 5

02

두 복소수 α, β에 대하여 **보기**에서 옳은 것만을 있는 대로 고른 것은?

> **• 보기 •**
>
> ㄱ. $\alpha\beta=0$이면 $\alpha=0$ 또는 $\beta=0$이다.
> ㄴ. $\alpha^2+\beta^2=0$이면 $\alpha=\beta=0$이다.
> ㄷ. $\alpha+\beta i=0$이면 $\alpha=\beta=0$이다.
> ㄹ. $\alpha+\beta$와 $\alpha\beta$가 모두 실수이면 α는 β의 켤레복소수이다.

① ㄱ   ② ㄱ, ㄴ   ③ ㄷ, ㄹ
④ ㄱ, ㄴ, ㄷ   ⑤ ㄴ, ㄷ, ㄹ

03

두 양수 a, b에 대하여 $f(a, b)=\dfrac{\sqrt{a}+\sqrt{b}i}{\sqrt{a}-\sqrt{b}i}$라 하자. 자연수 p, q에 대하여
$$f(2, 1)+f(4, 2)+f(6, 3)+\cdots+f(30, 15)=p+q\sqrt{2}i$$
일 때, $p+q$의 값을 구하시오.

04

5 이하의 두 자연수 a, b에 대하여 복소수 z를
$$z=(a-b)+(a+b-4)i$$
라 하자. z^4이 음의 실수가 되도록 하는 순서쌍 (a, b)의 개수는?

① 6   ② 7   ③ 8
④ 9   ⑤ 10

05

서로 다른 두 복소수 x, y가 $x^2-y=2i$, $y^2-x=2i$를 만족시킬 때, $(x+y)^3-3xy$의 값을 구하시오.

06

x에 대한 이차방정식
$$(2+i)x^2+(k^2-i)x-2i=0$$
이 실근을 가질 때, 실수 k의 값은?

① $\pm\sqrt{2}$ ② $\pm\sqrt{3}$ ③ $\pm\sqrt{5}$
④ $\pm\sqrt{7}$ ⑤ $\pm\sqrt{11}$

대표 07 유형 ❷ 복소수의 거듭제곱

등식

$$\frac{1}{i}-\frac{1}{i^2}+\frac{1}{i^3}-\frac{1}{i^4}+\cdots+\frac{(-1)^{n+1}}{i^n}=\frac{1}{i}$$

이 성립하도록 하는 50 이하의 자연수 n의 개수를 구하시오.

08 〔서술형〕

복소수 $z=\dfrac{1+i}{1-i}$에 대하여 $z^n+z^{2n}+z^{3n}=-1$이 성립하도록 하는 100 이하의 자연수 n의 개수를 구하시오.

09

복소수 z_n에 대하여
$$z_1=2+i,\ z_{n+1}=iz_n\ (n=1,\ 2,\ 3,\ \cdots)$$
이라 할 때, z_{999}의 값은?

① $-2-i$ ② $-1+2i$ ③ 1
④ $1-2i$ ⑤ $2+i$

10

등식 $(1-i)^m=-4^n$을 만족시키는 두 자리의 자연수 m, n의 순서쌍 $(m,\ n)$의 개수를 구하시오.

11

자연수 n에 대하여 복소수 $z_n=\left(\dfrac{\sqrt{2}i}{1+i}\right)^n$이라 할 때, **보기**에서 옳은 것만을 있는 대로 고른 것은?

• 보기 •
ㄱ. $z_4=-1$
ㄴ. $z_{1111}=z_7$
ㄷ. $z_1+z_3+z_5+\cdots+z_{99}=\sqrt{2}i$

① ㄱ   ② ㄴ   ③ ㄱ, ㄴ
④ ㄴ, ㄷ   ⑤ ㄱ, ㄴ, ㄷ

12

100 이하의 자연수 n에 대하여
$$\left(\frac{\sqrt{2}}{1+i}\right)^n+\left(\frac{1-\sqrt{3}i}{2}\right)^n=2$$
를 만족시키는 모든 n의 값의 합을 구하시오.

13

복소수 $z=\dfrac{-1+\sqrt{3}i}{2}$ 에 대하여 **보기**에서 옳은 것만을 있는 대로 고른 것은? [2021년 교육청]

• 보기 •

ㄱ. $z^3=1$

ㄴ. $z^4+z^5=-1$

ㄷ. $z^n+z^{2n}+z^{3n}+z^{4n}+z^{5n}=-1$을 만족시키는 100 이하의 모든 자연수 n의 개수는 66이다.

① ㄱ   ② ㄴ   ③ ㄱ, ㄴ
④ ㄱ, ㄷ   ⑤ ㄱ, ㄴ, ㄷ

14

1등급

자연수 n에 대하여 $f(n)=\left(\dfrac{\sqrt{2}}{1+i}\right)^n+\left(\dfrac{\sqrt{2}}{1-i}\right)^n$ 이라 할 때, $f(m)>1$을 만족시키는 50 이하의 자연수 m의 개수를 구하시오.

대표
15 유형 ❸ 켤레복소수의 성질과 계산

네 실수 a, b, c, d에 대하여

$$\overline{(a+bi)^2}=3-2i, \quad (a-bi)^4=\frac{c+di}{5+12i}$$

일 때, $c+d$의 값을 구하시오.

(단, $\bar{z}$는 z의 켤레복소수이다.)

16

복소수 $\omega=\dfrac{1+\sqrt{2}i}{2}$ 에 대하여 복소수 z를 $z=\dfrac{3\omega+1}{5\omega-1}$이라 할 때, $z\bar{z}$의 값은? (단, $\bar{z}$는 z의 켤레복소수이다.)

① $\dfrac{4}{15}$ ② $\dfrac{1}{3}$ ③ $\dfrac{16}{27}$

④ $\dfrac{43}{59}$ ⑤ $\dfrac{53}{70}$

17

복소수 z에 대하여 **보기**에서 옳은 것만을 있는 대로 고른 것은? (단, $\bar{z}$는 z의 켤레복소수이다.)

• 보기 •

ㄱ. $z\bar{z}=0$이면 $z=0$이다.

ㄴ. $z^2-\bar{z}$가 실수이면 z는 실수이다.

ㄷ. $\dfrac{zi}{1-z}-\dfrac{\bar{z}i}{1-\bar{z}}$는 실수이다.

① ㄱ   ② ㄴ   ③ ㄱ, ㄷ
④ ㄴ, ㄷ   ⑤ ㄱ, ㄴ, ㄷ

18

두 복소수 α, β에 대하여

$$\alpha+\beta=2+i, \quad \overline{\alpha^2}-\overline{\beta^2}=3+6i$$

일 때, $(\alpha\beta)^2+(\overline{\alpha\beta})^2$의 값을 구하시오.

(단, $\overline{\alpha^2}$, $\overline{\beta^2}$, $\overline{\alpha\beta}$는 각각 α^2, β^2, $\alpha\beta$의 켤레복소수이다.)

19

 빈출

임의의 복소수 z에 대하여 $(2-3i)z+\omega\overline{z}$가 실수가 되도록 하는 복소수 ω를 구하시오. (단, $\overline{z}$는 z의 켤레복소수이다.)

20

세 복소수 z_1, z_2, z_3에 대하여 **보기**에서 항상 실수인 것만을 있는 대로 고른 것은?

(단, $\overline{z_1}$, $\overline{z_2}$, $\overline{z_3}$는 각각 z_1, z_2, z_3의 켤레복소수이다.)

• 보기 •

ㄱ. $z_1\overline{z_2}+\overline{z_1}z_2$

ㄴ. $z_3{}^2-z_3\overline{z_3}+\overline{z_3}{}^2$

ㄷ. $\dfrac{\overline{z_3}i}{1+z_3}+\dfrac{\overline{z_3}i}{1+\overline{z_3}}$

ㄹ. $(\overline{z_3}+1)(\overline{z_3}{}^2-\overline{z_3}+1)+(z_3+1)(z_3{}^2-z_3+1)$

① ㄱ　　　　　② ㄱ, ㄴ　　　　③ ㄴ, ㄹ

④ ㄱ, ㄴ, ㄹ　　⑤ ㄱ, ㄴ, ㄷ, ㄹ

21

복소수 z가 다음 조건을 만족시킬 때, 서로 다른 z^4의 값의 합을 구하시오. (단, $\overline{z}$는 z의 켤레복소수이다.)

(가) z^2+2z가 실수이다.

(나) $z\overline{z}=4$

22

두 복소수 α, β에 대하여

$$\alpha\overline{\alpha}=\beta\overline{\beta}=4,\ \alpha+\beta=2-2\sqrt{3}i$$

가 성립할 때, $\left(\dfrac{1}{\alpha}+\dfrac{1}{\beta}\right)^{2468}$의 값은?

(단, $\overline{\alpha}$, $\overline{\beta}$는 각각 α, β의 켤레복소수이다.)

① $\dfrac{-1-\sqrt{3}i}{2}$　　② $\dfrac{-1+\sqrt{3}i}{2}$　　③ 1

④ $\dfrac{1-\sqrt{3}i}{2}$　　⑤ $\dfrac{1+\sqrt{3}i}{2}$

대표
23 　유형 ❹ 복소수가 포함된 식의 값 구하기

복소수 $z=\dfrac{-1+\sqrt{3}i}{4}$에 대하여

$$1+2z+2^2z^2+2^3z^3+\cdots+2^{10}z^{10}=a+bi$$

이다. 이때 두 실수 a, b에 대하여 $8b^2-4a^2$의 값을 구하시오.

24

복소수 $z=\dfrac{-1+\sqrt{2}i}{3}$에 대하여

$$\dfrac{1}{3z^3+5z^2+z+1}=az+b$$

가 성립할 때, 두 실수 a, b에 대하여 $2ab$의 값을 구하시오.

25

ω는 방정식 $x^2+x+1=0$의 한 허근이고, $f(x)=x+\dfrac{1}{x}$이라 할 때, $f(\omega)f(\omega^2)f(\omega^{2^2})f(\omega^{2^3})\times\cdots\times f(\omega^{2^{2048}})$의 값은?

① -1 ② 1 ③ ω

④ $\dfrac{1}{\omega}$ ⑤ $-\omega-1$

26 〔1등급〕

$z^2-kz+1=0$을 만족시키는 복소수 z에 대하여 ω를
$$\omega=(z^2-1)^2+4z(z^2+z+1)$$
이라 하자. ω가 순허수일 때, $\omega=az+b$이다.
$(a+4b)^2$의 값을 구하시오.

(단, $-2<k<2$이고, a, b는 실수이다.)

대표
27 유형 ❺ 음수의 제곱근

등식 $(3+2i)x+(1-i)y=3+7i$를 만족시키는 두 실수 x, y에 대하여 $\sqrt{6x}\sqrt{y}+\dfrac{\sqrt{6x}}{\sqrt{y}}$의 값을 구하시오.

28

0이 아닌 두 실수 a, b에 대하여 $\sqrt{a}\sqrt{b}=-\sqrt{ab}$일 때, 다음 중 복소수 $\sqrt{a}+\sqrt{ab}+\sqrt{\dfrac{b}{a}}$의 허수부분은?

① $-\sqrt{a}$ ② $\sqrt{-a}$ ③ 0

④ $-\sqrt{ab}$ ⑤ $\sqrt{-ab}$

29

세 양의 실수 a, b, c가 $\dfrac{1}{a+b}<\dfrac{1}{b+c}$, $\dfrac{2}{c}<\dfrac{1}{b}$을 만족시킬 때, **보기**에서 옳은 것만을 있는 대로 고른 것은?

┌─ 보기 ─────────────────────────┐

ㄱ. $\sqrt{\dfrac{a-c}{a-2b}}=-\dfrac{\sqrt{a-c}}{\sqrt{a-2b}}$

ㄴ. $\sqrt{2b-c}\sqrt{c-a}=-\sqrt{(2b-c)(c-a)}$

ㄷ. $\sqrt{\dfrac{c-2b}{2b-a}}=i\sqrt{\dfrac{c-2b}{-(2b-a)}}$

└────────────────────────────────┘

① ㄱ   ② ㄱ, ㄴ   ③ ㄱ, ㄷ

④ ㄴ, ㄷ   ⑤ ㄱ, ㄴ, ㄷ

30 〔신유형〕

$abc=-72$를 만족시키는 세 실수 a, b, c에 대하여 $k=\sqrt{a}\sqrt{b}\sqrt{c}$라 할 때, 가능한 모든 k의 값의 제곱의 합을 구하시오.

01

여덟 개의 수 a_1, a_2, a_3, $\cdots$, a_8은 각각 1, -1, i, $-i$ 중에서 하나의 값을 갖는다. $a_1+a_2+a_3+\cdots+a_8=3+i$일 때, $a_1^2+a_2^2+a_3^2+\cdots+a_8^2$의 최댓값을 구하시오.

02

30 이하의 두 자연수 m, n에 대하여 $\left\{ i^n + \left(\dfrac{1}{i} \right)^{2n} \right\}^m < 0$을 만족시키는 순서쌍 (m, n)의 개수를 구하시오.

03

두 함수

$$f(x)=ax+3ax^3+5ax^5+\cdots+97ax^{97}+99ax^{99},$$
$$g(x)=2bx^2+4bx^4+6bx^6+\cdots+98bx^{98}+100bx^{100}$$

에 대하여 $z=\dfrac{f(i)+g(i)}{100i}$라 할 때, $z\bar{z}=5$를 만족시키는 두 정수 a, b의 순서쌍 (a, b)의 개수를 구하시오.

(단, $\bar{z}$는 z의 켤레복소수이다.)

04

두 복소수

$$z_1=a+bi, \ z_2=c+di$$

에 대하여 a, b, c, d는 자연수이고 $z_1\overline{z_1}=10$일 때, **보기**에서 옳은 것만을 있는 대로 고른 것은? [2021년 교육청]

(단, $i=\sqrt{-1}$이고, $\bar{z}$는 복소수 z의 켤레복소수이다.)

> ● 보기 ●
>
> ㄱ. $a^2+b^2=10$
> ㄴ. $z_1+\overline{z_2}=3$이면 $c+d=5$이다.
> ㄷ. $(z_1+z_2)(\overline{z_1+z_2})=41$이면 $z_2\overline{z_2}$의 최댓값은 17이다.

① ㄱ   ② ㄱ, ㄴ   ③ ㄱ, ㄷ
④ ㄴ, ㄷ   ⑤ ㄱ, ㄴ, ㄷ

05

자연수 n에 대하여 $z^n=1$을 만족시키는 서로 다른 복소수 z를 z_1, z_2, z_3, $\cdots$, $z_n(=1)$이라 하자. 다음 조건을 만족시키는 자연수 n의 최솟값을 구하시오.

> (가) $z_k=\dfrac{-1+\sqrt{3}i}{2}$인 n 이하의 자연수 k가 존재한다.
> (나) $z_l=-z_k$인 n 이하의 자연수 l이 존재한다.

06

복소수 ω에 대하여 $\omega^2+\omega+1=0$이고 임의의 두 복소수 α, β에 대하여

$$x=\alpha-\beta, \ y=\alpha\omega-\beta\omega^2, \ z=\alpha\omega^2-\beta\omega$$

라 할 때, $x^3+y^3+z^3$을 α, β에 대한 식으로 나타내시오.

07

두 실수 a, b 및 복소수 z에 대하여 $z^2+zi+1=0$이고

$$\frac{1}{z^3}(1+z+z^2+z^3+z^4+z^5+z^6)=a+bi$$

일 때, $a+b$의 값을 구하시오.

08

복소수 $z=a+bi$ $(a<0,\ b>0)$에 대하여 $z^2-\bar{z}=0$일 때, $(z^5+z^4+z^3+z^2+1)^n$이 정수가 되도록 하는 두 자리의 자연수 n의 개수를 구하시오. (단, $\bar{z}$는 z의 켤레복소수이다.)

09

자연수 n에 대하여 복소수 $z_n=\left(\dfrac{\sqrt{2}}{1-i}\right)^n$이라 할 때, 등식

$$z_1+2z_2{}^2+3z_3{}^3+4z_4{}^4+\cdots+20z_{20}{}^{20}=x+yi$$

를 만족시키는 두 실수 x, y에 대하여 $x-y$의 값을 구하시오.

10

자연수 n에 대하여 $z_n=(1+i)^n+(1-i)^n$이라 할 때, **보기**에서 옳은 것만을 있는 대로 고른 것은?

> **• 보기 •**
>
> ㄱ. $z_n=-8$을 만족시키는 n이 존재한다.
> ㄴ. $z_n{}^2$이 음수가 되는 n이 존재한다.
> ㄷ. $n\geq2$일 때, z_n은 항상 4로 나누어떨어진다.

① ㄱ   ② ㄴ   ③ ㄷ
④ ㄱ, ㄴ   ⑤ ㄱ, ㄷ

11

0이 아닌 세 복소수 α, β, γ가 다음 조건을 만족시킬 때, $\dfrac{\gamma}{\alpha}\times\overline{\left(\dfrac{\alpha}{\beta}\right)}$의 값을 구하시오.

$$\left(\text{단, } \overline{\left(\dfrac{\alpha}{\beta}\right)}\text{는 } \dfrac{\alpha}{\beta}\text{의 켤레복소수이다.}\right)$$

> ㈎ $\alpha+\beta+\gamma=0$
> ㈏ $\alpha\beta+\beta\gamma+\gamma\alpha=0$

12

복소수 $z=a+bi$에 대하여 $\dfrac{z-\bar{z}}{i}$가 음수이고 $\dfrac{z}{1+z^2}$와 $\dfrac{z^2}{1+z}$이 모두 실수이다. 두 실수 a, b에 대하여 ab의 값을 구하시오. (단, $\bar{z}$는 z의 켤레복소수이다.)

04 이차방정식

비법노트

A 최고차항의 계수 확인하기

방정식의 근을 구하기 전 '일차방정식', '이차방정식'과 같이 차수에 대한 언급이 있는지 확인해야 한다. '방정식 $ax=b$', '방정식 $ax^2+bx+c=0$'과 같이 차수에 대한 언급이 없는 경우, $a=0$인 경우와 $a\neq 0$인 경우로 구분한 후 근을 구해야 한다. ▶ STEP 2 | 07번

B 절댓값 기호를 포함한 방정식

(1) $|f(x)|=a\ (a>0,\ 상수)\ \Rightarrow\ f(x)=\pm a$

(2) $|f(x)|=|g(x)|\ \Rightarrow\ f(x)=\pm g(x)$

▶ STEP 2 | 04번, STEP 3 | 02번

C 가우스 기호를 포함한 방정식

x의 값의 범위가 주어지지 않을 때, $[x]$를 하나의 문자로 보고 $[x]$에 대한 방정식을 푼다. ▶ STEP 2 | 06번

중요

D 이차방정식 $ax^2+bx+c=0$의 계수 조건에 유의한다.

(1) 근의 판별 : 허수는 대소를 비교할 수 없으므로 판별식을 이용하여 근을 판별할 때는 반드시 계수가 실수라는 조건이 필요하다.

　예 이차방정식 $x^2+2ix-2=0$의 판별식을 D라 하면 $\dfrac{D}{4}=i^2+2=1>0$이지만 근의 공식을 이용하면 $x=-i\pm 1$로 허근을 갖는다.

　참고 계수가 복소수인 이차방정식도 판별식 $D=0$이면 중근을 갖는다.

　예를 들어, 이차방정식 $x^2-2ix-1=0$의 판별식을 D라 하면 $\dfrac{D}{4}=(-i)^2+1=0$으로 중근을 갖고, 근의 공식을 이용해도 $x=i$로 중근을 갖는다.

(2) 켤레근의 성질 : 한 근이 $p+q\sqrt{m}$ ($p,\ q$는 유리수, $q\neq 0$, $\sqrt{m}$은 무리수)인 이차방정식에서 켤레근의 성질을 이용할 때는 반드시 계수가 유리수라는 조건이 필요하다.

　예 이차방정식 $x^2-2\sqrt{2}x+1=0$의 근은 $x=\sqrt{2}\pm 1$이다. 이때 두 근 $\sqrt{2}+1$, $\sqrt{2}-1$은 서로 켤레근이 아니다. ▶ STEP 2 | 03번

E 이차방정식 $ax^2+bx+c=0\ (c\neq 0)$의 두 근이 $p,\ q$이면 이차방정식 $cx^2\pm bx+a=0$의 두 근은 $\pm\dfrac{1}{p}$, $\pm\dfrac{1}{q}$이다. (복부호 동순)

▶ STEP 1 | 14번, STEP 2 | 15번

방정식의 풀이 Ⓐ Ⓑ Ⓒ

(1) x에 대한 방정식 $ax=b$의 해

　① $a\neq 0$일 때, $x=\dfrac{b}{a}$

　② $a=0$일 때, $\begin{cases} b\neq 0이면\ 해가\ 없다. \\ b=0이면\ 해가\ 무수히\ 많다. \end{cases}$

(2) 절댓값 기호를 포함한 방정식 ◀ 절댓값 기호 안의 식의 값이 0이 되는 x의 값을 기준으로 구간을 나눈다.

$$|A|=\begin{cases} A\quad (A\geq 0) \\ -A\ (A<0) \end{cases}$$

　를 이용하여 절댓값 기호를 없앤 후, 방정식을 푼다.

이차방정식의 풀이

(1) 인수분해를 이용한 풀이

$$(ax-b)(cx-d)=0\ (ac\neq 0)의\ 근은\ x=\dfrac{b}{a}\ 또는\ x=\dfrac{d}{c}$$

(2) 근의 공식을 이용한 풀이

　① 이차방정식 $ax^2+bx+c=0$의 근은 $x=\dfrac{-b\pm\sqrt{b^2-4ac}}{2a}$

　② 이차방정식 $\underline{ax^2+2b'x+c=0}$의 근은 $x=\dfrac{-b'\pm\sqrt{b'^2-ac}}{a}$
　　└ $ax^2+bx+c=0$에서 b가 짝수인 경우

이차방정식의 근의 판별 Ⓓ

$a,\ b,\ c$가 실수인 이차방정식 $ax^2+bx+c=0$의 판별식을 $D=b^2-4ac$라 하면

(1) $D>0$일 때, 서로 다른 두 실근을 갖는다. ┐실근을 가질 조건 : $D\geq 0$

(2) $D=0$일 때, 중근(서로 같은 두 실근)을 갖는다. ┤이차식 ax^2+bx+c가 완전제곱식이 되기 위한 조건 : $b^2-4ac=0$

(3) $D<0$일 때, 서로 다른 두 허근을 갖는다.

　참고 이차방정식 $ax^2+2b'x+c=0$의 판별식을 D라 하면 $D=(2b')^2-4ac=4(b'^2-ac)$이므로 $\dfrac{D}{4}=b'^2-ac$의 부호로도 근을 판별할 수 있다.

이차방정식의 근과 계수의 관계 Ⓔ

(1) 이차방정식 $ax^2+bx+c=0$의 두 근을 $\alpha,\ \beta$라 하면

$$\alpha+\beta=-\dfrac{b}{a},\ \alpha\beta=\dfrac{c}{a}$$

(2) 두 수 $\alpha,\ \beta$를 근으로 갖고, x^2의 계수가 1인 이차방정식은

$$x^2-(\alpha+\beta)x+\alpha\beta=0$$

(3) 이차방정식 $ax^2+bx+c=0$의 두 근을 $\alpha,\ \beta$라 하면

$$a(x-\alpha)(x-\beta)=0$$

└ $p+q\sqrt{m}$과 $p-q\sqrt{m}$, $p+qi$와 $p-qi$를 각각 켤레근이라 한다.

이차방정식의 켤레근 Ⓓ

이차방정식 $ax^2+bx+c=0$에서

(1) $a,\ b,\ c$가 유리수일 때, 한 근이 $p+q\sqrt{m}$이면 다른 한 근은 $p-q\sqrt{m}$이다. (단, $p,\ q$는 유리수, $q\neq 0$, $\sqrt{m}$은 무리수이다.)

(2) $a,\ b,\ c$가 실수일 때, 한 근이 $p+qi$이면 다른 한 근은 $p-qi$이다. (단, $p,\ q$는 실수, $q\neq 0$, $i=\sqrt{-1}$이다.)

01 방정식의 풀이

x에 대한 방정식 $a^2x-2a=x-2$의 해가 존재하도록 하는 상수 a의 조건은?

① $a\neq-1$ ② $a\neq-1$, $a\neq0$ ③ $a\neq0$
④ $a\neq0$, $a\neq1$ ⑤ $a\neq1$

02 절댓값 기호를 포함한 방정식의 풀이

방정식 $|x|-1=\sqrt{(2x-7)^2}$을 만족시키는 모든 x의 값의 합은?

① $\dfrac{20}{3}$ ② $\dfrac{22}{3}$ ③ 8
④ $\dfrac{26}{3}$ ⑤ $\dfrac{28}{3}$

03 이차방정식의 풀이

이차방정식 $(\sqrt{3}-1)x^2+(4-2\sqrt{3})x-4=0$의 두 근을 α, β라 할 때, $2\alpha+\beta$의 값은? (단, $\alpha<\beta$)

① $-2\sqrt{3}$ ② $-\sqrt{3}$ ③ 0
④ $\sqrt{3}$ ⑤ $2\sqrt{3}$

04 한 근이 주어진 이차방정식

x에 대한 이차방정식 $(k+2)x^2-ax-ka^2-4=0$이 실수 k의 값에 관계없이 항상 2를 근으로 가질 때, 실수 a의 값은?

① -2 ② 0 ③ 2
④ 4 ⑤ 6

05 절댓값 기호를 포함한 방정식의 풀이 – 이차식 꼴

방정식 $x^2-5|x+2|-4=0$의 모든 근의 합은?

① -4 ② -2 ③ 0
④ 2 ⑤ 4

06 가우스 기호를 포함한 방정식의 풀이

$1<x<4$일 때, 방정식 $x^2-[x]x-1=0$의 서로 다른 근의 개수는? (단, $[x]$는 x보다 크지 않은 최대의 정수이다.)

① 2 ② 3 ③ 4
④ 5 ⑤ 6

07 이차방정식의 근의 판별(1)

x에 대한 이차방정식 $x^2+2(k-1)x+k^2-10=0$이 서로 다른 두 실근을 갖도록 하는 자연수 k의 개수를 구하시오.

08 이차방정식의 근의 판별(2)

0이 아닌 서로 다른 세 실수 a, b, c에 대하여 x에 대한 이차방정식 $a^2x^2+2(b^2+c^2)x+a^2=0$이 서로 다른 두 허근을 가질 때, 이차방정식 $cx^2+2ax+2b=0$의 두 근에 대한 설명으로 옳은 것은?

① 서로 다른 두 실근을 갖는다.
② 서로 다른 두 허근을 갖는다.
③ 서로 같은 두 실근을 갖는다.
④ 서로 같은 두 허근을 갖는다.
⑤ 한 근은 실근이고, 다른 한 근은 허근이다.

09 이차식이 완전제곱식이 되는 조건

x에 대한 이차식

$$x^2+2(k+a)x+k^2+a^2+2k+b-3$$

이 실수 k의 값에 관계없이 항상 완전제곱식이 될 때, 두 실수 a, b에 대하여 $a+b$의 값은?

① 0   ② 1   ③ 2
④ 3   ⑤ 4

10 이차방정식의 근과 계수의 관계(1)

이차방정식 $2x^2-5x+1=0$의 두 근을 α, β라 할 때, $8\alpha^3\beta+8\alpha\beta^3$의 값을 구하시오.

11 이차방정식의 근과 계수의 관계(2)

이차방정식 $x^2-4x+1=0$의 두 근을 α, β라 할 때, $\dfrac{\beta^2}{a^2-3a+1}+\dfrac{\alpha^2}{\beta^2-3\beta+1}$의 값을 구하시오.

12 미정계수의 결정

이차방정식 $x^2+(a-4)x-4=0$의 두 근의 차가 4일 때, 이차방정식 $x^2+(a+4)x+4=0$의 두 근의 차는?

(단, a는 상수이다.)

① $4\sqrt{2}$ ② $4\sqrt{3}$ ③ 7
④ $5\sqrt{2}$ ⑤ $5\sqrt{3}$

13 이차방정식의 작성

이차방정식 $4x^2-2x-3=0$의 두 근을 α, β라 할 때, $\dfrac{\alpha}{1+\alpha}$, $\dfrac{\beta}{1+\beta}$를 두 근으로 하고 x^2의 계수가 3인 이차방정식은?

① $3x^2-4x-3=0$ ② $3x^2-4x+1=0$
③ $3x^2-4x+3=0$ ④ $3x^2+4x-3=0$
⑤ $3x^2+4x+1=0$

14 잘못 보고 푼 이차방정식

이차방정식 $ax^2+bx+c=0$에 대하여 두 수 a, c를 서로 바꾸어 놓고 풀었더니 두 근이 1, $-\dfrac{3}{5}$이었다. 이 이차방정식의 올바른 두 근을 α, β라 할 때, $\dfrac{1}{\alpha}+\dfrac{1}{\beta}$의 값은?

(단, a, b, c는 상수이다.)

① $-\dfrac{5}{2}$ ② $-\dfrac{2}{5}$ ③ $\dfrac{2}{5}$
④ 1   ⑤ $\dfrac{5}{2}$

15 $f(ax+b)=0$ 꼴의 방정식의 근

이차방정식 $f(x)=0$의 두 근 α, β에 대하여 $\alpha+\beta=-2$가 성립할 때, 방정식 $f(2x-3)=0$의 두 근의 합은?

① -7 ② -2 ③ 0

④ 2 ⑤ 7

16 이차식의 인수분해

세 유리수 a, b, c에 대하여 등식

$$\frac{1}{2}x^2-x-3=\frac{1}{2}(x+a-\sqrt{7})(x+b+\sqrt{c})$$

가 성립할 때, $a+b+c$의 값을 구하시오.

17 $f(\alpha)=f(\beta)=k$를 만족시키는 이차식 $f(x)$ 구하기

이차방정식 $2x^2-x-2=0$의 두 근을 α, β라 할 때, 이차식 $f(x)$에 대하여 $f(\alpha)=f(\beta)=1$이 성립한다. $f(x)$의 x^2의 계수가 4일 때, $f(1)$의 값을 구하시오.

18 계수가 유리수인 이차방정식의 켤레근

계수가 유리수인 이차방정식 $x^2+ax+b=0$의 한 근이 $\sqrt{2}-1$일 때, $a+b$, $\dfrac{b}{a}$를 두 근으로 하는 이차방정식은 $px^2+qx-1=0$이다. 이때 두 상수 p, q에 대하여 $p+q$의 값을 구하시오.

19 계수가 실수인 이차방정식의 켤레근

계수가 실수인 이차방정식의 한 근이 $2-3i$이고 다른 한 근을 α라 하자. 두 실수 a, b에 대하여 $\dfrac{1}{\alpha}=a+bi$일 때, $a+b$의 값은? (단, $i=\sqrt{-1}$) [2021년 교육청]

① $-\dfrac{1}{13}$ ② $-\dfrac{2}{13}$ ③ $-\dfrac{3}{13}$

④ $-\dfrac{4}{13}$ ⑤ $-\dfrac{5}{13}$

20 이차방정식의 실생활에의 활용

어느 회사에서 생산하는 제품은 한 개당 판매가격이 a원이고 하루에 b개씩 판매된다. 이 제품의 한 개당 판매가격을 $x\%$ 내렸더니 하루 판매량이 $5x\%$ 증가하여 하루 판매액은 35% 증가하였다. 이때 x의 값을 구하시오. (단, $0<x<40$)

21 이차방정식의 도형에의 활용

그림과 같이 정삼각형 ABC에서 변 AB의 길이를 2 cm, 변 AC의 길이를 4 cm만큼 늘여 삼각형 A′BC를 만들었더니 직각삼각형이 되었다. 이때 정삼각형 ABC의 한 변의 길이는?

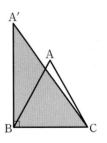

① 3 cm   ② 4 cm   ③ 5 cm

④ 6 cm   ⑤ 7 cm

x에 대한 방정식 $(m-4)(m-1)x=m-2(x+1)$의 근이 존재하지 않도록 하는 상수 m에 대하여 이차방정식 $x^2-mx+n=0$의 한 근이 5일 때, 나머지 한 근을 구하시오. (단, n은 상수이다.)

02

이차방정식 $kx^2+(k-2)x+4=0$이 허근 α를 가질 때, α^2이 실수가 되도록 하는 이차방정식의 두 근의 곱은? (단, k는 실수이다.)

① -2 ② -1 ③ 1
④ 2 ⑤ 4

03

세 유리수 a, b, c에 대하여 이차방정식 $ax^2+\sqrt{3}bx+c=0$의 한 근이 $\alpha=1-\sqrt{3}$이다. 다른 한 근을 β라 할 때, $\alpha+\dfrac{1}{\beta}$의 값은?

① $-3-3\sqrt{3}$ ② $-\dfrac{3}{2}-\dfrac{3\sqrt{3}}{2}$ ③ 1
④ $\dfrac{3}{2}-\dfrac{3\sqrt{3}}{2}$ ⑤ $3-3\sqrt{3}$

x에 대한 방정식 $|x^2+(4a-1)x+a^2|=1$의 한 근이 -1일 때, 모든 실수 a의 값의 곱은?

① 1 ② 2 ③ 3
④ 4 ⑤ 5

05

x에 대한 두 방정식
$$x^2+\sqrt{x^2}=|x-1|+3,\quad x^2+ax+b=0$$
의 근이 서로 같을 때, 두 상수 a, b에 대하여 $a-b$의 값은?

① $2-\sqrt{2}$ ② $\sqrt{2}$ ③ 2
④ $2+\sqrt{2}$ ⑤ $2+2\sqrt{2}$

06

방정식 $[2x]^2-2[x]-7=0$을 만족시키는 실수 x의 값의 범위는? (단, $[x]$는 x보다 크지 않은 최대의 정수이다.)

① $\dfrac{1}{2}<x\le1$ ② $\dfrac{1}{2}\le x<1$ ③ $\dfrac{1}{2}\le x<2$
④ $\dfrac{3}{2}<x\le2$ ⑤ $\dfrac{3}{2}\le x<2$

x에 대한 방정식 $(k-1)x^2-2\sqrt{6}x+k=0$을 만족시키는 x의 값이 오직 한 개가 되도록 하는 모든 실수 k의 값의 합을 구하시오.

08 빈출

이차방정식 $x^2-2(a+k)x-a+10=0$이 모든 실수 k에 대하여 실근을 갖도록 하는 실수 a의 최솟값을 구하시오.

09

이차방정식 $(a-3)x^2+(a-b)x-(b-3)=0$이 중근을 갖도록 하는 두 자연수 a, b에 대하여 a^2+b^2의 최솟값을 구하시오.

10

x에 대한 방정식 $(x^2-2x-4a)(x^2+2ax+a^2-a+2)=0$의 근 중 서로 다른 허근의 개수가 2가 되도록 하는 정수 a의 개수를 구하시오.

11

p, q가 0이 아닌 실수일 때, 두 이차방정식
$$x^2+px+q=0 \quad \cdots\cdots ㉠,$$
$$x^2+qx+p=0 \quad \cdots\cdots ㉡$$
에 대하여 **보기**에서 옳은 것만을 있는 대로 고른 것은?

• 보기 •

ㄱ. $p+q<0$이면 ㉠과 ㉡ 중에서 적어도 하나는 서로 다른 두 실근을 갖는다.

ㄴ. $\sqrt{pq}=-\sqrt{p}\sqrt{q}$이면 ㉠과 ㉡ 모두 서로 다른 두 실근을 갖는다.

ㄷ. $p+q<0$이고 $pq<0$이면 ㉠과 ㉡ 모두 서로 다른 두 실근을 갖는다.

① ㄱ 　　② ㄱ, ㄴ 　　③ ㄱ, ㄷ

④ ㄴ, ㄷ 　　⑤ ㄱ, ㄴ, ㄷ

이차방정식 $x^2+(k+1)x+k=0$의 두 근의 절댓값의 비가 $1:2$가 되도록 하는 모든 실수 k의 값의 합을 구하시오.

13

$\fbox{빈출}$

x에 대한 이차방정식 $x^2+(a^2-2a-3)x-a+1=0$이 두 실근 α, β를 가질 때, $|\alpha|=|\beta|$, $\alpha\beta<0$을 만족시키는 실수 a의 값은?

① -3 ② -1 ③ 1

④ 3 ⑤ 5

14

$\fbox{서술형}$

$a<2$인 실수 a에 대하여 이차방정식
$$x^2+(a-2)x+2a-4=0$$
이 서로 다른 두 실근 α, β를 갖고, $|\alpha|+|\beta|=\sqrt{65}$를 만족시킨다. 이때 $(\alpha-1)(\beta-1)$의 값을 구하시오.

15

세 실수 a, b, c에 대하여 이차방정식 $ax^2+bx+c=0$의 두 근이 p, q이고, 이차방정식 $cx^2-bx+a=0$의 두 근이 r, s일 때, p, q, r, s의 대소 관계로 옳은 것은?

(단, $-1<p<0<q<1$, $r<s$, $ac\neq0$)

① $p<q<r<s$ ② $p<r<q<s$ ③ $p<r<s<q$

④ $r<p<q<s$ ⑤ $r<s<p<q$

16

$\fbox{1등급}$

두 복소수 ω, $\overline{\omega}$가 이차방정식 $x^2-\sqrt{3}x+1=0$의 두 근일 때,
$$(1+\omega+\omega^2+\cdots+\omega^{100})+(1+\overline{\omega}+\overline{\omega}^2+\cdots+\overline{\omega}^{100})$$
의 값은? (단, $\overline{\omega}$는 ω의 켤레복소수이다.)

① $2+\sqrt{3}$ ② $2-\sqrt{3}$ ③ 0

④ $-2+\sqrt{3}$ ⑤ $-2-\sqrt{3}$

대표 17 유형 ❺ 이차방정식의 작성

이차방정식 $x^2-x-1=0$의 두 근을 α, β라 할 때, α^5, β^5을 두 근으로 하고 이차항의 계수가 1인 이차방정식은?

① $x^2-10x-1=0$ ② $x^2-10x+1=0$

③ $x^2-11x-1=0$ ④ $x^2-11x+1=0$

⑤ $x^2-12x-1=0$

18

이차방정식 $x^2+ax+b=0$의 두 근이 1, α이고, 이차방정식 $x^2-(a+4)x-b=0$의 두 근이 4, β일 때, α, β를 두 근으로 하는 이차방정식은 $9x^2+px+q=0$이다. $p-q$의 값을 구하시오. (단, a, b, p, q는 실수이다.)

19

이차방정식 $x^2+x-1=0$의 두 근을 α, β라 할 때, 이차식 $f(x)$가 $f(\alpha)=\beta$, $f(\beta)=\alpha$, $f(1)=0$을 만족시킨다. 이차방정식 $f(x)=0$의 두 근의 차는?

① $\dfrac{1}{2}$　　　② 1　　　③ $\dfrac{3}{2}$

④ 2　　　⑤ $\dfrac{5}{2}$

대표 **20**　유형 ❻ 이차방정식의 켤레근

무리수를 정수와 0과 1 사이의 소수의 합으로 나타낼 때, 이 소수를 무리수의 소수 부분이라 한다. 계수가 유리수인 이차방정식 $ax^2+bx+c=0$의 한 근이 $\sqrt{5}+1$의 소수 부분일 때, 이차방정식 $cx^2+bx+a=0$의 두 근을 α, β라 하자. 이때 $\alpha^2+\beta^2$의 값을 구하시오. (단, $ac\neq0$)

21

두 실수 p, q에 대하여 이차방정식 $x^2-px+q=0$이 서로 다른 두 허근 z_1, z_2를 가질 때, **보기**에서 옳은 것만을 있는 대로 고른 것은?

> **보기**
>
> ㄱ. $q>0$
> ㄴ. $z_1=2z_2$를 만족시키는 p, q가 존재한다.
> ㄷ. $z_1z_2=1$이면 $p+q=1$이다.

① ㄱ　　　② ㄴ　　　③ ㄷ

④ ㄱ, ㄴ　　　⑤ ㄱ, ㄷ

22

두 실수 p, q에 대하여 이차식 $f(x)=x^2+px+q$가 다음 조건을 만족시킬 때, $p+q$의 값은? (단, $i=\sqrt{-1}$)

> (개) 이차식 $f(x)$를 $x+1$로 나누었을 때의 나머지는 19이다.
> (내) 양수 a에 대하여 이차방정식 $f(x)=0$의 한 근은 $a-2i$이다.

① $20-2\sqrt{15}$　　② $21-3\sqrt{15}$　　③ $22-4\sqrt{15}$
④ $23-5\sqrt{15}$　　⑤ $24-6\sqrt{15}$

23　신유형

계수가 실수인 이차방정식 $f(x)=0$의 한 근이 $\alpha=\dfrac{1+\sqrt{3}i}{2}$일 때, $f(\alpha^6-\alpha)$의 값은? (단, $i=\sqrt{-1}$)

① -1　　　② 0　　　③ 1

④ $\dfrac{1-\sqrt{3}i}{2}$　　　⑤ $\dfrac{1+\sqrt{3}i}{2}$

대표 **24**　유형 ❼ 이차방정식의 정수근

x에 대한 이차방정식 $x^2+(m+1)x+2m-1=0$의 두 근이 정수가 되도록 하는 모든 정수 m의 값의 합은?

① 6　　　② 7　　　③ 8

④ 9　　　⑤ 10

STEP 2

25

이차방정식 $x^2-ax+b=0$의 두 근이 c, d일 때, 다음 조건을 만족시키는 상수 a, b에 대하여 $a+b$의 값을 구하시오.

> (가) a, b, c, d는 50 이하의 서로 다른 자연수이다.
> (나) c, d는 각각 3개의 양의 약수를 갖는다.

26

[1등급]

두 자연수 m, n에 대하여 이차방정식 $mx^2-10x+n=0$의 두 근이 서로 다른 소수가 되도록 하는 모든 n의 값의 합을 구하시오.

대표 27 유형 ❽ 이차방정식의 활용

그림과 같이 서로 외접하는 두 원 C_1, C_2가 가로의 길이가 4, 세로의 길이가 3인 직사각형 ABCD의 두 변에 각각 내접하고 있을 때, 두 원 C_1, C_2의 반지름의 길이의 합을 구하시오. (단, 두 점 O_1, O_2는 각각 두 원 C_1, C_2의 중심이다.)

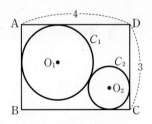

28

그림과 같이 선분 AB를 지름으로 하는 반원이 있다. 호 AB 위의 한 점 P에서 선분 AB에 내린 수선의 발을 H라 할 때, $\overline{PH}=3$, $\overline{OH}=4$이다. 두 선분 PA, PB의 길이를 두 근으로 하고 이차항의 계수가 1인 이차방정식은 $x^2+ax+b=0$이다. 두 실수 a, b에 대하여 a^2+b의 값을 구하시오. (단, 점 O는 반원의 중심이다.)

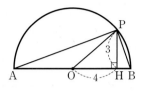

29

어느 날 오후 2시에 A는 도서관을 출발하여 학교로 가고, 같은 날 오후 2시 20분에 B는 학교를 출발하여 도서관으로 갔다.

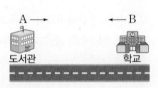

A와 B가 각각 학교와 도서관을 향하여 가는 도중에 서로 마주친 뒤 A는 20분 후에 학교에 도착하였고, B는 15분 후에 도서관에 도착하였다. A가 걷는 속력을 분속 a km, B가 걷는 속력을 분속 b km라 할 때, $\dfrac{b}{a}$의 값을 구하시오.

(단, A, B는 같은 길을, 각각 일정한 속력으로 걷는다.)

30

그림과 같이 한 변의 길이가 2인 정오각형 ABCDE에서 $\overline{BE}$의 길이는?

① $1+\sqrt{3}$ ② $1+\sqrt{5}$
③ $\sqrt{2}+\sqrt{5}$ ④ $2+\sqrt{3}$
⑤ $2+\sqrt{5}$

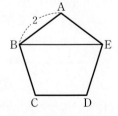

01

x에 대한 방정식 $||x-1|-3|=x+a$의 해가 무수히 많도록 하는 자연수 a의 값을 구하시오.

02

x에 대한 방정식 $|x^2+3x-2k+1|=5$가 서로 다른 네 실근을 갖고 모든 실근의 곱이 -16일 때, 실수 k의 값을 구하시오.

03

모든 실수 x에 대하여 다항식 $P(x)$가 등식
$$\{P(x)+3\}^2=(x-a)(x-3a)+4$$
를 만족시킬 때, 모든 $P(5)$의 값의 합을 구하시오.
(단, a는 상수이다.)

04

이차방정식 $x^2+ax+b=0$의 두 근 α, β의 부호가 서로 다를 때, 이차방정식 $x^2-(4a-b)x-8b=0$의 두 근은 $|\alpha|+|\beta|$, $|\alpha||\beta|$이다. 이때 두 상수 a, b에 대하여 ab의 값을 구하시오.

05

x에 대한 이차방정식 $x^2-2x+a=0$의 서로 다른 두 근 α, β와 x에 대한 이차방정식 $x^2+bx-2=0$의 서로 다른 두 근 γ, δ에 대하여 $\alpha+\gamma=2+2i$일 때, a^2+b^2의 값을 구하시오.
(단, $i=\sqrt{-1}$이고, a, b는 실수이다.)

06

두 자연수 p와 q가 모두 소수이고, x에 대한 이차방정식
$$x^2+8px-q^2=0$$
의 두 근 α와 β가 모두 정수일 때, $|\alpha-\beta|+p+q$의 값을 구하시오.

07

이차방정식 $x^2+ax+b=0$의 한 허근을 α라 하고, 이차방정식 $x^2+cx+d=0$의 한 허근을 β라 하자. $\alpha+\beta$는 순허수, $\alpha\beta$는 실수일 때, **보기**에서 옳은 것만을 있는 대로 고른 것은? (단, a, b, c, d는 0이 아닌 실수이고, $\bar{z}$는 z의 켤레복소수이다.)

• 보기 •

ㄱ. $a+c=0$　　　　ㄴ. $\bar{\alpha}\beta=\alpha\bar{\beta}$　　　　ㄷ. $b=d$

① ㄱ　　　　② ㄴ　　　　③ ㄱ, ㄷ
④ ㄴ, ㄷ　　　　⑤ ㄱ, ㄴ, ㄷ

08

이차식 $f(x)=x^2+2x+4$와 두 정수 p, q에 대하여 $g(x)=f(x-p)-q$가 다음 조건을 만족시킬 때, p^2+q^2의 최댓값을 구하시오.

㈎ $g(0)=2$
㈏ 방정식 $g(x)=0$이 서로 다른 두 허근을 갖는다.

09

x에 대한 이차방정식 $x^2-2kx+k^2-2k-1=0$의 두 근을 α, β라 할 때, $\dfrac{2-(\alpha-\beta)^2}{2(\alpha+\beta)^2}$의 값이 음이 아닌 정수가 되도록 하는 모든 실수 k의 값의 합을 구하시오.

10

$\dfrac{\sqrt{2}}{2}<k<\sqrt{2}$인 실수 k에 대하여 그림과 같이 한 변의 길이가 각각 2, $2k$인 두 정사각형 ABCD, EFGH가 있다. 두 정사각형의 대각선이 모두 한 점 O에서 만나고, 대각선 FH가 변 AB를 이등분한다. 변 AD와 EH의 교점을 I, 변 AD와 EF의 교점을 J, 변 AB와 EF의 교점을 K라 하자. 삼각형 AKJ의 넓이가 삼각형 EJI의 넓이의 $\dfrac{3}{2}$배가 되도록 하는 k의 값이 $p\sqrt{2}+q\sqrt{6}$일 때, $100(p+q)$의 값을 구하시오. (단, p, q는 유리수이다.)

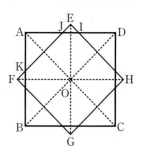

[2020년 교육청]

11

$x>0$인 실수 x에 대하여 방정식 $x^2+(x-[x])^2-18=0$의 근이 존재할 때, 이 근을 구하시오.
(단, $[x]$는 x보다 크지 않은 최대의 정수이다.)

12

이차방정식 $ax^2+2(a+1)x+a-3=0$의 두 근 중 적어도 하나가 정수가 되도록 하는 모든 자연수 a의 값의 곱을 구하시오.

05 이차방정식과 이차함수

비법노트

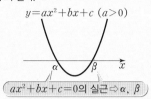

A 이차함수 $y=ax^2+bx+c$의 그래프와 x축의 교점의 개수는 이차방정식 $ax^2+bx+c=0$의 서로 다른 실근의 개수와 같다.

$$y=ax^2+bx+c \ (a>0)$$

$ax^2+bx+c=0$의 실근 $\Rightarrow \alpha, \ \beta$

▶ STEP 1 | 03번, STEP 2 | 03번, 10번

B 일반적으로 두 곡선 $y=f(x)$, $y=g(x)$의 교점의 좌표는 연립방정식 $\begin{cases} y=f(x) \\ y=g(x) \end{cases}$의 실수인 해의 순서쌍 (x, y)와 같다.

C 이차함수의 그래프와 접선

이차함수 $y=ax^2+bx+c$의 그래프와 직선 $y=mx+n$의 교점의 x좌표를 α, β라 하고, 이차함수 $y=ax^2+bx+c$의 그래프와 기울기가 m인 직선이 접할 때의 접점의 x좌표를 γ라 하면 $\gamma=\dfrac{\alpha+\beta}{2}$가 성립한다.

D 절댓값 기호를 포함한 식의 그래프

(1) $y=|f(x)|$의 그래프
  $y=f(x)$의 그래프에서 $y\geq0$인 부분만 남긴 다음, $y<0$인 부분을 x축에 대하여 대칭이동한다.

(2) $y=f(|x|)$의 그래프
  $y=f(x)$의 그래프에서 $x\geq0$인 부분만 남긴 다음, $x\geq0$인 부분을 y축에 대하여 대칭이동한다.

(3) $|y|=f(x)$의 그래프
  $y=f(x)$의 그래프에서 $y\geq0$인 부분만 남긴 다음, $y\geq0$인 부분을 x축에 대하여 대칭이동한다.

(4) $|y|=f(|x|)$의 그래프
  $y=f(x)$의 그래프에서 $x\geq0$, $y\geq0$인 부분만 남긴 다음, $x\geq0$, $y\geq0$인 부분을 x축, y축 및 원점에 대하여 각각 대칭이동한다.

▶ STEP 1 | 12번, STEP 2 | 15번, 16번

E 최댓값의 최솟값 또는 최솟값의 최댓값

(ⅰ) 이차함수의 식을 $y=a(x-p)^2+q$ 꼴로 변형하여 이차함수의 그래프의 꼭짓점의 y좌표 q를 구한다.

(ⅱ) q를 완전제곱식을 포함한 꼴로 변형하여 q의 최댓값 또는 최솟값을 구한다.

▶ STEP 2 | 18번

F 이차함수의 그래프는 축에 대하여 대칭이므로 x좌표가 꼭짓점의 x좌표로부터 더 멀리 있는 점일수록 y좌표가 꼭짓점의 y좌표와 더 멀어진다.

따라서 $y=a(x-p)^2+q \ (\alpha\leq x\leq\beta)$에 대하여 $\alpha\leq p\leq\beta$이면 $f(p)=q$가 최댓값과 최솟값 중에서 하나이고 나머지 하나는 α와 β 중에서 p와의 차이가 큰 값의 함숫값이다.

▶ STEP 1 | 13번, STEP 2 | 24번

이차함수의 그래프와 이차방정식의 관계 **A**

이차방정식 $ax^2+bx+c=0$의 판별식 $D=b^2-4ac$의 값의 부호에 따라 이차함수 $y=ax^2+bx+c$의 그래프와 x축의 교점은 다음과 같다.

판별식	$D>0$	$D=0$	$D<0$
이차방정식의 근	서로 다른 두 실근	중근	서로 다른 두 허근
x축과의 교점	서로 다른 두 점	한 점	없다.
이차함수 $y=ax^2+bx+c$ 의 그래프	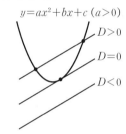		

이차함수의 그래프와 직선의 위치 관계 **C**

이차함수 $y=ax^2+bx+c$의 그래프와 직선 $y=mx+n$의 위치 관계는 이차방정식 $ax^2+bx+c=mx+n$, 즉 $ax^2+(b-m)x+c-n=0$의 판별식 $D=(b-m)^2-4a(c-n)$의 값의 부호에 따라 다음과 같다.

(1) $D>0$일 때, 서로 다른 두 점에서 만난다.

(2) $D=0$일 때, 한 점에서 만난다. (접한다.)

(3) $D<0$일 때, 만나지 않는다.

$$y=ax^2+bx+c \ (a>0)$$
$$D>0$$
$$D=0$$
$$D<0$$

어떤 함수의 함숫값 중에서 가장 큰 값을 그 함수의 최댓값 가장 작은 값을 그 함수의 최솟값이라 한다.

이차함수의 최대 · 최소 **E**

(1) 이차함수 $y=ax^2+bx+c$는 $y=a(x-p)^2+q$ 꼴로 변형하여 최댓값과 최솟값을 구한다.

(2) 이차함수 $y=a(x-p)^2+q$에서
  ① $a>0$인 경우 : $x=p$일 때 최솟값 q를 갖고, 최댓값은 없다.
  ② $a<0$인 경우 : $x=p$일 때 최댓값 q를 갖고, 최솟값은 없다.

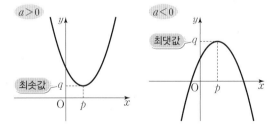

제한된 범위에서의 이차함수의 최대 · 최소 **F**

x의 값의 범위가 $\alpha\leq x\leq\beta$일 때, 이차함수 $f(x)=a(x-p)^2+q$의 최댓값과 최솟값은 다음과 같다.

(1) $\alpha\leq p\leq\beta$이면 $f(p)$, $f(\alpha)$, $f(\beta)$ 중에서 최댓값, 최솟값이 결정된다.

(2) $p<\alpha$ 또는 $p>\beta$이면 $f(\alpha)$, $f(\beta)$ 중에서 최댓값, 최솟값이 결정된다.

01 이차함수의 그래프와 x축의 교점

이차함수 $y=x^2-ax+a$의 그래프가 x축과 서로 다른 두 점 A, B에서 만날 때, $\overline{AB}=\sqrt{5}$가 되도록 하는 양수 a의 값은?

① 4   ② 5   ③ 6
④ 7   ⑤ 8

02 이차함수의 그래프와 x축의 위치 관계(1)

두 이차함수 $y=x^2-12x+2k$, $y=-2kx^2-8x-1$의 그래프가 각각 x축과 만나도록 하는 자연수 k의 개수를 구하시오.

03 이차함수의 그래프와 x축의 위치 관계(2)

이차함수 $y=x^2+2(m-1)x+m^2+2$의 그래프가 x축과 만나지 않도록 하는 실수 m의 값의 범위는?

① $m>-1$ ② $m>-\dfrac{1}{2}$ ③ $-1<m<-\dfrac{1}{2}$
④ $m<\dfrac{1}{2}$ ⑤ $m<1$

04 이차함수의 그래프와 직선의 교점

이차함수 $y=x^2-4x+1$의 그래프와 직선 $y=mx+n$의 두 교점을 A, B라 하자. 점 A의 x좌표가 $3+\sqrt{2}$일 때, 두 유리수 m, n에 대하여 $m-n$의 값은?

① -8 ② -6 ③ 0
④ 6   ⑤ 8

05 이차함수의 그래프와 직선의 위치 관계(1)

이차함수 $y=-2x^2+6x$의 그래프와 직선 $y=3x+k$가 적어도 한 점에서 만나도록 하는 실수 k의 최댓값은?

① $\dfrac{3}{8}$ ② $\dfrac{3}{4}$ ③ $\dfrac{9}{8}$
④ $\dfrac{3}{2}$ ⑤ $\dfrac{15}{8}$

06 이차함수의 그래프와 직선의 위치 관계(2)

직선 $y=2x+a$가 이차함수 $y=x^2-2ax+a^2+20$의 그래프보다 항상 아래쪽에 있도록 하는 모든 자연수 a의 값의 합을 구하시오.

07 이차함수의 그래프에 접하는 직선의 방정식(1)

이차함수 $y=3x^2-2x-3$의 그래프와 직선 $y=f(x)$가 오직 한 점 $(-1, 2)$에서만 만날 때, $f(-2)$의 값은?

① 4   ② 6   ③ 8
④ 10   ⑤ 12

08 이차함수의 그래프에 접하는 직선의 방정식(2)

기울기가 2인 직선이 두 이차함수
$$y=x^2+2, \ y=-x^2+2kx+6k+4$$
의 그래프에 모두 접할 때, 실수 k의 값은?

① -2 ② -1 ③ 0

④ 1 ⑤ 2

09 두 이차함수의 그래프의 위치 관계

이차함수 $y=2x^2-4x+3$의 그래프가 이차함수
$y=x^2+2ax-a^2-13$의 그래프와 만나지 않도록 하는 정수
a의 최댓값은?

① 1 ② 2 ③ 3

④ 4 ⑤ 5

10 이차함수의 그래프와 방정식의 실근

이차함수 $y=ax^2+bx+c$의 그래프와 직선 $y=mx+n$이
그림과 같을 때, 이차방정식
$$a(2x+1)^2+(b-m)(2x+1)+c-n=0$$
의 모든 실근의 합을 구하시오.

(단, a, b, c, m, n은 실수이다.)

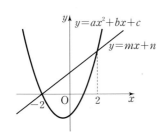

11 이차함수의 그래프와 방정식의 실근의 개수

이차함수 $f(x)=ax^2+bx+c$에서 $a<0$, $b>0$, $c>0$일 때,
방정식 $f(x)-|x|=0$의 서로 다른 실근의 개수는?

① 없다.   ② 1 ③ 2

④ 3 ⑤ 4

12 절댓값 기호를 포함한 방정식

x에 대한 방정식 $|x^2-1|=a-1$이 서로 다른 네 실근을 갖
도록 하는 실수 a의 값의 범위를 구하시오.

13 이차함수의 그래프의 추정

이차함수 $f(x)=x^2+ax+b$가 모든 실수 x에 대하여
$f(1-x)=f(1+x)$를 만족시킬 때, $f(-1)$, $f(1)$, $f(2)$
의 값의 대소 관계로 옳은 것은? (단, a, b는 실수이다.)

① $f(-1)<f(1)<f(2)$ ② $f(1)<f(-1)<f(2)$
③ $f(1)<f(2)<f(-1)$ ④ $f(2)<f(-1)<f(1)$
⑤ $f(2)<f(1)<f(-1)$

14 이차함수의 최대·최소

이차함수 $f(x)=ax^2+bx+c$가 $x=2$에서 최솟값 -1을
갖는다. $f(1)=1$일 때, 세 상수 a, b, c에 대하여 $a-b-c$
의 값은?

① -6 ② -3 ③ 0

④ 3 ⑤ 6

15 제한된 범위에서의 이차함수의 최대·최소

직선 $ax+by+1=0$이 그림과 같을 때, 이차함수
$$y=ax^2+bx \text{ (단, } 0\le x\le1)$$
의 최댓값을 M, 최솟값을 m이라 하자. 이때 $M-m$의 값을 구하시오. (단, a, b는 실수이다.)

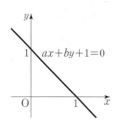

16 공통부분이 있는 함수의 최대·최소

$0\le x\le3$에서 이차함수 $y=(3x-1)^2+2(1-3x)+4$의 최댓값을 M, 최솟값을 m이라 할 때, $M+m$의 값을 구하시오.

17 절댓값 기호를 포함한 이차함수의 최대·최소

$1\le x\le5$에서 함수 $y=|x^2-6x+5|$의 최댓값과 최솟값의 합을 구하시오.

18 완전제곱식을 이용한 이차식의 최대·최소

두 실수 x, y에 대하여 $-x^2-y^2+4x+6y+4$는 $x=a$, $y=b$에서 최댓값 c를 갖는다. 이때 세 상수 a, b, c에 대하여 $a+b+c$의 값은?

① 22   ② 24   ③ 26
④ 28   ⑤ 30

19 조건을 만족시키는 이차식의 최대·최소

$2x-y^2=-4$를 만족시키는 두 실수 x, y에 대하여 x^2+3y^2-4x의 최솟값은?

① 5   ② 7   ③ 9
④ 11   ⑤ 13

20 이차함수의 최대·최소의 실생활에의 활용

어떤 상품을 x개 생산하는 데 $\left(1000+x+\dfrac{x^2}{400}\right)$원이 들었고, 상품 한 개의 가격을 $\left(11-\dfrac{x}{100}\right)$원으로 정하여 생산된 상품 x개를 모두 팔았다. 이때 이익이 최대가 되도록 하는 생산 상품의 개수는?

① 250   ② 300   ③ 350
④ 400   ⑤ 450

21 이차함수의 최대·최소의 도형에의 활용

[그림 1]과 같이 폭이 40 cm인 양철판의 양쪽을 구부려서 [그림 2]와 같이 단면이 세로의 길이가 x cm인 직사각형 모양인 물받이를 만들려고 한다. 단면의 넓이의 최댓값이 M cm²일 때, M의 값을 구하시오.

(단, 철판의 두께는 생각하지 않는다.)

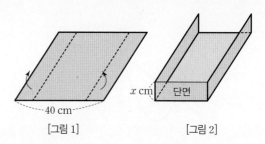

[그림 1]   [그림 2]

대표
01 유형 ❶ 이차함수의 그래프와 x축의 위치 관계

이차함수 $y=ax^2+bx+c$의 그래프가 x축과 만나는 두 점을 A, B라 하고, 그래프의 꼭짓점을 C(1, 9)라 할 때, 삼각형 ABC의 넓이는 27이다. 이때 세 상수 a, b, c에 대하여 abc의 값을 구하시오.

02

x^2의 계수가 같은 세 이차함수 $y=f(x)$, $y=g(x)$, $y=h(x)$의 그래프가 그림과 같이 한 점 $(a, 0)$에서 만날 때, 다음 중 방정식 $f(x)+g(x)+h(x)=0$의 근 중 $x=a$ 이외의 근이 될 수 있는 것은? (단, a, β, γ, δ는 모두 서로 다르다.)

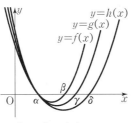

① $\dfrac{\beta+\gamma+\delta}{3}$ ② $\dfrac{\beta^2+\gamma^2+\delta^2}{9}$

③ $\dfrac{a+\beta+\gamma+\delta}{4}$ ④ $\dfrac{a^2+\beta^2+\gamma^2+\delta^2}{16}$

⑤ $\dfrac{\beta\gamma+\gamma\delta+\delta\beta}{27}$

03

이차함수 $y=ax^2-4bx-4a+16$의 그래프가 x축과 만나지 않거나 오직 한 점에서만 만나도록 하는 정수 a, b의 순서쌍 (a, b)의 개수는?

① 10   ② 11   ③ 12
④ 13   ⑤ 14

04

이차함수 $f(x)=ax^2+bx+c$가 모든 실수 x에 대하여 $f(6-x)=f(x)$를 만족시키고 $f(0)<0$, $f(1)>0$일 때, **보기**에서 옳은 것만을 있는 대로 고른 것은?

(단, a, b, c는 상수이다.)

┌─ **보기** ──────────────────────┐
  ㄱ. $b>0$

  ㄴ. $a+\dfrac{1}{5}b+\dfrac{1}{25}c>0$

  ㄷ. 이차방정식 $f(x)=0$의 두 실근의 합은 6이다.
└──────────────────────────────┘

① ㄱ   ② ㄱ, ㄴ   ③ ㄱ, ㄷ
④ ㄴ, ㄷ   ⑤ ㄱ, ㄴ, ㄷ

대표
05 유형 ❷ 이차함수의 그래프와 직선의 위치 관계

이차항의 계수가 1인 이차함수 $f(x)$에 대하여 $y=f(x)$의 그래프가 두 점 $(1, 0)$, $(4, 0)$을 지나고, 직선 $y=g(x)$가 $y=f(x)$의 그래프와 x좌표가 2인 점에서 접할 때, 방정식 $f(x)+5g(x)=0$의 두 근의 합을 구하시오.

06

그림과 같이 이차함수 $y=2-x^2$의 그래프가 직선 $y=kx$와 서로 다른 두 점 A, B에서 만날 때, $\overline{OA}:\overline{OB}=1:2$가 되도록 하는 양수 k의 값을 구하시오.

(단, O는 원점이다.)

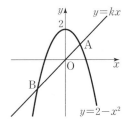

07

x에 대한 이차함수 $y=x^2-2ax+a^2+2$의 그래프와 직선 $y=2x-k$가 서로 다른 두 점에서 만나도록 하는 모든 자연수 k의 개수를 $f(a)$라 하자. 이때 $f(1)+f(2)+f(3)$의 값을 구하시오. (단, a는 실수이다.)

08 _{빈출}

이차함수 $y=x^2-2(a+3)x+a^2+8a$의 그래프가 실수 a의 값에 관계없이 직선 $y=mx+n$에 항상 접할 때, 두 실수 m, n에 대하여 $m+n$의 값은?

① 2   ② 4   ③ 6
④ -14   ⑤ -16

09

그림과 같이 두 함수 $f(x)=x^2-x-5$, $g(x)=x+3$의 그래프가 만나는 두 점을 각각 A, B라 하고, 함수 $y=f(x)$의 그래프가 y축과 만나는 점을 C라 하자. 삼각형 ABC의 넓이를 k라 할 때, 방정식 $f(2x-k)=g(2x-k)$의 두 실근의 합은?
          (단, 점 A의 x좌표는 점 B의 x좌표보다 작다.)

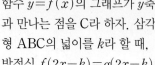

① 24   ② 25   ③ 26
④ 27   ⑤ 28

10

이차함수 $y=x^2$의 그래프가 직선 $y=ax-1$과 서로 다른 두 점에서 만나고, 직선 $y=x+b$와 만나지 않을 때, 이차함수 $y=x^2+ax+b$의 그래프에 대한 설명 중 **보기**에서 옳은 것만을 있는 대로 고른 것은? (단, a, b는 실수이다.)

> • 보기 •
>
> ㄱ. x축과 서로 다른 두 점에서 만난다.
> ㄴ. y축과 양의 부분에서 만난다.
> ㄷ. 꼭짓점은 제2사분면에 존재한다.

① ㄱ   ② ㄱ, ㄴ   ③ ㄱ, ㄷ
④ ㄴ, ㄷ   ⑤ ㄱ, ㄴ, ㄷ

11

그림과 같이 직선 $y=kx$가 이차함수 $y=2(x-2)^2$의 그래프와 만나는 서로 다른 두 점을 A, B라 하고, 이차함수 $y=-(x+1)^2$의 그래프와 만나는 서로 다른 두 점을 C, D라 하자.
$\overline{AB}:\overline{CD}=2:3$일 때, 양수 k의 값을 구하시오.

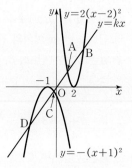

12 _{1등급}

두 이차함수 $f(x)=x^2+2x+1$, $g(x)=-x^2+5$에 대하여 함수 $h(x)$를
$$h(x)=\begin{cases} f(x) & (x\leq-2 \text{ 또는 } x\geq1) \\ g(x) & (-2<x<1) \end{cases}$$
이라 하자. 직선 $y=mx+6$과 $y=h(x)$의 그래프가 서로 다른 세 점에서 만나도록 하는 모든 실수 m의 값의 합을 S라 할 때, $10S$의 값을 구하시오. [2021년 교육청]

x에 대한 방정식 $|x^2-1|-mx+2m=0$이 서로 다른 4개의 실근을 갖도록 하는 실수 m의 값의 범위는 $a<m<b$이다. 이때 $a+b$의 값은?

① $-4+2\sqrt{3}$ ② $4-2\sqrt{3}$ ③ $-2+\sqrt{3}$

④ $2-\sqrt{3}$ ⑤ $-1+\sqrt{3}$

14

이차함수 $y=f(x)$의 그래프가 그림과 같을 때, 방정식
$$f(|x-k|)+3=0$$
의 모든 실근의 합이 12가 되도록 하는 실수 k의 값을 구하시오.

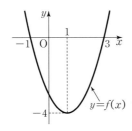

15

직선 $y=x+k$와 $|y|=x^2-3|x|+2$의 그래프의 교점의 개수를 $N(k)$라 할 때, $N(1)+N(2)+N(3)$의 값은?

① 7 ② 8 ③ 9

④ 10 ⑤ 11

16

x에 대한 방정식 $|x^2+4x-12|=k$가 양의 실근 1개와 서로 다른 음의 실근 3개를 갖도록 하는 실수 k의 값의 범위는?

① $k<12$ ② $k<16$ ③ $k\geq16$

④ $12<k<16$ ⑤ $12<k\leq16$

17

이차함수 $y=f(x)$의 그래프가 그림과 같을 때, 방정식
$$f(|f(x)|)=0$$
의 서로 다른 실근의 개수는 a이고, 실근 중에서 가장 큰 근과 가장 작은 근의 합은 b이다. 이때 $\dfrac{a}{b}$의 값을 구하시오.

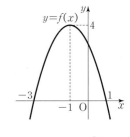

이차함수 $f(x)=x^2+2ax+4a-6$의 최솟값을 $g(a)$라 할 때, $g(a)$의 최댓값은? (단, a는 실수이다.)

① -2 ② -1 ③ 0

④ 1 ⑤ 2

19

두 실수 a, b에 대하여 x에 대한 이차방정식
$$x^2+(a+3)x+a-b^2-2b=0$$
의 두 근을 α, β라 할 때, $\alpha^2+\beta^2$의 최솟값은?

① $\dfrac{5}{3}$ ② 2 ③ $\dfrac{7}{3}$

④ $\dfrac{8}{3}$ ⑤ 3

20

이차함수 $y=x^2+2(m-1)x-3m$의 그래프가 x축과 만나는 서로 다른 두 점 사이의 거리가 최소가 되도록 하는 실수 m의 값은?

① -1 ② $-\dfrac{1}{2}$ ③ $\dfrac{1}{2}$

④ 2 ⑤ 4

21

이차함수 $y=f(x)$의 그래프는 세 점 A$(0, 4)$, B$(1, 1)$, C$(3, 1)$을 지난다. $1 \le x \le 3$에서 이차함수 $y=f(x)$의 그래프 위를 움직이는 점 P(a, b)에 대하여 a^2+3b의 최댓값과 최솟값을 각각 M, m이라 하자. 이때 Mm의 값은?

① 27 ② 30 ③ 33

④ 36 ⑤ 39

22

이차함수 $f(x)=ax^2+bx+5$가 다음 조건을 만족시킬 때, $f(-2)$의 값을 구하시오. [2021년 교육청]

> (가) a, b는 음의 정수이다.
> (나) $1 \le x \le 2$일 때, 이차함수 $f(x)$의 최댓값은 3이다.

23 　　　　　　　　　　　　　　　　　　서술형

$1 \le x \le 2$에서 함수 $f(x)=x^2-2mx+m^2+m$의 최댓값이 7이 되도록 하는 정수 m의 값을 구하시오.

24

최고차항의 계수가 1인 이차함수 $f(x)$가 모든 실수 x에 대하여 $f(x) \ge f(1)$, $f(3)=0$을 만족시킨다. $a \le x \le a+2$에서 함수 $f(x)$의 최댓값과 최솟값의 합이 0이 되도록 하는 모든 실수 a의 값의 곱은?

① -2 ② -3 ③ -4

④ -5 ⑤ -6

어느 제과점에서는 빵 하나의 가격을 2000원으로 정하면 한 달 동안 1600개의 빵이 판매되고, 가격을 2000원에서 100원 인하할 때마다 한 달 동안의 빵 판매량이 200개씩 증가한다고 한다. 이 제과점에서 한 달 동안의 빵 판매 금액이 최대가 되도록 하는 빵 하나의 가격은?

① 1300원   ② 1400원   ③ 1500원

④ 1600원   ⑤ 1700원

26

$\overline{AB}=8$, $\overline{BC}=12$인 직사각형 ABCD에서 네 점 P, Q, R, S가 그림과 같이 꼭짓점 A, B, C, D를 각각 출발하여 시계 반대 방향으로 각 변을 따라 매초 1의 속력으로 8초 동안 움직일 때, 사각형 PQRS의 넓이의 최솟값을 구하시오.

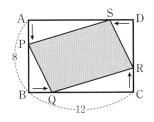

27

그림과 같이 밑면의 반지름의 길이가 2이고 높이가 6인 원뿔에 내접하는 원기둥이 있다. 이 원기둥의 겉넓이를 S라 할 때, $\dfrac{S}{\pi}$의 최댓값을 구하시오. (단, 원기둥의 한 밑면은 원뿔의 밑면에 포함된다.)

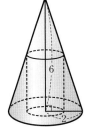

28

길이가 2인 선분 AB를 지름으로 하는 원이 있다. 지름 AB 위에 $\overline{AC}+\overline{DB}=\overline{CD}$를 만족시키는 두 점 C, D를 정하여 그림과 같이 세 선분 AC, CD, DB를 각각 지름으로 하는 반원을 만들고 색칠한 부분의 넓이를 S_1, 색칠하지 않은 부분의 넓이를 S_2라 하자. S_1의 최댓값을 M, S_2의 최솟값을 m이라 할 때, $M-m$의 값은?

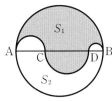

① $\dfrac{\pi}{10}$ ② $\dfrac{\pi}{9}$ ③ $\dfrac{\pi}{8}$

④ $\dfrac{\pi}{7}$ ⑤ $\dfrac{\pi}{6}$

29

신유형

그림과 같이 일직선으로 놓인 도로 앞에 세 변의 길이의 비가 3 : 4 : 5인 직각삼각형 모양의 공원이 있다. 공원의 테두리인 직각삼각형의 각 변 위의 세 점을 꼭짓점으로 하고 한 변이 도로와 평행한 직각삼각형 모양의 꽃밭 X를 공원 안에 만들려고 한다. 꽃밭 X의 넓이의 최댓값이 150 m²일 때, 공원의 둘레의 길이를 구하시오.

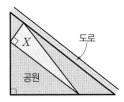

30

그림과 같이 두 이차함수 $y=x^2-8x+7$, $y=-x^2+2x-1$의 그래프가 만나는 점을 각각 P, Q라 하고, 직선 $x=k$와 두 이차함수의 그래프가 만나는 점을 각각 R, S라 하자. 사각형 PRQS의 넓이의 최댓값을 M이라 할 때, $8M$의 값을 구하시오. (단, 점 P의 x좌표는 k보다 작고, 점 Q의 x좌표는 k보다 크다.)

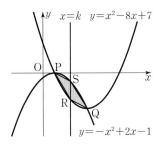

01

이차함수 $y=x^2-1$의 그래프와 직선 $y=ax$ $(a>0)$의 두 교점을 P, Q라 하면 $\overline{OP}\times\overline{OQ}=17$이 성립할 때, 상수 a의 값을 구하시오. (단, O는 원점이다.)

02

x축 위의 점 A와 이차함수 $y=2-x^2$의 그래프 위의 점 B에 대하여 두 점 A, B의 x좌표는 각각 -1 이상 1 이하이다. x축 또는 y축과 평행하거나 일치하는 선분들을 이용하여 두 점 A, B를 가장 짧은 경로로 연결하였을 때, 이 경로의 길이의 최댓값을 구하시오.

03

함수 $f(x)=x|x|-4x+p$에 대하여 **보기**에서 옳은 것만을 있는 대로 고른 것은? (단, p는 실수이다.)

> • 보기 •
>
> ㄱ. $p=0$이면 $f(-x)=-f(x)$가 성립한다.
> ㄴ. $p=3$이면 방정식 $f(x)=0$의 모든 실근의 합은 8이다.
> ㄷ. 함수 $y=f(x)$의 그래프와 x축의 교점의 개수의 최댓값은 3이다.

① ㄱ   ② ㄱ, ㄴ   ③ ㄱ, ㄷ
④ ㄴ, ㄷ   ⑤ ㄱ, ㄴ, ㄷ

04

계수와 상수항이 모두 정수인 일차함수 $f(x)$와 이차함수 $g(x)$가 모든 실수 x에 대하여
$$f(x)g(x)+f(x)-3g(x)=-x^3+x^2+7$$
을 만족시킨다. 두 함수 $y=f(x)$, $y=g(x)$의 그래프의 교점의 x좌표를 α, β라 할 때, $\alpha^2+\beta^2$의 값을 구하시오.

05

함수 $f(x)=x^2-3|x-1|-3x+3$의 그래프와 서로 다른 두 점에서 접하는 직선 l_1이 있다. 직선 l_1과 기울기가 같은 직선 l_2가 함수 $y=f(x)$의 그래프와 서로 다른 세 점 $(\alpha, f(\alpha))$, $(\beta, f(\beta))$, $(\gamma, f(\gamma))$에서 만날 때, $|\alpha|+|\beta|+|\gamma|$의 값을 구하시오.

06

그림은 이차함수 $f(x)=-x^2+11x-10$의 그래프와 직선 $y=-x+10$을 나타낸 것이다.

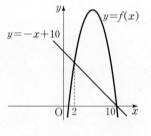

직선 $y=-x+10$ 위의 한 점 A$(t, -t+10)$에 대하여 점 A를 지나고 y축에 평행한 직선이 이차함수 $y=f(x)$의 그래프와 만나는 점을 B, 점 B를 지나고 x축과 평행한 직선이 이차함수 $y=f(x)$의 그래프와 만나는 점 중 B가 아닌 점을 C, 점 A를 지나고 x축에 평행한 직선과 점 C를 지나고 y축에 평행한 직선이 만나는 점을 D라 하자. 네 점 A, B, C, D를 꼭짓점으로 하는 직사각형의 둘레의 길이의 최댓값은? (단, $2<t<10$, $t\neq\dfrac{11}{2}$이다.)

[2020년 교육청]

① 30   ② 33   ③ 36
④ 39   ⑤ 42

07

이차함수 $f(x)$가 모든 실수 x에 대하여
$$2f(x)+f(1-x)=3x^2$$
을 만족시킬 때, 보기에서 옳은 것만을 있는 대로 고른 것은?

• 보기 •

ㄱ. 이차함수 $y=f(x)$의 그래프가 x축과 만나는 서로 다른 두 점 사이의 거리는 $2\sqrt{2}$이다.

ㄴ. 서로 다른 두 실수 x_1, x_2에 대하여
$$f\left(\frac{x_1+x_2}{2}\right)<\frac{f(x_1)+f(x_2)}{2}$$이다.

ㄷ. 이차함수 $y=f(x)+a$의 그래프가 x축과 만나지 않기 위한 정수 a의 최솟값은 2이다.

----

① ㄱ   ② ㄴ   ③ ㄱ, ㄴ
④ ㄱ, ㄷ   ⑤ ㄴ, ㄷ

08

두 함수 $f(x)=\dfrac{1}{2}x^2$, $g(x)=x+4$에 대하여 함수 $h(x)$를
$$h(x)=\begin{cases} f(x) & (x<-2 \ \text{또는} \ x\geq 4) \\ -f(x)+2g(x) & (-2\leq x<4) \end{cases}$$
라 하자. 1보다 큰 실수 a에 대하여 $a-3\leq x\leq a$에서 함수 $h(x)$의 최댓값이 10이 되도록 하는 a의 값의 범위가 $p\leq a\leq q$일 때, p^2+q^2의 값을 구하시오.

09

그림과 같이 이차함수 $y=x^2-1$의 그래프와 직선 $y=kx$의 서로 다른 두 교점을 A, B라 하고, 두 점 A, B에서 각각 이차함수 $y=x^2-1$의 그래프에 접하는 직선을 그었을 때의 두 직선의 교점을 C라 하자. 두 점 A, B의 x좌표를 각각 α, β라 할 때, $\alpha+\beta=4$를 만족시키는 삼각형 ACB의 넓이를 구하시오. (단, k는 상수이다.)

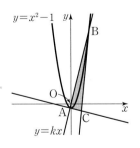

10

최고차항의 계수가 각각 3, 2인 두 이차함수 $f(x)$, $g(x)$와 일차함수 $h(x)$가 있다. 두 함수 $y=f(x)$, $y=g(x)$의 그래프가 만나는 점의 x좌표를 각각 α, β라 하면 함수 $y=g(x)$의 그래프와 직선 $y=h(x)$가 접하는 점의 x좌표는 $\dfrac{\alpha+\beta}{2}$이다. 함수 $y=f(x)$의 그래프와 직선 $y=h(x)$가 만나는 두 점의 x좌표의 합이 2이고 곱이 -1일 때, $|\alpha-\beta|$의 값을 구하시오.

11

직선 l 위를 움직이는 네 점 A, C, P, Q와 직선 l의 위쪽에서 움직이는 두 점 B, R이 있다. 이때 세 점 A, B, C는 $\overline{AC}=4$, $\overline{BC}=2$, $\angle ACB=90°$인 직각삼각형을, 세 점 P, Q, R은 $\overline{PQ}=\overline{QR}=2$, $\angle PQR=90°$인 직각삼각형을 만든 상태를 유지하면서 움직인다.

[그림 1]과 같이 두 직각삼각형의 꼭짓점 A와 P가 일치한 상태에서 출발하여 직각삼각형 ABC는 오른쪽으로, 직각삼각형 PQR은 왼쪽으로 각각 직선 l을 따라 매초 1의 속력으로 움직인다. 시각 t $(t>0)$에 대하여 [그림 2]와 같이 두 삼각형이 겹쳐지는 부분의 넓이를 $S(t)$라 하면 $2\leq t\leq 3$에서 $S(t)$는 $t=a$일 때 최댓값 M을 갖는다. 이때 $14(a+M)$의 값을 구하시오.

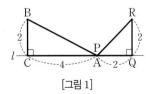
[그림 1]

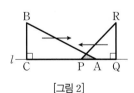
[그림 2]

06 여러 가지 방정식

비법노트

중요

A 치환할 공통부분이 없는 경우

(1) $(x+a)(x+b)(x+c)(x+d)=e$: 두 일차식의 곱의 x항 또는 상수항이 같도록 정리한 후 치환한다.

> STEP 2 | 02번

(2) $ax^4+bx^3+cx^2+bx+a=0(a\neq0)$: 양변을 x^2으로 나눈 후, $x+\dfrac{1}{x}$ 또는 $x-\dfrac{1}{x}$에 대하여 정리하여 치환한다.

> STEP 1 | 04번, STEP 2 | 01번

B n차방정식의 근과 계수의 관계

n차방정식 $a_nx^n+a_{n-1}x^{n-1}+\cdots+a_1x+a_0=0$에서

$(\text{모든 근의 합})=-\dfrac{a_{n-1}}{a_n}$

$(\text{두 근끼리의 곱의 합})=\dfrac{a_{n-2}}{a_n}$

$(\text{세 근끼리의 곱의 합})=-\dfrac{a_{n-3}}{a_n}$

$\vdots$

$(\text{모든 근의 곱})=(-1)^n\times\dfrac{a_0}{a_n}$

> STEP 2 | 07번, STEP 3 | 02번

C 방정식 $x^3=-1$의 허근 ω의 성질
($\overline{\omega}$는 ω의 켤레복소수)

(1) $\omega^3=-1$

(2) $\omega^2-\omega+1=0$

(3) $\omega+\dfrac{1}{\omega}=1$

(4) $\omega+\overline{\omega}=1, \omega\overline{\omega}=1$

(5) $\omega^2=-\overline{\omega}$

> STEP 1 | 11번

1등급 비법

D 연립이차방정식의 풀이 과정

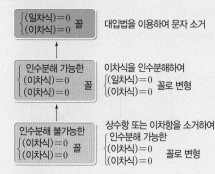

$\begin{cases}(\text{일차식})=0\\(\text{이차식})=0\end{cases}$ 꼴	대입법을 이용하여 문자 소거

↑

인수분해 가능한 $\begin{cases}(\text{이차식})=0\\(\text{이차식})=0\end{cases}$ 꼴	이차식을 인수분해하여 $\begin{cases}(\text{일차식})=0\\(\text{이차식})=0\end{cases}$ 꼴로 변형

↑

인수분해 불가능한 $\begin{cases}(\text{이차식})=0\\(\text{이차식})=0\end{cases}$ 꼴	상수항 또는 이차항을 소거하여 인수분해 가능한 $\begin{cases}(\text{이차식})=0\\(\text{이차식})=0\end{cases}$ 꼴로 변형

E 공통근

(1) 두 개 이상의 방정식을 동시에 만족시키는 근을 공통근이라 한다.

(2) 두 방정식 $f(x)=0, g(x)=0$의 공통근을 구하는 과정은 다음과 같다.

(ⅰ) 공통근을 α로 놓는다.

(ⅱ) $f(\alpha)=0, g(\alpha)=0$에서 최고차항 또는 상수항을 소거한다.

(ⅲ) 소거하여 얻은 하나의 식을 인수분해한다.

(ⅳ) α의 값을 구한다.

(ⅴ) $f(\alpha)=0, g(\alpha)=0$을 모두 만족시키는지 확인한다.

> STEP 1 | 19번, STEP 2 | 24번, 25번

고차방정식의 풀이 A

(1) 인수분해 공식 이용

(2) 인수정리와 조립제법 이용 : 다항식 $f(x)$에 대하여 $f(a)=0$이면 $f(x)=(x-a)Q(x)$로 인수분해된다.

— 조립제법을 이용하여 구한다.

(3) 치환 이용 : 공통부분이 있는 경우는 공통부분을 한 문자로 치환하여 풀고, 공통부분이 없는 경우는 치환할 부분이 생기도록 식을 변형하여 푼다.

삼차방정식의 근과 계수의 관계 B

(1) 삼차방정식 $ax^3+bx^2+cx+d=0$의 세 근을 α, β, γ라 하면

$$\alpha+\beta+\gamma=-\frac{b}{a}, \alpha\beta+\beta\gamma+\gamma\alpha=\frac{c}{a}, \alpha\beta\gamma=-\frac{d}{a}$$

(2) 세 수 α, β, γ를 세 근으로 하고, x^3의 계수가 1인 삼차방정식은

$$x^3-(\alpha+\beta+\gamma)x^2+(\alpha\beta+\beta\gamma+\gamma\alpha)x-\alpha\beta\gamma=0$$

켤레근의 성질

삼차방정식 $ax^3+bx^2+cx+d=0$에 대하여

(1) 계수가 유리수일 때, $p+q\sqrt{m}$이 근이면 $p-q\sqrt{m}$도 근이다.

(단, p, q는 유리수, $q\neq0, \sqrt{m}$은 무리수)

(2) 계수가 실수일 때, $p+qi$가 근이면 $p-qi$도 근이다.

(단, p, q는 실수, $q\neq0, i=\sqrt{-1}$)

방정식 $x^3=1$의 허근 ω의 성질 ($\overline{\omega}$는 ω의 켤레복소수) C

(1) $\omega^3=1, \overline{\omega}^3=1$

(2) $\omega^2+\omega+1=0, \overline{\omega}^2+\overline{\omega}+1=0$

(3) $\omega+\dfrac{1}{\omega}=-1, \overline{\omega}+\dfrac{1}{\overline{\omega}}=-1$

(4) $\omega+\overline{\omega}=-1, \omega\overline{\omega}=1$

(5) $\omega^2=\overline{\omega}$

연립방정식의 풀이 D E

(1) 일차방정식과 이차방정식으로 이루어진 연립이차방정식 : 일차방정식을 한 미지수에 대하여 정리한 것을 이차방정식에 대입하여 푼다.

(2) 두 이차방정식으로 이루어진 연립이차방정식 : 한 이차방정식을 인수분해하여 두 일차식의 곱으로 만든 후 (1)의 방법으로 푼다. 또는 상수항 소거, 이차항 소거 등을 이용하여 일차방정식으로 만든 후, 나머지 이차방정식과 연립하여 푼다.

(3) 대칭형의 연립방정식 : $x+y=u, xy=v$로 치환하여 x, y는 t에 대한 이차방정식 $t^2-ut+v=0$의 두 근임을 이용하여 푼다.

참고 미지수가 3개인 연립일차방정식은 세 개의 미지수 중에서 한 개를 소거하여 미지수가 2개인 연립일차방정식으로 만들어 푼다.

부정방정식

(1) 정수 조건의 부정방정식 : $\underset{\text{계수가 정수}}{(\text{일차식})}\times\underset{\text{계수가 정수}}{(\text{일차식})}=(\text{정수})$ 꼴로 변형하여 푼다.

(2) 실수 조건의 부정방정식

① $A^2+B^2=0$ 꼴로 변형하여 $A=0$이고, $B=0$임을 이용한다.

② 한 문자에 대하여 내림차순으로 정리한 후 이차방정식의 판별식 D가 $D\geq0$임을 이용한다.

01 고차방정식의 풀이 – 인수정리

사차방정식 $x^4+x^3-x^2-7x-6=0$의 두 실근을 α, β, 두 허근을 γ, δ라 할 때, $\alpha+\beta+\gamma^2+\delta^2$의 값은?

① -2
② -1
③ 0
④ 1
⑤ 2

02 고차방정식의 풀이 – 치환

방정식 $(x^2+x)^2-2(x^2+x+1)-22=0$의 모든 실근의 합은?

① -2
② -1
③ 0
④ 1
⑤ 2

03 고차방정식의 풀이 – $x^4+ax^2+b=0$

사차방정식 $x^4-13x^2+36=0$의 네 근을 α, β, γ, δ라 하자. $\alpha<\beta<\gamma<\delta$일 때, $\alpha+2\beta+3\gamma+4\delta$의 값은?

① 8
② 9
③ 10
④ 11
⑤ 12

04 고차방정식의 풀이 – 대칭형

사차방정식 $x^4-2x^3+3x^2-2x+1=0$의 근을 구하시오.

05 고차방정식의 풀이 – 근이 주어진 경우

삼차방정식 $x^3-kx^2+(k-5)x+4=0$의 한 근이 2이고 나머지 두 근이 α, β일 때, $|k|+|\alpha|+|\beta|$의 값을 구하시오. (단, k는 상수이다.)

06 삼차방정식의 근의 판별

삼차방정식 $x^3+5x^2+(k+4)x+k=0$이 중근을 갖도록 하는 모든 상수 k의 값의 합은?

① 3
② 4
③ 5
④ 6
⑤ 7

07 삼차방정식의 근과 계수의 관계

삼차방정식 $x^3-x^2-7x-5=0$의 세 근을 α, β, γ라 할 때, $(\alpha+\beta)(\beta+\gamma)(\gamma+\alpha)$의 값은?

① -15
② -14
③ -12
④ 12
⑤ 15

08 고차방정식의 작성

방정식 $x^3+2x^2+3x+1=0$의 세 근을 α, β, γ라 하자. $\dfrac{1}{\alpha}$, $\dfrac{1}{\beta}$, $\dfrac{1}{\gamma}$을 세 근으로 하는 삼차방정식이 $x^3+ax^2+bx+c=0$일 때, $a+b+c$의 값은?

(단, a, b, c는 상수이다.)

① -6　　　　② -3　　　　③ 0

④ 3　　　　⑤ 6

09 계수가 유리수인 고차방정식의 켤레근

두 유리수 a, b에 대하여 삼차방정식 $x^3+ax^2+bx-3=0$의 한 근이 $2+\sqrt{3}$일 때, $a+b$의 값을 구하시오.

10 계수가 실수인 고차방정식의 켤레근

계수가 실수인 삼차방정식 $x^3+ax^2-4x+b=0$의 한 근이 $1+i$일 때, $a+b$의 값은? (단, $i=\sqrt{-1}$)

① -1　　　　② 1　　　　③ 3

④ 5　　　　⑤ 7

11 방정식 $x^3\pm a=0$의 허근의 성질

두 삼차방정식 $x^3+1=0$, $x^3-8=0$의 한 허근을 각각 ω_1, ω_2라 할 때, $(\omega_1^2+\overline{\omega_1}^2)(\omega_2^2+\overline{\omega_2}^2)$의 값은?

(단, $\overline{\omega}$는 ω의 켤레복소수이다.)

① 2　　　　② 4　　　　③ 6

④ 8　　　　⑤ 10

12 고차방정식의 활용

그림은 오각기둥의 전개도이다. 이 전개도의 점선을 따라 접어서 만든 오각기둥의 부피가 108일 때, 전개도에서 x의 값은?

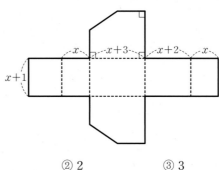

① 1　　　　② 2　　　　③ 3

④ 4　　　　⑤ 5

13 연립이차방정식 – 일차방정식과 이차방정식

두 양수 α, β에 대하여 $x=\alpha$, $y=\beta$가 연립이차방정식 $\begin{cases} x-y=1 \\ x^2+3y^2=7 \end{cases}$ 의 해일 때, $\alpha+\beta$의 값을 구하시오.

14 연립이차방정식 – 인수분해되는 경우

연립방정식 $\begin{cases} x^2-3xy+2y^2=0 \\ x^2-y^2=9 \end{cases}$ 의 해를 $\begin{cases} x=\alpha_1 \\ y=\beta_1 \end{cases}$ 또는 $\begin{cases} x=\alpha_2 \\ y=\beta_2 \end{cases}$ 라 하자. $\alpha_1<\alpha_2$일 때, $\beta_1-\beta_2$의 값은? [2020년 교육청]

① $-2\sqrt{3}$　　　　② $-2\sqrt{2}$　　　　③ $2\sqrt{2}$

④ $2\sqrt{3}$　　　　⑤ 4

15 연립이차방정식 – 인수분해되지 않는 경우

연립방정식 $\begin{cases} x^2 + xy = 3 \\ xy + y^2 = 1 \end{cases}$ 을 만족시키는 두 실수 x, y의 순서쌍 (x, y)를 모두 구하시오.

16 연립이차방정식 – 대칭형

연립방정식 $\begin{cases} x + y + xy = 23 \\ x^2y + xy^2 = 120 \end{cases}$ 을 만족시키는 두 정수 x, y에 대하여 $x^2 + y^2$의 값은?

① 20   ② 25   ③ 29
④ 34   ⑤ 41

17 연립이차방정식의 해의 조건

연립방정식 $\begin{cases} x + y = -2a + 4 \\ xy = a^2 - 3a + 1 \end{cases}$ 을 만족시키는 두 실수 x, y가 존재하기 위한 상수 a의 최댓값은?

① 1   ② 2   ③ 3
④ 4   ⑤ 5

18 연립이차방정식의 활용

대각선의 길이가 5 m인 직사각형 모양의 땅이 있다. 이 땅의 가로의 길이를 1 m만큼 줄이고, 세로의 길이를 2 m만큼 늘였더니 넓이가 3 m²만큼 넓어졌다고 한다. 처음 땅의 둘레의 길이는?

① 14 m   ② 16 m   ③ 18 m
④ 20 m   ⑤ 22 m

19 공통근

두 이차방정식
$$3x^2 - (k+1)x + 4k = 0, \ 3x^2 + (2k-1)x + k = 0$$
이 오직 하나의 공통근을 가질 때, 상수 k의 값은?

① -1 ② $-\dfrac{2}{3}$ ③ 0

④ $\dfrac{1}{5}$ ⑤ 1

20 부정방정식의 풀이 – 정수 조건

세 자연수 a, b, c에 대하여
$$abc + ab + bc + ca + a + b + c = 29$$
일 때, $a + b + c$의 값을 구하시오.

21 부정방정식의 풀이 – 실수 조건

방정식 $x^2 + y^2 + 4x - 4y + k + 2 = 0$을 만족시키는 두 실수 x, y가 존재하도록 하는 실수 k의 값의 범위는?

① $k \leq 6$ ② $k \geq 2$ ③ $-2 \leq k \leq 7$
④ $-4 \leq k \leq 16$ ⑤ $-6 \leq k \leq 10$

대표 01 유형 ❶ 고차방정식의 풀이

사차방정식 $x^4-x^3-4x^2-x+1=0$의 한 양의 실근을 a라 할 때, $a^3+\dfrac{1}{a^3}$의 값을 구하시오.

02

사차방정식 $(x-1)(x-3)(x+5)(x+7)+55=0$의 네 근의 제곱의 합을 구하시오.

03

$a>b$인 두 자연수 a, b에 대하여 사차방정식
$$x^4-2(a^2+b^2)x^2+(a^2-b^2)^2=0$$
의 네 근의 곱이 9일 때, a^3+b^3의 값을 구하시오.

04 〔빈출〕

x에 대한 방정식
$$x^3-(2a-1)x^2+(a^2-2a)x+2a^2+4a+4=0$$
이 서로 다른 두 실근을 갖도록 하는 모든 실수 a의 값의 합을 구하시오.

05

x에 대한 삼차식
$$f(x)=x^3+(2a-1)x^2+(b^2-2a)x-b^2$$
에 대하여 **보기**에서 옳은 것만을 있는 대로 고른 것은?

[2019년 교육청]

━ 보기 ━

ㄱ. $f(x)$는 $x-1$을 인수로 갖는다.
ㄴ. $a<b<0$인 어떤 두 실수 a, b에 대하여 방정식 $f(x)=0$의 서로 다른 실근의 개수는 2이다.
ㄷ. 방정식 $f(x)=0$이 서로 다른 세 실근을 갖고 세 근의 합이 7이 되도록 하는 두 정수 a, b의 모든 순서쌍 (a, b)의 개수는 5이다.

① ㄱ   ② ㄱ, ㄴ   ③ ㄱ, ㄷ
④ ㄴ, ㄷ   ⑤ ㄱ, ㄴ, ㄷ

대표 06 유형 ❷ 삼차방정식의 근과 계수의 관계

삼차방정식 $x^3+x^2+kx+3=0$의 세 근이 모두 정수일 때, 상수 k의 값은?

① -10 ② -5 ③ -1
④ 5 ⑤ 10

07

$a^3=a^2+a+\dfrac{1}{9}$, $b^3=b^2+b+\dfrac{1}{9}$, $c^3=c^2+c+\dfrac{1}{9}$ 을 만족시키는 서로 다른 세 실수 a, b, c에 대하여 $a^3+b^3+c^3$의 값을 구하시오.

08

이차방정식 $x^2-x+2=0$의 두 근이 α, β이고, 삼차방정식 $x^3-3x+5=0$의 세 근이 p, q, r일 때, $(p\alpha+q\beta)^2+(p\beta-q\alpha)^2+r^2\alpha^2+r^2\beta^2$의 값은?

① -10 ② -12 ③ -14

④ -16 ⑤ -18

대표
09 유형 ❸ 고차방정식의 켤레근

세 유리수 a, b, c에 대하여 사차방정식 $x^4+6x^3+ax^2+bx+c=0$이 중근을 갖고 $-2+\sqrt{3}$을 중근이 아닌 근으로 가질 때, $a+b+c$의 값은?

① 10   ② 15   ③ 17

④ 19   ⑤ 22

10

세 실수 a, b, c에 대하여 다항식 $P(x)=x^3+ax^2+bx+c$ 가 다음 조건을 만족시킬 때, $a+b+c$의 값은?

(단, $i=\sqrt{-1}$)

> ㈎ $2-i$는 방정식 $P(x)=0$의 한 근이다.
> ㈏ $P(x)$를 $x+1$로 나눈 나머지는 10이다.

① -3 ② 0 ③ 1

④ 3 ⑤ 5

11

계수가 실수인 삼차방정식 $x^3+ax^2+bx-3=0$이 한 실근과 두 허근 α, α^2을 가질 때, 두 실수 a, b에 대하여 $a+b$의 값을 구하시오.

대표
12 유형 ❹ 방정식 $x^3\pm a=0$의 허근

방정식 $x^3=1$의 한 허근 ω에 대하여 $z=\dfrac{\omega+1}{2\omega+1}$이라 할 때, $z\bar{z}$의 값은? (단, $\bar{z}$는 z의 켤레복소수이다.)

① $\dfrac{1}{3}$ ② $\dfrac{1}{2}$ ③ $\dfrac{2}{3}$

④ $\dfrac{3}{4}$ ⑤ 1

13

방정식 $x^3-3x^2+3x-2=0$의 한 허근을 α라 할 때, $(\alpha-1)(\alpha^2+1)(\alpha^3-1)(\alpha^4+1)(\alpha^5-1)(\alpha^6+1)$의 값은?

① -5 ② -4 ③ 0
④ 4 ⑤ 5

14

서술형

두 다항식 $f(x)=x^3+8$, $g(x)=x^3-x+2$에 대하여 방정식 $f(x)=0$의 세 근이 α, β, γ일 때, $g(\alpha)g(\beta)g(\gamma)$의 값을 구하시오.

15

삼차방정식 $x^3-1=0$의 서로 다른 두 허근을 α, β라 할 때, 자연수 n에 대하여

$$f(n)=(\alpha^2+\alpha)^n+(\alpha+1)^n,$$
$$g(n)=(\beta^2+\beta)^n+(\beta+1)^n$$

이라 하자.

$$F(n)=f(1)+f(2)+f(3)+\cdots+f(n),$$
$$G(n)=g(1)+g(2)+g(3)+\cdots+g(n)$$

이라 할 때, $F(50)+G(50)$의 값은?

① -2 ② -1 ③ 0
④ 1 ⑤ 2

대표 16 | 유형 ⑤ 연립이차방정식

연립방정식 $\begin{cases} 4x-y=a \\ x+y=4 \end{cases}$의 해가 연립방정식 $\begin{cases} x-by=5 \\ x^2+y^2=8 \end{cases}$을 만족시킬 때, 두 상수 a, b의 값을 각각 구하시오.

17

연립방정식 $\begin{cases} x+y+z=6 \\ x^2+y^2=z^2 \\ xy=-12 \end{cases}$의 해를 $x=\alpha$, $y=\beta$, $z=\gamma$라 할 때, $|\alpha|+|\beta|+|\gamma|$의 값을 구하시오.

18

x, y에 대한 연립방정식 $\begin{cases} (x+1)(y+1)=k \\ (x-2)(y-2)=k \end{cases}$가 실근을 갖도록 하는 실수 k의 최댓값은?

① $-\dfrac{9}{4}$ ② -1 ③ 1
④ $\dfrac{9}{4}$ ⑤ 9

19

두 실수 x, y에 대하여 $\max\{x, y\} = \begin{cases} x & (x \geq y) \\ y & (x < y) \end{cases}$라 하자.

연립방정식 $\begin{cases} x^2 - y - 3 = -2\max\{x, y\} \\ 2x^2 + y - 3 = -\max\{x, y\} \end{cases}$의 해를

$x = \alpha$, $y = \beta$라 할 때, $\alpha\beta$의 값은? (단, $\alpha\beta \neq 0$)

① -3 ② -2 ③ 1

④ 3 ⑤ 6

대표 20 유형 ❻ 고차방정식과 연립이차방정식의 활용

그림과 같이 빗변의 길이가 13인 직각삼각형에 반지름의 길이가 2인 원이 내접하고 있다. 이때 직각삼각형에서 직각을 낀 두 변의 길이의 차는?

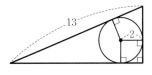

① 6 ② 7 ③ 8

④ 9 ⑤ 10

21

높이가 같은 정육면체 모양의 그릇 A와 직육면체 모양의 그릇 B가 있다. 그릇 B의 밑면의 가로의 길이는 그릇 A보다 1만큼 길고, 그릇 B의 밑면의 세로의 길이는 그릇 A보다 1만큼 짧다. 그릇 B에 물을 가득 담아 빈 그릇 A에 모두 부었더니 $\dfrac{15}{16}$만큼 물이 찼다고 할 때, 두 그릇의 높이는?

① 4 ② 5 ③ 6

④ 7 ⑤ 8

22

그림과 같이 한 모서리의 길이가 a인 정육면체 모양의 입체도형에서 밑면의 한 변의 길이가 b이고 높이가 a인 정사각뿔을 파내었다. 남아 있는 입체도형의 겉넓이가 $50 + 4\sqrt{10}$일 때, 이 입체도형의 부피를 구하시오.

(단, a, b는 유리수이고 $a > b$이다.)

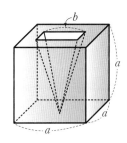

23

1등급

그림과 같이 $\overline{AD} = 4$인 등변사다리꼴 ABCD에 대하여 선분 AB를 지름으로 하는 원과 선분 CD를 지름으로 하는 원이 오직 한 점에서 만난다. 사각형 ABCD의 넓이와 둘레의 길이를 각각 S, l이라 하면 $S^2 + 8l = 6720$이다. $\overline{BD}^2$의 값을 구하시오. (단, $\overline{AD} < \overline{BC}$, $\overline{AB} = \overline{CD}$) [2021년 교육청]

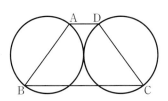

대표 24 유형 ❼ 공통근

두 이차방정식 $x^2 + px + q = 0$, $x^2 + qx + p = 0$이 1개의 공통근을 갖고, 공통이 아닌 두 근의 비가 각각 $1 : 3$일 때, 두 상수 p, q에 대하여 $32(p^2 - q^2)$의 값을 구하시오.

STEP 2

25

0이 아닌 서로 다른 두 상수 a, b에 대하여 두 이차방정식
$$x^2+ax+\frac{1}{a}=0, \quad x^2+bx+\frac{1}{b}=0$$
이 공통근 α를 갖고 $a+b=1$일 때, α의 값을 구하시오.

26

계수가 실수인 두 이차방정식
$$ax^2-bx+c=0, \quad ax^2-2bx+c=0$$
의 근에 대한 설명으로 **보기**에서 옳은 것만을 있는 대로 고른 것은?

┌ 보기 ────────────────────────
│ ㄱ. 두 이차방정식에서 각각의 두 근의 곱은 서로 같다.
│ ㄴ. $ac>0$이면 두 이차방정식은 실수인 공통근을 갖지 않
│   는다.
│ ㄷ. 이차방정식 $ax^2-bx+c=0$이 허근을 가지면 이차방
│   정식 $ax^2-2bx+c=0$도 허근을 갖는다.
└────────────────────────────

① ㄱ   ② ㄱ, ㄴ   ③ ㄱ, ㄷ
④ ㄴ, ㄷ   ⑤ ㄱ, ㄴ, ㄷ

대표
27   유형 ⑧ 부정방정식

서로 다른 네 정수 α, β, γ, δ에 대하여 사차방정식
$$(x-\alpha)(x-\beta)(x-\gamma)(x-\delta)=49$$
의 한 근이 2일 때, $\alpha+\beta+\gamma+\delta$의 값은?

① 2   ② 4   ③ 6
④ 8   ⑤ 10

28   신유형

x, y, z는 양의 정수이고, $\sqrt{z}$는 무리수일 때,
$$\sqrt{x}+\sqrt{y}=\sqrt{4+\sqrt{z}}$$
를 만족시키는 z의 값은?

① 10   ② 11   ③ 12
④ 13   ⑤ 14

29

x에 대한 이차방정식 $x^2+2mx+2m^2-2=0$이 정수인 근 을 갖도록 하는 정수 m의 개수를 구하시오.

30

방정식 $(x^2+y^2+x-3y-2)^2+(xy-2x+2y-7)^2=0$을 만족시키는 두 정수 x, y에 대하여 $x+y$의 값을 구하시오.

01

실수 k에 대하여 삼차방정식 $x^3-3x^2+(k+2)x-k=0$의 서로 다른 세 실근이 어느 직각삼각형의 세 변의 길이일 때, 이 삼각형의 넓이는 $\dfrac{q}{p}$이다. $p+q$의 값을 구하시오.

(단, p와 q는 서로소인 자연수이다.)

02

방정식 $x^{100}-10x+1=0$의 근 α_1, α_2, α_3, $\cdots$, α_{100}에 대하여 $\alpha_1^{100}+\alpha_2^{100}+\alpha_3^{100}+\cdots+\alpha_{100}^{100}$의 값을 구하시오.

03

세 양의 실수 a, b, c에 대하여 $a^3+b^3+c^3=3abc$이다. 방정식 $ax^2-bx+c=0$을 만족시키는 x에 대하여 $x^{2000}-x^{151}+18$의 값을 구하시오.

04

어느 공예품을 만드는 아버지와 아들이 있다. 아들이 1시간 동안 만드는 공예품의 개수는 아버지가 1시간 동안 만드는 공예품의 개수보다 4개가 적다. x시간 동안 아버지와 아들이 만드는 공예품의 개수의 합은 360이고, 아들이 혼자 180개의 공예품을 만드는 데 걸리는 시간은 $(x+3)$시간이라 한다. 이때 아들이 180개의 공예품을 만드는 데 걸리는 시간 동안 아버지가 만들 수 있는 공예품의 개수를 구하시오.
(단, 아버지와 아들이 공예품을 만드는 속도는 각각 일정하다.)

05

실근과 허근을 모두 갖는 사차방정식
$$x^4+(1-2a)x^2+a^2-a-12=0$$
이 정수인 근을 갖도록 하는 모든 실수 a의 값의 합을 구하시오.

06

서로 다른 세 자연수 a, b, c는 그림과 같은 삼각형 ABC의 세 변의 길이이다. 다음 조건을 만족시키는 삼각형 ABC에 내접하는 원의 반지름의 길이가 r일 때, $44r^2$의 값을 구하시오.

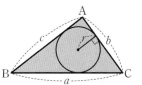

(가) $ab+a+b=14$, $bc+b+c=29$, $ac+a+c=17$

(나) (삼각형 ABC의 넓이)$=\dfrac{\sqrt{231}}{4}$

STEP 3

07

한 근이 $1-\sqrt{2}i$인 삼차방정식 $x^3+ax^2+bx+c=0$과 이차방정식 $x^2+ax+2=0$이 하나의 공통근을 가질 때, 세 실수 a, b, c에 대하여 abc의 값을 구하시오. (단, $i=\sqrt{-1}$)

08

x에 대한 사차방정식 $x^4-3x^2+k=0$의 네 근 중 어떤 두 근의 합이 1일 때, 가장 큰 근과 가장 작은 근의 차가 $p+\sqrt{q}$이다. 두 유리수 p, q에 대하여 $p+q$의 값을 구하시오.
(단, k는 실수이다.)

09

x에 대한 삼차방정식 $ax^3+2bx^2+4bx+8a=0$이 서로 다른 세 정수를 근으로 갖는다. 두 정수 a, b가
$$|a| \leq 50, \ |b| \leq 50$$
을 만족시킬 때, 순서쌍 (a, b)의 개수를 구하시오.

10

세 실수 x, y, z에 대하여 $x+y+z=5$, $x^2+y^2+z^2=9$일 때, x의 최댓값과 이때의 두 수 y, z의 값을 각각 구하시오.

11

그림과 같이 지점 O로부터 반대 방향으로 200 m, 100 m 떨어진 두 지점 A, B에서 갑, 을이 각각 동시에 같은 방향으로 출발하여 $\overline{OA}$, $\overline{OB}$와 수직이 되도록 달렸더니 40초 후에 각각 두 지점 A′, B′에 도달하였다. 이때 $\overline{OA'}=\overline{OB'}$이고 $\angle A'OB'=60°$일 때, 갑과 을의 속력은 각각 몇 m/분인지 구하시오.
(단, 갑과 을은 각각 일정한 속력으로 달렸다.)

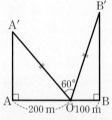

12

사차방정식 $x^4-px^3+114x^2-qx+49=0$의 서로 다른 네 근 α, β, γ, δ가
$$(\alpha+\beta)^2=\alpha\beta, \ (\gamma+\delta)^2=\gamma\delta$$
를 만족시킬 때, 두 상수 p, q에 대하여 $p+q$의 값을 구하시오. (단, $\alpha+\beta>0$, $\gamma+\delta>0$)

07 여러 가지 부등식

비법노트

A 부등식의 사칙연산

$a<x<b, c<y<d$일 때,

$$
\begin{array}{r}
a < x < b \\
+) \quad c < y < d \\
\hline
a+c < x+y < b+d
\end{array}
\qquad
\begin{array}{r}
a < x < b \\
-) \quad c < y < d \\
\hline
a-d < x-y < b-c
\end{array}
$$

$$
\begin{array}{r}
a < x < b \\
\times) \quad c < y < d \\
\hline
ac < xy < bd
\end{array}
\qquad
\begin{array}{r}
a < x < b \\
\div) \quad c < y < d \\
\hline
\dfrac{a}{d} < \dfrac{x}{y} < \dfrac{b}{c}
\end{array}
$$

(단, 곱셈과 나눗셈은 a, b, c, d가 양수일 때 성립한다.)

참고 '<'를 '≤'로 바꾸어도 성립한다. 또한, '<'와 '≤'가 섞여 있는 부등호는 '<'로 결정된다.

예

$$
\begin{array}{r}
-2 \le x \le 1 \\
+) \quad 1 < y \le 3 \\
\hline
-1 < x+y \le 4
\end{array}
\qquad
\begin{array}{r}
4 \le x \le 8 \\
\div) \quad 1 \le y < 2 \\
\hline
2 < \dfrac{x}{y} \le 8
\end{array}
$$

B $A<B<C$ 꼴의 부등식을 풀 때에는

$$
\begin{cases} A<B \\ A<C \end{cases} \text{또는} \begin{cases} A<C \\ B<C \end{cases}
$$

꼴로 고쳐서 풀지 않도록 주의한다.

▶ STEP 1 | 06번, STEP 2 | 30번

C 절댓값 기호를 포함한 부등식

절댓값 기호를 포함한 부등식을 풀 때에는

$$
|a| = \begin{cases} a & (a \ge 0) \\ -a & (a < 0) \end{cases}
$$

임을 이용하여 절댓값 기호를 없앤 후 푼다.

▶ STEP 1 | 03번, 13번, STEP 2 | 16번, 17번

D 절댓값 기호 2개를 포함한 부등식

$|x-a|+|x-b|<c\ (a<b, c>0)$이면 $x=a$, $x=b$를 기준으로 하여 다음과 같이 x의 값의 범위를 나누어 푼다.

(ⅰ) $x<a$ (ⅱ) $a \le x < b$ (ⅲ) $x \ge b$

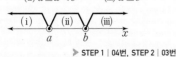

▶ STEP 1 | 04번, STEP 2 | 03번

1등급 비법

E 가우스 기호를 포함한 부등식

$[x]$는 x보다 크지 않은 최대의 정수로 정의되는 가우스 기호 $[x]$를 포함한 부등식을 풀 때에는

(ⅰ) $n \le x < n+1$ (n은 정수)이라 한다.

(ⅱ) $[x]$ 대신 정수 n을 대입하여 n에 대한 부등식을 푼다.

(ⅲ) (ⅱ)에서 구한 n을 만족시키는 x의 값의 범위를 구한다.   ▶ STEP 1 | 14번, STEP 2 | 18번, STEP 3 | 08번

x에 대한 부등식 $ax>b$의 해

(1) $a>0$일 때, $x > \dfrac{b}{a}$

(2) $a<0$일 때, $x < \dfrac{b}{a}$

(3) $a=0$일 때, $\begin{cases} b \ge 0 \text{이면 해는 없다.} \\ b < 0 \text{이면 해는 모든 실수이다.} \end{cases}$

연립일차부등식과 그 해 B

(1) 두 개 이상의 일차부등식을 한 쌍으로 묶어 나타낸 것을 연립일차부등식이라고 한다.

(2) 연립부등식에서 두 일차부등식을 동시에 만족시키는 미지수의 값 또는 범위를 연립부등식의 해라 하고, 연립부등식의 모든 해를 구하는 것을 연립부등식을 푼다고 한다.

(3) 부등식 $f(x)<g(x)<h(x)$를 풀 때에는 연립부등식

$$
\begin{cases} f(x) < g(x) \\ g(x) < h(x) \end{cases}
$$

꼴로 바꾸어 해를 구한다.

절댓값 기호를 포함한 일차부등식 C D

$a>0, b>0, c>0$일 때,

(1) $|x|<a$이면 $-a<x<a$

     $|x|>a$이면 $x<-a$ 또는 $x>a$

(2) $a<|x|<b$이면 $-b<x<-a$ 또는 $a<x<b$ (단, $a<b$)

(3) $|ax+b|<c$이면 $-c<ax+b<c$

     $|ax+b|>c$이면 $ax+b<-c$ 또는 $ax+b>c$

이차부등식의 해

이차방정식 $ax^2+bx+c=0\ (a>0)$의 판별식을 $D=b^2-4ac$라 하면

판별식	$D>0$일 때	$D=0$일 때	$D<0$일 때
이차함수 $y=ax^2+bx+c$의 그래프			
이차방정식 $ax^2+bx+c=0$의 근	$x=\alpha$ 또는 $x=\beta$ $(\alpha<\beta)$	$x=\alpha$ (중근)	허근
$ax^2+bx+c>0$의 해	$x<\alpha$ 또는 $x>\beta$	$x\neq\alpha$인 모든 실수	모든 실수
$ax^2+bx+c\ge0$의 해	$x\le\alpha$ 또는 $x\ge\beta$	모든 실수	모든 실수
$ax^2+bx+c<0$의 해	$\alpha<x<\beta$	해는 없다.	해는 없다.
$ax^2+bx+c\le0$의 해	$\alpha\le x\le\beta$	$x=\alpha$	해는 없다.

참고 $a<0$이면 이차부등식의 양변에 -1을 곱하여 x^2의 계수를 양수로 고친 후 해를 구한다.

F 부등식이 항상 성립할 조건

(1) 부등식 $ax^2+bx+c>0$이 항상 성립하려면
$a>0, D=b^2-4ac<0$
또는 $a=0, b=0, c>0$

(2) 부등식 $ax^2+bx+c\geq0$이 항상 성립하려면
$a>0, D=b^2-4ac\leq0$
또는 $a=0, b=0, c\geq0$

(3) 부등식 $ax^2+bx+c<0$이 항상 성립하려면
$a<0, D=b^2-4ac<0$
또는 $a=0, b=0, c<0$

(4) 부등식 $ax^2+bx+c\leq0$이 항상 성립하려면
$a<0, D=b^2-4ac\leq0$
또는 $a=0, b=0, c\leq0$

▶ STEP 1 | 10번, STEP 2 | 13번, 19번

G 이차방정식 $ax^2+bx+c=0$의 두 근이 서로 다른 부호이면 $\dfrac{c}{a}<0$에서 $ac<0$이므로 판별식 D는 항상 $D=b^2-4ac>0$이다.
따라서 두 근이 서로 다른 부호이면 판별식의 부호를 고려하지 않는다.

▶ STEP 2 | 38번

H 이차방정식의 근의 범위가 주어졌을 때에는
(1) 이차함수의 그래프의 개형
(2) 판별식 D의 값의 부호
(3) 경계에서의 함숫값의 부호
(4) 꼭짓점의 x좌표의 위치
를 확인하여 주어진 조건에 맞는 값을 구한다.

▶ STEP 1 | 21번, STEP 2 | 40번

I 이차방정식 $ax^2+bx+c=0$ $(a>0)$의 두 근 사이에 p가 있는 경우 이차함수 $f(x)=ax^2+bx+c$의 그래프가 x축과 당연히 서로 다른 두 점에서 만나게 되므로 $D>0$이다. 또한, $a<$(꼭짓점의 x좌표)$<\beta$이다. 그러나 꼭짓점의 x좌표와 p의 대소 관계는 알 수 없다.

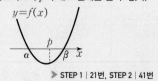

▶ STEP 1 | 21번, STEP 2 | 41번

이차부등식의 해의 조건 F

(1) 이차부등식의 작성
① 해가 $\alpha<x<\beta$ $(\alpha<\beta)$이고, x^2의 계수가 1인 이차부등식은
$(x-\alpha)(x-\beta)<0$, 즉 $x^2-(\alpha+\beta)x+\alpha\beta<0$
② 해가 $x<\alpha$ 또는 $x>\beta$ $(\alpha<\beta)$이고, x^2의 계수가 1인 이차부등식은
$(x-\alpha)(x-\beta)>0$, 즉 $x^2-(\alpha+\beta)x+\alpha\beta>0$

(2) 이차부등식이 항상 성립할 조건
이차방정식 $ax^2+bx+c=0$의 판별식을 D라 할 때, 모든 실수 x에 대하여 각 부등식이 성립할 조건은 다음과 같다.

$ax^2+bx+c>0$ 일 때	$ax^2+bx+c\geq0$ 일 때	$ax^2+bx+c<0$ 일 때	$ax^2+bx+c\leq0$ 일 때
그래프가 아래로 볼록하고 x축의 위쪽에 있어야 한다.	그래프가 아래로 볼록하고 x축에 접하거나 위쪽에 있어야 한다.	그래프가 위로 볼록하고 x축의 아래쪽에 있어야 한다.	그래프가 위로 볼록하고 x축에 접하거나 아래쪽에 있어야 한다.
$\Rightarrow a>0, D<0$	$\Rightarrow a>0, D\leq0$	$\Rightarrow a<0, D<0$	$\Rightarrow a<0, D\leq0$

연립이차부등식과 그 해

(1) 차수가 가장 높은 부등식이 이차부등식인 연립부등식을 연립이차부등식이라고 한다.

(2) 연립이차부등식을 풀 때에는 연립부등식을 이루고 있는 각 부등식의 해를 구한 다음 이들의 공통부분을 구한다.

이차방정식의 실근의 부호 G

a, b, c가 실수인 이차방정식 $ax^2+bx+c=0$의 두 근을 α, β라 하고, 판별식을 D라 하면
(1) 두 근이 모두 양수일 때, $D\geq0$, $\alpha+\beta>0$, $\alpha\beta>0$
(2) 두 근이 모두 음수일 때, $D\geq0$, $\alpha+\beta<0$, $\alpha\beta>0$
(3) 두 근이 서로 다른 부호일 때, $\alpha\beta<0$

이차방정식의 실근의 위치 H I

이차방정식 $ax^2+bx+c=0$ $(a>0)$의 판별식을 $D=b^2-4ac$라 하고 $f(x)=ax^2+bx+c$라 하면

(1) 두 근이 모두 p보다 클 때, $D\geq0$, $f(p)>0$, $-\dfrac{b}{2a}>p$ ┌ 꼭짓점의 x좌표

(2) 두 근이 모두 p보다 작을 때, $D\geq0$, $f(p)>0$, $-\dfrac{b}{2a}<p$

(3) 두 근 사이에 p가 있을 때, $f(p)<0$

(4) 두 근이 p, q $(p<q)$ 사이에 있을 때,
$$D\geq0, f(p)>0, f(q)>0, p<-\dfrac{b}{2a}<q$$

01　부등식의 기본 성질

실수 a, b, c, d에 대하여 다음 중 항상 옳은 것은?

① $a<b$이면 $a^2<b^2$이다.

② $a<b$이면 $|a|<|b|$이다.

③ $a<b<c$이면 $ac<bc$이다.

④ $0<a<b<c$이면 $\dfrac{a}{b}>\dfrac{a}{c}$이다.

⑤ $a<b$, $c<d$이면 $ac<bd$이다.

02　일차부등식의 풀이

x에 대한 부등식 $(2a-b)x+3a-2b<0$의 해가 $x<-3$일 때, 부등식 $(4a-b)x+a-2b<0$의 해는?

(단, a, b는 상수이다.)

① $x<3$　　　　② $x<4$　　　　③ $x<5$

④ $x>4$　　　　⑤ $x>5$

03　절댓값 기호 1개를 포함한 부등식 – 일차식 꼴

x에 대한 부등식 $|4x+2|-1\leq k$의 해가 $-2\leq x\leq 1$일 때, 상수 k의 값은?

① 4　　　　② 5　　　　③ 6

④ 7　　　　⑤ 8

04　절댓값 기호 2개를 포함한 부등식 – 일차식 꼴

수직선 위의 두 점 $A(4)$, $B(8)$에 대하여 $P(x)$가 $\overline{AP}+\overline{BP}\leq 10$을 만족시킨다. $\overline{OP}$의 길이의 최댓값을 M, 최솟값을 m이라 할 때, $M+m$의 값을 구하시오.

(단, O는 원점이다.)

05　연립일차부등식

일차부등식 $x+5\geq 2x-1$의 해는 $x\leq a$, 일차부등식 $\dfrac{3x-2}{2}>x+1$의 해는 $x>b$일 때, x에 대한 연립부등식

$$\begin{cases} ax-b<0 \\ bx+a\geq 0 \end{cases}$$의 해는?

① $-\dfrac{3}{2}\leq x<\dfrac{2}{3}$　　② $-\dfrac{3}{2}<x\leq\dfrac{2}{3}$　　③ $-\dfrac{2}{3}\leq x<\dfrac{3}{2}$

④ $-\dfrac{2}{3}<x\leq\dfrac{3}{2}$　　⑤ $x>\dfrac{2}{3}$

06　$A<B<C$ 꼴의 연립일차부등식

x에 대한 부등식

$$\frac{1}{2}x+\frac{1}{4}<x-\frac{3a+2}{4}\leq\frac{3}{4}x-\frac{a-1}{2}$$

을 만족시키는 정수 x의 값이 7뿐일 때, 상수 a의 값의 범위는?

① $a<\dfrac{11}{3}$　　　　② $3<a\leq\dfrac{11}{3}$　　　　③ $3\leq a<\dfrac{11}{3}$

④ $3<a<4$　　　　⑤ $a>3$

07　해를 갖지 않는 연립부등식

연립부등식 $\begin{cases} 3(x-2)-1<5(x-3) \\ ax-1\geq x-3 \end{cases}$의 해가 존재하지 않도록 하는 상수 a의 값의 범위를 구하시오.

08 연립일차부등식의 활용

그림과 같이 $\overline{AD}=2$ cm, $\overline{CD}=8$ cm, $\overline{BC}=10$ cm인 사다리꼴 ABCD가 있다. 변 CD 위의 한 점 P에 대하여 삼각형 ABP의 넓이가 사다리꼴 ABCD의 넓이의 $\dfrac{1}{4}$ 이상 $\dfrac{1}{3}$ 이하가 되도록 하는 선분 DP의 길이의 범위를 구하시오.

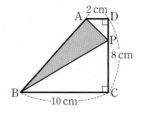

09 이차부등식의 풀이

이차부등식 $ax^2+bx+c\geq0$의 해가 $x=3$뿐일 때, 부등식 $bx^2+cx+6a<0$을 만족시키는 정수 x의 개수는?

(단, a, b, c는 상수이다.)

① 없다.   ② 1   ③ 2
④ 3   ⑤ 무수히 많다.

10 부등식이 항상 성립할 조건

모든 실수 x에 대하여 부등식
$$(m-2)x^2-2(m-2)x+3>0$$
이 항상 성립할 때, 상수 m의 값의 범위는?

① $-5\leq m\leq-2$ ② $-5\leq m<2$ ③ $2<m\leq5$
④ $2\leq m<5$ ⑤ $2\leq m\leq5$

11 해를 갖지 않는 이차부등식

x에 대한 부등식 $a(2x^2+1)\leq(x-1)^2$의 해가 존재하지 않도록 하는 실수 a의 값의 범위를 구하시오.

12 그래프를 이용한 이차부등식의 풀이

이차함수 $f(x)=ax^2+bx+c$의 그래프가 그림과 같을 때, 이차부등식 $a(x-1)^2+b(x+1)-2b+c\leq0$을 만족시키는 x의 최댓값과 최솟값의 합을 구하시오.

(단, a, b, c는 상수이다.)

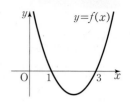

13 절댓값 기호를 포함한 부등식 – 이차식 꼴

부등식 $x^2+|x|-6\leq0$의 해가 $a\leq x\leq b$일 때, a^2+b^2의 값은?

① 5   ② 8   ③ 10
④ 13   ⑤ 17

14 가우스 기호를 포함한 부등식

부등식 $2[x]^2+[x]-3<0$의 해는?

(단, $[x]$는 x보다 크지 않은 최대의 정수이다.)

① $-2\leq x<0$ ② $-2\leq x<1$ ③ $-2\leq x<2$
④ $-1\leq x<1$ ⑤ $-1\leq x<2$

15 이차부등식의 활용

그림과 같이 가로, 세로의 길이가 각각 20 m, 30 m인 직사각형 모양의 땅에 폭이 x m인 통행로를 수직으로 교차하도록 만들고, 화단의 중앙 부분에 $\overline{AB}=\overline{CD}=\overline{EF}=\overline{GH}=\sqrt{2}x$ m 가 되는 직각이등변삼각형 모양을 더하여 광장을 만들었다. 통행로와 광장을 제외한 땅의 넓이가 325 m² 이상일 때, x의 최댓값을 구하시오.

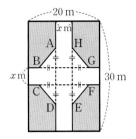

16 연립이차부등식

연립부등식 $\begin{cases} x^2-3x-18 \leq 0 \\ x^2+ax+b \leq 0 \end{cases}$의 해가 $3 \leq x \leq 6$이고, 연립부등식 $\begin{cases} x^2+ax+b < 0 \\ x^2-12x+32 < 0 \end{cases}$의 해가 $4 < x < 7$일 때, 두 상수 a, b에 대하여 $a+b$의 값은?

① -11 ② 1 ③ 11
④ 21 ⑤ 31

17 해를 갖지 않는 연립이차부등식

x에 대한 연립부등식 $\begin{cases} 2x-1 < x+2a \\ x^2-(a-3)x-3a \leq 0 \end{cases}$이 해를 갖지 않도록 하는 실수 a의 최댓값은?

① -2 ② -4 ③ -6
④ -8 ⑤ -10

18 연립이차부등식의 활용

세 변의 길이가 각각 x, $x+1$, $x+2$인 삼각형이 둔각삼각형일 때, 실수 x의 값의 범위는?

① $x > 1$ ② $x > 3$ ③ $0 < x < 3$
④ $1 < x < 3$ ⑤ $3 < x < 6$

19 이차방정식의 근의 판별

x에 대한 이차방정식
$$x^2-2(k-1)x+2k^2+4k+a=0$$
이 실수 k의 값에 관계없이 항상 허근을 갖도록 하는 정수 a의 최솟값은?

① 10 ② 11 ③ 12
④ 13 ⑤ 14

20 이차방정식의 실근의 부호

이차방정식 $3x^2+kx+2=0$의 두 근이 모두 음수가 되도록 하는 실수 k의 값의 범위는?

① $k \leq -2\sqrt{6}$ ② $-2\sqrt{6} < k < 0$ ③ $-\sqrt{6} < k < \sqrt{6}$
④ $0 \leq k < 2\sqrt{6}$ ⑤ $k \geq 2\sqrt{6}$

21 이차방정식의 실근의 위치

이차방정식 $x^2-2x+k+2=0$의 두 근이 모두 2보다 작고, 이차방정식 $x^2-(k+2)x-3=0$의 두 근 사이에 2가 있도록 하는 실수 k의 값의 범위는?

① $-2 < k \leq -1$ ② $-2 \leq k \leq -1$ ③ $-\dfrac{3}{2} < k < -1$
④ $-\dfrac{3}{2} < k \leq -1$ ⑤ $-\dfrac{3}{2} \leq k \leq -1$

대표 유형 ❶ 일차부등식

01

다음 중 x에 대한 부등식 $ax+1>bx+3$의 해에 대한 설명으로 옳지 <u>않은</u> 것은? (단, a, b는 상수이다.)

① $a>b$이면 $x>\dfrac{2}{a-b}$이다.

② $a<b$이면 $x<-\dfrac{2}{a-b}$이다.

③ $a=0$, $b>0$이면 $x<-\dfrac{2}{b}$이다.

④ $a<0$, $b=0$이면 $x<\dfrac{2}{a}$이다.

⑤ $a=b$이면 해가 없다.

02

부등식 $\left|\left[\dfrac{x}{3}-1\right]-2\right|<1$을 만족시키는 모든 정수 x의 값의 합은? (단, $[x]$는 x보다 크지 않은 최대의 정수이다.)

① 18   ② 21   ③ 24

④ 27   ⑤ 30

03

두 양수 a, b $(a<b)$에 대하여 부등식 $|x|+|x-a|<b$를 만족시키는 정수 x의 개수를 $f(a, b)$로 나타낼 때, **보기**에서 옳은 것만을 있는 대로 고른 것은? (단, n은 자연수이다.)

• **보기** •

ㄱ. $f(2, 3)=3$

ㄴ. $f(n, n+2)=n+1$

ㄷ. $f(n, n+2)=f(n+2, n+4)$

① ㄱ   ② ㄱ, ㄴ   ③ ㄱ, ㄷ

④ ㄴ, ㄷ   ⑤ ㄱ, ㄴ, ㄷ

대표 유형 ❷ 연립일차부등식

04

$2x+3y=3$을 만족시키는 두 실수 x, y가 부등식

$$3(x-1)\leq y+1<x$$

를 만족시킬 때, x의 값의 범위를 구하시오.

05

연립부등식 $\begin{cases} ax-2a<x-2 \\ ax-5a\leq x+5 \end{cases}$의 해가 $x\geq3$일 때, 상수 a의 값은?

① -4 ② -2 ③ 1

④ 2   ⑤ 4

06

연립부등식 $\begin{cases} \dfrac{x}{3}-\dfrac{1-a}{6}<\dfrac{x}{2}-\dfrac{a}{6} \\ |x-1|<2 \end{cases}$를 만족시키는 정수 x가 2개가 되도록 하는 상수 a의 값의 범위가 $p\leq a<q$일 때, $4p^2+q^2$의 값을 구하시오.

07 신유형

$\left[\dfrac{1}{4}x-1\right]=1$을 만족시키는 자연수 x와 연립부등식

$\begin{cases} \dfrac{5-2x}{3} \le \dfrac{x+2}{4}-6 \\ -2(x-21) \ge \dfrac{a-x}{2} \end{cases}$ 를 만족시키는 자연수 x가 일치하도

록 하는 모든 정수 a의 값의 합을 구하시오.

(단, $[x]$는 x보다 크지 않은 최대의 정수이다.)

08 대표 유형 ❸ 이차부등식

이차부등식 $(x-a)(x+2a-4) < -16$을 만족시키는 실수 x가 존재하지 않도록 하는 실수 a의 최댓값을 M, 최솟값을 m이라 할 때, $4M+3m$의 값은?

① -4 ② 4 ③ 12

④ 16 ⑤ 20

09

이차부등식 $f(x)<0$의 해가 $-3<x<2$일 때, 부등식 $f(-x+100)<0$의 해 중에서 가장 큰 자연수는?

① 96 ② 98 ③ 100

④ 102 ⑤ 104

10

x에 대한 부등식 $a(x^2+x+1)>2x$를 만족시키는 실수 x가 존재하도록 하는 상수 a의 값의 범위를 구하시오.

11

두 실수 a, b $(a<b)$가 등식 $(a-1)(a-2)=(b-1)(b-2)$를 만족시킬 때, x에 대한 부등식 $(x-1)(x-2)>(a-1)(a-2)$의 해를 구하시오.

12

x에 대한 이차방정식 $x^2+2ax+2a^2-b^2+4b=0$이 중근을 갖고, x에 대한 삼차방정식 $x^3+ax^2+(b-2a^2)x-ab=0$이 허근과 실근을 모두 갖도록 하는 실수 b의 값의 범위가 $p \le b < q$이다. $p+q$의 값을 구하시오. (단, a는 실수이다.)

STEP 2

대표
13 유형 ❹ 부등식이 항상 성립할 조건

다음 조건을 만족시키는 정수 k의 개수는?

(가) 모든 실수 x에 대하여 부등식 $kx^2-kx+2>0$이 성립한다.
(나) 부등식 $(k+3)x^2-kx+1<0$을 만족시키는 실수 x가 존재하지 않는다.

---

① 3 　　　② 4 　　　③ 5
④ 6 　　　⑤ 7

14

모든 실수 x, y에 대하여 부등식
$$x^2+y^2+2xy+ax+4y+b\geq0$$
이 성립하도록 하는 b의 최솟값을 구하시오.
　　　　　　　　　　　(단, a, b는 상수이다.)

15

$2<x<4$인 모든 실수 x에 대하여 부등식 $x^2+ax>2a^2$이 성립하도록 하는 실수 a의 최댓값과 최솟값의 합은?

① 1 　　　② 2 　　　③ 3
④ 4 　　　⑤ 5

대표
16 유형 ❺ 절댓값 기호 또는 가우스 기호를 포함한 부등식 – 이차식 꼴

부등식 $x^2-2x-3<3|x-1|$과 이차부등식 $ax^2+2x+b>0$의 해가 서로 일치할 때, 두 상수 a, b에 대하여 $a+b$의 값을 구하시오.

17

부등식 $(|x|-1)(x-3)>2$의 해가 $\alpha<x<\beta$ 또는 $x>\gamma$일 때, $\alpha+\beta+\gamma$의 값은?

① $4-\sqrt{3}$ 　　　② $5-\sqrt{2}$ 　　　③ $4+\sqrt{3}$
④ $5+\sqrt{2}$ 　　　⑤ $5+\sqrt{3}$

18

부등식 $[x-1]^2+3[x]-3<0$의 해는?
　　　　(단, $[x]$는 x보다 크지 않은 최대의 정수이다.)

① $-3\leq x<0$ 　　② $-2\leq x<0$ 　　③ $-2\leq x<1$
④ $-1\leq x<1$ 　　⑤ $0\leq x<2$

함수 $y=(m+3)x^2+2x$의 그래프가 함수
$y=2(m+4)x-5$의 그래프보다 항상 위쪽에 있을 때, 상수
m의 값의 범위를 구하시오.

20 빈출

두 함수 $f(x)=x^2-mx+4m$, $g(x)=-x^2+3x+3m-3$
과 임의의 두 실수 x_1, x_2에 대하여 부등식 $f(x_1)\ge g(x_2)$가
성립하도록 하는 상수 m의 값의 범위는?

① $2-\sqrt{7}\le m\le 2+\sqrt{7}$ ② $3-\sqrt{7}\le m\le 3+\sqrt{7}$
③ $4-\sqrt{7}\le m\le 4+\sqrt{7}$ ④ $2+\sqrt{7}\le m\le 3+\sqrt{7}$
⑤ $3+\sqrt{7}\le m\le 4+\sqrt{7}$

21

x^2의 계수의 절댓값이 같은 두
이차함수 $y=f(x)$, $y=g(x)$
의 그래프가 그림과 같을 때,
부등식 $\{f(x)\}^2>f(x)g(x)$
의 해 중에서 10 이하의 자연수
의 개수를 구하시오.

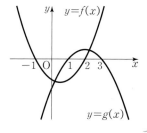

22

함수 $f(x)=x^2-2x-3$의 그래
프가 그림과 같다. 함수 $g(x)$를
$g(x)=\dfrac{f(x)+|f(x)|}{2}$ 라 할
때, **보기**에서 옳은 것만을 있는
대로 고른 것은?

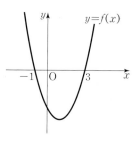

• 보기 •

ㄱ. 함수 $y=g(x)$의 그래프는 직선 $x=2$에 대하여 대칭
  이다.
ㄴ. 방정식 $g(x)=1$은 서로 다른 두 실근을 갖는다.
ㄷ. 부등식 $g(x)\le 0$의 해는 $-1\le x\le 3$이다.

① ㄱ   ② ㄴ   ③ ㄱ, ㄷ
④ ㄴ, ㄷ   ⑤ ㄱ, ㄴ, ㄷ

어떤 상품의 판매 가격을 $x\,\%$ 내리면 판매량은 $2x\,\%$ 늘어
난다고 한다. 가격을 내린 후의 총 판매액이 원래 총 판매액
의 $\dfrac{10}{9}$배 이상이 되도록 하는 x의 값의 범위가 $p\le x\le q$일
때, $p+q$의 값은?

① 40   ② 45   ③ 50
④ 55   ⑤ 60

24

한 모서리의 길이가 1인 정육면
체 모양의 블록을 이용하여 그
림과 같이 가로, 세로의 길이와
높이가 각각 $x+1$, $x-1$,
$2x-1$인 직육면체 A를 만들었
다. 직육면체 A의 겉넓이가 한
모서리의 길이가 x인 정육면체
B의 겉넓이의 1.5배 이상일
때, 이를 만족시키는 x의 최솟값을 구하시오.

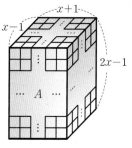

25

그림과 같이 가로와 세로의 길이가 각각 6 m, 8 m인 직사각형 모양의 땅에 폭이 x m로 일정한 길을 만들고, 길을 제외한 나머지 땅은 화단으로 만들려고 한다. 면적 1 m^{2}만큼의 화단과 길을 만드는 데 필요한 비용은 각각 2만 원, 1만 원이고, 총 56만 원 이하의 비용으로 직사각형 모양의 땅을 화단과 길로 꾸미려고 할 때, x의 최솟값을 구하시오. (단, 길은 땅의 가로, 세로에 평행하다.)

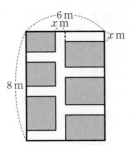

서술형

26

그림과 같이 일직선 위의 세 지점 A, B, C에 같은 제품을 생산하는 공장이 있고 A와 B 사이의 거리는 10 km, B와 C 사이의 거리는 30 km, A와 C 사이의 거리는 20 km이다. 이 일직선 위의 A와 C 사이에 보관창고를 지으려고 한다. 공장과 보관창고의 거리가 x km일 때, 제품 한 개당 운송비는 x^2원이 든다고 하자. 세 지점 A, B, C의 공장에서 하루에 생산되는 제품이 각각 100개, 200개, 300개일 때, 하루에 드는 총 운송비가 155000원 이하가 되도록 하는 보관창고는 A지점에서 최대 a km 떨어진 지점까지 지을 수 있다. a의 값을 구하시오.

(단, 공장과 보관창고의 크기는 무시한다.)

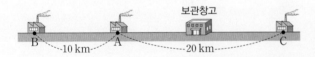

대표
27 유형 ❽ 연립이차부등식

x에 대한 방정식 $a[x]^2+b[x]+c=0$의 해가 연립부등식 $\begin{cases} x^2-5x+4<0 \\ x^2-7x+10\leq0 \end{cases}$ 의 해와 같을 때, 세 상수 a, b, c에 대하여 $\dfrac{b}{a}+\dfrac{c}{a}$의 값을 구하시오.

(단, $[x]$는 x보다 크지 않은 최대의 정수이다.)

28

x에 대한 일차부등식 $x+a-3>0$이 모든 양수 x에 대하여 성립하고, x에 대한 이차부등식 $x^2+ax+a>0$이 모든 실수 x에 대하여 성립하도록 하는 실수 a의 값의 범위는?

① $-1\leq a\leq4$　　② $0<a\leq3$　　③ $0<a<4$

④ $3\leq a<4$　　⑤ $3<a\leq4$

29

세 함수 $y=f(x)$, $y=g(x)$, $y=h(x)$의 그래프가 그림과 같을 때, 부등식 $f(x)\leq g(x)\leq h(x)$의 해를 구하시오.

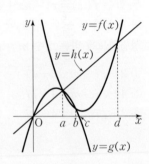

30

빈출

모든 실수 x에 대하여 부등식
$$-x^2+3x+2\leq mx+n\leq x^2-x+4$$
가 성립할 때, m^2+n^2의 값은? (단, m, n은 실수이다.)

① 8　　　　② 10　　　　③ 12

④ 14　　　　⑤ 16

31

x에 대한 연립부등식 $\begin{cases} |x-k|>5 \\ x^2-4x-12<0 \end{cases}$ 을 만족시키는 모든 정수 x의 값의 합이 5가 되도록 하는 정수 k의 최댓값을 M, 최솟값을 m이라 할 때, $M+m$의 값을 구하시오.

32

1등급

양수 a에 대하여 x에 대한 연립부등식
$$\begin{cases} (x-2)(x-[a])<0 \\ (x-4)\left(x-\dfrac{[a]}{2}\right)>0 \end{cases}$$
의 정수인 해의 개수가 1일 때, a의 값의 범위는 $p \le a < q$이다. 이때 $p+q$의 값을 구하시오.
(단, $[x]$는 x보다 크지 않은 최대의 정수이다.)

대표 33 유형 ⑨ 연립부등식의 활용

그림과 같이 반지름의 길이가 6인 원 C의 내부에 두 원이 서로 외접하면서 각각 원 C에 내접하고 있다. 색칠한 부분의 넓이가 원 C의 넓이의 $\dfrac{1}{3}$ 이상이 되도록 할 때, 내접하는 두 원 중에서 큰 원의 반지름의 길이의 최댓값을 구하시오.
(단, 세 원의 중심은 일직선 위에 있다.)

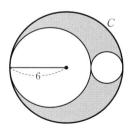

34

초음파를 이용해 태아의 키를 측정하여 태아의 개월 수를 판별하는 기계가 있다. 이 기계에 내장된 태아의 개월 수를 판별하는 프로그램에서 x개월 된 태아의 키를 나타내는 식은 (x^2-a^2x+6a) cm이다. 4개월 된 태아의 키는 18 cm 이상 20 cm 이하일 때, 이 기계가 정상 작동을 하기 위한 실수 a의 값의 범위를 구하시오.

35

민석이가 어떤 책 한 권을 읽는데, 하루에 7쪽씩 x일 동안 읽으면 3쪽이 남고, 10쪽씩 읽으면 7쪽씩 읽을 때보다 4일 빨리 다 읽게 된다. 이때 이 책의 최대 쪽수는?

① 97쪽 ② 101쪽 ③ 105쪽
④ 109쪽 ⑤ 113쪽

36

그림과 같이 이차함수 $f(x)=-x^2+2kx+k^2+4$ $(k>0)$의 그래프가 y축과 만나는 점을 A라 하자. 점 A를 지나고 x축에 평행한 직선이 이차함수 $y=f(x)$의 그래프와 만나는 점 중 A가 아닌 점을 B라 하고, 점 B에서 x축에 내린 수선의 발을 C라 하자. 사각형 OCBA의 둘레의 길이를 $g(k)$라 할 때, 부등식 $14 \le g(k) \le 78$을 만족시키는 모든 자연수 k의 값의 합을 구하시오. (단, O는 원점이다.)

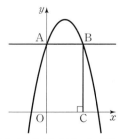

[2020년 교육청]

x에 대한 이차방정식 $x^2-\sqrt{a}x+1-a=0$의 두 실근이 모두 양수가 되도록 하는 양수 a의 값의 범위가 $p\le a<q$일 때, $5p+q$의 값을 구하시오.

38

x에 대한 이차방정식
$$x^2+(k^2+3k-10)x+k^2-3k-18=0$$
의 두 근의 부호가 서로 다르고 음수인 근의 절댓값이 양수인 근보다 크도록 하는 모든 정수 k의 값의 합을 구하시오.

39

x에 대한 방정식 $x^2+2(k-1)|x|+k^2-3k-4=0$이 서로 다른 네 실근을 갖는다고 할 때, 이를 만족시키는 실수 k의 값의 범위는?

① $-5<k<-1$ ② $-5\le k<-1$ ③ $-1<k\le 1$

④ $-1<k<1$ ⑤ $1<k<4$

이차방정식 $x^2+(a-2)x-2a+4=0$이 $-2<x<1$에서 서로 다른 두 실근을 갖도록 하는 실수 a의 값의 범위는?

① $a<-6$ ② $-6<a<2$ ③ $2<a<3$

④ $3<a<4$ ⑤ $a>4$

41

두 다항식 $P(x)=3x^3+x+11$, $Q(x)=x^2-x+1$에 대하여 x에 대한 이차방정식 $P(x)-3(x+1)Q(x)+mx^2=0$이 2보다 작은 한 근과 2보다 큰 한 근을 갖도록 하는 정수 m의 개수는?

① 1   ② 2   ③ 3

④ 4   ⑤ 5

42

`1등급`

이차방정식 $x^2-(m+1)x+2m=0$이 $-1\le x\le 1$에서 적어도 한 개의 실근을 갖도록 하는 실수 m의 값의 범위는 $p\le m\le q$이다. 이때 $\dfrac{9}{2}p+q$의 값은?

① $-2\sqrt{2}$ ② $-\sqrt{2}$ ③ $\sqrt{2}$

④ $2\sqrt{2}$ ⑤ $3\sqrt{2}$

01

$x \leq 5$인 모든 실수 x에 대하여 부등식 $|x-a| \leq |x-b|$가 성립할 때, 두 실수 a, b에 대하여 $a+b$의 최솟값을 구하시오. (단, $a < b$)

02

x에 대한 연립부등식 $\begin{cases} |[x]-3| \leq 4 \\ (a^2-3a-4)x \geq a+1 \end{cases}$ 을 만족시키는 정수 x가 1개일 때, 모든 정수 a의 값의 합을 구하시오. (단, $[x]$는 x보다 크지 않은 최대의 정수이다.)

03

모든 실수 x에 대하여 부등식
$$\frac{(a+1)x^2+(a-2)x+(a+1)}{x^2+x+1} > b$$
가 성립할 때, 두 상수 a, b의 대소 관계를 구하시오.

04

a, b, c가 실수이고 $a>0$일 때, 두 이차부등식 (가), (나)에 대하여 **보기**에서 옳은 것만을 있는 대로 고른 것은?

> (가) $ax^2-bx+c<0$
> (나) $a(x-1)^2-b(x-1)+c<0$

· 보기 ·

ㄱ. $c>0$이면 (가)의 해가 존재한다.
ㄴ. (가)의 해가 존재하면 (나)의 해도 존재한다.
ㄷ. (가)와 (나)를 모두 만족시키는 해가 존재하면
  $a^2-b^2+4ac<0$이 성립한다.

① ㄱ ② ㄴ ③ ㄷ
④ ㄱ, ㄴ ⑤ ㄴ, ㄷ

05

이차함수 $f(x)=x^2-8x$에 대하여 부등식 $f(x) \leq f(c)$를 만족시키는 실수 x의 값의 범위가 $x>1$에 포함되도록 하는 정수 c의 개수를 구하시오.

06

두 부등식
$$x^2-x+n-n^2>0, \quad x^2-(n^2-n+1)x+n^2-n^3 \leq 0$$
을 동시에 만족시키는 정수 x가 존재하고, 그 개수가 30 이하가 되도록 하는 모든 자연수 n의 개수를 구하시오.

07

최고차항의 계수가 양수인 이차함수 $y=f(x)$의 그래프와 직선 $y=2x-3$의 두 교점의 x좌표가 1, 7이다. 연립부등식 $\begin{cases} f(x+1) \geq 2x-1 \\ f(2-x) \leq -2x+1 \end{cases}$ 을 만족시키는 모든 정수 x의 개수를 a, 모든 정수 x의 값의 합을 b라 할 때, $a-b$의 값을 구하시오.

08

연립부등식 $\begin{cases} x^2-3x<0 \\ x^2-[x]x-2>0 \end{cases}$ 의 해를 구하시오.

(단, $[x]$는 x보다 크지 않은 최대의 정수이다.)

09

함수 $f(x)=x^2-4ax+a$에서 $0<x<1$일 때의 함숫값이 항상 양수가 되도록 하는 상수 a의 값의 범위를 구하시오.

10

그림과 같이 A지점과 B지점을 잇는 선분의 중점을 중심으로 하고 지름의 길이가 각각 10 m, 20 m인 두 원 C_1, C_2가 있다. 두 원 사이의 공간에 한 변의 길이가 1 m인 정사각형 모양의 대리석판을 각 변이 선분 AB에 수직 또는 평행이 되도록 겹치지 않게 이어붙여 직사각형 모양의 통행로를 만들려고 한다. 이때 통행로가 선분 AB와 두 원의 중심을 지나면서 선분 AB에 수직인 직선에 각각 대칭이고 폭이 1 m일 때, 만들 수 있는 통행로의 가짓수를 구하시오.

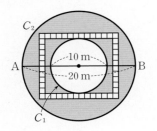

11

두 이차방정식
$$x^2+2mx+1=0 \qquad \cdots\cdots \text{㉠},$$
$$x^2+2x+m=0 \qquad \cdots\cdots \text{㉡}$$
은 각각 서로 다른 두 실근을 갖는다. ㉠의 두 근이 ㉡의 두 근보다 항상 크기 위한 실수 m의 값의 범위가 $a<m<b$일 때, $a+b$의 값을 구하시오.

12

$p>\dfrac{2}{3}$인 실수 p에 대하여 연립부등식
$$\begin{cases} x^2-(3p-2)x \geq 0 \\ x^2-(p^2+p+2)x+p^3+2p<0 \end{cases}$$
의 해가 1, 2, 3 중에서 적어도 2개를 포함하도록 하는 p의 값의 범위를 구하시오.

경우의 수

III

08 순열과 조합

BLACK LABEL

08 순열과 조합

A 조합의 수의 활용

(1) 직선의 개수

어느 세 점도 일직선 위에 있지 않은 서로 다른 n개의 점 중에서 두 점을 연결하여 만들 수 있는 직선의 개수는 $_n\mathrm{C}_2$이다.

(2) 삼각형의 개수

어느 세 점도 일직선 위에 있지 않은 서로 다른 n개의 점 중에서 세 점을 꼭짓점으로 하는 삼각형의 개수는 $_n\mathrm{C}_3$이다.

(3) 평행사변형의 개수

m개의 평행선과 n개의 평행선이 만날 때 생기는 평행사변형의 개수는 $_m\mathrm{C}_2 \times _n\mathrm{C}_2$이다. ▶ STEP 2 | 21번

B 분할과 분배

(1) 분할

서로 다른 n개의 물건을 p개, q개, r개 $(p+q+r=n)$로 나누는 방법의 수는

① p, q, r이 모두 다른 수이면

$_n\mathrm{C}_p \times _{n-p}\mathrm{C}_q \times _r\mathrm{C}_r$

② p, q, r 중에서 어느 두 수 같으면

$_n\mathrm{C}_p \times _{n-p}\mathrm{C}_q \times _r\mathrm{C}_r \times \dfrac{1}{2!}$

분할의 경우 묶음을 구별할 수 없으므로 (같은 개수를 갖는 묶음의 수)! 만큼 나누어 준다.

③ p, q, r이 모두 같은 수이면

$_n\mathrm{C}_p \times _{n-p}\mathrm{C}_q \times _r\mathrm{C}_r \times \dfrac{1}{3!}$

(2) 분배

n묶음으로 분할하여 n명에게 분배하는 방법의 수는

$($n묶음으로 분할하는 방법의 수$) \times n!$

▶ STEP 1 | 21번, STEP 2 | 31, 32, 33번

C 대진표 작성하기

(i) 대진표를 크게 두 개의 조로 분할한다.

(ii) 나누어진 각 조에 대하여 다시 나눌 수 있는 만큼 분할한다.

(iii) (i), (ii)의 결과를 곱한다.

(예)

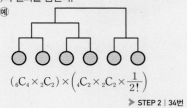

$(_6\mathrm{C}_4 \times _2\mathrm{C}_2) \times (_4\mathrm{C}_2 \times _2\mathrm{C}_2 \times \dfrac{1}{2!})$

▶ STEP 2 | 34번

경우의 수

(1) 합의 법칙 : 두 사건 A, B가 동시에 일어나지 않을 때, 두 사건 A, B가 일어나는 경우의 수가 각각 m, n이면 사건 A 또는 사건 B가 일어나는 경우의 수는 $m+n$이다.

(2) 곱의 법칙 : 두 사건 A, B에 대하여 사건 A가 일어나는 경우의 수가 m이고, 그 각각에 대하여 사건 B가 일어나는 경우의 수가 n일 때, 두 사건 A, B가 동시에 일어나는 경우의 수는 $m \times n$이다.

순열

(1) 순열 : 서로 다른 n개에서 $r\,(0<r\leq n)$개를 택하여 일렬로 나열하는 것을 n개에서 r개를 택하는 순열이라 하고, 이 순열의 수를 $_n\mathrm{P}_r$로 나타낸다.

(2) 순열의 수

① $_n\mathrm{P}_r = \overbrace{n(n-1)(n-2) \times \cdots \times (n-r+1)}^{r개}$ (단, $0<r\leq n$)

서로 다른 것의 개수, 택하는 것의 개수

② $_n\mathrm{P}_r = \dfrac{n!}{(n-r)!}$ (단, $0\leq r\leq n$)

③ $_n\mathrm{P}_n = n(n-1)(n-2) \times \cdots \times 3\times 2\times 1 = n!$

④ $0!=1$, $_n\mathrm{P}_0=1$

(3) 특정한 조건이 주어진 순열의 수

① '이웃하는' 조건을 포함한 경우의 순열 : 이웃하는 원소들을 하나로 묶어서 한 묶음으로 생각하여 배열한 후, 이웃한 원소들끼리의 순서를 고려한다.

② '이웃하지 않는' 조건을 포함한 경우의 순열 : 이웃해도 되는 원소들을 먼저 배열한 후, 배열된 원소들의 양 끝과 사이사이에 '이웃하지 않는' 원소들을 배열한다.

③ '적어도' 조건을 포함한 경우의 순열 : 반대의 경우에 해당하는 경우의 수를 구한 후, 전체 경우의 수에서 뺀다.

조합 A B C

(1) 조합 : 서로 다른 n개에서 순서를 생각하지 않고 $r\,(0<r\leq n)$개를 택하는 것을 n개에서 r개를 택하는 조합이라 하고, 이 조합의 수를 $_n\mathrm{C}_r$로 나타낸다.

(2) 조합의 수

① $_n\mathrm{C}_r = \dfrac{_n\mathrm{P}_r}{r!} = \dfrac{n!}{r!(n-r)!}$ (단, $0\leq r\leq n$)

② $_n\mathrm{C}_0 = _n\mathrm{C}_n = 1$, $_n\mathrm{C}_1 = n$

③ $_n\mathrm{C}_r = _n\mathrm{C}_{n-r}$ (단, $0\leq r\leq n$)

④ $_n\mathrm{C}_r = _{n-1}\mathrm{C}_r + _{n-1}\mathrm{C}_{r-1}$ (단, $1\leq r< n$)

(3) 특정한 조건이 주어진 조합의 수

① 특정한 것을 포함하는 경우의 조합 : 서로 다른 n개에서 특정한 k개를 포함하여 $r\,(r>k)$개를 뽑는 경우의 수는 특정한 k개를 뽑고 남은 $(n-k)$개 중에서 $(r-k)$개를 뽑으면 되므로 $_{n-k}\mathrm{C}_{r-k}$

② 특정한 것을 포함하지 않는 경우의 조합 : 서로 다른 n개에서 특정한 k개를 제외하고 r개를 뽑는 경우의 수는 특정한 k개를 제외한 $(n-k)$개 중에서 r개를 뽑으면 되므로 $_{n-k}\mathrm{C}_r$

01 합의 법칙 – 서로소

1부터 100까지의 자연수가 각각 하나씩 적힌 100장의 카드 중에서 한 장을 선택할 때, 100과 서로소인 수가 적힌 카드를 선택하는 경우의 수를 구하시오.

02 합의 법칙 – 두 수의 차

0부터 5까지의 숫자가 각각 하나씩 적힌 6개의 공이 들어 있는 주머니가 있다. 이 주머니에서 한 번에 한 개씩 공을 두 번 꺼낼 때, 나오는 두 개의 공에 적힌 수의 차가 2 이하가 되는 경우의 수는? (단, 꺼낸 공은 다시 넣는다.)

① 21　　② 22　　③ 23
④ 24　　⑤ 25

03 합의 법칙 – 부등식의 해의 개수

세 자연수 x, y, z에 대하여 부등식 $x+3y<10-2z$를 만족시키는 순서쌍 (x, y, z)의 개수는?

① 3　　② 5　　③ 7
④ 9　　⑤ 11

04 수형도

서로 다른 4개 나라의 대사관에 파견되었던 4명의 대사들의 임기가 다 되어 이번엔 서로 근무지를 바꾸어 파견하고자 한다. 이전에 파견되었던 나라에 연속으로 파견되지 않도록 4명의 대사들을 각 나라에 파견하는 방법의 수는?

① 9　　② 12　　③ 18
④ 21　　⑤ 27

05 곱의 법칙 – 다항식의 전개식의 항의 개수

다항식 $(a+b-2c)^2(2x-3y)^2$을 전개하였을 때, 나오는 서로 다른 항의 개수는?

① 12　　② 14　　③ 16
④ 18　　⑤ 20

06 곱의 법칙 – 약수의 개수

소수 p에 대하여 자연수 $N=200p$의 양의 약수의 개수를 k라 할 때, 모든 k의 값의 합은?

① 40　　② 45　　③ 50
④ 55　　⑤ 60

07 곱의 법칙 – 색칠하는 방법의 수

그림과 같은 네 영역 A, B, C, D를 서로 다른 5가지 색으로 칠하려고 한다. 같은 색을 중복하여 칠해도 좋으나 인접한 영역은 서로 다른 색으로 칠할 때, 칠하는 방법의 수는?

① 120　　② 180　　③ 270
④ 540　　⑤ 720

08 곱의 법칙 – 지불 방법과 지불 금액의 수

100원짜리 동전 3개, 500원짜리 동전 4개, 1000원짜리 지폐 2장이 있을 때, 이 돈의 일부 또는 전부를 사용하여 지불할 수 있는 금액의 수는?

(단, 0원을 지불하는 경우는 제외한다.)

① 30   ② 35   ③ 40
④ 45   ⑤ 50

09 순열의 수 – 자연수의 개수

다섯 개의 숫자 1, 2, 3, 4, 5 중에서 서로 다른 네 개의 숫자를 사용하여 네 자리 자연수를 만들려고 한다. 이때 6의 배수인 네 자리 자연수의 개수를 구하시오.

10 순열의 수 – 자리 정하기

그림과 같이 경계가 구분된 6개 지역의 인구조사를 조사원 5명이 담당하려고 한다. 5명 중에서 1명은 서로 이웃한 2개 지역을, 나머지 4명은 남은 4개 지역을 각각 1개씩 담당한다. 이 조사원 5명의 담당 지역을 정하는 경우의 수를 구하시오. (단, 경계가 일부라도 닿은 두 지역은 서로 이웃한 지역으로 본다.)

11 이웃하거나 이웃하지 않는 순열의 수

남학생 12명과 여학생 2명이 일렬로 설 때, 여학생끼리는 이웃하지 않고 남학생끼리는 서로 이웃한 학생 수가 항상 짝수가 되도록 줄을 서는 경우의 수는 $N \times 12!$이다. 자연수 N의 값은?

① 36   ② 38   ③ 40
④ 42   ⑤ 44

12 특정한 위치 조건이 주어진 순열의 수

일렬로 놓인 8개의 의자에 아버지, 어머니, 두 자녀가 모두 이웃하여 앉을 때, 두 자녀 사이에 어머니가 앉는 경우의 수를 구하시오.

13 '적어도' 조건을 포함하는 순열의 수

남학생 5명, 여학생 3명을 일렬로 세울 때, 적어도 한쪽 끝에 남학생을 세우는 방법의 수는?

① 34000   ② 35000   ③ 36000
④ 37000   ⑤ 38000

14 사전식으로 배열하는 순열의 수

VISUAL의 6개의 문자를 모두 한 번씩 사용하여 사전식으로 배열할 때, 270번째에 오는 것은?

① LIAVSU   ② LIAVUS   ③ SAILUV
④ SAILVU   ⑤ VSAILU

15 조합의 수

서로 다른 흰 공 4개, 서로 다른 빨간 공과 파란 공이 각각 3개씩 총 10개의 공이 들어 있는 주머니가 있다. 이 주머니에서 4개의 공을 꺼낼 때, 꺼낸 공의 색이 3종류인 경우의 수를 구하시오.

16 조합의 수 – 자연수의 개수

네 자리 자연수에서 천의 자리의 숫자를 a, 백의 자리의 숫자를 b, 십의 자리의 숫자를 c, 일의 자리의 숫자를 d라 할 때, $a>b>c>d$를 만족시키는 네 자리 자연수는 m개, $a<b<c<d$를 만족시키는 네 자리 자연수는 n개이다. $m+n$의 값은?

① 335   ② 336   ③ 337
④ 338   ⑤ 339

17 도형과 조합의 수

그림과 같이 반원 위에 8개의 점이 있다. 이 점 중에서 4개의 점을 꼭짓점으로 하는 사각형의 개수는?

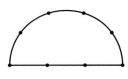

① 50   ② 51   ③ 52
④ 53   ⑤ 54

18 특정한 조건이 주어진 조합의 수

두 학생이 서로 다른 7개의 동아리 중에서 각각 2개의 동아리를 선택하여 신청하려고 한다. 두 학생이 공통으로 신청하는 동아리가 1개 이하가 되도록 하는 경우의 수를 구하시오.
(단, 신청 순서는 고려하지 않는다.)

19 '적어도' 조건을 포함하는 조합의 수

남학생 6명과 여학생 5명이 봉사활동에 지원하였다. 지원자 11명 중에서 4명을 선발할 때, 남학생과 여학생이 적어도 한 명씩은 포함되도록 하는 경우의 수는?

① 300   ② 305   ③ 310
④ 315   ⑤ 320

20 순열과 조합

어른 5명, 어린이 3명 중에서 4명을 뽑아 일렬로 놓인 4개의 의자에 앉히려고 한다. 어린이가 2명 이상 포함되도록 뽑을 때, 어린이가 모두 이웃하는 경우의 수는?

① 420   ② 440   ③ 460
④ 480   ⑤ 500

21 분할과 분배

6명이 타고 있는 낚싯배가 4군데의 낚시터에 차례대로 들른다. 4군데의 낚시터에 들르는 동안 6명의 낚시꾼이 모두 내리는 경우의 수는? (단, 각 낚시터에서는 한 명도 내리지 않거나 두 명 이상이 내려야 한다.)

① 660   ② 662   ③ 664
④ 666   ⑤ 668

대표
01 유형 ❶ 합의 법칙

$1 \leq m \leq n \leq 20$인 두 자연수 m, n의 최대공약수가 3이 되도록 하는 순서쌍 (m, n)의 개수를 구하시오.

02

방정식 $8^x \times 4^y \times 2^z = 2^{17}$을 만족시키는 세 자연수 x, y, z의 순서쌍 (x, y, z)의 개수는?

① 14 ② 15 ③ 16
④ 17 ⑤ 18

03

다섯 개의 숫자 2, 2, 3, 4, 4가 각각 하나씩 적힌 다섯 장의 카드를 일렬로 나열할 때, k번째 자리에는 숫자 k가 적힌 카드가 나오지 않도록 나열하는 방법의 수를 구하시오.
(단, $k = 2$, 3, 4이고, 카드의 모양과 크기는 같다.)

04

혜리는 각 자리의 숫자가 1부터 9까지의 자연수 중에서 하나인 네 자리 수로 된 여행용 가방의 비밀번호를 잊어버렸다. 비밀번호의 일의 자리의 숫자는 5, 백의 자리의 숫자는 2이고, 비밀번호가 9로 나누어떨어진다는 것을 알고 있다. 이때 비밀번호로 가능한 네 자리 수의 개수를 구하시오.

대표
05 유형 ❷ 곱의 법칙

서로 다른 세 주머니 A, B, C가 있고, 각 주머니 안에는 숫자 1, 2, 3, 4, 5, 6, 7이 각각 하나씩 적힌 7개의 공이 들어 있다. 세 주머니 A, B, C에서 꺼낸 공에 적힌 수를 각각 a, b, c라 할 때, $ab + bc + ca$의 값이 짝수가 되는 경우의 수를 구하시오.

06

그림은 세 도시 A, B, C 사이의 도로망과 그 도로를 이용했을 때 드는 교통비를 나타낸 것이다. A 도시를 출발하여 C도시를 갔다가 다시 A도시로 돌아올 때, 교통비가 5000원 미만이 되도록 길을 선택하는 방법의 수는?

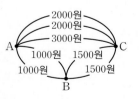

① 16 ② 20 ③ 24
④ 36 ⑤ 40

07

자연수 $A=2^l \times 3^m$에 대하여 **보기**에서 옳은 것만을 있는 대로 고른 것은?

(단, $2^0=3^0=1$이고, l, m은 0 이상의 정수이다.)

• 보기

ㄱ. $l=2$, $m=3$일 때, A의 양의 약수의 개수는 12이다.

ㄴ. $1 \leq A \leq 100$을 만족시키는 A의 개수는 20이다.

ㄷ. 양의 약수의 개수가 12인 A의 개수는 6이다.

① ㄱ   ② ㄱ, ㄴ   ③ ㄱ, ㄷ

④ ㄴ, ㄷ   ⑤ ㄱ, ㄴ, ㄷ

08

1부터 10까지의 자연수가 각각 하나씩 적힌 10장의 카드가 들어 있는 주머니가 있다. 이 주머니에서 한 장씩 카드를 두 번 꺼낼 때, 처음과 두 번째에 나온 카드에 적힌 수를 각각 a, b라 하자. 이때 $a+b$의 값이 3의 배수가 되는 경우의 수는? (단, 한 번 꺼낸 카드는 다시 넣지 않는다.)

① 21   ② 24   ③ 27

④ 30   ⑤ 33

09

그림과 같이 ㉠, ㉡, ㉢, ㉣, ㉤, ㉥의 여섯 개의 영역으로 나누어 놓은 정사각형을 노란색을 포함한 서로 다른 여섯 가지 색의 전부 또는 일부를 사용하여 칠하려고 한다. 다음 조건을 만족시키는 경우의 수를 구하시오.

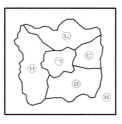

㈎ 여섯 개의 영역에 같은 색을 중복하여 칠해도 좋으나 인접한 영역은 서로 다른 색으로 칠한다.

㈏ 영역 ㉠과 영역 ㉥은 서로 다른 색으로 칠한다.

㈐ 영역 ㉢ 또는 영역 ㉤에는 노란색을 칠한다.

10

여섯 개의 숫자 1, 2, 3, 4, 6, 8이 각각 하나씩 적힌 6장의 카드가 있다. 이 6장의 카드를 일렬로 나열할 때, 이웃한 두 카드에 적힌 수의 곱이 모두 4의 배수가 되도록 나열하는 경우의 수는?

① 6   ② 12   ③ 18

④ 24   ⑤ 36

대표 11   유형 ❸ 순열의 수

5명의 학생에게 서로 다른 연필 4자루와 서로 다른 지우개 3개를 나누어 주려고 할 때, 다음 조건을 만족시키는 경우의 수를 구하시오.

(단, 연필과 지우개 중 하나도 받지 못하는 사람은 없다.)

㈎ 연필은 각각 다른 사람에게 하나씩 나누어 준다.

㈏ 지우개는 각각 다른 사람에게 하나씩 나누어 준다.

12

그림과 같이 붙어 있는 5개의 상자와 숫자 1, 2, 3, 4, 5, 6이 각각 하나씩 적힌 6개의 공이 있다. 색칠한 상자에는 짝수가 적힌 공을 넣을 수 없고, 짝수가 적힌 공끼리는 이웃한 상자에 넣을 수 없다고 할 때, 5개의 상자에 공을 모두 채우는 경우의 수를 구하시오.

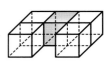

(단, 한 상자에는 한 개의 공만 넣을 수 있다.)

STEP 2

13

그림과 같은 직선 도로망을 가진 6개의 지점 A, B, C, D, E, F가 있다. 어떤 지점에서든지 다른 지점으로 직접 통하는 길이 있는데 공사 중인 관계로 B 지점과 D 지점 사이를 잇는 도로를 이용할 수 없다고 할 때, A 지점에서 출발하여 나머지 5개의 지점을 한 번씩 들러 A 지점으로 돌아오는 방법의 수를 구하시오.

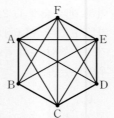

14

할아버지, 할머니, 아버지, 어머니, 아이로 구성된 5명의 가족이 영화를 보려고 한다. 영화관의 좌석은 그림과 같이 A, B 두 개의 열로 이루어져 있고, 각 열에는 5개의 좌석이 있다. A열에는 할아버지와 할머니가 이웃하여 앉고, B열에는 아버지, 어머니, 아이가 앉되 아이는 아버지 또는 어머니와 이웃하고, 아이의 바로 앞에 있는 좌석은 비어 있도록 한다. 이때 5명이 모두 좌석에 앉는 경우의 수를 구하시오.
(단, 2명이 같은 열의 바로 옆에 앉을 때만 이웃한 것으로 본다. 또한 한 좌석에는 한 명만 앉고, 다른 관람객은 없다.)

[2019년 교육청]

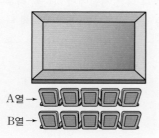

A열 →
B열 →

15

그림과 같은 칠각형의 각 꼭짓점에 다음 조건을 만족시키도록 7개의 숫자 1, 2, 3, 4, 5, 6, 7을 각각 하나씩 적는 방법의 수를 구하시오.

1등급

> (가) 홀수와 이웃한 두 수 중에서 적어도 하나는 홀수이다.
> (나) 짝수와 이웃한 두 수 중에서 적어도 하나는 짝수이다.

대표 16 유형 ④ $_nP_r$과 $_nC_r$을 이용한 증명

다음은 $1 \le r < n$일 때, 등식
$$_nP_r = {_{n-1}P_r} + r \times {_{n-1}P_{r-1}}$$
이 성립함을 증명한 것이다.

· 증명 ·

서로 다른 n개에서 r개를 택하여 일렬로 나열하는 경우의 수 $_nP_r$은 n개 중 하나를 A라 할 때, 다음과 같이 나누어 생각할 수 있다.

(i) 택한 r개 중에 A가 포함되지 않을 때,
A를 제외한 ((가))개에서 r개를 택하여 일렬로 나열하는 경우의 수는 $_{n-1}P_r$이다.

(ii) 택한 r개 중에 A가 포함될 때,
A를 제외한 ((가))개에서 $(r-1)$개를 택하여 일렬로 나열하는 경우의 수가 (나) 이고, 각 경우에 대하여 A를 이미 배열된 $(r-1)$개의 양 끝 또는 사이사이에 배열하는 방법이 (다) 가지이므로 그 경우의 수는 $r \times {_{n-1}P_{r-1}}$이다.

(i), (ii)는 동시에 일어날 수 없으므로 합의 법칙에 의하여
$$_nP_r = {_{n-1}P_r} + r \times {_{n-1}P_{r-1}}$$

위의 증명에서 (가), (나), (다)에 알맞은 것을 써넣으시오.

17

다음은 2 이상의 자연수 n에 대하여 등식
$$_{n-1}C_{n-1} + {_nC_{n-1}} + {_{n+1}C_{n-1}} = {_{n+2}C_n}$$
이 성립함을 증명한 것이다.

· 증명 ·

$_{n+2}C_n$은 1부터 $n+2$까지의 $(n+2)$개의 자연수 중에서 n개의 자연수를 택하는 경우의 수이다. 이것을 택한 수 중에서 가장 큰 수에 따라 경우를 나누어 구할 수도 있다.

(i) 1부터 $n+2$까지의 $(n+2)$개의 자연수 중에서 n개를 택할 때, 가장 큰 수가 (가) 인 경우의 수는
$_{n-1}C_{n-1}$

(ii) 1부터 $n+2$까지의 $(n+2)$개의 자연수 중에서 n개를 택할 때, 가장 큰 수가 (나) 인 경우의 수는
$_nC_{n-1}$

(iii) 1부터 $n+2$까지의 $(n+2)$개의 자연수 중에서 n개를 택할 때, 가장 큰 수가 (다) 인 경우의 수는
$_{n+1}C_{n-1}$

(i), (ii), (iii)은 동시에 일어날 수 없으므로 합의 법칙에 의하여
$$_{n-1}C_{n-1} + {_nC_{n-1}} + {_{n+1}C_{n-1}} = {_{n+2}C_n}$$

위의 증명에서 (가), (나), (다)에 알맞은 식을 각각 $f(n)$, $g(n)$, $h(n)$이라 할 때, $f(2) + g(3) + h(4)$의 값을 구하시오.

1부터 13까지의 자연수 중에서 서로 다른 9개 이상의 수를 뽑을 때, 1과 2를 포함하고, 3을 포함하지 않는 경우의 수는?

① 172　　　　② 174　　　　③ 176
④ 178　　　　⑤ 180

19

1부터 10까지의 자연수가 각각 하나씩 적힌 10장의 카드가 수가 보이지 않게 뒤집어져 있다. 이 카드 중에서 A, B 두 사람이 동시에 3장의 카드를 각각 뽑아 카드에 적힌 숫자를 확인하기로 할 때, A가 뽑은 카드에 적힌 수의 최댓값이 9이고, B가 뽑은 카드에 적힌 수의 최솟값이 3인 경우의 수를 구하시오.

20

자연수 9를 1+1+7, 1+3+5, …와 같이 세 자연수의 합으로 나타낼 수 있다. 순서가 바뀐 경우, 예를 들어 1+1+7, 1+7+1, 7+1+1을 모두 서로 다른 경우로 볼 때, 자연수 9를 나타내는 모든 방법의 수는?

① 28　　　　② 32　　　　③ 54
④ 68　　　　⑤ 84

21

그림과 같이 세 방향의 평행한 직선이 각각 3개, 3개, 4개 있다. 이 10개의 직선으로 만들 수 있는 사각형의 개수는? (단, 어느 세 직선도 한 점에서 만나지 않는다.)

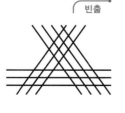

① 170　　　　② 171　　　　③ 172
④ 173　　　　⑤ 174

22

그림과 같이 직사각형 ABCD의 두 변 AB, CD 위에 각각 6개의 점이 있다. 이때 변 AB 위의 점 6개 중에서 3개를 택하고, 변 CD 위의 점 6개 중에서 3개를 택하여, 서로 만나지 않도록 3개의 선분을 긋는 방법의 수는? (단, 변 AB 위의 한 점과 변 CD 위의 한 점을 연결하여 선분을 긋는다.)

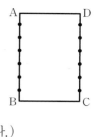

① 360　　　　② 380　　　　③ 400
④ 420　　　　⑤ 440

23

사면체 ABCD의 6개의 모서리의 전부 또는 일부를 골라 색을 칠하려고 한다. 이때 색을 칠한 모서리들을 따라 4개의 꼭짓점이 모두 연결되는 경우의 수는?

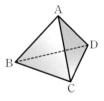

① 22　　　　② 34
③ 38　　　　④ 40
⑤ 44

24

원 위에 있는 9개의 점 중 임의의 두 점을 연결한 직선들이 다음 조건을 만족시킨다.

> ㈎ 어느 두 직선도 평행하지 않다.
> ㈏ 어느 세 직선도 원 위의 점이 아닌 한 점에서 만나지 않는다.

임의의 두 직선의 교점 중에서 원의 외부에 있는 것의 개수를 구하시오.

대표
25 유형 ❻ 뽑아서 나열하는 경우의 수

주희는 유럽 3개국(영국, 이탈리아, 프랑스)으로 9박 10일의 여행을 가려고 한다. 갈 때와 올 때 기내에서 1박씩 하고 나머지 7박 중에서 영국, 이탈리아에서 각각 적어도 1박을, 프랑스에서 적어도 2박을 하려고 한다. 또한, 같은 나라는 연속해서 머물러야 한다. 예를 들어, 영국, 이탈리아, 프랑스를 각각 E, I, F라 하면 7박의 여행 코스 중 하나는 다음과 같다.

F-F-F-E-E-I-I

주희가 만들 수 있는 여행 코스의 개수는?

① 30   ② 60   ③ 90
④ 120   ⑤ 150

26

남학생 4명과 여학생 3명이 있다. 남학생을 적어도 2명 이상 포함하여 4명의 학생을 뽑은 다음 서로 다른 4개의 초콜릿을 1개씩 나누어주는 경우의 수는?

① 720   ② 744   ③ 768
④ 792   ⑤ 816

27

각각 5명의 선수로 구성된 씨름 팀 A와 B가 씨름 경기를 하려고 한다. 이 경기의 대전 방식은 각 팀에서 한 명씩 나와 대전을 하는데, 승리한 팀에서는 승리한 선수가 계속하여 경기를 하고, 패한 팀에서는 패한 선수를 대신하여 새로운 선수가 나와 대전을 하도록 하는 것이다. 5전 3선승제에서 먼저 3승을 하는 팀이 이 경기의 승자가 되는 것으로 할 때, A팀이 B팀에 게임 스코어 3 : 1로 승리하는 모든 경우의 수를 구하시오. (단, 경기에 출전하는 순서가 다른 경우는 전부 다른 경우로 취급한다. 예를 들어, A팀의 선수를 'a, b, c, d, e'라 할 때 경기에 $a \rightarrow b \rightarrow c \rightarrow d \rightarrow e$ 순서로 출전하는 것과 $b \rightarrow a \rightarrow c \rightarrow e \rightarrow d$ 순서로 출전하는 것은 다른 경우로 본다.)

28

그림과 같이 한 개의 정삼각형과 세 개의 정사각형으로 이루어진 도형이 있다.

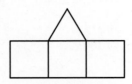

숫자 1, 2, 3, 4, 5, 6 중에서 중복을 허락하여 네 개를 택해 네 개의 정다각형 내부에 하나씩 적을 때, 다음 조건을 만족시키는 경우의 수를 구하시오. [2022년 교육청]

⑦ 세 개의 정사각형에 적혀 있는 수는 모두 정삼각형에 적혀 있는 수보다 작다.
⑭ 변을 공유하는 두 정사각형에 적혀 있는 수는 서로 다르다.

29

주머니에 1, 2, 3, 4의 숫자가 하나씩 적힌 공이 각각 1개, 1개, 2개, 3개가 들어 있다. 이 7개의 공이 들어 있는 주머니에서 동시에 4개의 공을 꺼내어 일렬로 나열할 때, 같은 숫자끼리 이웃하지 않는 경우의 수를 구하시오.

(단, 모든 공은 서로 다른 것으로 본다.)

30 〔1등급〕

9개의 자연수 1, 2, 3, …, 9 중에서 1을 포함한 홀수 3개와 2를 포함한 짝수 3개를 선택하여 여섯 자리 자연수를 만들려고 한다. 1의 양옆에 짝수를 배열하거나 2의 양옆에 홀수를 배열하는 경우의 수가 $2^p \times 3^q \times r$일 때, $p+q+r$의 값을 구하시오. (단, p, q는 자연수이고, r은 소수이다.)

선수 13명을 보유하고 있는 농구팀이 있다. 특정 선수 4명 중에서 2명씩, 나머지 9명 중에서 3명씩을 뽑아 5명의 두 팀으로 나누어 연습 경기를 하려고 한다. 두 팀을 만들 수 있는 방법의 수는?

① 630　　　　② 1260　　　　③ 2520
④ 5040　　　　⑤ 10080

32

남학생 6명과 여학생 2명이 있다. 8명을 2개조로 나누어 두 구역 A, B에 청소를 배정하려고 한다. 각 조에는 적어도 3명을 배정하고, 2명의 여학생은 같은 조에 포함되도록 하는 방법의 수를 구하시오.

33　　　　　　　　　　　　　　　　　서술형

서로 다른 9장의 카드 [2], [3], [4], [5], [7], [8], [9], [11], [16]을 같은 종류의 상자 3개에 다음 조건을 만족시키도록 남김없이 넣는 경우의 수를 구하시오.
　　　(단, 카드를 상자에 넣는 순서는 고려하지 않는다.)

> ㈎ 각 상자에 홀수가 적힌 카드를 1장 이상 넣는다.
> ㈏ 각 상자에 넣은 카드에 적힌 수의 곱은 짝수이다.

34

6개의 축구 팀이 그림과 같은 토너먼트 방식으로 시합을 치를 때, 실력이 2위인 팀과 실력이 3위인 팀이 대진할 수 있도록 대진표를 작성하는 방법의 수를 구하시오. (단, 실력이 같은 팀은 없고 실력이 뛰어난 팀이 무조건 이긴다.)

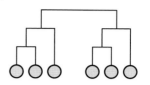

35

그림과 같이 같은 종류의 검은 공이 각각 1개, 2개, 3개가 들어 있는 상자 3개가 있다. 1부터 10까지의 자연수가 각각 하나씩 적힌 10개의 흰 공을 3개의 상자에 남김없이 나누어 넣으려고 한다. 각각의 상자에 들어 있는 공의 개수가 모두 4의 배수가 되도록 10개의 흰 공을 나누어 넣는 경우의 수는?
　　　　　　　　　　　(단, 공을 넣는 순서는 고려하지 않는다.)

① 3600　　　　② 3640　　　　③ 3680
④ 3720　　　　⑤ 3760

01

같은 모양의 구슬 12개가 들어 있는 주머니에서 한 번에 1개 또는 2개 또는 4개를 꺼내려고 한다. 12개의 구슬을 모두 꺼내는 방법의 수를 구하시오.

(단, 구슬을 꺼내는 순서는 생각하지 않는다.)

02

그림과 같이 5개의 의자에 4명의 학생이 각각 한 명씩 앉아 있다. 이때 4명의 학생이 자신이 앉던 의자에 앉지 않고 다른 의자로 옮겨 앉는 경우의 수를 구하시오.

03

8장의 카드 ⓪, ①, ①, ①, ②, ③, ④, ⑤ 중에서 5장의 카드를 택하여 다음 조건을 만족시키도록 일렬로 배열할 때, 만들 수 있는 자연수의 개수를 구하시오.

> ㈎ 다섯 자리 자연수가 되도록 배열한다.
> ㈏ 1끼리는 서로 이웃하지 않도록 배열한다.

04

1부터 1000까지의 자연수가 각각 하나씩 적힌 카드 1000장 중에서 한 장을 뽑을 때, 적힌 수가 다음 조건을 만족시키는 경우의 수를 구하시오.

> ㈎ 적힌 수는 홀수이다.
> ㈏ 각 자리의 수의 합은 3의 배수가 아니다.
> ㈐ 적힌 수는 5의 배수가 아니다.

05

1번부터 10번까지의 번호를 하나씩 부여받은 사람 10명이 번호 순서대로 원형으로 둘러앉아 다음과 같은 규칙으로 숫자 게임을 한다.

> [규칙1] 게임은 1번부터 시작하여 번호 순서대로 진행하며 한 사람당 하나의 자연수를 순서대로 말한다.
> [규칙2] 숫자 5를 포함한 수는 말하지 않는다.

예를 들어, 24 다음에는 26을 말하고, 49 다음에는 60을 말한다. 1번이 1을 말하고 위의 규칙대로 게임을 시작하여 한 사람도 틀리지 않았을 때, 1000을 말하는 사람의 번호를 구하시오.

06

그림과 같이 한 변의 길이가 1인 정사각형 8개로 이루어진 도로망이 있다. 이 도로망을 따라 A 지점에서 출발하여 B 지점에 도착할 때, 가로 방향으로 이동한 길이의 합이 4이고 전체 이동한 길이가 12인 경우의 수를 구하시오.
(단, 한 번 지나간 도로는 다시 지나지 않는다.) [2019년 교육청]

07

모양과 크기가 같은 흰색 블록과 검은색 블록을 이용하여 5개의 블록을 붙여 그림과 같은 막대기를 만들려고 한다.

같은 색의 블록끼리 구별은 없고 막대기에는 좌우의 구별이 없다고 한다. 예를 들어, 은 서로 같은 막대기로 생각한다. 5개의 블록을 붙여 만들 수 있는 막대기의 개수를 구하시오.

(단, 흰색 블록과 검은색 블록은 5개까지 이용할 수 있다.)

08

6명이 7인승 자동차 A, B에 3명씩 나누어 타고 여행을 하고 있다. 첫날 숙소에 도착한 6명은 다음 날 여행 경비를 절약하기 위하여 자동차 A에 모두 타기로 하였다. 자동차 A의 운전자는 자리를 바꾸지 않고 나머지 5명은 임의로 앉을 때, 운전자를 제외한 첫날 자동차 A에 탔던 2명이 모두 첫날과 다른 자리에 앉는 경우의 수를 구하시오.

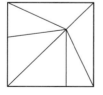

09

그림은 정사각형을 6개의 서로 다른 삼각형으로 나누어 놓은 것이다. 빨간색, 노란색, 파란색의 3가지 색을 이용하여 다음 조건을 만족시키도록 각 삼각형에 색을 칠하려고 한다.

> (개) 빨간색, 노란색, 파란색은 모두 적어도 한 번씩 칠한다.
> (내) 한 변을 공유하는 두 삼각형은 서로 다른 색으로 칠한다.

6개의 삼각형에 색을 칠하는 경우의 수를 구하시오.

(단, 한 삼각형에는 한 가지 색만 칠한다.)

[2019년 교육청]

10

어느 학교에서는 '기하', '미적분Ⅱ', '경제 수학', '인공지능 수학'의 수학 과목 4개와 '정치', '법과 사회', '동아시아 역사 기행'의 사회 과목 3개를 진로 선택 과목으로 운영한다. 이 7개의 과목 중에서 두 명의 학생 A, B가 다음 조건을 만족시키도록 과목을 선택하는 경우의 수를 구하시오.

> (개) 두 학생은 모두 1개 이상의 수학 과목을 포함한 3개의 과목을 선택한다.
> (내) 두 학생은 1개의 과목만을 동시에 선택한다.

11

A, B, C, D, E의 다섯 명이 함께 꼬리잡기 게임을 한다. A는 B를, B는 C를, C는 D를, D는 E와 A를, E는 B를 잡을 수 있고, 잡힌 사람은 잡은 사람의 꼬리가 된다고 하자. 이때 어떤 꼬리도 생기지 않도록 A, B, C, D, E를 서로 다른 방 5개에 배정하는 방법의 수를 구하시오.

(단, 빈 방이 남아 있어도 된다.)

12

그림과 같이 크기가 서로 다른 8개의 원판이 크기 순서대로 쌓여 있다. 이 원판을 분리하여 높이가 같은 두 개의 탑을 만들었더니 두 개의 탑 모두 위에서 보았을 때 2개의 원판만 보였다고 한다. 이때 두 개의 탑을 쌓는 경우의 수를 구하시오. (단, 원판의 두께는 모두 동일하며 크기가 큰 원판이 위에 있는 경우 아래의 작은 원판은 보이지 않는다.)

Healing

용기 | Be Brave

> It's when you know you're licked before you begin, but you begin anyway and
> see it through no matter what.
> 시작하기 전에 이미 패배할 것을 알지만, 그래도 시작하고 무슨 일이 있어도 끝까지 해내는 것이 진정한
> 용기야.
> – Harper Lee (하퍼 리) –

하퍼 리에게 퓰리처상을 안겨준 소설『앵무새 죽이기』의 한 부분입니다. 이 소설은
무고한 흑인을 변호하는 백인 변호사의 이야기를 그의 여섯 살 딸의 시각을 통해
서술합니다.
이 대목은 비록 삶의 가장 큰 좌절 앞에 서 있을지라도 우리가 끝까지 지켜야 할 것이
무엇인지를 잘 알려줍니다.

IV 행렬

09 행렬과 그 연산

BLACK LABEL

09 행렬과 그 연산

비법노트

A A^n의 추정 (단, n은 자연수)

(1) $\begin{pmatrix} 1 & a \\ 0 & 1 \end{pmatrix}^n = \begin{pmatrix} 1 & na \\ 0 & 1 \end{pmatrix}$, $\begin{pmatrix} 1 & 0 \\ a & 1 \end{pmatrix}^n = \begin{pmatrix} 1 & 0 \\ na & 1 \end{pmatrix}$

(2) $\begin{pmatrix} a & 0 \\ 0 & b \end{pmatrix}^n = \begin{pmatrix} a^n & 0 \\ 0 & b^n \end{pmatrix}$

(3) $\begin{pmatrix} 1 & a \\ 0 & b \end{pmatrix}^n = \begin{pmatrix} 1 & a+ab+ab^2+\cdots+ab^{n-1} \\ 0 & b^n \end{pmatrix}$

▶ STEP 2 | 20번, 21번

B 교환법칙이 성립하는 대표적인 경우

(1) 단위행렬과 곱할 때, $AE=EA=A$

(2) $A = \begin{pmatrix} a & a \\ a & a \end{pmatrix}$, $B = \begin{pmatrix} b & c \\ c & b \end{pmatrix}$일 때, $AB=BA$

(3) $A = \begin{pmatrix} a & b \\ b & a \end{pmatrix}$, $B = \begin{pmatrix} c & d \\ d & c \end{pmatrix}$일 때, $AB=BA$

(4) A^n과 관련된 곱셈

　예　$A^2A^7 = A^7A^2 = A^9$

(5) $A \pm B = kE$ (k는 실수)일 때, $AB=BA$

　증명　$A+B=kE$이면 $A=kE\mp B$이므로
$AB=(kE\mp B)B=kB\mp B^2$
$BA=B(kE\mp B)=kB\mp B^2$
$\therefore AB=BA$

(6) $AB=E$이면 $BA=E$이다.

　증명　$A = \begin{pmatrix} a & b \\ c & d \end{pmatrix}$라 하면 ◀── 2×2 행렬에 대한 증명

케일리-해밀턴 정리에 의하여
$A^2-(a+d)A+(ad-bc)E=O$
양변의 오른쪽에 행렬 B를 곱하면
$A^2B-(a+d)AB+(ad-bc)B=O$
$\therefore A-(a+d)E+(ad-bc)B=O$
$\qquad\qquad\qquad (\because AB=E)$

(i) $ad-bc=0$일 때,
$A-(a+d)E=O$ 　 $\therefore A=(a+d)E$
$AB=E$이므로 $AB=(a+d)B=E$
$\therefore BA=(a+d)B=E$

(ii) $ad-bc\neq0$일 때,
$B=\dfrac{1}{ad-bc}\{-A+(a+d)E\}$
$\therefore BA=\dfrac{1}{ad-bc}\{-A^2+(a+d)A\}$
$\qquad =\dfrac{1}{ad-bc}\{(ad-bc)E\}$
$\qquad =E$

▶ STEP 2 | 29번, STEP 3 | 07번

C 케일리-해밀턴 정리를 만족시키는 행렬

$A^2-pA+qE=O$를 만족시키는 행렬 A를 구할 때는
$A\neq kE$인 경우와 $A=kE$인 경우로 나누어 생각한다.
(단, p, q, k는 실수이다.)

행렬 $A = \begin{pmatrix} a & b \\ c & d \end{pmatrix}$에 대하여 $A^2-pA+qE=O$일 때,

(1) $A\neq kE$이면 $a+d=p$, $ad-bc=q$
　를 만족시키는 a, b, c, d의 값을 구한다.

(2) $A=kE$이면 $k^2-pk+q=0$
　을 만족시키는 k의 값을 구한다.

▶ STEP 1 | 21번, STEP 2 | 33번

행렬

(1) 행렬 A의 제i행과 제j열이 만나는 위치에 있는 성분을 행렬 A의 (i, j) 성분이라 하고, a_{ij}와 같이 나타낸다. ┌─ 두 행렬 A, B의 행의 개수와 열의 개수가 각각 같을 때, A와 B는 같은 꼴이라 한다.

(2) 두 행렬 A, B가 같은 꼴이고 대응하는 성분이 각각 같을 때, 두 행렬은 서로 같다고 하고, $A=B$와 같이 나타낸다.

$$\begin{pmatrix} a_{11} & a_{12} \\ a_{21} & a_{22} \end{pmatrix} = \begin{pmatrix} b_{11} & b_{12} \\ b_{21} & b_{22} \end{pmatrix} \Leftrightarrow \begin{cases} a_{11}=b_{11}, \ a_{12}=b_{12} \\ a_{21}=b_{21}, \ a_{22}=b_{22} \end{cases}$$

행렬의 덧셈, 뺄셈, 실수배 ◀── 행렬의 덧셈과 뺄셈은 같은 꼴일 때만 정의된다.

두 행렬 $A = \begin{pmatrix} a_{11} & a_{12} \\ a_{21} & a_{22} \end{pmatrix}$, $B = \begin{pmatrix} b_{11} & b_{12} \\ b_{21} & b_{22} \end{pmatrix}$에 대하여

(1) $A \pm B = \begin{pmatrix} a_{11}\pm b_{11} & a_{12}\pm b_{12} \\ a_{21}\pm b_{21} & a_{22}\pm b_{22} \end{pmatrix}$ (복부호 동순)

(2) $kA = \begin{pmatrix} ka_{11} & ka_{12} \\ ka_{21} & ka_{22} \end{pmatrix}$ (단, k는 실수)

행렬의 덧셈, 실수배에 대한 성질

세 행렬 A, B, C가 같은 꼴이고, k, l이 실수일 때,

(1) 교환법칙 : $A+B=B+A$

(2) 결합법칙 : $(A+B)+C=A+(B+C)$, $(kl)A=k(lA)=l(kA)$

(3) 분배법칙 : $(k+l)A=kA+lA$, $k(A+B)=kA+kB$

┌─ 두 행렬 A, B의 곱셈은 행렬 A의 열의 개수와 행렬 B의 행의 개수가 같을 때만 정의된다. 즉, ($m\times n$ 행렬)$\times$($n\times l$ 행렬)$=$($m\times l$ 행렬)

행렬의 곱셈, 거듭제곱 A ─ 행렬의 거듭제곱은 정사각행렬 꼴일 때만 정의된다.

두 행렬 $A = \begin{pmatrix} a_{11} & a_{12} \\ a_{21} & a_{22} \end{pmatrix}$, $B = \begin{pmatrix} b_{11} & b_{12} \\ b_{21} & b_{22} \end{pmatrix}$와 자연수 m, n에 대하여

(1) $AB = \begin{pmatrix} a_{11}b_{11}+a_{12}b_{21} & a_{11}b_{12}+a_{12}b_{22} \\ a_{21}b_{11}+a_{22}b_{21} & a_{21}b_{12}+a_{22}b_{22} \end{pmatrix}$

(2) $A^2=AA$, $A^3=A^2A$, $\cdots$, $A^{n+1}=A^nA$

(3) $A^mA^n=A^{m+n}$, $(A^m)^n=A^{mn}$

(4) $E^n=E$ (단, E는 단위행렬)
　└─ 왼쪽 위에서 오른쪽 아래로 내려가는 대각선 위의 성분은 모두 1이고, 그 외의 성분은 모두 0인 정사각행렬

행렬의 곱셈에 대한 성질 B

합과 곱이 정의되는 임의의 행렬 A, B, C와 영행렬 O에 대하여

(1) 교환법칙이 성립하지 않음 : $AB\neq BA$ ─ 모든 성분이 0인 행렬

(2) 결합법칙 : $(AB)C=A(BC)$ ┌─ 두 행렬 A, B에 대하여 일반적으로 교환법칙이 성립하지 않으므로 수의 연산에서와 같은 곱셈 공식, 지수법칙이 성립하지 않는다.
$\qquad\qquad k(AB)=(kA)B=A(kB)$ (단, k는 실수)

(3) 분배법칙 : $A(B+C)=AB+AC$, $(A+B)C=AC+BC$

케일리-해밀턴 정리 C ◀── 일반적으로 이 정리의 역은 성립하지 않는다.

행렬 $A = \begin{pmatrix} a & b \\ c & d \end{pmatrix}$에 대하여

$$A^2-(a+d)A+(ad-bc)E=O$$ (단, E는 단위행렬, O는 영행렬)

01 행렬의 성분

삼차 정사각행렬 A의 (i, j) 성분 a_{ij}가
$$a_{ij}=(i^2+j^2을 3으로 나눈 나머지)$$
일 때, 행렬 A의 모든 성분의 합은?

① 3   ② 6   ③ 9
④ 12   ⑤ 15

02 행렬의 성분의 활용

그림은 세 지점 1, 2, 3 사이의 정보를 보내는 통로를 화살표로 나타낸 것이다. 행렬 A의 (i, j) 성분 a_{ij}는 i 지점에서 j 지점으로 직접 정보를 보내는 통로의 수를 나타낸다. 이때 행렬 A의 제3행의 모든 성분의 합은? (단, $i=1, 2, 3$, $j=1, 2, 3$)

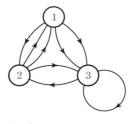

① 1   ② 2   ③ 3
④ 4   ⑤ 5

03 두 행렬이 서로 같을 조건

두 행렬 $A=\begin{pmatrix} 2x-y & 1 \\ 0 & x^2+y^2 \end{pmatrix}$, $B=\begin{pmatrix} 5 & 1 \\ 0 & 7+xy \end{pmatrix}$에 대하여 $A=B$일 때, $x+y$의 값을 구하시오. (단, x, y는 양수이다.)

04 행렬의 덧셈, 뺄셈, 실수배(1)

두 실수 a, b에 대하여 두 행렬 A, B를 $A=\begin{pmatrix} a & b \\ -b & a \end{pmatrix}$, $B=\begin{pmatrix} b & -a \\ a & b \end{pmatrix}$라 하자. $A+B=E$일 때, 행렬 $A-B$의 모든 성분의 합을 구하시오.

05 행렬의 덧셈, 뺄셈, 실수배(2)

두 행렬 A, B가 2×3 행렬일 때 A의 (i, j) 성분 a_{ij}는 $a_{ij}=2i+j-1$이고, B의 (i, j) 성분 b_{ij}는 $b_{ij}=4i-2j$이다. 이때 행렬 $\frac{1}{2}(4A-3B)-3(A-B)$의 모든 성분의 합은?

① -10 ② -8 ③ -6
④ -4 ⑤ -2

06 행렬에 대한 두 등식이 주어진 경우

두 이차 정사각행렬 A, B에 대하여 $A+B=\begin{pmatrix} 1 & 2 \\ 1 & 2 \end{pmatrix}$, $A-B=\begin{pmatrix} 1 & -2 \\ -1 & 2 \end{pmatrix}$일 때, 행렬 $A-2B$는?

① $\begin{pmatrix} 1 & -4 \\ -2 & 2 \end{pmatrix}$ ② $\begin{pmatrix} 1 & -2 \\ -1 & 2 \end{pmatrix}$ ③ $\begin{pmatrix} 1 & -1 \\ -3 & 2 \end{pmatrix}$
④ $\begin{pmatrix} 1 & 4 \\ 2 & 2 \end{pmatrix}$ ⑤ $\begin{pmatrix} 2 & -8 \\ -4 & 4 \end{pmatrix}$

07 등식을 만족시키는 행렬(1)

두 행렬 $A=\begin{pmatrix} 0 & 2 \\ 2 & -1 \end{pmatrix}$, $B=\begin{pmatrix} 4 & 2 \\ -8 & 0 \end{pmatrix}$에 대하여 $2X-(A+B)=3(A-2B)$를 만족시키는 행렬 X는?

① $\begin{pmatrix} -10 & -1 \\ 24 & -2 \end{pmatrix}$ ② $\begin{pmatrix} -6 & 1 \\ 24 & 2 \end{pmatrix}$ ③ $\begin{pmatrix} -2 & -1 \\ 20 & -2 \end{pmatrix}$
④ $\begin{pmatrix} 12 & 10 \\ 2 & -24 \end{pmatrix}$ ⑤ $\begin{pmatrix} 24 & 1 \\ -12 & -2 \end{pmatrix}$

08 등식을 만족시키는 행렬(2)

세 행렬 $A=\begin{pmatrix} a & -1 \\ 5 & b \end{pmatrix}$, $B=\begin{pmatrix} b & 2 \\ 3 & -a \end{pmatrix}$, $C=\begin{pmatrix} 3 & -4 \\ 7 & -7 \end{pmatrix}$에 대하여 $xA+yB=C$일 때, 두 상수 a, b에 대하여 $3a+b$의 값은? (단, x, y는 실수이다.)

① -4 ② -2 ③ 0
④ 2 ⑤ 4

09 행렬의 곱셈이 정의될 조건

다음과 같이 네 개의 행렬이 있다.

$$(1 \quad 0), \quad \begin{pmatrix} 2 \\ 3 \end{pmatrix}, \quad (1 \quad -2 \quad 3), \quad \begin{pmatrix} 7 & 1 & 2 \\ 6 & -5 & 3 \end{pmatrix}$$

이 중 두 행렬을 곱하여 만들 수 있는 서로 다른 행렬의 개수는?

① 3 ② 4 ③ 5
④ 6 ⑤ 7

10 행렬의 곱셈(1)

이차 정사각행렬 A의 (i, j) 성분 a_{ij}와 이차 정사각행렬 B의 (i, j) 성분 b_{ij}를 각각

$$a_{ij}=i-2j+1, \ b_{ij}=i \times j+1$$

이라 할 때, 행렬 AB의 $(1, 1)$ 성분과 $(2, 2)$ 성분의 곱을 구하시오.

11 행렬의 곱셈(2)

이차방정식 $x^2-3x+1=0$의 두 근을 α, β라 할 때, 두 행렬의 곱 $\begin{pmatrix} \alpha & \beta \\ -\beta & \alpha \end{pmatrix}\begin{pmatrix} \beta & \alpha \\ \alpha & -\beta \end{pmatrix}$의 모든 성분의 합을 구하시오.

(단, $\alpha > \beta$)

12 행렬의 거듭제곱(1)

행렬 $A=\begin{pmatrix} -1 & a \\ 0 & -1 \end{pmatrix}$에 대하여 A^8의 모든 성분의 합이 18이다. 이때 상수 a의 값을 구하시오.

13 행렬의 거듭제곱(2)

두 행렬 $A=\begin{pmatrix} 1 & -1 \\ 1 & 1 \end{pmatrix}$, $E=\begin{pmatrix} 1 & 0 \\ 0 & 1 \end{pmatrix}$에 대하여

$$A^n=kE \ (k는 \ 실수)$$

일 때, 1000 이하의 자연수 n의 개수를 구하시오.

14 행렬의 거듭제곱(3)

두 이차 정사각행렬 A, B에 대하여

$$A+B=O, \ AB=E$$

일 때, $(A+A^2+\cdots+A^{2000})+(B+B^2+\cdots+B^{2000})$을 간단히 하면?

① $-2E$ ② $-E$ ③ O
④ E ⑤ $2E$

15 행렬의 곱셈에 대한 성질(1)

세 행렬 $A=\begin{pmatrix} 1 & 2 \\ -1 & 3 \end{pmatrix}$, $B=\begin{pmatrix} 3 & 1 \\ 2 & -2 \end{pmatrix}$, $C=\begin{pmatrix} 1 \\ 2 \end{pmatrix}$에 대하여 행렬 $AC+BC$는?

① $\begin{pmatrix} 1 \\ 3 \end{pmatrix}$ ② $\begin{pmatrix} 5 \\ 3 \end{pmatrix}$ ③ $\begin{pmatrix} 5 \\ 8 \end{pmatrix}$
④ $\begin{pmatrix} 10 \\ 3 \end{pmatrix}$ ⑤ $\begin{pmatrix} 15 \\ 10 \end{pmatrix}$

16 행렬의 곱셈에 대한 성질(2)

두 행렬 A, B에 대하여

$$(A+B)^2=\begin{pmatrix} 4 & -6 \\ 0 & 16 \end{pmatrix}, \quad AB+BA=\begin{pmatrix} 4 & -2 \\ -4 & 8 \end{pmatrix}$$

일 때, 행렬 $(A-B)^2$의 모든 성분의 합은?

① 2   ② 4   ③ 6

④ 8   ⑤ 10

17 행렬의 곱셈에 대한 성질(3)

이차 정사각행렬 A, B에 대하여 **보기**에서 옳은 것만을 있는 대로 고른 것은?

┌─── • 보기 • ───

ㄱ. $AB=B$이면 $A=E$이다.

ㄴ. $AB=O$, $A\neq O$이면 $B=O$이다.

ㄷ. $A-B=2E$, $AB=O$이면 $BA=O$이다.

└───

① ㄱ   ② ㄴ   ③ ㄷ

④ ㄴ, ㄷ   ⑤ ㄱ, ㄴ, ㄷ

18 행렬의 곱셈의 변형

이차 정사각행렬 A가 $A\begin{pmatrix} 1 \\ 0 \end{pmatrix}=\begin{pmatrix} -1 \\ 2 \end{pmatrix}$, $A\begin{pmatrix} 2 \\ 1 \end{pmatrix}=\begin{pmatrix} 0 \\ -1 \end{pmatrix}$을 만족시킬 때, $A\begin{pmatrix} 4 \\ 1 \end{pmatrix}$은?

① $\begin{pmatrix} -2 \\ -3 \end{pmatrix}$ ② $\begin{pmatrix} -2 \\ 2 \end{pmatrix}$ ③ $\begin{pmatrix} -2 \\ 3 \end{pmatrix}$

④ $\begin{pmatrix} 2 \\ 0 \end{pmatrix}$ ⑤ $\begin{pmatrix} 2 \\ 2 \end{pmatrix}$

19 행렬의 곱셈의 활용

어느 제과 회사에서는 다음 표와 같이 구성된 '고소한 세트'와 '달콤한 세트'를 판매하고 있다. 각 세트에 들어가는 과자와 사탕의 한 개 당 가격은 각각 500원, 800원이다. 이 회사에서 판매하는 '고소한 세트' 10개와 '달콤한 세트' 15개를 구입하려고 할 때, 필요한 금액을 나타내는 행렬은?

(단, 가격 할인이나 포장 비용은 고려하지 않는다.)

	과자	사탕
고소한 세트	5	1
달콤한 세트	2	4

① $(500 \quad 800)\begin{pmatrix} 5 & 1 \\ 2 & 4 \end{pmatrix}\begin{pmatrix} 10 \\ 15 \end{pmatrix}$

② $(500 \quad 800)\begin{pmatrix} 5 & 1 \\ 2 & 4 \end{pmatrix}\begin{pmatrix} 15 \\ 10 \end{pmatrix}$

③ $(800 \quad 500)\begin{pmatrix} 5 & 1 \\ 2 & 4 \end{pmatrix}\begin{pmatrix} 10 \\ 15 \end{pmatrix}$

④ $(10 \quad 15)\begin{pmatrix} 5 & 1 \\ 2 & 4 \end{pmatrix}\begin{pmatrix} 500 \\ 800 \end{pmatrix}$

⑤ $(10 \quad 15)\begin{pmatrix} 5 & 1 \\ 2 & 4 \end{pmatrix}\begin{pmatrix} 800 \\ 500 \end{pmatrix}$

20 케일리-해밀턴 정리(1)

행렬 $A=\begin{pmatrix} 2 & 3 \\ 1 & 3 \end{pmatrix}$에 대하여 행렬 A^3-5A^2+4A-E의 모든 성분의 합을 구하시오.

21 케일리-해밀턴 정리(2)

행렬 $A=\begin{pmatrix} a & b \\ c & d \end{pmatrix}$에 대하여 $A^2-5A+6E=O$가 성립할 때, $a+d=m$이라 하자. 이때 모든 실수 m의 값의 합은?

① 4   ② 5   ③ 6

④ 10   ⑤ 15

01 유형 ① 행렬의 성분

진학고등학교 주변에는 1번, 2번, 3번의 마을버스 세 종류가 운행 중이다. 진학고등학교의 서로 다른 세 정류장 B_1, B_2, B_3에 정차하는 마을버스의 번호를 조사하여 다음 표를 만들었을 때, 행렬 A의 성분 a_{ij}를 다음과 같이 정의하자.

정류장	정차하는 마을버스 번호
B_1	1번, 2번
B_2	1번, 3번
B_3	2번

$$a_{ij}=\begin{cases} 1 & (\text{정류장 } B_i\text{에 } j\text{번 버스가 정차할 때}) \\ 0 & (\text{정류장 } B_i\text{에 } j\text{번 버스가 정차하지 않을 때}) \end{cases}$$

이때 행렬 $A=(a_{ij})$는? (단, i, $j=1$, 2, 3이다.)

① $\begin{pmatrix} 1 & 0 & 1 \\ 1 & 0 & 1 \\ 0 & 1 & 0 \end{pmatrix}$ ② $\begin{pmatrix} 1 & 0 & 1 \\ 1 & 1 & 0 \\ 0 & 1 & 0 \end{pmatrix}$ ③ $\begin{pmatrix} 1 & 1 & 0 \\ 1 & 0 & 1 \\ 0 & 1 & 0 \end{pmatrix}$

④ $\begin{pmatrix} 1 & 1 & 0 \\ 1 & 1 & 0 \\ 0 & 1 & 0 \end{pmatrix}$ ⑤ $\begin{pmatrix} 1 & 1 & 1 \\ 0 & 1 & 1 \\ 0 & 1 & 0 \end{pmatrix}$

02

사차 정사각행렬 A의 (i, j) 성분 a_{ij}를

$$a_{ij}=\begin{cases} ij+k & (i\text{는 } j\text{의 약수 또는 배수일 때}) \\ i+j & (i\text{는 } j\text{의 약수도 배수도 아닐 때}) \end{cases}$$

라 할 때, $a_{11}+a_{21}+a_{32}+a_{43}=25$이다. 실수 k의 값을 구하시오.

03

이차 정사각행렬 A의 (i, j) 성분이 이차부등식

$$x^2-(2i+3j)x+6ij\le0$$

을 만족시키는 모든 정수 x의 값의 합일 때, 행렬 A는?

① $\begin{pmatrix} 3 & 5 \\ 6 & 7 \end{pmatrix}$ ② $\begin{pmatrix} 3 & 12 \\ 7 & 10 \end{pmatrix}$ ③ $\begin{pmatrix} 5 & 10 \\ 6 & 12 \end{pmatrix}$

④ $\begin{pmatrix} 5 & 20 \\ 7 & 15 \end{pmatrix}$ ⑤ $\begin{pmatrix} 6 & 18 \\ 7 & 17 \end{pmatrix}$

04

삼차 정사각행렬 $A=(a_{ij})$는 1부터 9까지의 숫자를 모두 한 번씩 써서 나타낸 행렬이다. 행렬 A의 제1행, 제2행, 제3행의 각 성분의 곱은 각각 144, 140, 18이고, 제1열, 제2열, 제3열의 각 성분의 곱은 각각 36, 42, 240일 때, 행렬 A의 $(1, 3)$ 성분 a_{13}을 구하시오.

05

행렬 $M=\begin{pmatrix} 0 & 1 & 0 & 1 & 0 \\ \square & 0 & \square & \square & \square \\ \square & 1 & 0 & \square & \square \\ \square & 1 & \square & 0 & \square \\ \square & 0 & \square & \square & 0 \end{pmatrix}$ 의 (i, j) 성분 a_{ij}는 어느 모임에서 A_1, A_2, A_3, A_4, A_5 다섯 명이 서로 악수한 결과를 다음 조건을 이용하여 나타낸 것이다.

$$a_{ij}=\begin{cases} 1 & (A_i\text{가 } A_j\text{와 악수할 때}) \\ 0 & (A_i\text{가 } A_j\text{와 악수하지 않을 때}) \end{cases}$$

행렬 M에 대하여 **보기**에서 옳은 것만을 있는 대로 고른 것은?

• 보기 •

ㄱ. A_1과 악수한 사람은 A_2, A_4이다.

ㄴ. A_2와 악수한 사람은 모두 3명이다.

ㄷ. 행렬 M의 모든 성분의 합이 12일 때, 악수를 한 번만 한 사람이 적어도 한 명 있다.

① ㄱ ② ㄱ, ㄴ ③ ㄱ, ㄷ
④ ㄴ, ㄷ ⑤ ㄱ, ㄴ, ㄷ

06 유형 ② 두 행렬이 서로 같을 조건

두 행렬 $A=\begin{pmatrix} a+b & a^2+b^2 \\ a^3+b^3 & a^5+b^5 \end{pmatrix}$, $B=\begin{pmatrix} 2 & 3 \\ x & y \end{pmatrix}$에 대하여 $A=B$일 때, 네 실수 a, b, x, y에 대하여 xy의 값은?

① $\dfrac{95}{2}$ ② $\dfrac{105}{2}$ ③ $\dfrac{115}{2}$

④ $\dfrac{135}{2}$ ⑤ $\dfrac{145}{2}$

이차 정사각행렬 A의 (i, j) 성분 a_{ij}가 $a_{ij}=4i-3j$이고,

행렬 $B=\begin{pmatrix} x^2-y^2 & -2y^2-z^2 \\ x+y+z & 2 \end{pmatrix}$에 대하여 $A=B$일 때,

세 실수 x, y, z에 대하여 $xy+yz+zx$의 값은?

① 10   ② 11   ③ 12

④ 13   ⑤ 14

08

두 행렬

$$A=\begin{pmatrix} x^3+y^3+z^3 & x+y+z \\ xy+yz+zx & xyz \end{pmatrix}, \quad B=\begin{pmatrix} 3xyz & a \\ b & 64 \end{pmatrix}$$

에 대하여 $A=B$일 때, $a+b$의 값을 구하시오.

(단, x, y, z는 양수이다.)

대표 09   유형 ❸ 행렬의 덧셈, 뺄셈, 실수배

두 행렬 A, B의 (i, j) 성분을 각각 a_{ij}, b_{ij}라 할 때,
$$b_{ij}=2a_{ji}-1 \ (i=1, 2, \ j=1, 2)$$

가 성립한다. $3A-B=\begin{pmatrix} 1 & 2 \\ -2 & 3 \end{pmatrix}$일 때, 행렬 A의 모든 성분의 합은?

① -3 ② -2 ③ -1

④ 0   ⑤ 1

두 이차 정사각행렬 A, B의 (i, j) 성분을 각각 a_{ij}, b_{ij}라 할 때, $b_{ij}=ka_{ij}$이다. $2A-B=A+kB$가 성립하도록 하는 모든 실수 k의 값의 합은? (단, $A\neq O$)

① -2 ② -1 ③ 0

④ 1   ⑤ 2

두 행렬 $A=\begin{pmatrix} 4 & 1 \\ 1 & 0 \end{pmatrix}$, $B=\begin{pmatrix} 17 & 4 \\ 4 & 1 \end{pmatrix}$에 대하여 등식

$(x^2+y^2)A-(x-y)E=B$를 만족시키는 실수 x, y를

$\begin{cases} x=\alpha_1 \\ y=\beta_1 \end{cases}$, $\begin{cases} x=\alpha_2 \\ y=\beta_2 \end{cases}$라 할 때, $\alpha_1\beta_2+\alpha_2\beta_1$의 값은?

① -5 ② -4 ③ -3

④ -2 ⑤ -1

이차 정사각행렬 $X=\begin{pmatrix} a & b \\ c & d \end{pmatrix}$에 대하여 $D(X)=ad-bc$라 하자. 두 이차 정사각행렬 $A=\begin{pmatrix} 2 & 1 \\ -1 & m \end{pmatrix}$, $E=\begin{pmatrix} 1 & 0 \\ 0 & 1 \end{pmatrix}$에 대하여 $D(kA)=D(A-E)$를 만족시키는 정수 m이 존재하도록 하는 모든 정수 k의 개수를 구하시오.

13

행렬 $X=\begin{pmatrix} a & b \\ c & d \end{pmatrix}$에 대하여 $L(X)=|b-a|+|d-c|$라 하자. 두 행렬 $A=\begin{pmatrix} x_1 & x_2 \\ y_1 & y_2 \end{pmatrix}$, $B=\begin{pmatrix} x_1 & x_2 \\ -y_1 & -y_2 \end{pmatrix}$에 대하여 **보기**에서 옳은 것만을 있는 대로 고른 것은?

• 보기 •

ㄱ. $L(A)=L(B)$

ㄴ. $L(2A)=2L(B)$

ㄷ. $L(A+B) \leq L(A)+L(B)$

① ㄱ   ② ㄷ   ③ ㄱ, ㄴ

④ ㄴ, ㄷ   ⑤ ㄱ, ㄴ, ㄷ

대표

14   유형 ❹ 행렬의 곱셈

두 행렬 $A=\begin{pmatrix} a & -3 \\ 3 & b \end{pmatrix}$, $B=\begin{pmatrix} -b & -3 \\ 3 & -a \end{pmatrix}$에 대하여

$$A+B=\begin{pmatrix} 7 & -6 \\ 6 & -7 \end{pmatrix}, \quad A^2+B^2=kE$$

를 만족시키는 실수 k의 최솟값이 m일 때, $4m$의 값을 구하시오.

15

9 이하의 서로 다른 네 자연수 a, b, c, d에 대하여 두 행렬 $A=\begin{pmatrix} a & b \\ c & d \end{pmatrix}$, $B=\begin{pmatrix} 1 & 1 \\ 0 & 1 \end{pmatrix}$이 있다. 행렬 BA의 모든 성분이 홀수가 되도록 하는 서로 다른 행렬 A의 개수는?

① 120   ② 150   ③ 180

④ 210   ⑤ 240

16

행렬 $X=\begin{pmatrix} a & b \\ c & d \end{pmatrix}$에 대하여 $f(X)=\begin{pmatrix} d & c \\ b & a \end{pmatrix}$라 하자. 두 행렬 $A=\begin{pmatrix} 2 & 3 \\ 0 & 2 \end{pmatrix}$, $B=\begin{pmatrix} 1 & 0 \\ -2 & 1 \end{pmatrix}$에 대하여 행렬 $f(AB)+f(A)f(B)$의 모든 성분의 합은?

① -10 ② -8 ③ -6

④ -4 ⑤ -2

17

두 연립방정식 $\begin{cases} x_1=2y_2+y_3 \\ x_2=y_1+2y_2 \end{cases}$, $\begin{cases} y_1=z_1+2z_2 \\ y_2=2z_1-z_2 \\ y_3=-z_1+z_2 \end{cases}$ 를 행렬을 이용하여 $\begin{pmatrix} x_1 \\ x_2 \end{pmatrix}=A\begin{pmatrix} z_1 \\ z_2 \end{pmatrix}$로 나타낼 때, 행렬 A는?

① $\begin{pmatrix} 0 & 1 \\ -5 & 3 \end{pmatrix}$ ② $\begin{pmatrix} 1 & 0 \\ 0 & 5 \end{pmatrix}$ ③ $\begin{pmatrix} 2 & 1 \\ 1 & 3 \end{pmatrix}$

④ $\begin{pmatrix} 3 & -1 \\ -1 & 2 \end{pmatrix}$ ⑤ $\begin{pmatrix} 3 & -1 \\ 5 & 0 \end{pmatrix}$

18

삼차방정식 $x^3-3x^2-2x+k=0$의 세 근을 α, β, γ라 하자. 두 행렬 $A=\begin{pmatrix} 1 & \alpha \\ \gamma & 1 \end{pmatrix}$, $B=\begin{pmatrix} \alpha & \beta \\ \beta & 1 \end{pmatrix}$에 대하여 행렬 AB의 모든 성분의 합이 1일 때, 상수 k의 값을 구하시오.

19

행렬 $A=\begin{pmatrix} 1 & 1 \\ a & a \end{pmatrix}$와 이차 정사각행렬 B가 다음 조건을 만족시킬 때, 행렬 $A+B$의 $(1, 2)$ 성분과 $(2, 1)$ 성분의 합은?

> (가) $B\begin{pmatrix} 1 \\ -1 \end{pmatrix}=\begin{pmatrix} 0 \\ 0 \end{pmatrix}$
>
> (나) $AB=4A,\ BA=8B$

① 4   ② 8   ③ 12
④ 16   ⑤ 20

대표
20 유형 ❺ 행렬의 거듭제곱

행렬 $A=\begin{pmatrix} 1 & -1 \\ 0 & 1 \end{pmatrix}$에 대하여

$$A-A^2+A^3-A^4+\cdots+A^{1003}-A^{1004}=\begin{pmatrix} a & b \\ c & d \end{pmatrix}$$

일 때, $a+b+c+d$의 값은?

① 496   ② 498   ③ 500
④ 502   ⑤ 504

21

두 행렬 $A=\begin{pmatrix} 1 & -2 \\ 0 & 2 \end{pmatrix}$, $B=\begin{pmatrix} 1 & 1 \\ 0 & 1 \end{pmatrix}$에 대하여 행렬 $B(AB)^n A$의 모든 성분의 합이 2049가 되도록 하는 자연수 n의 값을 구하시오.

22

두 행렬 $A=\begin{pmatrix} 1 & 3 \\ -1 & -2 \end{pmatrix}$, $B=\begin{pmatrix} 2 & 3 \\ -1 & -1 \end{pmatrix}$에 대하여

$$A^{100}+A^{99}B+A^{98}B^2+\cdots+AB^{99}+B^{100}=\begin{pmatrix} a & b \\ c & d \end{pmatrix}$$

이다. 이때 $a+b+c+d$의 값을 구하시오.

23

자연수 n에 대하여 $(1+i)^n=a_n+ib_n$이라 할 때,

$$\begin{pmatrix} a_n \\ b_n \end{pmatrix}=A^n\begin{pmatrix} 1 \\ 0 \end{pmatrix}$$

을 만족시키는 이차 정사각행렬 A에 대하여 $A^n=kE$가 되도록 하는 자연수 k의 최솟값을 구하시오.

(단, a_n, b_n은 실수이고, $i=\sqrt{-1}$이다.)

24

1등급

방정식 $x^3=1$의 한 허근을 ω라 할 때, 행렬 $A=\begin{pmatrix} -\omega & \omega^2 \\ \omega^2 & -1 \end{pmatrix}$에 대하여 $A+A^2+A^3+\cdots+A^{1000}$을 간단히 하시오.

25 유형 **⑥** 행렬의 곱셈에 대한 성질

두 이차 정사각행렬 A, B에 대하여 **보기**에서 옳은 것만을 있는 대로 고른 것은?

• 보기 •

ㄱ. $(A-E)^2=O$, $A^2=E$이면 $A=E$이다.

ㄴ. $A\neq O$이고, $A^2=A$이면 $A=E$이다.

ㄷ. $C\neq O$이고, $AC=BC$이면 $A=B$이다.

① ㄱ　　　　② ㄱ, ㄴ　　　　③ ㄱ, ㄷ
④ ㄴ, ㄷ　　　⑤ ㄱ, ㄴ, ㄷ

26

두 이차 정사각행렬 A, B에 대하여 **보기**에서 옳은 것만을 있는 대로 고른 것은?

• 보기 •

ㄱ. $A+B=E$이면 $A^2-B^2=A-B$이다.

ㄴ. $A^2=2A$이면 $A=O$ 또는 $A=2E$이다.

ㄷ. $AB=A$이고, $BA=B$이면 $AB=BA$이다.

① ㄱ　　　　② ㄴ　　　　③ ㄱ, ㄷ
④ ㄴ, ㄷ　　　⑤ ㄱ, ㄴ, ㄷ

27

두 이차 정사각행렬 A, B에 대하여
$$A^2+2A-E=O, \quad AB=3E$$
일 때, 행렬 $B^2=pA+qE$이다. 이때 $p+q$의 값을 구하시오. (단, p, q는 실수이다.)

28 〔서술형〕

양수 a에 대하여 두 행렬 $A=\begin{pmatrix} a & b \\ c & d \end{pmatrix}$, $B=\begin{pmatrix} 0 & 1 \\ -1 & 0 \end{pmatrix}$이 다음 조건을 만족시킨다.

(가) $(A+B)^2=A^2+2AB+B^2$

(나) $A^2=\begin{pmatrix} 8 & 6 \\ -6 & 8 \end{pmatrix}$

이때 행렬 A의 모든 성분의 합을 구하시오.

29

두 이차 정사각행렬 A, B가
$$A+B=2E, \quad A^2+B^2=\begin{pmatrix} 6 & -2 \\ 0 & 6 \end{pmatrix}$$
을 만족시킬 때, 행렬 $A^{10}B^{10}$의 모든 성분의 합은?

① -8　　　　② -4　　　　③ 0
④ 4　　　　⑤ 8

30

두 이차 정사각행렬 A, B에 대하여
$$A^2+B=2E, \quad AB=-A^3+2A^2$$
일 때, $(A-B)^3=aA+bE$를 만족시키는 두 상수 a, b에 대하여 $a-b$의 값을 구하시오.

(단, 모든 실수 k에 대하여 $A\neq kE$이다.)

31

이차 정사각행렬 A에 대하여 $A\begin{pmatrix} 1 \\ 1 \end{pmatrix} = \begin{pmatrix} 2 \\ 3 \end{pmatrix}$, $A\begin{pmatrix} 2 \\ 3 \end{pmatrix} = \begin{pmatrix} 4 \\ 3 \end{pmatrix}$일 때, $(pA+qE)\begin{pmatrix} 2 \\ -1 \end{pmatrix} = \begin{pmatrix} m \\ n \end{pmatrix}$이다. 이때 $m+n=70$이 되도록 하는 두 자연수 p, q의 순서쌍 (p, q)의 개수를 구하시오.

32

이차 정사각행렬 A에 대하여 $A^2-2A+2E=O$, $A\begin{pmatrix} 1 \\ -2 \end{pmatrix} = \begin{pmatrix} -2 \\ 1 \end{pmatrix}$일 때, 행렬 $A\begin{pmatrix} 5 \\ 5 \end{pmatrix}$의 모든 성분의 합을 구하시오.

대표
33 유형 ❼ 케일리-해밀턴 정리

세 정수 a, b, c에 대하여 다음 조건을 만족시키는 행렬 $A=\begin{pmatrix} a & b \\ c & a \end{pmatrix}$의 개수를 구하시오.

┌─────────────────────────────────┐
│ (가) $A^2-16A+48E=O$ │
│ (나) 행렬 A^2의 모든 성분은 양수이다. │
└─────────────────────────────────┘

34

두 실수 a, b와 행렬 $A=\begin{pmatrix} 3 & 2 \\ -2 & -1 \end{pmatrix}$에 대하여 $A^{1000}-A^{999}=aA+bE$일 때, $2a-b$의 값을 구하시오.
(단, a, b는 실수이다.)

35

행렬 $A=\begin{pmatrix} 1 & 1 \\ 0 & x \end{pmatrix}$에 대하여 $A^2-3A+2E=O$일 때, 행렬 A^n의 모든 성분의 합이 100보다 크도록 하는 자연수 n의 최솟값은?

① 3 　　　　 ② 4 　　　　 ③ 5
④ 6 　　　　 ⑤ 7

36 신유형

두 행렬 $A=\begin{pmatrix} 1 & x^2 \\ 1 & 4 \end{pmatrix}$, $B=\begin{pmatrix} 3 & 2 \\ y^2 & 2 \end{pmatrix}$에 대하여
$$A^3B-5A^2B+5AB^2-AB^3=O$$
가 성립할 때, x^2+y^2-2y의 최솟값을 구하시오.
(단, x, y는 실수이다.)

01

n차 정사각행렬 A의 (i, j) 성분 a_{ij}를

$$a_{ij} = \left[\frac{i^2 - 4j - 12}{2}\right] \text{ (단, } 1 \le i \le n, \ 1 \le j \le n)$$

라 하자. $a_{11} + a_{22} + a_{33} + \cdots + a_{nn} > 0$이 되도록 하는 자연수 n의 최솟값을 구하시오.

(단, $[x]$는 x보다 크지 않은 최대의 정수이다.)

02

두 이차 정사각행렬 $A = (a_{ij})$, $B = (b_{ij})$에 대하여

$a_{ij} - a_{ji} = 0$, $b_{ij} + b_{ji} = 0$이고, $A - 2B = \begin{pmatrix} 1 & 1 \\ 1 & 1 \end{pmatrix}$이다.

$A^n - C = B$를 만족시키는 행렬 C의 모든 성분의 합이 2^{12}일 때, 자연수 n의 값을 구하시오.

03

행렬 $A = \begin{pmatrix} 0 & 0 \\ 1 & -1 \end{pmatrix}$에 대하여 다음 조건을 만족시키는 이차 정사각행렬 M의 개수를 구하시오.

㈎ $AM = MA$
㈏ 행렬 M의 모든 성분의 합은 4이다.
㈐ 행렬 M의 모든 성분은 음이 아닌 정수이다.

04

A 문구점의 공책과 볼펜의 판매 단가는 각각 2500원, 1500원이고, B 문구점의 공책과 볼펜의 판매 단가는 각각 3000원, 1000원이다. 다음 표는 두 문구점의 공책과 볼펜에 대한 이틀 동안의 판매 실적을 나타낸 것이다.

표1 A 문구점의 판매 실적

판매일 \ 종류	공책(권)	볼펜(자루)
제 1일	6	7
제 2일	9	4

표2 B 문구점의 판매 실적

판매일 \ 종류	공책(권)	볼펜(자루)
제 1일	7	$x(x-2)$
제 2일	x	3

표1과 표2의 자료로 두 문구점의 매출액을 행렬을 이용하여 비교하려고 한다. A 문구점과 B 문구점의 이틀 동안의 매출액이 서로 같도록 하는 x에 대하여 B 문구점의 제 2일의 매출액을 구하시오.

05

두 행렬 $A = \begin{pmatrix} 2 & 1 \\ 1 & |x| \end{pmatrix}$, $B = \begin{pmatrix} |y-2| & 1 \\ 1 & 1 \end{pmatrix}$에 대하여

$A^2 - B^2 = (A+B)(A-B)$일 때, 좌표평면 위의 점 (x, y)가 나타내는 도형의 둘레의 길이가 l이다. l^2의 값을 구하시오.

06

0이 아닌 실수 a_n, $b_n(n=1, 2, 3, 4)$에 대하여 이차 정사각행렬 A가

$$A\begin{pmatrix} a_1 \\ b_1 \end{pmatrix} = \begin{pmatrix} a_2 \\ b_2 \end{pmatrix}, \quad A\begin{pmatrix} a_2 \\ b_2 \end{pmatrix} = \begin{pmatrix} a_3 \\ b_3 \end{pmatrix},$$

$$A\begin{pmatrix} a_3 \\ b_3 \end{pmatrix} = \begin{pmatrix} a_4 \\ b_4 \end{pmatrix}, \quad A\begin{pmatrix} a_4 \\ b_4 \end{pmatrix} = \begin{pmatrix} a_1 \\ b_1 \end{pmatrix}$$

을 항상 만족시킨다.

$$E + A + A^2 + \cdots + A^{12} = aE + bA + cA^2 + dA^3$$

일 때, 네 실수 a, b, c, d에 대하여 $\dfrac{abc}{d}$의 값을 구하시오.

07

두 이차 정사각행렬 A, B에 대하여

$$A + B = 3E, \quad (A+B)^2 = A^2 + B^2$$

일 때, $A + kB = \begin{pmatrix} 4 & 2 \\ 1 & 5 \end{pmatrix}$가 성립한다. 이때 실수 k의 값을 구하시오.

08

행렬 $A = \begin{pmatrix} 1 & 1 \\ -1 & 0 \end{pmatrix}$에 대하여 두 자연수 m, n이 다음 조건을 만족시킨다.

(가) $A^m = A^n$

(나) m은 n의 배수이다.

$m - n$의 값이 최대일 때의 $m + n$의 값을 p, 최소일 때의 $m + n$의 값을 q라 할 때, $p + q$의 값을 구하시오.

(단, $10 \leq n < m \leq 100$)

09

행렬 $B = \begin{pmatrix} 1 & 0 \\ 4 & 1 \end{pmatrix}$에 대하여 행렬 $A_n(n=1, 2, 3, \cdots)$이

$$A_1 = E, \quad A_{n+1} = B^n A_n$$

을 만족시킬 때, 행렬 A_7의 모든 성분의 합을 구하시오.

10

세 이차 정사각행렬 A, B, C에 대하여 **보기**에서 옳은 것만을 있는 대로 고른 것은?

┌─ 보기 ●─────────────────────

ㄱ. $A^2 = E$이면 $A = E$이다.

ㄴ. $AB = A$, $BA = B$이면 $A^2 + B^2 = A + B$이다.

ㄷ. $A + B + C = O$, $AB = BC = CA$이면
   $BA = CB = AC$이다.

└────────────────────────────

① ㄱ   ② ㄴ   ③ ㄷ

④ ㄴ, ㄷ   ⑤ ㄱ, ㄴ, ㄷ

11

행렬 $A = \begin{pmatrix} 3 & 2 \\ -1 & 0 \end{pmatrix}$에 대하여 행렬 $A^{1000} + A - 2E$의 모든 성분의 합이 a^b일 때, $a + b$의 값을 구하시오.

(단, a는 소수이고, b는 자연수이다.)

Healing

인내 | You Can Endure

Your current situation is no indication of your ultimate potential!
당신의 현재의 상황은 진짜 가능성에 대해서 아무것도 말해주지 못한다!
— Anthony Robbins (앤서니 로빈스) —

우리는 가능성을 논할 때 종종 현재 상황을 근거로 삼습니다. 예를 들어, 건강하지
않으니 달리기는 무리일 거야, 또는 셈을 잘 못하니 경영에는 소질이 없을 거야라고
생각하곤 합니다. 그러나 지금 할 수 없는 것들이 영원히 할 수 없는 것을 의미하지는
않습니다. 지금은 자질이 부족할 수 있지만, 그것이 당신의 가능성을 결정짓지는
않습니다.

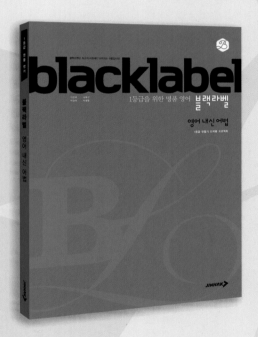

실력으로 여백을 채우다!

· · ·

서술형 문항의

원리를 푸는 열쇠

화 이 트 라 벨

전국 자사고·특목고, 강남 8학군 등

주요 상위권 고교 영어 서술형 완전 분석!

blacklabel

정답과 해설

공통수학 1

New
2022
개정

JINHAK

정답과 해설
BLACKLABEL

Speed Check

Ⅰ 다항식

01. 다항식의 연산과 나머지정리

STEP 1 우수 기출 대표 문제				STEP 2 최고의 변별력 문제								STEP 3 종합 사고력 문제		
01 $2x^2-3x+4$	02 ③	03 48		01 51	02 ⑤	03 ①	04 ⑤	05 ④	06 ③	07 64	08 ③	01 4	02 24	03 384
04 ⑤	05 ⑤	06 ①	07 ②	09 ⑤	10 ①	11 ②	12 3	13 ①	14 5	15 99	16 54	04 325	05 34	06 8
08 160	09 ①	10 ②	11 17	17 ⑤	18 13	19 ②	20 9	21 40	22 41	23 ②	24 ④	07 96	08 $\frac{2}{3}$	09 148
12 ⑤	13 ④	14 29	15 ②	25 ③	26 74	27 −6	28 x	29 $4x-1$	30 ③	31 $x+24$	32 ②	10 6	11 18	12 24
16 ①	17 2	18 ④	19 ③	33 ④	34 −1	35 −5	36 72							
20 22	21 ④													

02. 인수분해

STEP 1 우수 기출 대표 문제				STEP 2 최고의 변별력 문제						STEP 3 종합 사고력 문제		
01 ③	02 ⑤	03 16	04 ④	01 ④	02 31	03 ①	04 ③	05 $(ab+a+1)(ab+b+1)$	06 ⑤	01 60	02 ⑤	03 128
05 ②	06 1	07 ②		07 59	08 40	09 20	10 $(a+b+c)(ab+bc+ca)$	11 ③	12 0	04 240	05 ②	06 18
08 $(x-3y-1)(x-y+2)$				13 ②	14 ④	15 14	16 ①	17 ②	18 38			
09 $(x+1)(x+2)(x-1)(x-3)$												
10 ①	11 ④	12 ⑤	13 ③									
14 ⑤												

Ⅱ 방정식과 부등식

03. 복소수

STEP 1 우수 기출 대표 문제				STEP 2 최고의 변별력 문제								STEP 3 종합 사고력 문제		
01 ④	02 ④	03 2	04 ②	01 ④	02 ①	03 15	04 ③	05 $-4+6i$		06 ①	07 13	01 6	02 60	03 8
05 9	06 28	07 ①	08 400	08 75	09 ①	10 7	11 ⑤	12 240	13 ③	14 19	15 169	04 ⑤	05 6	06 $3(a^3-\beta^3)$
09 1	10 ④	11 ⑤	12 ①	16 ④	17 ③	18 16	19 $2+3i$	20 ④	21 0	22 ②	23 5	07 1	08 30	09 10
13 ③	14 $-x-2y+5$			24 3	25 ①	26 392	27 $4i$	28 ②	29 ④	30 −144		10 ⑤	11 1	12 $\frac{\sqrt{3}}{4}$

04. 이차방정식

STEP 1 우수 기출 대표 문제				STEP 2 최고의 변별력 문제								STEP 3 종합 사고력 문제		
01 ①	02 ④	03 ①	04 ③	01 −2	02 ④	03 ④	04 ④	05 ④	06 ⑤	07 2	08 10	01 2	02 2	03 −12
05 ④	06 ②	07 5	08 ①	09 20	10 3	11 ②	12 0	13 ④	14 −14	15 ④	16 ①	04 −30	05 26	06 34
09 ⑤	10 21	11 52	12 ②	17 ③	18 13	19 ⑤	20 18	21 ①	22 ③	23 ②	24 ①	07 ③	08 8	09 $-\frac{3}{4}$
13 ④	14 ③	15 ④	16 5	25 49	26 33	27 $7-2\sqrt{6}$		28 190	29 2	30 ②		10 50	11 $2+\sqrt{5}$	12 21
17 −1	18 1	19 ①	20 10											
21 ④														

05. 이차방정식과 이차함수

/ 본문 pp.050~059

STEP 1 우수 기출 대표 문제

01 ②	02 8	03 ②	04 ⑤
05 ③	06 21	07 ④	08 ①
09 ②	10 -1	11 ③	
12 $1<a<2$		13 ③	14 ④
15 2	16 55	17 4	18 ①
19 ④	20 ④	21 200	

STEP 2 최고의 변별력 문제

01 -16	02 ①	03 ③	04 ⑤	05 10	06 1	07 6	08 ④
09 ②	10 ①	11 $\dfrac{80}{7}$	12 45	13 ①	14 4	15 ③	16 ④
17 -2	18 ①	19 ⑤	20 ②	21 ④	22 3	23 3	24 ②
25 ②	26 46	27 9	28 ③	29 120 m	30 54		

STEP 3 종합 사고력 문제

01 4	02 $\dfrac{13}{4}$	03 ③
04 12	05 7	06 ③
07 ③	08 24	09 $10\sqrt{5}$
10 $2\sqrt{6}$	11 54	

06. 여러 가지 방정식

/ 본문 pp.061~070

STEP 1 우수 기출 대표 문제

01 ②	02 ②	03 ④
04 $x=\dfrac{1\pm\sqrt{3}i}{2}$ (중근)		05 4
06 ⑤	07 ③	08 ⑤	09 6
10 ⑤	11 ②	12 ①	13 3
14 ①	15 $\left(-\dfrac{3}{2},\ -\dfrac{1}{2}\right)$ 또는 $\left(\dfrac{3}{2},\ \dfrac{1}{2}\right)$	
16 ④	17 ③	18 ①	19 ②
20 7	21 ①	

STEP 2 최고의 변별력 문제

01 18	02 84	03 9	04 $-\dfrac{31}{4}$	05 ⑤	06 ②	07 $\dfrac{13}{3}$	08 ⑤
09 ③	10 ⑤	11 -4	12 ①	13 ②	14 -208	15 ③	
16 $a=6,\ b=-\dfrac{3}{2}$	17 12	18 ④	19 ⑤	20 ②	21 ①	22 23	
23 164	24 16	25 -1	26 ②	27 ④	28 ③	29 2	30 4

STEP 3 종합 사고력 문제

01 11	02 -100	03 17
04 252	05 -4	06 21
07 45	08 6	09 46

10 x의 최댓값: $\dfrac{7}{3}$, $y=z=\dfrac{4}{3}$

11 갑: $200\sqrt{3}$ m/분, 을: $250\sqrt{3}$ m/분

12 88

07. 여러 가지 부등식

/ 본문 pp.073~084

STEP 1 우수 기출 대표 문제

01 ④	02 ⑤	03 ②	04 12
05 ①	06 ③	07 $a\le\dfrac{1}{2}$	
08 1 cm 이상 2 cm 이하			09 ③
10 ④	11 $a>\dfrac{3}{2}$	12 6	13 ②
14 ④	15 5	16 ②	17 ①
18 ④	19 ②	20 ⑤	21 ④

STEP 2 최고의 변별력 문제

01 ②	02 ⑤	03 ②	04 $\dfrac{6}{5}<x\le\dfrac{15}{11}$	05 ①	06 2	07 150
08 ③	09 ④	10 $a>-2$	11 $x<a$ 또는 $x>b$	12 9	13 ⑤	
14 4	15 ①	16 14	17 ②	18 ④	19 $-3\le m<2$	20 ①
21 9	22 ④	23 ④	24 5	25 2	26 15	27 1	28 ④
29 $a\le x\le b$	30 ②	31 8	32 13	33 $3+\sqrt{3}$	34 $\dfrac{1}{2}\le a\le 1$	
35 ②	36 15	37 5	38 12	39 ①	40 ③	41 ②	42 ①

STEP 3 종합 사고력 문제

01 10	02 6	03 $a>b$
04 ⑤	05 5	06 5
07 21	08 $1+\sqrt{3}<x<3$	

09 $0\le a<\dfrac{1}{4}$

10 15   11 $-\dfrac{9}{4}$

12 $\dfrac{2}{3}<p<1$ 또는 $1<p\le\dfrac{4}{3}$

Speed Check

Ⅲ 경우의 수

08. 순열과 조합

/ 본문 pp.087~097

STEP 1 우수 기출 대표 문제			
01 40	02 ④	03 ③	04 ①
05 ④	06 ④	07 ②	08 ②
09 12	10 1200	11 ④	12 40
13 ③	14 ②	15 126	16 ②
17 ④	18 420	19 ④	20 ①
21 ③			

STEP 2 최고의 변별력 문제							
01 12	02 ③	03 10	04 9	05 135	06 ②	07 ⑤	08 ④
09 660	10 ④	11 4320	12 144	13 72	14 192	15 1008	
16 풀이 참조		17 12	18 ③	19 175	20 ①	21 ②	22 ③
23 ③	24 252	25 ②	26 ②	27 3600	28 130	29 432	30 35
31 ④	32 82	33 900	34 30	35 ④			

STEP 3 종합 사고력 문제		
01 16	02 53	03 944
04 266	05 9번	06 9
07 20	08 504	09 60
10 594	11 860	12 4235

Ⅳ 행렬

09. 행렬과 그 연산

/ 본문 pp.101~111

STEP 1 우수 기출 대표 문제			
01 ④	02 ②	03 4	04 0
05 ③	06 ①	07 ①	08 ①
09 ②	10 12	11 $6\sqrt{5}$	12 −2
13 250	14 ③	15 ④	16 ①
17 ③	18 ③	19 ④	20 7
21 ⑤			

STEP 2 최고의 변별력 문제							
01 ③	02 5	03 ④	04 8	05 ②	06 ⑤	07 ②	08 60
09 ④	10 ②	11 ②	12 3	13 ⑤	14 26	15 ⑤	16 ③
17 ⑤	18 8	19 ③	20 ④	21 10	22 2	23 16	24 A
25 ①	26 ①	27 63	28 6	29 ①	30 16	31 3	32 5
33 5	34 3	35 ④	36 −1				

STEP 3 종합 사고력 문제		
01 10	02 11	03 3
04 18000원		05 288
06 12	07 2	08 146
09 86	10 ④	11 1003

I 다항식

01. 다항식의 연산과 나머지정리

STEP 1 출제율 100% 우수 기출 대표 문제 pp.9~11

01 $2x^2-3x+4$	02 ③	03 48	04 ⑤
05 ⑤	06 ①	07 ②	08 160	09 ①
10 ②	11 17	12 ⑤	13 ④	14 29
15 ②	16 ①	17 2	18 ④	19 ③
20 22	21 ④			

01
$A-2B=3x^2-5x+5$ ······㉠
$2A+B=x^2+5$ ······㉡
㉠$+2\times$㉡을 하면
$5A=5x^2-5x+15$
$\therefore A=x^2-x+3$ ······㉢
㉢을 ㉡에 대입하면
$2(x^2-x+3)+B=x^2+5$이므로
$B=-2(x^2-x+3)+x^2+5$
$\ =-x^2+2x-1$
$\therefore A-B=(x^2-x+3)-(-x^2+2x-1)$
$\qquad =2x^2-3x+4$ 답 $2x^2-3x+4$

• 다른 풀이 •
두 실수 a, b에 대하여
$a(A-2B)+b(2A+B)=A-B$라 하면
$(a+2b)A+(-2a+b)B=A-B$
$\therefore a+2b=1$, $-2a+b=-1$
위의 두 식을 연립하여 풀면
$a=\dfrac{3}{5}$, $b=\dfrac{1}{5}$
$\therefore A-B=\dfrac{3}{5}(A-2B)+\dfrac{1}{5}(2A+B)$
$\qquad =\dfrac{3}{5}(3x^2-5x+5)+\dfrac{1}{5}(x^2+5)$
$\qquad =\dfrac{9}{5}x^2-3x+3+\dfrac{1}{5}x^2+1$
$\qquad =2x^2-3x+4$

02
$(x-2y-1)(3x-y+4)$
$=x(3x-y+4)-2y(3x-y+4)-(3x-y+4)$
$=3x^2-xy+4x-6xy+2y^2-8y-3x+y-4$
$=3x^2+2y^2-7xy+x-7y-4$ 답 ③

03
$A=x^3+x+4$, $B=x+4$에서 $A=x^3+B$이므로
$A^3-B^3=(x^3+B)^3-B^3$
$\qquad =x^9+3x^6B+3x^3B^2+B^3-B^3$
$\qquad =x^9+3x^6B+3x^3B^2$
이때 $B=x+4$를 $3x^3B^2$에 대입하면
$3x^3B^2=3x^3(x+4)^2=3x^3(x^2+8x+16)$
$\qquad =3x^5+24x^4+48x^3$
따라서 구하는 x^3의 계수는 48이다. 답 48

• 다른 풀이 •
$A=x^3+x+4$, $B=x+4$에서 $A-B=x^3$이므로
$A^3-B^3=(A-B)^3+3AB(A-B)$
$\qquad =x^9+3ABx^3$
따라서 A^3-B^3의 전개식에서 x^3의 계수는
$3\times(AB$의 상수항$)=3\times(4\times4)=48$

04
다항식 $f(x)$를 x^2+1로 나누었을 때의 몫이 $x+2$, 나머지가 2이므로
$f(x)=(x^2+1)(x+2)+2$
$\qquad =\{(x^2-1)+2\}(x+2)+2$
$\qquad =(x^2-1)(x+2)+2(x+2)+2$
$\qquad =(x^2-1)(x+2)+2x+6$
따라서 다항식 $f(x)$를 x^2-1로 나누었을 때의 나머지는 $2x+6$이다. 답 ⑤

• 다른 풀이 1 •
$f(x)=(x^2+1)(x+2)+2$
$\qquad =x^3+2x^2+x+2+2$
$\qquad =x^3+2x^2+x+4$
이때 $f(x)$를 x^2-1로 나누면 다음과 같다.

$$
\begin{array}{r}
x+2 \\
x^2-1\overline{)x^3+2x^2+\ x+4} \\
\underline{x^3\qquad -\ x} \\
2x^2+2x+4 \\
\underline{2x^2\qquad -2} \\
2x+6
\end{array}
$$

따라서 구하는 나머지는 $2x+6$이다.

• 다른 풀이 2 •
$f(x)=(x^2+1)(x+2)+2$ ······㉠
$f(x)$를 x^2-1로 나누었을 때의 몫을 $Q(x)$, 나머지를 $ax+b(a$, b는 상수$)$라 하면
$f(x)=(x^2-1)Q(x)+ax+b$ ······㉡
㉠에서 $f(1)=8$, $f(-1)=4$이고
㉡에서 $f(1)=a+b$, $f(-1)=-a+b$이므로
$a+b=8$, $-a+b=4$
두 식을 연립하여 풀면
$a=2$, $b=6$
따라서 구하는 나머지는 $2x+6$이다.

05
$f(x)=(x-1)Q(x)+R$이므로
$xf(x)+5=x(x-1)Q(x)+Rx+5$

$$=x(x-1)Q(x)+R(x-1)+R+5$$
$$=(x-1)\{xQ(x)+R\}+R+5$$
따라서 $xf(x)+5$를 $x-1$로 나누었을 때의 몫은
$xQ(x)+R$, 나머지는 $R+5$이다.　　　　　　답 ⑤

06 $a+b+c=3$에서
$a+b=3-c$, $b+c=3-a$, $c+a=3-b$이므로
$(a+b)(b+c)(c+a)$
$=(3-c)(3-a)(3-b)$
$=27-9(a+b+c)+3(ab+bc+ca)-abc$
$=27-9\times3+3\times(-6)-(-8)=-10$　　　답 ①

07 $(5+3k)^3=a$, $(5-3k)^3=b$로 놓으면
$\{(5+3k)^3+(5-3k)^3\}^2-\{(5+3k)^3-(5-3k)^3\}^2$
$=(a+b)^2-(a-b)^2$
$=4ab$
$=4(5+3k)^3(5-3k)^3$
$=4\{(5+3k)(5-3k)\}^3$
$=4(25-9k^2)^3=4\times(-2)^3=-32$　　　답 ②

08 $x+2y=4$, $x^2+4y^2=32$에서
$(x+2y)^2=x^2+4xy+4y^2$
$4^2=32+4xy$　　$\therefore xy=-4$
$\therefore x^3+8y^3=(x+2y)^3-3\times x\times2y(x+2y)$
　　　　　　$=4^3-6\times(-4)\times4=160$　　답 160

09 $x^2+\dfrac{4}{x^2}=8$이므로
$\left(x-\dfrac{2}{x}\right)^2=x^2-4+\dfrac{4}{x^2}=8-4=4$
$\therefore x-\dfrac{2}{x}=2\ (\because x>2)$
$\therefore x^3-\dfrac{8}{x^3}=\left(x-\dfrac{2}{x}\right)^3+3\times x\times\dfrac{2}{x}\left(x-\dfrac{2}{x}\right)$
　　　　　　$=2^3+6\times2=8+12=20$　　답 ①

•다른 풀이•
인수분해를 이용하면
$x^3-\dfrac{8}{x^3}=\left(x-\dfrac{2}{x}\right)\left(x^2+2+\dfrac{4}{x^2}\right)$
　　　　$=2\times(8+2)\left(\because x-\dfrac{2}{x}=2,\ x^2+\dfrac{4}{x^2}=8\right)$
　　　　$=20$

10 $(a+b+c)^2=a^2+b^2+c^2+2(ab+bc+ca)$에서
$(\sqrt3)^2=11+2(ab+bc+ca)$, $2(ab+bc+ca)=-8$
$\therefore ab+bc+ca=-4$
한편,
$a^3+b^3+c^3$
$=(a+b+c)(a^2+b^2+c^2-ab-bc-ca)+3abc$에서

$6\sqrt3=\sqrt3\times\{11-(-4)\}+3abc$
$3abc=-9\sqrt3$
$\therefore abc=-3\sqrt3$　　　　　　답 ②

11 $x=10^2$이라 하면
$A=(105^2-95^2)(105^3+95^3)$
　$=\{(x+5)^2-(x-5)^2\}\{(x+5)^3+(x-5)^3\}$
이때
$(x+5)^2-(x-5)^2=x^2+10x+25-(x^2-10x+25)$
　　　　　　　$=20x$
$(x+5)^3+(x-5)^3=x^3+15x(x+5)+5^3+x^3$
　　　　　　　　　　　$-15x(x-5)-5^3$
　　　　　　　$=2x^3+150x$
$\therefore A=20x(2x^3+150x)=40x^4+3000x^2$
　　　$=40\times(10^2)^4+3000\times(10^2)^2$
　　　$=4\times10^9+3\times10^7$
　　　$=403\times10^7$
따라서 자연수 A는 10자리 자연수이므로 $n=10$이고, 자
연수 A의 모든 자리의 숫자의 합은
$S=4+3=7$
$\therefore n+S=10+7=17$　　　　　　답 17

12 직육면체의 가로, 세로의 길이와 높이를 각각 x, y, z라
하면 직육면체의 겉넓이는 84이므로
$2(xy+yz+zx)=84$　　$\therefore xy+yz+zx=42$
직육면체의 모든 모서리의 길이의 합은 52이므로
$4(x+y+z)=52$　　$\therefore x+y+z=13$
$\therefore \overline{AF}^2+\overline{FC}^2+\overline{CA}^2$
　$=(x^2+z^2)+(y^2+z^2)+(x^2+y^2)$
　$=2(x^2+y^2+z^2)$
　$=2\{(x+y+z)^2-2(xy+yz+zx)\}$
　$=2\times(169-84)$
　$=2\times85=170$　　　　　　답 ⑤

13 $\dfrac{x^2+2ax+1}{bx^2-4x-1}=k\ (k\neq0$인 상수)라 하면
$x^2+2ax+1=kbx^2-4kx-k$
위의 등식은 x에 대한 항등식이므로
$1=kb$, $2a=-4k$, $1=-k$
$\therefore k=-1$, $a=2$, $b=-1$
$\therefore a+b=2+(-1)=1$　　　　　　답 ④

•다른 풀이•
$\dfrac{x^2+2ax+1}{bx^2-4x-1}$　　　　　　 ……㉠
실수 x의 값에 관계없이 ㉠의 값이 항상 일정하므로 ㉠에
$x=0$을 대입하면 ㉠의 값은 -1로 일정하다.
㉠에 $x=1$을 대입하면
$\dfrac{2a+2}{b-5}=-1$　　$\therefore 2a+b=3$　　 ……㉡

⊙에 $x=-1$을 대입하면

$\dfrac{2-2a}{b+3}=-1$ $\therefore 2a-b=5$ ……ⓒ

ⓛ, ⓒ을 연립하여 풀면 $a=2$, $b=-1$

$\therefore a+b=2+(-1)=1$

14 주어진 등식이 x에 대한 항등식이므로

양변에 $x=1$을 대입하면

$1-3+6=b\times(-1)\times(-2)$ $\therefore b=2$

양변에 $x=2$를 대입하면

$4-6+6=c\times(-1)\times1$ $\therefore c=-4$

양변에 $x=3$을 대입하면

$9-9+6=a\times2\times1$ $\therefore a=3$

$\therefore a^2+b^2+c^2=3^2+2^2+(-4)^2=29$ 답 29

•다른 풀이•

주어진 등식의 우변을 전개하여 정리하면

x^2-3x+6

$=a(x^2-3x+2)+b(x^2-5x+6)+c(x^2-4x+3)$

$=(a+b+c)x^2-(3a+5b+4c)x+2a+6b+3c$

위의 등식은 x에 대한 항등식이므로

$a+b+c=1$, $3a+5b+4c=3$, $2a+6b+3c=6$

$\begin{cases} a+b+c=1 & \cdots\cdots\text{⊙} \\ 3a+5b+4c=3 & \cdots\cdots\text{ⓛ} \\ 2a+6b+3c=6 & \cdots\cdots\text{ⓒ} \end{cases}$

ⓛ$-3\times$⊙을 하면 $2b+c=0$ ……ⓔ

ⓒ$-2\times$⊙을 하면 $4b+c=4$ ……ⓜ

ⓔ, ⓜ을 연립하여 풀면 $b=2$, $c=-4$

$b=2$, $c=-4$를 ⊙에 대입하면 $a=3$

$\therefore a^2+b^2+c^2=3^2+2^2+(-4)^2=29$

15 주어진 등식이 x에 대한 항등식이므로

양변에 $x=\dfrac{1}{3}$을 대입하면

$\left(\dfrac{7}{9}\right)^{20}=a_0+\dfrac{a_1}{3}+\dfrac{a_2}{3^2}+\dfrac{a_3}{3^3}+\cdots+\dfrac{a_{40}}{3^{40}}$ ……⊙

양변에 $x=-\dfrac{1}{3}$을 대입하면

$\left(\dfrac{1}{9}\right)^{20}=a_0-\dfrac{a_1}{3}+\dfrac{a_2}{3^2}-\dfrac{a_3}{3^3}+\cdots+\dfrac{a_{40}}{3^{40}}$ ……ⓛ

⊙$-$ⓛ을 하면

$\left(\dfrac{7}{9}\right)^{20}-\left(\dfrac{1}{9}\right)^{20}=2\left(\dfrac{a_1}{3}+\dfrac{a_3}{3^3}+\cdots+\dfrac{a_{39}}{3^{39}}\right)$

$\therefore \dfrac{a_1}{3}+\dfrac{a_3}{3^3}+\dfrac{a_5}{3^5}+\cdots+\dfrac{a_{39}}{3^{39}}=\dfrac{1}{2}\times\dfrac{7^{20}-1}{9^{20}}$

$=\dfrac{7^{20}-1}{2\times3^{40}}$ 답 ②

16 다항식 $f(x)$를 $x-11$로 나누었을 때의 나머지가 15279

이므로 나머지정리에 의하여

$f(11)=a\times10^4+b\times10^3+c\times10^2+d\times10+e$

$=15279$

이때 a, b, c, d, e는 10보다 작은 자연수이므로

$a=1$, $b=5$, $c=2$, $d=7$, $e=9$

$\therefore f(x)=(x-1)^4+5(x-1)^3+2(x-1)^2$
$+7(x-1)+9$

따라서 다항식 $f(x)$를 $x+1$로 나누었을 때의 나머지는

나머지정리에 의하여

$f(-1)$

$=(-2)^4+5\times(-2)^3+2\times(-2)^2+7\times(-2)+9$

$=-21$ 답 ①

17 다항식 $P(x)$를 x^2+x-6으로 나누었을 때의 몫을 $Q(x)$,

나머지 $R(x)=ax+b$ (a, b는 상수)라 하면

$P(x)=(x^2+x-6)Q(x)+ax+b$

$=(x+3)(x-2)Q(x)+ax+b$ ……⊙

이때 $P(x)$를 $x-2$로 나누었을 때의 나머지가 -1이고,

$x+3$으로 나누었을 때의 나머지가 -6이므로 나머지정

리에 의하여

$P(2)=-1$, $P(-3)=-6$

$x=2$, $x=-3$을 ⊙에 각각 대입하면

$P(2)=2a+b=-1$, $P(-3)=-3a+b=-6$

두 식을 연립하여 풀면

$a=1$, $b=-3$

따라서 구하는 나머지는 $R(x)=x-3$이므로

$R(5)=5-3=2$ 답 2

18 다항식 $f(x)$를 $x-2$로 나누었을 때의 나머지가 16이므

로 나머지정리에 의하여

$f(2)=8+12+2a+b=16$

$\therefore 2a+b=-4$ ……⊙

또한, 다항식 $f(x)$를 $x+1$로 나누었을 때의 나머지가

-2이므로 나머지정리에 의하여

$f(-1)=-1+3-a+b=-2$

$\therefore a-b=4$ ……ⓛ

⊙, ⓛ을 연립하여 풀면

$a=0$, $b=-4$

$\therefore f(x)=x^3+3x^2-4$ ……ⓒ

이때 $100=x$로 놓으면 $98=x-2$이므로

ⓒ에서

$f(x-2)=(x-2)^3+3(x-2)^2-4$

$=x^3-3x^2$

이 식에 $x=100$을 대입하면

$f(98)=100^3-3\times100^2=970000$

따라서 $f(98)$은 6자리 자연수이므로

$n=6$ 답 ④

•다른 풀이•

ⓒ에서 $f(x)=x^3+3x^2-4$

이때 $f(1)=0$이므로 조립제법을 이용하여 인수분해하면

```
1 | 1    3    0   -4
  |      1    4    4
  -----------------------
    1    4    4  | 0
```

$$f(x)=(x-1)(x^2+4x+4)$$
$$=(x-1)(x+2)^2$$
$$\therefore f(98)=97\times100^2=970000$$

따라서 $f(98)$은 6자리 자연수이므로

$$n=6$$

19 다항식 $f(x+3)$이 $x+2$로 나누어떨어지므로 인수정리에 의하여

$$f(-2+3)=0 \qquad \therefore f(1)=0$$

$f(x)=ax^4-3x^2+(a-1)x-4$에서

$$f(1)=a-3+(a-1)-4=0$$
$$2a-8=0 \qquad \therefore a=4 \qquad\qquad \text{답 ③}$$

20 다항식 $f(x)$가 $(x-1)(x-2)$로 나누어떨어지므로 인수정리에 의하여

$$f(1)=0, f(2)=0$$

$f(x)$가 삼차다항식이므로 $4-f(x)$를 x^2으로 나누었을 때의 몫을 $ax+b$ (a, b는 상수, $a\neq0$)라 하면

$$4-f(x)=x^2(ax+b) \qquad\qquad \cdots\cdots\text{㉠}$$

㉠의 양변에 $x=1$을 대입하면

$$4-f(1)=a+b \qquad \therefore a+b=4 \qquad\qquad \cdots\cdots\text{㉡}$$

㉠의 양변에 $x=2$를 대입하면

$$4-f(2)=4(2a+b) \qquad \therefore 2a+b=1 \qquad\qquad \cdots\cdots\text{㉢}$$

㉡, ㉢을 연립하여 풀면

$$a=-3, b=7$$

이것을 ㉠에 대입하면

$$4-f(x)=x^2(-3x+7)$$
$$f(x)=-x^2(-3x+7)+4=3x^3-7x^2+4$$
$$\therefore f(3)=81-63+4=22 \qquad\qquad \text{답 22}$$

21 주어진 등식에서 $x-1=t$로 놓으면

$$2t^3-3t-1=a(t-1)^3+b(t-1)^2+c(t-1)+d$$
$$\cdots\cdots\text{㉠}$$

조립제법을 이용하여 계산하면 다음과 같다.

```
1 | 2    0   -3   -1
  |      2    2   -1
  -----------------------
1 | 2    2   -1  | -2
  |      2    4
  -----------------
1 | 2    4  | 3
  |      2
  -----------
    2  | 6
```

$2t^3-3t-1$을 $t-1$에 대한 내림차순으로 정리하면

$$2t^3-3t-1=(t-1)[(t-1)\{2(t-1)+6\}+3]-2$$
$$=2(t-1)^3+6(t-1)^2+3(t-1)-2$$

따라서 $a=2$, $b=6$, $c=3$, $d=-2$이므로

$$a+b+c-d=2+6+3-(-2)=13 \qquad\qquad \text{답 ④}$$

• 다른 풀이 •

㉠이 t에 대한 항등식이므로 양변에 $t=1$을 대입하면

$$2-3-1=d \qquad \therefore d=-2$$

이것을 ㉠에 대입하면

$$2t^3-3t-1=a(t-1)^3+b(t-1)^2+c(t-1)-2$$
$$2t^3-3t+1=a(t-1)^3+b(t-1)^2+c(t-1)$$

이때 $2t^3-3t+1=(t-1)(2t^2+2t-1)$로 인수분해되므로

$$(t-1)(2t^2+2t-1)=(t-1)\{a(t-1)^2+b(t-1)+c\}$$
$$\therefore 2t^2+2t-1=a(t-1)^2+b(t-1)+c \qquad \cdots\cdots\text{㉡}$$

㉡도 t에 대한 항등식이므로 양변에 $t=1$을 대입하면

$$2+2-1=c \qquad \therefore c=3$$

이것을 ㉡에 대입하면

$$2t^2+2t-1=a(t-1)^2+b(t-1)+3$$
$$2t^2+2t-4=a(t-1)^2+b(t-1)$$
$$(t-1)(2t+4)=(t-1)\{a(t-1)+b\}$$
$$\therefore 2t+4=a(t-1)+b$$

즉, $2t+4=at-a+b$가 t에 대한 항등식이므로

$$a=2, -a+b=4 \qquad \therefore a=2, b=6$$
$$\therefore a+b+c-d=2+6+3-(-2)=13$$

> **BLACKLABEL 특강   참고**
>
> 주어진 등식의 좌변을 곱셈 공식을 이용하여 전개한 다음, 조립제법을 이용해도 된다. 즉,
> $$2(x-1)^3-3(x-1)-1=2(x^3-3x^2+3x-1)-3(x-1)-1$$
> $$=2x^3-6x^2+3x$$
> 이므로 $2x^3-6x^2+3x$를 조립제법을 이용하여 $x-2$에 대한 내림차순으로 정리한 후, a, b, c, d의 값을 구할 수도 있다.

STEP 2   1등급을 위한 최고의 변별력 문제   pp.12~17

01 51	02 ⑤	03 ①	04 ⑤	05 ④
06 ③	07 64	08 ③	09 ⑤	10 ①
11 ②	12 3	13 ①	14 5	15 99
16 54	17 ⑤	18 13	19 ②	20 9
21 40	22 41	23 ②	24 ④	25 ③
26 74	27 −6	28 x	29 $4x-1$	30 ③
31 $x+24$	32 ②	33 ④	34 −1	35 −5
36 72				

01 $$3A-B=(x-3)(x^2+3x+9)=x^3-27 \qquad \cdots\cdots\text{㉠}$$
$$A+B=(x-5)(x+5)=x^2-25 \qquad \cdots\cdots\text{㉡}$$

㉠+㉡을 하면

$$4A=(x^3-27)+(x^2-25)=x^3+x^2-52$$
$$\therefore A=\frac{1}{4}x^3+\frac{1}{4}x^2-13$$

ⓛ에서

$B=(x^2-25)-A$

$\quad =(x^2-25)-\left(\dfrac{1}{4}x^3+\dfrac{1}{4}x^2-13\right)$

$\therefore B=-\dfrac{1}{4}x^3+\dfrac{3}{4}x^2-12$

$X+5A=B$에서

$X=-5A+B$

$\quad =-5\left(\dfrac{1}{4}x^3+\dfrac{1}{4}x^2-13\right)+\left(-\dfrac{1}{4}x^3+\dfrac{3}{4}x^2-12\right)$

$\quad =-\dfrac{3}{2}x^3-\dfrac{1}{2}x^2+53$

따라서 구하는 합은

$-\dfrac{3}{2}+\left(-\dfrac{1}{2}\right)+53=51$

답 51

02 직사각형 ABCD에서
$\overline{AB}=\overline{CD}$이고, $\overline{DA}=\overline{BC}=2\overline{OC}$
이므로 조건 (나)에서

$\overline{DA}+\overline{AB}+\overline{BO}=2\overline{OC}+\overline{CD}+\overline{OC}$
$\qquad\qquad\qquad\quad =3\overline{OC}+\overline{CD}$

$\therefore 3\overline{OC}+\overline{CD}=3x+y+5$ ……㉠

조건 (가)에서 $\overline{OC}+\overline{CD}=x+y+3$ ……ⓛ

㉠-ⓛ을 하면

$2\overline{OC}=2x+2$ $\therefore \overline{OC}=x+1$

이것을 ⓛ에 대입하면

$(x+1)+\overline{CD}=x+y+3$ $\therefore \overline{CD}=y+2$

$\therefore \square ABCD=\overline{BC}\times\overline{CD}=2\overline{OC}\times\overline{CD}$
$\qquad\qquad\quad =2(x+1)(y+2)$

답 ⑤

BLACKLABEL 특강 | **풀이 첨삭**

반원의 중심 O에서 $\overline{AD}$에 내린 수선의
발을 H라 하고 $\overline{OA}$, $\overline{OD}$를 그으면
△OHA≡△OHD이므로
$\overline{AH}=\overline{DH}$
또한, △ODH≡△DOC,
△OAH≡△AOB이므로 $\overline{OB}=\overline{OC}=\overline{AH}=\overline{DH}$

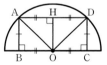

---

03 다항식 $f(x)$를 x^2+2로 나누었을 때의 몫을 $Q(x)$라 하면 나머지가 $x+2$이므로

$f(x)=(x^2+2)Q(x)+x+2$

위의 식의 양변을 제곱하면

$\{f(x)\}^2$
$=(x^2+2)^2\{Q(x)\}^2+2(x^2+2)(x+2)Q(x)+(x+2)^2$
$=(x^2+2)^2\{Q(x)\}^2+2(x^2+2)(x+2)Q(x)$
$\qquad\qquad\qquad\qquad\qquad\quad +(x^2+2)+4x+2$
$=(x^2+2)[(x^2+2)\{Q(x)\}^2+2(x+2)Q(x)+1]$
$\qquad\qquad\qquad\qquad\qquad\qquad\qquad +4x+2$

따라서 $\{f(x)\}^2$을 x^2+2로 나누었을 때의 나머지는
$4x+2$이므로

$R(x)=4x+2$

$\therefore R(2)=4\times2+2=10$

답 ①

---

04 ㄱ. $f(x)=(1+x-x^2+x^3-x^4)^2$
$\qquad =(1+x-x^2+x^3-x^4)\times(1+x-x^2+x^3-x^4)$

에서 x^6항이 나오는 경우만 계산하면

$(-x^2)\times(-x^4)+x^3\times x^3+(-x^4)\times(-x^2)$
$=x^6+x^6+x^6=3x^6$

따라서 x^6항의 계수는 3이다. (참)

ㄴ. $1+x-x^2+x^3-x^4=g(x)$라 하면

$g(x)=(-x^4-x^2)+(x^3+x)+1$
$\quad =-x^2(x^2+1)+x(x^2+1)+1$
$\quad =(x^2+1)(-x^2+x)+1$

$\therefore f(x)=\{g(x)\}^2$
$\quad =\{(x^2+1)(-x^2+x)+1\}^2$
$\quad =\{(x^2+1)(-x^2+x)\}^2$
$\qquad\qquad\quad +2(x^2+1)(-x^2+x)+1$
$\quad =(x^2+1)\{(x^2+1)(-x^2+x)^2$
$\qquad\qquad\qquad\quad +2(-x^2+x)\}+1$

따라서 다항식 $f(x)$를 x^2+1로 나누었을 때의 나머지는 1이므로 $R(0)=1$ (참)

ㄷ. $g(x)$를 x^2-2x+2로 나누면 다음과 같다.

$$
\begin{array}{r}
-x^2-x-1 \\
x^2-2x+2\overline{\smash{\big)}-x^4+x^3-x^2+x+1} \\
\underline{-x^4+2x^3-2x^2} \\
-x^3+x^2+x \\
\underline{-x^3+2x^2-2x} \\
-x^2+3x+1 \\
\underline{-x^2+2x-2} \\
x+3
\end{array}
$$

$\therefore g(x)=(x^2-2x+2)(-x^2-x-1)+x+3$

이때 $x^2-2x+2=A$, $-x^2-x-1=B$로 놓으면

$f(x)=\{g(x)\}^2$
$\quad =\{AB+(x+3)\}^2$
$\quad =A^2B^2+2AB(x+3)+(x+3)^2$
$\quad =A\{AB^2+2B(x+3)\}+(x+3)^2$

따라서 다항식 $f(x)=\{g(x)\}^2$을 x^2-2x+2로 나누었을 때의 나머지는 $(x+3)^2$을 x^2-2x+2로 나누었을 때의 나머지와 같다. (참)

그러므로 ㄱ, ㄴ, ㄷ 모두 옳다.

답 ⑤

---

05 조건 (가)에서 x, y, z 중 적어도 하나는 1이므로 조건 (나)의 등식 $x+y+z=x^2+y^2+z^2$에 $x=1$ 또는 $y=1$ 또는 $z=1$을 대입하여도 일반성을 잃지 않는다.

$x+y+z=x^2+y^2+z^2$의 양변에 $x=1$을 대입하면

$1+y+z=1+y^2+z^2$ $\therefore y+z=y^2+z^2$

$xyz=\dfrac{3}{8}$에서 $yz=\dfrac{3}{8}$

$y^2+z^2=(y+z)^2-2yz$이므로 $y+z=(y+z)^2-\dfrac{3}{4}$

이때 $y+z=t$로 놓으면 $t=t^2-\dfrac{3}{4}$, $t^2-t-\dfrac{3}{4}=0$

$4t^2-4t-3=0$, $(2t+1)(2t-3)=0$

$$\therefore t=-\frac{1}{2} \text{ 또는 } t=\frac{3}{2}$$

실수 y, z에 대하여 $t=y+z=y^2+z^2\geq0$이므로 $t=\frac{3}{2}$

따라서 $x=1$, $y+z=\frac{3}{2}$이므로

$$x+y+z=\frac{5}{2}$$ 답 ④

> **BLACKLABEL 특강 참고**
>
> (i) $x=y=z=1$이면 $xyz\neq\frac{3}{8}$
>
> (ii) $x=y=1$이면 $1+1+z=1^2+1^2+z^2$ (∵ 조건 (나))
>
> $z^2-z=0$, $z(z-1)=0$ ∴ $z=0$ 또는 $z=1$
>
> 즉, $xyz=0$ 또는 $xyz=1$이므로 $xyz\neq\frac{3}{8}$
>
> 같은 방법으로 $x=z=1$이면 $xyz\neq\frac{3}{8}$
>
> (i), (ii)에서 세 실수 x, y, z 중 1인 것은 오직 하나만 존재한다.

06 $x^2-xy+y^2=(x+y)^2-3xy$이므로

$7=4^2-3xy$, $-3xy=-9$ ∴ $xy=3$

즉, $(x-y)^2=(x+y)^2-4xy=4^2-4\times3=4$이므로

$x-y=2$ (∵ $x>y$)

$$\therefore x^3-y^3=(x-y)^3+3xy(x-y)$$
$$=2^3+3\times3\times2$$
$$=8+18=26$$ 답 ③

• 다른 풀이 •

$xy=3$이므로

$(x-y)^2=(x^2-xy+y^2)-xy=7-3=4$

$\therefore x-y=2$ (∵ $x>y$)

$$\therefore x^3-y^3=(x-y)(x^2+xy+y^2)$$
$$=(x-y)(x^2-xy+y^2+2xy)$$
$$=2\times(7+2\times3)=26$$

07 $x+\frac{1}{x}=4$에서

$x^2+\frac{1}{x^2}=\left(x+\frac{1}{x}\right)^2-2=4^2-2=14$

$x^3+\frac{1}{x^3}=\left(x+\frac{1}{x}\right)^3-3\left(x+\frac{1}{x}\right)=4^3-3\times4=52$

$\left(x-\frac{1}{x}\right)^2=\left(x+\frac{1}{x}\right)^2-4=4^2-4=12$

이때 $x<1$이므로 $x-\frac{1}{x}<0$

$\therefore x-\frac{1}{x}=-2\sqrt{3}$

$\therefore x+x^2+x^3-\frac{1}{x}+\frac{1}{x^2}+\frac{1}{x^3}$

$=\left(x-\frac{1}{x}\right)+\left(x^2+\frac{1}{x^2}\right)+\left(x^3+\frac{1}{x^3}\right)$

$=-2\sqrt{3}+14+52=66-2\sqrt{3}$

따라서 $p=66$, $q=-2$이므로

$p+q=66+(-2)=64$ 답 64

08 $(a+b+c)^2=a^2+b^2+c^2+2(ab+bc+ca)$에서

$(\sqrt{3})^2=1+2(ab+bc+ca)$

$\therefore ab+bc+ca=1$

이때 $a^2+b^2+c^2-(ab+bc+ca)=1-1=0$이므로

$a^2+b^2+c^2-ab-bc-ca=0$

$2a^2+2b^2+2c^2-2ab-2bc-2ca=0$

$(a^2-2ab+b^2)+(b^2-2bc+c^2)+(c^2-2ca+a^2)=0$

$\therefore (a-b)^2+(b-c)^2+(c-a)^2=0$

이때 a, b, c는 실수이므로

$a-b=0$, $b-c=0$, $c-a=0$ ∴ $a=b=c$

즉, $a+b+c=\sqrt{3}$에서 $3a=\sqrt{3}$이므로

$a=b=c=\frac{\sqrt{3}}{3}$

$\therefore abc=\left(\frac{\sqrt{3}}{3}\right)^3=\frac{3\sqrt{3}}{27}=\frac{\sqrt{3}}{9}$ 답 ③

> **BLACKLABEL 특강 참고**
>
> 다음은 문제에서 자주 활용되는 공식이므로 잘 기억해두도록 하자.
>
> $a^2+b^2+c^2\pm ab\pm bc\pm ca=\frac{1}{2}\{(a\pm b)^2+(b\pm c)^2+(c\pm a)^2\}$
>
> (복부호 동순)

09 $x+y+z=4$이므로

$(x+y)(y+z)(z+x)$

$=(4-z)(4-x)(4-y)$

$=64-16(x+y+z)+4(xy+yz+zx)-xyz$

$=4(xy+yz+zx)-xyz$ ······㉠

또한,

$x^2+y^2+z^2=(x+y+z)^2-2(xy+yz+zx)$

$=16-2(xy+yz+zx)$

이고, $x^3+y^3+z^3=7$이므로

$(x+y+z)(x^2+y^2+z^2-xy-yz-zx)$

$=x^3+y^3+z^3-3xyz$

에서

$4\{16-3(xy+yz+zx)\}=7-3xyz$

$64-12(xy+yz+zx)=7-3xyz$

$\therefore xyz=4(xy+yz+zx)-19$ ······㉡

㉡을 ㉠에 대입하면

$(x+y)(y+z)(z+x)$

$=4(xy+yz+zx)-4(xy+yz+zx)+19$

$=19$ 답 ⑤

10 $x^2=6+2\sqrt{5}$, $y^2=6-2\sqrt{5}$이므로

$x^2y^2=(6+2\sqrt{5})(6-2\sqrt{5})=6^2-(2\sqrt{5})^2=16$

$\therefore xy=4$ (∵ $x>0$, $y>0$)

$x^2+y^2=(6+2\sqrt{5})+(6-2\sqrt{5})=12$이므로

$(x+y)^2=x^2+y^2+2xy=12+2\times4=20$

$\therefore x+y=2\sqrt{5}$ (∵ $x>0$, $y>0$)

$x^2-y^2=(6+2\sqrt{5})-(6-2\sqrt{5})=4\sqrt{5}$에서

$(x+y)(x-y)=4\sqrt{5}$ ∴ $x-y=2$

$$x^3-y^3=(x-y)^3+3xy(x-y)$$
$$=2^3+3\times4\times2$$
$$=32$$
$$x^3+y^3=(x+y)^3-3xy(x+y)$$
$$=(2\sqrt{5})^3-3\times4\times2\sqrt{5}$$
$$=40\sqrt{5}-24\sqrt{5}=16\sqrt{5}$$
$(x^2+y^2)(x^3+y^3)=x^5+y^5+x^2y^2(x+y)$이므로
$$12\times16\sqrt{5}=x^5+y^5+16\times2\sqrt{5}$$
$$\therefore x^5+y^5=160\sqrt{5}$$
$$\therefore \frac{(x^3-y^3)(x^3+y^3)}{x^5+y^5}=\frac{32\times16\sqrt{5}}{160\sqrt{5}}=\frac{16}{5}$$

답 ①

BLACKLABEL 특강 　참고

x, y가 양수이고,
$x^2=6+2\sqrt{5}=(\sqrt{5}+1)^2$, $y^2=6-2\sqrt{5}=(\sqrt{5}-1)^2$
이므로 $x=\sqrt{5}+1$, $y=\sqrt{5}-1$이다.

11 오른쪽 그림과 같이
$\overline{PH}=x$, $\overline{PI}=y$라 하자.
□OHPI는 직사각형이고, $\overline{OP}$
의 길이, 즉 부채꼴의 반지름의
길이가 4이므로
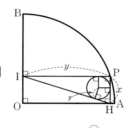
$\overline{OP}=\overline{HI}=\sqrt{x^2+y^2}=4$에서
$$x^2+y^2=16 \qquad\qquad \cdots\cdots \text{㉠}$$
직각삼각형 PIH에 내접하는 원의 반지름의 길이를 r이라
하면
$$\pi r^2=\frac{\pi}{4} \qquad \therefore r=\frac{1}{2} \ (\because r>0)$$
직각삼각형 PIH에 내접하는
원의 중심에서 삼각형의 세 변
IP, PH, HI에 내린 수선의 발
을 각각 C, D, E라 하면 원의
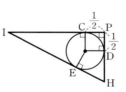
반지름의 길이가 $\frac{1}{2}$이므로
$$\overline{CP}=\overline{DP}=\frac{1}{2}$$
$$\therefore \overline{CI}=y-\frac{1}{2}, \ \overline{DH}=x-\frac{1}{2}$$
$\overline{CI}=\overline{EI}$, $\overline{DH}=\overline{EH}$이고 $\overline{IH}=\overline{IE}+\overline{EH}$이므로
$$4=\left(y-\frac{1}{2}\right)+\left(x-\frac{1}{2}\right) \qquad \therefore x+y=5 \quad \cdots\cdots\text{㉡}$$
이때 $(x+y)^2-2xy=x^2+y^2$이므로
$$5^2-2xy=16 \ (\because \text{㉠}, \text{㉡})$$
$$2xy=9$$
$$\therefore xy=\frac{9}{2}$$
$$\therefore \overline{PH}^3+\overline{PI}^3=x^3+y^3$$
$$=(x+y)^3-3xy(x+y)$$
$$=5^3-3\times\frac{9}{2}\times5$$
$$=\frac{115}{2}$$

답 ②

BLACKLABEL 특강　필수 개념

삼각형의 내접원과 접선의 길이

△ABC의 내접원과 $\overline{AB}$, $\overline{BC}$, $\overline{CA}$
의 접점을 각각 D, E, F라 하면
$\overline{AD}=\overline{AF}$, $\overline{BD}=\overline{BE}$, $\overline{CE}=\overline{CF}$

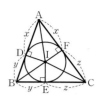

BLACKLABEL 특강　해결 실마리

도형이 제시된 문항의 경우, 보조선을 이용하면 식으로 표현해야 하는
조건을 명확히 할 수 있다. 이때 중학교 수학에서 배운 도형의 성질이
자주 이용되므로 그 성질을 잘 기억하고 있도록 하자.

12 $2x-y=1$에서 $y=2x-1$
위의 식을 $ax^2+by^2+2x-3y+c=0$에 대입하면
$$ax^2+b(2x-1)^2+2x-3(2x-1)+c=0$$
$$\therefore (a+4b)x^2-4(b+1)x+b+c+3=0 \quad \cdots\cdots\text{㉠}$$
㉠은 x에 대한 항등식이므로
$$a+4b=0, \ b+1=0, \ b+c+3=0$$
$$\therefore a=4, \ b=-1, \ c=-2$$
$$\therefore a-b+c=4-(-1)+(-2)=3$$

답 3

13 $f(x)=x^3+9x^2+4x-45$에서
$$f(x+a)=(x+a)^3+9(x+a)^2+4(x+a)-45$$
$$=x^3+3ax^2+3a^2x+a^3+9x^2+18ax+9a^2$$
$$\qquad\qquad +4x+4a-45$$
$$=x^3+(3a+9)x^2+(3a^2+18a+4)x$$
$$\qquad\qquad +a^3+9a^2+4a-45$$
이때 $f(x+a)=x^3+bx-3$이 x에 대한 항등식이므로
$$3a+9=0, \ 3a^2+18a+4=b, \ a^3+9a^2+4a-45=-3$$
$$\therefore a=-3, \ b=-23$$
$$\therefore a+b=-3+(-23)=-26$$

답 ①

• 다른 풀이 •

$f(x+a)=x^3+bx-3$에서 x 대신에 $x-a$를 대입하면
$$f(x)=(x-a)^3+b(x-a)-3$$
$$=x^3-3ax^2+3a^2x-a^3+bx-ab-3$$
$$=x^3-3ax^2+(3a^2+b)x-a^3-ab-3$$
이때 $f(x)=x^3+9x^2+4x-45$이므로
$$-3a=9, \ 3a^2+b=4, \ -a^3-ab-3=-45$$
$$\therefore a=-3, \ b=-23$$
$$\therefore a+b=-3+(-23)=-26$$

14 $P_n(x)=(x-1)(x-2)(x-3)\times\cdots\times(x-n)$이므로
$$P_1(x)=x-1$$
$$P_2(x)=(x-1)(x-2)$$
$$P_3(x)=(x-1)(x-2)(x-3)$$
등식 $P_2(x^2)-x^4=a+bP_1(x)+cP_2(x)+dP_3(x)$에서

$$\begin{aligned}(\text{좌변})&=P_2(x^2)-x^4\\&=(x^2-1)(x^2-2)-x^4\\&=-3x^2+2\end{aligned}$$

$$\begin{aligned}(\text{우변})&=a+bP_1(x)+cP_2(x)+dP_3(x)\\&=a+b(x-1)+c(x-1)(x-2)\\&\qquad+d(x-1)(x-2)(x-3)\end{aligned}$$

$$\begin{aligned}\therefore\ -3x^2+2&=a+b(x-1)+c(x-1)(x-2)\\&\quad+d(x-1)(x-2)(x-3)\quad\cdots\cdots\ \bigcirc\end{aligned}$$

$\bigcirc$의 양변에

$x=1$을 대입하면 $a=-1$

$x=2$를 대입하면

$-10=a+b$　$\therefore\ b=-9$

$x=3$을 대입하면

$-25=a+2b+2c,\ 2c=-6$　$\therefore\ c=-3$

$x=0$을 대입하면

$2=a-b+2c-6d,\ 6d=0$　$\therefore\ d=0$

$\therefore\ a-b+c-d=-1-(-9)+(-3)-0=5$　　답 5

15 주어진 조립제법을 이용하여 $x^{100}-1$을 $x-1$에 대한 내림차순으로 정리하면

$$x^{100}-1=a_{100}(x-1)^{100}+a_{99}(x-1)^{99}+\cdots\\+a_1(x-1)+a_0\quad\cdots\cdots\ \bigcirc$$

$\bigcirc$의 양변에 $x=2$를 대입하면

$2^{100}-1=a_{100}+a_{99}+a_{98}+\cdots+a_1+a_0$　$\cdots\cdots\ \bigcirc\!\bigcirc$

$\bigcirc$의 양변에 $x=0$을 대입하면

$-1=a_{100}-a_{99}+a_{98}-a_{97}+\cdots-a_1+a_0$　$\cdots\cdots\ \bigcirc\!\bigcirc\!\bigcirc$

$\bigcirc\!\bigcirc+\bigcirc\!\bigcirc\!\bigcirc$을 하면

$2^{100}-2=2(a_0+a_2+a_4+\cdots+a_{100})$

$\therefore\ a_0+a_2+a_4+\cdots+a_{100}=2^{99}-1$

$\therefore\ n=99$　　답 99

16 $f\left(x-2+\dfrac{1}{x}\right)=x^3-2+\dfrac{1}{x^3}$

$$\begin{aligned}&=\left(x+\dfrac{1}{x}\right)^3-3\left(x+\dfrac{1}{x}\right)-2\\&=\left\{\left(x-2+\dfrac{1}{x}\right)+2\right\}^3\\&\qquad-3\left\{\left(x-2+\dfrac{1}{x}\right)+2\right\}-2\end{aligned}$$

$x-2+\dfrac{1}{x}=t$로 놓으면

$f(t)=(t+2)^3-3(t+2)-2=t^3+6t^2+9t$

이 함수가 $f(x)=x^3+px^2+qx+r$과 일치하므로

$p=6,\ q=9,\ r=0$

$\therefore\ pq+r=6\times9+0=54$　　답 54

• 다른 풀이 •

$f\left(x-2+\dfrac{1}{x}\right)=x^3-2+\dfrac{1}{x^3}$이 0이 아닌 모든 실수 x에

대하여 성립하므로 등식의 양변에

$x=1$을 대입하면 $f(0)=1-2+1=0$

$x=-1$을 대입하면 $f(-4)=-1-2-1=-4$

$x=2$를 대입하면 $f\left(\dfrac{1}{2}\right)=2^3-2+\dfrac{1}{2^3}=\dfrac{49}{8}$

$f(x)=x^3+px^2+qx+r$에서

$f(0)=0$이므로 $r=0$

$f(-4)=-4$이고 $r=0$이므로

$-64+16p-4q=-4$

$16p-4q=60$　$\therefore\ 4p-q=15$　$\cdots\cdots\ \bigcirc$

$f\left(\dfrac{1}{2}\right)=\dfrac{49}{8}$이고 $r=0$이므로

$\dfrac{1}{8}+\dfrac{p}{4}+\dfrac{q}{2}=\dfrac{49}{8}$

$\dfrac{p}{4}+\dfrac{q}{2}=6$　$\therefore\ p+2q=24$　$\cdots\cdots\ \bigcirc\!\bigcirc$

$\bigcirc,\ \bigcirc\!\bigcirc$을 연립하여 풀면 $p=6,\ q=9$

$\therefore\ pq+r=6\times9+0=54$

17 ㄱ. 주어진 등식에서 좌변과 우변의 x^{1000}항의 계수가 같아야 하므로

$a_{1000}=1$ (참)

ㄴ. 주어진 등식의 양변에 $x=-2$를 대입하면

$2^{1000}+7=a_0-a_1+a_2-a_3+\cdots-a_{999}+a_{1000}$

$(a_0+a_2+a_4+\cdots+a_{1000})-(a_1+a_3+a_5+\cdots+a_{999})$

$=2^{1000}+7>0$

$\therefore\ a_0+a_2+a_4+\cdots+a_{1000}>a_1+a_3+a_5+\cdots+a_{999}$

(참)

ㄷ. 주어진 등식의 양변에 $x=0$을 대입하면

$a_0+a_1+a_2+a_3+\cdots+a_{999}+a_{1000}=7$　$\cdots\cdots\ \bigcirc$

ㄴ에서

$a_0-a_1+a_2-a_3+\cdots-a_{999}+a_{1000}=2^{1000}+7$　$\cdots\cdots\ \bigcirc\!\bigcirc$

$\bigcirc+\bigcirc\!\bigcirc$을 하면

$2(a_0+a_2+a_4+\cdots+a_{1000})=2^{1000}+14$

$\therefore\ a_0+a_2+a_4+\cdots+a_{1000}=\underset{\substack{\smile\\ \text{짝수}}}{2^{999}}+\underset{\substack{\smile\\ \text{홀수}}}{7}$

즉, $a_0+a_2+a_4+\cdots+a_{1000}$의 값은 홀수이다. (참)

따라서 ㄱ, ㄴ, ㄷ 모두 옳다.　　답 ⑤

18 해결단계

❶단계	$f(x)$의 차수를 구한 후, 다항식 $f(x)$의 식을 세운다.
❷단계	주어진 등식을 이용하여 $f(0)$, $f(-2)$의 값을 각각 구한다.
❸단계	다항식 $f(x)$를 구한 후, $f(1)$의 값을 구한다.

$f(x^2+2x)=x^2f(x)+8x+8$　$\cdots\cdots\ \bigcirc$

다항식 $f(x)$를 최고차항의 계수가 $a\ (a\neq0)$인 n차다항식이라 하면 $f(x)=ax^n+\cdots$ 꼴이다. 즉,

$f(x^2+2x)=a(x^2+2x)^n+\cdots=ax^{2n}+\cdots$

$x^2f(x)+8x+8=ax^{n+2}+\cdots$

이라 할 수 있다.

$\bigcirc$에서 양변의 최고차항이 일치해야 하므로

$ax^{2n}=ax^{n+2}$

즉, $2n=n+2$에서 $n=2$이므로 다항식 $f(x)$는 이차식이다.

$f(x)=ax^2+bx+c$ (b, c는 상수)라 하자.

㉠의 양변에 $x=0$을 대입하면 $f(0)=8$이므로

$f(0)=a\times0^2+b\times0+c=8$ $\therefore c=8$

㉠의 양변에 $x=-2$를 대입하면

$f(0)=4f(-2)-16+8$, $8=4f(-2)-8$

$\therefore f(-2)=4$

$f(-2)=4a-2b+8=4$이므로

$b=2a+2$

즉, $f(x)=ax^2+(2a+2)x+8$이므로

$f(x^2+2x)=a(x^2+2x)^2+(2a+2)(x^2+2x)+8$
$=ax^4+4ax^3+(6a+2)x^2+(4a+4)x+8$
   $\cdots\cdots$㉡

$x^2f(x)+8x+8=ax^4+(2a+2)x^3+8x^2+8x+8$
   $\cdots\cdots$㉢

㉠에서 ㉡=㉢이므로

$ax^4+4ax^3+(6a+2)x^2+(4a+4)x+8$
$=ax^4+(2a+2)x^3+8x^2+8x+8$

이 등식이 x에 대한 항등식이므로

$4a=2a+2$, $6a+2=8$, $4a+4=8$

$\therefore a=1$

따라서 $f(x)=x^2+4x+8$이므로

$f(1)=1+4+8=13$ 답 13

• 다른 풀이 •

$f(x)=ax^2+bx+c$ (a, b, c는 상수, $a\neq0$)라 하자.

$f(x^2+2x)=x^2f(x)+8x+8$의 양변에

$x=0$을 대입하면 $f(0)=8$

$\therefore c=8$

$x=-2$를 대입하면 $f(0)=4f(-2)-8$

$4f(-2)=16$ ($\because f(0)=8$) $\therefore f(-2)=4$

즉, $4a-2b+c=4$에서 $4a-2b=-4$ ($\because c=8$)

$\therefore 2a-b=-2$ $\cdots\cdots$㉣

$x=1$을 대입하면 $f(3)=f(1)+16$

즉, $9a+3b+c=a+b+c+16$에서

$8a+2b=16$ $\therefore 4a+b=8$ $\cdots\cdots$㉤

㉣, ㉤을 연립하여 풀면

$a=1$, $b=4$

따라서 $f(x)=x^2+4x+8$이므로

$f(1)=1+4+8=13$

19 다항식 $f(x)$를 $(x-2)(x-3)(x-4)$로 나누었을 때의 몫을 $Q_1(x)$라 하면 나머지가 x^2+x+1이므로

$f(x)=(x-2)(x-3)(x-4)Q_1(x)+x^2+x+1$

위의 식의 양변에 $x=2$, $x=4$를 각각 대입하면

$f(2)=7$, $f(4)=21$

다항식 $f(8x)$를 $8x^2-6x+1$로 나누었을 때의 몫을 $Q_2(x)$라 하면 나머지가 $ax+b$이므로

$f(8x)=(8x^2-6x+1)Q_2(x)+ax+b$
$=(4x-1)(2x-1)Q_2(x)+ax+b$ $\cdots\cdots$㉠

$f(2)=7$이므로 ㉠의 양변에 $x=\dfrac{1}{4}$을 대입하면

$f(2)=\dfrac{1}{4}a+b$ $\therefore \dfrac{1}{4}a+b=7$ $\cdots\cdots$㉡

$f(4)=21$이므로 ㉠의 양변에 $x=\dfrac{1}{2}$을 대입하면

$f(4)=\dfrac{1}{2}a+b$ $\therefore \dfrac{1}{2}a+b=21$ $\cdots\cdots$㉢

㉡, ㉢을 연립하여 풀면

$a=56$, $b=-7$

$\therefore a+b=56+(-7)=49$ 답 ②

• 다른 풀이 •

다항식 $f(x)$를 $(x-2)(x-3)(x-4)$로 나누었을 때의 몫을 $Q(x)$라 하면 나머지는 x^2+x+1이므로

$f(x)=(x-2)(x-3)(x-4)Q(x)+x^2+x+1$

위의 식의 양변에 x 대신 $8x$를 대입하면

$f(8x)=(8x-2)(8x-3)(8x-4)Q(8x)$
$\qquad\qquad\qquad\qquad +64x^2+8x+1$
$=8(4x-1)(8x-3)(2x-1)Q(8x)$
$\qquad\qquad\qquad\qquad +64x^2+8x+1$
$=8(8x-3)(8x^2-6x+1)Q(8x)$
$\qquad\qquad\qquad +8(8x^2-6x+1)+56x-7$
$=(8x^2-6x+1)\{8(8x-3)Q(8x)+8\}+56x-7$

즉, 다항식 $f(8x)$를 $8x^2-6x+1$로 나누었을 때의 나머지가 $56x-7$이므로

$56x-7=ax+b$에서 $a=56$, $b=-7$

$\therefore a+b=56+(-7)=49$

20 $f(x)+g(x)$를 $x-1$로 나누었을 때의 나머지가 -5이므로

$f(1)+g(1)=-5$ $\cdots\cdots$㉠

$\{f(x)\}^3+\{g(x)\}^3$을 $x-1$로 나누었을 때의 나머지가 10이므로

$\{f(1)\}^3+\{g(1)\}^3=10$ $\cdots\cdots$㉡

이때

$\{f(1)\}^3+\{g(1)\}^3$
$=\{f(1)+g(1)\}^3-3f(1)g(1)\{f(1)+g(1)\}$

이므로 ㉠, ㉡을 이 식에 대입하면

$10=-125+15f(1)g(1)$ $\therefore f(1)g(1)=9$

따라서 $f(x)g(x)$를 $x-1$로 나누었을 때의 나머지는

$f(1)g(1)=9$ 답 9

21 $f(x)$는 x^3의 계수가 2인 삼차다항식이므로 조건 ㈏에서 $f(x)$를 $(x+1)^2$으로 나누었을 때의 몫을 $2x+k$(k는 상수)라 할 수 있다.

이때 나머지가 $4(x+1)$이므로

$f(x)=(x+1)^2(2x+k)+4(x+1)$

조건 (개)에서 $f(0)=0$이므로

$1^2 \times k + 4 \times 1 = 0$ $\therefore k = -4$

$\therefore f(x) = (x+1)^2(2x-4) + 4(x+1)$
$= (x+1)\{(x+1)(2x-4) + 4\}$
$= (x+1)(2x^2 - 2x)$
$= 2x(x+1)(x-1)$

즉, $f(x)$를 $x-1$로 나누었을 때의 몫 $Q(x)$는

$Q(x) = 2x(x+1)$

따라서 $Q(x)$를 $x-4$로 나누었을 때의 나머지는 나머지정리에 의하여

$Q(4) = 2 \times 4 \times 5 = 40$ 답 40

22 $2^5 = x$로 놓으면

$2^{2022} + 2^{2015} + 2^{2009} = 2^{5 \times 404 + 2} + 2^{5 \times 403} + 2^{5 \times 401 + 4}$
$= 4 \times (2^5)^{404} + (2^5)^{403} + 16 \times (2^5)^{401}$
$= 4x^{404} + x^{403} + 16x^{401}$

$f(x) = 4x^{404} + x^{403} + 16x^{401}$이라 하면 $2^{2022} + 2^{2015} + 2^{2009}$을 31로 나누었을 때의 나머지는 $f(x)$를 $x-1$로 나누었을 때의 나머지와 같으므로 나머지정리에 의하여

$R_1 = f(1) = 4 + 1 + 16 = 21$ $(\because 0 \le R_1 < 31)$

또한, $2^{2022} + 2^{2015} + 2^{2009}$을 33으로 나누었을 때의 나머지는 $f(x)$를 $x+1$로 나누었을 때의 나머지와 같으므로 나머지정리에 의하여

$f(-1) = 4 - 1 - 16 = -13$

그런데 $0 \le R_2 < 33$이어야 하므로 다항식 $P(x)$에 대하여 $f(x) = (x+1)P(x) - 13$이라 하면

$f(32) = 33P(32) - 13$
$= 33\{P(32) - 1\} + 33 - 13$
$= 33\{P(32) - 1\} + 20$

$\therefore R_2 = 20$

$\therefore R_1 + R_2 = 21 + 20 = 41$ 답 41

단계	채점 기준	배점
(가)	$2^5 = x$로 놓고 주어진 식을 x에 대한 다항식 $f(x)$로 변형한 경우	30%
(나)	$f(x)$를 이용하여 R_1의 값을 구한 경우	30%
(다)	$f(x)$를 이용하여 R_2의 값을 구한 경우	30%
(라)	$R_1 + R_2$의 값을 구한 경우	10%

BLACKLABEL 특강 해결 실마리

치환을 이용하여 수의 나눗셈을 다항식의 나눗셈으로 변형한 후, 나머지를 계산하는 문항이다. 이때 다항식의 나눗셈에서 나머지는 나누는 식보다 차수가 작으면 되므로 나누는 식이 일차식인 경우 나머지는 음수가 나올 수 있다.
그러나 수의 나눗셈에서 $0 \le$ (나머지) $<$ (나누는 수)이므로 수의 나눗셈을 다항식의 나눗셈으로 변형하여 나머지를 계산할 때, 나머지가 음수가 나오면 해당 식을 수의 곱셈식으로 나타낸 후 변형을 통해 범위에 맞는 나머지를 구해야 한다.

23 ㄱ. 다항식 $xf(x)$를 $x-2$로 나누었을 때의 몫을 $Q(x)$, 나머지를 R이라 하면

$xf(x) = (x-2)Q(x) + R$ ······㉠

㉠에 x 대신 $x+2$를 대입하면

$(x+2)f(x+2) = xQ(x+2) + R$ ······㉡

㉠, ㉡에서 다항식 $xf(x)$를 $x-2$로 나누었을 때의 몫은 $Q(x)$, 다항식 $(x+2)f(x+2)$를 x로 나누었을 때의 몫은 $Q(x+2)$이므로 몫이 같지 않다. (거짓)

ㄴ. ㉠에서 다항식 $xf(x)$를 $x-2$로 나누었을 때의 나머지는 R, ㉡에서 다항식 $(x+2)f(x+2)$를 x로 나누었을 때의 나머지도 R이므로 나머지가 같다. (참)

ㄷ. 다항식 $f(x)f(-x)$를 $x^2 - 4$로 나누었을 때의 몫을 $P(x)$, 나머지를 $ax+b$ (a, b는 상수)라 하면

$f(x)f(-x) = (x^2 - 4)P(x) + ax + b$
$= (x+2)(x-2)P(x) + ax + b$

이 식의 양변에

$x = -2$를 대입하면 $f(-2)f(2) = -2a + b$

$x = 2$를 대입하면 $f(2)f(-2) = 2a + b$

즉, $-2a + b = 2a + b$에서 $a = 0$

따라서 다항식 $f(x)f(-x)$를 $x^2 - 4$로 나누었을 때의 나머지는 b이므로 일차식이 아니다. (거짓)

그러므로 옳은 것은 ㄴ뿐이다. 답 ②

24 다항식 $f(x) = x^2 + px + q$를 $x - 2a$로 나누었을 때의 나머지가 $4b^2$이므로 나머지정리에 의하여

$f(2a) = 4a^2 + 2ap + q = 4b^2$ ······㉠

다항식 $f(x)$를 $x - 2b$로 나누었을 때의 나머지가 $4a^2$이므로 나머지정리에 의하여

$f(2b) = 4b^2 + 2bp + q = 4a^2$ ······㉡

㉠, ㉡에서 두 식을 변끼리 빼면

$4(a^2 - b^2) + 2p(a - b) = 4(b^2 - a^2)$

$2p(a - b) = 8(b^2 - a^2)$

$2p(a - b) = -8(a - b)(a + b)$

$\therefore p = -4(a + b)$ $(\because a \ne b)$ ······㉢

㉢을 ㉠에 대입하면

$4a^2 - 8a(a + b) + q = 4b^2$

$-4a^2 - 8ab + q = 4b^2$

$\therefore q = 4a^2 + 8ab + 4b^2 = 4(a + b)^2$

따라서 $f(x) = x^2 - 4(a + b)x + 4(a + b)^2$이므로 $f(x)$를 $x - (a + b)$로 나누었을 때의 나머지는 나머지정리에 의하여

$f(a + b) = (a + b)^2 - 4(a + b)^2 + 4(a + b)^2$
$= (a + b)^2$ 답 ④

25 다항식 $P(x)$를 $(x^3 + 2x + 1)(x - 1)$로 나누었을 때의 몫을 $Q(x)$라 하면

$P(x) = (x^3 + 2x + 1)(x - 1)Q(x) + R(x)$ ······㉠

이므로 다항식 $P(x)$를 $x^3 + 2x + 1$로 나누었을 때의 나머지는 $R(x)$를 $x^3 + 2x + 1$로 나누었을 때의 나머지와 같다.

이때 $R(x)$는 삼차 이하의 다항식이고, 다항식 $P(x)$를 x^3+2x+1로 나누었을 때의 나머지가 $3x+1$이므로
$$R(x)=a(x^3+2x+1)+3x+1 \ (a는 \ 상수)$$
이라 할 수 있다.
즉, ㉠에서
$$P(x)=(x^3+2x+1)(x-1)Q(x)$$
$$+a(x^3+2x+1)+3x+1$$
이때 다항식 $P(x)$를 $x-1$로 나누었을 때의 나머지가 -4이므로 나머지정리에 의하여
$$P(1)=4a+4=-4 \qquad \therefore a=-2$$
따라서 $R(x)=-2(x^3+2x+1)+3x+1$이므로
$$R(2)=-2\times(2^3+2\times2+1)+3\times2+1$$
$$=-19$$

답 ③

26 조건 ㈎에서 다항식 $f(x)$를 다항식 $g(x)$로 나누었을 때의 나머지가 $g(x)-2x^2$이고 나머지 $g(x)-2x^2$의 차수는 다항식 $g(x)$의 차수보다 작아야 하므로 다항식 $g(x)$는 최고차항의 계수가 2인 이차식이다.
즉, $g(x)=2x^2+ax+b \ (a, \ b는 \ 상수)$라 할 수 있다.
조건 ㈎에서
$$f(x)=g(x)\{g(x)-2x^2\}+\{g(x)-2x^2\}$$
$$=\{g(x)-2x^2\}\{g(x)+1\}$$
$$=(ax+b)(2x^2+ax+b+1)$$
이때 다항식 $f(x)$의 최고차항의 계수가 1이므로
$$2a=1 \qquad \therefore a=\frac{1}{2}$$
$$\therefore f(x)=\left(\frac{1}{2}x+b\right)\left(2x^2+\frac{1}{2}x+b+1\right)$$
조건 ㈏에서 나머지정리에 의하여 $f(1)=-\frac{9}{4}$이므로
$$f(1)=\left(\frac{1}{2}+b\right)\left(2+\frac{1}{2}+b+1\right)=-\frac{9}{4}$$
즉, $b^2+4b+\frac{7}{4}=-\frac{9}{4}$에서
$$b^2+4b+4=0, \ (b+2)^2=0 \qquad \therefore b=-2$$
따라서 $f(x)=\left(\frac{1}{2}x-2\right)\left(2x^2+\frac{1}{2}x-1\right)$이므로
$$f(6)=\left(\frac{1}{2}\times6-2\right)\times\left(2\times6^2+\frac{1}{2}\times6-1\right)=74$$
답 74

27 다항식 $x^{n+2}+px^{n+1}+qx^n$을 $(x-2)^2$으로 나누었을 때의 몫을 $Q(x)$라 하면 나머지가 $2^n(x-2)$이므로
$$x^{n+2}+px^{n+1}+qx^n=(x-2)^2Q(x)+2^n(x-2)$$
$$\therefore x^n(x^2+px+q)=(x-2)\{(x-2)Q(x)+2^n\}$$
$$\cdots\cdots㉠$$
㉠의 양변에 $x=2$를 대입하면
$$2^n(4+2p+q)=0$$
$2^n\neq0$이므로 $4+2p+q=0$
$$\therefore q=-2p-4 \qquad\qquad \cdots\cdots㉡$$
㉡을 ㉠에 대입하면

$$x^n\{x^2+px+(-2p-4)\}$$
$$=(x-2)\{(x-2)Q(x)+2^n\}$$
$$x^n(x-2)(x+p+2)=(x-2)\{(x-2)Q(x)+2^n\}$$
$$\therefore x^n(x+p+2)=(x-2)Q(x)+2^n \qquad \cdots\cdots㉢$$
㉢의 양변에 $x=2$를 대입하면
$$2^n(2+p+2)=2^n(4+p)=2^n$$
$2^n\neq0$이므로 $4+p=1$에서 $p=-3$
$$\therefore q=2 \ (\because ㉡)$$
$$\therefore pq=(-3)\times2=-6$$
답 -6

단계	채점 기준	배점
㈎	나누는 식과 나머지를 이용하여 등식을 세운 경우	30%
㈏	등식에서 p와 q 사이의 관계식을 구한 경우	40%
㈐	p, q의 값을 각각 구한 후, pq의 값을 계산한 경우	30%

• 다른 풀이 •
㉠에서 x^2+px+q는 $x-2$를 인수로 가져야 하므로
$$x^2+px+q=(x-2)\left(x-\frac{q}{2}\right) \qquad \cdots\cdots㉣$$
라 할 수 있다.
㉣을 ㉠에 대입하여 정리하면
$$x^n\left(x-\frac{q}{2}\right)=(x-2)Q(x)+2^n$$
이 식의 양변에 $x=2$를 대입하면
$$2^n\left(2-\frac{q}{2}\right)=2^n, \ 2-\frac{q}{2}=1 \qquad \therefore q=2$$
㉣에서 $p=-2-\frac{q}{2}=-2-\frac{2}{2}=-3$
$$\therefore pq=(-3)\times2=-6$$

28 해결단계

❶단계	$x^{10}-x^{10}=0$임을 이용하여 다항식 $x^{14}+x^{13}+x^{12}+x^{11}+x+1$을 다항식 $x^4+x^3+x^2+x+1$이 포함된 식으로 변형한다.
❷단계	$x^n-1=(x-1)(x^{n-1}+x^{n-2}+\cdots+x^2+x+1)$을 이용하여 ❶단계의 식을 다항식 $x^4+x^3+x^2+x+1$이 포함된 식으로 변형한다.
❸단계	변형한 식에서 나머지를 구한다.

다항식 $x^{14}+x^{13}+x^{12}+x^{11}+x+1$을 다항식 $x^4+x^3+x^2+x+1$이 포함된 식으로 변형하면
$$x^{14}+x^{13}+x^{12}+x^{11}+x+1$$
$$=x^{14}+x^{13}+x^{12}+x^{11}+x^{10}-x^{10}+x+1$$
$$=x^{10}(x^4+x^3+x^2+x+1)-(x^{10}-1)+x$$
$$=x^{10}(x^4+x^3+x^2+x+1)-(x^5-1)(x^5+1)+x$$
$$=x^{10}(x^4+x^3+x^2+x+1)$$
$$-(x-1)(x^4+x^3+x^2+x+1)(x^5+1)+x$$
$$=(x^4+x^3+x^2+x+1)\{x^{10}-(x-1)(x^5+1)\}+x$$
따라서 구하는 나머지는 x이다. 답 x

29 다항식 $f(x)-x^2+2x$가 x^2-4x+3, 즉 $(x-1)(x-3)$으로 나누어떨어지므로 인수정리에 의하여
$$f(1)-1+2=0, \ f(3)-9+6=0$$
$$\therefore f(1)=-1, \ f(3)=3$$

다항식 $f(2x^2+1)$을 x^2-x로 나누었을 때의 몫을 $Q(x)$, 나머지를 $ax+b$ (a, b는 상수)라 하면
$$f(2x^2+1)=(x^2-x)Q(x)+ax+b$$
$$=x(x-1)Q(x)+ax+b \quad \cdots\cdots \text{㉠}$$
㉠의 양변에 $x=0$을 대입하면
$$f(1)=b$$
이때 $f(1)=-1$이므로 $b=-1$
또한, ㉠의 양변에 $x=1$을 대입하면
$$f(3)=a+b$$
이때 $f(3)=3$, $b=-1$이므로 $a=4$
따라서 구하는 나머지는 $4x-1$이다.   답 $4x-1$

30 다항식 x^3+4x^2+ax+b를 $(x+1)^2$으로 나누었을 때의 몫을 $Q(x)$라 하면
$$x^3+4x^2+ax+b=(x+1)^2Q(x) \quad \cdots\cdots \text{㉠}$$
㉠의 양변에 $x=-1$을 대입하면
$$-1+4-a+b=0 \quad \therefore b=a-3 \quad \cdots\cdots \text{㉡}$$
㉡을 ㉠에 대입하면
$$x^3+4x^2+ax+a-3=(x+1)^2Q(x)$$
$$(x+1)(x^2+3x+a-3)=(x+1)^2Q(x)$$
$$\therefore x^2+3x+a-3=(x+1)Q(x)$$

> 조립제법 이용

위의 식의 양변에 $x=-1$을 대입하면
$$1-3+a-3=0 \quad \therefore a=5$$
이것을 ㉡에 대입하면 $b=2$
$$\therefore a+b=5+2=7 \quad\quad\text{답 ③}$$

• 다른 풀이 1 •

다항식 x^3+4x^2+ax+b를 $(x+1)^2$으로 나누었을 때의 몫을 $x+p$ (p는 상수)라 하면
$$x^3+4x^2+ax+b=(x+1)^2(x+p)$$
$$=(x^2+2x+1)(x+p)$$
$$=x^3+(p+2)x^2+(2p+1)x+p$$
이 등식이 x에 대한 항등식이므로
$$p+2=4,\ 2p+1=a,\ p=b$$
$$\therefore p=2,\ a=5,\ b=2$$
$$\therefore a+b=5+2=7$$

• 다른 풀이 2 •

다항식 x^3+4x^2+ax+b가 $(x+1)^2$으로 나누어떨어지므로 조립제법을 반복하여 이용하였을 때, 나머지가 모두 0이어야 한다.

$$
\begin{array}{r|rrrr}
-1 & 1 & 4 & a & b \\
   &   & -1 & -3 & 3-a \\
\hline
-1 & 1 & 3 & a-3 & \boxed{3-a+b} \leftarrow 0 \\
   &   & -1 & -2 & \\
\hline
   & 1 & 2 & \boxed{a-5} \leftarrow 0 &
\end{array}
$$

즉, $a-5=0$, $3-a+b=0$이므로 $a=5$, $b=2$
$$\therefore a+b=5+2=7$$

31 $f(0)=0$, $f(1)=1$, $f(2)=2$, $f(3)=3$에서
$$f(0)-0=0,\ f(1)-1=0,\ f(2)-2=0,\ f(3)-3=0$$
$F(x)=f(x)-x$라 하면 $F(x)$는 사차다항식이고
$$F(0)=0,\ F(1)=0,\ F(2)=0,\ F(3)=0$$
즉, $F(x)$는 x, $x-1$, $x-2$, $x-3$을 인수로 갖는다.
이때 다항식 $f(x)$의 최고차항의 계수가 1이므로 $F(x)$의 최고차항의 계수도 1이고
$$F(x)=x(x-1)(x-2)(x-3)$$
즉, $f(x)-x=x(x-1)(x-2)(x-3)$이므로
$$f(x)=x(x-1)(x-2)(x-3)+x \quad \cdots\cdots \text{㉠}$$
$f(x)$를 x^2-3x-4로 나누었을 때의 몫을 $Q(x)$, 나머지를 $ax+b$ (a, b는 상수)라 하면
$$f(x)=(x^2-3x-4)Q(x)+ax+b$$
$$=(x+1)(x-4)Q(x)+ax+b \quad \cdots\cdots \text{㉡}$$
㉠, ㉡에서
$$f(-1)=-a+b=23,\ f(4)=4a+b=28$$
위의 두 식을 연립하여 풀면 $a=1$, $b=24$
따라서 구하는 나머지는 $x+24$이다.   답 $x+24$

32 ㄱ. $2f(x)+g(x)$와 $f(x)+2g(x)$가 모두 $x-7$로 나누어떨어지므로 인수정리에 의하여
$$2f(7)+g(7)=0,\ f(7)+2g(7)=0$$
위의 두 식을 연립하여 풀면
$$f(7)=0,\ g(7)=0$$
즉, 두 다항식 $f(x)$와 $g(x)$는 모두 $x-7$로 나누어떨어진다. (거짓)

ㄴ. $f(x)$와 $g(x)$를 $x-7$로 나누었을 때의 몫을 각각 $F(x)$, $G(x)$라 하면
$$f(x)=(x-7)F(x),\ g(x)=(x-7)G(x)$$
따라서 $f(x)g(x)=(x-7)^2F(x)G(x)$이므로 $f(x)g(x)$는 $(x-7)^2$으로 나누어떨어진다. (참)

ㄷ. 다항식 $g(f(x))$가 $x-7$로 나누어떨어지려면 인수정리에 의하여 $g(f(7))=0$이어야 한다.
이때 $f(7)=0$이므로 $g(f(7))=g(0)$
그런데 $g(0)$의 값을 알 수 없으므로 다항식 $g(f(x))$는 $x-7$로 나누어떨어진다고 할 수 없다. (거짓)

따라서 옳은 것은 ㄴ뿐이다.   답 ②

33 조건 ㈎에서
$$4P(x)+Q(x)=0,\ \text{즉}\ Q(x)=-4P(x) \quad \cdots\cdots \text{㉠}$$
이므로
$$P(x)Q(x)=P(x)\times\{-4P(x)\}=-4\{P(x)\}^2$$
조건 ㈏에서 $P(x)Q(x)$를 x^2+x-12로 나누었을 때의 몫을 $A(x)$라 하면
$$-4\{P(x)\}^2=(x^2+x-12)A(x)$$
$$\therefore \{P(x)\}^2=-\frac{1}{4}(x+4)(x-3)A(x)$$
이때 $P(x)$가 이차다항식이고 $\{P(x)\}^2$이 $x+4$, $x-3$

을 인수로 가지므로 $P(x)$도 $x+4$, $x-3$을 인수로 가져야 한다. ← $\{P(-4)\}^2=0$, $\{P(3)\}^2=0$이므로 $P(-4)=0$, $P(3)=0$

즉, 0이 아닌 실수 a에 대하여

$P(x)=a(x+4)(x-3)$,

$Q(x)=-4a(x+4)(x-3)$ $(\because$ ㉠$)$

이라 할 수 있다.

$P(1)=20$이므로

$-10a=20$ $\therefore a=-2$

따라서 $Q(x)=8(x+4)(x-3)$이므로

$Q(2)=8\times 6\times(-1)=-48$ 답 ④

•다른 풀이•

조건 ㈏에서 $P(x)Q(x)$가 x^2+x-12, 즉

$(x+4)(x-3)$으로 나누어떨어지므로 인수정리에 의하여

$P(-4)Q(-4)=0$, $P(3)Q(3)=0$

즉, $P(-4)=0$ 또는 $Q(-4)=0$이고

$P(3)=0$ 또는 $Q(3)=0$

이때 조건 ㈎에서 $4P(x)+Q(x)=0$, 즉

$Q(x)=-4P(x)$를 만족시켜야 하므로

$P(-4)=Q(-4)=0$, $P(3)=Q(3)=0$

$P(x)$, $Q(x)$가 이차다항식이므로 $P(x)$의 이차항의 계수를 a라 하면

$P(x)=a(x+4)(x-3)$, $Q(x)=-4a(x+4)(x-3)$

$P(1)=20$이므로 $-10a=20$

$\therefore a=-2$

따라서 $Q(x)=8(x+4)(x-3)$이므로

$Q(2)=8\times 6\times(-1)=-48$

34 다항식 $f(x)-1$이 $(x-1)^2$으로 나누어떨어지므로

$f(1)-1=0$ ……㉠

다항식 $f(x)+1$이 $(x+1)^2$으로 나누어떨어지므로

$f(-1)+1=0$

$\therefore f(-1)-(-1)=0$ ……㉡

$F(x)=f(x)-x$라 하면 $F(x)$는 최고차항이 $f(x)$와 일치하는 삼차다항식이다.

이때 ㉠, ㉡에서 $F(1)=0$, $F(-1)=0$이므로 다항식 $F(x)$는 $x-1$, $x+1$을 인수로 갖는다.

즉, $F(x)=(x-1)(x+1)(ax+b)$ $(a\neq 0$, a, b는 상수$)$

라 할 수 있으므로

$f(x)-x=(x-1)(x+1)(ax+b)$

따라서 $f(x)=(x-1)(x+1)(ax+b)+x$이므로

$f(x)-1=(x-1)(x+1)(ax+b)+x-1$

$\qquad\qquad=(x-1)\{(x+1)(ax+b)+1\}$

그런데 $f(x)-1$은 $(x-1)^2$으로 나누어떨어지므로

$x-1$은 $(x+1)(ax+b)+1$의 인수이다.

즉, $x=1$을 $(x+1)(ax+b)+1$에 대입하면

$2(a+b)+1=0$ ……㉢

같은 방법으로

$f(x)+1=(x-1)(x+1)(ax+b)+x+1$

$\qquad\qquad=(x+1)\{(x-1)(ax+b)+1\}$

에서 $x+1$은 $(x-1)(ax+b)+1$의 인수이므로

$-2(-a+b)+1=0$ ……㉣

㉢, ㉣을 연립하여 풀면 $a=-\dfrac{1}{2}$, $b=0$

$\therefore f(x)=-\dfrac{1}{2}x(x-1)(x+1)+x$

$\therefore f(2)=-\dfrac{1}{2}\times 2\times 1\times 3+2=-1$ 답 -1

•다른 풀이 1•

$f(x)$의 최고차항의 계수를 a라 하자.

삼차다항식 $f(x)-1$이 $(x-1)^2$으로 나누어떨어지므로

$f(x)-1=(x-1)^2(ax+b)$ $($단, $a\neq 0$, b는 상수$)$

$\therefore f(x)=(x-1)^2(ax+b)+1$ ……㉤

삼차다항식 $f(x)+1$이 $(x+1)^2$으로 나누어떨어지므로

$f(x)+1=(x+1)^2(ax+c)$ $($단, c는 상수$)$

$\therefore f(x)=(x+1)^2(ax+c)-1$ ……㉥

㉤$=$㉥이므로

$(x-1)^2(ax+b)+1=(x+1)^2(ax+c)-1$

$\therefore ax^3+(b-2a)x^2+(a-2b)x+b+1$

$\qquad=ax^3+(2a+c)x^2+(a+2c)x+c-1$

이 등식이 x에 대한 항등식이므로

$b-2a=2a+c$, $a-2b=a+2c$, $b+1=c-1$

$\therefore a=-\dfrac{1}{2}$, $b=-1$, $c=1$

㉤에서 $f(x)=(x-1)^2\left(-\dfrac{1}{2}x-1\right)+1$

$\therefore f(2)=1^2\times(-1-1)+1=-1$

•다른 풀이 2•

삼차다항식 $f(x)-1$이 $(x-1)^2$으로 나누어떨어지므로 몫을 $ax+b$ $(a\neq 0$, a, b는 상수$)$라 하면

$f(x)-1=(x-1)^2(ax+b)$ ……㉦

$\therefore f(x)+1=(x-1)^2(ax+b)+2$

$\qquad\qquad=(x^2-2x+1)(ax+b)+2$

$\qquad\qquad=\{(x^2+2x+1)-4x\}(ax+b)+2$

$\qquad\qquad=(x+1)^2(ax+b)-4x(ax+b)+2$

$\qquad\qquad=(x+1)^2(ax+b)-4a(x+1)^2$

$\qquad\qquad\qquad\qquad+4(2a-b)x+4a+2$

$\qquad\qquad=(x+1)^2(ax+b-4a)$

$\qquad\qquad\qquad\qquad+4(2a-b)x+4a+2$

이때 삼차다항식 $f(x)+1$이 $(x+1)^2$으로 나누어떨어지므로

$4(2a-b)x+4a+2=0$

위의 등식이 x에 대한 항등식이므로

$4(2a-b)=0$, $4a+2=0$

$\therefore a=-\dfrac{1}{2}$, $b=-1$

㉦에서 $f(x)=(x-1)^2\left(-\dfrac{1}{2}x-1\right)+1$

$\therefore f(2)=1^2\times(-1-1)+1=-1$

35 $(x+7)f(2x)=8xf(x+1)$ $\qquad$ ⊙

$f(x)$를 n차다항식이라 하면 최고차항의 계수가 1이므로

$f(x)=x^n+\cdots$

이라 할 수 있다.

$f(2x)=(2x)^n+\cdots$

$\qquad =2^n x^n+\cdots$

$f(x+1)=(x+1)^n+\cdots$

$\qquad =x^n+\cdots$

⊙에서 양변의 최고차항이 일치해야 하므로

$x\times 2^n x^n=8x\times x^n$

즉, $2^n=8$에서 $n=3$이므로 다항식 $f(x)$는 삼차식이다.

⊙의 양변에 $x=0$을 대입하면

$7f(0)=0\times f(1)$

$\therefore f(0)=0$ $\qquad$ ⓛ

$x=-1$을 대입하면

$6f(-2)=-8f(0)=0 \ (\because \text{ⓛ})$

$\therefore f(-2)=0$ $\qquad$ ⓒ

$x=-3$을 대입하면

$4f(-6)=-24f(-2)=0 \ (\because \text{ⓒ})$

$\therefore f(-6)=0$ $\qquad$ ⓔ

ⓛ, ⓒ, ⓔ에서 인수정리에 의하여 $f(x)$는 x, $x+2$, $x+6$을 인수로 갖는다.

따라서 $f(x)=x(x+2)(x+6)$이므로 $f(x)$를 $x+1$로 나누었을 때의 나머지는

$f(-1)=-1\times 1\times 5=-5$ $\qquad$ 답 -5

단계	채점 기준	배점
(가)	다항식 $f(x)$의 차수를 구한 경우	30%
(나)	인수정리를 이용하여 $f(x)$의 인수를 모두 구한 경우	50%
(다)	$f(x)$를 $x+1$로 나누었을 때의 나머지를 구한 경우	20%

• 다른 풀이 •

최고차항의 계수가 1인 삼차다항식 $f(x)$에 대하여 $f(0)=0$이므로 $f(x)=x^3+ax^2+bx$ (a, b는 상수)라 할 수 있다.

$f(2x)=(2x)^3+a(2x)^2+b\times 2x$

$f(x+1)=(x+1)^3+a(x+1)^2+b(x+1)$

이므로 이 식을 ⊙에 대입하면

$(x+7)(8x^3+4ax^2+2bx)$

$=8x\{(x+1)^3+a(x+1)^2+b(x+1)\}$

$\therefore 8x^4+(56+4a)x^3+(28a+2b)x^2+14bx$

$\quad =8x^4+8(a+3)x^3+8(3+2a+b)x^2+8(a+b+1)x$

이 등식이 x에 대한 항등식이므로

$56+4a=8(a+3)$, $28a+2b=8(3+2a+b)$,

$14b=8(a+b+1)$

$\therefore a=8$, $b=12$

$\therefore f(x)=x^3+8x^2+12x$

따라서 $f(x)$를 $x+1$로 나누었을 때의 나머지는

$f(-1)=-1+8-12$

$\qquad =-5$

36 다항식 $f(x)$를 $x+3$, x^2+9로 나누었을 때의 몫을 각각 $Q_1(x)$, $Q_2(x)$라 하면 조건 ㈎에서 나머지가 모두 $3p^2$이므로

$f(x)=(x+3)Q_1(x)+3p^2$

$\qquad =(x^2+9)Q_2(x)+3p^2$

즉, $f(x)-3p^2=(x+3)Q_1(x)$,

$f(x)-3p^2=(x^2+9)Q_2(x)$이므로 다항식 $f(x)-3p^2$은 최고차항의 계수가 1인 사차다항식이고, $x+3$, x^2+9로 나누어떨어진다.

이때

$f(x)=(x+3)(x^2+9)(x+a)+3p^2$ (단, a는 상수)

이라 하면 조건 ㈏에서 $f(1)=f(-1)$이므로

$f(1)=4\times 10\times(1+a)+3p^2$

$\qquad =40a+40+3p^2$

$f(-1)=2\times 10\times(-1+a)+3p^2$

$\qquad =20a-20+3p^2$

에서

$40a+40+3p^2=20a-20+3p^2$

$20a=-60 \qquad \therefore a=-3$

$\therefore f(x)=(x+3)(x-3)(x^2+9)+3p^2$

$\qquad =(x^2-9)(x^2+9)+3p^2$

$\qquad =x^4-81+3p^2$

한편, 조건 ㈐에서 인수정리에 의하여 $f(\sqrt{p})=0$이므로

$(\sqrt{p})^4-81+3p^2=0$

$4p^2-81=0$, $p^2=\dfrac{81}{4}$

$\therefore p=\dfrac{9}{2} \ (\because p>0)$

$\therefore 16p=16\times\dfrac{9}{2}=72$ $\qquad$ 답 72

01 해결단계

❶단계	$x-y=a$, $y-z=b$, $z-x=c$로 놓고, 주어진 조건을 a, b, c에 대한 식으로 정리한다.
❷단계	곱셈 공식을 이용하여 $ab+bc+ca$의 값을 구한다.
❸단계	주어진 식의 값을 구한다.

$x-y=a$, $y-z=b$, $z-x=c$로 놓으면

$a+b+c=(x-y)+(y-z)+(z-x)$

$\qquad =0$

$(x-y)^2+(y-z)^2+(z-x)^2=4$에서

$a^2+b^2+c^2=4$

$(a+b+c)^2=a^2+b^2+c^2+2(ab+bc+ca)$에서

$0 = 4 + 2(ab+bc+ca)$ $\therefore ab+bc+ca = -2$

따라서 주어진 식의 값은

$(x-y)^2(y-z)^2 + (y-z)^2(z-x)^2 + (z-x)^2(x-y)^2$
$= a^2b^2 + b^2c^2 + c^2a^2$
$= (ab)^2 + (bc)^2 + (ca)^2$
$= (ab+bc+ca)^2 - 2abc(a+b+c)$
$= (-2)^2 - 2abc \times 0 = 4$

답 4

02 해결단계

❶단계	주어진 두 식을 변끼리 더하고, 곱하여 a, b에 대한 새로운 식을 얻는다.
❷단계	❶단계에서 구한 식을 이용하여 $a+b$, ab의 값을 구한다.
❸단계	곱셈 공식을 이용하여 a^2+ab+b^2의 값을 구한다.

$a + \dfrac{1}{b} = 5 + \sqrt{21}$ ······㉠, $b + \dfrac{1}{a} = 5 - \sqrt{21}$ ······㉡

㉠, ㉡을 변끼리 더하면

$\left(a + \dfrac{1}{b}\right) + \left(b + \dfrac{1}{a}\right) = (5+\sqrt{21}) + (5-\sqrt{21}) = 10$

$\therefore a+b + \dfrac{a+b}{ab} = 10$ ······㉢

㉠, ㉡을 변끼리 곱하면

$\left(a + \dfrac{1}{b}\right)\left(b + \dfrac{1}{a}\right) = (5+\sqrt{21})(5-\sqrt{21}) = 4$

$ab + \dfrac{1}{ab} + 2 = 4$

$\therefore ab + \dfrac{1}{ab} = 2$ ······㉣

㉣에서 $ab = t$로 놓으면

$t + \dfrac{1}{t} = 2$에서

$t^2 - 2t + 1 = 0$, $(t-1)^2 = 0$

$\therefore t = ab = 1$

$ab = 1$을 ㉢에 대입하여 정리하면

$2(a+b) = 10$, $a+b = 5$

$\therefore a^2 + ab + b^2 = (a+b)^2 - ab$
$\qquad\qquad\qquad = 5^2 - 1 = 24$

답 24

03 해결단계

❶단계	등식의 양변에 각각 $x=0$, $x=1$, $x=-1$을 대입한 후 a_0의 값과 홀수차항의 계수의 합을 구한다.
❷단계	$(3x^3-2x)^6$에서 차수가 가장 낮은 항이 6차항임을 확인하고 a_1, a_2, a_3, a_4, a_5, a_6의 값과 $a_7+a_9+\cdots+a_{17}$의 값을 각각 구한다.
❸단계	❷단계에서 구한 값을 구하는 식에 대입하여 식의 값을 구한다.

주어진 등식이 x에 대한 항등식이므로

양변에 $x=0$을 대입하면

$a_0 = 0$

양변에 $a_0 = 0$, $x=1$을 대입하면

$1 = a_1 + a_2 + \cdots + a_{17} + a_{18}$ ······㉠

양변에 $a_0 = 0$, $x=-1$을 대입하면

$1 = -a_1 + a_2 - \cdots - a_{17} + a_{18}$ ······㉡

㉠-㉡을 하면

$2(a_1 + a_3 + \cdots + a_{17}) = 0$

$\therefore a_1 + a_3 + \cdots + a_{17} = 0$ ······㉢

이때 $(3x^3 - 2x)^6 = x^6(3x^2 - 2)^6$에서 차수가 가장 낮은 항은 $64x^6$이므로

$a_1 = a_2 = a_3 = a_4 = a_5 = 0$, $a_6 = 64$

이것을 ㉢에 대입하면

$a_7 + a_9 + \cdots + a_{17} = 0$

$\therefore a_2 + 4a_4 + 6a_6 - 9(a_7 + a_9 + \cdots + a_{17})$
$\quad = 0 + 4 \times 0 + 6 \times 64 - 9 \times 0 = 384$

답 384

04 해결단계

❶단계	$x^5+y^5+z^5$을 만들 수 있는 다항식의 곱을 떠올린다.
❷단계	주어진 조건을 이용하여 필요한 식의 값을 구한다.
❸단계	$x^5+y^5+z^5$의 값을 구한다.

$(x^2+y^2+z^2)(x^3+y^3+z^3)$
$= x^5 + y^5 + z^5 + x^2y^2(x+y) + y^2z^2(y+z) + z^2x^2(z+x)$
$\therefore x^5 + y^5 + z^5$
$\quad = (x^2+y^2+z^2)(x^3+y^3+z^3)$
$\qquad - \{x^2y^2(x+y) + y^2z^2(y+z) + z^2x^2(z+x)\}$

······㉠

$x+y+z = 5$, $x^2+y^2+z^2 = 15$, $xyz = -3$이므로

(i) $(x+y+z)^2 = x^2+y^2+z^2 + 2(xy+yz+zx)$에서

$5^2 = 15 + 2(xy+yz+zx)$, $2(xy+yz+zx) = 10$

$\therefore xy+yz+zx = 5$

(ii) $(x+y+z)(x^2+y^2+z^2-xy-yz-zx)$
$\qquad = x^3+y^3+z^3 - 3xyz$

에서

$5 \times (15-5) = x^3+y^3+z^3 - 3 \times (-3)$

$\therefore x^3+y^3+z^3 = 41$

(iii) $(xy+yz+zx)^2$
$\qquad = x^2y^2 + y^2z^2 + z^2x^2 + 2xyz(x+y+z)$

에서

$5^2 = x^2y^2 + y^2z^2 + z^2x^2 + 2 \times (-3) \times 5$

$\therefore x^2y^2 + y^2z^2 + z^2x^2 = 55$

(iv) $x+y = 5-z$, $y+z = 5-x$, $z+x = 5-y$이므로

$x^2y^2(x+y) + y^2z^2(y+z) + z^2x^2(z+x)$
$= x^2y^2(5-z) + y^2z^2(5-x) + z^2x^2(5-y)$
$= 5(x^2y^2 + y^2z^2 + z^2x^2) - xyz(xy+yz+zx)$
$= 5 \times 55 - (-3) \times 5 = 290$

㉠에서

$x^5 + y^5 + z^5 = 15 \times 41 - 290 = 325$

답 325

•다른 풀이•

$x+y+z = 5$, $xy+yz+zx = 5$, $xyz = -3$이므로

세 실수 x, y, z를 세 근으로 하는 t에 대한 삼차방정식은

$t^3 - 5t^2 + 5t + 3 = 0$ ······㉡

t^5을 $t^3 - 5t^2 + 5t + 3$으로 나누면 다음과 같다.

$$\begin{array}{r} t^2+5t+20 \\ t^3-5t^2+5t+3\overline{)\,t^5 } \\ \underline{t^5-5t^4+5t^3+3t^2} \\ 5t^4-5t^3-3t^2 \\ \underline{5t^4-25t^3+25t^2+15t} \\ 20t^3-28t^2-15t \\ \underline{20t^3-100t^2+100t+60} \\ 72t^2-115t-60 \end{array}$$

$\therefore t^5$

$=(t^3-5t^2+5t+3)(t^2+5t+20)+72t^2-115t-60$

$=72t^2-115t-60\ (\because t^3-5t^2+5t+3=0)$

이때 x, y, z는 ⓛ의 근이므로

$x^5=72x^2-115x-60$ ······ⓒ

$y^5=72y^2-115y-60$ ······ⓔ

$z^5=72z^2-115z-60$ ······ⓜ

ⓒ+ⓔ+ⓜ을 하면

$x^5+y^5+z^5$

$=72(x^2+y^2+z^2)-115(x+y+z)-60\times3$

$=72\times15-115\times5-180$

$=1080-575-180=325$

05 해결단계

❶단계	주어진 식을 이용하여 $x+y$와 xy 사이의 관계식을 구한다.
❷단계	❶단계에서 구한 식을 이용하여 $x+y$, xy의 값을 구한다.
❸단계	ax^5+by^5의 값을 구한다.

$(ax^2+by^2)(x+y)=ax^3+bxy^2+ax^2y+by^3$
$=ax^3+by^3+xy(ax+by)$

이때 $ax+by=4$, $ax^2+by^2=6$, $ax^3+by^3=10$이므로

$6(x+y)=10+4xy$ ······㉠

$(ax^3+by^3)(x+y)=ax^4+bxy^3+ax^3y+by^4$
$=ax^4+by^4+xy(ax^2+by^2)$

이때 $ax^2+by^2=6$, $ax^3+by^3=10$, $ax^4+by^4=18$이므로

$10(x+y)=18+6xy$ ······㉡

$x+y=A$, $xy=B$로 놓으면 ㉠, ㉡에서

$6A=10+4B$, $10A=18+6B$

두 식을 연립하여 풀면 $A=3$, $B=2$

$\therefore x+y=3$, $xy=2$

따라서

$(ax^4+by^4)(x+y)=ax^5+bxy^4+ax^4y+by^5$
$=ax^5+by^5+xy(ax^3+by^3)$

에서 $ax^3+by^3=10$, $ax^4+by^4=18$이므로

$ax^5+by^5=(ax^4+by^4)(x+y)-xy(ax^3+by^3)$
$=18\times3-2\times10=34$ 　　　　답 34

06 해결단계

❶단계	$p+q$, pq, $p-q$의 값을 구한다.
❷단계	곱셈 공식을 이용하여 $p^8\pm q^8$의 값을 구한다.
❸단계	$ap+b=-\dfrac{1}{p^8}$, $aq+b=-\dfrac{1}{q^8}$을 변형하여 a, b의 값을 구한 후, $2a+b$의 값을 구한다.

$p=\dfrac{1+\sqrt5}{2}$, $q=\dfrac{1-\sqrt5}{2}$에서

(ⅰ) $p+q=1$, $pq=-1$, $p-q=\sqrt5$

(ⅱ) $p^2-q^2=(p+q)(p-q)=\sqrt5$
$\ p^2+q^2=(p+q)^2-2pq=1^2+2=3$

(ⅲ) $p^4-q^4=(p^2+q^2)(p^2-q^2)=3\sqrt5$
$\ p^4+q^4=(p^2+q^2)^2-2p^2q^2=3^2-2\times(-1)^2=7$

(ⅳ) $p^8-q^8=(p^4+q^4)(p^4-q^4)=21\sqrt5$
$\ p^8+q^8=(p^4+q^4)^2-2p^4q^4=7^2-2\times(-1)^4=47$

주어진 두 식을

$ap+b=-\dfrac{1}{p^8}$ ······㉠, $aq+b=-\dfrac{1}{q^8}$ ······㉡

이라 하자.

㉠-㉡을 하면

$ap-aq=-\dfrac{1}{p^8}+\dfrac{1}{q^8}$

즉, $a(p-q)=\dfrac{p^8-q^8}{p^8q^8}=\dfrac{p^8-q^8}{(pq)^8}$이므로 (ⅰ), (ⅳ)에서

$\sqrt5a=21\sqrt5$ 　$\therefore a=21$

㉠+㉡을 하면

$ap+aq+2b=-\dfrac{1}{p^8}-\dfrac{1}{q^8}$

즉, $a(p+q)+2b=-\dfrac{p^8+q^8}{p^8q^8}=-\dfrac{p^8+q^8}{(pq)^8}$이므로 (ⅰ), (ⅳ)

에서

$21+2b=-47$

$2b=-68$ 　$\therefore b=-34$

$\therefore 2a+b=2\times21+(-34)=8$ 　　　답 8

07 해결단계

❶단계	정의에 따라 A_1, A_2, A_3을 미지수로 나타낸다.
❷단계	A_1, A_2, A_3 꼴이 포함된 다항식을 이용하여 $A_1+A_2+A_3-3$의 값을 구한다.
❸단계	$A_1+A_2+A_3-3$을 100으로 나누었을 때의 나머지를 구한다.

조건 ㈎에서 $A_1=9+99+999$

조건 ㈏에서 $n\ge2$일 때, A_n은 9, 99, 999 중에서 서로

다른 n개를 택하여 곱한 수의 총합이므로

$A_2=9\times99+99\times999+999\times9$

$A_3=9\times99\times999$

이때 $9=a$, $99=b$, $999=c$로 놓으면

$A_1=a+b+c$, $A_2=ab+bc+ca$, $A_3=abc$

즉, A_1, A_2, A_3은 세 일차식의 곱

$(x+a)(x+b)(x+c)$

$=x^3+(a+b+c)x^2+(ab+bc+ca)x+abc$

에서 이차항, 일차항의 계수 및 상수항과 같다.

$\therefore (x+9)(x+99)(x+999)=x^3+A_1x^2+A_2x+A_3$

이 등식의 양변에 $x=1$을 대입하면

$A_1+A_2+A_3+1=10\times100\times1000$

$=1000000$

$\therefore A_1+A_2+A_3-3=1000000-4=999996$

따라서 $A_1+A_2+A_3-3$을 100으로 나누었을 때의 나머지는 96이다.

답 96

• 다른 풀이 •

$a=10$, $b=100$, $c=1000$이라 하면

$9=a-1$, $99=b-1$, $999=c-1$

$A_1=9+99+999$
$\quad=(a-1)+(b-1)+(c-1)$
$\quad=(a+b+c)-3$

조건 ㈏에서 A_n이 세 수 9, 99, 999 중에서 서로 다른 n개를 택하여 곱한 수의 총합이므로

$A_2=9\times99+99\times999+999\times9$
$\quad=(a-1)(b-1)+(b-1)(c-1)+(c-1)(a-1)$
$\quad=ab-(a+b)+1+bc-(b+c)+1$
$\qquad\qquad\qquad\qquad\qquad\quad+ca-(c+a)+1$
$\quad=ab+bc+ca-2(a+b+c)+3$

$A_3=9\times99\times999$
$\quad=(a-1)(b-1)(c-1)$
$\quad=abc-(ab+bc+ca)+(a+b+c)-1$

$\therefore A_1+A_2+A_3-3=abc-4=10\times100\times1000-4$
$\qquad\qquad\qquad\qquad\quad=1000000-4=999996$

따라서 $A_1+A_2+A_3-3$을 100으로 나누었을 때의 나머지는 96이다.

BLACKLABEL 특강 참고

다음은 문제에서 자주 활용되는 공식이므로 잘 기억해두도록 하자. 삼차방정식에서도 많이 활용된다.

$(x\pm a)(x\pm b)(x\pm c)$
$=x^3\pm(a+b+c)x^2+(ab+bc+ca)x\pm abc$ (복부호 동순)

---

08 해결단계

❶단계	$k=0, 1, 2, 3, 4$일 때의 $f(k)$의 값을 구하여 규칙을 파악한다.
❷단계	인수정리를 이용할 수 있는 식의 형태를 찾는다.
❸단계	$f(x)$를 구한 후, $f(5)$의 값을 구한다.

$k=0, 1, 2, 3, 4$일 때, $f(k)=\dfrac{k}{k+1}$이므로

$f(0)=0$, $f(1)=\dfrac{1}{2}$, $f(2)=\dfrac{2}{3}$, $f(3)=\dfrac{3}{4}$, $f(4)=\dfrac{4}{5}$

$\therefore f(0)-0=0$, $2f(1)-1=0$, $3f(2)-2=0$,
$\quad 4f(3)-3=0$, $5f(4)-4=0$

$g(x)=(x+1)f(x)-x$라 하면 $g(x)$는 오차다항식이고,

$g(0)=g(1)=g(2)=g(3)=g(4)=0$

즉, 인수정리에 의하여

$g(x)=ax(x-1)(x-2)(x-3)(x-4)$ (단, $a\ne0$)

라 할 수 있다.

$\therefore (x+1)f(x)-x=ax(x-1)(x-2)(x-3)(x-4)$

위의 식의 양변에 $x=-1$을 대입하면

$1=a\times(-1)\times(-2)\times(-3)\times(-4)\times(-5)$

$\therefore a=-\dfrac{1}{120}$

$\therefore (x+1)f(x)-x$
$\quad=-\dfrac{1}{120}x(x-1)(x-2)(x-3)(x-4)$

위의 식의 양변에 $x=5$를 대입하면

$6f(5)-5=-\dfrac{1}{120}\times5\times4\times3\times2\times1$

$6f(5)-5=-1$, $6f(5)=4$

$\therefore f(5)=\dfrac{2}{3}$

답 $\dfrac{2}{3}$

---

09 해결단계

❶단계	직육면체의 세 모서리의 길이를 x, y, z라 하고, l_1, l_2, S_1, S_2를 x, y, z에 대한 식으로 나타낸다.
❷단계	$x+y+z$, $xy+yz+zx$의 값을 구한다.
❸단계	곱셈 공식을 이용하여 $\overline{AC}^2+\overline{CF}^2+\overline{FA}^2$의 값을 구한다.

$\overline{AB}=x$, $\overline{AD}=y$, $\overline{AE}=z$라 하면

$l_1=3x+3y+3z+\overline{AC}+\overline{CF}+\overline{FA}$

$l_2=x+y+z+\overline{AC}+\overline{CF}+\overline{FA}$

에서 $l_1-l_2=2x+2y+2z=28$ $\quad\therefore x+y+z=14$

$S_1=xy+yz+zx+\dfrac{1}{2}xy+\dfrac{1}{2}yz+\dfrac{1}{2}zx$
$\qquad\qquad\qquad\qquad\qquad+$(삼각형 AFC의 넓이)

$S_2=\dfrac{1}{2}xy+\dfrac{1}{2}yz+\dfrac{1}{2}zx+$(삼각형 AFC의 넓이)

$\therefore S_1-S_2=xy+yz+zx=61$

$\therefore \overline{AC}^2+\overline{CF}^2+\overline{FA}^2$
$\quad=(x^2+y^2)+(y^2+z^2)+(z^2+x^2)$
$\quad=2(x^2+y^2+z^2)$
$\quad=2\{(x+y+z)^2-2(xy+yz+zx)\}$
$\quad=2\times(14^2-2\times61)$
$\quad=148$

답 148

---

10 해결단계

❶단계	$f(x)$의 차수를 구한 후, 다항식 $f(x)$의 식을 세운다.
❷단계	항등식의 성질을 이용하여 다항식 $f(x)$를 구한다.
❸단계	$f(1)$의 값을 구한다.

$f(x-1)+x^6f\left(\dfrac{1}{x^3}\right)=7x^6-x^2+2x+5$ ······㉠

$f(x)$를 최고차항의 계수가 p $(p\ne0)$인 n차다항식이라 하면

$f(x)=px^n+\cdots$ 꼴이므로

$f(x-1)=p(x-1)^n+\cdots=px^n+\cdots$

$x^6f\left(\dfrac{1}{x^3}\right)=px^6\left(\dfrac{1}{x^3}\right)^n+\cdots=p\dfrac{x^6}{x^{3n}}+\cdots$

이때 ㉠을 만족시키려면 $3n\le6$이어야 하므로

$n\le2$

따라서 $f(x)$는 2차 이하의 다항식이므로

$f(x)=ax^2+bx+c$ (a, b, c는 상수)라 하면

$f(x-1)+x^6f\left(\dfrac{1}{x^3}\right)$
$\quad=a(x-1)^2+b(x-1)+c+x^6\left(\dfrac{a}{x^6}+\dfrac{b}{x^3}+c\right)$

$$=cx^6+bx^3+ax^2+(b-2a)x+2a-b+c$$
$$cx^6+bx^3+ax^2+(b-2a)x+2a-b+c$$
$$=7x^6-x^2+2x+5\ (\because ㉠)$$
이 등식이 x에 대한 항등식이므로
$$c=7,\ b=0,\ a=-1$$
따라서 $f(x)=-x^2+7$이므로
$$f(1)=6 \hspace{4cm} \text{답 } 6$$

11 해결단계

❶단계	다항식 $f(x)$에 대한 식을 세우고, 다항식 $g(x)$의 차수와 최고차항의 계수를 구한다.
❷단계	인수정리를 이용하여 다항식 $f(x)$를 구한다.
❸단계	$f(2)$의 값을 구한다.

조건 ㈎에서 다항식 $f(x)$를 $x^2+g(x)$로 나누었을 때의 몫은 $x+3$이고 나머지는 $\{g(x)\}^2-4x^2$이므로
$$f(x)=\{x^2+g(x)\}(x+3)+\{g(x)\}^2-4x^2 \ \cdots\cdots ㉠$$
$g(x)=a_nx^n+\cdots+a\ (a_n>0,\ a$는 상수$)$라 하면
$$\{g(x)\}^2-4x^2=a_n^2x^{2n}-4x^2+\cdots+a^2$$
나머지 $\{g(x)\}^2-4x^2$의 차수는 다항식 $x^2+g(x)$의 차수보다 작아야 하므로
$$a_n^2x^{2n}-4x^2=0 \qquad \therefore a_n=2\ (\because a_n>0),\ n=1$$
즉, $g(x)=2x+a$이고, 이것을 ㉠에 대입하면
$$f(x)=(x^2+2x+a)(x+3)+(2x+a)^2-4x^2$$
$$=(x^2+2x+a)(x+3)+4ax+a^2$$
조건 ㈏에서 $f(x)$가 $g(x)$, 즉 $2x+a$로 나누어떨어지므로 인수정리에 의하여
$$f\left(-\frac{a}{2}\right)=0$$
$$\left(\frac{a^2}{4}-a+a\right)\left(-\frac{a}{2}+3\right)-2a^2+a^2=0$$
$$\frac{a^3}{8}+\frac{a^2}{4}=0,\ \frac{a^2}{8}(a+2)=0$$
$$\therefore a=-2\ \text{또는}\ a=0$$
그런데 $a=0$이면 $f(0)=0$이 되어 조건을 만족시키지 않으므로 $a=-2$
$$\therefore f(x)=(x^2+2x-2)(x+3)-8x+4$$
$$\therefore f(2)=6\times5-16+4=18 \hspace{2cm} \text{답 } 18$$

12 해결단계

❶단계	$P(1)$, $P(2)$의 값을 구한다.
❷단계	$P(0)$, $P(4)$의 값에 따라 $P(x)$의 식을 세운 후, $P(1)$, $P(2)$의 값을 이용하여 $P(6)$의 값을 구한다.
❸단계	$P(6)$의 최댓값과 최솟값을 구한다.

조건 ㈎에서 $P(1)P(2)=0$이므로
$$P(1)=0\ \text{또는}\ P(2)=0 \ \cdots\cdots ㉠$$
조건 ㈏에서 다항식 $P(x)\{P(x)-4\}$가 $x(x-4)$로 나누어떨어지므로
$$P(0)\{P(0)-4\}=0,\ P(4)\{P(4)-4\}=0$$
$$\therefore P(0)=0\ \text{또는}\ P(0)=4,\ P(4)=0\ \text{또는}\ P(4)=4$$

(ⅰ) $P(0)=0,\ P(4)=0$일 때,
$P(x)=ax(x-4)\ (a\neq0)$라 하면
$P(1)\neq0,\ P(2)\neq0$이므로 ㉠을 만족시키지 않는다.

(ⅱ) $P(0)=0,\ P(4)=4$일 때,
$P(0)-0=0,\ P(4)-4=0$이므로 이차다항식
$P(x)-x$는 $x,\ x-4$를 인수로 갖는다.
$P(x)-x=ax(x-4)\ (a\neq0)$라 하면
$$P(x)=ax(x-4)+x$$
㉠에서
① $P(1)=0$이면 $a=\frac{1}{3}$이므로
$$P(x)=\frac{1}{3}x(x-4)+x$$
$$\therefore P(6)=\frac{1}{3}\times6\times(6-4)+6=10$$
② $P(2)=0$이면 $a=\frac{1}{2}$이므로
$$P(x)=\frac{1}{2}x(x-4)+x$$
$$\therefore P(6)=\frac{1}{2}\times6\times(6-4)+6=12$$

(ⅲ) $P(0)=4,\ P(4)=0$일 때,
이차다항식 $P(x)$는 $x-4$를 인수로 갖는다.
$P(x)=a(x-4)(x-p)\ (a\neq0,\ p$는 상수$)$라 하면
$P(0)=4$이므로
$$4ap=4 \qquad \therefore ap=1$$
㉠에서
① $P(1)=0$이면 $p=1,\ a=1$이므로
$$P(x)=(x-1)(x-4)$$
$$\therefore P(6)=(6-1)\times(6-4)=10$$
② $P(2)=0$이면 $p=2,\ a=\frac{1}{2}$이므로
$$P(x)=\frac{1}{2}(x-2)(x-4)$$
$$\therefore P(6)=\frac{1}{2}\times(6-2)\times(6-4)=4$$

(ⅳ) $P(0)=4,\ P(4)=4$일 때,
$P(0)-4=0,\ P(4)-4=0$이므로 이차다항식
$P(x)-4$는 $x,\ x-4$를 인수로 갖는다.
$P(x)-4=ax(x-4)\ (a\neq0)$라 하면
$$P(x)=ax(x-4)+4$$
㉠에서
① $P(1)=0$이면 $a=\frac{4}{3}$이므로
$$P(x)=\frac{4}{3}x(x-4)+4$$
$$\therefore P(6)=\frac{4}{3}\times6\times(6-4)+4=20$$
② $P(2)=0$이면 $a=1$이므로
$$P(x)=x(x-4)+4$$
$$\therefore P(6)=6\times(6-4)+4=16$$

(ⅰ)~(ⅳ)에서 $P(6)$의 최댓값은 20, 최솟값은 4이므로 합은
$$20+4=24 \hspace{3cm} \text{답 } 24$$

02. 인수분해

01 ① $a^2+b^2-2ab+2a-2b+1$
$=a^2+(-b)^2+1^2$
$\qquad\qquad +2\{a\times(-b)+(-b)\times1+1\times a\}$
$=(a-b+1)^2$
② $27x^3-27x^2y+9xy^2-y^3$
$=(3x)^3-3\times(3x)^2\times y+3\times3x\times y^2-y^3$
$=(3x-y)^3$
③ $x^3-27=x^3-3^3$
$\qquad\qquad =(x-3)(x^2+3x+9)$
④ $x^4+4x^2+16=x^4+x^2\times2^2+2^4$
$\qquad\qquad =(x^2+2x+4)(x^2-2x+4)$
⑤ $a^6-b^6=(a^3)^2-(b^3)^2$
$\qquad =(a^3+b^3)(a^3-b^3)$
$\qquad =(a+b)(a^2-ab+b^2)(a-b)(a^2+ab+b^2)$
$\qquad =(a+b)(a-b)(a^2+ab+b^2)(a^2-ab+b^2)$
따라서 옳지 않은 것은 ③이다.   답 ③

• 다른 풀이 •
① $a^2+b^2-2ab+2a-2b+1$
$=(a-b)^2+2(a-b)+1$
$=(a-b+1)^2$
④ $x^4+4x^2+16=x^4+8x^2+16-4x^2$
$\qquad\qquad =(x^2+4)^2-(2x)^2$
$\qquad\qquad =(x^2+2x+4)(x^2-2x+4)$

02 $x^2-x=X$로 놓으면
$(x^2-x+1)(x^2-x-9)+21$
$=(X+1)(X-9)+21$
$=X^2-8X+12$
$=(X-2)(X-6)$
$=(x^2-x-2)(x^2-x-6)$
$=(x+1)(x-2)(x+2)(x-3)$
$=(x+2)(x+1)(x-2)(x-3)$
$\therefore a=-2, b=-3$ 또는 $a=-3, b=-2$
$\therefore a+b=-5$ 답 ⑤

03 $(x-2)(x-4)(x-6)(x-8)+k$
$=\{(x-2)(x-8)\}\{(x-4)(x-6)\}+k$
$=(x^2-10x+16)(x^2-10x+24)+k$

$x^2-10x=X$로 놓으면
$(x^2-10x+16)(x^2-10x+24)+k$
$=(X+16)(X+24)+k$
$=X^2+40X+384+k$
이 식이 이차식의 완전제곱식으로 인수분해되려면
$X^2+40X+384+k=(X+20)^2$에서
$384+k=400$이므로 $k=16$ 답 16

04 $x^2=t$로 놓으면
$x^4-20x^2+64=t^2-20t+64$
$\qquad\qquad =(t-4)(t-16)$
$\qquad\qquad =(x^2-4)(x^2-16)$
$\qquad\qquad =(x+2)(x-2)(x+4)(x-4)$
이때 $a<b<c<d$이므로
$a=-4, b=-2, c=2, d=4$
$\therefore ad-bc=(-4)\times4-(-2)\times2$
$\qquad\qquad =-12$ 답 ④

05 $x^4-6x^2y^2+y^4=x^4-2x^2y^2+y^4-4x^2y^2$
$\qquad\qquad =(x^2-y^2)^2-(2xy)^2$
$\qquad\qquad =(x^2-y^2+2xy)(x^2-y^2-2xy)$
$\qquad\qquad =(x^2+2xy-y^2)(x^2-2xy-y^2)$
따라서 인수인 것은 ② $x^2-2xy-y^2$이다.   답 ②

06 주어진 식을 x에 대하여 내림차순으로 정리하면
$x^2+3xy-3x-5y+2y^2+2$
$=x^2+3(y-1)x+2y^2-5y+2$
$=x^2+(3y-3)x+(2y-1)(y-2)$
$=(x+2y-1)(x+y-2)$
$\therefore a=2, b=1, c=-2$
$\therefore a+b+c=1$ 답 1

07 주어진 식을 전개한 다음 x에 대하여 내림차순으로 정리하면
$xy(x+y)-yz(y+z)-zx(z-x)$
$=x^2y+xy^2-y^2z-yz^2-z^2x+zx^2$
$=(y+z)x^2+(y^2-z^2)x-yz(y+z)$
$=(y+z)x^2+(y+z)(y-z)x-yz(y+z)$
$=(y+z)\{x^2+(y-z)x-yz\}$
$=(y+z)(x+y)(x-z)$
$=(x+y)(y+z)(x-z)$
따라서 인수인 것은 ② $x-z$이다.   답 ②

08 $x+y+z=1$에서 $z=1-x-y$
$\therefore x^2-4xy+3y^2-x-7y-2z$
$\quad =x^2-4xy+3y^2-x-7y-2(1-x-y)$

$$=x^2-4xy+x+3y^2-5y-2$$
$$=x^2+(1-4y)x+3y^2-5y-2$$
$$=x^2+(1-4y)x+(3y+1)(y-2)$$
$$=(x-3y-1)(x-y+2)$$

답 $(x-3y-1)(x-y+2)$

09 $f(x)=x^4-x^3+ax^2+bx+6$이라 하면
$f(-1)=0$, $f(-2)=0$이므로
$1+1+a-b+6=0$, $16+8+4a-2b+6=0$
$a-b=-8$, $4a-2b=-30$
위의 두 식을 연립하여 풀면
$a=-7$, $b=1$
$\therefore f(x)=x^4-x^3-7x^2+x+6$
따라서 조립제법을 이용하여 인수분해하면

```
-1 | 1   -1   -7    1    6
   |     -1    2    5   -6
-2 | 1   -2   -5    6  | 0
   |     -2    8   -6
     1   -4    3  | 0
```

$\therefore x^4-x^3-7x^2+x+6$
$$=(x+1)(x+2)(x^2-4x+3)$$
$$=(x+1)(x+2)(x-1)(x-3)$$

답 $(x+1)(x+2)(x-1)(x-3)$

• 다른 풀이 •

다항식 $x^4-x^3+ax^2+bx+6$이 두 일차식 $x+1$, $x+2$를 인수로 가지므로
$$x^4-x^3+ax^2+bx+6=(x+1)(x+2)(x^2+px+3)$$
(단, p는 상수) ······㉠
이라 할 수 있다.
$(x+1)(x+2)(x^2+px+3)$
$$=x^4+(p+3)x^3+(3p+5)x^2+(2p+9)x+6$$
이므로
$x^4-x^3+ax^2+bx+6$
$$=x^4+(p+3)x^3+(3p+5)x^2+(2p+9)x+6$$
이 식이 x에 대한 항등식이므로
$-1=p+3$, $a=3p+5$, $b=2p+9$
$\therefore p=-4$, $a=-7$, $b=1$
㉠에서
$x^4-x^3+ax^2+bx+6$
$$=(x+1)(x+2)(x^2-4x+3)$$
$$=(x+1)(x+2)(x-1)(x-3)$$

10 $(x^2-1)^2-3x(x^2+1)=x^4-2x^2+1-3x^3-3x$
$$=x^4-3x^3-2x^2-3x+1$$
$$=x^2\left(x^2-3x-2-\frac{3}{x}+\frac{1}{x^2}\right)$$

$$=x^2\left\{\left(x^2+\frac{1}{x^2}\right)-3\left(x+\frac{1}{x}\right)-2\right\}$$
$$=x^2\left\{\left(x+\frac{1}{x}\right)^2-3\left(x+\frac{1}{x}\right)-4\right\}$$
$$=x^2\left(x+\frac{1}{x}+1\right)\left(x+\frac{1}{x}-4\right)$$
$$=(x^2+x+1)(x^2-4x+1)$$

$\therefore a=1$, $b=-4$, $c=1$
$\therefore a+b+c=-2$

답 ①

• 다른 풀이 •

$(x^2-1)^2-3x(x^2+1)=(x^2+1)^2-4x^2-3x(x^2+1)$
$x^2+1=A$로 놓으면
$(x^2+1)^2-4x^2-3x(x^2+1)$
$$=A^2-4x^2-3xA$$
$$=A^2-3xA-4x^2$$
$$=(A+x)(A-4x)$$
$$=(x^2+x+1)(x^2-4x+1)$$
따라서 $a=1$, $b=-4$, $c=1$이므로
$a+b+c=-2$

BLACKLABEL 특강　오답 피하기

다항식 $x^4-3x^3-2x^2-3x+1$의 인수분해에서
$x^4-3x^3-2x^2-3x+1=x^2\left(x+\frac{1}{x}+1\right)\left(x+\frac{1}{x}-4\right)$와 같이 인수분해하는 경우가 있다. 이러한 경우 우변이 다항식의 곱의 꼴이 아니므로 인수분해를 바르게 했다고 볼 수 없다.

---

11 주어진 식에서 가장 낮은 차수의 문자는 b이므로 b에 대하여 내림차순으로 정리하면
$ac^2-2a^2c+a^3+bc^2-2abc+a^2b$
$$=b(a^2-2ac+c^2)+a(a^2-2ac+c^2)$$
$$=(b+a)(a^2-2ac+c^2)$$
$$=(a+b)(a-c)^2$$
이때 $a+b=2$, $b+c=5$를 변끼리 빼면
$a-c=-3$
따라서 구하는 식의 값은
$2\times(-3)^2=18$

답 ④

12 $(a-b)c^3-(a^2-b^2)c^2-(a^3-a^2b+ab^2-b^3)c$
$$+(a^4-b^4)=0$$
에서
$(a-b)c^3-(a+b)(a-b)c^2-\{a^2(a-b)+b^2(a-b)\}c$
$$+(a^2+b^2)(a^2-b^2)=0$$
$(a-b)c^3-(a+b)(a-b)c^2-(a-b)(a^2+b^2)c$
$$+(a+b)(a-b)(a^2+b^2)=0$$
$(a-b)\{c^3-(a+b)c^2-(a^2+b^2)c$
$$+(a+b)(a^2+b^2)\}=0$$
$(a-b)[c^2\{c-(a+b)\}-(a^2+b^2)\{c-(a+b)\}]=0$
$(a-b)(c-a-b)(c^2-a^2-b^2)=0$

이때 $c-a-b\neq0$이므로 $a-b=0$ 또는 $c^2-a^2-b^2=0$

∴ $a=b$ 또는 $c^2=a^2+b^2$ ──삼각형의 두 변의 길이의 합은 나머지 한 변의 길이보다 크다.

따라서 구하는 삼각형은 빗변의 길이가 c인 직각삼각형 또는 $a=b$인 이등변삼각형이다. 답 ⑤

BLACKLABEL 특강 | 필수 개념

세 변의 길이에 따른 삼각형의 모양

삼각형 ABC의 세 변의 길이를 a, b, c $(a\leq b\leq c)$라 하면

(1) $c^2=a^2+b^2$: 직각삼각형   (2) $c^2<a^2+b^2$: 예각삼각형

(3) $c^2>a^2+b^2$: 둔각삼각형   (4) $a=b=c$: 정삼각형

(5) $a=b$ 또는 $b=c$ 또는 $c=a$: 이등변삼각형

---

13 $13=t$로 놓으면

$2355=13^3+13^2-13+2$

$\quad =t^3+t^2-t+2$

$\quad =(t+2)(t^2-t+1)$

$\quad =(13+2)\times(13^2-13+1)$

$\quad =15\times157$

이때 a, b는 10 이상의 자연수이므로

$a=15$, $b=157$ 또는 $a=157$, $b=15$

∴ $a+b=172$ 답 ③

조립제법:

```
-2 | 1   1  -1   2
   |    -2   2  -2
   ---------------
     1  -1   1 | 0
```

14 $f(n)=n^3+7n^2+14n+8$이라 하면 $f(-1)=0$이므로 조립제법을 이용하여 인수분해하면

$f(n)=n^3+7n^2+14n+8$

$\quad =(n+1)(n^2+6n+8)$

$\quad =(n+1)(n+2)(n+4)$

조립제법:

```
-1 | 1   7  14   8
   |    -1  -6  -8
   ---------------
     1   6   8 | 0
```

즉, 바닥 전체의 가로의 길이는 $(n+1)(n+2)(n+4)$, 세로의 길이는 $n^2+4n+3=(n+1)(n+3)$이므로 한 변의 길이가 $n+1$인 정사각형이 가로에 $(n+2)(n+4)$개, 세로에 $(n+3)$개가 필요하다.

따라서 필요한 타일의 개수는 $(n+2)(n+3)(n+4)$이다. 답 ⑤

STEP 2 1등급을 위한 최고의 변별력 문제   pp.23~25

01 ④	02 31	03 ①	04 ③
05 $(ab+a+1)(ab+b+1)$		06 ⑤	07 59
08 40	09 20	10 $(a+b+c)(ab+bc+ca)$	
11 ③	12 0	13 ②	14 ④ 15 14
16 ①	17 ②	18 38	

---

01 1000개의 이차다항식을

x^2+2x-n (단, n은 1000 이하의 자연수)

이라 하면 계수와 상수항이 모두 정수인 두 일차식의 곱으로 인수분해되어야 하므로

$x^2+2x-n=(x+a)(x-b)$ (단, a, b는 자연수)

라 할 수 있다.

이때 $x^2+2x-n=x^2+(a-b)x-ab$이므로

$a-b=2$, $ab=n$

$ab\leq1000$이고, $a-b=2$인 자연수 a, b의 값은 다음 표와 같다.

a	3	4	5	⋯	31	32
b	1	2	3	⋯	29	30
ab	3	8	15	⋯	899	960

따라서 계수와 상수항이 모두 정수인 두 일차식의 곱으로 인수분해되는 것의 개수는 30이다. 답 ④

---

02 $a+b+c=5$에서

$a+b=5-c$, $b+c=5-a$, $c+a=5-b$이므로

$ab(a+b)+bc(b+c)+ca(c+a)$

$=ab(5-c)+bc(5-a)+ca(5-b)$

$=5(ab+bc+ca)-3abc$ ⋯⋯㉠

한편, $(a+b+c)^2=a^2+b^2+c^2+2(ab+bc+ca)$에서

$25=9+2(ab+bc+ca)$

∴ $ab+bc+ca=8$ ⋯⋯㉡

$a^3+b^3+c^3-3abc$

$=(a+b+c)(a^2+b^2+c^2-ab-bc-ca)$에서

$14-3abc=5\times(9-8)$

∴ $abc=3$ ⋯⋯㉢

㉡, ㉢을 ㉠에 대입하면 구하는 식의 값은

$5\times8-3\times3=31$ 답 31

---

03 $\dfrac{a^3+b^3}{a^3+c^3}=\dfrac{a+b}{a+c}$에서 $\dfrac{(a+b)(a^2-ab+b^2)}{(a+c)(a^2-ac+c^2)}=\dfrac{a+b}{a+c}$

$\dfrac{a^2-ab+b^2}{a^2-ac+c^2}=1$ ($\because a+b>0$, $a+c>0$)

$a^2-ab+b^2=a^2-ac+c^2$, $b^2-c^2-ab+ac=0$

$(b+c)(b-c)-a(b-c)=0$, $(b-c)(b+c-a)=0$

∴ $b=c$ 또는 $a=b+c$ ⋯⋯㉠

따라서 ㉠을 만족시키는 순서쌍 (a, b, c)는 ㄱ, ㄴ이다. 답 ①

---

04 ax^3+b를 $ax+b$로 나눈 몫과 나머지는 각각 $Q_1(x)$, R_1이므로

$ax^3+b=(ax+b)Q_1(x)+R_1$ ⋯⋯㉠

ax^4+b를 $ax+b$로 나눈 몫과 나머지는 각각 $Q_2(x)$, R_2이므로

$ax^4+b=(ax+b)Q_2(x)+R_2$ ⋯⋯㉡

⊙, ⓒ의 양변에 $x=-\dfrac{b}{a}$를 각각 대입하면

$R_1=-\dfrac{b^3}{a^2}+b$, $R_2=\dfrac{b^4}{a^3}+b$

이때 $R_1=R_2$이므로

$-\dfrac{b^3}{a^2}+b=\dfrac{b^4}{a^3}+b$, $b=-a$ ($\because a\neq0$, $b\neq0$)

$\therefore R_1=R_2=0$

⊙에서 $ax^3-a=a(x-1)(x^2+x+1)$이므로

$a(x-1)(x^2+x+1)=a(x-1)Q_1(x)$

$\therefore Q_1(x)=x^2+x+1$

ⓒ에서 $ax^4-a=a(x-1)(x+1)(x^2+1)$이므로

$a(x-1)(x+1)(x^2+1)=a(x-1)Q_2(x)$

$\therefore Q_2(x)=(x+1)(x^2+1)$

따라서 $Q_1(3)=13$, $Q_2(4)=85$이므로

$Q_1(3)+Q_2(4)=98$ 답 ③

05 $(a+1)(b+1)(ab+1)+ab$

$=(ab+a+b+1)(ab+1)+ab$

$ab+1=A$로 놓으면

$(A+a+b)A+ab=A^2+(a+b)A+ab$

$\qquad\qquad\qquad\quad =(A+a)(A+b)$

$\qquad\qquad\qquad\quad =(ab+a+1)(ab+b+1)$

답 $(ab+a+1)(ab+b+1)$

06 $310=x$로 놓으면

$308\times310\times313-3116$

$=(x-2)x(x+3)-(10x+16)$

$=x^3+x^2-6x-10x-16=x^3+x^2-16x-16$

$=x^3-16x+x^2-16=x(x^2-16)+(x^2-16)$

$=(x+1)(x^2-16)=(x+1)(x+4)(x-4)$

$=311\times314\times306$

이때 311은 소수이고, $306=2\times3^2\times17$, $314=2\times157$

이므로

$308\times310\times313-3116=2^2\times3^2\times17\times157\times311$

따라서 양의 약수의 개수는

$(2+1)\times(2+1)\times(1+1)\times(1+1)\times(1+1)=72$

답 ⑤

07 $(x^2-3x+2)(x^2+7x+12)+4$

$=(x-1)(x-2)(x+4)(x+3)+4$

$=(x+3)(x-1)(x+4)(x-2)+4$

$=(x^2+2x-3)(x^2+2x-8)+4$

$x^2+2x=X$로 놓으면

$(x^2+2x-3)(x^2+2x-8)+4$

$=(X-3)(X-8)+4$

$=X^2-11X+28$

$=(X-4)(X-7)$

$=(x^2+2x-4)(x^2+2x-7)$

따라서 $f(x)=x^2+2x-4$, $g(x)=x^2+2x-7$ 또는

$f(x)=x^2+2x-7$, $g(x)=x^2+2x-4$이므로

$f(5)+g(5)=59$ 답 59

08 다항식 $x^4-2(a^2+b^2)x^2+(a^2-b^2)^2$에서 $x^2=t$로 놓고

인수분해하면

$x^4-2(a^2+b^2)x^2+(a^2-b^2)^2$

$=t^2-2(a^2+b^2)t+(a^2-b^2)^2$

$=t^2-2(a^2+b^2)t+(a+b)^2(a-b)^2$

$=\{t-(a+b)^2\}\{t-(a-b)^2\}$

$=\{x^2-(a+b)^2\}\{x^2-(a-b)^2\}$

$=(x+a+b)(x-a-b)(x+a-b)(x-a+b)$

한편, 다항식 x^2-4a^2을 인수분해하면

$x^2-4a^2=(x+2a)(x-2a)$

(i) $a+b=\underline{2a}$이면   ┌$-2a$인 경우는 부호만 반대이기 때문에 따로 생각할 필요가 없다.

    $a=b$이므로 a, b는 서로 같은 자연수이다.

(ii) $-a-b=2a$이면

    $3a=-b$이므로 a, b 중 자연수가 아닌 것이 존재한다.

(iii) $a-b=2a$이면

    $a=-b$이므로 a, b 중 자연수가 아닌 것이 존재한다.

(iv) $-a+b=2a$이면

    $3a=b$이므로 a, b는 서로 다른 자연수이다.

(i)~(iv)에서 $3a=b$이고 a, b가 서로 다른 한 자리의 짝수

이므로

$a=2$, $b=6$

$\therefore a^2+b^2=2^2+6^2=40$ 답 40

• 다른 풀이 •

$f(x)=x^4-2(a^2+b^2)x^2+(a^2-b^2)^2$이라 하면

$x^2-4a^2=(x+2a)(x-2a)$이고, 주어진 두 다항식이

공통인수를 가지므로 나머지정리에 의하여

$f(-2a)=0$ 또는 $f(2a)=0$

$16a^4-8a^4-8a^2b^2+a^4-2a^2b^2+b^4=0$

$9a^4-10a^2b^2+b^4=0$, $(9a^2-b^2)(a^2-b^2)=0$

$b^2=9a^2$ ($\because a\neq b$) $\therefore b=3a$ ($\because a>0$, $b>0$)

이때 a, b는 서로 다른 한 자리의 짝수이므로

$a=2$, $b=6$

$\therefore a^2+b^2=2^2+6^2=40$

09 $x+2y+3z=6$에서

$(x-1)+2(y-1)+3(z-1)=0$

이때 $x-1=a$, $2(y-1)=b$, $3(z-1)=c$로 놓으면

$a+b+c=0$이므로

$a^3+b^3+c^3-3abc$

$=(a+b+c)(a^2+b^2+c^2-ab-bc-ca)$

$=0$

$$\therefore a^3+b^3+c^3=3abc \quad\cdots\cdots\bigcirc$$

$$\therefore \frac{360(x-1)(y-1)(z-1)}{(x-1)^3+8(y-1)^3+27(z-1)^3}$$

$$=\frac{360(x-1)(y-1)(z-1)}{(x-1)^3+\{2(y-1)\}^3+\{3(z-1)\}^3}$$

$$=\frac{360\times a\times\dfrac{b}{2}\times\dfrac{c}{3}}{a^3+b^3+c^3}$$

$$=\frac{60abc}{3abc} (\because \bigcirc)$$

$$=20 \underset{\substack{x\neq1,\,y\neq1,\,z\neq1\text{이므로}\\ a\neq0,\,b\neq0,\,c\neq0}}{}$$

답 20

10 주어진 식을 전개한 다음 a에 대하여 내림차순으로 정리
하면
$$(a+b)(b+c)(c+a)+abc$$
$$=abc+a^2b+ac^2+a^2c+b^2c+ab^2+bc^2+abc+abc$$
$$=(b+c)a^2+(b^2+3bc+c^2)a+bc(b+c)$$
$$=\{a+(b+c)\}\{(b+c)a+bc\}$$
$$=(a+b+c)(ab+bc+ca)$$

답 $(a+b+c)(ab+bc+ca)$

• 다른 풀이 •

$a+b+c=t$로 놓으면
$$(a+b)(b+c)(c+a)+abc$$
$$=(t-c)(t-a)(t-b)+abc$$
$$=t^3-(a+b+c)t^2+(ab+bc+ca)t-abc+abc$$
$$=t^3-(a+b+c)t^2+(ab+bc+ca)t$$
$$=t\{t^2-(a+b+c)t+ab+bc+ca\}$$
$$=(a+b+c)\{(a+b+c)^2-(a+b+c)^2+ab+bc+ca\}$$
$$=(a+b+c)(ab+bc+ca)$$

11 주어진 다항식을 x에 대하여 내림차순으로 정리하면
$$x^2+(4y-1)x+3y^2+y+k$$
이때 두 일차식의 곱으로 인수분해되려면 $4y-1$은 y에
대한 두 일차식의 합, $3y^2+y+k$는 y에 대한 두 일차식의
곱으로 나타낼 수 있어야 하므로 y에 대한 두 일차식을
$y+a$, $3y+b$ (a, b는 상수)라 하자.
$(y+a)+(3y+b)=4y-1$이므로
$$a+b=-1 \quad\cdots\cdots\bigcirc$$
$(y+a)(3y+b)=3y^2+y+k$이므로
$$3y^2+(3a+b)y+ab=3y^2+y+k$$
$$\therefore 3a+b=1,\ ab=k \quad\cdots\cdots\bigcirc$$
$\bigcirc$, $\bigcirc$을 연립하여 풀면 $a=1$, $b=-2$
$$\therefore k=1\times(-2)=-2$$

답 ③

• 다른 풀이 •

주어진 다항식을 x에 대하여 내림차순으로 정리하면
$$x^2+(4y-1)x+3y^2+y+k$$
이때 두 일차식의 곱으로 인수분해되려면 이차방정식
$x^2+(4y-1)x+3y^2+y+k=0$에서

$$x=\frac{-(4y-1)\pm\sqrt{(4y-1)^2-4(3y^2+y+k)}}{2}$$의 근호 안

의 식 $(4y-1)^2-4(3y^2+y+k)$가 완전제곱식이 되어야
한다. 이차방정식 $(4y-1)^2-4(3y^2+y+k)=0$, 즉
$4y^2-12y+1-4k=0$의 판별식을 D라 하면
$$\frac{D}{4}=(-6)^2-4(1-4k)=0$$
$$\therefore k=-2$$

BLACKLABEL 특강 | **풀이 첨삭**

a, b, c가 실수일 때, 이차식 ax^2+bx+c $(a\neq0)$가
$$ax^2+bx+c=a(x-\alpha)(x-\beta)\ (\alpha,\ \beta\text{는 유리수})$$
와 같이 계수와 상수항이 모두 유리수인 두 일차식의 곱으로 표현되려
면 이차방정식 $ax^2+bx+c=0$ $(a\neq0)$의 두 근
$$x=\frac{-b\pm\sqrt{b^2-4ac}}{2a}$$가 모두 유리수이어야 한다.
즉, 근호 안의 b^2-4ac의 값이 유리수의 제곱이 되어야 한다.

---

12 $f(b,\,a,\,c)+f(c,\,a,\,b)=-3$에서
$$\frac{b}{a}+\frac{a}{c}+\frac{c}{b}+\frac{c}{a}+\frac{a}{b}+\frac{b}{c}=-3$$
$$\frac{b^2c+a^2b+c^2a+bc^2+ca^2+ab^2}{abc}=-3$$
즉, $b^2c+a^2b+c^2a+bc^2+ca^2+ab^2=-3abc$이므로
$$b^2c+a^2b+c^2a+bc^2+ca^2+ab^2+3abc=0$$
이때 좌변을 a에 대한 내림차순으로 정리하여 인수분해
하면
$$b^2c+a^2b+c^2a+bc^2+ca^2+ab^2+3abc$$
$$=(b+c)a^2+(b^2+3bc+c^2)a+bc(b+c)$$
$$=\{a+(b+c)\}\{(b+c)a+bc\}$$
$$=(a+b+c)(ab+bc+ca)$$
이므로 $(a+b+c)(ab+bc+ca)=0$
$$\therefore ab+bc+ca=0 (\because a+b+c\neq0)$$
$$\therefore \frac{1}{a}+\frac{1}{b}+\frac{1}{c}=\frac{ab+bc+ca}{abc}=0$$

답 0

단계	채점 기준	배점
(가)	$f(b,\,a,\,c)+f(c,\,a,\,b)$를 a, b, c에 대한 식으로 정리한 경우	30%
(나)	식을 변형하여 $(a+b+c)(ab+bc+ca)$의 값을 구한 경우	40%
(다)	$\dfrac{1}{a}+\dfrac{1}{b}+\dfrac{1}{c}$의 값을 구한 경우	30%

13
$$xy(x-y)+yz(y-z)+zx(z-x)$$
$$=x^2y-xy^2+y^2z-yz^2+z^2x-zx^2$$
$$=(y-z)x^2-(y^2-z^2)x+y^2z-yz^2$$
$$=(y-z)x^2-(y-z)(y+z)x+yz(y-z)$$
$$=(y-z)\{x^2-(y+z)x+yz\}$$
$$=(y-z)(x-y)(x-z)$$
이므로 $(x-y)(y-z)(z-x)=0$
즉, $x=y$ 또는 $y=z$ 또는 $z=x$이어야 한다.

$x^3+y^3+z^3-3xyz$
$=(x+y+z)(x^2+y^2+z^2-xy-yz-zx)$
$=10$ ……㉠

에서 다음과 같이 경우를 나누어 생각할 수 있다.

(i) $x=y$일 때, ㉠에 대입하면

　$(2x+z)(x-z)^2=10$

　이때 x, y, z는 자연수이고, 10의 약수 중에서 제곱수는 1뿐이므로 $x-z=\pm1$이고, $2x+z=10$이다.

　① $x-z=1$인 경우

　　$z=x-1$이고 $2x+z=10$에서 $3x-1=10$이므로

　　$x=\dfrac{11}{3}$

　　그런데 x는 자연수이므로 조건을 만족시키지 않는다.

　② $x-z=-1$인 경우

　　$z=x+1$이고 $2x+z=10$에서 $3x+1=10$이므로

　　$x=3$

　　$\therefore y=3$, $z=x+1=4$

　①, ②에서 $x=3$, $y=3$, $z=4$

(ii) $y=z$일 때,

　(i)과 같은 방법으로 하면 $x=4$, $y=3$, $z=3$

(iii) $z=x$일 때,

　(i)과 같은 방법으로 하면 $x=3$, $y=4$, $z=3$

(i), (ii), (iii)에서 $xyz=36$　　　　　　　　　　　답 ②

14 $f(x)=x^4+x^3-3x^2-4x-4$라 하면 $f(2)=0$, $f(-2)=0$
이므로 조립제법을 이용하여 인수분해하면

```
  2 | 1    1   -3   -4   -4
    |      2    6    6    4
 -2 | 1    3    3    0
    |     -2   -2   -2
      1    1    1    0
```

$\therefore f(x)=(x-2)(x+2)(x^2+x+1)$

이때 $g(x)=ax^4+bx^3+cx^2-16a$라 하면 두 다항식
$f(x)$, $g(x)$가 일차식인 공통인수를 가지므로 $g(x)$는
$x-2$ 또는 $x+2$를 인수로 가져야 한다.

(i) $g(x)$가 $x-2$를 인수로 갖는 경우

　$g(2)=16a+8b+4c-16a=0$에서 $c=-2b$

　그런데 b, c는 모두 양수이므로 성립하지 않는다.

(ii) $g(x)$가 $x+2$를 인수로 갖는 경우

　$g(-2)=16a-8b+4c-16a=0$에서 $c=2b$

(i), (ii)에서 $c=2b$이므로

$ax^5+bx^2-4ax-c=ax^5+bx^2-4ax-2b$
$\qquad\qquad\qquad\qquad=ax(x^4-4)+b(x^2-2)$
$\qquad\qquad\qquad\qquad=ax(x^2-2)(x^2+2)+b(x^2-2)$
$\qquad\qquad\qquad\qquad=(x^2-2)\{ax(x^2+2)+b\}$
$\qquad\qquad\qquad\qquad=(x^2-2)(ax^3+2ax+b)$

따라서 다항식 $ax^5+bx^2-4ax-c$의 인수로 항상 옳은
것은 ④ x^2-2이다.　　　　　　　　　　　　답 ④

15 $f(n)=n^2-3n+2=(n-1)(n-2)$
$g(n)=2n^3-12n^2+28n-24$에서 $g(2)=0$이므로 조립
제법을 이용하여 인수분해하면

```
 2 | 2   -12    28   -24
   |        4   -16    24
     2    -8    12     0
```

$\therefore g(n)=(n-2)(2n^2-8n+12)$
$\qquad\quad=2(n-2)(n^2-4n+6)$

$\dfrac{g(n)}{f(n)}$이 정의되기 위해서는 $f(n)\neq0$이어야 하므로
$n\neq1$, $n\neq2$

$\therefore \dfrac{g(n)}{f(n)}=\dfrac{2(n-2)(n^2-4n+6)}{(n-1)(n-2)}$
$\qquad\qquad=\dfrac{2(n^2-4n+6)}{n-1}$ $(\because n\neq2)$
$\qquad\qquad=\dfrac{2\{(n-1)(n-3)+3\}}{n-1}$
$\qquad\qquad=2n-6+\dfrac{6}{n-1}$

따라서 $\dfrac{g(n)}{f(n)}$이 자연수이려면 $\dfrac{6}{n-1}$이 정수이어야 하
고, $n\neq1$, $n\neq2$이므로 $n-1$은 2 이상의 6의 약수이어야
한다.

(i) $n-1=2$일 때, $n=3$

　$\dfrac{g(3)}{f(3)}=0+3=3$ (자연수)

(ii) $n-1=3$일 때, $n=4$

　$\dfrac{g(4)}{f(4)}=2+2=4$ (자연수)

(iii) $n-1=6$일 때, $n=7$

　$\dfrac{g(7)}{f(7)}=8+1=9$ (자연수)

(i), (ii), (iii)에서 n의 값은 3, 4, 7이고 그 합은 14이다.

답 14

16 구하는 입체도형의 부피는 한 모서리의 길이가 x인 정육
면체의 부피에서 구멍 부분의 부피를 빼면 된다.

이때 구멍 부분의 부피는 한 변의 길이가 y인 정사각형을
밑면으로 하고, 높이가 x인 정사각기둥 3개의 부피의 합
에서 중복된 부분인 한 모서리의 길이가 y인 정육면체의
부피를 두 번 빼서 구할 수 있다.

즉, 구멍 부분의 부피는 $3xy^2-2y^3$이므로 구하는 입체도
형의 부피는

$x^3-(3xy^2-2y^3)=x^3-3xy^2+2y^3$

이때 $f(x)=x^3-3xy^2+2y^3$이라 하면 $f(y)=0$이므로
조립제법을 이용하여 인수분해하면

```
 y | 1    0   -3y^2    2y^3
   |      y     y^2   -2y^3
     1    y   -2y^2      0
```

$\therefore x^3-3xy^2+2y^3=(x-y)(x^2+xy-2y^2)$
$\qquad\qquad\qquad\qquad=(x-y)(x-y)(x+2y)$
$\qquad\qquad\qquad\qquad=(x-y)^2(x+2y)$　　　　　답 ①

•다른 풀이•

$$x^3-3xy^2+2y^3=x^3-xy^2-2xy^2+2y^3$$
$$=x(x+y)(x-y)-2y^2(x-y)$$
$$=(x-y)\{x(x+y)-2y^2\}$$
$$=(x-y)(x^2+xy-2y^2)$$
$$=(x-y)(x-y)(x+2y)$$
$$=(x-y)^2(x+2y)$$

17 조건 ㈏에서

$$\{P(x)\}^3+\{Q(x)\}^3=6x^4+24x^3+24x^2+2$$

이므로

$$\{P(x)+Q(x)\}^3-3P(x)Q(x)\{P(x)+Q(x)\}$$
$$=6x^4+24x^3+24x^2+2 \quad\cdots\cdots\bigcirc$$

조건 ㈎에서 $P(x)+Q(x)=2$이므로 ㉠에 대입하면

$$8-6P(x)Q(x)=6x^4+24x^3+24x^2+2$$
$$-6P(x)Q(x)=6x^4+24x^3+24x^2-6$$
$$\therefore P(x)Q(x)=-x^4-4x^3-4x^2+1$$

이때 $P(-1)Q(-1)=0$이므로 조립제법을 이용하여 인수분해하면

$$
\begin{array}{r|rrrrr}
-1 & -1 & -4 & -4 & 0 & 1 \\
   &   & 1 & 3 & 1 & -1 \\
\hline
-1 & -1 & -3 & -1 & 1 & \boxed{0} \\
   &   & 1 & 2 & -1 & \\
\hline
   & -1 & -2 & 1 & \boxed{0} &
\end{array}
$$

$$P(x)Q(x)=-(x+1)^2(x^2+2x-1)$$
$$=-(x^2+2x+1)(x^2+2x-1)$$

이때 $P(x)+Q(x)=2$이고 $P(x)$의 최고차항의 계수가 음수이므로

$$P(x)=-x^2-2x+1,\ Q(x)=x^2+2x+1$$
$$\therefore P(1)+Q(2)=-2+9=7 \qquad \text{답 ②}$$

18 해결단계

❶단계	주어진 식을 인수정리를 이용하여 인수분해한다.
❷단계	이차식을 미지수를 이용한 두 일차식의 곱으로 나타낸다.
❸단계	조건에 맞는 $M,\ m$의 값을 각각 구한 후, $M-m$의 값을 구한다.

$f(x)=3x^3+(k-3)x^2+(6-k)x-6$이라 하면
$f(1)=0$이므로 조립제법을 이용하여 인수분해하면

$$
\begin{array}{r|rrrr}
1 & 3 & k-3 & 6-k & -6 \\
  &   & 3   & k   & 6 \\
\hline
  & 3 & k   & 6   & \boxed{0}
\end{array}
$$

$$\therefore 3x^3+(k-3)x^2+(6-k)x-6$$
$$=(x-1)(3x^2+kx+6)$$

* 이때 $3x^2+kx+6=(3x+a)(x+b)$ ($a,\ b$는 정수)라 하면 $3x^2+kx+6=3x^2+(a+3b)x+ab$에서

$k=a+3b,\ 6=ab$
$a=1,\ b=6$일 때,
$M=1+3\times6=19$
$a=-1,\ b=-6$일 때,
$m=-1+3\times(-6)=-19$
$\therefore M-m=19-(-19)=38 \qquad \text{답 38}$

•다른 풀이•

$$3x^3+(k-3)x^2+(6-k)x-6$$
$$=3x^3+kx^2-3x^2+6x-kx-6$$
$$=3x^2(x-1)+kx(x-1)+6(x-1)$$
$$=(x-1)(3x^2+kx+6)$$

다음은 *와 같다.

STEP **3** 1등급을 넘어서는 종합 사고력 문제   p.26

01 60	02 ⑤	03 128	04 240	05 ②
06 18				

01 해결단계

❶단계	c에 대한 내림차순으로 정리하여 인수분해한다.
❷단계	$a,\ b,\ c$는 삼각형의 세 변의 길이이므로 등식을 만족시키는 $a,\ b,\ c$ 사이의 관계를 구한다.
❸단계	삼각형 ABC의 넓이를 구한다.

주어진 등식의 좌변을 c에 대하여 내림차순으로 정리하여 인수분해하면

$$(a+b)^2(a^2+b^2)-2(a^2+ab+b^2)c^2+c^4$$
$$=c^4-2(a^2+ab+b^2)c^2+(a^2+2ab+b^2)(a^2+b^2)$$
$$=\{c^2-(a^2+2ab+b^2)\}\{c^2-(a^2+b^2)\}$$
$$=\{c^2-(a+b)^2\}\{c^2-(a^2+b^2)\}$$
$$=\{c+(a+b)\}\{c-(a+b)\}\{c^2-(a^2+b^2)\}$$
$$\therefore (c+a+b)(c-a-b)(c^2-a^2-b^2)=0$$

$a,\ b,\ c$는 삼각형의 세 변의 길이이므로
$c+a+b>0,\ c\ne a+b \qquad \therefore c^2=a^2+b^2$
즉, △ABC는 빗변의 길이가 c, 나머지 두 변의 길이가 $a,\ b$인 직각삼각형이다.

삼각형 ABC의 한 변의 길이가 8이고, 둘레의 길이가 40이어야 하므로 다음과 같은 경우로 나눌 수 있다.

(ⅰ) $c=8$인 경우

    $a<8,\ b<8$이고 $a+b+c<24$이므로 주어진 조건을 만족시키지 않는다.

(ⅱ) $a=8$ 또는 $b=8$인 경우

    $a=8$인 경우 $b+c=32,\ 64+b^2=c^2$
    이때 $64+b^2=c^2$에서

$b^2-c^2=-64$, $(b+c)(b-c)=-64$

$\therefore b-c=-2$

$b+c=32$, $b-c=-2$를 연립하여 풀면

$b=15$, $c=17$

$b=8$인 경우에도 같은 방법으로 하면

$a=15$, $c=17$

(i), (ii)에서 $a=8$, $b=15$ 또는 $a=15$, $b=8$

따라서 $\triangle ABC$는 빗변이 아닌 두 변의 길이가 8, 15인 직각삼각형이므로 삼각형 ABC의 넓이는

$\dfrac{1}{2}ab=\dfrac{1}{2}\times 8\times 15=60$

답 60

---

02 해결단계

❶단계	주어진 다항식이 계수와 상수항이 모두 자연수인 서로 다른 일차식의 곱으로만 인수분해되는 경우를 생각한다.
❷단계	a_{n-1}의 값의 의미를 파악한 후, ❶단계에서 나눈 경우에 따라 a_{n-1}의 값을 구한다.

주어진 다항식의 서로 다른 일차식인 인수를 $x+a_1$, $x+a_2$, $\cdots$, $x+a_n$이라 하면 a_i $(i=1, 2, 3, \cdots, n)$는 1000의 양의 약수이어야 한다.

이때 a_{n-1}의 값은 서로 다른 일차식인 인수의 상수항의 합이고, 상수항은 $1000=2^3\times 5^3$이므로

① $(x+2)(x+4)(x+125)$일 때,

$a_{n-1}=2+4+125=131$

② $(x+1)(x+2)(x+4)(x+125)$일 때,

$a_{n-1}=1+2+4+125=132$

③ $(x+8)(x+125)$일 때,

$a_{n-1}=8+125=133$

④ $(x+1)(x+8)(x+125)$일 때,

$a_{n-1}=1+8+125=134$

즉, a_i $(i=1, 2, 3, \cdots, n)$ 중 가장 큰 수가 125이면 a_{n-1}의 최댓값은 134이다.

그런데 a_1, a_2, a_3, $\cdots$, a_n 중 가장 큰 수가 125보다 큰 경우, 즉 200, 250, 500, 1000인 경우는 a_{n-1}의 값이 135를 넘게 된다.

따라서 a_{n-1}의 값으로 적당하지 않은 것은 ⑤ 135이다.

답 ⑤

---

03 해결단계

❶단계	두 선분 P_1Q_1, R_2Q_2의 교점을 D라 하였을 때, 네 삼각형 ABC, R_1Q_1C, DQ_2Q_1, P_2BQ_2의 넓이를 각각 S, x, y, z로 놓고 관계식을 구한다.
❷단계	네 삼각형 ABC, R_1Q_1C, DQ_2Q_1, P_2BQ_2가 서로 닮음임을 이용하여 x, y, z를 S, a, b, c로 표현한다.
❸단계	❶, ❷단계에서 구한 식을 이용하여 $ab+bc+ca$의 값을 구한 후, $a^3+b^3+c^3-3abc$의 값을 구한다.

$\overline{AB}=8$이므로 $\overline{AB}=\overline{AP_1}+\overline{P_1P_2}+\overline{P_2B}$에서

$a+b+c=8$ ……㉠

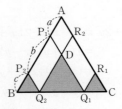

위의 그림과 같이 두 선분 P_1Q_1, R_2Q_2의 교점을 D라 하고, 삼각형 ABC의 넓이를 S, 삼각형 R_1Q_1C의 넓이를 x, 삼각형 DQ_2Q_1의 넓이를 y, 삼각형 P_2BQ_2의 넓이를 z라 하자.

색칠한 부분의 넓이가 삼각형 ABC의 넓이의 $\dfrac{1}{2}$이므로

$x+y+z=\dfrac{1}{2}S$ ……㉡

이때 세 선분 AC, P_1Q_1, P_2Q_2와 세 선분 AB, R_2Q_2, R_1Q_1이 각각 평행하므로 네 삼각형 ABC, R_1Q_1C, DQ_2Q_1, P_2BQ_2는 모두 닮음이다.

(i) 두 삼각형 ABC, R_1Q_1C의 닮음비는 $\overline{AB}:\overline{AP_1}$, 즉 $8:a$이고 넓이의 비는 $8^2:a^2$이므로

$S:x=64:a^2$, $64x=Sa^2$ $\therefore x=\dfrac{a^2}{64}S$

(ii) 두 삼각형 ABC, DQ_2Q_1의 닮음비는 $\overline{AB}:\overline{P_1P_2}$, 즉 $8:b$이고 넓이의 비는 $8^2:b^2$이므로

$S:y=64:b^2$, $64y=Sb^2$ $\therefore y=\dfrac{b^2}{64}S$

(iii) 두 삼각형 ABC, P_2BQ_2의 닮음비는 $\overline{AB}:\overline{P_2B}$, 즉 $8:c$이고 넓이의 비는 $8^2:c^2$이므로

$S:z=64:c^2$, $64z=Sc^2$ $\therefore z=\dfrac{c^2}{64}S$

(i), (ii), (iii)에서

$x+y+z=\dfrac{a^2}{64}S+\dfrac{b^2}{64}S+\dfrac{c^2}{64}S=\dfrac{a^2+b^2+c^2}{64}S$

㉡을 위의 식에 대입하면

$\dfrac{1}{2}S=\dfrac{a^2+b^2+c^2}{64}S$

$\therefore a^2+b^2+c^2=32$ ……㉢

**또한, $(a+b+c)^2=a^2+b^2+c^2+2(ab+bc+ca)$에서

$8^2=32+2(ab+bc+ca)$ $(\because$ ㉠, ㉢$)$

$2(ab+bc+ca)=32$

$\therefore ab+bc+ca=16$ ……㉣

$\therefore a^3+b^3+c^3-3abc$

$=(a+b+c)(a^2+b^2+c^2-ab-bc-ca)$

$=8\times(32-16)$ $(\because$ ㉠, ㉢, ㉣$)$

$=8\times 16=128$

답 128

● 다른 풀이 ●

$\triangle ABC$는 이등변삼각형이므로 **에서

$\overline{R_1Q_1}=\overline{R_1C}=a$, $\overline{DQ_2}=\overline{DQ_1}=b$, $\overline{P_2B}=\overline{P_2Q_2}=c$,

$\angle A=\angle Q_1R_1C=\angle Q_2DQ_1=\angle BP_2Q_2$

즉,

(색칠한 부분의 넓이)

$=\triangle R_1Q_1C+\triangle DQ_2Q_1+\triangle P_2BQ_2$

$$=\frac{1}{2}a^2\sin(\angle Q_1R_1C)+\frac{1}{2}b^2\sin(\angle Q_2DQ_1)$$
$$+\frac{1}{2}c^2\sin(\angle BP_2Q_2)$$
$$=\frac{1}{2}a^2\sin A+\frac{1}{2}b^2\sin A+\frac{1}{2}c^2\sin A$$
$$=\frac{1}{2}(a^2+b^2+c^2)\sin A \qquad \cdots\cdots ㉤$$

이때 색칠한 부분의 넓이가 삼각형 ABC의 넓이의 $\frac{1}{2}$이

므로

$$(\text{색칠한 부분의 넓이})=\frac{1}{2}\times\left(\frac{1}{2}\times 8\times 8\times\sin A\right)$$
$$=\frac{1}{2}\times 32\sin A$$
$$=16\sin A \qquad \cdots\cdots ㉥$$

㉤, ㉥에서

$$\frac{1}{2}(a^2+b^2+c^2)\sin A=16\sin A$$
$$\frac{1}{2}(a^2+b^2+c^2)=16 \qquad \therefore a^2+b^2+c^2=32$$

다음은 **와 같다.

BLACKLABEL 특강 | 필수 개념

삼각형의 넓이

삼각형 ABC에서 두 변의 길이가
각각 a, b이고 그 끼인각이 $\angle C$일 때,
이 삼각형의 넓이 S는

$$S=\frac{1}{2}ab\sin C$$

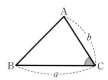

---

04 해결단계

❶단계	좌변은 인수분해하고, 우변은 소인수분해한다.
❷단계	❶단계의 결과를 이용하여 경우를 나누어 등식을 만족시키는 한 자리의 자연수 a, b, c를 구한 후, abc의 값을 구한다.

주어진 등식의 좌변을 인수분해하면

$$a^3(b-c)+b^3(c-a)+c^3(a-b)$$
$$=a^3(b-c)+b^3c-b^3a+c^3a-c^3b$$
$$=a^3(b-c)-(b^3-c^3)a+bc(b^2-c^2)$$
$$=a^3(b-c)-(b-c)(b^2+bc+c^2)a+bc(b+c)(b-c)$$
$$=(b-c)(a^3-ab^2-abc-ac^2+b^2c+bc^2)$$
$$=(b-c)\{a(a^2-b^2)-bc(a-b)-c^2(a-b)\}$$
$$=(b-c)\{a(a+b)(a-b)-bc(a-b)-c^2(a-b)\}$$
$$=(b-c)(a-b)(a^2+ab-bc-c^2)$$
$$=(b-c)(a-b)\{(a^2-c^2)+b(a-c)\}$$
$$=(b-c)(a-b)\{(a-c)(a+c)+b(a-c)\}$$
$$=(b-c)(a-b)(a-c)(a+b+c) \qquad \cdots\cdots ㉠$$

우변을 소인수분해하면 $114=2\times 3\times 19$이고,

$(b-c)+(a-b)=a-c$이므로 ㉠에서

(i) $(b-c)(a-b)(a-c)=1\times 1\times 2$인 경우

$$a+b+c=3\times 19=57 \qquad \cdots\cdots ㉡$$

그런데 a, b, c는 모두 한 자리 자연수이므로

$a+b+c\leq 27$이다.

즉, ㉡에 모순이다.

(ii) $(b-c)(a-b)(a-c)=1\times 2\times 3$인 경우

$$a+b+c=19 \qquad \cdots\cdots ㉢$$

이고, 이를 만족시키는 세 자연수 a, b, c는 자연수 k

에 대하여 $k+3$, $k+1$, k 또는 $k+3$, $k+2$, k이어야

하므로

$k+3$, $k+1$, k를 ㉢에 대입하면

$$k+3+k+1+k=19$$
$$3k=15 \qquad \therefore k=5$$

$k+3$, $k+2$, k를 ㉢에 대입하면

$$k+3+k+2+k=19$$
$$3k=14 \qquad \therefore k=\frac{14}{3}$$

그런데 k는 자연수이므로 모순이다.

따라서 세 자연수 a, b, c는 각각 8, 6, 5이다.

(i), (ii)에서 $a=8$, $b=6$, $c=5$이므로

$$abc=8\times 6\times 5=240 \qquad\qquad \text{답 } 240$$

BLACKLABEL 특강 | 풀이 첨삭

$a>b>c$이면 $b-c$, $a-b$, $a-c$ 중에서 가장 큰 수는 $a-c$이므로
(ii)에서 가능한 경우는 다음과 같다.
① $b-c=1$, $a-b=2$, $a-c=3$일 때,
  $c=k$ (k는 자연수)로 놓으면 $a=k+3$, $b=k+1$
② $b-c=2$, $a-b=1$, $a-c=3$일 때,
  $c=k$ (k는 자연수)로 놓으면 $a=k+3$, $b=k+2$
①, ②에서 $(b-c)(a-b)(a-c)=1\times 2\times 3$을 만족시키는 a, b, c
의 값은 각각 자연수 k에 대하여 $k+3$, $k+1$, k 또는 $k+3$, $k+2$, k
이다.

---

05 해결단계

❶단계	ㄱ은 $a=0$, $b=-2$를 대입하여 $f(x)$를 인수분해한 후 서로 다른 일차식의 개수를 구한다.
❷단계	ㄴ은 $b=2$를 대입하여 $f(x)$를 인수분해한 후, 서로 다른 일차식의 개수가 1이 되는 a의 개수를 구한다.
❸단계	ㄷ은 $b=a^2+2$를 대입하여 a의 값에 따른 일차식의 개수를 구한다.

ㄱ. $a=0$, $b=-2$이므로

$$f(x)=x^4-2x^2+1=(x^2-1)^2=(x+1)^2(x-1)^2$$

즉, 서로 다른 일차식의 개수는 2이므로

$N(0, -2)=2$이다. (참)

ㄴ. $b=2$이므로

$$f(x)=x^4+2ax^3+2x^2+2ax+1$$
$$=x^2\left(x^2+2ax+2+\frac{2a}{x}+\frac{1}{x^2}\right)$$
$$=x^2\left\{\left(x+\frac{1}{x}\right)^2+2a\left(x+\frac{1}{x}\right)\right\}$$
$$=x^2\left(x+\frac{1}{x}\right)\left(x+\frac{1}{x}+2a\right)$$
$$=(x^2+1)(x^2+2ax+1)$$

이때 $N(a, 2)=1$이므로 $f(x)$의 인수 중에서 서로 다른 일차식이 1개이려면 인수 $x^2+2ax+1$이 완전제곱식이어야 한다.

즉, $a=\pm1$이므로 조건을 만족시키는 a는 2개이다.

(참)

ㄷ. $b=a^2+2$이면

$$f(x)=x^4+2ax^3+(a^2+2)x^2+2ax+1$$
$$=x^2\left(x^2+2ax+a^2+2+\frac{2a}{x}+\frac{1}{x^2}\right)$$
$$=x^2\left\{\left(x+\frac{1}{x}\right)^2+2a\left(x+\frac{1}{x}\right)+a^2\right\}$$
$$=x^2\left(x+\frac{1}{x}+a\right)^2=(x^2+ax+1)^2$$

이므로 $a\ne\pm2$이면 일차식인 인수는 없다. (거짓)

$\underset{\underset{N(a,b)=0}{\underline{\hspace{1cm}}}}{}$

따라서 옳은 것은 ㄱ, ㄴ이다.

답 ②

06 해결단계

❶단계	x^4-ax^2+1을 치환하여 인수분해하는 경우와 이차항을 분리하여 인수분해하는 경우로 나눈다.
❷단계	❶단계에서 나눈 경우에 따라 인수분해가 될 수 있는 자연수 a의 개수를 구한다.

x^4+ax^2+b 꼴의 다항식이 인수분해되려면 다음과 같은 경우로 나눌 수 있다.

(i) x^4-ax^2+1이 완전제곱식인 경우

$x^2=X$로 놓으면 $x^4-ax^2+1=X^2-aX+1$

이차방정식 $X^2-aX+1=0$이 중근을 가져야 하므로 판별식을 D라 하면

$D=a^2-4=0$, $(a+2)(a-2)=0$

$\therefore a=2$ ($\because a$는 자연수)

(ii) $x^4-ax^2+1=(x^2+1)^2-(Ax)^2$ (A는 자연수) 꼴인 경우

$$x^4-ax^2+1=(x^4+2x^2+1)-(a+2)x^2$$
$$=(x^2+1)^2-(a+2)x^2$$

위의 식이 인수분해되려면 $a+2$가 제곱수이어야 하고 a는 100 이하의 자연수이므로

$a+2=2^2, 3^2, 4^2, \cdots, 10^2$

$\therefore a=2, 7, 14, \cdots, 98$

즉, 조건을 만족시키는 자연수 a의 개수는 9이다.

(iii) $x^4-ax^2+1=(x^2-1)^2-(Bx)^2$ (B는 자연수) 꼴인 경우

$$x^4-ax^2+1=(x^4-2x^2+1)-(a-2)x^2$$
$$=(x^2-1)^2-(a-2)x^2$$

위의 식이 인수분해되려면 $a-2$가 제곱수이어야 하고 a는 100 이하의 자연수이므로

$a-2=1^2, 2^2, 3^2, \cdots, 9^2$

$\therefore a=3, 6, 11, \cdots, 83$

즉, 조건을 만족시키는 자연수 a의 개수는 9이다.

(i), (ii), (iii)에서 구하는 자연수 a의 개수는

$1+9+9-1=18$

$\underset{\underset{a=2\text{는 중복}}{\underline{\hspace{1cm}}}}{}$

답 18

• 다른 풀이 •

(i) $x^4-ax^2+1=(x^2+mx+1)(x^2+nx+1)$ (m, n은 정수)일 때,

$$x^4-ax^2+1$$
$$=(x^2+mx+1)(x^2+nx+1)$$
$$=x^4+(m+n)x^3+(mn+2)x^2+(m+n)x+1$$

$m+n=0$, $mn+2=-a$이므로 $n=-m$을

$mn+2=-a$에 대입하면

$a=m^2-2$ ……㉠

이때 $1\le a\le100$인 자연수이므로

$1\le m^2-2\le100$에서 $3\le m^2\le102$

$\therefore m=\pm2, \pm3, \pm4, \cdots, \pm10$

이를 ㉠에 각각 대입하면 $a=2, 7, 14, \cdots, 98$

즉, 조건을 만족시키는 자연수 a의 개수는 9이다.

(ii) $x^4-ax^2+1=(x^2+mx-1)(x^2+nx-1)$ (m, n은 정수)일 때,

$$x^4-ax^2+1$$
$$=(x^2+mx-1)(x^2+nx-1)$$
$$=x^4+(m+n)x^3+(mn-2)x^2-(m+n)x+1$$

$m+n=0$, $mn-2=-a$이므로 $n=-m$을

$mn-2=-a$에 대입하면

$a=m^2+2$ ……㉡

이때 $1\le a\le100$인 자연수이므로

$1\le m^2+2\le100$에서 $0\le m^2\le98$

$\therefore m=0, \pm1, \pm2, \pm3, \cdots, \pm9$

이를 ㉡에 각각 대입하면 $a=2, 3, 6, 11, \cdots, 83$

즉, 조건을 만족시키는 자연수 a의 개수는 10이다.

(i), (ii)에서 구하는 자연수 a의 개수는

$9+10-1=18$

$\underset{\underset{a=2\text{는 중복}}{\underline{\hspace{1cm}}}}{}$

II 방정식과 부등식

03. 복소수

STEP 1 출제율 100% 우수 기출 대표 문제   pp.29~30

01 ④	02 ④	03 2	04 ②	05 9
06 28	07 ①	08 400	09 1	10 ④
11 ⑤	12 ①	13 ③	14 $-x-2y+5$	

01
① $i^{1001}=(i^4)^{250}\times i=1\times i=i$ (거짓)

② $7-5i$는 순허수가 아니다. (거짓)

③ $\overline{-1+5i}=-1-5i$의 켤레복소수는 $-1+5i$이다.
                                 (거짓)

④ $5-2i$의 실수부분은 5, 허수부분은 -2이다. (참)

⑤ 두 실수 a, b에 대하여 $a+bi$가 실수이면 $b=0$이다.
                                 (거짓)

따라서 옳은 것은 ④이다.   **답 ④**

02
$$\frac{a+3i}{2-i}=\frac{(a+3i)(2+i)}{(2-i)(2+i)}$$
$$=\frac{2a+ai+6i-3}{4+1}$$
$$=\frac{(2a-3)+(a+6)i}{5}$$
$$=\frac{2a-3}{5}+\frac{a+6}{5}i$$

이므로 복소수 $\dfrac{a+3i}{2-i}$의 실수부분은 $\dfrac{2a-3}{5}$이고 허수부분은 $\dfrac{a+6}{5}$이다.

실수부분과 허수부분의 합이 3이므로
$$\frac{2a-3}{5}+\frac{a+6}{5}=3, \ \frac{3a+3}{5}=3$$
$3a+3=15$ ∴ $a=4$ **답 ④**

03
$$1+2i+\frac{1+i}{1-i}+\frac{7-i}{1+2i}$$
$$=1+2i+\frac{(1+i)^2}{(1-i)(1+i)}+\frac{(7-i)(1-2i)}{(1+2i)(1-2i)}$$
$$=1+2i+\frac{1+2i-1}{1+1}+\frac{7-14i-i-2}{1+4}$$
$$=1+2i+\frac{2i}{2}+\frac{5-15i}{5}$$
$$=1+2i+i+1-3i$$
$$=2$$
                답 2

04
$$\frac{x^2}{y}+\frac{y^2}{x}=\frac{x^3+y^3}{xy}=\frac{(x+y)^3-3xy(x+y)}{xy} \quad \cdots\cdots \ominus$$

이때
$$x+y=\frac{2}{1+\sqrt{3}i}+\frac{2}{1-\sqrt{3}i}=\frac{2(1-\sqrt{3}i+1+\sqrt{3}i)}{(1+\sqrt{3}i)(1-\sqrt{3}i)}$$
$$=\frac{4}{1+3}=1,$$
$$xy=\frac{2}{1+\sqrt{3}i}\times\frac{2}{1-\sqrt{3}i}=\frac{4}{(1+\sqrt{3}i)(1-\sqrt{3}i)}$$
$$=\frac{4}{1+3}=1$$

이므로 ㉠에서
$$\frac{(x+y)^3-3xy(x+y)}{xy}=\frac{1^3-3\times1\times1}{1}=-2 \quad \textbf{답 ②}$$

05
$$a=(2-n-5i)^2=\{(2-n)-5i\}^2$$
$$=(2-n)^2-25-10(2-n)i$$
$$=(n^2-4n-21)-10(2-n)i$$

복소수 a에 대하여 a^2이 실수가 되기 위해서는 a가 실수 또는 순허수이어야 한다.

(ⅰ) 복소수 a가 실수일 때,
    $2-n=0$에서 $n=2$

(ⅱ) 복소수 a가 순허수일 때,
    $n^2-4n-21=0$이고 $2-n\neq0$
    $n^2-4n-21=0$에서 $(n+3)(n-7)=0$
    ∴ $n=-3$ 또는 $n=7$ $\cdots\cdots \ominus$
    $2-n\neq0$에서 $n\neq2$ $\cdots\cdots \odot$
    n은 자연수이므로 ㉠, ㉡에서 $n=7$

(ⅰ), (ⅱ)에서 구하는 자연수 n의 값의 합은
$2+7=9$ **답 9**

06
$(x^2-y^2-2x+5y)+(5-xy)i=2x+y+2i$에서
복소수가 서로 같을 조건에 의하여
$$x^2-y^2-2x+5y=2x+y \quad \cdots\cdots \ominus$$
$$5-xy=2 \quad \cdots\cdots \odot$$
㉠에서 $x^2-y^2-4x+4y=0$
$(x-y)(x+y)-4(x-y)=0$
$(x-y)(x+y-4)=0$ ∴ $x+y=4$ $(\because x\neq y)$
㉡에서 $xy=3$
∴ $x^3+y^3=(x+y)^3-3xy(x+y)$
           $=4^3-3\times3\times4=28$ **답 28**

07
$$i-2i^2+3i^3-4i^4+\cdots+199i^{199}-200i^{200}$$
$$=i+2-3i-4+5i+6-7i-8+\cdots-199i-200$$
$$=(i+2-3i-4)+(5i+6-7i-8)+\cdots$$
$$\qquad\qquad\qquad +(197i+198-199i-200)$$
$$=(-2-2i)\times50$$
$$=-100-100i$$

즉, $-100-100i=a+bi$이므로 복소수가 서로 같을 조건에 의하여

$a=-100$, $b=-100$

$\therefore a+b=-200$ 답 ①

08 $\left(\dfrac{1+i}{\sqrt{2}}\right)^2=\dfrac{2i}{2}=i$, $\left(\dfrac{1-i}{\sqrt{2}}\right)^2=\dfrac{-2i}{2}=-i$이므로

$\left(\dfrac{1+i}{\sqrt{2}}\right)^4=\left\{\left(\dfrac{1+i}{\sqrt{2}}\right)^2\right\}^2=i^2=-1$

$\left(\dfrac{1-i}{\sqrt{2}}\right)^8=\left\{\left(\dfrac{1-i}{\sqrt{2}}\right)^2\right\}^4=(-i)^4=1$

$f(n)=\left(\dfrac{1+i}{\sqrt{2}}\right)^{4n}+\left(\dfrac{1-i}{\sqrt{2}}\right)^{8n}$

$\qquad=\left\{\left(\dfrac{1+i}{\sqrt{2}}\right)^4\right\}^n+\left\{\left(\dfrac{1-i}{\sqrt{2}}\right)^8\right\}^n$

$\qquad=(-1)^n+1^n=\begin{cases}0\ (n\text{은 홀수})\\2\ (n\text{은 짝수})\end{cases}$

$\therefore f(1)+f(2)+f(3)+\cdots+f(400)$

$\qquad=0+2+0+2+\cdots+0+2$

$\qquad=2\times200=400$ 답 400

09 $z=\dfrac{2}{-1+\sqrt{3}i}$라 하면

$z=\dfrac{2}{-1+\sqrt{3}i}=\dfrac{2(-1-\sqrt{3}i)}{(-1+\sqrt{3}i)(-1-\sqrt{3}i)}$

$\quad=\dfrac{2(-1-\sqrt{3}i)}{1+3}=\dfrac{-1-\sqrt{3}i}{2}$

$z^2=\left(\dfrac{-1-\sqrt{3}i}{2}\right)^2=\dfrac{-2+2\sqrt{3}i}{4}=\dfrac{-1+\sqrt{3}i}{2}$ *

$z^3=z\cdot z^2=\dfrac{-1-\sqrt{3}i}{2}\times\dfrac{-1+\sqrt{3}i}{2}=\dfrac{1+3}{4}=1$

$\therefore z^5=z^2\cdot z^3=z^2=\dfrac{-1+\sqrt{3}i}{2}$

** 따라서 $-\dfrac{1}{2}+\dfrac{\sqrt{3}}{2}i=a+bi$이므로 복소수가 서로 같을 조건에 의하여

$a=-\dfrac{1}{2}$, $b=\dfrac{\sqrt{3}}{2}$

$\therefore a^2+b^2=\left(-\dfrac{1}{2}\right)^2+\left(\dfrac{\sqrt{3}}{2}\right)^2=1$ 답 1

• 다른 풀이 1 •

*에서 $z=\dfrac{-1-\sqrt{3}i}{2}$이므로 $2z+1=-\sqrt{3}i$

위의 식의 양변을 제곱하면

$4z^2+4z+1=-3$, $4z^2+4z+4=0$

$\therefore z^2+z+1=0$ ……㉠

㉠의 양변에 $z-1$을 곱하면

$(z-1)(z^2+z+1)=0$, $z^3-1=0$

$\therefore z^3=1$ ……㉡

$\therefore z^5=z^3 z^2=z^2$ (∵ ㉡)

$\qquad=-1-z$ (∵ ㉠)

$\qquad=-1-\dfrac{-1-\sqrt{3}i}{2}=-\dfrac{1}{2}+\dfrac{\sqrt{3}}{2}i$

다음은 **와 같다.

• 다른 풀이 2 •

$z=a+bi=\left(\dfrac{2}{-1+\sqrt{3}i}\right)^5$이라 하면 $\bar{z}=a-bi$이므로

$z\bar{z}=(a+bi)(a-bi)=a^2+b^2$

$\therefore a^2+b^2=\left(\dfrac{2}{-1+\sqrt{3}i}\right)^5\times\overline{\left(\dfrac{2}{-1+\sqrt{3}i}\right)^5}$

$\qquad=\left(\dfrac{2}{-1+\sqrt{3}i}\times\dfrac{\overline{2}}{-1+\sqrt{3}i}\right)^5$

$\qquad=\left\{\dfrac{2\times2}{(-1+\sqrt{3}i)(-1-\sqrt{3}i)}\right\}^5=\left(\dfrac{4}{4}\right)^5=1$

10 $z=a+bi$ (a, b는 실수)라 하면 $\bar{z}=a-bi$

조건 ㈎에서 $(z-\bar{z}-i)+z\bar{z}=5-3i$이므로

$\{(a+bi)-(a-bi)-i\}+(a+bi)(a-bi)=5-3i$

$\therefore (a^2+b^2)+(2b-1)i=5-3i$

복소수가 서로 같을 조건에 의하여

$a^2+b^2=5$, $2b-1=-3$

위의 두 식을 연립하여 풀면

$a=\pm2$, $b=-1$ ……㉠

이때 조건 ㈏에서

$z+\bar{z}=(a+bi)+(a-bi)=2a>0$이므로

$a>0$ ……㉡

㉠, ㉡에서 $a=2$, $b=-1$

따라서 조건을 만족시키는 복소수 z는 $2-i$이다.   답 ④

11 ㄱ. $z=a+bi$ (a, b는 실수)라 하면 $\bar{z}=a-bi$이므로

$\quad f(z)=z\bar{z}=(a+bi)(a-bi)=a^2+b^2\geq0$ (참)

ㄴ. $f(z+\omega)=(z+\omega)\overline{(z+\omega)}=(z+\omega)(\bar{z}+\bar{\omega})$

$\qquad=z\bar{z}+z\bar{\omega}+\omega\bar{z}+\omega\bar{\omega}$

$\quad f(z)+f(\omega)=z\bar{z}+\omega\bar{\omega}$

$\quad\therefore f(z+\omega)\neq f(z)+f(\omega)$ (거짓)

ㄷ. $f(z\omega)=z\omega\times\overline{z\omega}=z\omega\times\bar{z}\bar{\omega}$

$\qquad=z\bar{z}\times\omega\bar{\omega}=f(z)f(\omega)$ (참)

따라서 옳은 것은 ㄱ, ㄷ이다.   답 ⑤

12 $x=\dfrac{-1-\sqrt{3}i}{2}$에서 $2x+1=-\sqrt{3}i$

위의 식의 양변을 제곱하면

$4x^2+4x+1=-3$, $4x^2+4x+4=0$

$\therefore x^2+x+1=0$ ……㉠

㉠의 양변에 $x-1$을 곱하면

$(x-1)(x^2+x+1)=0$

$x^3-1=0$ $\therefore x^3=1$ ……㉡

$\therefore 3x^3-4x^2+2x+1$

$\qquad=3-4(-x-1)+2x+1$ (∵ ㉠, ㉡)

$\qquad=6x+8$

$\qquad=6\times\dfrac{-1-\sqrt{3}i}{2}+8$

$\qquad=5-3\sqrt{3}i$ 답 ①

• 다른 풀이 •

$3x^3-4x^2+2x+1$을 x^2+x+1로 나누면 다음과 같다.

$$
\begin{array}{r}
3x-7 \\
x^2+x+1\,\overline{\smash{)}\,3x^3-4x^2+2x+1} \\
\underline{3x^3+3x^2+3x} \\
-7x^2-x+1 \\
\underline{-7x^2-7x-7} \\
6x+8
\end{array}
$$

$$\therefore 3x^3-4x^2+2x+1=(x^2+x+1)(3x-7)+6x+8$$
$$=6x+8\ (\because \text{㉠})$$
$$=6\times\dfrac{-1-\sqrt{3}i}{2}+8$$
$$=5-3\sqrt{3}i$$

13 $\sqrt{-4}\sqrt{-9}+\sqrt{-2}\sqrt{18}+\dfrac{\sqrt{24}}{\sqrt{-6}}+\dfrac{\sqrt{-32}}{\sqrt{-8}}$

$=2i\times3i+\sqrt{2}i\times3\sqrt{2}+\dfrac{2\sqrt{6}}{\sqrt{6}i}+\dfrac{4\sqrt{2}i}{2\sqrt{2}i}$

$=-6+6i+\dfrac{2}{i}+2$

$=-4+6i-2i$

$=-4+4i$

$*$즉, $a+bi=-4+4i$이므로 복소수가 서로 같을 조건에 의하여

$a=-4,\ b=4$

$\therefore a^2+b^2=(-4)^2+4^2=32$ 　　　　　　　　답 ③

• 다른 풀이 •

$\sqrt{-4}\sqrt{-9}+\sqrt{-2}\sqrt{18}+\dfrac{\sqrt{24}}{\sqrt{-6}}+\dfrac{\sqrt{-32}}{\sqrt{-8}}$

$=-\sqrt{(-4)\times(-9)}+\sqrt{(-2)\times18}-\sqrt{\dfrac{24}{-6}}+\sqrt{\dfrac{-32}{-8}}$

$=-\sqrt{36}+\sqrt{-36}-\sqrt{-4}+\sqrt{4}$

$=-6+6i-2i+2$

$=-4+4i$

다음은 $*$와 같다.

14 $(x^2-1)(y^2-1)\neq0$이므로

$(x+1)(x-1)(y+1)(y-1)\neq0$

$\therefore x\neq-1$이고 $x\neq1$이고 $y\neq-1$이고 $y\neq1$　　……㉠

$\sqrt{x-1}\sqrt{y-1}=-\sqrt{(x-1)(y-1)}$이므로

$x-1<0,\ y-1<0\ (\because \text{㉠})$

$\therefore x<1,\ y<1$　　　　　　　　　　　　……㉡

$\dfrac{\sqrt{x+1}}{\sqrt{y+1}}=-\sqrt{\dfrac{x+1}{y+1}}$이므로

$x+1>0,\ y+1<0\ (\because \text{㉠})$

$\therefore x>-1,\ y<-1$　　　　　　　　　　……㉢

㉡, ㉢에서 $-1<x<1,\ y<-1$이므로

$x-2<0,\ y-3<0,\ y<0$

$\therefore |x-2|+|y-3|+\sqrt{y^2}=-(x-2)-(y-3)-y$
$=-x-2y+5$

답 $-x-2y+5$

---

01 ④	02 ①	03 15	04 ③	05 $-4+6i$
06 ①	07 13	08 75	09 ①	10 7
11 ⑤	12 240	13 ③	14 19	15 169
16 ④	17 ③	18 16	19 $2+3i$	20 ④
21 0	22 ②	23 5	24 3	25 ①
26 392	27 $4i$	28 ②	29 ④	30 -144

01 $z=(x^2-x-6)+(x^2+x-2)i$
$=(x+2)(x-3)+(x+2)(x-1)i$

복소수 z가 실수가 되기 위해서는 허수부분이 0이어야 하므로

$(x+2)(x-1)=0$

$\therefore x=-2$ 또는 $x=1$

그런데 복소수 z는 0이 아니므로 $x\neq-2$이어야 한다.

$\therefore x_1=1$

또한, 복소수 z^2이 음의 실수가 되기 위해서는 복소수 z가 순허수이어야 하므로

$(x+2)(x-3)=0$이고 $(x+2)(x-1)\neq0$

$(x+2)(x-3)=0$에서 $x=-2$ 또는 $x=3$　……㉠

$(x+2)(x-1)\neq0$에서 $x\neq-2$이고 $x\neq1$　……㉡

㉠, ㉡에서 $x=3$

$\therefore x_2=3$

$\therefore x_1+x_2=1+3=4$ 　　　　　　　　　답 ④

02 ㄱ. $\alpha=a+bi,\ \beta=c+di$ ($a,\ b,\ c,\ d$는 실수)라 하자.

$\alpha\beta=0$이면 $(a+bi)(c+di)=0$

위의 식의 양변에 켤레복소수 $(a-bi)(c-di)$를 곱하면

$(a^2+b^2)(c^2+d^2)=0$

(ⅰ) $a^2+b^2=0$인 경우

$a,\ b$가 실수이므로 $a=b=0$

$\therefore \alpha=a+bi=0+0=0$

(ⅱ) $c^2+d^2=0$인 경우

$c,\ d$가 실수이므로 $c=d=0$

$\therefore \beta=c+di=0+0=0$

(ⅰ), (ⅱ)에서 $\alpha=0$ 또는 $\beta=0$ (참)

ㄴ. (반례) $\alpha=1+i,\ \beta=1-i$이면
$\alpha^2+\beta^2=(1+i)^2+(1-i)^2=2i+(-2i)=0$이지만
$\alpha\neq0$이고 $\beta\neq0$이다. (거짓)

ㄷ. (반례) $\alpha=1,\ \beta=i$이면
$\alpha+\beta i=1+i\times i=1+(-1)=0$이지만 $\alpha\neq0$이고
$\beta\neq0$이다. (거짓)

ㄹ. (반례) $\alpha=4,\ \beta=2$이면
$\alpha+\beta=6,\ \alpha\beta=8$이므로 모두 실수이지만 $\overline{\alpha}\neq\overline{\beta}$이다.
(거짓)

따라서 옳은 것은 ㄱ뿐이다. 　　　　　　　　답 ①

03 $f(2, 1)=\dfrac{\sqrt{2}+i}{\sqrt{2}-i}=\dfrac{(\sqrt{2}+i)^2}{(\sqrt{2}-i)(\sqrt{2}+i)}$

$\qquad\qquad =\dfrac{1+2\sqrt{2}i}{2+1}=\dfrac{1}{3}+\dfrac{2\sqrt{2}}{3}i$

$f(4, 2)=\dfrac{2+\sqrt{2}i}{2-\sqrt{2}i}=\dfrac{(2+\sqrt{2}i)^2}{(2-\sqrt{2}i)(2+\sqrt{2}i)}$

$\qquad\qquad =\dfrac{2+4\sqrt{2}i}{4+2}=\dfrac{1}{3}+\dfrac{2\sqrt{2}}{3}i$

$f(6, 3)=\dfrac{\sqrt{6}+\sqrt{3}i}{\sqrt{6}-\sqrt{3}i}=\dfrac{(\sqrt{6}+\sqrt{3}i)^2}{(\sqrt{6}-\sqrt{3}i)(\sqrt{6}+\sqrt{3}i)}$

$\qquad\qquad =\dfrac{3+6\sqrt{2}i}{6+3}=\dfrac{1}{3}+\dfrac{2\sqrt{2}}{3}i$

$\qquad\qquad\qquad\qquad \vdots$

$f(30, 15)=\dfrac{\sqrt{30}+\sqrt{15}i}{\sqrt{30}-\sqrt{15}i}=\dfrac{(\sqrt{30}+\sqrt{15}i)^2}{(\sqrt{30}-\sqrt{15}i)(\sqrt{30}+\sqrt{15}i)}$

$\qquad\qquad\quad =\dfrac{15+30\sqrt{2}i}{30+15}=\dfrac{1}{3}+\dfrac{2\sqrt{2}}{3}i$

$\therefore f(2, 1)+f(4, 2)+f(6, 3)+\cdots+f(30, 15)$

$\qquad =15\times\left(\dfrac{1}{3}+\dfrac{2\sqrt{2}}{3}i\right)$

$\qquad =5+10\sqrt{2}i$

*즉, $p+q\sqrt{2}i=5+10\sqrt{2}i$이므로 $p=5$, $q=10$

$\therefore p+q=5+10=15$ 답 15

• 다른 풀이 •

$f(a, b)=\dfrac{\sqrt{a}+\sqrt{b}i}{\sqrt{a}-\sqrt{b}i}=\dfrac{(\sqrt{a}+\sqrt{b}i)^2}{(\sqrt{a}-\sqrt{b}i)(\sqrt{a}+\sqrt{b}i)}$

$\qquad\quad =\dfrac{(a-b)+2\sqrt{ab}i}{a+b}$

$a=2k$, $b=k$ (k는 자연수)로 놓으면

$f(2k, k)=\dfrac{(2k-k)+2\sqrt{2k^2}i}{2k+k}=\dfrac{k+2\sqrt{2}ki}{3k}$

$\qquad\quad =\dfrac{1+2\sqrt{2}i}{3}$

$\therefore f(2, 1)+f(4, 2)+f(6, 3)+\cdots+f(30, 15)$

$\qquad =15\times\dfrac{1+2\sqrt{2}i}{3}$

$\qquad =5+10\sqrt{2}i$

다음은 *와 같다.

04 복소수 z에 대하여 z^4이 음의 실수가 되기 위해서는 z^2이 순허수가 되어야 한다. 이때

$z^2=(a-b)^2+2(a-b)(a+b-4)i-(a+b-4)^2$

$\quad =-4(a-2)(b-2)+2(a-b)(a+b-4)i$

이므로

$-4(a-2)(b-2)=0$ ……㉠

$2(a-b)(a+b-4)\neq0$ ……㉡

㉠에서 $(a-2)(b-2)=0$

$\therefore a=2$ 또는 $b=2$

㉡에서 $(a-b)(a+b-4)\neq0$

$\therefore a\neq b$이고 $a+b-4\neq0$ ……㉢

(i) $a=2$일 때,

    ㉢에서 $b\neq2$

5 이하의 두 자연수 a, b의 모든 순서쌍 (a, b)는

$(2, 1)$, $(2, 3)$, $(2, 4)$, $(2, 5)$

(ii) $b=2$일 때,

    ㉢에서 $a\neq2$

5 이하의 두 자연수 a, b의 모든 순서쌍 (a, b)는

$(1, 2)$, $(3, 2)$, $(4, 2)$, $(5, 2)$

(i), (ii)에서 z^4이 음의 실수가 되도록 하는 5 이하의 두 자연수 a, b의 모든 순서쌍 (a, b)의 개수는

$4+4=8$ 답 ③

05 서로 다른 두 복소수 x, y에 대하여

$x^2-y=2i$ ……㉠, $y^2-x=2i$ ……㉡

㉠－㉡을 하면 $x^2-y^2+x-y=0$

$(x+y)(x-y)+(x-y)=0$

$\therefore (x-y)(x+y+1)=0$

그런데 $x\neq y$이므로

$x+y+1=0$ $\therefore x+y=-1$ ……㉢

㉠＋㉡을 하면 $x^2+y^2-x-y=4i$

$(x+y)^2-2xy-(x+y)=4i$

$1-2xy+1=4i$ ($\because$ ㉢)

$\therefore xy=1-2i$

$\therefore (x+y)^3-3xy=(-1)^3-3(1-2i)$

$\qquad\qquad\qquad =-4+6i$ 답 $-4+6i$

06 이차방정식 $(2+i)x^2+(k^2-i)x-2i=0$의 실근을 $x=a$라 하면

$(2+i)a^2+(k^2-i)a-2i=0$

$(2a^2+ak^2)+(a^2-a-2)i=0$

a, k가 실수이므로 복소수가 서로 같을 조건에 의하여

$2a^2+ak^2=0$ ……㉠, $a^2-a-2=0$ ……㉡

㉡에서 $(a+1)(a-2)=0$

$\therefore a=-1$ 또는 $a=2$

(i) $a=-1$일 때,

    ㉠에서 $2-k^2=0$, $k^2=2$

    $\therefore k=\pm\sqrt{2}$

(ii) $a=2$일 때,

    ㉠에서 $8+2k^2=0$ $\therefore k^2=-4$

    k는 실수이므로 조건을 만족시키는 k의 값은 존재하지 않는다.

(i), (ii)에서 $k=\pm\sqrt{2}$ 답 ①

BLACKLABEL 특강   참고

허수는 대소를 비교할 수 없으므로 이차방정식의 계수가 복소수일 때에는 판별식을 이용하여 근을 판별하기 어렵다.

이차방정식 $(2+i)x^2+(k^2-i)x-2i=0$의 판별식을 D라 하면

$D=(k^2-i)^2+8i(2+i)=k^4-2ik^2-1+16i-8$

$\quad =k^4-9+(16-2k^2)i$

이때 k^4-9, $(16-2k^2)i$의 대소를 비교할 수 없으므로 이 경우 판별식을 이용하여 근을 판별할 수 없다.

07 $\dfrac{1}{i}=-i$, $\dfrac{1}{i^2}=-1$, $\dfrac{1}{i^3}=i$, $\dfrac{1}{i^4}=1$이므로 자연수 k에 대하여

$\dfrac{1}{i}-\dfrac{1}{i^2}+\dfrac{1}{i^3}-\dfrac{1}{i^4}+\cdots+\dfrac{(-1)^{n+1}}{i^n}$

$=(-i+1+i-1)+(-i+1+i-1)+\cdots+\dfrac{(-1)^{n+1}}{i^n}$

$=\begin{cases} -i & (n=4k-3\text{일 때}) \\ 1-i & (n=4k-2\text{일 때}) \\ 1 & (n=4k-1\text{일 때}) \\ 0 & (n=4k\text{일 때}) \end{cases}$

즉, $\dfrac{1}{i}-\dfrac{1}{i^2}+\dfrac{1}{i^3}-\dfrac{1}{i^4}+\cdots+\dfrac{(-1)^{n+1}}{i^n}=\dfrac{1}{i}=-i$가 성립

하려면 $n=4k-3$ 꼴이어야 한다.

이때 $1\le n\le50$이므로

$1\le4k-3\le50$

$4\le4k\le53$ $\therefore 1\le k\le\dfrac{53}{4}$

따라서 조건을 만족시키는 자연수 k는 1, 2, 3, $\cdots$, 13의 13개이므로 구하는 자연수 n의 개수는 13이다. **답 13**

08 $z=\dfrac{1+i}{1-i}=\dfrac{(1+i)^2}{(1-i)(1+i)}=\dfrac{2i}{2}=i$이므로

$z^n+z^{2n}+z^{3n}=i^n+i^{2n}+i^{3n}=i^n+(-1)^n+(-i)^n$

자연수 k에 대하여

(ⅰ) $n=4k-3$일 때,
$i^n+(-1)^n+(-i)^n=i-1-i=-1$

(ⅱ) $n=4k-2$일 때,
$i^n+(-1)^n+(-i)^n=-1+1-1=-1$

(ⅲ) $n=4k-1$일 때,
$i^n+(-1)^n+(-i)^n=-i-1+i=-1$

(ⅳ) $n=4k$일 때,
$i^n+(-1)^n+(-i)^n=1+1+1=3$

(ⅰ)~(ⅳ)에서 $z^n+z^{2n}+z^{3n}=-1$을 만족시키는 n은 4의 배수가 아닌 100 이하의 자연수이다.

따라서 100 이하의 자연수 중 4의 배수는 25개이므로 구하는 자연수 n의 개수는

$100-25=75$ **답 75**

단계	채점 기준	배점
(가)	복소수 z를 간단히 한 후, $z^n+z^{2n}+z^{3n}$을 정리한 경우	30%
(나)	자연수 k에 대하여 n이 $4k-3$, $4k-2$, $4k-1$, $4k$일 때 $z^n+z^{2n}+z^{3n}$의 값을 각각 구한 경우	50%
(다)	조건을 만족시키는 100 이하의 자연수 n의 개수를 구한 경우	20%

BLACKLABEL 특강 참고

$z^n+z^{2n}+z^{3n}=-1$에서
$z^n+z^{2n}+z^{3n}+1=0$, $(z^n+1)+z^{2n}(z^n+1)=0$, $(z^n+1)(z^{2n}+1)=0$
즉, $z^n=-1$ 또는 $z^{2n}=-1$에서
$z^n=-1$ 또는 $z^n=i$ 또는 $z^n=-i$
따라서 $i^n=-1$ 또는 $i^n=i$ 또는 $i^n=-i$이므로 n은 4의 배수가 아닌 자연수이어야 한다.

09 $z_1=2+i$

$z_2=iz_1=i(2+i)=2i-1$

$z_3=iz_2=i(2i-1)=-2-i$

$z_4=iz_3=i(-2-i)=-2i+1$

$z_5=iz_4=i(-2i+1)=2+i=z_1$
$\vdots$

즉, 자연수 k에 대하여

$z_n=\begin{cases} 2+i & (n=4k-3\text{일 때}) \\ 2i-1 & (n=4k-2\text{일 때}) \\ -2-i & (n=4k-1\text{일 때}) \\ -2i+1 & (n=4k\text{일 때}) \end{cases}$

이때 $999=4\times250-1$이므로

$z_{999}=z_{4\times250-1}=-2-i$ **답 ①**

10 $(1-i)^4=\{(1-i)^2\}^2=(-2i)^2=-4$이므로 자연수 k에 대하여

$(1-i)^{4k}=(-4)^k=(-1)^k\times4^k$

$=\begin{cases} -4^k & (k\text{는 홀수}) \\ 4^k & (k\text{는 짝수}) \end{cases}$

즉, 주어진 등식 $(1-i)^m=-4^n$이 성립하려면 홀수 k에 대하여 $m=4k$, $n=k$이어야 한다.

이때 m, n은 모두 두 자리의 자연수이므로

$10\le m\le99$, $10\le n\le99$

$10\le4k\le99$, $10\le k\le99$에서

$10\le k\le\dfrac{99}{4}$

$\therefore k=11$, 13, 15, 17, 19, 21, 23

따라서 조건을 만족시키는 순서쌍 (m, n)은
$(44, 11)$, $(52, 13)$, $(60, 15)$, $(68, 17)$, $(76, 19)$, $(84, 21)$, $(92, 23)$의 7개이다. **답 7**

11 ㄱ. $z_2=\left(\dfrac{\sqrt2 i}{1+i}\right)^2=\dfrac{-2}{2i}=-\dfrac{1}{i}=-\dfrac{i}{i^2}=i$이므로

$z_4=\left(\dfrac{\sqrt2 i}{1+i}\right)^4=\left\{\left(\dfrac{\sqrt2 i}{1+i}\right)^2\right\}^2=i^2=-1$ (참)

ㄴ. $z_8=z_4{}^2=(-1)^2=1$
이때 $1111=8\times138+7$이므로
$z_{1111}=z_8{}^{138}\times z_7=z_7$ (참)

ㄷ. $z_3=z_1\times z_2=iz_1$,
$z_5=z_1\times z_4=-z_1$,
$z_7=z_1\times z_6=z_1\times z_2\times z_4=-iz_1$
$\therefore z_1+z_3+z_5+z_7=z_1(1+i-1-i)=0$
또한, $z_9=z_1\times z_8=z_1$이므로
$z_{n+8}=z_n$
$\therefore z_1+z_3+z_5+\cdots+z_{99}$
$=(z_1+z_3+z_5+z_7)+(z_9+z_{11}+z_{13}+z_{15})+\cdots$
$\quad+(z_{89}+z_{91}+z_{93}+z_{95})+z_{97}+z_{99}$
$=z_{97}+z_{99}$

이때 $97=8\times12+1$, $99=8\times12+3$이므로
$$z_{97}+z_{99}=z_1+z_3=z_1+iz_1$$
$$=(1+i)z_1$$
$$=(1+i)\times\frac{\sqrt{2}i}{1+i}=\sqrt{2}i$$
$$\therefore z_1+z_3+z_5+\cdots+z_{99}=\sqrt{2}i \ (참)$$
따라서 ㄱ, ㄴ, ㄷ 모두 옳다. 답 ⑤

12 $z_1=\dfrac{\sqrt{2}}{1+i}$라 하면

$$z_1^{\,2}=\left(\frac{\sqrt{2}}{1+i}\right)^2=\frac{2}{2i}=\frac{1}{i}=\frac{i}{i^2}=-i,$$

$$z_1^{\,4}=(z_1^{\,2})^2=(-i)^2=-1,$$

$$z_1^{\,8}=(z_1^{\,4})^2=(-1)^2=1이므로$$

$$z_1^{\,8}=z_1^{\,16}=z_1^{\,24}=\cdots=z_1^{\,8k}=1 \ (단, k는 자연수)$$

$z_2=\dfrac{1-\sqrt{3}i}{2}$라 하면

$$z_2^{\,2}=\left(\frac{1-\sqrt{3}i}{2}\right)^2=\frac{-2-2\sqrt{3}i}{4}=\frac{-1-\sqrt{3}i}{2}$$

$$z_2^{\,3}=z_2^{\,2}\times z_2=\frac{-1-\sqrt{3}i}{2}\times\frac{1-\sqrt{3}i}{2}=\frac{-4}{4}=-1$$

$$z_2^{\,6}=(z_2^{\,3})^2=(-1)^2=1이므로$$

$$z_2^{\,6}=z_2^{\,12}=z_2^{\,18}=\cdots=z_2^{\,6l}=1 \ (단, l은 자연수)$$

따라서 $\left(\dfrac{\sqrt{2}}{1+i}\right)^n+\left(\dfrac{1-\sqrt{3}i}{2}\right)^n=2$를 만족시키려면

$\left(\dfrac{\sqrt{2}}{1+i}\right)^n=1$, $\left(\dfrac{1-\sqrt{3}i}{2}\right)^n=1$을 동시에 만족시켜야 하므로 자연수 n은 8과 6의 공배수이어야 한다.

따라서 100 이하의 자연수 n은 24, 48, 72, 96이므로 그 합은 $24+48+72+96=240$ 답 240

13 ㄱ. $z^2=\left(\dfrac{-1+\sqrt{3}i}{2}\right)^2=\dfrac{-2-2\sqrt{3}i}{4}=\dfrac{-1-\sqrt{3}i}{2}$

$$z^3=z^2\times z=\frac{-1-\sqrt{3}i}{2}\times\frac{-1+\sqrt{3}i}{2}=\frac{4}{4}=1 \ (참)$$

ㄴ. ㄱ에서 $z^3=1$이므로

$$z^4+z^5=z^3\times z+z^3\times z^2=z+z^2$$
$$=\frac{-1+\sqrt{3}i}{2}+\frac{-1-\sqrt{3}i}{2}=-1 \ (참)$$

ㄷ. 자연수 k에 대하여

$$z=z^4=z^7=\cdots=z^{3k-2}=\frac{-1+\sqrt{3}i}{2}$$

$$z^2=z^5=z^8=\cdots=z^{3k-1}=\frac{-1-\sqrt{3}i}{2}$$

$$z^3=z^6=z^9=\cdots=z^{3k}=1$$

(i) $n=3k-2$일 때,

$z^n=z$이므로

$$z^n+z^{2n}+z^{3n}+z^{4n}+z^{5n}$$
$$=z+z^2+z^3+z^4+z^5=z+z^2+1+z+z^2$$
$$=-1+1-1=-1$$

즉, 조건을 만족시키는 100 이하의 자연수 n은 1, 4, 7, $\cdots$, 100의 34개이다.

(ii) $n=3k-1$일 때,

$z^n=z^2$이므로

$$z^n+z^{2n}+z^{3n}+z^{4n}+z^{5n}$$
$$=z^2+z^4+z^6+z^8+z^{10}=z^2+z+1+z^2+z$$
$$=-1+1-1=-1$$

즉, 조건을 만족시키는 100 이하의 자연수 n은 2, 5, 8, $\cdots$, 98의 33개이다.

(iii) $n=3k$일 때,

$z^n=1$이므로

$$z^n+z^{2n}+z^{3n}+z^{4n}+z^{5n}=1+1+1+1+1=5$$

즉, 조건을 만족시키는 100 이하의 자연수 n은 없다.

(i), (ii), (iii)에서 100 이하의 자연수 n의 개수는 $34+33=67$ (거짓)

따라서 옳은 것은 ㄱ, ㄴ이다. 답 ③

14 해결단계

❶단계	$\dfrac{\sqrt{2}}{1+i}$, $\dfrac{\sqrt{2}}{1-i}$의 거듭제곱의 규칙성을 찾는다.
❷단계	❶단계의 결과를 이용하여 $f(n)$의 규칙성을 찾는다.
❸단계	조건을 만족시키는 자연수 m의 개수를 구한다.

$z_1=\dfrac{\sqrt{2}}{1+i}$라 하면

$$z_1^{\,2}=\left(\frac{\sqrt{2}}{1+i}\right)^2=\frac{2}{2i}=\frac{1}{i}=\frac{i}{i^2}=-i$$

$$z_1^{\,3}=z_1^{\,2}\times z_1=-i\times\frac{\sqrt{2}}{1+i}=-\frac{\sqrt{2}i}{1+i}$$
$$=-\frac{\sqrt{2}i(1-i)}{(1+i)(1-i)}=-\frac{\sqrt{2}i+\sqrt{2}}{2}$$
$$=-\frac{\sqrt{2}}{2}-\frac{\sqrt{2}}{2}i$$

$$z_1^{\,4}=(z_1^{\,2})^2=(-i)^2=-1$$

$$z_1^{\,5}=-z_1, \ z_1^{\,6}=-z_1^{\,2}, \ z_1^{\,7}=-z_1^{\,3}, \ z_1^{\,8}=1, \cdots$$

$z_2=\dfrac{\sqrt{2}}{1-i}$라 하면

$$z_2^{\,2}=\left(\frac{\sqrt{2}}{1-i}\right)^2=\frac{2}{-2i}=-\frac{1}{i}=-\frac{i}{i^2}=i$$

$$z_2^{\,3}=z_2^{\,2}\times z_2=i\times\frac{\sqrt{2}}{1-i}=\frac{\sqrt{2}i}{1-i}$$
$$=\frac{\sqrt{2}i(1+i)}{(1-i)(1+i)}=\frac{\sqrt{2}i-\sqrt{2}}{2}$$
$$=-\frac{\sqrt{2}}{2}+\frac{\sqrt{2}}{2}i$$

$$z_2^{\,4}=(z_2^{\,2})^2=i^2=-1$$

$$z_2^{\,5}=-z_2, \ z_2^{\,6}=-z_2^{\,2}, \ z_2^{\,7}=-z_2^{\,3}, \ z_2^{\,8}=1, \cdots$$

따라서 자연수 n에 대하여

$$f(n)=\left(\frac{\sqrt{2}}{1+i}\right)^n+\left(\frac{\sqrt{2}}{1-i}\right)^n=z_1^{\,n}+z_2^{\,n}은 다음과 같다.$$

$$f(1)=z_1+z_2=\frac{\sqrt{2}}{1+i}+\frac{\sqrt{2}}{1-i}$$

$$=\frac{\sqrt{2}(1-i)+\sqrt{2}(1+i)}{(1+i)(1-i)}$$

$$=\frac{2\sqrt{2}}{2}=\sqrt{2}$$

$$f(2)=z_1{}^2+z_2{}^2=-i+i=0$$

$$f(3)=z_1{}^3+z_2{}^3$$

$$=\left(-\frac{\sqrt{2}}{2}-\frac{\sqrt{2}}{2}i\right)+\left(-\frac{\sqrt{2}}{2}+\frac{\sqrt{2}}{2}i\right)$$

$$=-\sqrt{2}$$

$$f(4)=z_1{}^4+z_2{}^4=(-1)+(-1)=-2$$

$$f(5)=z_1{}^5+z_2{}^5=-z_1-z_2=-f(1)=-\sqrt{2}$$

$$f(6)=z_1{}^6+z_2{}^6=-z_1{}^2-z_2{}^2=-f(2)=0$$

$$f(7)=z_1{}^7+z_2{}^7=-z_1{}^3-z_2{}^3=-f(3)=\sqrt{2}$$

$$f(8)=z_1{}^8+z_2{}^8=1+1=2$$

즉, $1\leq m\leq 8$일 때 $f(m)>1$을 만족시키는 자연수 m의 값은 1, 7, 8이다.

이때 $z_1{}^{n+8}=z_1{}^n$, $z_2{}^{n+8}=z_2{}^n$에서 $f(n+8)=f(n)$이고, $50=8\times 6+2$이므로

$$f(49)=f(1)=\sqrt{2}, \ f(50)=f(2)=0$$

따라서 $f(m)>1$을 만족시키는 50 이하의 자연수 m의 개수는

$$3\times 6+1=19$$

답 19

15 $z=a+bi$라 하면 $\overline{(a+bi)^2}=\overline{z^2}=\bar{z}^2$이므로

$$\bar{z}^2=3-2i$$

이때 $\bar{z}=a-bi$이므로

$$(a-bi)^4=\bar{z}^4=(\bar{z}^2)^2=(3-2i)^2=5-12i$$

즉, $5-12i=\dfrac{c+di}{5+12i}$이므로

$$c+di=(5-12i)(5+12i)=25+144=169$$

복소수가 서로 같을 조건에 의하여

$$c=169, \ d=0$$

$$\therefore c+d=169$$

답 169

16 $\omega=\dfrac{1+\sqrt{2}i}{2}$에서 $\bar{\omega}=\dfrac{1-\sqrt{2}i}{2}$

$$\therefore \omega+\bar{\omega}=1, \ \omega\bar{\omega}=\frac{1+2}{4}=\frac{3}{4} \qquad \cdots\cdots \bigcirc$$

$$*\therefore z\bar{z}=\frac{3\omega+1}{5\omega-1}\times\overline{\frac{3\omega+1}{5\omega-1}}$$

$$=\frac{3\omega+1}{5\omega-1}\times\frac{3\bar{\omega}+1}{5\bar{\omega}-1}$$

$$=\frac{9\omega\bar{\omega}+3(\omega+\bar{\omega})+1}{25\omega\bar{\omega}-5(\omega+\bar{\omega})+1}$$

$$=\frac{9\times\frac{3}{4}+3\times 1+1}{25\times\frac{3}{4}-5\times 1+1} \quad (\because \ \bigcirc)$$

$$=\frac{43}{59}$$

답 ④

• 다른 풀이 •

$\omega=\dfrac{1+\sqrt{2}i}{2}$에서 $2\omega-1=\sqrt{2}i$

위의 식의 양변을 제곱하면

$$4\omega^2-4\omega+1=-2$$

$$\therefore 4\omega^2-4\omega+3=0$$

이때 ω와 $\bar{\omega}$는 계수가 실수인 이차방정식 $4x^2-4x+3=0$의 두 근이므로 이차방정식의 근과 계수의 관계에 의하여

$$\omega+\bar{\omega}=1, \ \omega\bar{\omega}=\frac{3}{4}$$

다음은 *와 같다.

17 $z=a+bi$ (a, b는 실수)라 하면 $\bar{z}=a-bi$

ㄱ. $z\bar{z}=(a+bi)(a-bi)=a^2+b^2$

   즉, $a^2+b^2=0$이므로

   $$a=b=0$$

   $$\therefore z=0 \ (참)$$

ㄴ. $z^2-\bar{z}=(a+bi)^2-(a-bi)$

   $$=(a^2-b^2-a)+(2ab+b)i$$

   $(a^2-b^2-a)+(2ab+b)i$가 실수이므로

   $$2ab+b=0, \ b(2a+1)=0$$

   $$\therefore b=0 \ 또는 \ a=-\frac{1}{2}$$

   그런데 $a=-\dfrac{1}{2}$, $b\neq 0$이면 z는 실수가 아니다. (거짓)

ㄷ. $\dfrac{zi}{1-z}-\dfrac{\bar{z}i}{1-\bar{z}}$

   $$=\frac{zi(1-\bar{z})-\bar{z}i(1-z)}{(1-z)(1-\bar{z})}$$

   $$=\frac{zi-z\bar{z}i-\bar{z}i+z\bar{z}i}{1-(z+\bar{z})+z\bar{z}}$$

   $$=\frac{(z-\bar{z})i}{1-(z+\bar{z})+z\bar{z}}$$

   $$=\frac{\{(a+bi)-(a-bi)\}i}{1-\{(a+bi)+(a-bi)\}+(a+bi)(a-bi)}$$

   $$=\frac{-2b}{1-2a+a^2+b^2}$$

   따라서 $\dfrac{zi}{1-z}-\dfrac{\bar{z}i}{1-\bar{z}}$는 실수이다. (참)

그러므로 옳은 것은 ㄱ, ㄷ이다.

답 ③

• 다른 풀이 •

ㄷ. $\dfrac{zi}{1-z}-\dfrac{\bar{z}i}{1-\bar{z}}$

   $$=\frac{zi}{1-z}+\frac{\bar{z}(-i)}{1-\bar{z}}=\frac{zi}{1-z}+\frac{\bar{z}\,\bar{i}}{1-\bar{z}}$$

   $$=\frac{zi}{1-z}+\frac{\overline{zi}}{1-\bar{z}}=\frac{zi}{1-z}+\overline{\left(\frac{zi}{1-z}\right)}$$

   따라서 $\dfrac{zi}{1-z}-\dfrac{\bar{z}i}{1-\bar{z}}$는 실수이다. (참)

18 $\overline{\alpha^2}-\overline{\beta^2}=\overline{\alpha^2-\beta^2}=3+6i$이므로

$$\alpha^2-\beta^2=3-6i, \ (\alpha+\beta)(\alpha-\beta)=3-6i$$

$(2+i)(\alpha-\beta)=3-6i$

$\therefore \alpha-\beta=\dfrac{3-6i}{2+i}=\dfrac{(3-6i)(2-i)}{(2+i)(2-i)}=\dfrac{-15i}{5}=-3i$

$\alpha-\beta=-3i$, $\alpha+\beta=2+i$를 연립하여 풀면

$\alpha=1-i$, $\beta=1+2i$

따라서 $\alpha\beta=(1-i)(1+2i)=3+i$, $\overline{\alpha\beta}=3-i$이므로

$(\alpha\beta)^2+(\overline{\alpha\beta})^2=(3+i)^2+(3-i)^2$

$\qquad\qquad\qquad\qquad=8+6i+8-6i$

$\qquad\qquad\qquad\qquad=16$ 　　　　　　　　답 16

19 $z=x+yi$, $\omega=a+bi$ (x, y, a, b는 실수)라 하자.

$\bar{z}=x-yi$이므로

$(2-3i)z+\omega\bar{z}$

$=(2-3i)(x+yi)+(a+bi)(x-yi)$

$=(2x+3y+ax+by)+(-3x+2y+bx-ay)i$

위의 복소수가 실수이려면 허수부분이 0이어야 하므로

$-3x+2y+bx-ay=0$

$\therefore (-3+b)x+(2-a)y=0$

임의의 실수 x, y에 대하여 위의 등식이 성립하므로

$-3+b=0$, $2-a=0$ 　　$\therefore a=2$, $b=3$

$\therefore \omega=2+3i$ 　　　　　　　　　　　　답 $2+3i$

• 다른 풀이 •

$(2-3i)z+\omega\bar{z}$가 실수이므로

$(2-3i)z+\omega\bar{z}=\overline{(2-3i)z+\omega\bar{z}}$

$\qquad\qquad\qquad\quad=(2+3i)\bar{z}+\bar{\omega}z$

즉, $(2-3i)z-\bar{\omega}z=(2+3i)\bar{z}-\omega\bar{z}$에서

$(2-3i-\bar{\omega})z=(2+3i-\omega)\bar{z}$

임의의 복소수 z에 대하여 위의 등식이 성립하므로

$2-3i-\bar{\omega}=0$, $2+3i-\omega=0$

$\therefore \omega=2+3i$

20 실수 a, b, c, d, e, f에 대하여

$z_1=a+bi$, $z_2=c+di$, $z_3=e+fi$라 하자.

ㄱ. $\overline{z_1}=a-bi$, $\overline{z_2}=c-di$이므로

$\quad z_1\overline{z_2}+\overline{z_1}z_2$

$\quad =(a+bi)(c-di)+(a-bi)(c+di)$

$\quad =ac+bd-adi+bci+ac+bd+adi-bci$

$\quad =2(ac+bd)$

즉, $z_1\overline{z_2}+\overline{z_1}z_2$는 항상 실수이다.

ㄴ. $\overline{z_3}=e-fi$이므로

$\quad z_3+\overline{z_3}=(e+fi)+(e-fi)=2e$ ······㉠

$\quad z_3\overline{z_3}=(e+fi)(e-fi)=e^2+f^2$ ······㉡

$\quad \therefore z_3^2-z_3\overline{z_3}+\overline{z_3}^2=(z_3+\overline{z_3})^2-3z_3\overline{z_3}$

$\qquad\qquad\qquad\qquad\qquad=(2e)^2-3(e^2+f^2)$ (∵ ㉠, ㉡)

$\qquad\qquad\qquad\qquad\qquad=e^2-3f^2$

즉, $z_3^2-z_3\overline{z_3}+\overline{z_3}^2$은 항상 실수이다.

ㄷ. $\dfrac{\overline{z_3}i}{1+z_3}+\dfrac{\overline{z_3}i}{1+\overline{z_3}}$

$\quad =\overline{z_3}i\Big(\dfrac{1}{1+z_3}+\dfrac{1}{1+\overline{z_3}}\Big)$

$\quad =\overline{z_3}i\times\dfrac{2+(z_3+\overline{z_3})}{1+(z_3+\overline{z_3})+z_3\overline{z_3}}$

$\quad =(e-fi)i\times\dfrac{2+2e}{1+2e+e^2+f^2}$ (∵ ㉠, ㉡)

$\quad =(f+ei)\times\dfrac{2(1+e)}{(1+e)^2+f^2}$

$\quad =\dfrac{2f(1+e)}{(1+e)^2+f^2}+\dfrac{2e(1+e)}{(1+e)^2+f^2}i$

이때 $\dfrac{2e(1+e)}{(1+e)^2+f^2}$의 값이 0이 아니면

$\dfrac{\overline{z_3}i}{1+z_3}+\dfrac{\overline{z_3}i}{1+\overline{z_3}}$는 실수가 아니다.

ㄹ. $(\overline{z_3}+1)(\overline{z_3}^2-\overline{z_3}+1)+(z_3+1)(z_3^2-z_3+1)$

$\quad =(\overline{z_3}^3+1)+(z_3^3+1)$

$\quad =z_3^3+\overline{z_3}^3+2$

$\quad =(z_3+\overline{z_3})^3-3z_3\overline{z_3}(z_3+\overline{z_3})+2$

$\quad =8e^3-3(e^2+f^2)\times2e+2$ (∵ ㉠, ㉡)

$\quad =2e^3-6ef^2+2$

즉, $(\overline{z_3}+1)(\overline{z_3}^2-\overline{z_3}+1)+(z_3+1)(z_3^2-z_3+1)$은

항상 실수이다.

따라서 항상 실수인 것은 ㄱ, ㄴ, ㄹ이다. 　　　답 ④

• 다른 풀이 •

ㄱ. $\overline{z_1z_2}=(\overline{z_1}\,\overline{z_2})$이므로

$\quad z_1\overline{z_2}+\overline{z_1}z_2=z_1\overline{z_2}+\overline{(z_1\overline{z_2})}=($실수$)$

ㄴ. ㉠, ㉡에서 $z_3+\overline{z_3}$, $z_3\overline{z_3}$는 모두 실수이므로

$\quad z_3^2-z_3\overline{z_3}+\overline{z_3}^2=(z_3+\overline{z_3})^2-3z_3\overline{z_3}=($실수$)$

ㄹ. $(z_3+1)(z_3^2-z_3+1)=\overline{(\overline{z_3}+1)(\overline{z_3}^2-\overline{z_3}+1)}$이므로

$\quad (\overline{z_3}+1)(\overline{z_3}^2-\overline{z_3}+1)+(z_3+1)(z_3^2-z_3+1)$

$\quad =(\overline{z_3}+1)(\overline{z_3}^2-\overline{z_3}+1)+\overline{(\overline{z_3}+1)(\overline{z_3}^2-\overline{z_3}+1)}$

$\quad =($실수$)$

21 $z=a+bi$ (a, b는 실수)라 하면

$z^2+2z=(a+bi)^2+2(a+bi)$

$\qquad\quad=a^2-b^2+2abi+2a+2bi$

$\qquad\quad=(a^2+2a-b^2)+(2ab+2b)i$

이때 조건 ㈎에서 z^2+2z가 실수이므로

$2ab+2b=0$

$2b(a+1)=0$ 　　$\therefore a=-1$ 또는 $b=0$

즉, $z=-1+bi$ 또는 $z=a$이다.

(i) $z=-1+bi$일 때,

$\quad \bar{z}=-1-bi$이고 조건 ㈏에서 $z\bar{z}=4$이므로

$\quad (-1+bi)(-1-bi)=4$

$\quad 1+b^2=4$ 　　$\therefore b=\pm\sqrt{3}$

$\quad \therefore z=-1-\sqrt{3}i$ 또는 $z=-1+\sqrt{3}i$

(ii) $z=a$일 때,

$\bar{z}=a$이고 조건 (나)에서 $z\bar{z}=4$이므로

$\qquad a^2=4 \qquad \therefore a=\pm2$

$\qquad \therefore z=-2$ 또는 $z=2$

(i), (ii)에서 조건을 만족시키는 복소수 z는

$z=-1-\sqrt{3}i$ 또는 $z=-1+\sqrt{3}i$ 또는 $z=-2$ 또는 $z=2$이다. ※

$z=-1-\sqrt{3}i$이면

$z^2=(-1-\sqrt{3}i)^2=-2+2\sqrt{3}i$

$\therefore z^4=(-2+2\sqrt{3}i)^2=-8-8\sqrt{3}i$

$z=-1+\sqrt{3}i$이면

$z^2=(-1+\sqrt{3}i)^2=-2-2\sqrt{3}i$

$\therefore z^4=(-2-2\sqrt{3}i)^2=-8+8\sqrt{3}i$

$z=-2$ 또는 $z=2$이면 $z^4=16$

따라서 서로 다른 z^4의 값의 합은

$(-8-8\sqrt{3}i)+(-8+8\sqrt{3}i)+16=0$ 　　　답 0

• 다른 풀이 •

※에서 $z=-1-\sqrt{3}i$일 때 $z+1=-\sqrt{3}i$

위의 식의 양변을 제곱하면

$z^2+2z+1=-3 \qquad \therefore z^2+2z+4=0$

위의 식의 양변에 $z-2$를 곱하면

$(z-2)(z^2+2z+4)=0$

$z^3-8=0 \qquad \therefore z^3=8$

$\therefore z^4=z^3\times z=8z=8(-1-\sqrt{3}i)=-8-8\sqrt{3}i$

같은 방법으로 $z=-1+\sqrt{3}i$일 때 $z^3=8$이므로

$z^4=z^3\times z=8z=8(-1+\sqrt{3}i)=-8+8\sqrt{3}i$

$z=-2$ 또는 $z=2$일 때 $z^4=16$

따라서 서로 다른 z^4의 값의 합은

$(-8-8\sqrt{3}i)+(-8+8\sqrt{3}i)+16=0$

---

22 $a\bar{a}=\beta\bar{\beta}=4$이므로 $\dfrac{1}{\alpha}=\dfrac{\bar{\alpha}}{4}$, $\dfrac{1}{\beta}=\dfrac{\bar{\beta}}{4}$

또한, $\alpha+\beta=2-2\sqrt{3}i$에서 $\overline{\alpha+\beta}=2+2\sqrt{3}i$

$\therefore \dfrac{1}{\alpha}+\dfrac{1}{\beta}=\dfrac{\bar{\alpha}}{4}+\dfrac{\bar{\beta}}{4}=\dfrac{\bar{\alpha}+\bar{\beta}}{4}=\dfrac{\overline{\alpha+\beta}}{4}$

$\qquad\qquad =\dfrac{2+2\sqrt{3}i}{4}=\dfrac{1+\sqrt{3}i}{2}$

$z=\dfrac{1}{\alpha}+\dfrac{1}{\beta}$이라 하면

$z^2=\left(\dfrac{1+\sqrt{3}i}{2}\right)^2=\dfrac{-2+2\sqrt{3}i}{4}=\dfrac{-1+\sqrt{3}i}{2}$

$z^3=z^2z=\dfrac{-1+\sqrt{3}i}{2}\times\dfrac{1+\sqrt{3}i}{2}=\dfrac{-4}{4}=-1$

$\therefore z^6=(z^3)^2=(-1)^2=1$

이때 $2468=6\times411+2$이므로

$\left(\dfrac{1}{\alpha}+\dfrac{1}{\beta}\right)^{2468}=z^{2468}=z^{6\times411+2}$

$\qquad\qquad =(z^6)^{411}\times z^2=z^2$

$\qquad\qquad =\dfrac{-1+\sqrt{3}i}{2}$ 　　　답 ②

---

23 $z=\dfrac{-1+\sqrt{3}i}{4}$에서 $4z+1=\sqrt{3}i$

위의 식의 양변을 제곱하면

$16z^2+8z+1=-3$, $16z^2+8z+4=0$

$\therefore 4z^2+2z+1=0 \qquad\cdots\cdots$ ㉠

㉠의 양변에 $2z-1$을 곱하면

$(2z-1)(4z^2+2z+1)=0$, $8z^3-1=0$

$\therefore (2z)^3=1 \qquad\cdots\cdots$ ㉡

$\therefore 1+2z+2^2z^2+2^3z^3+\cdots+2^{10}z^{10}$

$\quad =1+2z+(2z)^2+(2z)^3+\cdots+(2z)^{10}$

$\quad =1+2z+(2z)^2+1+2z+(2z)^2+\cdots+1+2z$ ($\because$ ㉡)

$\quad =1+2z$ ($\because$ ㉠)

$\quad =1+2\times\dfrac{-1+\sqrt{3}i}{4}=\dfrac{1+\sqrt{3}i}{2}$

$\dfrac{1+\sqrt{3}i}{2}=a+bi$에서 복소수가 서로 같을 조건에 의하여

$a=\dfrac{1}{2}$, $b=\dfrac{\sqrt{3}}{2}$

$\therefore 8b^2-4a^2=8\times\left(\dfrac{\sqrt{3}}{2}\right)^2-4\times\left(\dfrac{1}{2}\right)^2$

$\qquad\qquad =5$ 　　　답 5

> **BLACKLABEL 특강**　참고
>
> $2z=\omega$로 놓으면 $\omega^2+\omega+1=0$, $\omega^3=1$이고
> $a+bi=1+2z+2^2z^2+2^3z^3+\cdots+2^{10}z^{10}$
> $\qquad\quad =1+2z+(2z)^2+(2z)^3+\cdots+(2z)^{10}$
> $\qquad\quad =1+\omega+\omega^2+\omega^3+\cdots+\omega^{10}$
> 이므로 규칙성을 조금 더 쉽게 파악할 수 있다.

---

24 $z=\dfrac{-1+\sqrt{2}i}{3}$에서 $3z+1=\sqrt{2}i$

위의 식의 양변을 제곱하면

$9z^2+6z+1=-2$, $9z^2+6z+3=0$

$\therefore 3z^2+2z+1=0 \qquad\cdots\cdots$ ㉠

$\therefore 3z^3+5z^2+z+1=(3z^2+2z+1)z+3z^2+1$

$\qquad\qquad\qquad\qquad =3z^2+1$ ($\because$ ㉠)

$\qquad\qquad\qquad\qquad =-2z$ ($\because$ ㉠)

즉, $\dfrac{1}{3z^3+5z^2+z+1}=az+b$에서 $-\dfrac{1}{2z}=az+b$이므로

$2az^2+2bz+1=0 \qquad\cdots\cdots$ ㉡

㉠=㉡에서

$2a=3$, $2b=2 \qquad \therefore a=\dfrac{3}{2}$, $b=1$

$\therefore 2ab=2\times\dfrac{3}{2}\times1=3$ 　　　답 3

---

25 ω는 방정식 $x^2+x+1=0$의 한 허근이므로

$\omega^2+\omega+1=0 \qquad\cdots\cdots$ ㉠

㉠의 양변을 ω로 나누면

$\omega+1+\dfrac{1}{\omega}=0 \qquad \therefore \omega+\dfrac{1}{\omega}=-1$

⊙의 양변에 $\omega-1$을 곱하면

$(\omega-1)(\omega^2+\omega+1)=0$

$\omega^3-1=0$ ∴ $\omega^3=1$

$f(x)=x+\dfrac{1}{x}$에서

$f(\omega)=\omega+\dfrac{1}{\omega}=-1$

$f(\omega^2)=\omega^2+\dfrac{1}{\omega^2}=\left(\omega+\dfrac{1}{\omega}\right)^2-2=(-1)^2-2=-1$

$f(\omega^{2^2})=f(\omega^4)=\omega^4+\dfrac{1}{\omega^4}=\omega+\dfrac{1}{\omega}=-1$

$f(\omega^{2^3})=f(\omega^8)=\omega^8+\dfrac{1}{\omega^8}=\omega^2+\dfrac{1}{\omega^2}=-1$

⋮

∴ $f(\omega^{2^k})=-1$ (단, k는 음이 아닌 정수)

∴ $f(\omega)f(\omega^2)f(\omega^{2^2})f(\omega^{2^3})\times\cdots\times f(\omega^{2^{2048}})$

$=\underbrace{(-1)\times(-1)\times(-1)\times\cdots\times(-1)}_{2049개}$

$=(-1)^{2049}=-1$　　　　　　　　　답 ①

26 해결단계

❶단계	$z^2-kz+1=0$을 이용하여 ω를 z에 대한 일차식으로 간단히 한다.
❷단계	$z^2-kz+1=0$에서 z의 값을 구한 후 ω가 순허수임을 이용하여 k^2의 값을 구한다.
❸단계	a, b를 k에 대한 식으로 나타낸 후, ❷단계에서 구한 값을 이용하여 $(a+4b)^2$의 값을 구한다.

$z^2-kz+1=0$에서 $z^2+1=kz$　　　……⊙

∴ $\omega=(z^2-1)^2+4z(z^2+z+1)$

$=z^4+4z^3+2z^2+4z+1$

$=(z^2+1)^2+4z(z^2+1)$

$=(z^2+1)(z^2+4z+1)$

$=kz\times(kz+4z)$ (∵ ⊙)

$=k(k+4)z^2$

$=k(k+4)(kz-1)$ (∵ ⊙)

ω가 순허수이려면 $kz-1$이 순허수이어야 하므로 $kz-1$의 실수부분이 0이어야 한다.

$z^2-kz+1=0$에서 $z=\dfrac{k\pm\sqrt{k^2-4}}{2}$이므로

$kz-1=z^2=\left(\dfrac{k\pm\sqrt{k^2-4}}{2}\right)^2$

$=\dfrac{(k^2-2)\pm k\sqrt{k^2-4}}{2}$

이때 $-2<k<2$에서 $kz-1$의 실수부분은 $\dfrac{k^2-2}{2}$이므로

$\dfrac{k^2-2}{2}=0$　　∴ $k^2=2$

$\omega=k(k+4)(kz-1)=(k^3+4k^2)z-(k^2+4k)$이고

$\omega=az+b$이므로

$a=k^3+4k^2$, $b=-k^2-4k$

따라서

$a+4b=k^3+4k^2+4(-k^2-4k)$

$=k^3-16k=k^2\times k-16k$

$=2k-16k=-14k$

이므로

$(a+4b)^2=(-14k)^2=196k^2=392$　　　　답 392

27 $(3+2i)x+(1-i)y=3+7i$에서

$(3x+y)+(2x-y)i=3+7i$

복소수가 서로 같을 조건에 의하여

$3x+y=3$, $2x-y=7$

위의 두 식을 연립하여 풀면

$x=2$, $y=-3$

∴ $\sqrt{6x}\sqrt{y}+\dfrac{\sqrt{6x}}{\sqrt{y}}=\sqrt{12}\sqrt{-3}+\dfrac{\sqrt{12}}{\sqrt{-3}}$

$=\sqrt{12}\sqrt{3}i+\dfrac{\sqrt{12}}{\sqrt{3}i}$

$=\sqrt{12\times3}i-\sqrt{\dfrac{12}{3}}i$

$=6i-2i=4i$　　　　　　답 $4i$

28 0이 아닌 두 실수 a, b에 대하여 $\sqrt{a}\sqrt{b}=-\sqrt{ab}$이므로

$a<0$, $b<0$

즉, $ab>0$, $\dfrac{b}{a}>0$이므로

$\sqrt{a}+\sqrt{ab}+\sqrt{\dfrac{b}{a}}=\left(\sqrt{ab}+\sqrt{\dfrac{b}{a}}\right)+\sqrt{-a}i$

따라서 주어진 복소수의 허수부분은 $\sqrt{-a}$이다.　　답 ②

29 a, b, c가 양의 실수이므로

$a+b>0$, $b+c>0$

$\dfrac{1}{a+b}<\dfrac{1}{b+c}$의 양변에 $(a+b)(b+c)$를 곱하면

$b+c<a+b$　　∴ $c<a$　　……⊙

또한, $\dfrac{2}{c}<\dfrac{1}{b}$의 양변에 bc를 곱하면

$2b<c$　　　　　　……⊙

⊙, ⊙에서 $2b<c<a$

ㄱ. $a-c>0$, $a-2b>0$이므로

$\sqrt{\dfrac{a-c}{a-2b}}=\dfrac{\sqrt{a-c}}{\sqrt{a-2b}}$ (거짓)

ㄴ. $2b-c<0$, $c-a<0$이므로

$\sqrt{2b-c}\sqrt{c-a}=-\sqrt{(2b-c)(c-a)}$ (참)

ㄷ. $c-2b>0$, $2b-a<0$이므로

$\sqrt{\dfrac{c-2b}{2b-a}}=\sqrt{\dfrac{c-2b}{-(a-2b)}}$

$=\sqrt{(-1)\times\dfrac{c-2b}{a-2b}}$

$=\sqrt{-1}\times\sqrt{\dfrac{c-2b}{a-2b}}$

$=i\sqrt{\dfrac{c-2b}{-(2b-a)}}$ (참)

따라서 옳은 것은 ㄴ, ㄷ이다.　　　　답 ④

30 $abc=-72$에서 세 실수 a, b, c의 곱이 음수이므로 a, b, c 중 하나만 음수이거나 a, b, c 모두 음수이다.

(i) a, b, c 중 하나만 음수인 경우

$a=-m$ $(m>0)$이라 하고, b, c는 양수라 하면

$abc=-72$에서

$-mbc=-72$ $\therefore mbc=72$

$\therefore k=\sqrt{a}\sqrt{b}\sqrt{c}=\sqrt{-m}\sqrt{b}\sqrt{c}$
$=\sqrt{m}i\times\sqrt{b}\sqrt{c}=i\times\sqrt{mbc}$
$=\sqrt{72}i=6\sqrt{2}i$

(ii) a, b, c 모두 음수인 경우

$a=-m$, $b=-n$, $c=-l$ $(m>0,\ n>0,\ l>0)$

이라 하면 $abc=-72$에서

$-mnl=-72$ $\therefore mnl=72$

$\therefore k=\sqrt{a}\sqrt{b}\sqrt{c}=\sqrt{-m}\sqrt{-n}\sqrt{-l}$
$=\sqrt{m}i\times\sqrt{n}i\times\sqrt{l}\,i=-i\times\sqrt{mnl}$
$=-\sqrt{72}i=-6\sqrt{2}i$

(i), (ii)에서 $k=6\sqrt{2}i$ 또는 $k=-6\sqrt{2}i$

따라서 구하는 모든 k의 값의 제곱의 합은

$(6\sqrt{2}i)^2+(-6\sqrt{2}i)^2=-144$ **답 -144**

STEP **3** 1등급을 넘어서는 종합 사고력 문제 pp.36~37

01 6	02 60	03 8	04 ⑤	05 6
06 $3(\alpha^3-\beta^3)$	07 1	08 30	09 10	10 ⑤
11 1	12 $\dfrac{\sqrt{3}}{4}$			

---

01 해결단계

❶단계	a_k $(k=1, 2, 3, \cdots, 8)$의 값 중에서 1, -1, i, $-i$의 개수를 각각 a, b, c, d라 하고, 주어진 조건을 이용하여 식을 세운다.
❷단계	❶단계에서 구한 식을 연립하여 조건을 만족시키는 순서쌍 (a, b, c, d)를 모두 구한다.
❸단계	❷단계에서 구한 순서쌍의 각 경우마다 $a_1^2+a_2^2+a_3^2+\cdots+a_8^2$의 값을 각각 구한 후, 최댓값을 찾는다.

여덟 개의 수 a_1, a_2, a_3, $\cdots$, a_8 중에서 1, -1, i, $-i$의 개수를 각각 a, b, c, d (a, b, c, d는 음이 아닌 정수)라 하면

$a+b+c+d=8$ $\cdots\cdots$ ㉠

또한, $a_1+a_2+a_3+\cdots+a_8=3+i$에서

$1\times a+(-1)\times b+i\times c+(-i)\times d=3+i$이므로

$(a-b)+(c-d)i=3+i$

복소수가 서로 같을 조건에 의하여

$a-b=3$, $c-d=1$

$\therefore a=b+3$, $c=d+1$ $\cdots\cdots$ ㉡

㉡을 ㉠에 대입하여 정리하면

$2b+3+2d+1=8$

$\therefore b+d=2$

이때 b, d는 음이 아닌 정수이므로 순서쌍 (b, d)는

$(2, 0)$ 또는 $(1, 1)$ 또는 $(0, 2)$

각 경우에 대하여 ㉡을 만족시키는 순서쌍 (a, c)는

$(5, 1)$ 또는 $(4, 2)$ 또는 $(3, 3)$

즉, 조건을 만족시키는 순서쌍 (a, b, c, d)는

$(5, 2, 1, 0)$ 또는 $(4, 1, 2, 1)$ 또는 $(3, 0, 3, 2)$이다.

이때

$a_1^2+a_2^2+a_3^2+\cdots+a_8^2$
$=1^2\times a+(-1)^2\times b+i^2\times c+(-i)^2\times d$
$=a+b-c-d$

이므로

(i) 순서쌍 (a, b, c, d)가 $(5, 2, 1, 0)$일 때,

$a_1^2+a_2^2+a_3^2+\cdots+a_8^2=5+2-1-0$
$=6$

(ii) 순서쌍 (a, b, c, d)가 $(4, 1, 2, 1)$일 때,

$a_1^2+a_2^2+a_3^2+\cdots+a_8^2=4+1-2-1$
$=2$

(iii) 순서쌍 (a, b, c, d)가 $(3, 0, 3, 2)$일 때,

$a_1^2+a_2^2+a_3^2+\cdots+a_8^2=3+0-3-2$
$=-2$

(i), (ii), (iii)에서 $a_1^2+a_2^2+a_3^2+\cdots+a_8^2$의 최댓값은 6이다. **답 6**

서울대 선배들의 추천 PICK | 1등급 비법 노하우

$1^2=1$, $(-1)^2=1$, $i^2=-1$, $(-i)^2=-1$이므로 $a_1^2+a_2^2+a_3^2+\cdots+a_8^2$의 값이 최대가 되려면 i 또는 $-i$의 개수가 최소이어야 한다. 이때 $a_1+a_2+a_3+\cdots+a_8=3+i$이므로 i의 개수는 1, $-i$의 개수는 0이면 된다.

남은 7개의 수는 1 또는 -1이므로 1과 -1의 개수를 각각 x, y라 하면

$x+y=7$

또한, $a_1+a_2+a_3+\cdots+a_8=3+i$에서

$x-y=3$

$x+y=7$, $x-y=3$을 연립하여 풀면 $x=5$, $y=2$

따라서 구하는 최댓값은

$5\times 1^2+2\times(-1)^2+1\times i^2=6$

---

02 해결단계

❶단계	주어진 식을 i의 거듭제곱을 이용하여 간단히 한다.
❷단계	n의 값에 따라 경우를 나누어 조건을 만족시키는 m, n의 값을 구한다.
❸단계	❷단계에서 구한 값을 이용하여 순서쌍의 개수를 구한다.

$i^n+\left(\dfrac{1}{i}\right)^{2n}=i^n+(-i)^{2n}=i^n+(-1)^n$에서

$f(n)=i^n+(-1)^n$이라 하자.

(i) $n=4k-3$ (k는 자연수)일 때,

$f(n)=i^{4k-3}+(-1)^{4k-3}=i-1$이고,

$(i-1)^2=-2i$, $(i-1)^4=-4$, $(i-1)^8=16$,

$(i-1)^{12}=-64$, $\cdots$

이므로 조건을 만족시키는 자연수 m은 4, 12, 20, 28 의 4개이다.

이때 $n=4k-3$인 30 이하의 자연수 n은 1, 5, 9, 13, $\cdots$, 25, 29의 8개이다.

즉, 조건을 만족시키는 순서쌍 (m, n)의 개수는

$4 \times 8 = 32$

(ii) $n=4k-2$ (k는 자연수)일 때,

$f(n)=i^{4k-2}+(-1)^{4k-2}=i^2+1=-1+1=0$

즉, 모든 자연수 m에 대하여 $\{f(n)\}^m=0$이므로 조건을 만족시키는 m의 값은 존재하지 않는다.

(iii) $n=4k-1$ (k는 자연수)일 때,

$f(n)=i^{4k-1}+(-1)^{4k-1}=i^3-1=-i-1$이고,

$(-i-1)^2=2i$, $(-i-1)^4=-4$, $(-i-1)^8=16$,

$(-i-1)^{12}=-64$, $\cdots$

이므로 조건을 만족시키는 자연수 m은 4, 12, 20, 28 의 4개이다.

이때 $n=4k-1$인 30 이하의 자연수 n은 3, 7, 11, $\cdots$, 23, 27의 7개이다.

즉, 조건을 만족시키는 순서쌍 (m, n)의 개수는

$4 \times 7 = 28$

(iv) $n=4k$ (k는 자연수)일 때,

$f(n)=i^{4k}+(-1)^{4k}=1+1=2$이므로

$\{f(n)\}^m=2^m$

즉, 모든 자연수 m에 대하여 $\{f(n)\}^m>0$이므로 조건을 만족시키는 m의 값은 존재하지 않는다.

(i)~(iv)에서 조건을 만족시키는 순서쌍 (m, n)의 개수는

$32+28=60$ **답 60**

BLACKLABEL 특강   풀이 첨삭

$f(n)=i^n+(-1)^n$에서

$f(1)=i+(-1)=i-1$

$f(2)=i^2+(-1)^2=-1+1=0$

$f(3)=i^3+(-1)^3=-i-1$

$f(4)=i^4+(-1)^4=1+1=2$

$f(5)=i^5+(-1)^5=i+(-1)=i-1$

$\vdots$

이므로 $f(n+4)=f(n)$이다.

따라서 자연수 k에 대하여

$n=4k-3$, $n=4k-2$, $n=4k-1$, $n=4k$

로 경우를 나누어 조건을 만족시키는 순서쌍의 개수를 구할 수 있다.

---

03 해결단계

❶단계	i^n의 규칙성을 이용하여 $f(i)$와 $g(i)$를 각각 구한다.
❷단계	❶단계에서 구한 값을 대입하여 z를 구한다.
❸단계	$z\bar{z}=5$를 만족시키는 두 정수 a, b의 순서쌍 (a, b)의 개수를 구한다.

자연수 k에 대하여

$$i^n=\begin{cases} i & (n=4k-3\text{일 때}) \\ -1 & (n=4k-2\text{일 때}) \\ -i & (n=4k-1\text{일 때}) \\ 1 & (n=4k\text{일 때}) \end{cases}$$

이므로

$f(i)=ai+3ai^3+5ai^5+\cdots+97ai^{97}+99ai^{99}$

$\quad=(ai-3ai)+(5ai-7ai)+\cdots+(97ai-99ai)$

$\quad=-2ai \times 25$

$\quad=-50ai$

$g(i)=2bi^2+4bi^4+6bi^6+\cdots+98bi^{98}+100bi^{100}$

$\quad=(-2b+4b)+(-6b+8b)+\cdots$

$\qquad\qquad\qquad\qquad\qquad +(-98b+100b)$

$\quad=2b \times 25$

$\quad=50b$

즉, $f(i)+g(i)=50(b-ai)$이므로

$z=\dfrac{50(b-ai)}{100i}=\dfrac{b-ai}{2i}=\dfrac{-a-bi}{2}$

$\therefore z\bar{z}=\dfrac{-a-bi}{2} \times \dfrac{-a+bi}{2}$

$\qquad =\dfrac{a^2+b^2}{4}$

이때 $z\bar{z}=5$에서 $a^2+b^2=20$ $\qquad\cdots\cdots$㉠

따라서 ㉠을 만족시키는 두 정수 a, b의 순서쌍 (a, b)는

$(-4, -2)$, $(-4, 2)$, $(-2, -4)$, $(-2, 4)$,

$(2, -4)$, $(2, 4)$, $(4, -2)$, $(4, 2)$

의 8개이다. **답 8**

---

04 해결단계

❶단계	ㄱ은 $z_1=a+bi$를 $z_1\overline{z_1}=10$에 대입하여 a^2+b^2의 값을 구한다.
❷단계	ㄴ은 ❶단계에서 구한 식과 $z_1+\overline{z_2}=3$을 만족시키는 자연수 a, b, c, d를 구하여 $c+d$의 값을 계산한다.
❸단계	ㄷ은 ❶단계에서 구한 식과 $(z_1+z_2)(\overline{z_1+z_2})=41$을 만족시키는 자연수 a, b, c, d를 구하여 $z_2\overline{z_2}$의 최댓값을 구한다.

ㄱ. $z_1=a+bi$이므로 $\overline{z_1}=a-bi$

이때 $z_1\overline{z_1}=10$이므로 $(a+bi)(a-bi)=10$

$\therefore a^2+b^2=10$ (참)

ㄴ. $\overline{z_2}=c-di$이고 $z_1+\overline{z_2}=3$이므로

$(a+bi)+(c-di)=3$

$\therefore a+c+(b-d)i=3$

복소수가 서로 같을 조건에 의하여

$a+c=3$, $b-d=0$

ㄱ에서 $a^2+b^2=10$이고, a, b가 자연수이므로

$a=3$, $b=1$ 또는 $a=1$, $b=3$ $\qquad\cdots\cdots$㉠

㉠에서 $a=3$, $b=1$이면 $c=0$이므로 c가 자연수라는 조건에 모순이다.

즉, $a=1$, $b=3$이므로 $c=2$, $d=3$

$\therefore c+d=5$ (참)

ㄷ. $z_2=c+di$, $\overline{z_2}=c-di$이므로

$z_2\overline{z_2}=(c+di)(c-di)=c^2+d^2$

한편, $z_1+z_2=(a+c)+(b+d)i$,

$\overline{z_1+z_2}=(a+c)-(b+d)i$이므로

$(z_1+z_2)(\overline{z_1+z_2})=41$에서

$(a+c)^2+(b+d)^2=41$

---

a, b, c, d가 자연수이므로

$a+c=5$, $b+d=4$ 또는 $a+c=4$, $b+d=5$

이때 ㉠에서

$a=3$, $b=1$이면 $c=2$, $d=3$ 또는 $c=1$, $d=4$

$\therefore c^2+d^2=13$ 또는 $c^2+d^2=17$

$a=1$, $b=3$이면 $c=4$, $d=1$ 또는 $c=3$, $d=2$

$\therefore c^2+d^2=17$ 또는 $c^2+d^2=13$

따라서 $z_2\overline{z_2}$의 최댓값은 17이다. (참)

그러므로 ㄱ, ㄴ, ㄷ 모두 옳다. 답 ⑤

05 해결단계

❶단계	조건 ㈎의 z_k에 대하여 $z_k{}^n=1$이 되는 자연수 n의 조건을 구한다.
❷단계	조건 ㈏의 z_l에 대하여 $z_l{}^n=1$이 되는 자연수 n의 조건을 구한다.
❸단계	자연수 n의 최솟값을 구한다.

$z_k=\dfrac{-1+\sqrt{3}i}{2}$에서

$z_k{}^2=\left(\dfrac{-1+\sqrt{3}i}{2}\right)^2=\dfrac{-2-2\sqrt{3}i}{4}=\dfrac{-1-\sqrt{3}i}{2}$

$z_k{}^3=z_k{}^2\times z_k=\dfrac{-1-\sqrt{3}i}{2}\times\dfrac{-1+\sqrt{3}i}{2}=\dfrac{4}{4}=1$

즉, $z_k{}^n=1$을 만족시키는 자연수 n은 3의 배수이다.

한편, 조건 ㈏에서 $z_l=-z_k$인 n 이하의 자연수 l이 존재하므로 $z_l{}^n=1$이어야 한다.

즉, $(-z_k)^n=1$에서 $(-1)^n\times z_k{}^n=1$을 만족시키는 자연수 k가 존재해야 하므로 n은 짝수이어야 한다.

따라서 n은 3의 배수인 동시에 짝수이므로 6의 배수이고 자연수 n의 최솟값은 6이다. 답 6

06 해결단계

❶단계	$\omega^2+\omega+1=0$을 이용하여 ω^3의 값을 구한다.
❷단계	주어진 x, y, z를 이용하여 $x+y+z$의 값을 구한다.
❸단계	❶, ❷단계에서 구한 값을 이용하여 $x^3+y^3+z^3$을 α, β에 대한 식으로 나타낸다.

$\omega^2+\omega+1=0$의 양변에 $\omega-1$을 곱하면

$(\omega-1)(\omega^2+\omega+1)=0$

$\omega^3-1=0$

$\therefore \omega^3=1$ ……㉠

$x=\alpha-\beta$, $y=\alpha\omega-\beta\omega^2$, $z=\alpha\omega^2-\beta\omega$이므로

$x+y+z=(\alpha-\beta)+(\alpha\omega-\beta\omega^2)+(\alpha\omega^2-\beta\omega)$

$\qquad\qquad=\alpha(1+\omega+\omega^2)-\beta(1+\omega+\omega^2)$

$\qquad\qquad=0$ ($\because \omega^2+\omega+1=0$) ……㉡

$\therefore x^3+y^3+z^3$

$\quad=(x+y+z)(x^2+y^2+z^2-xy-yz-zx)+3xyz$

$\quad=3xyz$ ($\because$ ㉡)

$\quad=3(\alpha-\beta)(\alpha\omega-\beta\omega^2)(\alpha\omega^2-\beta\omega)$

$\quad=3\omega^2(\alpha-\beta)(\alpha-\beta\omega)(\alpha\omega-\beta)$

$\quad=3\omega^2(\alpha-\beta)(\alpha^2\omega-\alpha\beta-\alpha\beta\omega^2+\beta^2\omega)$

$\quad=3\omega^2(\alpha-\beta)\{(\alpha^2+\beta^2)\omega-\alpha\beta(1+\omega^2)\}$

$\quad=3\omega^2(\alpha-\beta)\{(\alpha^2+\beta^2)\omega+\alpha\beta\omega\}$ ($\because \omega^2+\omega+1=0$)

$\quad=3\omega^3(\alpha-\beta)(\alpha^2+\alpha\beta+\beta^2)$

$\quad=3(\alpha^3-\beta^3)$ ($\because$ ㉠) 답 $3(\alpha^3-\beta^3)$

07 해결단계

❶단계	주어진 식의 좌변을 변형한다.
❷단계	$z^2+zi+1=0$을 이용하여 ❶단계에서 변형한 식의 값을 구한다.
❸단계	복소수가 서로 같을 조건을 이용하여 a, b의 값을 구한 후, $a+b$의 값을 계산한다.

$\dfrac{1}{z^3}(1+z+z^2+z^3+z^4+z^5+z^6)$

$=\dfrac{1}{z^3}+\dfrac{1}{z^2}+\dfrac{1}{z}+1+z+z^2+z^3$

$=\left(z+\dfrac{1}{z}\right)+\left(z^2+\dfrac{1}{z^2}\right)+\left(z^3+\dfrac{1}{z^3}\right)+1$ ……㉠

한편, $z\neq0$이므로 $z^2+zi+1=0$의 양변을 z로 나누면

$z+i+\dfrac{1}{z}=0$

$\therefore z+\dfrac{1}{z}=-i$ ……㉡

$\therefore z^2+\dfrac{1}{z^2}=\left(z+\dfrac{1}{z}\right)^2-2$

$\qquad\qquad=(-i)^2-2=-3$ ……㉢

$z^3+\dfrac{1}{z^3}=\left(z+\dfrac{1}{z}\right)^3-3\left(z+\dfrac{1}{z}\right)$

$\qquad\qquad=(-i)^3-3\times(-i)=4i$ ……㉣

㉡, ㉢, ㉣을 ㉠에 대입하면

$\left(z+\dfrac{1}{z}\right)+\left(z^2+\dfrac{1}{z^2}\right)+\left(z^3+\dfrac{1}{z^3}\right)+1$

$=-i+(-3)+4i+1$

$=-2+3i$

따라서 $-2+3i=a+bi$이므로 복소수가 서로 같을 조건에 의하여

$a=-2$, $b=3$

$\therefore a+b=1$ 답 1

08 해결단계

❶단계	복소수 z를 $z^2-\overline{z}=0$에 대입하여 실수부분과 허수부분으로 간단히 정리한다.
❷단계	복소수가 서로 같을 조건을 이용하여 실수 a, b의 값을 구한다.
❸단계	복소수 z의 거듭제곱의 성질을 이용하여 주어진 식을 간단히 한 후, 그 식의 값이 정수가 되도록 하는 두 자리 자연수 n의 개수를 구한다.

$z=a+bi$ ($a<0$, $b>0$)에서

$\overline{z}=a-bi$

$z^2-\overline{z}=0$에서

$(a+bi)^2-(a-bi)=0$

$(a^2-b^2-a)+(2ab+b)i=0$

복소수가 서로 같을 조건에 의하여

$a^2-b^2-a=0$, $2ab+b=0$

$2ab+b=0$에서 $b(2a+1)=0$

$\therefore a=-\dfrac{1}{2}$ $(\because b>0)$

$a^2-b^2-a=0$에서 $\left(-\dfrac{1}{2}\right)^2-b^2-\left(-\dfrac{1}{2}\right)=0$

$b^2=\dfrac{3}{4}$ $\quad\therefore b=\dfrac{\sqrt{3}}{2}$ $(\because b>0)$

즉, $z=\dfrac{-1+\sqrt{3}i}{2}$이므로

$2z+1=\sqrt{3}i$

위의 식의 양변을 제곱하면

$4z^2+4z+1=-3$, $4z^2+4z+4=0$

$\therefore z^2+z+1=0$ ……㉠

위의 식의 양변에 $z-1$을 곱하면

$(z-1)(z^2+z+1)=0$

$z^3-1=0$ $\quad\therefore z^3=1$ ……㉡

$\therefore (z^5+z^4+z^3+z^2+1)^n=(z^2+z+1-z)^n$ $(\because$ ㉠, ㉡$)$

$\qquad\qquad\qquad\qquad\quad =(-z)^n$ $(\because$ ㉠$)$

$\qquad\qquad\qquad\qquad\quad =(-z^3)^{\frac{n}{3}}$

$\qquad\qquad\qquad\qquad\quad =(-1)^{\frac{n}{3}}$

이 값이 정수가 되어야 하므로 자연수 n은 3의 배수이다.

따라서 3의 배수인 두 자리의 자연수 n은 12, 15, 18, …, 99의 30개이다. 　　　　　　　　　　　　답 30

09 해결단계

❶단계	$z_n{}^n$을 z_1, z_2의 거듭제곱으로 나타낸 후 값을 구한다.
❷단계	❶단계에서 구한 값을 주어진 식에 대입하여 값을 구한다.
❸단계	복소수가 서로 같을 조건을 이용하여 x, y의 값을 구한 후, $x-y$의 값을 계산한다.

$z_n=\left(\dfrac{\sqrt{2}}{1-i}\right)^n$에서 $z_1=\dfrac{\sqrt{2}}{1-i}$

$z_2=z_1{}^2=\left(\dfrac{\sqrt{2}}{1-i}\right)^2=\dfrac{2}{-2i}=\dfrac{1}{-i}=i$

$z_2{}^2=i^2=-1$

$z_3{}^3=(z_1{}^3)^3=z_1{}^9=(z_1{}^2)^4z_1=i^4z_1=z_1$

$z_4{}^4=(z_1{}^4)^4=z_1{}^{16}=(z_1{}^2)^8=i^8=1$

$z_5{}^5=(z_1{}^5)^5=z_1{}^{25}=(z_1{}^2)^{12}z_1=i^{12}z_1=z_1$

$z_6{}^6=(z_1{}^6)^6=z_1{}^{36}=(z_1{}^2)^{18}=i^{18}=-1$

$\qquad\vdots$

이므로

$z_1+2z_2{}^2+3z_3{}^3+4z_4{}^4+5z_5{}^5+\cdots+20z_{20}{}^{20}$

$=z_1-2+3z_1+4+5z_1-6+\cdots+20$

$=(1+3+5+\cdots+19)z_1-(2-4+6-8+\cdots-20)$

$=100z_1+10$

$=100\times\dfrac{\sqrt{2}}{1-i}+10$

$=100\times\dfrac{\sqrt{2}(1+i)}{2}+10$

$=(50\sqrt{2}+10)+50\sqrt{2}i$

$(50\sqrt{2}+10)+50\sqrt{2}i=x+yi$에서 복소수가 서로 같을 조건에 의하여

$x=50\sqrt{2}+10$, $y=50\sqrt{2}$

$\therefore x-y=10$ 　　　　　　　　　　　　　　　　답 10

10 해결단계

❶단계	ㄱ은 z_n의 n에 1, 2, 3, …을 대입하여 $z_n=-8$을 만족시키는 n의 값을 찾는다.
❷단계	ㄴ은 n의 값에 따라 경우를 나누어 z_n의 값을 구한다.
❸단계	ㄷ은 ❷단계에서 구한 값을 이용하여 z_n이 4로 나누어떨어지는지 확인한다.

ㄱ. $z_n=(1+i)^n+(1-i)^n$이므로

$z_1=(1+i)+(1-i)=2$

$z_2=(1+i)^2+(1-i)^2$

$\quad=2i-2i=0$

$z_3=(1+i)^3+(1-i)^3$

$\quad=-2+2i+(-2-2i)=-4$

$z_4=(1+i)^4+(1-i)^4$

$\quad=(2i)^2+(-2i)^2=-8$

즉, $n=4$일 때 $z_n=-8$을 만족시킨다. (참)

ㄴ. (i) ㄱ에서 $n=1$, 2, 3, 4일 때 z_n은 실수이다.

$(1+i)^4=-4$, $(1-i)^4=-4$이므로 2 이상의 자연수 k에 대하여

(ii) $n=4k-3$일 때,

$(1+i)^{4k-3}=\{(1+i)^4\}^{k-1}\times(1+i)$

$\qquad\qquad=(-4)^{k-1}(1+i)$

$\qquad\qquad=(-4)^{k-1}+(-4)^{k-1}i$

$(1-i)^{4k-3}=\{(1-i)^4\}^{k-1}\times(1-i)$

$\qquad\qquad=(-4)^{k-1}(1-i)$

$\qquad\qquad=(-4)^{k-1}-(-4)^{k-1}i$

$\therefore z_n=(1+i)^{4k-3}+(1-i)^{4k-3}$

$\qquad=2\times(-4)^{k-1}$

(iii) $n=4k-2$일 때,

$(1+i)^{4k-2}=\{(1+i)^4\}^{k-1}\times(1+i)^2$

$\qquad\qquad=(-4)^{k-1}\times(1+i)^2$

$\qquad\qquad=(-4)^{k-1}\times2i$

$(1-i)^{4k-2}=\{(1-i)^4\}^{k-1}\times(1-i)^2$

$\qquad\qquad=(-4)^{k-1}\times(1-i)^2$

$\qquad\qquad=(-4)^{k-1}\times(-2i)$

$\qquad\qquad=-(-4)^{k-1}\times2i$

$\therefore z_n=(1+i)^{4k-2}+(1-i)^{4k-2}$

$\qquad=0$

(iv) $n=4k-1$일 때,

$(1+i)^{4k-1}=\{(1+i)^4\}^{k-1}\times(1+i)^3$

$\qquad\qquad=(-4)^{k-1}\times(1+i)^3$

$\qquad\qquad=(-4)^{k-1}\times(-2+2i)$

$$(1-i)^{4k-1}=\{(1-i)^4\}^{k-1}\times(1-i)^3$$
$$=(-4)^{k-1}\times(1-i)^3$$
$$=(-4)^{k-1}\times(-2-2i)$$
$$\therefore z_n=(1+i)^{4k-1}+(1-i)^{4k-1}$$
$$=(-4)^{k-1}\times(-4)$$
$$=(-4)^k$$

(v) $n=4k$일 때,

$(1+i)^{4k}=(-4)^k$, $(1-i)^{4k}=(-4)^k$이므로

$$z_n=(1+i)^{4k}+(1-i)^{4k}$$
$$=2\times(-4)^k$$

(i)~(v)에서 자연수 n에 대하여 z_n은 항상 실수이므로 $z_n{}^2$은 항상 0보다 크거나 같다. (거짓)

ㄷ. ㄱ에서 $n=2$, 3, 4일 때 z_n은 4로 나누어떨어진다.

ㄴ에서 2 이상의 자연수 k에 대하여

$$z_n=\begin{cases} 2\times(-4)^{k-1} & (n=4k-3\text{일 때}) \\ 0 & (n=4k-2\text{일 때}) \\ (-4)^k & (n=4k-1\text{일 때}) \\ 2\times(-4)^k & (n=4k\text{일 때}) \end{cases}$$

이므로 $n\geq2$일 때, z_n은 4로 나누어떨어진다. (참)

따라서 옳은 것은 ㄱ, ㄷ이다.　　　　　　　　답 ⑤

11 해결단계

❶단계	조건 ㈎, ㈏에서 α, β, γ의 관계식을 구한다.
❷단계	❶단계에서 구한 관계식을 통해 $\dfrac{\gamma}{\alpha}$에 대한 이차방정식을 구한다.
❸단계	❶단계에서 구한 관계식과 ❷단계에서 구한 이차방정식의 근을 이용하여 $\dfrac{\gamma}{\alpha}\times\left(\dfrac{\alpha}{\beta}\right)$의 값을 구한다.

조건 ㈎에서

$$\beta+\gamma=-\alpha \qquad\qquad \cdots\cdots\text{㉠}$$

조건 ㈏에서

$$\alpha\beta+\gamma\alpha=-\beta\gamma$$
$$\alpha(\beta+\gamma)=-\beta\gamma, \ -\alpha^2=-\beta\gamma \ (\because \text{㉠})$$
$$\therefore \frac{\alpha}{\beta}=\frac{\gamma}{\alpha} \ (\because \alpha\neq0, \ \beta\neq0) \qquad \cdots\cdots\text{㉡}$$

또한, 조건 ㈏에서

$$\beta(\alpha+\gamma)+\gamma\alpha=0$$

이때 조건 ㈎에서 $\beta=-(\alpha+\gamma)$이므로 위의 식에 대입하면

$$-(\alpha+\gamma)^2+\gamma\alpha=0$$
$$\therefore \alpha^2+\gamma\alpha+\gamma^2=0$$

위의 식의 양변을 α^2으로 나누면

$$\left(\frac{\gamma}{\alpha}\right)^2+\frac{\gamma}{\alpha}+1=0$$
$$\therefore \frac{\gamma}{\alpha}=\frac{-1+\sqrt{3}i}{2} \ \text{또는} \ \frac{\gamma}{\alpha}=\frac{-1-\sqrt{3}i}{2}$$
$$\therefore \frac{\gamma}{\alpha}\times\overline{\left(\frac{\alpha}{\beta}\right)}=\frac{\gamma}{\alpha}\times\overline{\left(\frac{\gamma}{\alpha}\right)} \ (\because \text{㉡})$$
$$=\frac{-1+\sqrt{3}i}{2}\times\frac{-1-\sqrt{3}i}{2}=1 \qquad \text{답 1}$$

12 해결단계

❶단계	z, $\bar{z}$에 대한 식의 값의 음수 조건을 이용하여 b의 값의 범위를 찾는다.
❷단계	z에 대한 식의 값의 실수 조건을 이용하여 a, b 사이의 관계식을 찾는다.
❸단계	a, b의 값을 구한 후, ab의 값을 계산한다.

$z=a+bi$에서 $\bar{z}=a-bi$

$\dfrac{z-\bar{z}}{i}$가 음수이므로

$$\frac{a+bi-a+bi}{i}=2b<0$$
$$\therefore b<0 \qquad\qquad \cdots\cdots\text{㉠}$$

$\dfrac{z}{1+z^2}$가 실수이므로

$$\frac{z}{1+z^2}=\overline{\left(\frac{z}{1+z^2}\right)}=\frac{\bar{z}}{1+\bar{z}^2}$$

즉, $z(1+\bar{z}^2)=\bar{z}(1+z^2)$에서

$$z-\bar{z}+z\bar{z}^2-\bar{z}z^2=0$$
$$(z-\bar{z})-z\bar{z}(z-\bar{z})=0$$
$$(z-\bar{z})(1-z\bar{z})=0$$

이때 $z-\bar{z}=2bi$, $z\bar{z}=a^2+b^2$이므로

$$2bi(1-a^2-b^2)=0$$
$$1-a^2-b^2=0 \ (\because \text{㉠})$$
$$\therefore a^2+b^2=1 \qquad \cdots\cdots\text{㉡}$$

또한, $\dfrac{z^2}{1+z}$도 실수이므로

$$\frac{z^2}{1+z}=\overline{\left(\frac{z^2}{1+z}\right)}=\frac{\bar{z}^2}{1+\bar{z}}$$

즉, $z^2(1+\bar{z})=\bar{z}^2(1+z)$에서

$$z^2-\bar{z}^2+z^2\bar{z}-z\bar{z}^2=0$$
$$(z+\bar{z})(z-\bar{z})+z\bar{z}(z-\bar{z})=0$$
$$\therefore (z-\bar{z})(z+\bar{z}+z\bar{z})=0$$

$z-\bar{z}=2bi$, $z+\bar{z}=2a$, $z\bar{z}=a^2+b^2$이므로

$$2bi(a^2+b^2+2a)=0$$
$$a^2+b^2+2a=0 \ (\because b\neq0)$$

㉡을 위의 식에 대입하면

$$1+2a=0 \qquad \therefore a=-\frac{1}{2}$$

㉠, ㉡에서

$$b=-\sqrt{1-a^2}=-\sqrt{\frac{3}{4}}=-\frac{\sqrt{3}}{2}$$
$$\therefore ab=\left(-\frac{1}{2}\right)\times\left(-\frac{\sqrt{3}}{2}\right)=\frac{\sqrt{3}}{4} \qquad \text{답} \ \frac{\sqrt{3}}{4}$$

04. 이차방정식

STEP 1 출제율 100% 우수 기출 대표 문제   pp.39~41

01 ①	02 ④	03 ①	04 ③	05 ④
06 ②	07 5	08 ①	09 ⑤	10 21
11 52	12 ②	13 ④	14 ③	15 ④
16 5	17 −1	18 1	19 ①	20 10
21 ④				

01 $a^2x-2a=x-2$에서
$a^2x-x=2a-2$, $(a^2-1)x=2(a-1)$
$\therefore (a+1)(a-1)x=2(a-1)$
(i) $a=-1$일 때, $0\times x=-4$이므로 해가 없다.
(ii) $a=1$일 때, $0\times x=0$이므로 해가 무수히 많다.
(iii) $a\neq-1$, $a\neq1$일 때, $x=\dfrac{2}{a+1}$
(i), (ii), (iii)에서 $a\neq-1$일 때 해가 존재한다.   답 ①

02 $|x|-1=\sqrt{(2x-7)^2}$에서
$|x|-1=|2x-7|$
(i) $x<0$일 때, $-x-1=-(2x-7)$
    $-x-1=-2x+7$ $\therefore x=8$
    그런데 $x<0$이므로 $x=8$은 근이 아니다.
(ii) $0\leq x<\dfrac{7}{2}$일 때, $x-1=-(2x-7)$
    $x-1=-2x+7$, $3x=8$ $\therefore x=\dfrac{8}{3}$
(iii) $x\geq\dfrac{7}{2}$일 때, $x-1=2x-7$ $\therefore x=6$
(i), (ii), (iii)에서 $x=\dfrac{8}{3}$ 또는 $x=6$
따라서 구하는 모든 x의 값의 합은
$\dfrac{8}{3}+6=\dfrac{26}{3}$ 답 ④

• 다른 풀이 •
$|x|-1=\sqrt{(2x-7)^2}$의 양변을 제곱하면
$(|x|-1)^2=(2x-7)^2$
$x^2-2|x|+1=4x^2-28x+49$
$\therefore 3x^2+2(|x|-14x)+48=0$
(i) $x<0$일 때, $3x^2+2(-x-14x)+48=0$
    $3x^2-30x+48=0$, $x^2-10x+16=0$
    $(x-2)(x-8)=0$ $\therefore x=2$ 또는 $x=8$
    그런데 $x<0$이므로 모두 근이 아니다.
(ii) $x\geq0$일 때, $3x^2+2(x-14x)+48=0$
    $3x^2-26x+48=0$, $(3x-8)(x-6)=0$
    $\therefore x=\dfrac{8}{3}$ 또는 $x=6$
(i), (ii)에서 $x=\dfrac{8}{3}$ 또는 $x=6$

03 $(\sqrt{3}-1)x^2+(4-2\sqrt{3})x-4=0$의 양변에 $1+\sqrt{3}$을 곱하면
$(\sqrt{3}-1)(1+\sqrt{3})x^2+(4-2\sqrt{3})(1+\sqrt{3})x$
$\hspace{5cm}-4(1+\sqrt{3})=0$
$2x^2+(2\sqrt{3}-2)x-4(1+\sqrt{3})=0$
$x^2+(\sqrt{3}-1)x-2(1+\sqrt{3})=0$
$x^2+\{(1+\sqrt{3})-2\}x+(1+\sqrt{3})\times(-2)=0$
$(x+1+\sqrt{3})(x-2)=0$
$\therefore x=-1-\sqrt{3}$ 또는 $x=2$
따라서 $\alpha=-1-\sqrt{3}$, $\beta=2$이므로
$2\alpha+\beta=-2\sqrt{3}$ 답 ①

04 이차방정식 $(k+2)x^2-ax-ka^2-4=0$의 한 근이 2이므로 $x=2$를 대입하면
$4(k+2)-2a-ka^2-4=0$
위의 식을 k에 대하여 정리하면
$(4-a^2)k-2a+4=0$
이 등식이 k에 대한 항등식이므로
$4-a^2=0$, $-2a+4=0$
$4-a^2=0$에서 $(2+a)(2-a)=0$
$\therefore a=-2$ 또는 $a=2$ ······㉠
$-2a+4=0$에서 $a=2$ ······㉡
㉠, ㉡에서 $a=2$ 답 ③

05 (i) $x<-2$일 때,
    $x^2+5(x+2)-4=0$
    $x^2+5x+6=0$, $(x+3)(x+2)=0$
    $\therefore x=-3$ 또는 $x=-2$
    그런데 $x<-2$이므로 $x=-3$
(ii) $x\geq-2$일 때,
    $x^2-5(x+2)-4=0$
    $x^2-5x-14=0$, $(x+2)(x-7)=0$
    $\therefore x=-2$ 또는 $x=7$
(i), (ii)에서 주어진 방정식의 근은 $x=-3$ 또는 $x=-2$ 또는 $x=7$이므로 그 합은
$-3+(-2)+7=2$ 답 ④

06 $x^2-[x]x-1=0$에서
(i) $1<x<2$일 때, $[x]=1$이므로
    $x^2-x-1=0$ $\therefore x=\dfrac{1\pm\sqrt{5}}{2}$
    그런데 $1<x<2$이므로 $x=\dfrac{1+\sqrt{5}}{2}$
(ii) $2\leq x<3$일 때, $[x]=2$이므로
    $x^2-2x-1=0$ $\therefore x=1\pm\sqrt{2}$
    그런데 $2\leq x<3$이므로 $x=1+\sqrt{2}$

(iii) $3 \le x < 4$일 때, $[x]=3$이므로

$x^2-3x-1=0$ ∴ $x=\dfrac{3\pm\sqrt{13}}{2}$

그런데 $3 \le x < 4$이므로 $x=\dfrac{3+\sqrt{13}}{2}$

(i), (ii), (iii)에서 $x=\dfrac{1+\sqrt{5}}{2}$ 또는 $x=1+\sqrt{2}$ 또는

$x=\dfrac{3+\sqrt{13}}{2}$

따라서 주어진 방정식의 서로 다른 근의 개수는 3이다.

답 ②

• 다른 풀이 •

$[x]$의 값은 상수이므로 방정식 $x^2-[x]x-1=0$의 근은

$x=\dfrac{[x]\pm\sqrt{[x]^2+4}}{2}$

그런데 $[x] \le x < [x]+1$이므로

$x=\dfrac{[x]+\sqrt{[x]^2+4}}{2}$ ……㉠

이때 $1 < x < 4$에서 $[x]=1, 2, 3$이므로 ㉠은 서로 다른 3개의 값을 갖는다.

따라서 주어진 방정식의 서로 다른 근의 개수는 3이다.

07 x에 대한 이차방정식 $x^2+2(k-1)x+k^2-10=0$이 서로 다른 두 실근을 가지므로 판별식을 D라 하면

$\dfrac{D}{4}=(k-1)^2-(k^2-10)>0$

$-2k+11>0$ ∴ $k<\dfrac{11}{2}$

따라서 조건을 만족시키는 자연수 k는 1, 2, 3, 4, 5의 5개이다.

답 5

08 x에 대한 이차방정식 $a^2x^2+2(b^2+c^2)x+a^2=0$이 서로 다른 두 허근을 가지므로 판별식을 D_1이라 하면

$\dfrac{D_1}{4}=(b^2+c^2)^2-(a^2)^2$

$=(b^2+c^2-a^2)(b^2+c^2+a^2)<0$

이때 a, b, c는 0이 아닌 서로 다른 세 실수이므로

$a^2+b^2+c^2>0$

즉, $b^2+c^2-a^2<0$이므로 $a^2>b^2+c^2$ ……㉠

이차방정식 $cx^2+2ax+2b=0$의 판별식을 D_2라 하면

$\dfrac{D_2}{4}=a^2-2bc$

$>b^2+c^2-2bc$ ($\because$ ㉠) $=(b-c)^2>0$ ($\because b \ne c$)

따라서 이차방정식 $cx^2+2ax+2b=0$은 서로 다른 두 실근을 갖는다.

답 ①

09 x에 대한 이차식 $x^2+2(k+a)x+k^2+a^2+2k+b-3$이 실수 k의 값에 관계없이 항상 완전제곱식이 되려면 x에 대한 이차방정식

$x^2+2(k+a)x+k^2+a^2+2k+b-3=0$

이 중근을 가져야 한다.

이 이차방정식의 판별식을 D라 하면

$\dfrac{D}{4}=(k+a)^2-(k^2+a^2+2k+b-3)=0$

$k^2+2ka+a^2-k^2-a^2-2k-b+3=0$

∴ $2k(a-1)-b+3=0$ ……㉠

㉠이 k의 값에 관계없이 항상 성립해야 하므로

$a-1=0, -b+3=0$

∴ $a=1, b=3$

∴ $a+b=4$

답 ⑤

10 이차방정식 $2x^2-5x+1=0$의 두 근이 α, β이므로 근과 계수의 관계에 의하여

$\alpha+\beta=\dfrac{5}{2}, \alpha\beta=\dfrac{1}{2}$

∴ $\alpha^2+\beta^2=(\alpha+\beta)^2-2\alpha\beta=\dfrac{25}{4}-2\times\dfrac{1}{2}=\dfrac{21}{4}$

∴ $8\alpha^3\beta+8\alpha\beta^3=8\alpha\beta(\alpha^2+\beta^2)=8\times\dfrac{1}{2}\times\dfrac{21}{4}=21$

답 21

11 이차방정식 $x^2-4x+1=0$의 두 근이 α, β이므로

$\alpha^2-4\alpha+1=0, \beta^2-4\beta+1=0$

또한, 이차방정식의 근과 계수의 관계에 의하여

$\alpha+\beta=4, \alpha\beta=1$

$\therefore \dfrac{\beta^2}{\alpha^2-3\alpha+1}+\dfrac{\alpha^2}{\beta^2-3\beta+1}$

$=\dfrac{\beta^2}{(\alpha^2-4\alpha+1)+\alpha}+\dfrac{\alpha^2}{(\beta^2-4\beta+1)+\beta}$

$=\dfrac{\beta^2}{\alpha}+\dfrac{\alpha^2}{\beta}=\dfrac{\alpha^3+\beta^3}{\alpha\beta}$

$=\dfrac{(\alpha+\beta)^3-3\alpha\beta(\alpha+\beta)}{\alpha\beta}=\dfrac{4^3-3\times1\times4}{1}$

$=52$

답 52

12 이차방정식 $x^2+(a-4)x-4=0$의 두 근의 차가 4이므로 두 근을 $\alpha, \alpha+4$라 하면 근과 계수의 관계에 의하여

$\alpha+(\alpha+4)=-(a-4)$ ∴ $a=-2\alpha$ ……㉠

$\alpha(\alpha+4)=-4$에서 $\alpha^2+4\alpha+4=0$

$(\alpha+2)^2=0$ ∴ $\alpha=-2$ ……㉡

㉡을 ㉠에 대입하면 $a=4$

따라서 이차방정식 $x^2+(a+4)x+4=0$, 즉

$x^2+8x+4=0$의 두 근을 s, t라 하면 근과 계수의 관계에 의하여

$s+t=-8, st=4$

∴ $(s-t)^2=(s+t)^2-4st$

$=64-16=48$

∴ $|s-t|=\sqrt{48}=4\sqrt{3}$

답 ②

이차방정식 $ax^2+bx+c=0$의 두 근을 α, β라 하면 근과 계수의 관계에 의하여

$\alpha+\beta=-\dfrac{b}{a}$, $\alpha\beta=\dfrac{c}{a}$이므로

$(\alpha-\beta)^2=(\alpha+\beta)^2-4\alpha\beta$

$\qquad\quad=\left(-\dfrac{b}{a}\right)^2-4\times\dfrac{c}{a}$

$\qquad\quad=\dfrac{b^2-4ac}{a^2}$

$\therefore |\alpha-\beta|=\dfrac{\sqrt{b^2-4ac}}{|a|}$

따라서 이차방정식 $ax^2+bx+c=0$의 두 근의 차는

$|\alpha-\beta|=\dfrac{\sqrt{b^2-4ac}}{|a|}$

13 이차방정식 $4x^2-2x-3=0$의 두 근이 α, β이므로 근과 계수의 관계에 의하여

$\alpha+\beta=\dfrac{1}{2}$, $\alpha\beta=-\dfrac{3}{4}$

두 근 $\dfrac{\alpha}{1+\alpha}$, $\dfrac{\beta}{1+\beta}$의 합과 곱은 각각

$\dfrac{\alpha}{1+\alpha}+\dfrac{\beta}{1+\beta}=\dfrac{\alpha(1+\beta)+\beta(1+\alpha)}{(1+\alpha)(1+\beta)}$

$\qquad\qquad\qquad=\dfrac{2\alpha\beta+\alpha+\beta}{\alpha\beta+(\alpha+\beta)+1}$

$\qquad\qquad\qquad=\dfrac{2\times\left(-\dfrac{3}{4}\right)+\dfrac{1}{2}}{-\dfrac{3}{4}+\dfrac{1}{2}+1}$

$\qquad\qquad\qquad=\dfrac{-1}{\dfrac{3}{4}}=-\dfrac{4}{3}$

$\dfrac{\alpha}{1+\alpha}\times\dfrac{\beta}{1+\beta}=\dfrac{\alpha\beta}{(1+\alpha)(1+\beta)}$

$\qquad\qquad\qquad=\dfrac{-\dfrac{3}{4}}{\dfrac{3}{4}}=-1$

따라서 $\dfrac{\alpha}{1+\alpha}$, $\dfrac{\beta}{1+\beta}$를 두 근으로 하고 x^2의 계수가 3인 이차방정식은

$3\left\{x^2-\left(-\dfrac{4}{3}\right)x+(-1)\right\}=0$

$\therefore 3x^2+4x-3=0$ 　　　　　　　　　　답 ④

14 이차방정식 $ax^2+bx+c=0$에서 a, c를 서로 바꾸어 놓고 풀었으므로 이차방정식 $cx^2+bx+a=0$의 두 근이

1, $-\dfrac{3}{5}$이다.

이차방정식의 근과 계수의 관계에 의하여

$-\dfrac{b}{c}=1+\left(-\dfrac{3}{5}\right)$　　$\therefore \dfrac{b}{c}=-\dfrac{2}{5}$　　　……㉠

$\dfrac{a}{c}=1\times\left(-\dfrac{3}{5}\right)$　　$\therefore \dfrac{a}{c}=-\dfrac{3}{5}$　　　……㉡

이차방정식 $ax^2+bx+c=0$의 두 근이 α, β이므로 근과 계수의 관계에 의하여

$\alpha+\beta=-\dfrac{b}{a}=-\dfrac{\dfrac{b}{c}}{\dfrac{a}{c}}=-\dfrac{-\dfrac{2}{5}}{-\dfrac{3}{5}}=-\dfrac{2}{3}$ $(\because ㉠, ㉡)$

$\alpha\beta=\dfrac{c}{a}=-\dfrac{5}{3}$ $(\because ㉡)$

$\therefore \dfrac{1}{\alpha}+\dfrac{1}{\beta}=\dfrac{\alpha+\beta}{\alpha\beta}=\dfrac{-\dfrac{2}{3}}{-\dfrac{5}{3}}=\dfrac{2}{5}$ 　　　답 ③

• 다른 풀이 •

이차방정식 $ax^2+bx+c=0$에서 a, c를 서로 바꾸어 놓고 풀었으므로 이차방정식 $cx^2+bx+a=0$의 두 근이

1, $-\dfrac{3}{5}$이다.

이때 두 근이 1, $-\dfrac{3}{5}$이고 x^2의 계수가 5인 이차방정식은

$5(x-1)\left(x+\dfrac{3}{5}\right)=0$, 즉 $5x^2-2x-3=0$이므로

$c=5k$, $b=-2k$, $a=-3k$ $(k\ne0)$

라 하면 처음 주어진 이차방정식은

$-3kx^2-2kx+5k=0$

$3x^2+2x-5=0$, $(3x+5)(x-1)=0$

$\therefore x=-\dfrac{5}{3}$ 또는 $x=1$

따라서 $\alpha=-\dfrac{5}{3}$, $\beta=1$ 또는 $\alpha=1$, $\beta=-\dfrac{5}{3}$이므로

$\dfrac{1}{\alpha}+\dfrac{1}{\beta}=-\dfrac{3}{5}+1=\dfrac{2}{5}$

이차방정식 $ax^2+bx+c=0$ $(c\ne0)$의 두 근이 p, q이면

이차방정식 $cx^2\pm bx+a=0$의 두 근은 $\pm\dfrac{1}{p}$, $\pm\dfrac{1}{q}$이다. (복부호 동순)

증명　이차방정식 $ax^2+bx+c=0$의 한 근이 p이므로

$ap^2+bp+c=0$ 　　……㉢

한편, $x=\pm\dfrac{1}{p}$을 이차식 $cx^2\pm bx+a$에 대입하면

$\dfrac{c}{p^2}+\dfrac{b}{p}+a=\dfrac{1}{p^2}(c+bp+ap^2)=0$ $(\because ㉢)$

따라서 이차방정식 $cx^2\pm bx+a=0$의 한 근은 $\pm\dfrac{1}{p}$이다.

같은 방법으로 $\pm\dfrac{1}{q}$에 대해서도 성립한다.

15 이차방정식 $f(x)=0$의 두 근이 α, β이므로

$f(\alpha)=0$, $f(\beta)=0$ 　　　　……㉠

방정식 $f(2x-3)=0$의 두 근을 x_1, x_2라 하면

$f(2x_1-3)=0$, $f(2x_2-3)=0$ 　　……㉡

㉠, ㉡에서 $2x_1-3=\alpha$, $2x_2-3=\beta$로 놓으면

$x_1=\dfrac{\alpha+3}{2}$, $x_2=\dfrac{\beta+3}{2}$

$\therefore x_1+x_2=\dfrac{\alpha+3}{2}+\dfrac{\beta+3}{2}=\dfrac{\alpha+\beta+6}{2}$

$\qquad\qquad=\dfrac{-2+6}{2}$ $(\because \alpha+\beta=-2)$

$\qquad\qquad=2$ 　　　　　　　　　　　　답 ④

•다른 풀이 1•

이차방정식 $f(x)=0$의 두 근 α, β에 대하여 $\alpha\beta=k$라 하면 $\alpha+\beta=-2$이므로 $f(x)=a(x^2+2x+k)$ $(a\ne0)$라 할 수 있다.

$$\therefore f(2x-3)=a\{(2x-3)^2+2(2x-3)+k\}$$
$$=a(4x^2-8x+3+k)$$
$$=4ax^2-8ax+3a+ka$$

따라서 방정식 $f(2x-3)=0$의 두 근의 합은

$$-\frac{-8a}{4a}=2$$

•다른 풀이 2•

이차방정식 $f(x)=0$의 두 근이 α, β이므로 $f(x)=a(x-\alpha)(x-\beta)$ $(a\ne0)$라 하면 $f(2x-3)=a(2x-3-\alpha)(2x-3-\beta)$

따라서 $f(2x-3)=0$에서 $x=\dfrac{3+\alpha}{2}$ 또는 $x=\dfrac{3+\beta}{2}$이므로

$$\frac{3+\alpha}{2}+\frac{3+\beta}{2}=\frac{6+\alpha+\beta}{2}=\frac{6-2}{2}=2\ (\because \alpha+\beta=-2)$$

BLACKLABEL 특강 　참고

방정식 $f(ax+b)=0$ $(a\ne0)$의 근을 구하는 문제는 자주 출제되므로 구하는 방법을 잘 기억해두면 좋다.
이차방정식 $f(x)=0$의 두 근을 α, β라 하면 $f(\alpha)=0$, $f(\beta)=0$
따라서 이차방정식 $f(ax+b)=0$의 두 근은
$ax+b=\alpha$, $ax+b=\beta$에서 $x=\dfrac{\alpha-b}{a}$ 또는 $x=\dfrac{\beta-b}{a}$

---

16 이차방정식 $\dfrac{1}{2}x^2-x-3=0$, 즉 $x^2-2x-6=0$의 근은

$$x=-(-1)\pm\sqrt{(-1)^2-(-6)}=1\pm\sqrt{7}\quad \text{근의 공식 이용}$$

$$\therefore \frac{1}{2}x^2-x-3=\frac{1}{2}(x-1-\sqrt{7})(x-1+\sqrt{7})$$

따라서 $a=-1$, $b=-1$, $c=7$이므로
$a+b+c=-1+(-1)+7=5$　　　　답 5

17 $f(\alpha)=f(\beta)=1$에서 $f(\alpha)-1=f(\beta)-1=0$이므로
이차방정식 $f(x)-1=0$의 두 근은 α, β이다.
이때 이차식 $f(x)$의 x^2의 계수가 4이면 이차식 $f(x)-1$의 x^2의 계수도 4이므로

$$f(x)-1=4(x-\alpha)(x-\beta)$$
$$=2(2x^2-x-2)$$
$$=4x^2-2x-4$$

$$\therefore f(x)=(4x^2-2x-4)+1$$
$$=4x^2-2x-3$$

$$\therefore f(1)=4-2-3=-1\qquad\qquad 답\ -1$$

18 이차방정식 $x^2+ax+b=0$의 계수가 유리수이므로
한 근이 $\sqrt{2}-1$, 즉 $-1+\sqrt{2}$이면 $-1-\sqrt{2}$도 근이다.

이차방정식의 근과 계수의 관계에 의하여
$(-1+\sqrt{2})+(-1-\sqrt{2})=-a$　　$\therefore a=2$
$(-1+\sqrt{2})(-1-\sqrt{2})=b$　　$\therefore b=-1$

따라서 $a+b$, $\dfrac{b}{a}$, 즉 1과 $-\dfrac{1}{2}$을 두 근으로 하고 x^2의 계수가 1인 이차방정식은

$$x^2-\left\{1+\left(-\frac{1}{2}\right)\right\}x+1\times\left(-\frac{1}{2}\right)=0$$

$$x^2-\frac{1}{2}x-\frac{1}{2}=0\qquad \therefore 2x^2-x-1=0$$

따라서 $p=2$, $q=-1$이므로
$p+q=1$　　　　　　　　　　　　　답 1

19 계수가 실수인 이차방정식의 한 근이 $2-3i$이면 $2+3i$도 근이므로
$\alpha=2+3i$

$$\therefore \frac{1}{\alpha}=\frac{1}{2+3i}=\frac{2-3i}{(2+3i)(2-3i)}$$

$$=\frac{2-3i}{13}=\frac{2}{13}-\frac{3}{13}i$$

따라서 $a=\dfrac{2}{13}$, $b=-\dfrac{3}{13}$이므로

$$a+b=-\frac{1}{13}\qquad\qquad\qquad 답\ ①$$

20 제품 한 개당 판매가격을 a원에서 $x\ \%$ 내리면 인하된 판매가격은

$$a\left(1-\frac{x}{100}\right)(원)$$

이때의 하루 판매량은 b개에서 $5x\ \%$ 증가하므로

$$b\left(1+\frac{5x}{100}\right)(개)$$

하루 판매액은 ab원에서 35 % 증가하므로

$$ab\left(1+\frac{35}{100}\right)(원)$$

이때
(제품 한 개당 판매가격)×(하루 판매량)
　　　　　　　　　　　　　　=(하루 판매액)
이므로

$$a\left(1-\frac{x}{100}\right)\times b\left(1+\frac{5x}{100}\right)=ab\left(1+\frac{35}{100}\right)$$

위의 식의 양변에 $\dfrac{10000}{ab}$을 곱하면

$(100-x)(100+5x)=10000+3500$
$5x^2-400x+3500=0$, $x^2-80x+700=0$
$(x-10)(x-70)=0$
$\therefore x=10\ (\because 0<x<40)$　　　　답 10

21 정삼각형 ABC의 한 변의 길이를 x cm $(x>0)$라 하면
$\overline{A'B}=(x+2)$ cm, $\overline{A'C}=(x+4)$ cm
△A'BC는 직각삼각형이고 $\overline{BC}<\overline{A'B}<\overline{A'C}$이므로

피타고라스 정리에 의하여
$(x+4)^2=x^2+(x+2)^2$
$x^2+8x+16=x^2+x^2+4x+4$
$x^2-4x-12=0,\ (x+2)(x-6)=0$
$\therefore x=6\ (\because x>0)$ 답 ④

STEP 2   1등급을 위한 최고의 변별력 문제   pp.42~46

01 -2	02 ④	03 ④	04 ③	05 ④
06 ⑤	07 2	08 10	09 20	10 3
11 ②	12 0	13 ④	14 -14	15 ④
16 ①	17 ③	18 13	19 ⑤	20 18
21 ①	22 ③	23 ②	24 ①	25 49
26 33	27 $7-2\sqrt{6}$	28 190	29 2	30 ②

01 $(m-4)(m-1)x=m-2(x+1)$에서
$(m^2-5m+4)x=m-2x-2$
$(m^2-5m+6)x=m-2$
$\therefore (m-2)(m-3)x=m-2$
$m=3$이면 $0\times x=1$이므로 해가 없다.
$\therefore m=3$
이차방정식 $x^2-mx+n=0$, 즉 $x^2-3x+n=0$의 한 근
이 5이므로
$25-15+n=0$ $\therefore n=-10$
즉, 이차방정식 $x^2-3x-10=0$에서
$(x+2)(x-5)=0$ $\therefore x=-2$ 또는 $x=5$
따라서 나머지 한 근은 -2이다.   답 -2

02 $kx^2+(k-2)x+4=0$이 이차방정식이므로 $k\neq 0$
이 이차방정식의 한 허근이 α이므로 $x=\alpha$를 대입하면
$k\alpha^2+(k-2)\alpha+4=0$ $\cdots\cdots$㉠
이때 α는 허수이고 α^2은 실수이므로 등식 ㉠이 성립하려
면 복소수가 서로 같을 조건에 의하여
$k-2=0$ $\therefore k=2$
따라서 주어진 이차방정식은 $2x^2+4=0$이므로 근과 계수
의 관계에 의하여 두 근의 곱은 $\dfrac{4}{2}=2$이다.   답 ④

• 다른 풀이 •
허수 α에 대하여 α^2이 실수이려면 α는 순허수이어야 한다.
$\alpha=ai$ (a는 실수)라 하면 $\overline{\alpha}=-ai$
즉, 계수가 실수인 이차방정식 $kx^2+(k-2)x+4=0$의
한 근이 ai이므로 다른 한 근은 $-ai$이다.
이차방정식의 근과 계수의 관계에 의하여
$ai+(-ai)=-\dfrac{k-2}{k}$ $\therefore k=2$
따라서 이차방정식 $kx^2+(k-2)x+4=0$, 즉

$2x^2+4=0$에서 근과 계수의 관계에 의하여 두 근의 곱은
$\dfrac{4}{2}=2$이다.

03 $ax^2+\sqrt{3}bx+c=0$이 이차방정식이므로 $a\neq 0$
이차방정식 $ax^2+\sqrt{3}bx+c=0$의 한 근이 $1-\sqrt{3}$이므로
$x=1-\sqrt{3}$을 대입하면
$a(1-\sqrt{3})^2+\sqrt{3}b(1-\sqrt{3})+c=0$
$a(4-2\sqrt{3})+\sqrt{3}b(1-\sqrt{3})+c=0$
$4a-2a\sqrt{3}+b\sqrt{3}-3b+c=0$
$(4a-3b+c)+(-2a+b)\sqrt{3}=0$
이때 $a,\ b,\ c$가 유리수이므로
$4a-3b+c=0$ $\cdots\cdots$㉠
$-2a+b=0$ $\therefore b=2a$ $\cdots\cdots$㉡
㉡을 ㉠에 대입하여 정리하면 $c=2a$
즉, 주어진 방정식은 $ax^2+2\sqrt{3}ax+2a=0$이고
$a\neq 0$이므로 양변을 a로 나누면
$x^2+2\sqrt{3}x+2=0$
$\therefore x=-\sqrt{3}\pm\sqrt{(\sqrt{3})^2-2}=-\sqrt{3}\pm 1$ ←근의 공식 이용
따라서 $\beta=-1-\sqrt{3}$이므로
$\alpha+\dfrac{1}{\beta}=1-\sqrt{3}+\dfrac{1}{-1-\sqrt{3}}$
$=1-\sqrt{3}+\dfrac{-1+\sqrt{3}}{(-1-\sqrt{3})(-1+\sqrt{3})}$
$=1-\sqrt{3}-\dfrac{\sqrt{3}-1}{2}$
$=\dfrac{3}{2}-\dfrac{3\sqrt{3}}{2}$ 답 ④

04 방정식 $|x^2+(4a-1)x+a^2|=1$의 한 근이 -1이므로
$x=-1$을 대입하면
$|(-1)^2+(4a-1)\times(-1)+a^2|=1$
$|a^2-4a+2|=1$
(i) $a^2-4a+2=1$일 때,
$a^2-4a+1=0$
$\therefore a=-(-2)\pm\sqrt{(-2)^2-1}=2\pm\sqrt{3}$ ←근의 공식 이용
(ii) $a^2-4a+2=-1$일 때,
$a^2-4a+3=0,\ (a-1)(a-3)=0$
$\therefore a=1$ 또는 $a=3$
(i), (ii)에서 $a=2\pm\sqrt{3}$ 또는 $a=1$ 또는 $a=3$이므로
모든 실수 a의 값의 곱은
$(2-\sqrt{3})\times(2+\sqrt{3})\times 1\times 3=3$ 답 ③

05 $x^2+\sqrt{x^2}=|x-1|+3$에서
$x^2+|x|=|x-1|+3$
(i) $x<0$일 때, $x^2-x=-(x-1)+3$
$x^2=4$ $\therefore x=\pm 2$
그런데 $x<0$이므로 $x=-2$

(ii) $0 \le x < 1$일 때, $x^2+x=-(x-1)+3$

$x^2+2x-4=0$ ∴ $x=-1\pm\sqrt{5}$

그런데 $0 \le x < 1$이므로 모두 근이 아니다.

(iii) $x \ge 1$일 때, $x^2+x=(x-1)+3$

$x^2=2$ ∴ $x=\pm\sqrt{2}$

그런데 $x \ge 1$이므로 $x=\sqrt{2}$

(i), (ii), (iii)에서 $x=-2$ 또는 $x=\sqrt{2}$_*

이것은 이차방정식 $x^2+ax+b=0$의 두 근이므로

$x^2+ax+b=0$에

$x=-2$를 대입하면 $4-2a+b=0$ ······㉠

$x=\sqrt{2}$를 대입하면 $2+\sqrt{2}a+b=0$ ······㉡

㉠, ㉡을 연립하여 풀면

$a=2-\sqrt{2}$, $b=-2\sqrt{2}$

∴ $a-b=2-\sqrt{2}-(-2\sqrt{2})=2+\sqrt{2}$ 답 ④

•다른 풀이•

*에서 이차방정식 $x^2+ax+b=0$의 두 근이 -2, $\sqrt{2}$이

므로 근과 계수의 관계에 의하여

$-2+\sqrt{2}=-a$ ∴ $a=2-\sqrt{2}$

$(-2)\times\sqrt{2}=b$ ∴ $b=-2\sqrt{2}$

06 $[2x]^2-2[x]-7=0$에서

(i) $n \le x < n+\dfrac{1}{2}$ (n은 정수)일 때,

$2n \le 2x < 2n+1$이므로

$[2x]=2n$, $[x]=n$

즉, $(2n)^2-2n-7=0$에서

$4n^2-2n-7=0$

∴ $n=\dfrac{1\pm\sqrt{29}}{4}$

그런데 n은 정수이므로 해가 없다.

(ii) $n+\dfrac{1}{2} \le x < n+1$ (n은 정수)일 때,

$2n+1 \le 2x < 2n+2$이므로

$[2x]=2n+1$, $[x]=n$

즉, $(2n+1)^2-2n-7=0$에서

$4n^2+2n-6=0$, $2n^2+n-3=0$

$(2n+3)(n-1)=0$

∴ $n=1$ ($\because$ n은 정수)

(i), (ii)에서 구하는 x의 값의 범위는

$\dfrac{3}{2} \le x < 2$ 답 ⑤

07 $(k-1)x^2-2\sqrt{6}x+k=0$에서

(i) $k=1$일 때,

일차방정식 $-2\sqrt{6}x+1=0$에서

$x=\dfrac{1}{2\sqrt{6}}=\dfrac{\sqrt{6}}{12}$

즉, 오직 한 개의 실근을 갖는다.

(ii) $k \neq 1$일 때,

이차방정식 $(k-1)x^2-2\sqrt{6}x+k=0$이 중근을 가져

야 하므로 판별식을 D라 하면

$\dfrac{D}{4}=(-\sqrt{6})^2-k(k-1)=0$

$k^2-k-6=0$, $(k+2)(k-3)=0$

∴ $k=-2$ 또는 $k=3$

(i), (ii)에서 $k=-2$ 또는 $k=1$ 또는 $k=3$

따라서 구하는 모든 실수 k의 값의 합은

$-2+1+3=2$ 답 2

08 이차방정식 $x^2-2(a+k)x-a+10=0$의 판별식을 D라

할 때, 이 이차방정식이 실근을 가지려면

$\dfrac{D}{4}=\{-(a+k)\}^2-(-a+10)$

$=(a+k)^2+a-10 \ge 0$ ······㉠

이때 a, k는 실수이므로

$(a+k)^2 \ge 0$

따라서 ㉠이 모든 실수 k에 대하여 항상 성립하려면

$a-10 \ge 0$, 즉 $a \ge 10$이어야 하므로 실수 a의 최솟값은

10이다. 답 10

BLACKLABEL 특강 참고

이차함수의 최솟값을 이용하여 실수 a의 값의 범위를 구할 수도 있다.

㉠에서 $f(k)=(k+a)^2+a-10$이라 하면 k에 대한 이차함수

$f(k)$는 $k=-a$일 때 최솟값 $a-10$을 갖는다.

이때 k의 값에 관계없이 ㉠이 항상 성립해야 하므로

($f(k)$의 최솟값) ≥ 0이어야 한다.

즉, $a-10 \ge 0$에서 $a \ge 10$

09 $(a-3)x^2+(a-b)x-(b-3)=0$이 이차방정식이므로

$a-3 \neq 0$에서 $a \neq 3$ ······㉠

또한, 이차방정식이 중근을 가지므로 판별식을 D라 하면

$D=(a-b)^2+4(a-3)(b-3)$

$=a^2-2ab+b^2+4ab-12a-12b+36$

$=a^2+2ab+b^2-12a-12b+36$

$=(a+b)^2-12(a+b)+36$

$=(a+b-6)^2=0$

∴ $a+b=6$ ······㉡

㉠, ㉡을 만족시키는 두 자연수 a, b의 순서쌍 (a, b)는

$(1, 5)$, $(2, 4)$, $(4, 2)$, $(5, 1)$

따라서 a^2+b^2의 값은 $a=2$, $b=4$ 또는 $a=4$, $b=2$일 때

최소이고 최솟값은

$2^2+4^2=20$ 답 20

10 $(x^2-2x-4a)(x^2+2ax+a^2-a+2)=0$에서

(i) $a=-1$일 때, ← 두 이차방정식이 같아지는 경우

$(x^2-2x+4)(x^2-2x+4)=0$

$(x^2-2x+4)^2=0$

이차방정식 $x^2-2x+4=0$의 판별식을 D_1이라 하면

$$\frac{D_1}{4}=(-1)^2-1\times4=-3<0$$

즉, 이차방정식 $x^2-2x+4=0$이 서로 다른 두 허근을 가지므로 주어진 방정식도 서로 다른 두 허근을 갖는다.

(ii) $a\neq-1$일 때,

두 이차방정식 $x^2-2x-4a=0$,

$x^2+2ax+a^2-a+2=0$의 계수가 모두 실수이므로 두 이차방정식이 실근과 허근을 각각 1개씩 가질 수는 없다.

즉, 주어진 방정식이 서로 다른 허근을 2개 가지려면 두 이차방정식 중 하나는 서로 다른 두 허근을 갖고, 나머지 하나는 실근을 가져야 한다.

두 이차방정식 $x^2-2x-4a=0$,

$x^2+2ax+a^2-a+2=0$의 판별식을 각각 D_2, D_3이라 하자.

① 이차방정식 $x^2-2x-4a=0$이 서로 다른 두 허근을 갖는 경우

$$\frac{D_2}{4}=(-1)^2-(-4a)=1+4a<0$$

$$\therefore a<-\frac{1}{4} \qquad\qquad \cdots\cdots\text{㉠}$$

이차방정식 $x^2+2ax+a^2-a+2=0$은 실근을 가져야 하므로

$$\frac{D_3}{4}=a^2-(a^2-a+2)=a-2\geq0$$

$$\therefore a\geq2 \qquad\qquad \cdots\cdots\text{㉡}$$

그런데 ㉠, ㉡을 모두 만족시키는 정수 a는 존재하지 않는다.

② 이차방정식 $x^2+2ax+a^2-a+2=0$이 서로 다른 두 허근을 갖는 경우

$$\frac{D_3}{4}=a-2<0 \qquad \therefore a<2 \qquad \cdots\cdots\text{㉢}$$

이차방정식 $x^2-2x-4a=0$은 실근을 가져야 하므로

$$\frac{D_2}{4}=1+4a\geq0 \qquad \therefore a\geq-\frac{1}{4} \qquad \cdots\cdots\text{㉣}$$

㉢, ㉣을 모두 만족시키는 정수 a의 값은 0, 1이다.

(i), (ii)에서 조건을 만족시키는 정수 a는 -1, 0, 1의 3개이다. **답 3**

11 두 이차방정식

$x^2+px+q=0 \qquad \cdots\cdots\text{㉠}$

$x^2+qx+p=0 \qquad \cdots\cdots\text{㉡}$

에 대하여 ㉠, ㉡의 판별식을 각각 D_1, D_2라 하면

$D_1=p^2-4q$, $D_2=q^2-4p$

ㄱ. $p+q<0$이면 $p<0$ 또는 $q<0$이다.

(i) $p<0$이면 $D_2>0$

(ii) $q<0$이면 $D_1>0$

(i), (ii)에서 ㉠과 ㉡ 중 적어도 하나는 서로 다른 두 실근을 갖는다. (참)

ㄴ. $\sqrt{pq}=-\sqrt{p}\sqrt{q}$이면 $p<0$, $q<0$

$\therefore D_1>0$, $D_2>0$

즉, ㉠과 ㉡ 모두 서로 다른 두 실근을 갖는다. (참)

ㄷ. (반례) $p=-\dfrac{1}{2}$, $q=\dfrac{1}{4}$이면

$$p+q=-\frac{1}{4}<0, \ pq=-\frac{1}{8}<0\text{이지만}$$

$$D_1=p^2-4q=\frac{1}{4}-1=-\frac{3}{4}<0$$

이므로 ㉠은 허근을 갖는다. (거짓)

따라서 옳은 것은 ㄱ, ㄴ이다. **답 ②**

BLACKLABEL 특강   풀이 첨삭   ＊

ㄷ에서 $p+q<0$, $pq<0$인 두 실수 p, q는 다음과 같이 생각할 수 있다.

(i) $p<0$, $q>0$, $|p|>|q|$

(ii) $p>0$, $q<0$, $|p|<|q|$

(i)의 경우 $D_2=q^2-4p>0$이므로 이차방정식 ㉡은 서로 다른 두 실근을 갖지만 $p^2>0$, $-4q<0$에서 $D_1=p^2-4q$의 값의 부호는 알 수 없다. 이러한 경우에는 $p<0$, $q>0$, $|p|>|q|$이면서 $p^2<4q$를 만족시키는 두 실수 p, q를 찾아 대입하면 ㄷ이 거짓임을 보일 수 있다.

(ii)도 (i)과 같은 방법으로 반례를 찾아 거짓임을 보일 수 있다.

---

12 이차방정식 $x^2+(k+1)x+k=0$의 두 근의 절댓값의 비가 $1:2$이므로 두 근의 부호가 같은 경우 두 근을 α, 2α, 부호가 다른 경우 두 근을 α, -2α $(\alpha\neq0)$라 하자.

(i) 두 근이 α, 2α일 때,

이차방정식의 근과 계수의 관계에 의하여

$\alpha+2\alpha=-(k+1) \qquad \therefore 3\alpha=-k-1 \qquad \cdots\cdots\text{㉠}$

$\alpha\times2\alpha=k \qquad \therefore k=2\alpha^2 \qquad\qquad \cdots\cdots\text{㉡}$

㉡을 ㉠에 대입하면

$3\alpha=-2\alpha^2-1, \ 2\alpha^2+3\alpha+1=0$

$(\alpha+1)(2\alpha+1)=0 \qquad \therefore \alpha=-1 \text{ 또는 } \alpha=-\frac{1}{2}$

$\therefore k=2 \text{ 또는 } k=\frac{1}{2} \ (\because \text{㉡})$

(ii) 두 근이 α, -2α일 때,

이차방정식의 근과 계수의 관계에 의하여

$\alpha+(-2\alpha)=-(k+1) \qquad \therefore \alpha=k+1 \qquad \cdots\cdots\text{㉢}$

$\alpha\times(-2\alpha)=k \qquad \therefore k=-2\alpha^2 \qquad\quad \cdots\cdots\text{㉣}$

㉣을 ㉢에 대입하면

$\alpha=-2\alpha^2+1, \ 2\alpha^2+\alpha-1=0$

$(\alpha+1)(2\alpha-1)=0 \qquad \therefore \alpha=-1 \text{ 또는 } \alpha=\frac{1}{2}$

$\therefore k=-2 \text{ 또는 } k=-\frac{1}{2} \ (\because \text{㉣})$

(i), (ii)에서 조건을 만족시키는 모든 실수 k의 값은 -2, $-\dfrac{1}{2}$, $\dfrac{1}{2}$, 2이므로 그 합은

$$-2+\left(-\frac{1}{2}\right)+\frac{1}{2}+2=0 \qquad\qquad\qquad \text{답 0}$$

•다른 풀이•

이차방정식 $x^2+(k+1)x+k=0$에서

$(x+1)(x+k)=0$ ∴ $x=-1$ 또는 $x=-k$

(i) $|-1|:|-k|=1:2$일 때,

$|k|=2$ ∴ $k=\pm2$

(ii) $|-1|:|-k|=2:1$일 때,

$2|k|=1$, $|k|=\dfrac{1}{2}$ ∴ $k=\pm\dfrac{1}{2}$

13 x에 대한 이차방정식 $x^2+(a^2-2a-3)x-a+1=0$의 두 실근 α, β의 절댓값이 같고 부호는 반대이므로

$\alpha+\beta=0$, $\alpha\beta<0$

이차방정식의 근과 계수의 관계에 의하여

$\alpha+\beta=-(a^2-2a-3)=0$

$a^2-2a-3=0$, $(a+1)(a-3)=0$

∴ $a=-1$ 또는 $a=3$ ······㉠

$\alpha\beta=-a+1<0$ ∴ $a>1$ ······㉡

㉠, ㉡에서 $a=3$ 　　　　　　　　　답 ④

14 이차방정식 $x^2+(a-2)x+2a-4=0$에서 근과 계수의 관계에 의하여

$\alpha+\beta=2-a$, $\alpha\beta=2a-4$ ······㉠

이때 $a<2$에서 $\alpha\beta=2a-4<0$

$|\alpha|+|\beta|=\sqrt{65}$의 양변을 제곱하면

$(|\alpha|+|\beta|)^2=65$, $|\alpha|^2+2|\alpha||\beta|+|\beta|^2=65$

$\alpha^2-2\alpha\beta+\beta^2=65$ ($\because \alpha\beta<0$)

$(\alpha+\beta)^2-4\alpha\beta=65$

㉠을 이 식에 대입하면

$(2-a)^2-4(2a-4)=65$, $a^2-12a-45=0$

$(a+3)(a-15)=0$ ∴ $a=-3$ ($\because a<2$)

즉, ㉠에서 $\alpha+\beta=5$, $\alpha\beta=-10$이므로

$(\alpha-1)(\beta-1)=\alpha\beta-(\alpha+\beta)+1=-14$ 　　답 -14

단계	채점 기준	배점
(가)	두 근의 합과 곱을 구한 경우	30%
(나)	주어진 조건을 이용하여 a에 대한 방정식을 세운 경우	30%
(다)	a의 값을 구한 경우	30%
(라)	$(\alpha-1)(\beta-1)$의 값을 구한 경우	10%

BLACKLABEL 특강 　참고

이차방정식 $x^2+(a-2)x+2a-4=0$의 판별식을 D라 하면

$D=(a-2)^2-4(2a-4)=a^2-12a+20=(a-2)(a-10)$

이때 $a<2$이므로 $a-2<0$, $a-10<0$에서

$D=(a-2)(a-10)>0$

따라서 $a<2$일 때 이차방정식 $x^2+(a-2)x+2a-4=0$은 서로 다른 두 실근을 갖는다.

15 이차방정식 $ax^2+bx+c=0$의 두 근이 p, q이므로 근과 계수의 관계에 의하여

$p+q=-\dfrac{b}{a}$, $pq=\dfrac{c}{a}$ ······㉠

또한, 이차방정식 $cx^2-bx+a=0$의 두 근이 r, s이므로 근과 계수의 관계에 의하여

$r+s=\dfrac{b}{c}$, $rs=\dfrac{a}{c}$ ······㉡

㉠, ㉡에서

$r+s=\dfrac{b}{c}=\dfrac{\dfrac{b}{a}}{\dfrac{c}{a}}=-\dfrac{p+q}{pq}=\left(-\dfrac{1}{p}\right)+\left(-\dfrac{1}{q}\right)$

$rs=\dfrac{a}{c}=\dfrac{1}{pq}=\left(-\dfrac{1}{p}\right)\times\left(-\dfrac{1}{q}\right)$

∴ $r=-\dfrac{1}{p}$, $s=-\dfrac{1}{q}$ 또는 $r=-\dfrac{1}{q}$, $s=-\dfrac{1}{p}$

이때 $-1<p<0<q<1$에서

$-\dfrac{1}{p}>1$, $-\dfrac{1}{q}<-1$

또한, $r<s$이므로 $r=-\dfrac{1}{q}$, $s=-\dfrac{1}{p}$

따라서 $r<-1<p<0<q<1<s$이므로 대소 관계는

$r<p<q<s$이다. 　　　　　　　　　답 ④

16 해결단계

❶단계	이차방정식 $x^2-\sqrt{3}x+1=0$의 두 근 ω, $\overline{\omega}$를 구한다.
❷단계	ω, $\overline{\omega}$의 거듭제곱의 규칙을 이용하여 주어진 식을 간단히 정리한다.
❸단계	이차방정식의 근과 계수의 관계를 이용하여 식의 값을 구한다.

이차방정식 $x^2-\sqrt{3}x+1=0$에서 $x=\dfrac{\sqrt{3}\pm i}{2}$

$\omega=\dfrac{\sqrt{3}+i}{2}$라 하면

$\omega^2=\left(\dfrac{\sqrt{3}+i}{2}\right)^2=\dfrac{2+2\sqrt{3}i}{4}=\dfrac{1+\sqrt{3}i}{2}$

$\omega^3=\omega^2\omega=\dfrac{1+\sqrt{3}i}{2}\times\dfrac{\sqrt{3}+i}{2}=\dfrac{4i}{4}=i$

즉, $\omega^6=(\omega^3)^2=i^2=-1$이므로

$1+\omega+\omega^2+\cdots+\omega^{100}$

$=(1+\omega+\omega^2+\omega^3+\omega^4+\omega^5)$

$\quad+(\omega^6+\omega^7+\omega^8+\omega^9+\omega^{10}+\omega^{11})$

$\quad+(\omega^{12}+\omega^{13}+\omega^{14}+\omega^{15}+\omega^{16}+\omega^{17})+\cdots$

$\quad+\omega^{96}+\omega^{97}+\omega^{98}+\omega^{99}+\omega^{100}$

$=(1+\omega+\omega^2+\omega^3+\omega^4+\omega^5)$

$\quad-(1+\omega+\omega^2+\omega^3+\omega^4+\omega^5)$

$\quad+(1+\omega+\omega^2+\omega^3+\omega^4+\omega^5)-\cdots$

$\quad+1+\omega+\omega^2+\omega^3+\omega^4$

$=1+\omega+\omega^2+\omega^3+\omega^4$

또한, 같은 방법으로 $\overline{\omega}=\dfrac{\sqrt{3}-i}{2}$에 대하여 $\overline{\omega}^6=-1$이므로

$1+\overline{\omega}+\overline{\omega}^2+\cdots+\overline{\omega}^{100}=1+\overline{\omega}+\overline{\omega}^2+\overline{\omega}^3+\overline{\omega}^4$

＊한편, ω, $\overline{\omega}$는 이차방정식 $x^2-\sqrt{3}x+1=0$의 두 근이므로 근과 계수의 관계에 의하여

$\omega+\overline{\omega}=\sqrt{3}$, $\omega\overline{\omega}=1$

$\therefore \omega^2+\overline{\omega}^2=(\omega+\overline{\omega})^2-2\omega\overline{\omega}=(\sqrt{3})^2-2\times1=1$,

$\quad \omega^3+\overline{\omega}^3=(\omega+\overline{\omega})^3-3\omega\overline{\omega}(\omega+\overline{\omega})$

$\qquad\qquad =(\sqrt{3})^3-3\times1\times\sqrt{3}=0$,

$\quad \omega^4+\overline{\omega}^4=(\omega^2+\overline{\omega}^2)^2-2\omega^2\overline{\omega}^2=1-2\times1^2=-1$

$\therefore (1+\omega+\omega^2+\cdots+\omega^{100})+(1+\overline{\omega}+\overline{\omega}^2+\cdots+\overline{\omega}^{100})$

$\quad =(1+\omega+\omega^2+\omega^3+\omega^4)+(1+\overline{\omega}+\overline{\omega}^2+\overline{\omega}^3+\overline{\omega}^4)$

$\quad =2+(\omega+\overline{\omega})+(\omega^2+\overline{\omega}^2)+(\omega^3+\overline{\omega}^3)+(\omega^4+\overline{\omega}^4)$

$\quad =2+\sqrt{3}+1+0+(-1)$

$\quad =2+\sqrt{3}$ \qquad\qquad\qquad\qquad 답 ①

• 다른 풀이 •

이차방정식 $x^2-\sqrt{3}x+1=0$에서

$x^2+1=\sqrt{3}x$

위의 식의 양변을 제곱하면

$x^4+2x^2+1=3x^2$, $x^4-x^2+1=0$

$x^2=t$로 놓으면 $t^2-t+1=0$

이 식의 양변에 $t+1$을 곱하면

$(t+1)(t^2-t+1)=0$ \qquad $\therefore t^3=-1$

$\therefore x^6=-1$

즉, $\omega^6=-1$이고 $\overline{\omega}^6=-1$이다.

다음은 *와 같다.

17 이차방정식 $x^2-x-1=0$의 두 근이 α, β이므로 근과 계수의 관계에 의하여

$\alpha+\beta=1$, $\alpha\beta=-1$

$\alpha^2+\beta^2=(\alpha+\beta)^2-2\alpha\beta=1^2-2\times(-1)=3$

$\alpha^3+\beta^3=(\alpha+\beta)^3-3\alpha\beta(\alpha+\beta)=1^3-3\times(-1)\times1=4$

$\therefore \alpha^5+\beta^5=(\alpha^2+\beta^2)(\alpha^3+\beta^3)-\alpha^2\beta^2(\alpha+\beta)$

$\qquad\qquad =3\times4-(-1)^2\times1=11$,

$\quad \alpha^5\beta^5=(\alpha\beta)^5=(-1)^5=-1$

따라서 α^5, β^5을 두 근으로 하고 이차항의 계수가 1인 이차방정식은 $x^2-(\alpha^5+\beta^5)x+\alpha^5\beta^5=0$에서

$x^2-11x-1=0$ \qquad\qquad\qquad\qquad 답 ③

• 다른 풀이 •

이차방정식 $x^2-x-1=0$의 두 근이 α, β이므로 근과 계수의 관계에 의하여

$\alpha+\beta=1$, $\alpha\beta=-1$

α는 이차방정식 $x^2-x-1=0$의 근이므로

$\alpha^2-\alpha-1=0$

$\alpha^2=\alpha+1$

$\alpha^3=\alpha\times\alpha^2=\alpha(\alpha+1)=\alpha^2+\alpha=2\alpha+1$

$\alpha^4=\alpha\times\alpha^3=\alpha(2\alpha+1)=2\alpha^2+\alpha=3\alpha+2$

$\alpha^5=\alpha\times\alpha^4=\alpha(3\alpha+2)=3\alpha^2+2\alpha=5\alpha+3$ \quad ……㉠

같은 방법으로 $\beta^5=5\beta+3$ \qquad\qquad\qquad ……㉡

따라서 α^5, β^5을 두 근으로 하고 이차항의 계수가 1인 이차방정식은 $x^2-(\alpha^5+\beta^5)x+\alpha^5\beta^5=0$에서

$x^2-\{(5\alpha+3)+(5\beta+3)\}x+(\alpha\beta)^5=0$ (∵ ㉠, ㉡)

$\therefore x^2-11x-1=0$

18 이차방정식 $x^2+ax+b=0$의 두 근이 1, α이므로 근과 계수의 관계에 의하여

$1+\alpha=-a$, $\alpha=b$

$\therefore a=-1-\alpha$, $b=\alpha$ \qquad\qquad ……㉠

이차방정식 $x^2-(a+4)x-b=0$의 두 근이 4, β이므로

$4+\beta=a+4$, $4\beta=-b$

$\therefore a=\beta$, $b=-4\beta$ \qquad\qquad ……㉡

㉠을 ㉡에 대입하면

$-1-\alpha=\beta$, $\alpha=-4\beta$

$\therefore \alpha+\beta=-1$, $\alpha+4\beta=0$

위의 두 식을 연립하여 풀면

$a=-\dfrac{4}{3}$, $\beta=\dfrac{1}{3}$

*따라서 α, β, 즉 $-\dfrac{4}{3}$, $\dfrac{1}{3}$을 두 근으로 하고 x^2의 계수가 9인 이차방정식은

$9\left[x^2-\left\{\left(-\dfrac{4}{3}\right)+\dfrac{1}{3}\right\}x+\left(-\dfrac{4}{3}\right)\times\dfrac{1}{3}\right]=0$

$\therefore 9x^2+9x-4=0$

따라서 $p=9$, $q=-4$이므로 $p-q=13$ \qquad 답 13

• 다른 풀이 •

이차방정식 $x^2+ax+b=0$의 한 근이 1이므로 $x=1$을 대입하면

$1+a+b=0$ \qquad $\therefore a+b=-1$ \qquad ……㉢

이차방정식 $x^2-(a+4)x-b=0$의 한 근이 4이므로 $x=4$를 대입하면

$16-4(a+4)-b=0$ \qquad $\therefore 4a+b=0$ \qquad ……㉣

㉢, ㉣을 연립하여 풀면 $a=\dfrac{1}{3}$, $b=-\dfrac{4}{3}$

이것을 $x^2+ax+b=0$, $x^2-(a+4)x-b=0$에 각각 대입하여 풀면

$x^2+\dfrac{1}{3}x-\dfrac{4}{3}=0$에서 $3x^2+x-4=0$

$(3x+4)(x-1)=0$ \qquad $\therefore x=-\dfrac{4}{3}$ 또는 $x=1$

$\therefore \alpha=-\dfrac{4}{3}$

$x^2-\dfrac{13}{3}x+\dfrac{4}{3}=0$에서 $3x^2-13x+4=0$

$(3x-1)(x-4)=0$ \qquad $\therefore x=\dfrac{1}{3}$ 또는 $x=4$

$\therefore \beta=\dfrac{1}{3}$

다음은 *와 같다.

19 이차방정식 $x^2+x-1=0$의 두 근이 α, β이므로 근과 계수의 관계에 의하여

$\alpha+\beta=-1$

$f(\alpha)=\beta$, $f(\beta)=\alpha$이므로

$f(\alpha)=-\alpha-1$, $f(\beta)=-\beta-1$ (∵ $\alpha+\beta=-1$)

$\therefore f(\alpha)+\alpha+1=0$, $f(\beta)+\beta+1=0$

이때 α, β는 이차방정식 $f(x)+x+1=0$의 두 근이므로
$f(x)+x+1=k(x^2+x-1)$ $(k\neq0)$이라 할 수 있다.
$x=1$을 위의 식에 대입하면
$f(1)+1+1=k(1+1-1)$
$\therefore k=f(1)+2=2$ $(\because f(1)=0)$
즉, $f(x)+x+1=2(x^2+x-1)$이므로
$f(x)=2x^2+x-3$
이차방정식 $f(x)=0$, 즉 $2x^2+x-3=0$에서
$(2x+3)(x-1)=0$ $\therefore x=-\dfrac{3}{2}$ 또는 $x=1$
따라서 이차방정식 $f(x)=0$의 두 근의 차는
$1-\left(-\dfrac{3}{2}\right)=\dfrac{5}{2}$ 답 ⑤

20 $2<\sqrt5<3$에서 $3<\sqrt5+1<4$이므로 $\sqrt5+1$의 소수 부분은
$(\sqrt5+1)-3=-2+\sqrt5$
즉, 계수가 유리수인 이차방정식 $ax^2+bx+c=0$의 한 근이 $-2+\sqrt5$이므로 다른 한 근은 $-2-\sqrt5$이고 근과 계수의 관계에 의하여
$(-2+\sqrt5)+(-2-\sqrt5)=-\dfrac{b}{a}$ $\therefore \dfrac{b}{a}=4$
$(-2+\sqrt5)(-2-\sqrt5)=\dfrac{c}{a}$ $\therefore \dfrac{c}{a}=-1$
이때 이차방정식 $cx^2+bx+a=0$의 두 근이 α, β이므로 근과 계수의 관계에 의하여
$\alpha+\beta=-\dfrac{b}{c}=-\dfrac{\frac{b}{a}}{\frac{c}{a}}=-\dfrac{4}{-1}=4$, $\alpha\beta=\dfrac{a}{c}=-1$
$\therefore \alpha^2+\beta^2=(\alpha+\beta)^2-2\alpha\beta$
$=4^2-2\times(-1)=18$ 답 18

21 이차방정식 $x^2-px+q=0$의 두 허근 z_1, z_2에 대하여
$z_1=a+bi$ (단, a, b는 실수, $b\neq0$)
라 하면 $z_2=a-bi$이므로 근과 계수의 관계에 의하여
$z_1+z_2=(a+bi)+(a-bi)=2a=p$
$z_1z_2=(a+bi)(a-bi)=a^2+b^2=q$
ㄱ. a, b는 실수이고 $b\neq0$이므로
   $q=a^2+b^2>0$ (참)
ㄴ. $z_1=2z_2$이면 $a+bi=2a-2bi$
   a, b는 실수이므로 복소수가 서로 같을 조건에 의하여
   $a=0$, $b=0$
   그런데 $b\neq0$이어야 하므로 $z_1=2z_2$를 만족시키는 p, q는 존재하지 않는다. (거짓)
ㄷ. (반례) $z_1=\dfrac{\sqrt3}{2}+\dfrac{1}{2}i$, $z_2=\dfrac{\sqrt3}{2}-\dfrac{1}{2}i$이면
   $z_1z_2=\left(\dfrac{\sqrt3}{2}+\dfrac{1}{2}i\right)\times\left(\dfrac{\sqrt3}{2}-\dfrac{1}{2}i\right)=1$이지만
   $p=2a=\sqrt3$, $q=z_1z_2=1$이므로
   $p+q\neq1$ (거짓)
따라서 옳은 것은 ㄱ뿐이다.   답 ①

22 조건 ㈎에서 나머지정리에 의하여 $f(-1)=19$이므로
$1-p+q=19$ $\therefore -p+q=18$ ……㉠
조건 ㈏에서 계수가 실수인 이차방정식 $x^2+px+q=0$의 한 근이 $a-2i$이므로 다른 한 근은 $a+2i$이다.
이차방정식의 근과 계수의 관계에 의하여
$(a-2i)+(a+2i)=-p$ $\therefore p=-2a$
$(a-2i)(a+2i)=q$ $\therefore q=a^2+4$
위의 식을 ㉠에 대입하여 정리하면
$a^2+2a+4=18$, $a^2+2a-14=0$
$a=-1\pm\sqrt{1^2-1\times(-14)}$ ← 근의 공식 이용
$=-1\pm\sqrt{15}$
그런데 $a>0$이므로 $a=-1+\sqrt{15}$
$\therefore p+q=a^2-2a+4$
$=(-2a+14)-2a+4$ $(\because a^2+2a-14=0)$
$=-4a+18$
$=-4(-1+\sqrt{15})+18$
$=22-4\sqrt{15}$ 답 ③

23 계수가 실수인 이차방정식 $f(x)=0$의 한 근이 $\dfrac{1+\sqrt3 i}{2}$이므로 다른 한 근은 $\dfrac{1-\sqrt3 i}{2}$이다.
이차방정식의 근과 계수의 관계에 의하여
(두 근의 합)$=\dfrac{1+\sqrt3 i}{2}+\dfrac{1-\sqrt3 i}{2}=1$
(두 근의 곱)$=\dfrac{1+\sqrt3 i}{2}\times\dfrac{1-\sqrt3 i}{2}=1$
즉, $f(x)=a(x^2-x+1)$ $(a\neq0)$이라 할 수 있다.
이때 $f(\alpha)=0$이므로
$\alpha^2-\alpha+1=0$ ……㉠
*$\alpha+1$을 ㉠의 양변에 곱하면
$(\alpha+1)(\alpha^2-\alpha+1)=0$
$\alpha^3+1=0$ $\therefore \alpha^3=-1$
$\therefore f(\alpha^6-\alpha)=f(1-\alpha)=f(-\alpha^2)$ $(\because ㉠)$
$=a(\alpha^4+\alpha^2+1)$
$=a(-\alpha+\alpha^2+1)$ $(\because \alpha^3=-1)$
$=0$ 답 ②

• 다른 풀이 •
$\alpha=\dfrac{1+\sqrt3 i}{2}$에서 $2\alpha-1=\sqrt3 i$
위의 식의 양변을 제곱하면 $4\alpha^2-4\alpha+1=-3$
$4\alpha^2-4\alpha+4=0$
$\therefore \alpha^2-\alpha+1=0$
다음은 *와 같다.

24 이차방정식 $x^2+(m+1)x+2m-1=0$의 판별식을 D라 하면 $D=(m+1)^2-4(2m-1)=m^2-6m+5$이고,
$x=\dfrac{-(m+1)\pm\sqrt{D}}{2}$
이때 두 근이 정수가 되기 위해서는 D가 제곱수이거나 0이어야 한다.

그런데 D가 제곱수가 될 수 없으므로 $D=0$

$m^2-6m+5=0$에서

$(m-1)(m-5)=0$ $\quad\therefore m=1$ 또는 $m=5$

(i) $m=1$일 때,

$\quad x^2+2x+1=0$, 즉 $(x+1)^2=0$이므로 두 근은 정수

$\quad$이다.

(ii) $m=5$일 때,

$\quad x^2+6x+9=0$, 즉 $(x+3)^2=0$이므로 두 근은 정수

$\quad$이다.

(i), (ii)에서 조건을 만족시키는 모든 정수 m의 값의 합은

$1+5=6$ $\hfill$ 답 ①

• 다른 풀이 •

이차방정식 $x^2+(m+1)x+2m-1=0$의 두 정수인 근

을 α, β라 하면 근과 계수의 관계에 의하여

$\alpha+\beta=-m-1$ $\quad$ ……㉠

$\alpha\beta=2m-1$ $\quad$ ……㉡

㉠에서 $m=-\alpha-\beta-1$

이 식을 ㉡에 대입하면

$\alpha\beta=2(-\alpha-\beta-1)-1$

$\alpha\beta+2\alpha+2\beta+3=0$, $\alpha\beta+2\alpha+2\beta+4=1$

$\therefore (\alpha+2)(\beta+2)=1$

이때 α, β는 정수이므로

$\alpha+2=1$, $\beta+2=1$ 또는 $\alpha+2=-1$, $\beta+2=-1$

$\therefore \alpha=\beta=-1$ 또는 $\alpha=\beta=-3$

$\alpha=\beta=-1$일 때, $m=1$

$\alpha=\beta=-3$일 때, $m=5$

따라서 조건을 만족시키는 모든 정수 m의 값의 합은

$1+5=6$

25 조건 ㈏에서 c와 d는 각각 3개의 양의 약수를 가지므로

소수의 제곱수이다.

이때 조건 ㈎에서 서로 다른 네 자연수 a, b, c, d는

$a\le 50$, $b\le 50$, $c\le 50$, $d\le 50$ $\quad$ ……㉠

을 만족시키므로 c와 d는 2^2, 3^2, 5^2, 7^2 중 하나이다.

이차방정식 $x^2-ax+b=0$의 두 근이 c, d이므로 근과

계수의 관계에 의하여

$a=c+d\le 50$, $b=cd\le 50$ ($\because$ ㉠)

$c<d$라 하면 $c=2^2$, $d=3^2$이어야 하므로

$a=2^2+3^2=13$, $b=2^2\times 3^2=36$

$\therefore a+b=49$ $\hfill$ 답 49

26 해결단계

❶단계	주어진 이차방정식의 두 근이 서로 다른 소수임을 이용하여 m의 값이 될 수 있는 수를 구한다.
❷단계	각 m의 값에 대하여 근이 될 수 있는 서로 다른 두 소수를 구한다.
❸단계	조건을 만족시키는 모든 n의 값의 합을 구한다.

이차방정식 $mx^2-10x+n=0$에서 근과 계수의 관계에

의하여 두 근의 합은 $\dfrac{10}{m}$이다.

그런데 두 근이 서로 다른 소수이므로 $\dfrac{10}{m}$은 자연수이다.

즉, m의 값이 될 수 있는 수는 10의 약수인 1, 2, 5, 10

이다.

(i) $m=1$일 때,

$\quad$두 근의 합은 10이므로 이를 만족시키는 서로 다른 두

$\quad$소수는 3과 7뿐이다.

$\quad$이때 이차방정식 $mx^2-10x+n=0$, 즉

$\quad x^2-10x+n=0$은

$\quad (x-3)(x-7)=0$

$\quad x^2-10x+21=0$ $\qquad\therefore n=21$

(ii) $m=2$일 때,

$\quad$두 근의 합은 5이므로 이를 만족시키는 서로 다른 두

$\quad$소수는 2와 3뿐이다.

$\quad$이때 이차방정식 $mx^2-10x+n=0$, 즉

$\quad 2x^2-10x+n=0$은

$\quad 2(x-2)(x-3)=0$

$\quad 2x^2-10x+12=0$ $\qquad\therefore n=12$

(iii) $m=5$ 또는 $m=10$일 때,

$\quad$두 근의 합은 2 또는 1이고 이를 만족시키는 서로 다

$\quad$른 두 소수는 존재하지 않는다.

(i), (ii), (iii)에서 조건을 만족시키는 모든 n의 값의 합은

$21+12=33$ $\hfill$ 답 33

27 오른쪽 그림과 같이 점 O_1을 지

나고 $\overline{AB}$에 평행한 직선과 점

O_2를 지나고 $\overline{BC}$에 평행한 직

선이 만나는 점을 P, 두 점 O_1,

O_2에서 $\overline{AD}$, $\overline{BC}$에 내린 수선

의 발을 각각 Q, R이라 하자.

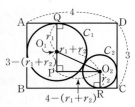

두 원 C_1, C_2의 반지름의 길이를 각각 r_1, r_2라 하면

$\overline{O_1O_2}=r_1+r_2$

$\overline{O_1P}=3-(r_1+r_2)$

$\overline{O_2P}=4-(r_1+r_2)$

직각삼각형 O_1PO_2에서 피타고라스 정리에 의하여

$(r_1+r_2)^2=\{3-(r_1+r_2)\}^2+\{4-(r_1+r_2)\}^2$

$(r_1+r_2)^2=(r_1+r_2)^2-6(r_1+r_2)+9$

$\qquad\qquad\qquad +(r_1+r_2)^2-8(r_1+r_2)+16$

$(r_1+r_2)^2-14(r_1+r_2)+25=0$

$\therefore r_1+r_2=7-2\sqrt{6}$ ($\because 0<r_1+r_2<3$)

따라서 구하는 반지름의 길이의 합은 $7-2\sqrt{6}$이다.

$\hfill$ 답 $7-2\sqrt{6}$

28 $\overline{OH}=4$, $\overline{PH}=3$이므로 삼각형 OHP에서 피타고라스 정

리에 의하여

$\overline{OP}=\sqrt{\overline{OH}^2+\overline{PH}^2}=\sqrt{4^2+3^2}=5$

$\therefore \overline{OA}=\overline{OB}=\overline{OP}=5$

$\overline{HB}=\overline{OB}-\overline{OH}=5-4=1$이므로 삼각형 PHB에서 피타고라스 정리에 의하여

$\overline{PB}=\sqrt{\overline{PH}^2+\overline{HB}^2}=\sqrt{3^2+1^2}=\sqrt{10}$

$\overline{AH}=\overline{AO}+\overline{OH}=5+4=9$이므로 삼각형 PAH에서 피타고라스 정리에 의하여

$\overline{PA}=\sqrt{\overline{AH}^2+\overline{PH}^2}=\sqrt{9^2+3^2}$

$\qquad =\sqrt{90}=3\sqrt{10}$

따라서 두 선분 PA, PB의 길이, 즉 $3\sqrt{10}$, $\sqrt{10}$을 두 근으로 하고 이차항의 계수가 1인 이차방정식은

$x^2-(3\sqrt{10}+\sqrt{10})x+3\sqrt{10}\times\sqrt{10}=0$

$\therefore x^2-4\sqrt{10}x+30=0$

따라서 $a=-4\sqrt{10}$, $b=30$이므로

$a^2+b=(-4\sqrt{10})^2+30=190$　　　　　　**답 190**

29 A, B가 도중에 만난 지점을 P라 하자.

A는 B와 마주친 뒤 20분 후에 학교에 도착하였으므로 지점 P에서 학교까지의 거리는 $20a$ km이고, B는 A와 마주친 뒤 15분 후에 도서관에 도착하였으므로 지점 P에서 도서관까지의 거리는 $15b$ km이다.

그런데 A가 B보다 20분 먼저 출발하였으므로 A가 도서관을 출발하여 지점 P까지 가는 데 걸린 시간은 B가 학교를 출발하여 지점 P까지 가는 데 걸린 시간보다 20분 더 길다. 즉,

$\dfrac{15b}{a}=\dfrac{20a}{b}+20$ — (시간) $=\dfrac{(거리)}{(속력)}$

이때 $\dfrac{b}{a}=t$로 놓으면 $15t=\dfrac{20}{t}+20$

$t>0$이므로 위의 식의 양변에 t를 곱하면

$15t^2=20+20t$

$15t^2-20t-20=0$, $3t^2-4t-4=0$

$(3t+2)(t-2)=0$　　$\therefore t=2 \ (\because t>0)$

$\therefore \dfrac{b}{a}=2$　　　　　　　　　　　　　**답 2**

30 두 선분 BE와 AC의 교점을 P라 하면 삼각형 ABE와 삼각형 BCA가 합동이므로

$\angle AEB=\angle BAC$

두 삼각형 ABE, PBA에서

$\angle B$는 공통, $\angle AEB=\angle PAB$이므로

$\triangle ABE\backsim\triangle PBA$ (AA 닮음)

한편, 사각형 PCDE에서 $\overline{PC}/\!/\overline{ED}$, $\overline{PE}/\!/\overline{CD}$이고 $\overline{CD}=\overline{DE}$이므로 □PCDE는 마름모이다.

$\therefore \overline{PE}=2$

$\overline{BE}=x$라 하면 $\overline{PB}=x-2$이므로

$\overline{BE}:\overline{BA}=\overline{AB}:\overline{PB}$에서 $x:2=2:(x-2)$

$4=x(x-2)$, $x^2-2x-4=0$

$\therefore x=1\pm\sqrt{5}$

그런데 $x>0$이므로 $x=\overline{BE}=1+\sqrt{5}$　　**답 ②**

STEP 3　1등급을 넘어서는 종합 사고력 문제　　pp.47~48

01 2	02 2	03 -12	04 -30	05 26
06 34	07 ③	08 8	09 $-\dfrac{3}{4}$	10 50
11 $2+\sqrt{5}$	12 21			

01 해결단계

❶단계	$|x-1|=0$, $||x-1|-3|=0$을 만족시키는 x의 값을 기준으로 범위를 나눈다.
❷단계	❶단계에서 나눈 범위에 따라 방정식을 푼다.
❸단계	조건을 만족시키는 a의 값을 구한다.

$||x-1|-3|=x+a$에서

(i) $x<1$일 때,

$|x-1|=-(x-1)$이므로 $|-x-2|=x+a$

① $-2\le x<1$일 때,

$|-x-2|=-(-x-2)$이므로

$x+2=x+a$

이때 방정식의 해가 무수히 많으려면 이 등식이 항등식이 되어야 하므로

$a=2$

② $x<-2$일 때,

$|-x-2|=-x-2$이므로

$-x-2=x+a$

$2x=-a-2$　　$\therefore x=-\dfrac{a+2}{2}$

이때 방정식을 만족시키는 해는 오직 하나만 존재하므로 주어진 조건을 만족시키지 않는다.

(ii) $x\ge 1$일 때,

$|x-1|=x-1$이므로 $|x-4|=x+a$

① $x\ge 4$일 때,

$|x-4|=x-4$이므로

$x-4=x+a$

이때 방정식의 해가 무수히 많으려면 이 등식이 항등식이 되어야 하므로

$a=-4$

그런데 a는 자연수이므로 주어진 조건을 만족시키지 않는다.

② $1\le x<4$일 때,

$|x-4|=-(x-4)$이므로 $-x+4=x+a$

$2x=4-a$　　$\therefore x=\dfrac{4-a}{2}$

이때 방정식을 만족시키는 해는 오직 하나만 존재하므로 주어진 조건을 만족시키지 않는다.

(i), (ii)에서 조건을 만족시키는 자연수 a의 값은 2이다.

답 2

• 다른 풀이 •

방정식 $||x-1|-3|=x+a$의 해가 무수히 많으려면 두 함수 $y=||x-1|-3|$, $y=x+a$의 그래프의 교점의 개수가 무수히 많아야 한다.

$$y=||x-1|-3|$$
$$=\begin{cases} |-(x-1)-3| & (x<1) \\ |(x-1)-3| & (x\ge1) \end{cases}$$
$$=\begin{cases} |-x-2| & (x<1) \\ |x-4| & (x\ge1) \end{cases}$$
$$=\begin{cases} -x-2 & (x<-2) \\ x+2 & (-2\le x<1) \\ -x+4 & (1\le x<4) \\ x-4 & (x\ge4) \end{cases}$$

이므로 함수 $y=||x-1|-3|$의 그래프는 다음 그림과 같다.

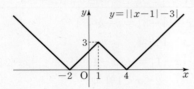

두 함수 $y=||x-1|-3|$, $y=x+a$의 그래프의 교점의 개수가 무수히 많으려면 $y=x+a$는 $y=x+2$ 또는 $y=x-4$와 같아야 하므로

$a=2$ 또는 $a=-4$

$\therefore a=2$ ($\because$ a는 자연수)

02 해결단계

❶단계	$|x^2+3x-2k+1|=5$이면 $x^2+3x-2k+1=-5$ 또는 $x^2+3x-2k+1=5$임을 이용한다.
❷단계	판별식을 이용하여 각 이차방정식이 두 실근을 갖도록 하는 k의 값의 범위를 구한다.
❸단계	근과 계수의 관계를 이용하여 각 이차방정식의 두 근의 곱을 k에 대한 식으로 나타낸다.
❹단계	❷, ❸단계에서 구한 k의 조건과 네 근의 곱이 -16임을 이용하여 k의 값을 구한다.

$|x^2+3x-2k+1|=5$에서

$x^2+3x-2k+1=-5$ 또는 $x^2+3x-2k+1=5$

이때 x에 대한 방정식 $|x^2+3x-2k+1|=5$가 서로 다른 네 실근을 가지므로 두 이차방정식

$x^2+3x-2k+1=-5$, $x^2+3x-2k+1=5$는 각각 서로 다른 두 실근을 가져야 한다.

(i) $x^2+3x-2k+1=-5$일 때,

이차방정식 $x^2+3x-2k+1=-5$, 즉

$x^2+3x-2k+6=0$의 판별식을 D_1이라 하면

$D_1=3^2-4(-2k+6)>0$

$8k>15$ $\therefore k>\dfrac{15}{8}$ ……㉠

또한, 이차방정식의 근과 계수의 관계에 의하여 두 근의 곱은

$-2k+6$ ……㉡

(ii) $x^2+3x-2k+1=5$일 때,

이차방정식 $x^2+3x-2k+1=5$, 즉

$x^2+3x-2k-4=0$의 판별식을 D_2라 하면

$D_2=3^2-4(-2k-4)>0$

$8k>-25$ $\therefore k>-\dfrac{25}{8}$ ……㉢

또한, 이차방정식의 근과 계수의 관계에 의하여 두 근의 곱은

$-2k-4$ ……㉣

(i), (ii)에서 $k>\dfrac{15}{8}$ ($\because$ ㉠, ㉢)

또한, 주어진 방정식의 모든 실근의 곱이 -16이므로

$(-2k+6)(-2k-4)=-16$ ($\because$ ㉡, ㉣)

$4k^2-4k-24=-16$

$4k^2-4k-8=0$, $k^2-k-2=0$

$(k+1)(k-2)=0$

$\therefore k=-1$ 또는 $k=2$

그런데 $k>\dfrac{15}{8}$이므로 $k=2$

답 2

03 해결단계

❶단계	이차식 $(x-a)(x-3a)+4$가 완전제곱식임을 알고 판별식을 이용하여 a의 값을 구한다.
❷단계	❶단계에서 구한 a의 값에 따른 $P(x)$를 구한다.
❸단계	모든 $P(5)$의 값의 합을 구한다.

$\{P(x)+3\}^2=(x-a)(x-3a)+4$에서

$\{P(x)+3\}^2=x^2-4ax+3a^2+4$ ……㉠

즉, 이차식 $x^2-4ax+3a^2+4$가 완전제곱식이므로 이차방정식 $x^2-4ax+3a^2+4=0$의 판별식을 D라 하면

$\dfrac{D}{4}=(-2a)^2-(3a^2+4)=0$

$a^2-4=0$, $(a+2)(a-2)=0$

$\therefore a=-2$ 또는 $a=2$

(i) $a=-2$일 때,

㉠에서 $\{P(x)+3\}^2=x^2+8x+16=(x+4)^2$이므로

$P(x)+3=-x-4$ 또는 $P(x)+3=x+4$

즉, $P(x)=-x-7$ 또는 $P(x)=x+1$이므로

$P(5)=-12$ 또는 $P(5)=6$

(ii) $a=2$일 때,

㉠에서 $\{P(x)+3\}^2=x^2-8x+16=(x-4)^2$이므로

$P(x)+3=-x+4$ 또는 $P(x)+3=x-4$

즉, $P(x)=-x+1$ 또는 $P(x)=x-7$이므로

$P(5)=-4$ 또는 $P(5)=-2$

(i), (ii)에서 $P(5)=-12$ 또는 $P(5)=-4$ 또는 $P(5)=-2$ 또는 $P(5)=6$이므로 구하는 합은

$-12+(-4)+(-2)+6=-12$

답 -12

04 해결단계

❶단계	이차방정식 $x^2+ax+b=0$에서 근과 계수의 관계를 이용하여 $\alpha+\beta$, $\alpha\beta$를 a, b에 대한 식으로 나타낸다.
❷단계	이차방정식 $x^2-(4a-b)x-8b=0$에서 근과 계수의 관계를 이용하여 $|\alpha|+|\beta|$, $|\alpha||\beta|$의 합과 곱을 a, b에 대한 식으로 나타낸다.
❸단계	❶, ❷ 단계에서 구한 결과를 이용하여 a, b의 값을 구한 후, ab의 값을 계산한다.

이차방정식 $x^2+ax+b=0$의 두 근이 α, β이므로 근과 계수의 관계에 의하여

$\alpha+\beta=-a$, $\alpha\beta=b$ ······㉠

또한, 이차방정식 $x^2-(4a-b)x-8b=0$의 두 근이

$|\alpha|+|\beta|$, $|\alpha||\beta|$이므로 근과 계수의 관계에 의하여

$(|\alpha|+|\beta|)+|\alpha||\beta|=4a-b$ ······㉡

$(|\alpha|+|\beta|)\times|\alpha||\beta|=-8b$ ······㉢

이때 α, β의 부호가 서로 다르므로

$|\alpha||\beta|=-\alpha\beta=-b$

즉, ㉢에서 $(|\alpha|+|\beta|)\times(-b)=-8b$

$\therefore |\alpha|+|\beta|=8 \ (\because b\neq0)$ ······㉣

㉣을 ㉡에 대입하면

$8-b=4a-b$ $\therefore a=2$

㉠에서 $\alpha+\beta=-2$ ······㉤

㉣, ㉤에서

$(|\alpha|+|\beta|)^2-(\alpha+\beta)^2=8^2-(-2)^2$

$2|\alpha||\beta|-2\alpha\beta=60$

$-2b-2b=60$ $\therefore b=-15$

$\therefore ab=2\times(-15)=-30$

답 -30

05 해결단계

❶단계	이차방정식의 근과 계수의 관계를 이용하여 α, β의 합과 곱, γ, δ의 합과 곱을 각각 구한다.
❷단계	판별식을 이용하여 α, β, γ, δ 중 실근이 있는지 파악한다.
❸단계	α, β, γ, δ 사이의 관계식을 이용하여 각 값과 a, b의 값을 구하고 a^2+b^2의 값을 계산한다.

이차방정식 $x^2-2x+a=0$의 서로 다른 두 근이 α, β이므로 근과 계수의 관계에 의하여

$\alpha+\beta=2$, $\alpha\beta=a$

또한, 이차방정식 $x^2+bx-2=0$의 서로 다른 두 근이 γ, δ이므로 근과 계수의 관계에 의하여

$\gamma+\delta=-b$, $\gamma\delta=-2$

이차방정식 $x^2+bx-2=0$의 판별식을 D라 하면

$D=b^2+8>0$에서 두 근 γ, δ는 실근이므로

$\alpha+\gamma=2+2i$에서

$\alpha=(2-\gamma)+2i$

이때 이차방정식 $x^2-2x+a=0$의 계수는 실수이고, α가 허근이므로 β는 α의 켤레복소수이다. 즉,

$\beta=\overline{\alpha}=(2-\gamma)-2i$

$\alpha+\beta=2$에서

$(2-\gamma)+2i+(2-\gamma)-2i=2$, $4-2\gamma=2$

$\therefore \gamma=1$, $\delta=-2 \ (\because \gamma\delta=-2)$

$\gamma+\delta=-b$이므로

$1+(-2)=-b$ $\therefore b=1$

또한, $\alpha=1+2i$, $\beta=1-2i$이므로 $\alpha\beta=a$에서

$a=(1+2i)(1-2i)=5$

$\therefore a^2+b^2=5^2+1^2=26$

답 26

06 해결단계

❶단계	이차방정식 $x^2+8px-q^2=0$에서 근과 계수의 관계를 이용하여 $\alpha+\beta$, $\alpha\beta$를 p, q에 대한 식으로 나타낸다.
❷단계	α, β의 값에 따라 경우를 나누어 조건을 만족시키는 p, q의 값을 구한다.
❸단계	p, q의 값을 이용하여 α, β의 값을 구한 후, $|\alpha-\beta|+p+q$의 값을 계산한다.

이차방정식 $x^2+8px-q^2=0$에서 근과 계수의 관계에 의하여

$\alpha+\beta=-8p$, $\alpha\beta=-q^2$

그런데 α, β가 모두 정수, p, q가 모두 소수이고, 두 근의 곱이 $-q^2$이므로 α, β가 q 또는 $-q$, -1 또는 q^2, 1 또는 $-q^2$인 세 가지 경우뿐이다.

(i) α, β가 q 또는 $-q$일 때,

　$\alpha+\beta=q+(-q)=0$

　이때 $p\neq0$이므로 $\alpha+\beta=-8p$라는 조건에 맞지 않다.

　즉, q 또는 $-q$는 주어진 이차방정식의 해가 아니다.

(ii) α, β가 -1 또는 q^2일 때,

　$\alpha+\beta=-1+q^2=-8p$

　소수인 p에 대하여 $p>1$이므로

　$-1+q^2=-8p<-8$ $\therefore q^2<-7$

　그런데 소수인 q는 $q>1$이므로 조건에 맞지 않다.

　즉, -1 또는 q^2은 주어진 이차방정식의 해가 아니다.

(iii) α, β가 1 또는 $-q^2$일 때,

　$\alpha+\beta=1-q^2=-8p$ $\therefore 8p=q^2-1$

　이를 만족시키는 소수 p, q는 $p=3$, $q=5$뿐이다.

(i), (ii), (iii)에서 $p=3$, $q=5$

$x^2+24x-25=0$에서

$(x+25)(x-1)=0$ $\therefore x=-25$ 또는 $x=1$

즉, 이차방정식 $x^2+24x-25=0$의 두 근은 -25, 1이므로

$|\alpha-\beta|=1-(-25)=26$

$\therefore |\alpha-\beta|+p+q=26+3+5=34$

답 34

BLACKLABEL 특강　　풀이 첨삭

$8p=q^2-1$에서 $8p=(q+1)(q-1)$

(i) $q=2$일 때,

　$8p=3\times1$이므로 p는 소수라는 조건을 만족시키지 않는다.

(ii) q가 홀수인 소수일 때,

　$q=2k-1$(k는 자연수)이라 하면 $2p=k(k-1)$

　① $k=2p$, $k-1=1$일 때,

　　$k=2$, $p=1$

　　이때 p는 소수라는 조건을 만족시키지 않는다.

　② $k=p$, $k-1=2$일 때,

　　$k=3$, $p=3$, $q=5$

(i), (ii)에서 $p=3$, $q=5$

---

07 해결단계

❶단계	주어진 두 이차방정식의 계수가 실수임을 이용하여 한 근이 각각 α, β일 때, 나머지 한 근이 각각 $\bar{\alpha}$, $\bar{\beta}$임을 파악한다.
❷단계	$\alpha+\beta$가 순허수, $\alpha\beta$가 실수임을 이용하여 α, β를 $A+Bi$ (A, B는 실수) 꼴로 나타낸다.
❸단계	이차방정식의 근과 계수의 관계를 이용하여 ㄱ, ㄴ, ㄷ의 참, 거짓을 판별한다.

이차방정식 $x^2+ax+b=0$의 계수가 실수이고, 한 허근이 α이므로 $\bar{\alpha}$도 근이다.

또한, 이차방정식 $x^2+cx+d=0$의 계수가 실수이고, 한 허근이 β이므로 $\bar{\beta}$도 근이다.

이때 $\alpha+\beta$는 순허수이므로 α, β의 실수부분은 절댓값이 같고 부호가 반대이어야 한다. 즉,
$$a=p+qi,\ \bar{\alpha}=p-qi,\ \beta=-p+ri,\ \bar{\beta}=-p-ri$$
$$\text{(단, } p,\ q,\ r\text{은 실수)}$$
라 할 수 있다.

이때 $\alpha\beta$는 실수이므로
$\alpha\beta=(p+qi)(-p+ri)=-p^2-qr+p(r-q)i$에서
$$p(r-q)=0$$
$$\therefore p=0 \text{ 또는 } r=q$$

그런데 $p=0$이면 $\alpha=qi$, $\bar{\alpha}=-qi$이므로 이차방정식의 근과 계수의 관계에 의하여
$$-a=\alpha+\bar{\alpha}=0 \quad \therefore a=0$$
이는 a가 0이 아닌 실수라는 조건에 맞지 않다.

따라서 $r=q$이므로
$$\alpha=p+qi,\ \bar{\alpha}=p-qi,\ \beta=-p+qi,\ \bar{\beta}=-p-qi$$

이차방정식 $x^2+ax+b=0$에서 근과 계수의 관계에 의하여
$$-a=\alpha+\bar{\alpha}=2p \quad \therefore a=-2p$$
$$b=\alpha\bar{\alpha}=p^2+q^2$$

또한, 이차방정식 $x^2+cx+d=0$에서 근과 계수의 관계에 의하여
$$-c=\beta+\bar{\beta}=-2p \quad \therefore c=2p$$
$$d=\beta\bar{\beta}=p^2+q^2$$

ㄱ. $a+c=-2p+2p=0$ (참)

ㄴ. $\bar{\alpha}\beta=(p-qi)(-p+qi)=-(p-qi)^2$
$\alpha\bar{\beta}=(p+qi)(-p-qi)=-(p+qi)^2$
이때 $q\neq0$이면 $\bar{\alpha}\beta\neq\alpha\bar{\beta}$이다. (거짓)

ㄷ. $b=d=p^2+q^2$ (참)

따라서 옳은 것은 ㄱ, ㄷ이다.   답 ③

08 해결단계

❶단계	조건 ㈎를 이용하여 p, q 사이의 관계식을 구한다.
❷단계	❶단계에서 얻은 관계식과 조건 ㈏를 이용하여 정수 q의 값을 구한다.
❸단계	❷단계에서 구한 q의 값을 이용하여 p의 값을 구한다.
❹단계	p^2+q^2의 최댓값을 구한다.

$f(x)=x^2+2x+4$이므로
$$\begin{aligned}g(x)&=f(x-p)-q\\&=(x-p)^2+2(x-p)+4-q\\&=x^2+2(1-p)x+p^2-2p-q+4\end{aligned}$$

조건 ㈎에서 $g(0)=2$이므로
$g(x)=x^2+2(1-p)x+2$이고,
$p^2-2p-q+4=2$에서
$$(p-1)^2=q-1 \quad \cdots\cdots\bigcirc$$
이때 $(p-1)^2\geq0$이므로 $q-1\geq0$
$$\therefore q\geq1 \quad \cdots\cdots\bigcirc$$

한편, 조건 ㈏에서 방정식 $g(x)=0$이 서로 다른 두 허근을 가지므로 이 이차방정식의 판별식을 D라 하면
$$\frac{D}{4}=(1-p)^2-2=q-3<0\ (\because \bigcirc)$$
$$\therefore q<3 \quad \cdots\cdots\bigcirc$$

$\bigcirc$, $\bigcirc$에서 $1\leq q<3$

이때 q는 정수이므로
$q=1$ 또는 $q=2$

(i) $q=1$일 때, $\bigcirc$에서
$(p-1)^2=0 \quad \therefore p=1$

(ii) $q=2$일 때, $\bigcirc$에서
$(p-1)^2=1$, $p-1=\pm1$
$\therefore p=2$ 또는 $p=0$

(i), (ii)에서 조건을 만족시키는 순서쌍 $(p,\ q)$는
$(1,\ 1)$, $(2,\ 2)$, $(0,\ 2)$

따라서 p^2+q^2의 값은 $p=2$, $q=2$일 때 최대이고 그 최댓값은
$$2^2+2^2=8$$
    답 8

BLACKLABEL 특강   참고

이 문제를 이차함수의 그래프를 이용하여 확인할 수도 있다.

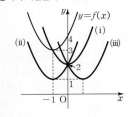

함수 $g(x)=f(x-p)-q$의 그래프는 이차함수 $y=f(x)$의 그래프를 x축의 방향으로 p만큼, y축의 방향으로 $-q$만큼 평행이동한 그래프이다.

이때 방정식 $g(x)=0$이 서로 다른 두 허근을 가지고, $g(0)=2$이므로 함수 $y=g(x)$의 그래프는 x축과는 만나지 않으면서 y축과는 점 $(0,\ 2)$에서 만난다.

따라서 조건을 만족시키는 경우는 위의 그림과 같이 세 가지이다.

(i) x축과 y축의 방향으로 각각 1, -1만큼 평행이동한 경우
$p=1$, $q=1$이므로 $p^2+q^2=1^2+1^2=2$

(ii) y축의 방향으로 -2만큼 평행이동한 경우
$p=0$, $q=2$이므로 $p^2+q^2=0^2+2^2=4$

(iii) x축과 y축의 방향으로 각각 2, -2만큼 평행이동한 경우
$p=2$, $q=2$이므로 $p^2+q^2=2^2+2^2=8$

09 해결단계

❶단계	이차방정식의 근과 계수의 관계를 이용하여 $\alpha+\beta$, $\alpha\beta$를 각각 구한다.
❷단계	❶단계에서 구한 식을 이용하여 $\dfrac{2-(\alpha-\beta)^2}{2(\alpha+\beta)^2}$을 k에 대한 식으로 나타낸 후, 이 식의 값을 정수 n이라 하고 k에 대한 방정식으로 정리한다.
❸단계	❷단계에서 구한 방정식이 실근을 가짐을 이용하여 정수 n의 값을 구한다.
❹단계	❸단계에서 구한 n의 값을 이용하여 조건을 만족시키는 모든 k의 값을 구한 후, 그 합을 계산한다.

이차방정식 $x^2-2kx+k^2-2k-1=0$에서 근과 계수의 관계에 의하여

$\alpha+\beta=2k$, $\alpha\beta=k^2-2k-1$

즉,

$(\alpha-\beta)^2=(\alpha+\beta)^2-4\alpha\beta=(2k)^2-4(k^2-2k-1)$
$\qquad\qquad\quad=8k+4$

$(\alpha+\beta)^2=(2k)^2=4k^2$

이므로

$\dfrac{2-(\alpha-\beta)^2}{2(\alpha+\beta)^2}=\dfrac{-8k-2}{8k^2}=\dfrac{-4k-1}{4k^2}$

이때 $\dfrac{-4k-1}{4k^2}=n$ (n은 음이 아닌 정수)이라 하면

$4nk^2+4k+1=0$ $\qquad$ ……㉠

(i) $n=0$일 때,

$\qquad$㉠에서 $4k+1=0$ $\qquad\therefore k=-\dfrac{1}{4}$

(ii) $n\ne0$일 때,

$\qquad$이차방정식 ㉠이 실근을 가져야 하므로 판별식을 D라 하면

$\qquad\dfrac{D}{4}=4-4n\ge0$ $\qquad\therefore n\le1$

$\qquad$이때 n은 음이 아닌 정수이므로 $n=1$

$\qquad$즉, $4k^2+4k+1=0$이므로

$\qquad(2k+1)^2=0$ $\qquad\therefore k=-\dfrac{1}{2}$

(i), (ii)에서 조건을 만족시키는 모든 실수 k의 값의 합은

$-\dfrac{1}{4}+\left(-\dfrac{1}{2}\right)=-\dfrac{3}{4}$ $\qquad\qquad$ 답 $-\dfrac{3}{4}$

10 해결단계

❶단계	꼭짓점 E에서 변 AD에 내린 수선의 발을 L이라 할 때, $\overline{JL}=x$라 하고, 두 삼각형 AKJ, EJI의 넓이를 x에 대한 식으로 나타낸다.
❷단계	삼각형 AKJ의 넓이가 삼각형 EJI의 넓이의 $\dfrac{3}{2}$배가 되도록 하는 x의 값을 구한다.
❸단계	정사각형 EFGH의 한 변의 길이가 $2k$임을 이용하여 k의 값을 구한 후, $100(p+q)$의 값을 구한다.

꼭짓점 E에서 변 AD에 내린 수선의 발을 L이라 하고
$\overline{JL}=x$ $(0<x<1)$라 하자.
$\triangle$EJI는 직각이등변삼각형이므로
$\overline{EL}=\overline{JL}=x$
$\therefore \triangle$EJI$=\dfrac{1}{2}\times2x\times x=x^2$

또한, $\overline{AD}=2$에서 $\overline{AL}=1$이므로
$\overline{AJ}=1-x$
$\triangle$AKJ가 직각이등변삼각형이므로
$\overline{AK}=\overline{AJ}=1-x$
$\therefore \triangle$AKJ$=\dfrac{(1-x)^2}{2}$

삼각형 AKJ의 넓이가 삼각형 EJI의 넓이의 $\dfrac{3}{2}$배이므로

$\dfrac{(1-x)^2}{2}=\dfrac{3}{2}x^2$

$2x^2+2x-1=0$

$\therefore x=\dfrac{-1+\sqrt{3}}{2}$ ($\because 0<x<1$)

한편, 정사각형 EFGH의 한 변의 길이가 $2k$이므로
$\overline{EG}=\sqrt{2}\times2k=2\sqrt{2}k$
$\therefore \overline{OE}=\sqrt{2}k$
이때 $\overline{OE}=\overline{OL}+\overline{EL}$이므로

$\sqrt{2}k=1+x=1+\dfrac{-1+\sqrt{3}}{2}=\dfrac{1+\sqrt{3}}{2}$

$\therefore k=\dfrac{1+\sqrt{3}}{2\sqrt{2}}=\dfrac{\sqrt{2}+\sqrt{6}}{4}$

따라서 $p=\dfrac{1}{4}$, $q=\dfrac{1}{4}$이므로

$100(p+q)=100\times\left(\dfrac{1}{4}+\dfrac{1}{4}\right)=50$ $\qquad$ 답 50

11 해결단계

❶단계	$x-[x]$의 의미를 파악한다.
❷단계	주어진 식을 변형하여 $(x-[x])^2$을 x에 대한 간단한 식으로 나타낸다.
❸단계	$(x-[x])^2$의 값의 범위를 이용하여 $[x]$의 값을 구한 후, 주어진 식에 대입하여 x의 값을 구한다.

$x>0$인 실수 x에 대하여 $[x]$는 x의 정수 부분이므로
$x-[x]$는 x의 소수 부분이다.
즉, $0\le x-[x]<1$이므로 $0\le(x-[x])^2<1$ $\qquad$……㉠
한편, $x^2+(x-[x])^2-18=0$에서
$(x-[x])^2=18-x^2$
위의 식을 ㉠에 대입하면 $0\le18-x^2<1$
$-1<x^2-18\le0$, $17<x^2\le18$
$\therefore \sqrt{17}<x\le\sqrt{18}$ ($\because x>0$)
즉, $[x]=4$이므로 이것을 주어진 이차방정식에 대입하면
$x^2+(x-4)^2-18=0$, $2x^2-8x-2=0$
$x^2-4x-1=0$
$\therefore x=2+\sqrt{5}$ ($\because x>0$) $\qquad$ 답 $2+\sqrt{5}$

• 다른 풀이 •

$n\le x<n+1$ (n은 음이 아닌 정수)이라 하면
$[x]=n$
$x^2+(x-[x])^2-18=0$에서 $x^2+(x-n)^2-18=0$
$\therefore 2x^2-2nx+n^2-18=0$
이 이차방정식의 근이 존재하므로 근의 공식을 이용하여 근을 구하면

$x=\dfrac{n\pm\sqrt{36-n^2}}{2}$

이때 $n\le x<n+1$을 만족시켜야 하므로

$x=\dfrac{n+\sqrt{36-n^2}}{2}$ $\qquad\qquad$ ……㉡

㉡을 $n\le x<n+1$에 대입하면

$n\le\dfrac{n+\sqrt{36-n^2}}{2}<n+1$

$2n \leq n+\sqrt{36-n^2} < 2n+2$

$n \leq \sqrt{36-n^2} < n+2$

위의 부등식의 각 변을 제곱하면

$n^2 \leq 36-n^2 < n^2+4n+4$

(i) $n^2 \leq 36-n^2$에서

$\qquad 2n^2 \leq 36,\ n^2 \leq 18$

$\qquad \therefore\ 0 \leq n \leq 3\sqrt{2}$ ($\because$ n은 음이 아닌 정수)

(ii) $36-n^2 < n^2+4n+4$에서

$\qquad 2n^2+4n-32 > 0,\ n^2+2n-16 > 0$

$\qquad \therefore\ n > -1+\sqrt{17}$ ($\because$ n은 음이 아닌 정수)

(i), (ii)에서 $-1+\sqrt{17} < n \leq 3\sqrt{2}$이므로

$n=4$

이것을 ㉡에 대입하면 구하는 방정식의 근은

$\dfrac{4+\sqrt{20}}{2} = 2+\sqrt{5}$

12 해결단계

❶단계	주어진 이차방정식의 해를 a에 대한 식으로 나타낸다.
❷단계	이차방정식의 정수인 근이 적어도 하나 존재하기 위한 a의 조건을 파악한다.
❸단계	❷단계를 만족시키는 자연수 a의 값을 모두 구한 후, 그 곱을 계산한다.

이차방정식 $ax^2+2(a+1)x+a-3=0$에서

$x = \dfrac{-(a+1) \pm \sqrt{(a+1)^2-a(a-3)}}{a}$

$\quad = \dfrac{-a-1 \pm \sqrt{5a+1}}{a}$

$\therefore\ x = -1 - \dfrac{1+\sqrt{5a+1}}{a}$ 또는 $x = -1+\dfrac{\sqrt{5a+1}-1}{a}$

주어진 이차방정식의 두 근 중 적어도 하나가 정수이려면

$5a+1$은 제곱수이면서 $\dfrac{1+\sqrt{5a+1}}{a}$ 또는 $\dfrac{\sqrt{5a+1}-1}{a}$ 이

정수이어야 한다.

$a \geq 1$에서 $5a+1 \geq 6$이므로 $5a+1$이 제곱수가 되는 경우

와 그때의 a의 값을 표로 나타내면 다음과 같다.

$5a+1$	9	16	25	36	49	64	81	⋯
a	$\dfrac{8}{5}$	3	$\dfrac{24}{5}$	7	$\dfrac{48}{5}$	$\dfrac{63}{5}$	16	⋯

이때 $\dfrac{1+\sqrt{5a+1}}{a} \geq 1$에서 $0 < a \leq 7$,

$\dfrac{\sqrt{5a+1}-1}{a} \geq 1$ ($\because$ $\sqrt{5a+1} > 1$)에서 $0 < a \leq 3$이므로

조건을 만족시키는 자연수 a의 값은 3과 7뿐이다.

따라서 구하는 값은

$3 \times 7 = 21$ **답 21**

•다른 풀이•

$ax^2+2(a+1)x+a-3=0$에서

$(x^2+2x+1)a+(2x-3)=0$

$(x+1)^2 a = 3-2x$

$x=-1$은 근이 아니므로 이 식의 양변을 $(x+1)^2$으로 나

누면

$a = \dfrac{3-2x}{(x+1)^2}$ ......㉠

주어진 이차방정식의 두 근 중 적어도 하나가 정수이므로

어떤 정수 x에 대하여 자연수인 a의 값을 구하면 된다.

이때 a가 자연수이면 $a \geq 1$이므로 ㉠에서

$3-2x \geq (x+1)^2$

$x^2+4x-2 \leq 0$

$\therefore\ -2-\sqrt{6} \leq x \leq -2+\sqrt{6}$

즉, -1이 아닌 정수 x의 값은 $-4,\ -3,\ -2,\ 0$이다.

$x=-4$일 때,

㉠에서 $a = \dfrac{3-2 \times (-4)}{(-4+1)^2} = \dfrac{11}{9}$이므로 자연수가 아니다.

$x=-3$일 때,

㉠에서 $a = \dfrac{3-2 \times (-3)}{(-3+1)^2} = \dfrac{9}{4}$이므로 자연수가 아니다.

$x=-2$일 때,

㉠에서 $a = \dfrac{3-2 \times (-2)}{(-2+1)^2} = 7$

$x=0$일 때,

㉠에서 $a = \dfrac{3-2 \times 0}{(0+1)^2} = 3$

따라서 조건을 만족시키는 자연수 a의 값의 곱은

$3 \times 7 = 21$

05. 이차방정식과 이차함수

STEP 1 출제율 100% 우수 기출 대표 문제 pp.50~52

01 ②	02 8	03 ②	04 ⑤	05 ③
06 21	07 ④	08 ①	09 ②	10 −1
11 ③	12 $1<a<2$	13 ③	14 ④	15 2
16 55	17 4	18 ①	19 ④	20 ④
21 200				

01 두 점 A, B를 A(α, 0), B(β, 0)이라 하면 이차방정식 $x^2-ax+a=0$의 두 근이 α, β이므로 근과 계수의 관계에 의하여

$\alpha+\beta=a$, $\alpha\beta=a$

이때 $\overline{AB}=\sqrt{5}$가 되려면 $|\alpha-\beta|=\sqrt{5}$이어야 하므로 이 식의 양변을 제곱하면

$(\alpha-\beta)^2=5$

또한, $(\alpha-\beta)^2=(\alpha+\beta)^2-4\alpha\beta$이므로

$5=a^2-4a$

$a^2-4a-5=0$, $(a+1)(a-5)=0$

$\therefore a=5$ ($\because a>0$) 답 ②

02 (i) 이차함수 $y=x^2-12x+2k$의 그래프와 x축이 만날 때, 이차방정식 $x^2-12x+2k=0$의 판별식을 D_1이라 하면

$\dfrac{D_1}{4}=(-6)^2-1\times2k\geq0$

$36-2k\geq0$ $\therefore k\leq18$

(ii) 이차함수 $y=-2kx^2-8x-1$의 그래프와 x축이 만날 때, 이차방정식 $-2kx^2-8x-1=0$의 판별식을 D_2라 하면

$\dfrac{D_2}{4}=(-4)^2-(-2k)\times(-1)\geq0$

$16-2k\geq0$ $\therefore k\leq8$

(i), (ii)에서 $k\leq8$이므로 조건을 만족시키는 자연수 k는 1, 2, 3, …, 8의 8개이다. 답 8

03 이차함수 $y=x^2+2(m-1)x+m^2+2$의 그래프가 x축과 만나지 않으려면 이차방정식 $x^2+2(m-1)x+m^2+2=0$이 허근을 가져야 한다.

이 이차방정식의 판별식을 D라 하면

$\dfrac{D}{4}=(m-1)^2-(m^2+2)<0$

$-2m-1<0$ $\therefore m>-\dfrac{1}{2}$ 답 ②

04 이차함수 $y=x^2-4x+1$의 그래프와 직선 $y=mx+n$의 교점 A의 x좌표가 $3+\sqrt{2}$이므로 이차방정식

$x^2-4x+1=mx+n$, 즉 $x^2-(4+m)x+1-n=0$의 한 실근이 $3+\sqrt{2}$이다.

이때 이차방정식 $x^2-(4+m)x+1-n=0$의 계수가 모두 유리수이므로 한 근이 $3+\sqrt{2}$이면 $3-\sqrt{2}$도 근이다.

이차방정식의 근과 계수의 관계에 의하여

$(3+\sqrt{2})+(3-\sqrt{2})=4+m$ $\therefore m=2$

$(3+\sqrt{2})(3-\sqrt{2})=1-n$ $\therefore n=-6$

$\therefore m-n=2-(-6)=8$ 답 ⑤

05 이차함수 $y=-2x^2+6x$의 그래프와 직선 $y=3x+k$가 적어도 한 점에서 만나려면 이차방정식 $-2x^2+6x=3x+k$, 즉 $2x^2-3x+k=0$이 실근을 가져야 한다.

이 이차방정식의 판별식을 D라 하면

$D=(-3)^2-4\times2\times k\geq0$

$9-8k\geq0$ $\therefore k\leq\dfrac{9}{8}$

따라서 실수 k의 최댓값은 $\dfrac{9}{8}$이다. 답 ③

06 직선 $y=2x+a$가 이차함수 $y=x^2-2ax+a^2+20$의 그래프보다 항상 아래쪽에 있어야 하므로 두 그래프는 서로 만나지 않는다.

이차방정식 $x^2-2ax+a^2+20=2x+a$, 즉 $x^2-2(a+1)x+a^2-a+20=0$이 허근을 가져야 하므로 이 이차방정식의 판별식을 D라 하면

$\dfrac{D}{4}=(a+1)^2-(a^2-a+20)<0$

$3a-19<0$ $\therefore a<\dfrac{19}{3}$

따라서 조건을 만족시키는 자연수 a는 1, 2, 3, 4, 5, 6이므로 구하는 합은

$1+2+3+4+5+6=21$ 답 21

07 직선 $y=f(x)$가 점 $(-1, 2)$를 지나므로 기울기를 a라 하면

$f(x)=a(x+1)+2$ (단, a는 실수) ……㉠

이차함수 $y=3x^2-2x-3$의 그래프와 직선 $y=a(x+1)+2$가 오직 한 점에서만 만나므로 이차방정식 $3x^2-2x-3=a(x+1)+2$, 즉

$3x^2-(a+2)x-a-5=0$이 중근을 가져야 한다.

이 이차방정식의 판별식을 D라 하면

$D=\{-(a+2)\}^2-4\times3\times(-a-5)=0$

$a^2+16a+64=0$, $(a+8)^2=0$

$\therefore a=-8$

이것을 ㉠에 대입하여 정리하면 $f(x)=-8x-6$이므로

$f(-2)=-8\times(-2)-6=10$ 답 ④

08 이차함수 $y=x^2+2$의 그래프에 접하고 기울기가 2인 직선의 방정식을 $y=2x+a$ (a는 실수)라 하자.
이차방정식 $x^2+2=2x+a$, 즉 $x^2-2x+2-a=0$이 중근을 가져야 하므로 이 이차방정식의 판별식을 D_1이라 하면
$$\frac{D_1}{4}=(-1)^2-(2-a)=0 \quad \therefore a=1$$
즉, 직선 $y=2x+1$이 이차함수 $y=-x^2+2kx+6k+4$의 그래프와 접하므로 이차방정식
$-x^2+2kx+6k+4=2x+1$, 즉
$x^2+2(1-k)x-6k-3=0$이 중근을 가져야 한다.
이 이차방정식의 판별식을 D_2라 하면
$$\frac{D_2}{4}=(1-k)^2-(-6k-3)=0$$
$k^2+4k+4=0$, $(k+2)^2=0$
$\therefore k=-2$ 답 ①

09 두 이차함수 $y=2x^2-4x+3$, $y=x^2+2ax-a^2-13$의 그래프가 만나지 않으므로 이차방정식
$2x^2-4x+3=x^2+2ax-a^2-13$, 즉
$x^2-2(a+2)x+a^2+16=0$이 허근을 가져야 한다.
이 이차방정식의 판별식을 D라 하면
$$\frac{D}{4}=\{-(a+2)\}^2-(a^2+16)<0$$
$4a-12<0 \quad \therefore a<3$
따라서 구하는 정수 a의 최댓값은 2이다.   답 ②

10 이차함수 $y=ax^2+bx+c$의 그래프와 직선 $y=mx+n$의 두 교점의 x좌표가 각각 -2, 2이므로 이차방정식
$ax^2+bx+c=mx+n$, 즉 $ax^2+(b-m)x+c-n=0$
의 두 실근은 -2, 2이다.   ……㉠
한편, 이차방정식
$a(2x+1)^2+(b-m)(2x+1)+c-n=0$의 두 실근을
α, β ($\alpha<\beta$)라 하고, $2x+1=t$로 놓으면 방정식
$at^2+(b-m)t+c-n=0$의 두 실근은 $2\alpha+1$, $2\beta+1$이다.
㉠에서 $2\alpha+1=-2$, $2\beta+1=2$이므로
$$a=-\frac{3}{2},\ \beta=\frac{1}{2} \quad \therefore a+\beta=-1$$
따라서 구하는 이차방정식의 모든 실근의 합은 -1이다.
     답 -1

11 $f(x)-|x|=0$에서 $f(x)=|x|$
즉, 방정식 $f(x)-|x|=0$의 서로 다른 실근의 개수는 두 함수 $y=f(x)$, $y=|x|$의 그래프의 교점의 개수와 같다.
$a<0$, $b>0$, $c>0$이므로 이차함수 $f(x)=ax^2+bx+c$의 그래프는 위로 볼록하고,
(꼭짓점의 x좌표)$=-\dfrac{b}{2a}>0$,
(y축과의 교점의 y좌표)$=c>0$

따라서 이차함수 $y=f(x)$의 그래프는 오른쪽 그림과 같다.

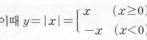

이때 $y=|x|=\begin{cases} x & (x \geq 0) \\ -x & (x<0) \end{cases}$
이므로 함수 $y=|x|$의 그래프는
이차함수 $y=f(x)$의 그래프와 서로 다른 두 점에서 만난다.
따라서 구하는 실근의 개수는 2이다.   답 ③

12 방정식 $|x^2-1|=a-1$의 실근은 함수 $y=|x^2-1|$의 그래프와 직선 $y=a-1$의 교점의 x좌표와 같다.

이때 함수 $y=|x^2-1|$의 그래프가 오른쪽 그림과 같으므로 방정식
$|x^2-1|=a-1$이 서로 다른 네 실근을 가지려면
$0<a-1<1$
$\therefore 1<a<2$ 답 $1<a<2$

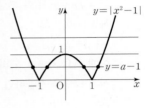

13 이차함수 $f(x)$에 대하여 $f(1-x)=f(1+x)$이므로
이차함수 $y=f(x)$의 그래프는 직선 $x=1$에 대하여 대칭인 포물선이다.
즉, 대칭축이 $x=1$이고, 이차항의 계수는 양수이므로 이차함수 $y=f(x)$의 그래프는 아래로 볼록하고 $x=1$일 때 최솟값 $f(1)$을 갖는다.
따라서 이차함수 $y=f(x)$의 그래프는 다음 그림과 같다.

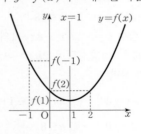

$\therefore f(1)<f(2)<f(-1)$ 답 ③

BLACKLABEL 특강   참고

함수 $f(x)$가 $f(a-x)=f(a+x)$ 또는 $f(x)=f(2a-x)$를 만족시킬 때, 함수 $y=f(x)$의 그래프는 직선 $x=a$에 대하여 대칭이다.
함수 $f(x)$가 $f(a-x)=f(a+x)$를 만족시키면 오른쪽 그림과 같으므로 함수 $y=f(x)$의 그래프는 직선 $x=a$에 대하여 대칭임을 알 수 있다.

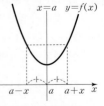

또한, $f(a-x)=f(a+x)$에서 x 대신 $a-x$를 대입하면
$f(a-(a-x))=f(a+(a-x))$
$\therefore f(x)=f(2a-x)$
즉, $f(x)=f(2a-x)$는 $f(a-x)=f(a+x)$와 같은 의미이다.

14 이차함수 $f(x)=ax^2+bx+c$가 $x=2$에서 최솟값 -1을 가지므로

$f(x)=a(x-2)^2-1$

이때 $f(1)=1$이므로

$f(1)=a\times(-1)^2-1=a-1=1$ $\therefore a=2$

즉, $f(x)=2(x-2)^2-1=2x^2-8x+7$이므로

$a=2,\ b=-8,\ c=7$

$\therefore a-b-c=2-(-8)-7=3$ 답 ④

15 주어진 직선은 두 점 $(1,\ 0),\ (0,\ 1)$을 지나므로 직선의 방정식은

$y-0=\dfrac{1-0}{0-1}(x-1)$ $\therefore y=-x+1$

즉, 직선 $-x-y+1=0$이 직선 $ax+by+1=0$과 일치하므로

$a=-1,\ b=-1$

$\therefore y=ax^2+bx$

 $=-x^2-x$

 $=-\left(x+\dfrac12\right)^2+\dfrac14$

이때 $0\le x\le1$이므로 — 꼭짓점의 x좌표 $-\dfrac12$이 포함되지 않는다.

$x=0$일 때 최댓값 $M=0$, $x=1$일 때 최솟값 $m=-2$를 갖는다.

$\therefore M-m=0-(-2)=2$ 답 2

16 $3x-1=t$로 놓으면 $0\le x\le3$에서 $-1\le t\le8$이고

$y=(3x-1)^2+2(1-3x)+4$

 $=(3x-1)^2-2(3x-1)+4$

 $=t^2-2t+4$

 $=(t-1)^2+3$

즉, $-1\le t\le8$에서 이차함수 $y=(t-1)^2+3$의 그래프는 오른쪽 그림과 같으므로

$t=8$일 때 최댓값 $M=52$,

$t=1$일 때 최솟값 $m=3$을 갖는다.

$\therefore M+m=55$ 답 55

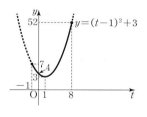

•다른 풀이•

$y=(3x-1)^2+2(1-3x)+4$

 $=9x^2-12x+7$

 $=9\left(x-\dfrac23\right)^2+3$

즉, $0\le x\le3$에서 이차함수 $y=9\left(x-\dfrac23\right)^2+3$의 그래프는 오른쪽 그림과 같으므로

$x=3$일 때 최댓값 $M=52$,

$x=\dfrac23$일 때 최솟값 $m=3$을 갖는다.

$\therefore M+m=55$

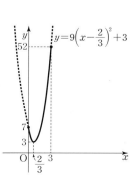

17 $1\le x\le5$에서 함수 ┌$=|(x-1)(x-5)|$ └$=|(x-3)^2-4|$

$y=|x^2-6x+5|$의 그래프가 오른쪽 그림과 같으므로

$x=3$일 때 최댓값 4,

$x=1$ 또는 $x=5$일 때 최솟값 0을 갖는다.

따라서 구하는 최댓값과 최솟값의 합은

$4+0=4$ 답 4

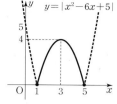

•다른 풀이•

$1\le x\le5$에서 $x-1\ge0,\ x-5\le0$이므로

$(x-1)(x-5)\le0$

즉, $1\le x\le5$에서 함수 $y=|x^2-6x+5|$의 그래프는 함수

$y=-x^2+6x-5$

 $=-(x-3)^2+4$

의 그래프와 같으므로 $x=3$일 때 최댓값 4, $x=1$ 또는 $x=5$일 때 최솟값 0을 갖는다.

따라서 구하는 최댓값과 최솟값의 합은

$4+0=4$

18 $-x^2-y^2+4x+6y+4=-(x-2)^2-(y-3)^2+17$ ⋯⋯ ㉠

이때 $x,\ y$는 실수이므로 $(x-2)^2\ge0,\ (y-3)^2\ge0$이다.

$\therefore -(x-2)^2-(y-3)^2+17\le17$

㉠에서 $x=2,\ y=3$일 때 최댓값 17을 가지므로

$a=2,\ b=3,\ c=17$

$\therefore a+b+c=22$ 답 ①

19 $2x-y^2=-4$에서 $y^2=2x+4$ ⋯⋯ ㉠

두 실수 $x,\ y$에 대하여 $y^2\ge0$, 즉 $2x+4\ge0$이므로

$x\ge-2$

㉠을 x^2+3y^2-4x에 대입하면

$x^2+3y^2-4x=x^2+3(2x+4)-4x$

     $=x^2+2x+12$

     $=(x+1)^2+11$

$f(x)=(x+1)^2+11$이라 하면

$x\ge-2$에서 함수 $y=f(x)$의 그래프는 오른쪽 그림과 같으므로

$x=-1$일 때 최솟값 11을 갖는다.

따라서 x^2+3y^2-4x의 최솟값은 11이다.

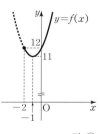

답 ④

20 상품 한 개의 가격이 $\left(11-\dfrac{x}{100}\right)$원인 상품 x개를 모두 팔았으므로 생산된 상품 x개의 총 판매 금액은

$x\left(11-\dfrac{x}{100}\right)$원

이때 이 상품을 x개 생산하는 데 필요한 비용은

$\left(1000+x+\dfrac{x^2}{400}\right)$원이고, 상품 x개를 생산하여 모두 판

매하였을 때의 이익을 y원이라 하면

(이익)$=$(총 판매 금액)$-$(생산 비용)이므로

$y=x\left(11-\dfrac{x}{100}\right)-\left(1000+x+\dfrac{x^2}{400}\right)$

$\quad=-\dfrac{1}{80}x^2+10x-1000$

$\quad=-\dfrac{1}{80}(x-400)^2+1000$

즉, $x=400$일 때 y의 최댓값은 1000이다.

따라서 400개의 상품을 생산하여 판매하였을 때 이익이 최대가 된다. 답 ④

21 직사각형 모양의 물받이의 단면의 세로의 길이가 x cm이
므로 가로의 길이는 $(40-2x)$ cm이다.

이때 $x>0$, $40-2x>0$이어야 하므로 $0<x<20$이다.

단면의 넓이를 y cm^{2}라 하면

$y=x(40-2x)=-2x^2+40x$

$\quad=-2(x-10)^2+200\ (0<x<20)$

따라서 단면의 넓이는 $x=10$일 때 최댓값 200 cm^{2}이
므로 $M=200$이다. 답 200

01 -16	02 ①	03 ③	04 ⑤	05 10
06 1	07 6	08 ④	09 ②	10 ①
11 $\dfrac{80}{7}$	12 45	13 ①	14 4	15 ③
16 ④	17 -2	18 ①	19 ⑤	20 ②
21 ④	22 3	23 3	24 ②	25 ②
26 46	27 9	28 ③	29 120 m	30 54

01 주어진 이차함수의 그래프의 꼭짓점이 $C(1, 9)$이므로

$y=a(x-1)^2+9=ax^2-2ax+a+9$

라 할 수 있다.

이 이차함수가 $y=ax^2+bx+c$와 일치하므로

$b=-2a$, $c=a+9$ ……㉠
                    $_*$
또한, 삼각형 ABC에서 밑변을 $\overline{AB}$라 하면 높이가 9이
고 넓이가 27이므로

$\dfrac{1}{2}\times\overline{AB}\times9=27$ $\therefore \overline{AB}=6$

이때 이 이차함수의 그래프의 대칭축이 $x=1$이므로 이차
방정식 $ax^2+bx+c=0$의 두 실근은 -2, 4이다.

즉, 이차함수의 식은

$y=a(x+2)(x-4)=ax^2-2ax-8a$

이 이차함수도 $y=ax^2+bx+c$와 일치하므로

$b=-2a$, $c=-8a$ ……㉡

㉠, ㉡에서 $a+9=-8a$, $9a=-9$

$\therefore a=-1$, $b=2$, $c=8$

$\therefore abc=-16$ 답 -16

• 다른 풀이 •

*에서 이차방정식 $ax^2+bx+c=0$, 즉

$ax^2-2ax+a+9=0$의 두 근을 α, β라 하면 근과 계수
의 관계에 의하여

$\alpha+\beta=2$, $\alpha\beta=\dfrac{a+9}{a}$

한편, 삼각형 ABC의 넓이가 27이므로

$\dfrac{1}{2}\times\overline{AB}\times9=27$ $\therefore \overline{AB}=|\alpha-\beta|=6$

$(\alpha-\beta)^2=(\alpha+\beta)^2-4\alpha\beta$에서

$6^2=2^2-4\times\dfrac{a+9}{a}$

$4-\dfrac{4a+36}{a}=36$, $4a-4a-36=36a\ (\because a\neq0)$

$\therefore a=-1$, $b=2$, $c=8\ (\because ㉠)$

$\therefore abc=-16$

02 세 이차함수 $y=f(x)$, $y=g(x)$, $y=h(x)$의 x^2의 계수
가 같으므로 주어진 그래프에 의하여

$f(x)=a(x-\alpha)(x-\beta)$, $g(x)=a(x-\alpha)(x-\gamma)$,

$h(x)=a(x-\alpha)(x-\delta)\ (a>0)$라 할 수 있다. ——— 세 그래프 모두 아래로 볼록

$f(x)+g(x)+h(x)=0$에서

$a(x-\alpha)(x-\beta)+a(x-\alpha)(x-\gamma)$

$\qquad\qquad\qquad\qquad +a(x-\alpha)(x-\delta)=0$

$a(x-\alpha)\{(x-\beta)+(x-\gamma)+(x-\delta)\}=0$

$a(x-\alpha)\{3x-(\beta+\gamma+\delta)\}=0$

따라서 방정식 $f(x)+g(x)+h(x)=0$의 근 중 $x=\alpha$
이외의 다른 한 근은

$x=\dfrac{\beta+\gamma+\delta}{3}$ 답 ①

03 이차함수 $y=ax^2-4bx-4a+16$의 그래프가 x축과 만
나지 않거나 오직 한 점에서만 만나려면 이차방정식

$ax^2-4bx-4a+16=0$이 중근을 갖거나 서로 다른 두
허근을 가져야 한다. 이 이차방정식의 판별식을 D라 하면

$\dfrac{D}{4}=(-2b)^2-a(-4a+16)\leq0$
                            $_{(a-2)^2\geq0}$
$a^2+b^2-4a\leq0$, $(a-2)^2+b^2\leq4$

이때 $b^2\leq4$이므로 $-2\leq b\leq2$

(i) $b=-2$ 또는 $b=2$일 때,

$(a-2)^2 \leq 0$이므로 정수 a, b의 순서쌍 (a, b)는
$(2, -2)$, $(2, 2)$의 2개

(ii) $b=-1$ 또는 $b=1$일 때,
$(a-2)^2 \leq 3$이므로 정수 a, b의 순서쌍 (a, b)는
$(1, -1)$, $(1, 1)$, $(2, -1)$, $(2, 1)$, $(3, -1)$, $(3, 1)$
의 6개

(iii) $b=0$일 때,
$(a-2)^2 \leq 4$이므로 정수 a, b의 순서쌍 (a, b)는
$(1, 0)$, $(2, 0)$, $(3, 0)$, $(4, 0)$의 4개 ←$a=0$인 경우 제외

(i), (ii), (iii)에서 조건을 만족시키는 정수 a, b의 순서쌍
(a, b)의 개수는
$2+6+4=12$ 　　　　　　　　　　　　　　　　답 ③

04 $f(6-x)=f(x)$에서 x 대신 $3+x$를 대입하면
$f(3-x)=f(3+x)$
즉, 이차함수 $y=f(x)$의 그래프는 직선 $x=3$에 대하여
대칭이다.
이때 $f(0)<0$, $f(1)>0$이므로 이차함수 $y=f(x)$의 그
래프는 다음 그림과 같다.

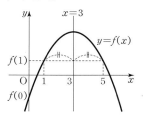

ㄱ. $f(x)=ax^2+bx+c=a\left(x+\dfrac{b}{2a}\right)^2+c-\dfrac{b^2}{4a}$

함수 $y=f(x)$의 그래프는 위로 볼록하므로 $a<0$

대칭축이 $x=-\dfrac{b}{2a}=3$이고, $a<0$이므로

$b>0$ (참)

ㄴ. $x=1$을 $f(6-x)=f(x)$에 대입하면
$f(5)=f(1)$
$\therefore f(5)=25a+5b+c>0$
위의 부등식의 양변을 25로 나누면
$a+\dfrac{1}{5}b+\dfrac{1}{25}c>0$ (참)

ㄷ. 대칭축이 $x=3$이므로
$f(x)=a(x-3)^2+k$ (단, k는 상수)
라 할 수 있다.
이차방정식 $f(x)=0$, 즉 $ax^2-6ax+9a+k=0$의
두 실근을 α, β라 하면 근과 계수의 관계에 의하여
$\alpha+\beta=-\dfrac{-6a}{a}=6$ (참)

따라서 ㄱ, ㄴ, ㄷ 모두 옳다. 　　　　　　　　답 ⑤

• 다른 풀이 •

이차함수 $y=f(x)$의 그래프는 직선 $x=3$에 대하여 대
칭이므로
$f(x)=a(x-3)^2+d$ (d는 상수)
　　　$=ax^2-6ax+9a+d$

이 함수가 $y=ax^2+bx+c$와 일치하므로
$b=-6a$, $c=9a+d$
이때 $f(0)<0$, $f(1)>0$이므로
$9a+d<0$, $4a+d>0$
$\therefore -4a<d<-9a$
이것을 만족시키는 실수 d가 존재해야 하므로
$a<0$, $d>0$ 　　　……㉠
ㄱ. $b=-6a>0$ (∵ ㉠) (참)
ㄷ. $f(x)=ax^2-6ax+9a+d$에서 이차방정식
　　$ax^2-6ax+9a+d=0$의 판별식을 D라 하면

$\dfrac{D}{4}=(-3a)^2-a(9a+d)=-ad>0$ (∵ ㉠)

따라서 이 이차방정식은 서로 다른 두 실근을 가지므
로 근과 계수의 관계에 의하여 두 실근의 합은
$-\dfrac{-6a}{a}=6$이다. (참)

05 이차함수 $y=f(x)$의 그래프가 두 점 $(1, 0)$, $(4, 0)$을
지나고 이차항의 계수가 1이므로
$f(x)=(x-1)(x-4)=x^2-5x+4$
$g(x)=ax+b$라 하면 직선 $y=g(x)$가 $y=f(x)$의 그
래프와 x좌표가 2인 점에서 접하므로 이차방정식
$(x-1)(x-4)=ax+b$, 즉 $x^2-(a+5)x+4-b=0$이
중근 $x=2$를 갖는다. ＊
이때 이차항의 계수가 1이고 중근 $x=2$를 갖는 이차방정
식은
$(x-2)^2=0$ 　　　$\therefore x^2-4x+4=0$
이 이차방정식이 $x^2-(a+5)x+4-b=0$과 일치하므로
$a+5=4$, $4-b=4$ 　　　$\therefore a=-1$, $b=0$
$\therefore g(x)=-x$
방정식 $f(x)+5g(x)=0$에서
$x^2-5x+4+5\times(-x)=0$ 　　　$\therefore x^2-10x+4=0$
따라서 구하는 두 근의 합은 이차방정식의 근과 계수의 관
계에 의하여 10이다. 　　　　　　　　　　　　答 10

• 다른 풀이 •

＊에서 이 이차방정식의 판별식을 D라 하면
$D=\{-(a+5)\}^2-4(4-b)=0$
$\therefore a^2+10a+4b+9=0$ 　　　……㉠
또한, 이차방정식 $x^2-(a+5)x+4-b=0$이 $x=2$를 근
으로 가지므로
$4-2a-10+4-b=0$ 　　　$\therefore b=-2a-2$
이것을 ㉠에 대입하면
$a^2+10a-8a-8+9=0$
$a^2+2a+1=0$, $(a+1)^2=0$
$\therefore a=-1$, $b=0$ 　　　$\therefore g(x)=-x$
방정식 $f(x)+5g(x)=0$에서
$x^2-10x+4=0$
따라서 구하는 두 근의 합은 이차방정식의 근과 계수의 관
계에 의하여 10이다.

06 $\overline{OA}:\overline{OB}=1:2$이므로 두 점
A, B의 x좌표를 각각
a, $-2a$ $(a>0)$라 하면 이것은
방정식 $2-x^2=kx$, 즉
$x^2+kx-2=0$의 두 실근이다.
이차방정식의 근과 계수의 관계
에 의하여
$a+(-2a)=-k$, $a\times(-2a)=-2$
$-a=-k$, $a^2=1$
$\therefore a=1$ $(\because a>0)$, $k=1$

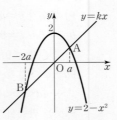

답 1

07 x에 대한 이차함수 $y=x^2-2ax+a^2+2$의 그래프와 직선
$y=2x-k$가 서로 다른 두 점에서 만나므로 이차방정식
$x^2-2ax+a^2+2=2x-k$, 즉
$x^2-2(a+1)x+a^2+2+k=0$의 판별식을 D라 하면
$\dfrac{D}{4}=\{-(a+1)\}^2-(a^2+2+k)>0$
$2a-1-k>0$
$\therefore k<2a-1$
위의 조건을 만족시키는 모든 자연수 k의 개수가 $f(a)$이
므로
$a=1$일 때, $k<1$에서 $f(1)=0$
$a=2$일 때, $k<3$에서 $f(2)=2$
$a=3$일 때, $k<5$에서 $f(3)=4$
$\therefore f(1)+f(2)+f(3)=0+2+4=6$

답 6

08 이차함수 $y=x^2-2(a+3)x+a^2+8a$의 그래프가 직선
$y=mx+n$에 항상 접하므로 이차방정식
$x^2-2(a+3)x+a^2+8a=mx+n$, 즉
$x^2-(2a+m+6)x+a^2+8a-n=0$은 중근을 갖는다.
이 이차방정식의 판별식을 D라 하면
$D=\{-(2a+m+6)\}^2-4(a^2+8a-n)=0$에서
$4a^2+4a(m+6)+(m+6)^2-4a^2-32a+4n=0$
$4(m-2)a+(m+6)^2+4n=0$
위의 등식이 실수 a의 값에 관계없이 항상 성립해야 하므로
$4(m-2)=0$, $(m+6)^2+4n=0$
$\therefore m=2$, $n=-16$
$\therefore m+n=-14$

답 ④

09 두 함수 $y=f(x)$, $y=g(x)$의 그래프의 교점을
A$(p, p+3)$, B$(q, q+3)$ $(p<q)$라 하면 p, q는 이차
방정식 $f(x)=g(x)$, 즉 $f(x)-g(x)=0$의 두 실근이
므로
$x^2-2x-8=0$에서 $(x+2)(x-4)=0$
$\therefore x=-2$ 또는 $x=4$

즉, $p=-2$, $q=4$이므로 A$(-2, 1)$, B$(4, 7)$이다.
함수 $y=g(x)$의 그래프가 y축과 만나는 점을 D라 하면
두 함수 $y=f(x)$, $y=g(x)$의 그래프가 y축과 만나는
두 점이 각각 C$(0, -5)$, D$(0, 3)$이므로
$\overline{CD}=8$
삼각형 ABC의 넓이는 두 삼각형 ACD와 BCD의 넓이
의 합과 같으므로
$\triangle ABC=\triangle ACD+\triangle BCD$
$\qquad =\dfrac{1}{2}\times 8\times 2+\dfrac{1}{2}\times 8\times 4$
$\qquad =8+16=24$
$\therefore k=24$
이때 방정식 $f(2x-24)=g(2x-24)$, 즉
$f(2x-24)-g(2x-24)=0$의 두 실근을 α, β $(\alpha<\beta)$
라 하면 $2\alpha-24=-2$, $2\beta-24=4$이므로
$\alpha=11$, $\beta=14$
$\therefore \alpha+\beta=25$

답 ②

10 이차함수 $y=x^2$의 그래프와 직선 $y=ax-1$이 서로 다른
두 점에서 만나므로 이차방정식 $x^2=ax-1$, 즉
$x^2-ax+1=0$의 판별식을 D_1이라 하면
$D_1=(-a)^2-4\times 1\times 1>0$
$\therefore a^2>4$ $\qquad\cdots\cdots\text{㉠}$
또한, 이차함수 $y=x^2$의 그래프와 직선 $y=x+b$가 만나
지 않으므로 이차방정식 $x^2=x+b$, 즉 $x^2-x-b=0$의 판
별식을 D_2라 하면
$D_2=(-1)^2-4\times 1\times(-b)<0$
$\therefore 4b<-1$ $\qquad\cdots\cdots\text{㉡}$
ㄱ. 이차방정식 $x^2+ax+b=0$의 판별식을 D_3라 하면
$\quad D_3=a^2-4b>4+1=5>0$ $(\because \text{㉠}, \text{㉡})$
$\quad$ 즉, 이차함수 $y=x^2+ax+b$의 그래프는 x축과 서로
$\quad$ 다른 두 점에서 만난다. (참)
ㄴ. ㉡에서 $b<-\dfrac{1}{4}$이므로 이차함수 $y=x^2+ax+b$의 그
$\quad$ 래프는 y축과 음의 부분에서 만난다. (거짓)
ㄷ. $y=x^2+ax+b=\left(x+\dfrac{a}{2}\right)^2-\dfrac{a^2}{4}+b$에서 이 이차함수
$\quad$ 의 그래프의 꼭짓점의 좌표는 $\left(-\dfrac{a}{2}, -\dfrac{a^2}{4}+b\right)$이고,
$\quad -\dfrac{a^2}{4}+b=\dfrac{-(a^2-4b)}{4}<0$ $(\because \text{㉠}, \text{㉡})$
$\quad$ 즉, 꼭짓점은 $\underset{a>0}{\underline{\text{제3사분면}}}$ 또는 $\underset{a<0}{\underline{\text{제4사분면}}}$에 존재한다.

(거짓)

따라서 옳은 것은 ㄱ뿐이다.

답 ①

11 직선 $y=kx$와 이차함수 $y=2(x-2)^2$의 그래프의 서로
다른 두 교점의 x좌표를 각각 α, β라 하면 α, β는 이차방
정식 $2(x-2)^2=kx$, 즉 $2x^2-(k+8)x+8=0$의 서로
다른 두 근이므로 근과 계수의 관계에 의하여

$\alpha+\beta=\dfrac{k+8}{2}$, $\alpha\beta=4$ ...... ㉠

직선 $y=kx$와 이차함수 $y=-(x+1)^2$의 그래프의 서로
다른 두 교점의 x좌표를 각각 γ, δ라 하면 γ, δ는 이차방
정식 $-(x+1)^2=kx$, 즉 $x^2+(k+2)x+1=0$의 서로
다른 두 근이므로 근과 계수의 관계에 의하여

$\gamma+\delta=-k-2$, $\gamma\delta=1$ ...... ㉡

이때 $\overline{AB}:\overline{CD}=2:3$에서 $3\overline{AB}=2\overline{CD}$이므로

$3|\alpha-\beta|=2|\gamma-\delta|$

위의 식의 양변을 제곱하면

$9(\alpha-\beta)^2=4(\gamma-\delta)^2$

㉠에서

$$(\alpha-\beta)^2=(\alpha+\beta)^2-4\alpha\beta$$
$$=\left(\dfrac{k+8}{2}\right)^2-16=\dfrac{k^2}{4}+4k$$

㉡에서

$$(\gamma-\delta)^2=(\gamma+\delta)^2-4\gamma\delta$$
$$=\{-(k+2)\}^2-4=k^2+4k$$

즉, $9\left(\dfrac{k^2}{4}+4k\right)=4(k^2+4k)$이므로

$\dfrac{7}{4}k^2-20k=0$, $\dfrac{7}{4}k\left(k-\dfrac{80}{7}\right)=0$

$\therefore k=\dfrac{80}{7}$ ($\because k>0$)　　　　　　답 $\dfrac{80}{7}$

BLACKLABEL 특강 | 풀이 첨삭

네 점 A, B, C, D는 직선 $y=kx$ 위에 있으므로
$A(\alpha, k\alpha)$, $B(\beta, k\beta)$, $C(\gamma, k\gamma)$, $D(\delta, k\delta)$
$\therefore \overline{AB}=\sqrt{(\beta-\alpha)^2+(k\beta-k\alpha)^2}=\sqrt{(\beta-\alpha)^2(1+k^2)}$,
$\overline{CD}=\sqrt{(\delta-\gamma)^2+(k\delta-k\gamma)^2}=\sqrt{(\delta-\gamma)^2(1+k^2)}$
즉,
$$\overline{AB}:\overline{CD}=\sqrt{(\beta-\alpha)^2(1+k^2)}:\sqrt{(\delta-\gamma)^2(1+k^2)}$$
$$=\sqrt{(\beta-\alpha)^2}:\sqrt{(\delta-\gamma)^2}$$
$$=|\alpha-\beta|:|\gamma-\delta|$$
가 성립한다.

---

12 해결단계

❶단계	직선 $y=mx+6$이 항상 점 $(0, 6)$을 지나고 기울기가 m임을 파악한다.
❷단계	함수 $y=h(x)$의 그래프를 그린 후, m의 값에 따라 세 점에서 만날 수 있는 경우를 파악한다.
❸단계	❷단계에서 구한 경우를 만족시키는 m의 값을 구한 후, 직선 $y=mx+6$과 함수 $y=h(x)$의 그래프가 서로 다른 세 점에서 만나는지 확인한다.
❹단계	조건을 만족시키는 m의 값을 찾아 그 합 S의 값을 구한 후, $10S$의 값을 계산한다.

직선 $y=mx+6$은 점 $(0, 6)$을 지나고 기울기가 m인 직
선이다.

함수 $h(x)=\begin{cases} x^2+2x+1 & (x\le-2 \text{ 또는 } x\ge1) \\ -x^2+5 & (-2<x<1) \end{cases}$의 그

래프가 직선 $y=mx+6$과 서로 다른 세 점에서 만나야
하므로 기울기 m에 따라 다음과 같이 두 가지 경우로 나
누어 생각할 수 있다.

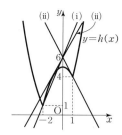

(ⅰ) 직선 $y=mx+6$이 점 $(-2, 1)$을 지날 때,

$1=-2m+6$, $2m=5$

$\therefore m=\dfrac{5}{2}$

(ⅱ) 직선 $y=mx+6$이 곡선 $y=-x^2+5$에 접할 때,

이차방정식 $mx+6=-x^2+5$, 즉 $x^2+mx+1=0$의
판별식을 D라 하면 이 이차방정식이 중근을 가져야 하
므로

$D=m^2-4=0$, $(m+2)(m-2)=0$

$\therefore m=-2$ 또는 $m=2$

① $m=-2$일 때,

이차방정식 $x^2+mx+1=0$, 즉 $x^2-2x+1=0$에서
$(x-1)^2=0$　　$\therefore x=1$

그런데 $x=1$일 때 이차방정식이 중근을 가지므로
직선 $y=mx+6$은 이차함수 $y=-x^2+5$의 그래
프에 접하고 직선 $y=mx+6$과 함수 $y=h(x)$의
그래프는 서로 다른 두 점에서 만난다.

즉, 조건을 만족시키지 않는다.

② $m=2$일 때,

직선 $y=mx+6$과 함수 $y=h(x)$의 그래프는 서
로 다른 세 점에서 만난다.

(ⅰ), (ⅱ)에서 $m=\dfrac{5}{2}$ 또는 $m=2$

따라서 $S=\dfrac{5}{2}+2=\dfrac{9}{2}$이므로

$10S=10\times\dfrac{9}{2}=45$　　　　　　　답 45

---

13 $|x^2-1|-mx+2m=0$에서 $|x^2-1|=mx-2m$이므로
이 방정식의 실근은 두 함수 $y=|x^2-1|$, $y=mx-2m$
의 그래프의 교점의 x좌표이다.

이때 직선 $y=mx-2m=m(x-2)$는 m의 값에 관계없
이 항상 점 $(2, 0)$을 지나므로 주어진 방정식이 서로 다른
4개의 실근을 가지려면 직선의 기울기 m의 값이 0보다
작고 이차함수 $y=1-x^2$ $(-1\le x\le1)$의 그래프에 접할
때보다 커야 한다.

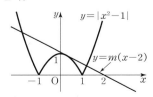

이차함수 $y=1-x^2$ $(-1\le x\le1)$의 그래프에 직선

$y=m(x-2)$가 접하려면 방정식 $1-x^2=m(x-2)$, 즉
$x^2+mx-2m-1=0$이 중근을 가져야 한다.
이 이차방정식의 판별식을 D라 하면
$D=m^2-4(-2m-1)=0$
$m^2+8m+4=0$　　∴ $m=-4+2\sqrt{3}$ $(∵ -1\le x\le 1)$
즉, 조건을 만족시키는 실수 m의 값의 범위는
$-4+2\sqrt{3}<m<0$
따라서 $a=-4+2\sqrt{3}$, $b=0$이므로
$a+b=-4+2\sqrt{3}$　　　　　　　　　　답 ①

14 주어진 함수 $y=f(x)$의 그래프가 x축과 두 점
$(-1, 0)$, $(3, 0)$에서 만나고, 아래로 볼록하므로
$f(x)=a(x+1)(x-3)$ (단, $a>0$)
이라 할 수 있다.
이때 함수 $y=f(x)$의 그래프는 점 $(1, -4)$를 지나므로
$-4=a\times 2\times(-2)$　　∴ $a=1$
∴ $f(x)=(x+1)(x-3)=x^2-2x-3$
$f(|x-k|)+3=0$에서
$|x-k|^2-2|x-k|=0$
$|x-k|(|x-k|-2)=0$
∴ $|x-k|=0$ 또는 $|x-k|=2$
$|x-k|=0$에서 $x=k$
$|x-k|=2$에서 $x=-2+k$ 또는 $x=2+k$
따라서 모든 실근의 합은
$(-2+k)+k+(2+k)=3k$이므로
$3k=12$　　∴ $k=4$　　　　　　　　　답 4

• 다른 풀이 •
이차함수 $f(x)=x^2-2x-3$에 대하여 함수 $y=f(|x|)$
의 그래프는 오른쪽 그림과
같다.

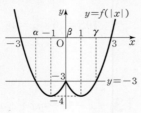

두 함수 $y=f(|x|)$, $y=-3$
의 그래프의 교점의 x좌표
를 α, β, γ $(\alpha<\beta<\gamma)$라
하면
$\dfrac{\alpha+\gamma}{2}=0$, $\beta=0$　　∴ $\alpha+\beta+\gamma=0$　……㉠
이때 방정식 $f(|x-k|)+3=0$, 즉 $f(|x-k|)=-3$
의 실근은 함수 $y=f(|x-k|)$의 그래프와 직선 $y=-3$
의 교점의 x좌표와 같고, 함수 $y=f(|x-k|)$의 그래프
는 함수 $y=f(|x|)$를 x축의 방향으로 k만큼 평행이동
한 것이므로 두 함수 $y=f(|x-k|)$, $y=-3$의 그래프
의 교점의 x좌표는 $\alpha+k$, $\beta+k$, $\gamma+k$이다.
따라서 구하는 모든 실근의 합은
$(\alpha+k)+(\beta+k)+(\gamma+k)=(\alpha+\beta+\gamma)+3k$
$=3k$ $(∵ ㉠)$
이므로
$3k=12$　　∴ $k=4$

15 $|y|=x^2-3|x|+2$에서 $x\ge 0$, $y\ge 0$일 때,
$y=x^2-3x+2=(x-1)(x-2)$이므로 이 함수의 그래
프는 [그림 1]과 같고, 함수 $|y|=x^2-3|x|+2$의 그래
프는 $x\ge 0$, $y\ge 0$일 때의 그래프를 x축, y축, 원점에 대하
여 각각 대칭이동한 것이므로 [그림 2]와 같다.

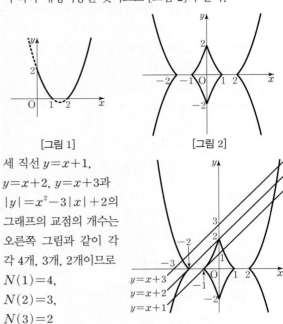

[그림 1]　　　　　　　　　[그림 2]

세 직선 $y=x+1$,
$y=x+2$, $y=x+3$과
$|y|=x^2-3|x|+2$의
그래프의 교점의 개수는
오른쪽 그림과 같이 각
각 4개, 3개, 2개이므로
$N(1)=4$,
$N(2)=3$,
$N(3)=2$
∴ $N(1)+N(2)+N(3)=9$　　　　答 ③

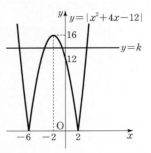

16 함수 $y=|x^2+4x-12|$의 그래프와 직선 $y=k$는 다음
그림과 같으므로

이때 방정식 $|x^2+4x-12|=k$의 실근은 함수
$y=|x^2+4x-12|$의 그래프와 직선 $y=k$의 교점의 x좌
표와 같다. 방정식 $|x^2+4x-12|=k$가 1개의 양의 실근
과 3개의 서로 다른 음의 실근을 가지려면
$x>0$일 때, 함수 $y=|x^2+4x-12|$의 그래프와 직선
$y=k$가 한 점에서 만나고
$x<0$일 때, 함수 $y=|x^2+4x-12|$의 그래프와 직선
$y=k$가 서로 다른 세 점에서 만나야 한다.
따라서 조건을 만족시키는 실수 k의 값의 범위는
$12<k<16$　　　　　　　　　　　　　答 ④

17 $f(|f(x)|)=0$에서 $|f(x)|=t$로 놓으면 $f(t)=0$
주어진 그래프에서 $f(t)=0$을 만족시키는 t의 값은
$t=-3$ 또는 $t=1$

이때 $t=|f(x)|\geq0$이므로 $t=1$ ······㉠

한편, 주어진 그래프에서 $y=f(x)$의 그래프는 위로 볼록

하고 x축과 만나는 두 점의 x좌표가 각각 -3과 1이므로

$f(x)=k(x+3)(x-1)$ (단, $k<0$)

이라 할 수 있다.

이때 함수 $y=f(x)$의 그래프가 점 $(-1, 4)$를 지나므로

$4=k\times2\times(-2)$

$-4k=4$ ∴ $k=-1$

∴ $f(x)=-(x+3)(x-1)$

$\qquad\quad\ =-x^2-2x+3$

이때 ㉠에서 $|f(x)|=1$

(ⅰ) $f(x)=1$에서

$\quad -x^2-2x+3=1$

$\quad x^2+2x-2=0$

$\quad\ \therefore x=-1\pm\sqrt{3}$

(ⅱ) $f(x)=-1$에서

$\quad -x^2-2x+3=-1$

$\quad x^2+2x-4=0$

$\quad\ \therefore x=-1\pm\sqrt{5}$

(ⅰ), (ⅱ)에서 서로 다른 실근의 개수는 4이고, 실근 중 가

장 큰 근은 $-1+\sqrt{5}$, 가장 작은 근은 $-1-\sqrt{5}$이므로

$a=4$, $b=(-1+\sqrt{5})+(-1-\sqrt{5})=-2$

∴ $\dfrac{a}{b}=\dfrac{4}{-2}=-2$ 답 -2

• 다른 풀이 •

㉠에서 $|f(x)|=1$이므로

$f(x)=1$ 또는 $f(x)=-1$

함수 $y=f(x)$의 그래프와

직선 $y=1$의 교점의 x좌표를

α, β $(\alpha<\beta)$, 직선 $y=-1$의

교점의 x좌표를 γ, δ $(\gamma<\delta)$

라 하자.

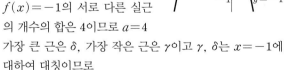

방정식 $f(x)=1$ 또는

$f(x)=-1$의 서로 다른 실근

의 개수의 합은 4이므로 $a=4$

가장 큰 근은 δ, 가장 작은 근은 γ이고 γ, δ는 $x=-1$에

대하여 대칭이므로

$\dfrac{\gamma+\delta}{2}=-1$ ∴ $b=\gamma+\delta=-2$

∴ $\dfrac{a}{b}=\dfrac{4}{-2}=-2$

18 $f(x)=x^2+2ax+4a-6$

$\qquad\quad\ =(x+a)^2-a^2+4a-6$

즉, 이차함수 $f(x)$는 $x=-a$일 때 최솟값

$g(a)=-a^2+4a-6$을 갖는다.

이때

$g(a)=-a^2+4a-6=-(a-2)^2-2$

이므로 이차함수 $g(a)$는 $a=2$일 때 최댓값 -2를 갖는다.

답 ①

19 이차방정식 $x^2+(a+3)x+a-b^2-2b=0$의 두 근이

α, β이므로 근과 계수의 관계에 의하여

$\alpha+\beta=-a-3$, $\alpha\beta=a-b^2-2b$

∴ $\alpha^2+\beta^2=(\alpha+\beta)^2-2\alpha\beta$

$\qquad\qquad\ =(-a-3)^2-2(a-b^2-2b)$

$\qquad\qquad\ =a^2+4a+2b^2+4b+9$

$\qquad\qquad\ =(a+2)^2+2(b+1)^2+3$

이때 a, b는 실수이므로 $(a+2)^2\geq0$, $(b+1)^2\geq0$이다.

따라서 $\alpha^2+\beta^2$은 $a=-2$, $b=-1$일 때 최솟값 3을 갖는다.

답 ⑤

20 이차함수 $y=x^2+2(m-1)x-3m$의 그래프가 x축과 만

나는 서로 다른 두 점의 x좌표를 각각 α, β라 하면 α, β

는 이차방정식 $x^2+2(m-1)x-3m=0$의 서로 다른 두

근이므로 근과 계수의 관계에 의하여

$\alpha+\beta=-2(m-1)$, $\alpha\beta=-3m$

이때 두 점 $(\alpha, 0)$, $(\beta, 0)$ 사이의 거리는

$|\alpha-\beta|=\sqrt{(\alpha-\beta)^2}$

$\qquad\quad\ =\sqrt{(\alpha+\beta)^2-4\alpha\beta}$

$\qquad\quad\ =\sqrt{\{-2(m-1)\}^2-4\times(-3m)}$

$\qquad\quad\ =\sqrt{4m^2+4m+4}$

$\qquad\quad\ =\sqrt{4\left(m+\dfrac{1}{2}\right)^2+3}$

따라서 x축과 만나는 서로 다른 두 점 사이의 거리는

$m=-\dfrac{1}{2}$일 때 최소가 된다. 답 ②

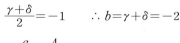

이차방정식 $x^2+2(m-1)x-3m=0$의 판별식을 D라 하면

$\dfrac{D}{4}=(m-1)^2+3m=m^2+m+1=\left(m+\dfrac{1}{2}\right)^2+\dfrac{3}{4}>0$

이므로 주어진 이차함수의 그래프는 m의 값에 관계없이 항상 x축과

서로 다른 두 점에서 만난다.

21 $f(x)$는 이차함수이므로

$f(x)=px^2+qx+r$ (단, p, q, r은 상수)

이라 할 수 있다.

이차함수 $y=f(x)$의 그래프가 점 $A(0, 4)$를 지나므로

$r=4$ ∴ $f(x)=px^2+qx+4$

또한, 이차함수 $y=f(x)$의 그래프가 점 $B(1, 1)$을 지나

므로

$1=p+q+4$ ∴ $p+q=-3$ ······㉠

점 C(3, 1)도 지나므로

$1=9p+3q+4$ $\therefore 3p+q=-1$ ······ ㉡

㉠, ㉡을 연립하여 풀면 $p=1$, $q=-4$

$\therefore f(x)=x^2-4x+4$

*한편, $1\leq x\leq3$에서 함수 $y=f(x)$의 그래프 위를 움직이는 점 P(a, b)에 대하여

$1\leq a\leq3$, $b=a^2-4a+4$

즉, $g(a)=a^2+3b$라 하면

$g(a)=a^2+3b$

$\quad=a^2+3(a^2-4a+4)$

$\quad=4a^2-12a+12$

$\quad=4\left(a-\dfrac{3}{2}\right)^2+3$

$1\leq a\leq3$에서 함수 $y=g(a)$의 그래프는 오른쪽 그림과 같으므로

$a=3$일 때 $g(a)$의 최댓값은 $M=12$

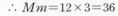

$a=\dfrac{3}{2}$일 때 $g(a)$의 최솟값은 $m=3$

$\therefore Mm=12\times3=36$ 답 ④

• 다른 풀이 •

이차함수 $y=f(x)$의 그래프가 두 점 B(1, 1), C(3, 1)을 지나므로

$f(x)=k(x-1)(x-3)+1$ (단, $k\neq0$)

이라 할 수 있다.

이차함수 $y=f(x)$의 그래프가 점 A(0, 4)를 지나므로

$f(0)=3k+1=4$ $\therefore k=1$

$\therefore f(x)=(x-1)(x-3)+1$

$\quad=x^2-4x+4$

다음은 *와 같다.

22 $f(x)=ax^2+bx+5$

$\quad=a\left(x+\dfrac{b}{2a}\right)^2-\dfrac{b^2}{4a}+5$

에서 $a<0$이므로 이차함수 $y=f(x)$의 그래프는 위로 볼록하고, 꼭짓점의 좌표가

$\left(-\dfrac{b}{2a}, -\dfrac{b^2}{4a}+5\right)$이다.

이때 $a<0$, $b<0$에서 $-\dfrac{b}{2a}<0$이므로 $1\leq x\leq2$일 때 함수 $y=f(x)$의 그래프는 오른쪽 그림과 같다.

즉, 이차함수 $f(x)$는 $x=1$일 때 최댓값 3을 가지므로 $f(1)=3$에서

$a+b+5=3$

$\therefore a+b=-2$

그런데 a, b는 각각 음의 정수이므로

$a=-1$, $b=-1$

따라서 $f(x)=-x^2-x+5$이므로

$f(-2)=-4+2+5=3$ 답 3

23 $f(x)=x^2-2mx+m^2+m=(x-m)^2+m$

(i) $m<1$일 때,

$1\leq x\leq2$에서 이차함수 $y=f(x)$의 그래프는 오른쪽 그림과 같으므로 $x=2$일 때 최댓값 7을 가져야 한다. 즉,

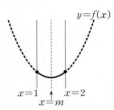

$f(2)=4-4m+m^2+m=7$

에서

$m^2-3m-3=0$

$\therefore m=\dfrac{3-\sqrt{21}}{2}$ ($\because m<1$)

그런데 m은 정수이므로 조건을 만족시키는 m의 값은 존재하지 않는다.

(ii) $1\leq m\leq2$일 때,

$1\leq x\leq2$에서 이차함수 $y=f(x)$의 그래프는 오른쪽 그림과 같으므로 $x=1$ 또는 $x=2$일 때 최댓값 7을 가져야 한다.

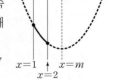

① $f(1)=7$일 때,

$1-2m+m^2+m=7$에서

$m^2-m-6=0$, $(m+2)(m-3)=0$

$\therefore m=-2$ 또는 $m=3$

② $f(2)=7$일 때,

$4-4m+m^2+m=7$에서

$m^2-3m-3=0$

$\therefore m=\dfrac{3\pm\sqrt{21}}{2}$

①, ②에서 $1\leq m\leq2$이므로 조건을 만족시키는 m의 값은 존재하지 않는다.

(iii) $m>2$일 때,

$1\leq x\leq2$에서 이차함수 $y=f(x)$의 그래프는 오른쪽 그림과 같으므로 $x=1$일 때 최댓값 7을 가져야 한다. 즉,

$f(1)=1-2m+m^2+m=7$

에서

$m^2-m-6=0$, $(m+2)(m-3)=0$

$\therefore m=3$ ($\because m>2$)

(i), (ii), (iii)에서 조건을 만족시키는 정수 m의 값은 3이다.

답 3

단계	채점 기준	배점
(가)	$f(x)=(x-m)^2+m$으로 나타낸 경우	10%
(나)	$m<1$일 때, 함수 $y=f(x)$의 최댓값이 7이 되도록 하는 정수 m의 값을 구한 경우	25%
(다)	$1\leq m\leq2$일 때, 함수 $y=f(x)$의 최댓값이 7이 되도록 하는 정수 m의 값을 구한 경우	25%
(라)	$m>2$일 때, 함수 $y=f(x)$의 최댓값이 7이 되도록 하는 정수 m의 값을 구한 경우	25%
(마)	(나)~(라)로부터 정수 m의 값을 구한 경우	15%

24 이차함수 $f(x)$가 모든 실수 x에 대하여 $f(x) \geq f(1)$을 만족시키므로 곡선 $y=f(x)$는 직선 $x=1$에 대하여 대칭이다.

즉, $f(x)=(x-1)^2+k$ (k는 실수)라 할 수 있다.

이때 $f(3)=0$을 만족시키므로

$4+k=0$ ∴ $k=-4$

∴ $f(x)=(x-1)^2-4$
$\qquad = x^2-2x-3$

(i) $a<-1$일 때,

$a \leq x \leq a+2$에서 함수 $y=f(x)$의 그래프는 오른쪽 그림과 같다.

즉, 최댓값은 $f(a)=a^2-2a-3$이고 최솟값은 $f(a+2)=a^2+2a-3$

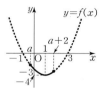

이때 최댓값과 최솟값의 합이 0이어야 하므로

$2a^2-6=0$, $a^2=3$

∴ $a=-\sqrt{3}$ 또는 $a=\sqrt{3}$

그런데 $a<-1$이므로 $a=-\sqrt{3}$

(ii) $-1 \leq a < 0$일 때,

$a \leq x \leq a+2$에서 함수 $y=f(x)$의 그래프는 오른쪽 그림과 같다.

즉, 최댓값은 $f(a)=a^2-2a-3$이고 최솟값은 $f(1)=-4$

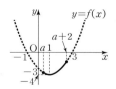

이때 최댓값과 최솟값의 합이 0이어야 하므로

$a^2-2a-7=0$

∴ $a=1\pm 2\sqrt{2}$

그런데 $-1 \leq a < 0$이므로 이를 만족시키는 a의 값은 존재하지 않는다.

(iii) $0 \leq a < 1$일 때,

$a \leq x \leq a+2$에서 함수 $y=f(x)$의 그래프는 오른쪽 그림과 같다.

즉, 최댓값은 $f(a+2)=a^2+2a-3$이고

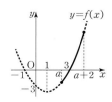

최솟값은 $f(1)=-4$

이때 최댓값과 최솟값의 합이 0이어야 하므로

$a^2+2a-7=0$

∴ $a=-1\pm 2\sqrt{2}$

그런데 $0 \leq a < 1$이므로 이를 만족시키는 a의 값은 존재하지 않는다.

(iv) $a \geq 1$일 때,

$a \leq x \leq a+2$에서 함수 $y=f(x)$의 그래프는 오른쪽 그림과 같다.

즉, 최댓값은 $f(a+2)=a^2+2a-3$이고 최솟값은 $f(a)=a^2-2a-3$

이때 최댓값과 최솟값의 합이 0이어야 하므로

$2a^2-6=0$, $a^2=3$

∴ $a=-\sqrt{3}$ 또는 $a=\sqrt{3}$

그런데 $a \geq 1$이므로 $a=\sqrt{3}$

(i)~(iv)에서 $a=-\sqrt{3}$ 또는 $a=\sqrt{3}$

따라서 구하는 모든 실수 a의 값의 곱은

$-\sqrt{3}\times\sqrt{3}=-3$ 　　　답 ②

25 빵 하나의 가격을 100원 인하하면 한 달 동안의 빵 판매량이 200개씩 증가하므로 빵 하나의 가격을 $100x$원 인하한다고 하면 빵 판매량은 $200x$개씩 증가하게 된다.

한 달 동안의 빵 판매 금액을 y원이라 하면

$y=(2000-100x)(1600+200x)$
$\quad =-20000(x^2-12x-160)$
$\quad =-20000(x-6)^2+3920000$

이때 $x \geq 0$, $2000-100x \geq 0$에서 $0 \leq x \leq 20$이므로

$x=6$일 때 y의 최댓값은 3920000이다.

따라서 한 달 동안의 빵 판매 금액이 최대가 되도록 하는 빵 하나의 가격은

$2000-100\times 6=1400$(원) 　　　답 ②

26 네 점 P, Q, R, S는 매초 1의 속력으로 움직이므로 각 꼭짓점을 출발한 지 x초 후, $\overline{AP}=\overline{BQ}=\overline{CR}=\overline{DS}=x$이다.

즉, $\overline{BP}=\overline{DR}=8-x$, $\overline{AS}=\overline{CQ}=12-x$이므로

$\triangle APS=\triangle CRQ=\dfrac{1}{2}x(12-x)=\dfrac{1}{2}(12x-x^2)$

$\triangle BQP=\triangle DSR=\dfrac{1}{2}x(8-x)=\dfrac{1}{2}(8x-x^2)$

사각형 PQRS의 넓이를 y라 하면

$y=\square ABCD-(\triangle APS+\triangle BQP+\triangle CRQ+\triangle DSR)$
$\quad =12\times 8-\dfrac{1}{2}(12x-x^2+8x-x^2+12x-x^2+8x-x^2)$
$\quad =96-\dfrac{1}{2}(40x-4x^2)$
$\quad =2x^2-20x+96$
$\quad =2(x-5)^2+46$

즉, $x=5$일 때 y의 최솟값은 46이다.

따라서 구하는 넓이의 최솟값은 46이다. 　　　답 46

27 원뿔에 내접하는 원기둥의 밑면의 반지름의 길이를 r이라 하면 오른쪽 그림의 두 삼각형 ABC, ADE에서

∠CAB는 공통,

∠ABC=∠ADE=90°이므로

$\triangle ABC \backsim \triangle ADE$ (AA 닮음)

즉, $\overline{AB}:\overline{AD}=\overline{BC}:\overline{DE}$에서

$\overline{AB}:6=r:2$

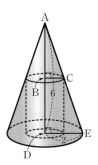

$2\overline{AB}=6r$ $\quad\therefore \overline{AB}=3r$

즉, $\overline{BD}=6-3r$이므로

$S=2\pi r^2+2\pi r(6-3r)$

$\quad=-4\pi r^2+12\pi r$

$\quad=-4\pi\left(r-\dfrac{3}{2}\right)^2+9\pi$

$\therefore \dfrac{S}{\pi}=-4\left(r-\dfrac{3}{2}\right)^2+9$

따라서 $r=\dfrac{3}{2}$일 때 $\dfrac{S}{\pi}$의 최댓값은 9이다.　　　답 9

28 $\overline{AC}+\overline{DB}=\overline{CD}$이므로 $\overline{CD}=1$

$\overline{AC}=x$라 하면

$\overline{DB}=\overline{CD}-\overline{AC}=1-x$

$\therefore S_1=$ (지름이 $\overline{AB}$인 반원의 넓이)

　　　　$+$ (지름이 $\overline{CD}$인 반원의 넓이)

　　　　$-$ (지름이 $\overline{AC}$인 반원의 넓이)

　　　　$-$ (지름이 $\overline{DB}$인 반원의 넓이)

$\quad=\dfrac{\pi}{2}\times 1^2+\dfrac{\pi}{2}\times\left(\dfrac{1}{2}\right)^2-\dfrac{\pi}{2}\times\left(\dfrac{x}{2}\right)^2-\dfrac{\pi}{2}\times\left(\dfrac{1-x}{2}\right)^2$

$\quad=-\dfrac{\pi}{4}(x^2-x-2)$

$\quad=-\dfrac{\pi}{4}\left(x-\dfrac{1}{2}\right)^2+\dfrac{9}{16}\pi$

즉, S_1은 $x=\dfrac{1}{2}$일 때 최댓값 $M=\dfrac{9}{16}\pi$를 갖고, S_1이 최대일 때 S_2는 최소이므로

$m=$ (지름이 $\overline{AB}$인 원의 넓이) $-(S_1$의 최댓값)

$\quad=\pi\times 1^2-\dfrac{9}{16}\pi=\dfrac{7}{16}\pi$

$\therefore M-m=\dfrac{9}{16}\pi-\dfrac{7}{16}\pi=\dfrac{\pi}{8}$　　　답 ③

29 오른쪽 그림과 같이 공원의 세 꼭짓점을 각각 A, B, C, 꽃밭의 세 꼭짓점을 각각 D, E, F라 하면 삼각형 ABC의 세 변의 길이의 비가 $3:4:5$이므로

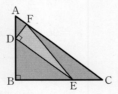

$\overline{AB}=3k$ m, $\overline{BC}=4k$ m, $\overline{AC}=5k$ m (단, $k>0$) 라 할 수 있다.

꽃밭 X의 한 변이 도로와 평행하므로

$\overline{DE}/\!/\overline{AC}$

$\therefore \angle AFD=\angle FDE=90°$ ($\because$ 엇각)

즉, $\triangle ABC$, $\triangle AFD$, $\triangle DBE$는 서로 닮음이다.

$\overline{AD}=a$ m $(0<a<3k)$라 하면 $\triangle ABC$, $\triangle AFD$에서

$\overline{AC}:\overline{BC}=\overline{AD}:\overline{FD}$이므로

$5:4=a:\overline{FD}$ $\quad\therefore \overline{FD}=\dfrac{4}{5}a$ m

또한, $\overline{BD}=(3k-a)$ m이고 $\triangle ABC$, $\triangle DBE$에서

$\overline{AC}:\overline{AB}=\overline{DE}:\overline{DB}$이므로

$5:3=\overline{DE}:(3k-a)$ $\quad\therefore \overline{DE}=\left(5k-\dfrac{5}{3}a\right)$ m

이때 꽃밭 X의 넓이는

$\triangle DEF=\dfrac{1}{2}\times\overline{FD}\times\overline{DE}$

$\quad=\dfrac{1}{2}\times\dfrac{4}{5}a\times\left(5k-\dfrac{5}{3}a\right)$

$\quad=2ak-\dfrac{2}{3}a^2$

$\quad=-\dfrac{2}{3}\left(a-\dfrac{3}{2}k\right)^2+\dfrac{3}{2}k^2$ (m^2) (단, $0<a<3k$)

즉, 꽃밭 X의 넓이는 $a=\dfrac{3}{2}k$일 때 최댓값 $\dfrac{3}{2}k^2$ m^{2}를 갖고, 이 값이 150 m^{2}와 같으므로

$\dfrac{3}{2}k^2=150$, $k^2=100$

$\therefore k=10$ ($\because k>0$)

따라서 이때의 공원의 둘레의 길이는

$\overline{AB}+\overline{BC}+\overline{CA}=3k+4k+5k=12k$

$\qquad\qquad\qquad\quad=120$ (m)　　　답 120 m

BLACKLABEL 특강　　참고

$\overline{AB}=4k$, $\overline{BC}=3k$라 하고 풀어도 결과는 달라지지 않는다.

$\overline{AB}=4k$, $\overline{BC}=3k$, $\overline{AD}=a$라 하면 $\overline{FD}=\dfrac{3}{5}a$, $\overline{DE}=5k-\dfrac{5}{4}a$

따라서 $\triangle DEF=\dfrac{1}{2}\times\dfrac{3}{5}a\times\left(5k-\dfrac{5}{4}a\right)=-\dfrac{3}{8}(a-2k)^2+\dfrac{3}{2}k^2$이므로 꽃밭 X의 넓이는 $a=2k$일 때 최댓값 $\dfrac{3}{2}k^2$ m^{2}를 갖는다.

---

30 두 이차함수 $y=x^2-8x+7$, $y=-x^2+2x-1$의 그래프의 교점의 x좌표는 $x^2-8x+7=-x^2+2x-1$에서

$2x^2-10x+8=0$

$x^2-5x+4=0$, $(x-1)(x-4)=0$

$\therefore x=1$ 또는 $x=4$

두 점 P, Q 중 점 Q의 x좌표가 더 크므로

$P(1, 0)$, $Q(4, -9)$

직선 $x=k$와 두 이차함수 $y=x^2-8x+7$,

$y=-x^2+2x-1$의 그래프의 교점이 각각 R, S이므로

$R(k, k^2-8k+7)$, $S(k, -k^2+2k-1)$

두 점 R, S 중 점 S의 y좌표가 더 크므로

$\overline{RS}=(-k^2+2k-1)-(k^2-8k+7)$

$\quad=-2k^2+10k-8$

$\quad=-2\left(k-\dfrac{5}{2}\right)^2+\dfrac{9}{2}$

사각형 PRQS의 넓이를 $S(k)$라 하면

$S(k)=\triangle PRS+\triangle QSR$

$\quad=\dfrac{1}{2}\times\overline{RS}\times(k-1)+\dfrac{1}{2}\times\overline{RS}\times(4-k)$

$\quad=\dfrac{1}{2}\times\overline{RS}\times(k-1+4-k)$

$\quad=\dfrac{3}{2}\left\{-2\left(k-\dfrac{5}{2}\right)^2+\dfrac{9}{2}\right\}$

$$= -3\left(k - \frac{5}{2}\right)^2 + \frac{27}{4}$$

즉, $k = \frac{5}{2}$일 때 $S(k)$의 최댓값은 $\frac{27}{4}$이다.

따라서 사각형 PRQS의 넓이의 최댓값은 $M = \frac{27}{4}$이므로

$$8M = 8 \times \frac{27}{4} = 54$$

답 54

STEP 3 1등급을 넘어서는 종합 사고력 문제   pp.58~59

01 4	02 $\frac{13}{4}$	03 ③	04 12	05 7
06 ③	07 ③	08 24	09 $10\sqrt{5}$	10 $2\sqrt{6}$
11 54				

---

01 해결단계

❶단계	이차방정식 $x^2 - 1 = ax$를 풀어 두 교점 P, Q의 좌표를 a를 이용하여 나타낸다.
❷단계	$\overline{OP} \times \overline{OQ} = 17$임을 이용하여 a의 값을 구한다.

이차함수 $y = x^2 - 1$의 그래프와 직선 $y = ax$ $(a > 0)$의 두 교점의 x좌표는 이차방정식 $x^2 - 1 = ax$, 즉
$x^2 - ax - 1 = 0$의 두 근이므로
$$x = \frac{a \pm \sqrt{a^2 + 4}}{2}$$

두 점 P, Q의 좌표를 $P\left(\dfrac{a - \sqrt{a^2+4}}{2}, \dfrac{a(a - \sqrt{a^2+4})}{2}\right)$,
$Q\left(\dfrac{a + \sqrt{a^2+4}}{2}, \dfrac{a(a + \sqrt{a^2+4})}{2}\right)$라 하면
$$\overline{OP} = \sqrt{\frac{(a - \sqrt{a^2+4})^2}{4} + \frac{a^2(a - \sqrt{a^2+4})^2}{4}}$$
$$= \sqrt{\frac{(1 + a^2)(a - \sqrt{a^2+4})^2}{4}}$$
$$= \frac{\sqrt{1 + a^2}(\sqrt{a^2+4} - a)}{2} \ (\because \sqrt{a^2+4} > a)$$
$$\overline{OQ} = \sqrt{\frac{(a + \sqrt{a^2+4})^2}{4} + \frac{a^2(a + \sqrt{a^2+4})^2}{4}}$$
$$= \sqrt{\frac{(1 + a^2)(a + \sqrt{a^2+4})^2}{4}}$$
$$= \frac{\sqrt{1 + a^2}(\sqrt{a^2+4} + a)}{2}$$

이때 $\overline{OP} \times \overline{OQ} = 17$이므로
$$\frac{\sqrt{1+a^2}(\sqrt{a^2+4} - a)}{2} \times \frac{\sqrt{1+a^2}(\sqrt{a^2+4} + a)}{2} = 17$$
$$\frac{4(1 + a^2)}{4} = 17, \ a^2 = 16$$
$$\therefore a = 4 \ (\because a > 0)$$

답 4

• 다른 풀이 •

이차함수 $y = x^2 - 1$의 그래프와 직선 $y = ax$ $(a > 0)$의 두
교점 P, Q의 좌표를 각각 $P(\alpha, a\alpha)$, $Q(\beta, a\beta)$ $(\alpha < \beta)$

라 하자.

α, β는 이차방정식 $x^2 - 1 = ax$, 즉 $x^2 - ax - 1 = 0$의 두 근이므로 근과 계수의 관계에 의하여
$$\alpha + \beta = a, \ \alpha\beta = -1$$
$$\overline{OP} \times \overline{OQ} = \sqrt{\alpha^2 + (a\alpha)^2}\sqrt{\beta^2 + (a\beta)^2}$$
$$= \sqrt{\alpha^2(a^2 + 1)}\sqrt{\beta^2(a^2 + 1)}$$
$$= |\alpha|\sqrt{a^2+1} \times |\beta|\sqrt{a^2+1}$$
$$= |\alpha\beta|(a^2 + 1)$$
$$= a^2 + 1 \ (\because \alpha\beta = -1)$$
이므로
$$a^2 + 1 = 17$$
$$a^2 = 16 \qquad \therefore a = 4 \ (\because a > 0)$$

---

02 해결단계

❶단계	점 A의 좌표를 $(t, 0)$, 점 B의 좌표를 $(x, 2 - x^2)$이라 하고, 두 점 A, B를 연결한 경로의 길이 d를 구한다.
❷단계	$x \geq t$, $x < t$일 때로 나누어 경로의 길이의 최댓값을 구한다.

x축 위의 점 A의 좌표를
$(t, 0)$ $(-1 \leq t \leq 1)$,
함수 $y = 2 - x^2$의 그래프
위의 점 B의 좌표를
$(x, 2 - x^2)$ $(-1 \leq x \leq 1)$,
x축 또는 y축과 평행하거

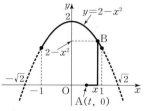

나 일치하는 선분들을 이용하여 두 점 A, B를 연결한 경로의 길이를 d라 하면
$$d = 2 - x^2 + |x - t|$$
(i) $x < t$일 때,
$$d = 2 - x^2 - x + t = -\left(x + \frac{1}{2}\right)^2 + \frac{9}{4} + t$$
$-1 \leq x \leq 1$에서 $x = -\frac{1}{2}$일 때 d의 최댓값은 $\frac{9}{4} + t$이다.

또한, $-1 \leq t \leq 1$이므로 $t = 1$일 때 $\frac{9}{4} + t$의 최댓값은
$\frac{9}{4} + 1 = \frac{13}{4}$이다.

즉, $x < t$이면 $x = -\frac{1}{2}$, $t = 1$일 때 d의 최댓값은 $\frac{13}{4}$
이다.

(ii) $x \geq t$일 때,
$$d = 2 - x^2 + x - t = -\left(x - \frac{1}{2}\right)^2 + \frac{9}{4} - t$$
$-1 \leq x \leq 1$에서 $x = \frac{1}{2}$일 때 d의 최댓값은 $\frac{9}{4} - t$이다.

또한, $-1 \leq t \leq 1$이므로 $t = -1$일 때 $\frac{9}{4} - t$의 최댓값
은 $\frac{9}{4} - (-1) = \frac{13}{4}$이다.

즉, $x \geq t$이면 $x = \frac{1}{2}$, $t = -1$일 때 d의 최댓값은 $\frac{13}{4}$
이다.

(i), (ii)에서 구하는 길이의 최댓값은 $\frac{13}{4}$이다.   답 $\frac{13}{4}$

❶단계	ㄱ은 $f(-x)$를 직접 구하여 참, 거짓을 판별한다.
❷단계	ㄴ은 $x<0$일 때와 $x\geq0$일 때로 경우를 나누어 방정식 $f(x)=0$의 모든 실근을 구한 후, 그 합을 구한다.
❸단계	ㄷ은 두 함수 $y=x\lvert x\rvert$와 $y=4x-p$의 그래프를 이용하여 함수 $y=f(x)$의 그래프와 x축의 교점의 개수의 최댓값을 구한다.

함수 $f(x)=x\lvert x\rvert-4x+p$에서

ㄱ. $p=0$이면 $f(x)=x\lvert x\rvert-4x$

$\therefore f(-x)=-x\lvert -x\rvert-4(-x)$
$\qquad\quad =-x\lvert x\rvert+4x$
$\qquad\quad =-(x\lvert x\rvert-4x)$
$\qquad\quad =-f(x)$

즉, $p=0$이면 $f(-x)=-f(x)$가 성립한다. (참)

ㄴ. $p=3$이면 $f(x)=x\lvert x\rvert-4x+3$

(i) $x<0$일 때, $f(x)=-x^2-4x+3$

$f(x)=0$, 즉 $-x^2-4x+3=0$에서

$x^2+4x-3=0$

$\therefore x=-2-\sqrt{7}\ (\because x<0)$

(ii) $x\geq0$일 때, $f(x)=x^2-4x+3$

$f(x)=0$, 즉 $x^2-4x+3=0$에서

$(x-1)(x-3)=0\qquad \therefore x=1$ 또는 $x=3$

(i), (ii)에서 구하는 모든 실근의 합은

$(-2-\sqrt{7})+1+3=2-\sqrt{7}$ (거짓)

ㄷ. 함수 $y=f(x)$의 그래프와 x축의 교점의 개수는 방정식 $f(x)=0$의 실근의 개수와 같다.

방정식 $f(x)=0$에서

$x\lvert x\rvert-4x+p=0\qquad\therefore x\lvert x\rvert=4x-p$

이 방정식의 근은 두 함수 $y=x\lvert x\rvert$, $y=4x-p$의 그래프의 교점의 x좌표와 같다.

이때

$y=x\lvert x\rvert=\begin{cases} x^2 & (x\geq0) \\ -x^2 & (x<0) \end{cases}$

이므로 두 함수의 그래프의 교점은 오른쪽 그림과 같다.

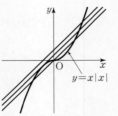

즉, 교점의 개수는 1 또는 2 또는 3이므로 방정식 $f(x)=0$의 실근은 최대 3개이다. 따라서 함수 $y=f(x)$의 그래프와 x축의 교점의 개수의 최댓값도 3이다. (참)

그러므로 옳은 것은 ㄱ, ㄷ이다. 　　　답 ③

❶단계	주어진 방정식의 좌변과 우변을 각각 인수분해하여 일차함수 $f(x)$와 이차함수 $g(x)$로 가능한 경우를 모두 구한다.
❷단계	두 함수 $y=f(x)$, $y=g(x)$의 그래프의 교점의 x좌표 α, β가 이차방정식 $f(x)=g(x)$의 실근임을 파악하고, ❶단계에서 구한 경우 중 방정식 $f(x)=g(x)$가 실근을 갖는 경우를 찾는다.
❸단계	이차방정식의 근과 계수의 관계를 이용하여 $\alpha^2+\beta^2$의 값을 구한다.

$f(x)g(x)+f(x)-3g(x)=-x^3+x^2+7$에서

$f(x)\{g(x)+1\}-3\{g(x)+1\}=-x^3+x^2+4$

$\therefore \{f(x)-3\}\{g(x)+1\}=-x^3+x^2+4$

이때 $h(x)=-x^3+x^2+4$라 하면 $h(2)=0$이므로 조립제법을 이용하여 인수분해하면

$$\begin{array}{r|rrrr}
2 & -1 & 1 & 0 & 4 \\
  &   & -2 & -2 & -4 \\
\hline
  & -1 & -1 & -2 & 0
\end{array}$$

$h(x)=(x-2)(-x^2-x-2)=-(x-2)(x^2+x+2)$

$\therefore \{f(x)-3\}\{g(x)+1\}=-(x-2)(x^2+x+2)$

일차함수 $f(x)$와 이차함수 $g(x)$의 계수와 상수항이 모두 정수이므로

$\begin{cases} f(x)-3=x-2 \\ g(x)+1=-(x^2+x+2) \end{cases}$

또는 $\begin{cases} f(x)-3=-(x-2) \\ g(x)+1=x^2+x+2 \end{cases}$

$\therefore \begin{cases} f(x)=x+1 \\ g(x)=-x^2-x-3 \end{cases}$ 또는 $\begin{cases} f(x)=-x+5 \\ g(x)=x^2+x+1 \end{cases}$

이때 두 함수 $y=f(x)$, $y=g(x)$의 그래프의 교점의 x좌표가 α, β이므로 방정식 $f(x)=g(x)$는 두 실근 α, β를 갖는다.

(i) $f(x)=x+1$, $g(x)=-x^2-x-3$일 때,

방정식 $f(x)=g(x)$에서 $x+1=-x^2-x-3$

$\therefore x^2+2x+4=0$

이 이차방정식의 판별식을 D_1이라 하면

$\dfrac{D_1}{4}=1^2-4=-3<0$이므로 서로 다른 두 허근을 갖는다.

(ii) $f(x)=-x+5$, $g(x)=x^2+x+1$일 때,

방정식 $f(x)=g(x)$에서 $-x+5=x^2+x+1$

$\therefore x^2+2x-4=0$

이 이차방정식의 판별식을 D_2라 하면

$\dfrac{D_2}{4}=1^2+4=5>0$이므로 서로 다른 두 실근을 갖는다.

(i), (ii)에서 방정식 $f(x)=g(x)$가 실근을 갖는 경우는 $f(x)=-x+5$, $g(x)=x^2+x+1$

따라서 방정식 $f(x)=g(x)$, 즉 $x^2+2x-4=0$의 두 실근이 α, β이므로 근과 계수의 관계에 의하여

$\alpha+\beta=-2$, $\alpha\beta=-4$

$\therefore \alpha^2+\beta^2=(\alpha+\beta)^2-2\alpha\beta$
$\qquad\qquad =(-2)^2-2\times(-4)=12$ 　　　답 12

❶단계	x의 값의 범위에 따라 $f(x)$를 $f_1(x)$와 $f_2(x)$로 나누어 구한다.
❷단계	두 함수 $y=f_1(x)$와 $y=f_2(x)$의 그래프에 동시에 접하는 직선 l_1의 기울기를 구하고, 직선 l_2의 방정식을 구한다.
❸단계	함수 $y=f(x)$의 그래프와 직선 l_2의 교점을 구하여 $\lvert\alpha\rvert+\lvert\beta\rvert+\lvert\gamma\rvert$의 값을 구한다.

$f(x)=x^2-3|x-1|-3x+3$에서

(i) $x<1$일 때,

$\quad f(x)=x^2+3(x-1)-3x+3=x^2$

(ii) $x\geq 1$일 때,

$\quad f(x)=x^2-3(x-1)-3x+3$

$\qquad =x^2-6x+6$

$\qquad =(x-3)^2-3$

이때 $f_1(x)=x^2$, $f_2(x)=(x-3)^2-3$이라 하면 함수 $y=f_2(x)$의 그래프는 함수 $y=f_1(x)$의 그래프를 x축의 방향으로 3만큼, y축의 방향으로 -3만큼 평행이동한 것이다. 함수 $y=f(x)$의 그래프와 직선 l_1이 두 점에서 접하려면 다음 그림과 같이 직선 l_1이 두 함수 $y=f_1(x)$, $y=f_2(x)$의 그래프에 모두 접해야 한다.

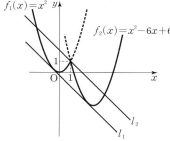

직선 l_1의 방정식을 $y=ax+b$ (a, b는 상수)라 하자.

함수 $y=f_1(x)$의 그래프와 직선 l_1이 접하려면 이차방정식 $x^2=ax+b$, 즉 $x^2-ax-b=0$이 중근을 가져야 하므로 판별식을 D_1이라 하면

$D_1=a^2+4b=0$ $\quad\therefore a^2=-4b$ $\quad\cdots\cdots\bigcirc$

또한, 함수 $y=f_2(x)$의 그래프와 직선 l_1이 접하려면 이차방정식 $(x-3)^2-3=ax+b$, 즉

$x^2-(6+a)x+6-b=0$이 중근을 가져야 하므로 판별식을 D_2라 하면

$D_2=(6+a)^2-4(6-b)=0$

$\therefore a^2+12a+4b+12=0$

$\bigcirc$을 위의 식에 대입하면

$12a+12=0$ $\quad\therefore a=-1$

따라서 두 직선 l_1, l_2는 기울기가 -1이고, 직선 l_2가 두 함수 $y=f_1(x)$, $y=f_2(x)$의 그래프와 세 점에서 만나려면 두 그래프의 교점인 $(1,1)$을 지나야 하므로 직선 l_2의 방정식은 $y-1=-(x-1)$, 즉 $y=-x+2$이다.

직선 $y=-x+2$와 함수 $f_1(x)=x^2$의 그래프의 교점의 x좌표를 구하면

$x^2=-x+2$에서 $x^2+x-2=0$

$(x+2)(x-1)=0$

$\therefore x=-2$ 또는 $x=1$

따라서 함수 $y=f_1(x)$의 그래프와 직선 l_2의 두 교점의 좌표는 $(-2,4)$, $(1,1)$이다.

직선 $y=-x+2$와 함수 $f_2(x)=x^2-6x+6$의 그래프의 교점의 x좌표를 구하면

$x^2-6x+6=-x+2$에서 $x^2-5x+4=0$

$(x-1)(x-4)=0$

$\therefore x=1$ 또는 $x=4$

따라서 함수 $y=f_2(x)$의 그래프와 직선 l_2의 두 교점의 좌표는 $(1,1)$, $(4,-2)$이다.

함수 $y=f(x)$의 그래프와 직선 l_2가 서로 다른 세 점 $(-2,4)$, $(1,1)$, $(4,-2)$에서 만나므로

$|\alpha|+|\beta|+|\gamma|=|-2|+|1|+|4|$

$\qquad =2+1+4=7$ 　　　　답 7

06 해결단계

❶단계	두 점 B, C의 좌표를 각각 t를 이용하여 나타낸다.
❷단계	t의 값의 범위를 나누어 네 점 A, B, C, D를 꼭짓점으로 하는 직사각형의 둘레의 길이를 t에 대한 식으로 나타낸 후, 최댓값을 각각 구한다.
❸단계	❷단계에서 구한 값을 비교하여 네 점 A, B, C, D를 꼭짓점으로 하는 직사각형의 둘레의 길이의 최댓값을 구한다.

이차함수 $f(x)=-x^2+11x-10$의 그래프와 직선 $y=-x+10$의 교점의 x좌표는

$-x^2+11x-10=-x+10$에서

$x^2-12x+20=0$, $(x-2)(x-10)=0$

$\therefore x=2$ 또는 $x=10$

즉, 이차함수 $y=f(x)$의 그래프와 직선 $y=-x+10$의 두 교점의 좌표는 $(2,8)$, $(10,0)$이다.

$A(t,-t+10)$ $(2<t<10)$이므로 점 A는 이차함수 $y=f(x)$의 그래프와 직선 $y=-x+10$의 두 교점 사이에 있다.

이때 두 점 A, B의 x좌표가 같으므로

$B(t,-t^2+11t-10)$

두 점 B, C는 직선 $x=\dfrac{11}{2}$에 대하여 대칭이므로

$C(11-t,-t^2+11t-10)$

두 점 A, D의 y좌표가 같고, 두 점 C, D의 x좌표가 같으므로

$D(11-t,-t+10)$

이때 점 A의 위치에 따라 다음과 같이 경우를 나눌 수 있다.

(i) $2<t<\dfrac{11}{2}$일 때,

네 점 A, B, C, D를 좌표평면 위에 나타내면 다음 그림과 같다.

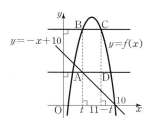

즉, 직사각형 ADCB의 둘레의 길이는

$2\overline{AB}+2\overline{AD}$

$=2\{(-t^2+11t-10)-(-t+10)\}$

$\qquad\qquad\qquad +2\{(11-t)-t\}$

$=-2t^2+20t-18$

$=-2(t-5)^2+32$

따라서 $2<t<\dfrac{11}{2}$에서 직사각형 ADCB의 둘레의 길

이의 최댓값은 $t=5$일 때 32이다.

(ii) $\dfrac{11}{2}<t<10$일 때,

네 점 A, B, C, D를 좌표평면 위에 나타내면 다음 그림과 같다.

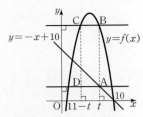

즉, 직사각형 ABCD의 둘레의 길이는

$2\overline{AB}+2\overline{AD}$

$=2\{(-t^2+11t-10)-(-t+10)\}$
$\qquad\qquad\qquad\qquad +2\{t-(11-t)\}$

$=-2t^2+28t-62$

$=-2(t-7)^2+36$

따라서 $\dfrac{11}{2}<t<10$에서 직사각형 ABCD의 둘레의

길이의 최댓값은 $t=7$일 때 36이다.

(i), (ii)에서 구하는 최댓값은 36이다.　　　답 ③

07 해결단계

❶단계	주어진 등식으로부터 이차함수 $f(x)$를 구한다.
❷단계	ㄱ은 이차방정식 $f(x)=0$이 서로 다른 두 실근을 가지므로 근과 계수의 관계를 이용한다.
❸단계	ㄴ은 이차함수 $y=f(x)$의 그래프가 아래로 볼록함을 이용한다.
❹단계	ㄷ은 이차방정식 $f(x)=0$이 실근을 갖지 않음을 이용하여 정수 a의 최솟값을 구한다.

이차함수 $f(x)$의 x^2의 계수를 a라 하고, 등식

$2f(x)+f(1-x)=3x^2$에서 x^2의 계수를 비교하면

$2a+a=3,\ 3a=3$　　∴ $a=1$

즉, $f(x)=x^2+bx+c$ (b, c는 상수)라 할 수 있다.

주어진 등식에서

$2(x^2+bx+c)+\{(1-x)^2+b(1-x)+c\}=3x^2$

∴ $(b-2)x+1+b+3c=0$

위의 식은 모든 실수 x에 대하여 성립하므로

$b-2=0,\ 1+b+3c=0$

∴ $b=2,\ c=-1$

∴ $f(x)=x^2+2x-1$

ㄱ. 이차함수 $y=f(x)$의 그래프가 x축과 만나는 서로 다른 두 점의 x좌표를 각각 α, β라 하면 α, β는 이차방정식 $f(x)=0$, 즉 $x^2+2x-1=0$의 서로 다른 두 실근이므로 근과 계수의 관계에 의하여

$\alpha+\beta=-2,\ \alpha\beta=-1$

∴ $(\alpha-\beta)^2=(\alpha+\beta)^2-4\alpha\beta=4+4=8$

즉, $|\alpha-\beta|=2\sqrt{2}$이므로 서로 다른 두 교점 사이의 거리는 $2\sqrt{2}$이다. (참)

ㄴ. 이차함수 $y=f(x)$의 그래프는 아래로 볼록하므로

$f\left(\dfrac{x_1+x_2}{2}\right)<\dfrac{f(x_1)+f(x_2)}{2}$가 성립한다. (참)

ㄷ. 이차함수 $y=f(x)+a$의 그래프가 x축과 만나지 않으려면 방정식

$f(x)+a=0$, 즉 $x^2+2x-1+a=0$

이 실근을 갖지 않아야 한다.

이 이차방정식의 판별식을 D라 하면

$\dfrac{D}{4}=1^2-(-1+a)=-a+2<0$

∴ $a>2$

즉, 정수 a의 최솟값은 3이다. (거짓)

따라서 옳은 것은 ㄱ, ㄴ이다.　　　답 ③

BLACKLABEL 특강　풀이 첨삭

서로 다른 두 실수 x_1, x_2에 대하여 다음이 성립한다.

(1) 함수 $y=f(x)$의 그래프가 아래로 볼록한 경우

$$f\left(\dfrac{x_1+x_2}{2}\right)<\dfrac{f(x_1)+f(x_2)}{2}$$

(2) 함수 $y=f(x)$의 그래프가 위로 볼록한 경우

$$f\left(\dfrac{x_1+x_2}{2}\right)>\dfrac{f(x_1)+f(x_2)}{2}$$

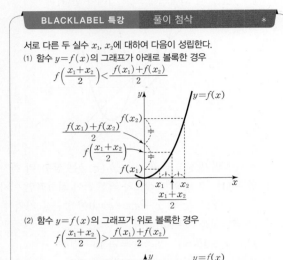

08 해결단계

❶단계	함수 $h(x)$를 구한다.
❷단계	a의 값의 범위를 나누어 함수 $h(x)$의 최댓값을 구한다.
❸단계	조건을 만족시키는 실수 a의 값의 범위를 구하고 p^2+q^2의 값을 구한다.

$f(x)=\dfrac{1}{2}x^2,\ g(x)=x+4$에서

$-f(x)+2g(x)=-\dfrac{1}{2}x^2+2x+8$이므로

$h(x)=\begin{cases}\dfrac{1}{2}x^2 & (x<-2\ \text{또는}\ x\geq4) \\[2mm] -\dfrac{1}{2}x^2+2x+8 & (-2\leq x<4)\end{cases}$

따라서 함수 $y=h(x)$의 그래프는 다음 그림과 같다.

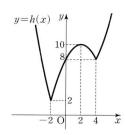

이때 1보다 큰 실수 a에 대하여 $a-3 \leq x \leq a$에서 함수 $h(x)$의 최댓값이 10인 경우는 다음과 같다.

(i) $1 < a < 2$일 때,
$-2 < a-3 < -1$이므로 $a-3 \leq x \leq a$에서 함수 $h(x)$의 최댓값은 $h(a)$이다.
그런데 $h(a) < h(2) = 10$이므로 조건을 만족시키지 않는다. $\underset{\llcorner h(x)=10이\ 되는\ x의\ 값}{}$

(ii) $2 \leq a \leq 2\sqrt{5}$일 때,
$h(2) = 10$, $h(2\sqrt{5}) = \dfrac{1}{2} \times (2\sqrt{5})^2 = 10$이고
$2 < x < 2\sqrt{5}$에서 $h(x) < 10$이다.
① $a = 2$일 때,
$-1 \leq x \leq 2$에서 $x = 2$일 때 함수 $h(x)$는 최댓값 $h(2) = 10$을 갖는다.
② $a = 2\sqrt{5}$일 때,
$2\sqrt{5}-3 \leq x \leq 2\sqrt{5}$에서 $x = 2\sqrt{5}$일 때 함수 $h(x)$는 최댓값 $h(2\sqrt{5}) = 10$을 갖는다.
③ $2 < a < 2\sqrt{5}$일 때,
$a-3 \leq x \leq a$에서 $x = 2$일 때 함수 $h(x)$는 최댓값 $h(2) = 10$을 갖는다.

(iii) $a > 2\sqrt{5}$일 때,
$a-3 \leq x \leq a$에서 함수 $h(x)$의 최댓값은 $h(a)$이다.
그런데 $h(a) > h(2\sqrt{5}) = 10$이므로 조건을 만족시키지 않는다.

(i), (ii), (iii)에서 조건을 만족시키는 실수 a의 값의 범위는 $2 \leq a \leq 2\sqrt{5}$이므로
$p = 2$, $q = 2\sqrt{5}$
$\therefore p^2 + q^2 = 4 + 20 = 24$
답 24

09 해결단계

❶단계	이차함수 $y=x^2-1$의 그래프에 접하고 두 점 $\mathrm{A}(\alpha,\ \alpha^2-1)$, $\mathrm{B}(\beta,\ \beta^2-1)$을 지나는 직선의 방정식을 각각 구한다.
❷단계	❶단계에서 구한 두 직선의 교점 C의 좌표를 구한다.
❸단계	삼각형 ACB의 넓이를 구한다.

점 $\mathrm{A}(\alpha,\ \alpha^2-1)$에서 이차함수 $y = x^2-1$의 그래프에 접하는 직선의 방정식을 $y = mx+n$이라 하자.
이 직선이 이차함수 $y = x^2-1$의 그래프에 접하므로 이차방정식 $x^2-1 = mx+n$, 즉 $x^2-mx-n-1 = 0$의 판별식을 D라 하면
$D = (-m)^2 - 4(-n-1) = 0$에서

$m^2 + 4n + 4 = 0$ $\quad$ ……㉠
점 $\mathrm{A}(\alpha,\ \alpha^2-1)$이 직선 $y = mx+n$ 위에 있으므로
$\alpha^2 - 1 = m\alpha + n$
$\therefore n = \alpha^2 - 1 - m\alpha$
이것을 ㉠에 대입하면
$m^2 + 4(\alpha^2 - 1 - m\alpha) + 4 = 0$
$m^2 - 4m\alpha + 4\alpha^2 = 0$, $(m-2\alpha)^2 = 0$
$\therefore m = 2\alpha$, $n = -\alpha^2 - 1$
따라서 점 A에서의 접선의 방정식은
$y = 2\alpha x - \alpha^2 - 1$ $\quad$ ……㉡
같은 방법으로 점 $\mathrm{B}(\beta,\ \beta^2-1)$에서의 접선의 방정식은
$y = 2\beta x - \beta^2 - 1$ $\quad$ ……㉢
두 직선 ㉡, ㉢의 교점 C의 x좌표는
$2\alpha x - \alpha^2 - 1 = 2\beta x - \beta^2 - 1$
$2(\alpha - \beta)x = \alpha^2 - \beta^2$
$2(\alpha - \beta)x = (\alpha - \beta)(\alpha + \beta)$
$\therefore x = \dfrac{\alpha + \beta}{2} = 2$ ($\because \alpha \neq \beta$, $\alpha + \beta = 4$)
$x = \dfrac{\alpha + \beta}{2}$를 $y = 2\alpha x - \alpha^2 - 1$에 대입하면
$y = 2\alpha \times \dfrac{\alpha + \beta}{2} - \alpha^2 - 1$
$\quad = \alpha\beta - 1$
즉, 점 C의 좌표는 $\mathrm{C}(2,\ \alpha\beta-1)$이다.
한편, α, β는 이차함수 $y = x^2-1$의 그래프와 직선 $y = kx$의 교점의 x좌표이므로 α, β는 이차방정식 $x^2-1 = kx$, 즉 $x^2-kx-1 = 0$의 두 근이고 근과 계수의 관계에 의하여
$\alpha + \beta = k = 4$, $\alpha\beta = -1$
$\therefore \mathrm{C}(2,\ -2)$
점 $\mathrm{C}(2,\ -2)$를 지나고 y축에 평행한 직선 $x = 2$와 직선 $y = 4x$의 교점을 D라 하면
$\mathrm{D}(2,\ 8)$
또한,
$(\beta - \alpha)^2 = (\alpha + \beta)^2 - 4\alpha\beta = 4^2 - 4 \times (-1) = 20$
이므로
$|\beta - \alpha| = \sqrt{20} = 2\sqrt{5}$
따라서 삼각형 ACB의 넓이는
$\dfrac{1}{2} \times |\beta - \alpha| \times \overline{\mathrm{CD}} = \dfrac{1}{2} \times 2\sqrt{5} \times \{8 - (-2)\}$
$\qquad\qquad\qquad = 10\sqrt{5}$
답 $10\sqrt{5}$

BLACKLABEL 특강   **풀이 첨삭**

네 점 A, B, C, D는 오른쪽 그림과 같으므로 두 점 A, B에서 $\overline{\mathrm{CD}}$ 또는 그 연장선에 내린 수선의 발을 각각 H, I라 하면
$\triangle\mathrm{ACB} = \triangle\mathrm{ACD} + \triangle\mathrm{BCD}$
$\qquad = \dfrac{1}{2} \times \overline{\mathrm{CD}} \times \overline{\mathrm{AH}} + \dfrac{1}{2} \times \overline{\mathrm{CD}} \times \overline{\mathrm{BI}}$
$\qquad = \dfrac{1}{2} \times \overline{\mathrm{CD}} \times (\overline{\mathrm{AH}} + \overline{\mathrm{BI}})$
$\qquad = \dfrac{1}{2} \times \overline{\mathrm{CD}} \times |\beta - \alpha|$

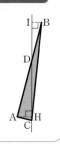

❶단계	두 이차함수 $y=f(x)$, $y=g(x)$의 그래프의 교점의 x좌표가 α, β임을 이용하여 $f(x)-g(x)$의 식을 세운다.
❷단계	함수 $y=g(x)$의 그래프와 직선 $y=h(x)$가 $x=\dfrac{\alpha+\beta}{2}$인 점에서 접함을 이용하여 $g(x)-h(x)$의 식을 세운다.
❸단계	❶, ❷ 단계에서 구한 식을 이용하여 $f(x)-h(x)$의 식을 세운다.
❹단계	❸단계에서 구한 식 및 함수 $y=f(x)$의 그래프와 직선 $y=h(x)$의 교점의 x좌표의 합과 곱을 이용하여 $|\alpha-\beta|$의 값을 구한다.

두 이차함수 $f(x)$, $g(x)$의 최고차항의 계수가 각각 3, 2이므로 $f(x)-g(x)$는 최고차항의 계수가 1인 이차함수이다.

이때 두 함수 $y=f(x)$, $y=g(x)$의 그래프가 만나는 점의 x좌표가 각각 α, β이므로

$$f(x)-g(x)=(x-\alpha)(x-\beta)$$
$$=x^2-(\alpha+\beta)x+\alpha\beta \qquad \cdots\cdots\bigcirc$$

함수 $y=g(x)$의 그래프와 직선 $y=h(x)$가 $x=\dfrac{\alpha+\beta}{2}$인 점에서 서로 접하므로 $g(x)-h(x)=0$은 $x=\dfrac{\alpha+\beta}{2}$를 중근으로 갖는 이차방정식이다.

이때 이차함수 $g(x)$의 최고차항의 계수가 2이므로

$$g(x)-h(x)=2\left(x-\dfrac{\alpha+\beta}{2}\right)^2$$
$$=2x^2-2(\alpha+\beta)x+\dfrac{(\alpha+\beta)^2}{2} \qquad \cdots\cdots\bigcirc\!\!\!\bigcirc$$

$\bigcirc+\bigcirc\!\!\!\bigcirc$을 하면

$$f(x)-h(x)=3x^2-3(\alpha+\beta)x+\dfrac{(\alpha+\beta)^2}{2}+\alpha\beta$$

함수 $y=f(x)$의 그래프와 직선 $y=h(x)$가 만나는 두 점의 x좌표는 이차방정식 $f(x)=h(x)$, 즉 $f(x)-h(x)=0$의 두 실근이므로 이 방정식의 두 실근의 합이 2이고, 곱이 -1이다.

이차방정식의 근과 계수의 관계에 의하여

$$\dfrac{3(\alpha+\beta)}{3}=2 \qquad \therefore \alpha+\beta=2$$

$$\dfrac{\dfrac{(\alpha+\beta)^2}{2}+\alpha\beta}{3}=-1 \text{에서} \dfrac{2+\alpha\beta}{3}=-1 \,(\because \alpha+\beta=2)$$

$$\therefore \alpha\beta=-5$$

$$\therefore |\alpha-\beta|=\sqrt{(\alpha-\beta)^2}=\sqrt{(\alpha+\beta)^2-4\alpha\beta}$$
$$=\sqrt{2^2-4\times(-5)}=\sqrt{24}=2\sqrt{6} \qquad \text{답 } 2\sqrt{6}$$

❶단계	$2\le t\le 3$일 때, 두 삼각형 ABC, PQR이 겹쳐지는 부분을 파악한다.
❷단계	❶단계에서 그린 도형의 각 변의 길이를 구한다.
❸단계	$S(t)$의 최댓값과 그때의 t의 값을 구한 후, $14(a+M)$의 값을 계산한다.

두 삼각형이 서로 마주 보는 방향으로 매초 1만큼씩 움직이므로 고정되어 있는 삼각형 ABC를 향해 삼각형 PQR이 매초 2만큼씩 움직이는 것으로 생각할 수 있다.

따라서 $2\le t\le 3$에서 두 삼각형이 겹쳐지는 부분은 다음 그림과 같다.

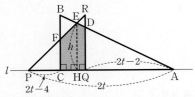

두 선분 AB와 PR의 교점을 E라 하고, 점 E에서 선분 AC에 내린 수선의 발을 H라 하자.

$\triangle PQR \backsim \triangle PHE$ (AA 닮음)에서 삼각형 PHE가 직각이등변삼각형이므로 $\overline{EH}=h$라 하면

$$\overline{PH}=h$$

$\triangle ABC \backsim \triangle AEH$ (AA 닮음)이므로

$$\overline{EH}:\overline{HA}=\overline{BC}:\overline{CA}$$
$$h:\overline{HA}=1:2 \qquad \therefore \overline{HA}=2h$$

$\overline{PA}=2t$이므로 $\overline{PA}=\overline{PH}+\overline{HA}$에서

$$2t=h+2h \qquad \therefore h=\dfrac{2}{3}t$$

두 선분 AB, QR의 교점을 D라 하면 $\overline{PA}=\overline{PQ}+\overline{QA}$에서 $\overline{QA}=2t-2$이므로

$$\overline{QD}=\dfrac{1}{2}\overline{QA}=t-1$$

두 선분 BC, PR의 교점을 F라 하면 $\overline{PA}=\overline{PC}+\overline{CA}$에서 $\overline{PC}=2t-4$이므로

$$\overline{FC}=\overline{PC}=2t-4$$

두 삼각형 ABC, PQR이 겹쳐지는 부분의 넓이 $S(t)$는

$$S(t)=\triangle PAE-\triangle QAD-\triangle PCF$$
$$=\left(\dfrac{1}{2}\times 2t\times\dfrac{2}{3}t\right)-\dfrac{1}{2}\times(2t-2)\times(t-1)$$
$$-\dfrac{1}{2}(2t-4)^2$$
$$=-\dfrac{7}{3}t^2+10t-9$$
$$=-\dfrac{7}{3}\left(t-\dfrac{15}{7}\right)^2+\dfrac{12}{7}$$

따라서 $2\le t\le 3$에서 $S(t)$는 $t=\dfrac{15}{7}$일 때 최댓값 $\dfrac{12}{7}$를 가지므로

$$a=\dfrac{15}{7},\ M=\dfrac{12}{7}$$

$$\therefore 14(a+M)=14\times\left(\dfrac{15}{7}+\dfrac{12}{7}\right)=54 \qquad \text{답 } 54$$

BLACKLABEL 특강 | 풀이 첨삭

움직이기 시작한 지 1초 후, 2초 후, 3초 후의 두 삼각형의 위치는 각각 다음 [그림 1], [그림 2], [그림 3]과 같다.

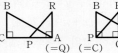

[그림 1]　　　[그림 2]　　　[그림 3]

따라서 $2\le t\le 3$일 때, 두 삼각형이 겹쳐지는 부분의 모양은 풀이의 그림과 같다.

06. 여러 가지 방정식

STEP 1 출제율 100% 우수 기출 대표 문제   pp.61~63

01 ②	02 ②	03 ④	04 $x=\dfrac{1\pm\sqrt{3}i}{2}$ (중근)	
05 4	06 ⑤	07 ③	08 ⑤	09 6
10 ⑤	11 ②	12 ③	13 3	14 ①
15 $\left(-\dfrac{3}{2},\ -\dfrac{1}{2}\right)$ 또는 $\left(\dfrac{3}{2},\ \dfrac{1}{2}\right)$		16 ④	17 ③	
18 ①	19 ②	20 7	21 ①	

01 $f(x)=x^4+x^3-x^2-7x-6$이라 하자.

$f(-1)=0$, $f(2)=0$이므로 조립제법을 이용하여 인수분해하면

$$\begin{array}{r|rrrrr} -1 & 1 & 1 & -1 & -7 & -6 \\ & & -1 & 0 & 1 & 6 \\ \hline 2 & 1 & 0 & -1 & -6 & \boxed{0} \\ & & 2 & 4 & 6 & \\ \hline & 1 & 2 & 3 & \boxed{0} & \end{array}$$

$\therefore f(x)=(x+1)(x-2)(x^2+2x+3)$

사차방정식 $f(x)=0$에서

$x=-1$ 또는 $x=2$ 또는 $x^2+2x+3=0$

이때 이차방정식 $x^2+2x+3=0$의 판별식을 D라 하면

$\dfrac{D}{4}=1^2-1\times3=-2<0$이므로 이 이차방정식은 두 허근을 갖는다.

즉, 사차방정식 $f(x)=0$의 두 실근 α, β는 -1 또는 2이고, 두 허근 γ, δ는 $x^2+2x+3=0$의 근이므로 이차방정식의 근과 계수의 관계에 의하여

$\gamma+\delta=-2$, $\gamma\delta=3$

$\therefore \gamma^2+\delta^2=(\gamma+\delta)^2-2\gamma\delta=(-2)^2-2\times3=-2$

$\therefore \alpha+\beta+\gamma^2+\delta^2=-1+2+(-2)$

$\qquad\qquad\qquad\qquad =-1$　　　　　　　 답 ②

02 $(x^2+x)^2-2(x^2+x+1)-22=0$에서

$x^2+x=t$로 놓으면

$t^2-2(t+1)-22=0$

$t^2-2t-24=0$, $(t+4)(t-6)=0$

$\therefore t=-4$ 또는 $t=6$

즉, $x^2+x=-4$ 또는 $x^2+x=6$이므로

$x^2+x+4=0$에서 $x=\dfrac{-1\pm\sqrt{15}i}{2}$

$x^2+x-6=0$에서 $(x+3)(x-2)=0$

$\therefore x=-3$ 또는 $x=2$

따라서 모든 실근의 합은

$-3+2=-1$　　　　　　　　　　　 답 ②

03 $x^4-13x^2+36=0$에서 $x^2=t$로 놓으면

$t^2-13t+36=0$, $(t-4)(t-9)=0$

$\therefore t=4$ 또는 $t=9$

따라서 $x^2=4$ 또는 $x^2=9$이므로

$x=\pm2$ 또는 $x=\pm3$

$\alpha<\beta<\gamma<\delta$에서

$\alpha=-3$, $\beta=-2$, $\gamma=2$, $\delta=3$이므로

$\alpha+2\beta+3\gamma+4\delta=-3+2\times(-2)+3\times2+4\times3$

$\qquad\qquad\qquad\qquad =11$　　　　　　　 답 ④

04 사차방정식 $x^4-2x^3+3x^2-2x+1=0$에서 $x\neq0$이므로 양변을 x^2으로 나누면

$x^2-2x+3-\dfrac{2}{x}+\dfrac{1}{x^2}=0$

$x^2+\dfrac{1}{x^2}-2\left(x+\dfrac{1}{x}\right)+3=0$

$\left(x+\dfrac{1}{x}\right)^2-2-2\left(x+\dfrac{1}{x}\right)+3=0$

$\left(x+\dfrac{1}{x}\right)^2-2\left(x+\dfrac{1}{x}\right)+1=0$

$x+\dfrac{1}{x}=t$로 놓으면

$t^2-2t+1=0$, $(t-1)^2=0$

$\therefore t=1$

즉, $x+\dfrac{1}{x}=1$이므로 양변에 x를 곱하면

$x^2-x+1=0$

$\therefore x=\dfrac{1\pm\sqrt{3}i}{2}$ (중근)　　　　 답 $x=\dfrac{1\pm\sqrt{3}i}{2}$ (중근)

05 방정식 $x^3-kx^2+(k-5)x+4=0$의 한 근이 2이므로

$x=2$를 대입하면

$8-4k+2(k-5)+4=0$

$-2k+2=0$　　$\therefore k=1$

즉, 주어진 방정식은 $x^3-x^2-4x+4=0$

이때 $f(x)=x^3-x^2-4x+4$라 하면 $f(2)=0$이므로 조립제법을 이용하여 인수분해하면

$$\begin{array}{r|rrrr} 2 & 1 & -1 & -4 & 4 \\ & & 2 & 2 & -4 \\ \hline & 1 & 1 & -2 & \boxed{0} \end{array}$$

$\therefore f(x)=(x-2)(x^2+x-2)$

$\qquad\quad =(x-2)(x+2)(x-1)$

$f(x)=0$에서 $(x+2)(x-1)(x-2)=0$

$\therefore x=-2$ 또는 $x=1$ 또는 $x=2$

따라서 삼차방정식 $(x-2)(x+2)(x-1)=0$의 2가 아닌 두 근 α, β는 -2 또는 1이므로

$|k|+|\alpha|+|\beta|=1+2+1=4$　　　　　 답 4

• 다른 풀이 •

$f(x)=x^3-kx^2+(k-5)x+4$라 하면 $f(1)=0$이므로 조립제법을 이용하여 인수분해하면

$$\begin{array}{r|rrrr} 1 & 1 & -k & k-5 & 4 \\ & & 1 & 1-k & -4 \\ \hline & 1 & 1-k & -4 & 0 \end{array}$$

$\therefore f(x)=(x-1)\{x^2+(1-k)x-4\}$

$f(x)=0$에서 $x=1$ 또는 $x^2+(1-k)x-4=0$

이때 주어진 삼차방정식의 한 근이 $x=2$이므로 이차방정식 $x^2+(1-k)x-4=0$의 한 근이 $x=2$이어야 한다.

$4+2(1-k)-4=0$ $\therefore k=1$

이것을 $x^2+(1-k)x-4=0$에 대입하면

$x^2-4=0,\ (x+2)(x-2)=0$

$\therefore x=-2$ 또는 $x=2$

따라서 주어진 삼차방정식의 세 근이 $x=-2$ 또는 $x=1$ 또는 $x=2$이므로 $\alpha=-2,\ \beta=1$ 또는 $\alpha=1,\ \beta=-2$

$\therefore |k|+|\alpha|+|\beta|=1+2+1=4$

06 $f(x)=x^3+5x^2+(k+4)x+k$라 하면 $f(-1)=0$이므로 조립제법을 이용하여 인수분해하면

$$\begin{array}{r|rrrr} -1 & 1 & 5 & k+4 & k \\ & & -1 & -4 & -k \\ \hline & 1 & 4 & k & 0 \end{array}$$

$\therefore f(x)=(x+1)(x^2+4x+k)$

이때 주어진 삼차방정식이 중근을 가지려면 $x=-1$이 중근이거나 $x^2+4x+k=0$이 중근을 가져야 한다.

(ⅰ) $x=-1$이 중근일 때,

$x=-1$을 $x^2+4x+k=0$에 대입하면

$1-4+k=0$ $\therefore k=3$

(ⅱ) $x^2+4x+k=0$이 중근을 가질 때,

이차방정식 $x^2+4x+k=0$의 판별식을 D라 하면

$\dfrac{D}{4}=2^2-k=0$ $\therefore k=4$

(ⅰ), (ⅱ)에서 $k=3$ 또는 $k=4$

따라서 구하는 모든 상수 k의 값의 합은

$3+4=7$ 답 ⑤

07 삼차방정식 $x^3-x^2-7x-5=0$의 세 근이 $\alpha,\ \beta,\ \gamma$이므로 삼차방정식의 근과 계수의 관계에 의하여

$\alpha+\beta+\gamma=1,\ \alpha\beta+\beta\gamma+\gamma\alpha=-7,\ \alpha\beta\gamma=5$

$\therefore (\alpha+\beta)(\beta+\gamma)(\gamma+\alpha)$

$=(1-\gamma)(1-\alpha)(1-\beta)\ (\because \alpha+\beta+\gamma=1)$

$=1-(\alpha+\beta+\gamma)+(\alpha\beta+\beta\gamma+\gamma\alpha)-\alpha\beta\gamma$

$=1-1+(-7)-5=-12$ 답 ③

• 다른 풀이 •

$f(x)=x^3-x^2-7x-5$라 하면 삼차방정식 $f(x)=0$의 세 근이 $\alpha,\ \beta,\ \gamma$이므로

$f(x)=(x-\alpha)(x-\beta)(x-\gamma)$

라 할 수 있다.

또한, 삼차방정식의 근과 계수의 관계에 의하여

$\alpha+\beta+\gamma=1$

$\therefore (\alpha+\beta)(\beta+\gamma)(\gamma+\alpha)=(1-\gamma)(1-\alpha)(1-\beta)$

$=f(1)$

$=1-1-7-5=-12$

08 삼차방정식 $x^3+2x^2+3x+1=0$의 세 근이 $\alpha,\ \beta,\ \gamma$이므로 삼차방정식의 근과 계수의 관계에 의하여

$\alpha+\beta+\gamma=-2,\ \alpha\beta+\beta\gamma+\gamma\alpha=3,\ \alpha\beta\gamma=-1$

이때 $\dfrac{1}{\alpha},\ \dfrac{1}{\beta},\ \dfrac{1}{\gamma}$을 세 근으로 하는 삼차방정식은

$x^3-\left(\dfrac{1}{\alpha}+\dfrac{1}{\beta}+\dfrac{1}{\gamma}\right)x^2+\left(\dfrac{1}{\alpha\beta}+\dfrac{1}{\beta\gamma}+\dfrac{1}{\gamma\alpha}\right)x-\dfrac{1}{\alpha\beta\gamma}=0$

이고

$\dfrac{1}{\alpha}+\dfrac{1}{\beta}+\dfrac{1}{\gamma}=\dfrac{\alpha\beta+\beta\gamma+\gamma\alpha}{\alpha\beta\gamma}$

$=\dfrac{3}{-1}=-3$

$\dfrac{1}{\alpha\beta}+\dfrac{1}{\beta\gamma}+\dfrac{1}{\gamma\alpha}=\dfrac{\alpha+\beta+\gamma}{\alpha\beta\gamma}$

$=\dfrac{-2}{-1}=2$

$\dfrac{1}{\alpha\beta\gamma}=\dfrac{1}{-1}=-1$

이므로 구하는 삼차방정식은

$x^3+3x^2+2x+1=0$

따라서 $a=3,\ b=2,\ c=1$이므로

$a+b+c=3+2+1=6$ 답 ⑤

BLACKLABEL 특강 참고

방정식의 근과 계수의 관계를 이용하면 다음을 구할 수 있다.

(1) 이차방정식 $ax^2+bx+c=0$의 두 근을 $\alpha,\ \beta\ (\alpha\beta\neq0)$라 하면 $\dfrac{1}{\alpha},\ \dfrac{1}{\beta}$을 두 근으로 하는 이차방정식은 $cx^2+bx+a=0$

(2) 삼차방정식 $ax^3+bx^2+cx+d=0$의 세 근을 $\alpha,\ \beta,\ \gamma\ (\alpha\beta\gamma\neq0)$라 하면 $\dfrac{1}{\alpha},\ \dfrac{1}{\beta},\ \dfrac{1}{\gamma}$을 세 근으로 하는 삼차방정식은

$dx^3+cx^2+bx+a=0$

이 문제에서 $a=1,\ b=2,\ c=3,\ d=1$이므로 구하는 방정식은

$x^3+3x^2+2x+1=0$

---

09 계수가 유리수인 삼차방정식 $x^3+ax^2+bx-3=0$의 한 근이 $2+\sqrt{3}$이므로 $2-\sqrt{3}$도 주어진 삼차방정식의 근이다. 나머지 한 근을 α라 하면 삼차방정식의 근과 계수의 관계에 의하여

$(2+\sqrt{3})+(2-\sqrt{3})+\alpha=-a$

$(2+\sqrt{3})(2-\sqrt{3})+(2-\sqrt{3})\alpha+\alpha(2+\sqrt{3})=b$

$(2+\sqrt{3})(2-\sqrt{3})\alpha=3$

위의 세 식을 연립하여 풀면

$\alpha=3,\ a=-7,\ b=13$

$\therefore a+b=-7+13=6$ 답 6

• 다른 풀이 1 •

삼차방정식 $x^3+ax^2+bx-3=0$의 한 근이 $2+\sqrt{3}$이므로 $x=2+\sqrt{3}$을 방정식에 대입하면

$(2+\sqrt{3})^3+a(2+\sqrt{3})^2+b(2+\sqrt{3})-3=0$

$23+7a+2b+(15+4a+b)\sqrt{3}=0$

이때 $23+7a+2b$, $15+4a+b$는 유리수이므로 무리수가
서로 같을 조건에 의하여

$23+7a+2b=0$, $15+4a+b=0$

위의 두 식을 연립하여 풀면

$a=-7$, $b=13$

$\therefore a+b=6$

• 다른 풀이 2 •

계수가 유리수인 삼차방정식 $x^3+ax^2+bx-3=0$의 한
근이 $2+\sqrt{3}$이므로 다른 한 근은 $2-\sqrt{3}$이다.

두 수 $2+\sqrt{3}$, $2-\sqrt{3}$을 근으로 갖는 이차방정식은

$x^2-(2+\sqrt{3}+2-\sqrt{3})x+(2+\sqrt{3})(2-\sqrt{3})=0$, 즉

$x^2-4x+1=0$이므로 삼차방정식 $x^3+ax^2+bx-3=0$
의 나머지 한 근을 α라 하면

$x^3+ax^2+bx-3=(x-\alpha)(x^2-4x+1)$

$x^3+ax^2+bx-3=x^3-(\alpha+4)x^2+(4\alpha+1)x-\alpha$

위 등식이 x에 대한 항등식이므로

$a=-\alpha-4$, $b=4\alpha+1$, $-3=-\alpha$

$\therefore \alpha=3$, $a=-7$, $b=13$

$\therefore a+b=6$

10 계수가 실수인 삼차방정식 $x^3+ax^2-4x+b=0$의 한 근
이 $1+i$이므로 $1-i$도 주어진 삼차방정식의 근이다.

나머지 한 근을 α라 하면 삼차방정식의 근과 계수의 관계
에 의하여

$(1+i)+(1-i)+\alpha=-a$

$(1+i)(1-i)+(1-i)\alpha+\alpha(1+i)=-4$

$(1+i)(1-i)\alpha=-b$

위의 세 식을 연립하여 풀면

$\alpha=-3$, $a=1$, $b=6$

$\therefore a+b=7$　　　　　　　　　　　답 ⑤

• 다른 풀이 1 •

삼차방정식 $x^3+ax^2-4x+b=0$의 한 근이 $1+i$이므로
$x=1+i$를 방정식에 대입하면

$(1+i)^3+a(1+i)^2-4(1+i)+b=0$

$-6+b+(2a-2)i=0$

이때 $-6+b$, $2a-2$는 실수이므로 복소수가 서로 같을 조
건에 의하여

$-6+b=0$, $2a-2=0$　　$\therefore a=1$, $b=6$

$\therefore a+b=7$

• 다른 풀이 2 •

계수가 실수인 삼차방정식 $x^3+ax^2-4x+b=0$의 한 근
이 $1+i$이므로 다른 한 근은 $1-i$이다.

두 복소수 $1+i$, $1-i$를 근으로 갖는 이차방정식은

$x^2-(1+i+1-i)x+(1+i)(1-i)=0$, 즉

$x^2-2x+2=0$이므로 삼차방정식
$x^3+ax^2-4x+b=0$의 나머지 한 근을 α라 하면

$x^3+ax^2-4x+b=(x-\alpha)(x^2-2x+2)$

$x^3+ax^2-4x+b=x^3-(\alpha+2)x^2+(2\alpha+2)x-2\alpha$

위 등식이 x에 대한 항등식이므로

$a=-\alpha-2$, $-4=2\alpha+2$, $b=-2\alpha$

$\therefore \alpha=-3$, $a=1$, $b=6$

$\therefore a+b=7$

11 삼차방정식 $x^3+1=0$, 즉 $(x+1)(x^2-x+1)=0$에서
ω_1이 이차방정식 $x^2-x+1=0$의 한 허근이므로 $\overline{\omega_1}$도 이
이차방정식의 근이다.

이차방정식의 근과 계수의 관계에 의하여

$\omega_1+\overline{\omega_1}=1$, $\omega_1\overline{\omega_1}=1$

또한, 삼차방정식 $x^3-8=0$, 즉 $(x-2)(x^2+2x+4)=0$
에서 ω_2가 이차방정식 $x^2+2x+4=0$의 한 허근이므로
$\overline{\omega_2}$도 이 이차방정식의 근이다.

이차방정식의 근과 계수의 관계에 의하여

$\omega_2+\overline{\omega_2}=-2$, $\omega_2\overline{\omega_2}=4$

$\therefore (\omega_1^2+\overline{\omega_1}^2)(\omega_2^2+\overline{\omega_2}^2)$

$\quad=\{(\omega_1+\overline{\omega_1})^2-2\omega_1\overline{\omega_1}\}\{(\omega_2+\overline{\omega_2})^2-2\omega_2\overline{\omega_2}\}$

$\quad=(1^2-2\times1)\times\{(-2)^2-2\times4\}$

$\quad=(-1)\times(-4)=4$　　　　　　　　답 ②

• 다른 풀이 •

이차방정식 $x^2-x+1=0$의 두 허근이 ω_1, $\overline{\omega_1}$이므로

$\omega_1^2-\omega_1+1=0$, $\overline{\omega_1}^2-\overline{\omega_1}+1=0$

$\therefore \omega_1^2=\omega_1-1$, $\overline{\omega_1}^2=\overline{\omega_1}-1$　　　…… ㉠

이차방정식의 근과 계수의 관계에 의하여

$\omega_1+\overline{\omega_1}=1$　　　　　　　　　…… ㉡

$\therefore \omega_1^2+\overline{\omega_1}^2=(\omega_1-1)+(\overline{\omega_1}-1)$ ($\because$ ㉠)

$\qquad\qquad=(\omega_1+\overline{\omega_1})-2$

$\qquad\qquad=1-2$ ($\because$ ㉡)

$\qquad\qquad=-1$

마찬가지로 이차방정식 $x^2+2x+4=0$의 두 허근이 ω_2,
$\overline{\omega_2}$이므로

$\omega_2^2+2\omega_2+4=0$, $\overline{\omega_2}^2+2\overline{\omega_2}+4=0$

$\therefore \omega_2^2=-2\omega_2-4$, $\overline{\omega_2}^2=-2\overline{\omega_2}-4$　　…… ㉢

이차방정식의 근과 계수의 관계에 의하여

$\omega_2+\overline{\omega_2}=-2$　　　　　　　　　…… ㉣

$\therefore \omega_2^2+\overline{\omega_2}^2=(-2\omega_2-4)+(-2\overline{\omega_2}-4)$ ($\because$ ㉢)

$\qquad\qquad=-2(\omega_2+\overline{\omega_2})-8$

$\qquad\qquad=(-2)\times(-2)-8$ ($\because$ ㉣)

$\qquad\qquad=-4$

$\therefore (\omega_1^2+\overline{\omega_1}^2)(\omega_2^2+\overline{\omega_2}^2)=(-1)\times(-4)=4$

12 주어진 오각기둥의 전개도를 점선을 따라 접으면 다음 그
림과 같다.

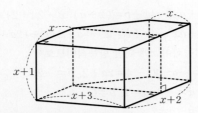

오각기둥의 부피가 108이므로

$$\left[x(x+3)+\frac{2\{(x+3)+x\}}{2}\right](x+1)=108$$

$$(x^2+5x+3)(x+1)=108$$

$$x^3+6x^2+8x-105=0$$

이때 $f(x)=x^3+6x^2+8x-105$라 하면 $f(3)=0$이므로
조립제법을 이용하여 인수분해하면

$$
\begin{array}{r|rrrr}
3 & 1 & 6 & 8 & -105 \\
  &   & 3 & 27 & 105 \\
\hline
  & 1 & 9 & 35 & 0
\end{array}
$$

$$\therefore f(x)=(x-3)(x^2+9x+35)$$

$f(x)=0$에서 $x^2+9x+35=\left(x+\dfrac{9}{2}\right)^2+\dfrac{59}{4}>0$이므로

$$x=3 \qquad\qquad\qquad\qquad \text{답 ③}$$

오각기둥의 부피를 다음과 같이 구할 수도 있다.
오른쪽 그림과 같이 주어진 오각기둥의 밑면의 변의 길이를 일부 연장하여 사각기둥을 만들면 구하는 오각기둥의 부피는
(사각기둥의 부피)
－(삼각기둥의 부피)

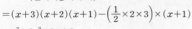

$$=(x+3)(x+2)(x+1)-\left(\frac{1}{2}\times 2\times 3\right)\times(x+1)$$
$$=x^3+6x^2+8x+3$$

---

13 $\begin{cases} x-y=1 & \cdots\cdots \bigcirc \\ x^2+3y^2=7 & \cdots\cdots \bigcirc\!\bigcirc \end{cases}$

$\bigcirc$에서 $x=y+1$

이것을 $\bigcirc\!\bigcirc$에 대입하면 $(y+1)^2+3y^2=7$

$$4y^2+2y-6=0,\ 2y^2+y-3=0$$

$$(2y+3)(y-1)=0$$

$$\therefore y=1\ (\because y>0),\ x=2$$

따라서 $\alpha=2$, $\beta=1$이므로

$$\alpha+\beta=3 \qquad\qquad\qquad\qquad \text{답 3}$$

---

14 $\begin{cases} x^2-3xy+2y^2=0 & \cdots\cdots \bigcirc \\ x^2-y^2=9 & \cdots\cdots \bigcirc\!\bigcirc \end{cases}$

$\bigcirc$에서 $(x-y)(x-2y)=0$

$$\therefore x=y \text{ 또는 } x=2y$$

그런데 $x=y$이면 $x^2-y^2=9$를 만족시키지 못하므로

$$x=2y$$

이것을 $\bigcirc\!\bigcirc$에 대입하면 $4y^2-y^2=9$

$$3y^2=9,\ y^2=3$$

$$\therefore y=-\sqrt{3} \text{ 또는 } y=\sqrt{3}$$

$y=-\sqrt{3}$일 때, $x=-2\sqrt{3}$

$y=\sqrt{3}$일 때, $x=2\sqrt{3}$

즉, 주어진 연립방정식의 해는

$$\begin{cases} x=-2\sqrt{3} \\ y=-\sqrt{3} \end{cases} \text{ 또는 } \begin{cases} x=2\sqrt{3} \\ y=\sqrt{3} \end{cases}$$

이때 $\alpha_1<\alpha_2$이므로

$$\alpha_1=-2\sqrt{3},\ \beta_1=-\sqrt{3},\ \alpha_2=2\sqrt{3},\ \beta_2=\sqrt{3}$$

$$\therefore \beta_1-\beta_2=-\sqrt{3}-\sqrt{3}=-2\sqrt{3} \qquad \text{답 ①}$$

---

15 $\begin{cases} x^2+xy=3 & \cdots\cdots \bigcirc \\ xy+y^2=1 & \cdots\cdots \bigcirc\!\bigcirc \end{cases}$

$\bigcirc-3\times\bigcirc\!\bigcirc$을 하면

$$x^2-2xy-3y^2=0,\ (x-3y)(x+y)=0$$

$$\therefore x=3y \text{ 또는 } x=-y$$

(ⅰ) $x=3y$를 $\bigcirc$에 대입하면 $9y^2+3y^2=3$

$$12y^2=3,\ y^2=\frac{1}{4}$$

$$\therefore y=\pm\frac{1}{2},\ x=\pm\frac{3}{2}\ (\text{복부호 동순})$$

(ⅱ) $x=-y$를 $\bigcirc$에 대입하면

$$y^2-y^2=3,\ 0=3$$

즉, 주어진 방정식을 만족시키는 실수 x, y는 존재하지 않는다.

(ⅰ), (ⅱ)에서 구하는 실수 x, y의 순서쌍 (x, y)는

$$\left(-\frac{3}{2},\ -\frac{1}{2}\right) \text{ 또는 } \left(\frac{3}{2},\ \frac{1}{2}\right)$$

$$\text{답 } \left(-\frac{3}{2},\ -\frac{1}{2}\right) \text{ 또는 } \left(\frac{3}{2},\ \frac{1}{2}\right)$$

● 다른 풀이 ●

$\bigcirc-\bigcirc\!\bigcirc$을 하면 $x^2-y^2=2$

$$\therefore (x+y)(x-y)=2 \qquad\cdots\cdots \bigcirc\!\bigcirc\!\bigcirc$$

$\bigcirc+\bigcirc\!\bigcirc$을 하면 $(x+y)^2=4$

$$\therefore x+y=\pm2$$

(ⅰ) $x+y=-2$일 때,

이것을 $\bigcirc\!\bigcirc\!\bigcirc$에 대입하면

$$x-y=-1$$

위의 식과 $x+y=-2$를 연립하여 풀면

$$x=-\frac{3}{2},\ y=-\frac{1}{2}$$

(ⅱ) $x+y=2$일 때,

이것을 $\bigcirc\!\bigcirc\!\bigcirc$에 대입하면

$$x-y=1$$

위의 식과 $x+y=2$를 연립하여 풀면

$$x=\frac{3}{2},\ y=\frac{1}{2}$$

(ⅰ), (ⅱ)에서 구하는 실수 x, y의 순서쌍 (x, y)는

$$\left(-\frac{3}{2},\ -\frac{1}{2}\right) \text{ 또는 } \left(\frac{3}{2},\ \frac{1}{2}\right)$$

16
$$\begin{cases} x+y+xy=23 & \cdots\cdots \text{㉠} \\ x^2y+xy^2=120 & \cdots\cdots \text{㉡} \end{cases}$$
$x+y=u$, $xy=v$라 놓으면
㉠에서 $u+v=23$　$\cdots\cdots$ ㉢
㉡에서 $xy(x+y)=120$이므로
$uv=120$　$\cdots\cdots$ ㉣
㉢에서 $v=-u+23$
이것을 ㉣에 대입하면
$u(-u+23)=120$, $u^2-23u+120=0$
$(u-8)(u-15)=0$
$\therefore u=8$ 또는 $u=15$
$u=8$일 때, $v=15$
$u=15$일 때, $v=8$
$$\therefore \begin{cases} u=8 \\ v=15 \end{cases} \text{또는} \begin{cases} u=15 \\ v=8 \end{cases}$$
(i) $u=8$, $v=15$일 때,
　$x+y=8$, $xy=15$에서 x, y는 t에 대한 이차방정식
　$t^2-8t+15=0$의 두 근이므로
　$(t-3)(t-5)=0$　$\therefore t=3$ 또는 $t=5$
$$\therefore \begin{cases} x=3 \\ y=5 \end{cases} \text{또는} \begin{cases} x=5 \\ y=3 \end{cases}$$
(ii) $u=15$, $v=8$일 때,
　$x+y=15$, $xy=8$에서 x, y는 t에 대한 이차방정식
　$t^2-15t+8=0$의 두 근이므로
　$t=\dfrac{15\pm\sqrt{15^2-4\times1\times8}}{2}=\dfrac{15\pm\sqrt{193}}{2}$
$$\therefore \begin{cases} x=\dfrac{15-\sqrt{193}}{2} \\ y=\dfrac{15+\sqrt{193}}{2} \end{cases} \text{또는} \begin{cases} x=\dfrac{15+\sqrt{193}}{2} \\ y=\dfrac{15-\sqrt{193}}{2} \end{cases}$$
그런데 x, y는 정수이므로 주어진 조건을 만족시키지
않는다.
(i), (ii)에서 구하는 해는
$$\begin{cases} x=3 \\ y=5 \end{cases} \text{또는} \begin{cases} x=5 \\ y=3 \end{cases}$$
$\therefore x^2+y^2=34$　　　　　　　　　　답 ④

17 $x+y=-2a+4$, $xy=a^2-3a+1$이므로 두 실수 x, y를
두 근으로 하는 t에 대한 이차방정식은
$t^2-(-2a+4)t+(a^2-3a+1)=0$, 즉
$t^2+2(a-2)t+(a^2-3a+1)=0$이라 할 수 있다.
이때 이 이차방정식이 실근을 가지므로 이 이차방정식의
판별식을 D라 하면
$\dfrac{D}{4}=(a-2)^2-(a^2-3a+1)\geq0$
$-a+3\geq0$　$\therefore a\leq3$
따라서 상수 a의 최댓값은 3이다.　　　　답 ③

18 처음 직사각형 모양의 땅의 가로, 세로의 길이를 각각
x m, y m라 하면 대각선의 길이가 5 m이므로
$x^2+y^2=25$　$\cdots\cdots$ ㉠
또한, 땅의 가로의 길이를 1 m만큼 줄이고 세로의 길이
를 2 m만큼 늘였더니 넓이가 3 m^2만큼 넓어졌으므로
$(x-1)(y+2)=xy+3$
$xy+2x-y-2=xy+3$
$\therefore y=2x-5$　$\cdots\cdots$ ㉡
㉡을 ㉠에 대입하면 $x^2+(2x-5)^2=25$
$5x^2-20x=0$
$x(x-4)=0$　$\therefore x=4$ ($\because x>0$)
$x=4$를 ㉡에 대입하면 $y=3$
따라서 처음 땅의 둘레의 길이는
$2\times(4+3)=14$(m)　　　　　　　　　답 ①

19 두 이차방정식의 공통근을 α라 하면
$3\alpha^2-(k+1)\alpha+4k=0$　$\cdots\cdots$ ㉠
$3\alpha^2+(2k-1)\alpha+k=0$　$\cdots\cdots$ ㉡
㉠－㉡을 하면 $-3k\alpha+3k=0$
$-3k(\alpha-1)=0$　$\therefore k=0$ 또는 $\alpha=1$
(i) $k=0$을 ㉠에 대입하면 $3\alpha^2-\alpha=0$
　$\alpha(3\alpha-1)=0$　$\therefore \alpha=0$ 또는 $\alpha=\dfrac{1}{3}$
즉, 공통근이 두 개이다.
(ii) $\alpha=1$을 ㉠에 대입하면 $3k+2=0$
　$3k=-2$　$\therefore k=-\dfrac{2}{3}$
(i), (ii)에서 $k=-\dfrac{2}{3}$　　　　　　답 ②

20 $abc+ab+bc+ca+a+b+c=29$에서
$abc+ab+bc+ca+a+b+c+1=29+1$
$\underline{(a+1)(b+1)(c+1)=30}_{*}$
$(a+1)(b+1)(c+1)=2\times3\times5$
$a\leq b\leq c$라 하면
$a+1=2$, $b+1=3$, $c+1=5$
$\therefore a=1$, $b=2$, $c=4$
$\therefore a+b+c=7$　　　　　　　　　　답 7

> **BLACKLABEL 특강**　　**풀이 첨삭**　　*
>
> $abc+ab+bc+ca+a+b+c+1=30$을 a에 대하여 내림차순으로
> 정리하면
> $bca+ba+ca+a+bc+b+c+1=30$
> $(bc+b+c+1)a+bc+b+c+1=30$
> $(bc+b+c+1)(a+1)=30$
> $\{b(c+1)+(c+1)\}(a+1)=30$
> $\therefore (b+1)(c+1)(a+1)=30$

21 $x^2+y^2+4x-4y+k+2=0$을 x에 대하여 내림차순으로 정리하면

$x^2+4x+y^2-4y+k+2=0$ ⋯⋯㉠

x가 실수이므로 ㉠은 실근을 가져야 한다.

즉, x에 대한 이차방정식 ㉠의 판별식을 D라 하면

$\dfrac{D}{4}=2^2-(y^2-4y+k+2)\geq0$에서

$y^2-4y+k-2\leq0$ $\therefore (y-2)^2\leq6-k$

이때 y도 실수이므로

$6-k\geq0$ $\therefore k\leq6$ 답 ①

•다른 풀이•

$x^2+y^2+4x-4y+k+2=0$에서

$(x+2)^2+(y-2)^2=6-k$

$(x+2)^2\geq0$, $(y-2)^2\geq0$이므로 주어진 방정식을 만족시키는 실수 x, y가 존재하려면

$6-k\geq0$ $\therefore k\leq6$

---

01 18	02 84	03 9	04 $-\dfrac{31}{4}$	05 ⑤
06 ②	07 $\dfrac{13}{3}$	08 ⑤	09 ③	10 ⑤
11 -4	12 ①	13 ②	14 -208	15 ③
16 $a=6$, $b=-\dfrac{3}{2}$	17 12	18 ④	19 ⑤	
20 ②	21 ①	22 23	23 164	24 16
25 -1	26 ②	27 ④	28 ③	29 2
30 4				

01 사차방정식 $x^4-x^3-4x^2-x+1=0$의 한 양의 실근이 α 이므로

$\alpha^4-\alpha^3-4\alpha^2-\alpha+1=0$

$\alpha\neq0$이므로 양변을 α^2으로 나누면

$\alpha^2-\alpha-4-\dfrac{1}{\alpha}+\dfrac{1}{\alpha^2}=0$, $\left(\alpha^2+\dfrac{1}{\alpha^2}\right)-\left(\alpha+\dfrac{1}{\alpha}\right)-4=0$

$\left(\alpha+\dfrac{1}{\alpha}\right)^2-2-\left(\alpha+\dfrac{1}{\alpha}\right)-4=0$

$\left(\alpha+\dfrac{1}{\alpha}\right)^2-\left(\alpha+\dfrac{1}{\alpha}\right)-6=0$

이때 $\alpha+\dfrac{1}{\alpha}=t$로 놓으면

$t^2-t-6=0$, $(t+2)(t-3)=0$

$\therefore t=-2$ 또는 $t=3$

즉, $\alpha+\dfrac{1}{\alpha}=-2$ 또는 $\alpha+\dfrac{1}{\alpha}=3$

그런데 $\alpha>0$이므로 $\alpha+\dfrac{1}{\alpha}=3$

$\therefore \alpha^3+\dfrac{1}{\alpha^3}=\left(\alpha+\dfrac{1}{\alpha}\right)^3-3\left(\alpha+\dfrac{1}{\alpha}\right)$

$=3^3-3\times3=18$ 답 18

•다른 풀이•

$f(x)=x^4-x^3-4x^2-x+1$이라 하면 $f(-1)=0$이므로 조립제법을 이용하여 인수분해하면

-1	1	-1	-4	-1	1
		-1	2	2	-1
-1	1	-2	-2	1	0
		-1	3	-1	
	1	-3	1	0	

$\therefore f(x)=(x+1)^2(x^2-3x+1)$

$f(x)=0$에서 $x=-1$ 또는 $x^2-3x+1=0$

이때 $g(x)=x^2-3x+1$이라 하면 이차방정식 $g(x)=0$ 은 서로 다른 두 양의 실근을 갖는다.

즉, 사차방정식 $f(x)=0$의 한 양의 실근 α는 이차방정식 $g(x)=0$의 근이므로

$\alpha^2-3\alpha+1=0$

$\alpha\neq0$이므로 위의 식의 양변을 α로 나누면

$\alpha-3+\dfrac{1}{\alpha}=0$ $\therefore \alpha+\dfrac{1}{\alpha}=3$

$\therefore \alpha^3+\dfrac{1}{\alpha^3}=\left(\alpha+\dfrac{1}{\alpha}\right)^3-3\left(\alpha+\dfrac{1}{\alpha}\right)$

$=3^3-3\times3=18$

02 사차방정식 $(x-1)(x-3)(x+5)(x+7)+55=0$에서

$(x-1)(x+5)(x-3)(x+7)+55=0$

$(x^2+4x-5)(x^2+4x-21)+55=0$

이때 $x^2+4x=X$로 놓으면

$(X-5)(X-21)+55=0$

$X^2-26X+160=0$, $(X-10)(X-16)=0$

$(x^2+4x-10)(x^2+4x-16)=0$

$\therefore x^2+4x-10=0$ 또는 $x^2+4x-16=0$

(i) 이차방정식 $x^2+4x-10=0$의 두 근을 α, β라 하면 근과 계수의 관계에 의하여

$\alpha+\beta=-4$, $\alpha\beta=-10$

$\therefore \alpha^2+\beta^2=(\alpha+\beta)^2-2\alpha\beta=16+20=36$

(ii) 이차방정식 $x^2+4x-16=0$의 두 근을 γ, δ라 하면 근과 계수의 관계에 의하여

$\gamma+\delta=-4$, $\gamma\delta=-16$

$\therefore \gamma^2+\delta^2=(\gamma+\delta)^2-2\gamma\delta=16+32=48$

(i), (ii)에서 주어진 방정식의 모든 근의 제곱의 합은

$36+48=84$ 답 84

03 사차방정식 $x^4-2(a^2+b^2)x^2+(a^2-b^2)^2=0$에서

$x^4-2(a^2+b^2)x^2+(a+b)^2(a-b)^2=0$

$\{x^2-(a+b)^2\}\{x^2-(a-b)^2\}=0$

$\therefore x=\pm(a+b)$ 또는 $x=\pm(a-b)$

이때 네 근의 곱이 9이므로

$(a+b)^2(a-b)^2=9$

a, b는 $a>b$인 두 자연수이므로

$(a+b)^2=9$ ······㉠

$(a-b)^2=1$ ······㉡

㉠-㉡을 하면 $4ab=8$이므로 $ab=2$

$\therefore a=2$, $b=1$

$\therefore a^3+b^3=2^3+1^3=9$ 답 9

• 다른 풀이 •

주어진 사차방정식의 네 근의 곱이 9이므로 사차방정식의 근과 계수의 관계에 의하여

$(a^2-b^2)^2=9$ $\therefore a^2-b^2=3$ ($\because a>b$)

따라서 $(a+b)(a-b)=3$이고 a, b는 $a>b$인 두 자연수이므로

$a+b=3$, $a-b=1$

$\therefore a=2$, $b=1$

$\therefore a^3+b^3=2^3+1^3=9$

04 $f(x)=x^3-(2a-1)x^2+(a^2-2a)x+2a^2+4a+4$라 하면 $f(-2)=0$이므로 조립제법을 이용하여 인수분해하면

$$\begin{array}{r|rrrr} -2 & 1 & -2a+1 & a^2-2a & 2a^2+4a+4 \\ & & -2 & 4a+2 & -2a^2-4a-4 \\ \hline & 1 & -2a-1 & a^2+2a+2 & 0 \end{array}$$

$\therefore f(x)=(x+2)\{x^2-(2a+1)x+a^2+2a+2\}$

$f(x)=0$에서

$x=-2$ 또는 $x^2-(2a+1)x+a^2+2a+2=0$

삼차방정식 $f(x)=0$이 서로 다른 두 실근을 가지려면 x에 대한 이차방정식 $x^2-(2a+1)x+a^2+2a+2=0$이 $x\ne-2$인 중근을 갖거나 $x=-2$를 중근이 아닌 근으로 가져야 한다.

(i) $x\ne-2$인 중근을 갖는 경우

이차방정식 $x^2-(2a+1)x+a^2+2a+2=0$의 판별식을 D라 하면

$D=\{-(2a+1)\}^2-4(a^2+2a+2)=0$

$-4a-7=0$ $\therefore a=-\dfrac{7}{4}$

이것을 $x^2-(2a+1)x+a^2+2a+2=0$에 대입하면

$x^2+\dfrac{5}{2}x+\dfrac{25}{16}=0$, $\left(x+\dfrac{5}{4}\right)^2=0$

$\therefore x=-\dfrac{5}{4}$

즉, 주어진 삼차방정식은 서로 다른 두 실근 $x=-2$, $x=-\dfrac{5}{4}$ (중근)를 갖는다.

(ii) $x=-2$를 중근이 아닌 근으로 갖는 경우

$x=-2$를 $x^2-(2a+1)x+a^2+2a+2=0$에 대입하면

$4+2(2a+1)+a^2+2a+2=0$

$a^2+6a+8=0$, $(a+4)(a+2)=0$

$\therefore a=-4$ 또는 $a=-2$

① $a=-4$를 $x^2-(2a+1)x+a^2+2a+2=0$에 대입하면

$x^2+7x+10=0$, $(x+5)(x+2)=0$

$\therefore x=-5$ 또는 $x=-2$

즉, 주어진 삼차방정식은 서로 다른 두 실근 $x=-5$, $x=-2$ (중근)를 갖는다.

② $a=-2$를 $x^2-(2a+1)x+a^2+2a+2=0$에 대입하면

$x^2+3x+2=0$, $(x+2)(x+1)=0$

$\therefore x=-2$ 또는 $x=-1$

즉, 주어진 삼차방정식은 서로 다른 두 실근 $x=-2$ (중근), $x=-1$을 갖는다.

(i), (ii)에서 $a=-\dfrac{7}{4}$ 또는 $a=-4$ 또는 $a=-2$

따라서 구하는 모든 실수 a의 값의 합은

$-\dfrac{7}{4}+(-4)+(-2)=-\dfrac{31}{4}$ 답 $-\dfrac{31}{4}$

05 ㄱ. $f(x)=x^3+(2a-1)x^2+(b^2-2a)x-b^2$에서

$f(1)=1+2a-1+b^2-2a-b^2=0$

따라서 인수정리에 의하여 $f(x)$는 $x-1$을 인수로 갖는다. (참)

ㄴ. ㄱ에서 $f(1)=0$이므로

삼차식 $f(x)=x^3+(2a-1)x^2+(b^2-2a)x-b^2$을 조립제법을 이용하여 인수분해하면

$$\begin{array}{r|rrrr} 1 & 1 & 2a-1 & b^2-2a & -b^2 \\ & & 1 & 2a & b^2 \\ \hline & 1 & 2a & b^2 & 0 \end{array}$$

$\therefore f(x)=(x-1)(x^2+2ax+b^2)$

$f(x)=0$에서 $x=1$ 또는 $x^2+2ax+b^2=0$

이차방정식 $x^2+2ax+b^2=0$의 판별식을 D라 하면

$\dfrac{D}{4}=a^2-b^2>0$ ($\because a<b<0$)

즉, 이차방정식 $x^2+2ax+b^2=0$은 항상 서로 다른 두 실근을 갖는다.

이때 삼차방정식 $f(x)=0$의 서로 다른 실근의 개수가 2이려면 이차방정식 $x^2+2ax+b^2=0$이 $x=1$을 근으로 가져야 한다.

$1+2a+b^2=0$에서 $a=-\dfrac{b^2+1}{2}$

이것을 $a<b$에 대입하여 정리하면

$-\dfrac{b^2+1}{2}<b$, $b^2+2b+1>0$, $(b+1)^2>0$

즉, $b\ne-1$, $a=-\dfrac{b^2+1}{2}$을 만족시키는 a, b에 대하여 방정식 $f(x)=0$의 서로 다른 실근의 개수가 2이다. (참)

ㄷ. 방정식 $f(x)=0$이 서로 다른 세 실근을 가져야 하므로 세 실근을 1, α, β $(\alpha \neq 1, \beta \neq 1, \alpha \neq \beta)$라 하자.
세 실근의 합이 7이므로 $1+\alpha+\beta=7$
$\therefore \alpha+\beta=6$
이차방정식 $x^2+2ax+b^2=0$의 두 실근이 α, β이므로 근과 계수의 관계에 의하여
$\alpha+\beta=-2a$
$-2a=6$ $\therefore a=-3$
이때 이차방정식 $x^2+2ax+b^2=0$, 즉 $x^2-6x+b^2=0$이 1이 아닌 서로 다른 두 실근을 가져야 한다.
$\dfrac{D}{4}=(-3)^2-b^2>0$에서 $b^2<9$ $\therefore -3<b<3$
또한, 1을 근으로 갖지 않아야 하므로
$1-6+b^2\neq0$에서 $b^2\neq5$
$\therefore b\neq\pm\sqrt{5}$
따라서 $a=-3$, $-3<b<3$, $b\neq\pm\sqrt{5}$를 만족시키는 두 정수 a, b의 순서쌍은 $(-3, -2)$, $(-3, -1)$, $(-3, 0)$, $(-3, 1)$, $(-3, 2)$의 5개이다. (참)
그러므로 ㄱ, ㄴ, ㄷ 모두 옳다. 답 ⑤

06 삼차방정식 $x^3+x^2+kx+3=0$의 세 근을 α, β, γ $(\alpha \leq \beta \leq \gamma)$라 하면 삼차방정식의 근과 계수의 관계에 의하여
$\alpha+\beta+\gamma=-1$, $\alpha\beta+\beta\gamma+\gamma\alpha=k$, $\alpha\beta\gamma=-3$
이때 α, β, γ가 모두 정수이므로 $\alpha\beta\gamma=-3$에서 가능한 순서쌍 (α, β, γ)는 $(-3, -1, -1)$, $(-3, 1, 1)$, $(-1, 1, 3)$이고, 이 중에서 $\alpha+\beta+\gamma=-1$을 만족시키는 순서쌍 (α, β, γ)는 $(-3, 1, 1)$이다.
따라서 $\alpha=-3$, $\beta=1$, $\gamma=1$을 $\alpha\beta+\beta\gamma+\gamma\alpha=k$에 대입하면
$k=(-3)\times1+1\times1+1\times(-3)$
$=-5$ 답 ②

07 $a^3=a^2+a+\dfrac{1}{9}$, $b^3=b^2+b+\dfrac{1}{9}$, $c^3=c^2+c+\dfrac{1}{9}$이므로 서로 다른 세 실수 a, b, c는 방정식 $x^3=x^2+x+\dfrac{1}{9}$, 즉 $9x^3-9x^2-9x-1=0$의 근이다.
따라서 삼차방정식의 근과 계수의 관계에 의하여
$\underline{a+b+c=1}$, $ab+bc+ca=-1$, $abc=\dfrac{1}{9}$이므로
$a^3+b^3+c^3$
$=(a+b+c)(a^2+b^2+c^2-ab-bc-ca)+3abc$
$=(a+b+c)\{(a+b+c)^2-3(ab+bc+ca)\}+3abc$
$=1\times(1+3)+3\times\dfrac{1}{9}=\dfrac{13}{3}$ 답 $\dfrac{13}{3}$

• 다른 풀이 •
*에서
$a^3+b^3+c^3$
$=\left(a^2+a+\dfrac{1}{9}\right)+\left(b^2+b+\dfrac{1}{9}\right)+\left(c^2+c+\dfrac{1}{9}\right)$
$=(a^2+b^2+c^2)+(a+b+c)+\dfrac{1}{3}$
$=(a+b+c)^2-2(ab+bc+ca)+(a+b+c)+\dfrac{1}{3}$
$=1^2-2\times(-1)+1+\dfrac{1}{3}=\dfrac{13}{3}$

08 이차방정식 $x^2-x+2=0$의 두 근이 α, β이므로 근과 계수의 관계에 의하여
$\alpha+\beta=1$, $\alpha\beta=2$ ……㉠
또한, 삼차방정식 $x^3-3x+5=0$의 세 근이 p, q, r이므로 근과 계수의 관계에 의하여
$p+q+r=0$, $pq+qr+rp=-3$, $pqr=-5$ ……㉡
$\therefore (p\alpha+q\beta)^2+(p\beta-q\alpha)^2+r^2\alpha^2+r^2\beta^2$
$=p^2\alpha^2+2p\alpha q\beta+q^2\beta^2+p^2\beta^2-2p\beta q\alpha+q^2\alpha^2$
$\qquad +r^2\alpha^2+r^2\beta^2$
$=p^2(\alpha^2+\beta^2)+q^2(\alpha^2+\beta^2)+r^2(\alpha^2+\beta^2)$
$=(\alpha^2+\beta^2)(p^2+q^2+r^2)$
$=\{(\alpha+\beta)^2-2\alpha\beta\}\{(p+q+r)^2-2(pq+qr+rp)\}$
$=-3\times6$ $(\because$ ㉠, ㉡$)$
$=-18$ 답 ⑤

09 계수가 유리수인 사차방정식
$x^4+6x^3+ax^2+bx+c=0$의 중근이 아닌 한 근이 $-2+\sqrt{3}$이므로 다른 한 근은 $-2-\sqrt{3}$이다.
두 수 $-2+\sqrt{3}$, $-2-\sqrt{3}$을 근으로 갖는 이차방정식은
$x^2-(-2+\sqrt{3}-2-\sqrt{3})x+(-2+\sqrt{3})(-2-\sqrt{3})=0$, 즉
$x^2+4x+1=0$이므로 사차방정식
$x^4+6x^3+ax^2+bx+c=0$의 중근을 α라 하면
$x^4+6x^3+ax^2+bx+c=(x-\alpha)^2(x^2+4x+1)$
이라 할 수 있다.
$x^4+6x^3+ax^2+bx+c$
$=(x^2-2\alpha x+\alpha^2)(x^2+4x+1)$
$=x^4+(4-2\alpha)x^3+(\alpha^2-8\alpha+1)x^2+(4\alpha^2-2\alpha)x+\alpha^2$
위의 등식이 x에 대한 항등식이므로
$6=4-2\alpha$, $a=\alpha^2-8\alpha+1$, $b=4\alpha^2-2\alpha$, $c=\alpha^2$
$\therefore \alpha=-1$, $a=10$, $b=6$, $c=1$
$\therefore a+b+c=17$ 답 ③

• 다른 풀이 •
계수가 유리수인 사차방정식
$x^4+6x^3+ax^2+bx+c=0$의 중근이 아닌 한 근이 $-2+\sqrt{3}$이므로 다른 한 근은 $-2-\sqrt{3}$이다.
나머지 중근을 α라 하면 사차방정식의 근과 계수의 관계

에 의하여

$(-2+\sqrt{3})+(-2-\sqrt{3})+2a=-6$

$-4+2a=-6$ $\therefore a=-1$

한편, 두 수 $-2+\sqrt{3}$, $-2-\sqrt{3}$을 근으로 갖는 이차방정
식은 $x^2+4x+1=0$이므로

$x^4+6x^3+ax^2+bx+c=(x+1)^2(x^2+4x+1)$

위의 등식이 x에 대한 항등식이므로 $x=1$을 대입해도 성
립한다.

$1+6+a+b+c=2^2\times6$

$\therefore a+b+c=17$

10 조건 ㈎에서 계수가 실수인 삼차방정식 $P(x)=0$의 한
허근이 $2-i$이므로 다른 한 근은 $2+i$이다.

두 복소수 $2-i$, $2+i$를 근으로 갖는 이차방정식은

$x^2-(2-i+2+i)x+(2-i)(2+i)=0$, 즉

$x^2-4x+5=0$이므로 삼차방정식 $P(x)=0$의 다른 한
근을 α라 하면

$P(x)=(x^2-4x+5)(x-\alpha)$ ······㉠

라 할 수 있다.

이때 조건 ㈏에서 $P(x)$를 $x+1$로 나눈 나머지가 10이므
로 나머지정리에 의하여 $P(-1)=10$

$x=-1$을 ㉠에 대입하면

$P(-1)=(1+4+5)(-1-\alpha)=10$

$10(-1-\alpha)=10$, $-1-\alpha=1$

$\therefore \alpha=-2$

따라서

$P(x)=(x^2-4x+5)(x+2)$

$=x^3-2x^2-3x+10$

이므로

$a=-2$, $b=-3$, $c=10$

$\therefore a+b+c=5$ 답 ⑤

•다른 풀이•

조건 ㈏에서 $P(-1)=10$이므로

$-1+a-b+c=10$에서 $a+c=b+11$ ······㉡

조건 ㈎에서 삼차방정식 $P(x)=0$의 세 근을 $2-i$,
$2+i$, k (k는 실수)라 하면 근과 계수의 관계에 의하여

$(2-i)+(2+i)+k=-a$에서 $a=-4-k$

$(2-i)(2+i)+(2+i)k+k(2-i)=b$에서 $b=4k+5$

$k(2-i)(2+i)=-c$에서 $c=-5k$

이것을 ㉡에 대입하면

$(-4-k)+(-5k)=(4k+5)+11$

$-10k=20$ $\therefore k=-2$

따라서 $a=-2$, $b=-3$, $c=10$이므로

$a+b+c=5$

11 계수가 실수인 삼차방정식 $x^3+ax^2+bx-3=0$의 한 허
근을 $\alpha=p+qi$ (p, q는 실수, $q\neq0$)라 하면 $\bar{\alpha}=p-qi$
도 이 삼차방정식의 근이다.

즉, $\bar{\alpha}=\alpha^2$이므로 $p-qi=(p+qi)^2$에서

$p-qi=(p^2-q^2)+2pqi$

p, q는 실수이므로 복소수가 서로 같을 조건에 의하여

$p=p^2-q^2$, $-q=2pq$

$\therefore p=-\dfrac{1}{2}$ ($\because q\neq0$),

$q=\pm\sqrt{p^2-p}=\pm\sqrt{\left(-\dfrac{1}{2}\right)^2-\left(-\dfrac{1}{2}\right)}=\pm\dfrac{\sqrt{3}}{2}$

즉, 두 허근은 $-\dfrac{1}{2}\pm\dfrac{\sqrt{3}}{2}i$이다.

이때 두 근이 $-\dfrac{1}{2}\pm\dfrac{\sqrt{3}}{2}i$이고, x^2의 계수가 1인 이차방정

식은 $x^2+x+1=0$이므로 삼차방정식

$x^3+ax^2+bx-3=0$의 한 실근을 β라 하면

$x^3+ax^2+bx-3=(x-\beta)(x^2+x+1)$

$=x^3+(1-\beta)x^2+(1-\beta)x-\beta$

즉, $a=b=1-\beta$, $-3=-\beta$이므로

$\beta=3$, $a=b=-2$

$\therefore a+b=-4$ 답 -4

•다른 풀이•

*에서 주어진 삼차방정식의 한 실근을 β라 하면 근과 계
수의 관계에 의하여

$\left(-\dfrac{1}{2}-\dfrac{\sqrt{3}}{2}i\right)\left(-\dfrac{1}{2}+\dfrac{\sqrt{3}}{2}i\right)\beta=3$

즉, $\beta=3$이므로

$\left(-\dfrac{1}{2}-\dfrac{\sqrt{3}}{2}i\right)+\left(-\dfrac{1}{2}+\dfrac{\sqrt{3}}{2}i\right)+3=-a$

$\therefore a=-2$

$\left(-\dfrac{1}{2}-\dfrac{\sqrt{3}}{2}i\right)\left(-\dfrac{1}{2}+\dfrac{\sqrt{3}}{2}i\right)+\left(-\dfrac{1}{2}+\dfrac{\sqrt{3}}{2}i\right)\times3$

$+3\times\left(-\dfrac{1}{2}-\dfrac{\sqrt{3}}{2}i\right)=b$

$\therefore b=-2$

$\therefore a+b=-4$

12 $x^3=1$에서 $x^3-1=0$

$(x-1)(x^2+x+1)=0$ $\therefore x=1$ 또는 $x^2+x+1=0$

이차방정식 $x^2+x+1=0$의 판별식을 D라 하면

$D=1-4=-3<0$에서 서로 다른 두 허근을 가지므로

방정식 $x^3=1$의 허근 ω는 이 이차방정식의 근이다.

이때 이차방정식 $x^2+x+1=0$의 모든 계수가 실수이므
로 한 허근이 ω이면 $\bar{\omega}$도 이 이차방정식의 근이다.

이차방정식의 근과 계수의 관계에 의하여

$\omega+\bar{\omega}=-1$, $\omega\bar{\omega}=1$ ······㉠

$\therefore z\bar{z}=\dfrac{\omega+1}{2\omega+1}\times\overline{\left(\dfrac{\omega+1}{2\omega+1}\right)}=\dfrac{\omega+1}{2\omega+1}\times\dfrac{\bar{\omega}+1}{2\bar{\omega}+1}$

$=\dfrac{\omega\bar{\omega}+(\omega+\bar{\omega})+1}{4\omega\bar{\omega}+2(\omega+\bar{\omega})+1}$

$=\dfrac{1-1+1}{4-2+1}$ ($\because$ ㉠)

$=\dfrac{1}{3}$ 답 ①

13 $f(x)=x^3-3x^2+3x-2$라 하면 $f(2)=0$이므로 조립제법을 이용하여 인수분해하면

$$\begin{array}{r|rrrr} 2 & 1 & -3 & 3 & -2 \\ & & 2 & -2 & 2 \\ \hline & 1 & -1 & 1 & 0 \end{array}$$

$\therefore f(x)=(x-2)(x^2-x+1)$

$f(x)=0$에서 $x=2$ 또는 $x^2-x+1=0$

이때 이차방정식 $x^2-x+1=0$의 판별식을 D라 하면

$D=1-4=-3<0$에서 허근을 가지므로 삼차방정식 $f(x)=0$의 한 허근 α는 이 이차방정식의 근이다. 즉,

$\alpha^2-\alpha+1=0$ $\qquad$ ……㉠

㉠의 양변에 $\alpha+1$을 곱하면

$(\alpha+1)(\alpha^2-\alpha+1)=0$

$\alpha^3+1=0$ $\quad \therefore \alpha^3=-1$ $\quad$ ……㉡

㉠, ㉡에서

$(\alpha-1)(\alpha^2+1)(\alpha^3-1)(\alpha^4+1)(\alpha^5-1)(\alpha^6+1)$

$=\alpha^2\times\alpha\times(-1-1)(-\alpha+1)(-\alpha^2-1)(1+1)$

$=\alpha^3\times(-2)\times(-\alpha^2)\times(-\alpha)\times2$

$=-4\alpha^6=-4$ $\hfill$ 답 ②

14 $f(x)=x^3+8$이므로 방정식 $f(x)=0$에서

$x^3+8=0, (x+2)(x^2-2x+4)=0$

$\therefore x=-2$ 또는 $x^2-2x+4=0$

이때 방정식 $f(x)=0$의 세 근 α, β, γ에 대하여

$\alpha=-2$라 하면 β와 γ는 이차방정식 $x^2-2x+4=0$의 두 근이므로 근과 계수의 관계에 의하여

$\beta+\gamma=2, \beta\gamma=4$ $\qquad$ ……㉠

따라서 $g(x)=x^3-x+2$에서

$g(\alpha)=g(-2)=-8+2+2=-4$

$g(\beta)=\beta^3-\beta+2=-8-\beta+2 \ (\because \beta^3+8=0)$

$\qquad =-\beta-6$

$g(\gamma)=\gamma^3-\gamma+2=-8-\gamma+2 \ (\because \gamma^3+8=0)$

$\qquad =-\gamma-6$

$\therefore g(\alpha)g(\beta)g(\gamma)=-4(-\beta-6)(-\gamma-6)$

$\qquad\qquad =-4\{\beta\gamma+6(\beta+\gamma)+36\}$

$\qquad\qquad =-4\times(4+6\times2+36) \ (\because ㉠)$

$\qquad\qquad =-208$ $\hfill$ 답 -208

단계	채점 기준	배점
㈎	방정식 $f(x)=0$의 한 실근을 구하고, 나머지 두 근의 관계를 구한 경우	40%
㈏	$g(x)$에 $x=\alpha$, $x=\beta$, $x=\gamma$를 대입한 경우	20%
㈐	㈎에서 구한 두 근의 관계를 이용하여 $g(\alpha)g(\beta)g(\gamma)$의 값을 구한 경우	40%

• 다른 풀이 •

$g(x)=x^3-x+2=(x^3+8)-x-6=f(x)-x-6$

이때 $f(\alpha)=f(\beta)=f(\gamma)=0$이므로

$f(x)=(x-\alpha)(x-\beta)(x-\gamma)$이고,

$g(\alpha)=f(\alpha)-\alpha-6=-\alpha-6,$

$g(\beta)=f(\beta)-\beta-6=-\beta-6,$

$g(\gamma)=f(\gamma)-\gamma-6=-\gamma-6$

$\therefore g(\alpha)g(\beta)g(\gamma)=(-\alpha-6)(-\beta-6)(-\gamma-6)$

$\qquad\qquad\qquad =f(-6)=(-6)^3+8$

$\qquad\qquad\qquad =-208$

15 $x^3-1=0$에서 $(x-1)(x^2+x+1)=0$

$\therefore x=1$ 또는 $x^2+x+1=0$

이차방정식 $x^2+x+1=0$의 판별식을 D라 하면

$D=1-4=-3<0$에서 허근을 가지므로 α, β는 이 이차방정식의 두 근이다.

이때 α는 삼차방정식 $x^3-1=0$, 이차방정식 $x^2+x+1=0$의 근이므로

$\alpha^3=1, \alpha^2+\alpha+1=0$ $\qquad$ ……㉠

㉠에서 $\alpha^2+\alpha=-1, \alpha+1=-\alpha^2$이므로

$f(n)=(\alpha^2+\alpha)^n+(\alpha+1)^n=(-1)^n+(-\alpha^2)^n$

위의 식에 $n=1, 2, 3, \cdots, 6$을 차례로 대입하면

$f(1)=(-1)^1+(-\alpha^2)^1=-(1+\alpha^2)=\alpha$

$f(2)=(-1)^2+(-\alpha^2)^2=1+\alpha^4=1+\alpha=-\alpha^2$

$f(3)=(-1)^3+(-\alpha^2)^3=-1-\alpha^6=-1-1=-2$

$f(4)=(-1)^4+(-\alpha^2)^4=1+\alpha^8=1+\alpha^2=-\alpha$

$f(5)=(-1)^5+(-\alpha^2)^5=-1-\alpha^{10}=-1-\alpha=\alpha^2$

$f(6)=(-1)^6+(-\alpha^2)^6=1+\alpha^{12}=1+1=2$

$\therefore f(1)+f(2)+f(3)+\cdots+f(6)=0$

또한,

$f(7)=(-1)^7+(-\alpha^2)^7=-1-\alpha^{14}=-1-(\alpha^3)^4\alpha^2$

$\qquad =-1-\alpha^2=\alpha=f(1)$

이므로 $f(n+6)=f(n)$이다.

$\therefore F(50)=f(1)+f(2)+f(3)+\cdots+f(50)$

$\qquad =\{f(1)+f(2)+f(3)+\cdots+f(6)\}$

$\qquad\quad +\{f(7)+f(8)+f(9)+\cdots+f(12)\}$

$\qquad\quad +\cdots$

$\qquad\quad +\{f(43)+f(44)+f(45)+\cdots+f(48)\}$

$\qquad\quad +f(49)+f(50)$

$\qquad =f(49)+f(50)=f(1)+f(2)$

$\qquad =\alpha-\alpha^2$

같은 방법으로 β는 두 방정식 $x^3-1=0$, $x^2+x+1=0$의 근이므로

$\beta^3=1, \beta^2+\beta+1=0$

$\therefore g(n)=(-1)^n+(-\beta^2)^n$

위의 식에 $n=1, 2, 3, \cdots, 6$을 차례로 대입하여 정리하면

$g(1)+g(2)+g(3)+g(4)+g(5)+g(6)=0$

이고, $g(n+6)=g(n)$이므로

$G(50)=g(1)+g(2)+g(3)+\cdots+g(50)$

$\qquad =g(49)+g(50)=g(1)+g(2)$

$\qquad =\beta-\beta^2$

한편, α, β는 이차방정식 $x^2+x+1=0$의 두 근이므로 이차방정식의 근과 계수의 관계에 의하여

$\alpha+\beta=-1,\ \alpha\beta=1$

$\therefore F(50)+G(50)=\alpha-\alpha^2+\beta-\beta^2$

$\qquad=\alpha+\beta-(\alpha^2+\beta^2)$

$\qquad=\alpha+\beta-(\alpha+\beta)^2+2\alpha\beta$

$\qquad=-1-1+2=0$ 　　　　　　　　답 ③

• 다른 풀이 •

삼차방정식 $x^3-1=0$의 서로 다른 두 허근이 α, β이므로

$\alpha^3=1,\ \beta^3=1$

또한, α, β는 이차방정식 $x^2+x+1=0$의 두 근이므로

$\alpha^2+\alpha+1=0,\ \beta^2+\beta+1=0$

이차방정식의 근과 계수의 관계에 의하여

$\alpha+\beta=-1,\ \alpha\beta=1$

$f(n)+g(n)$

$=(\alpha^2+\alpha)^n+(\alpha+1)^n+(\beta^2+\beta)^n+(\beta+1)^n$

$=(-1)^n+(-\alpha^2)^n+(-1)^n+(-\beta^2)^n$

$=2\times(-1)^n+(-\alpha^2)^n+(-\beta^2)^n$

$f(1)+g(1)=2\times(-1)-\alpha^2-\beta^2$

$\qquad=-2-\alpha^2-\beta^2$

$\qquad=-2+\alpha+1+\beta+1$

$\qquad=\alpha+\beta=-1$

$f(2)+g(2)=2\times(-1)^2+(-\alpha^2)^2+(-\beta^2)^2$

$\qquad=2+\alpha^4+\beta^4=2+\alpha+\beta$

$\qquad=2+(-1)=1$

$f(3)+g(3)=2\times(-1)^3+(-\alpha^2)^3+(-\beta^2)^3$

$\qquad=-2-\alpha^6-\beta^6$

$\qquad=-2-1-1=-4$

$f(4)+g(4)=2\times(-1)^4+(-\alpha^2)^4+(-\beta^2)^4$

$\qquad=2+\alpha^8+\beta^8=2+\alpha^2+\beta^2$

$\qquad=-\{f(1)+g(1)\}=-(-1)=1$

$f(5)+g(5)=2\times(-1)^5+(-\alpha^2)^5+(-\beta^2)^5$

$\qquad=-2-\alpha^{10}-\beta^{10}=-2-\alpha-\beta$

$\qquad=-\{f(2)+g(2)\}=-1$

$f(6)+g(6)=2\times(-1)^6+(-\alpha^2)^6+(-\beta^2)^6$

$\qquad=2+\alpha^{12}+\beta^{12}=2+\alpha^6+\beta^6$

$\qquad=-\{f(3)+g(3)\}=-(-4)=4$

$\therefore \{f(1)+g(1)\}+\{f(2)+g(2)\}+\cdots$

$\qquad\qquad\qquad\qquad +\{f(6)+g(6)\}$

$\quad=-1+1+(-4)+1+(-1)+4=0$

또한,

$f(7)+g(7)=2\times(-1)^7+(-\alpha^2)^7+(-\beta^2)^7$

$\qquad=-2-\alpha^{14}-\beta^{14}=-2-\alpha^2-\beta^2$

$\qquad=f(1)+g(1)=-1$

이므로

$f(n+6)+g(n+6)=f(n)+g(n)$

$\therefore F(50)+G(50)$

$\quad=\{f(1)+f(2)+f(3)+\cdots+f(50)\}$

$\qquad\quad +\{g(1)+g(2)+g(3)+\cdots+g(50)\}$

$\quad=\{f(1)+g(1)+f(2)+g(2)+\cdots$

$\qquad\qquad\qquad\qquad +f(6)+g(6)\}$

$\qquad +\{f(7)+g(7)+f(8)+g(8)+\cdots$

$\qquad\qquad\qquad\qquad +f(12)+g(12)\}$

$\qquad +\cdots$

$\qquad +\{f(43)+g(43)+f(44)+g(44)+\cdots$

$\qquad\qquad\qquad\qquad +f(48)+g(48)\}$

$\qquad +\{f(49)+g(49)\}+\{f(50)+g(50)\}$

$\quad=\{f(49)+g(49)\}+\{f(50)+g(50)\}$

$\quad=\{f(1)+g(1)\}+\{f(2)+g(2)\}$

$\quad=-1+1=0$

16 두 연립방정식

$\begin{cases} 4x-y=a & \cdots\cdots\ ㉠ \\ x+y=4 & \cdots\cdots\ ㉡ \end{cases},\ \begin{cases} x-by=5 & \cdots\cdots\ ㉢ \\ x^2+y^2=8 & \cdots\cdots\ ㉣ \end{cases}$

은 공통근을 갖고, 이는 두 방정식 ㉡, ㉣의 공통근이므로

㉡에서 $y=-x+4$를 ㉣에 대입하면

$x^2+(-x+4)^2=8,\ 2x^2-8x+8=0$

$x^2-4x+4=0,\ (x-2)^2=0$

$\therefore x=2,\ y=2\ (\because y=-x+4)$

이것을 ㉠, ㉢에 각각 대입하면

$4\times2-2=a,\ 2-2b=5$

$\therefore a=6,\ b=-\dfrac{3}{2}$ 　　　　　답 $a=6,\ b=-\dfrac{3}{2}$

17 $\begin{cases} x+y+z=6 & \cdots\cdots\ ㉠ \\ x^2+y^2=z^2 & \cdots\cdots\ ㉡ \\ xy=-12 & \cdots\cdots\ ㉢ \end{cases}$

㉠의 양변을 제곱하면

$(x+y+z)^2$

$=x^2+y^2+z^2+2xy+2yz+2zx$

$=(x^2+y^2)+z^2+2xy+2z(x+y)$

$=z^2+z^2+2\times(-12)+2z(6-z)\ (\because ㉠, ㉡, ㉢)$

$=12z-24=36$

$12z=60\qquad \therefore z=5$

$z=5$를 ㉠에 대입하면 $x+y=1$

즉, $x+y=1,\ xy=-12$를 만족시키는 x, y는 t에 대한

이차방정식 $t^2-t-12=0$의 두 근이므로

$(t+3)(t-4)=0\qquad \therefore t=-3$ 또는 $t=4$

따라서 $x=-3,\ y=4$ 또는 $x=4,\ y=-3$이므로

$|\alpha|+|\beta|+|\gamma|=3+4+5=12$ 　　　　　답 12

• 다른 풀이 1 •

㉠에서 $z=6-(x+y)$이므로

$z^2=\{6-(x+y)\}^2$

이것을 ㉡에 대입하면

$x^2+y^2=36-12(x+y)+(x+y)^2$

$x^2+y^2=36-12(x+y)+x^2+2xy+y^2$

$36-12(x+y)+2\times(-12)=0\ (\because ㉢)$

$12(x+y)=12$ ∴ $x+y=1$
©과 $x+y=1$을 연립하여 풀면
$x=-3$, $y=4$ 또는 $x=4$, $y=-3$
한편, $z=6-(x+y)=6-1=5$이므로
$|x|+|y|+|z|=3+4+5=12$

•다른 풀이 2•
㉠에서 $x+y=6-z$ ……㉣
㉡에서 $(x+y)^2-2xy=z^2$
㉢, ㉣을 위의 식에 대입하면
$(6-z)^2-2\times(-12)=z^2$
$12z=60$ ∴ $z=5$
즉, $x^2+y^2=25$, $xy=-12$이므로
$(|x|+|y|)^2=x^2+2|xy|+y^2$
$=25+24=49$
∴ $|x|+|y|=7$
∴ $|x|+|y|+|z|=7+5=12$

18 $(x+1)(y+1)=k$에서
$xy+(x+y)+1-k=0$ ……㉠
$(x-2)(y-2)=k$에서
$xy-2(x+y)+4-k=0$ ……㉡
㉠-㉡을 하면
$3(x+y)-3=0$ ∴ $x+y=1$
$y=1-x$를 ㉠에 대입하면
$x(1-x)+2-k=0$
∴ $x^2-x+k-2=0$
위의 이차방정식이 실근을 가져야 하므로 이 이차방정식
의 판별식을 D라 하면 $D=(-1)^2-4(k-2)\geq0$에서
$-4k\geq-9$ ∴ $k\leq\dfrac{9}{4}$

따라서 구하는 실수 k의 최댓값은 $\dfrac{9}{4}$이다. 답 ④

19 (i) $x<y$일 때,
$\begin{cases} x^2-y-3=-2y \\ 2x^2+y-3=-y \end{cases}$에서 $\begin{cases} x^2+y=3 \\ x^2+y=\dfrac{3}{2} \end{cases}$

이 연립방정식을 만족시키는 실수 x, y의 값은 존재하
지 않는다.
(ii) $x\geq y$일 때,
$\begin{cases} x^2-y-3=-2x & ……㉠ \\ 2x^2+y-3=-x & ……㉡ \end{cases}$
㉠+㉡을 하면
$3x^2-6=-3x$, $x^2+x-2=0$
$(x+2)(x-1)=0$
∴ $x=-2$ 또는 $x=1$
$x=-2$를 ㉠에 대입하면
$4-y-3=4$ ∴ $y=-3$

$x=1$을 ㉠에 대입하면
$1-y-3=-2$ ∴ $y=0$
이때 $\alpha\beta\neq0$이므로 $x=1$, $y=0$은 성립하지 않는다.
(i), (ii)에서 주어진 방정식의 해는 $x=-2$, $y=-3$이므로
$\alpha=-2$, $\beta=-3$
∴ $\alpha\beta=6$ 답 ⑤

20 직각삼각형에서 직각을 낀 두 변의 길이를 각각 x, y라
하면 다음 그림에서
$\begin{cases} x^2+y^2=13^2 & ……㉠ \\ (x-2)+(y-2)=13 & ……㉡ \end{cases}$

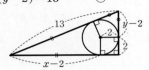

㉡에서 $y=17-x$이므로 이것을 ㉠에 대입하면
$x^2+(17-x)^2=13^2$
$2x^2-34x+120=0$
$x^2-17x+60=0$, $(x-5)(x-12)=0$
∴ $x=5$ 또는 $x=12$
∴ $\begin{cases} x=5 \\ y=12 \end{cases}$ 또는 $\begin{cases} x=12 \\ y=5 \end{cases}$ (∵ ㉡)
따라서 직각을 낀 두 변의 길이의 차는
$12-5=7$ 답 ②

•다른 풀이•
㉡에서 $x+y=17$이므로
$2xy=(x+y)^2-(x^2+y^2)$
$=17^2-13^2=120$
∴ $|x-y|=\sqrt{(x+y)^2-4xy}$
$=\sqrt{17^2-2\times120}$
$=\sqrt{49}=7$

21 정육면체 모양의 그릇 A의 한 모서리의 길이를 a $(a>1)$
라 하면 직육면체 모양의 그릇 B는 그릇 A보다 밑면의
가로의 길이는 1만큼 길고, 세로의 길이는 1만큼 짧으며
높이는 같으므로 그릇 B의 가로, 세로의 길이와 높이는
각각 $a+1$, $a-1$, a이다.
이때 두 그릇 A, B의 부피는 각각 a^3, $a(a^2-1)$이고, 그
릇 B의 부피는 그릇 A의 부피의 $\dfrac{15}{16}$이므로

$a(a^2-1)=\dfrac{15}{16}a^3$

$16a^3-16a=15a^3$, $a^3-16a=0$
$a(a+4)(a-4)=0$
∴ $a=4$ (∵ $a>1$)
따라서 두 그릇의 높이는 4이다. 답 ①

22 오른쪽 그림과 같이 정육면체에서 파낸 정사각뿔의 각 꼭짓점을 A, B, C, D, E라 하고, 점 A에서 밑면 BCDE에 내린 수선의 발을 H, 변 BC의 중점을 M이라 하자.

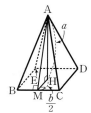

$\overline{AH}=a$, $\overline{HM}=\dfrac{b}{2}$이므로

삼각형 AMH에서

$$\overline{AM}=\sqrt{a^2+\dfrac{b^2}{4}}$$

$$\therefore \triangle ABC=\dfrac{1}{2}\times b\times\sqrt{a^2+\dfrac{b^2}{4}}=\dfrac{b}{2}\sqrt{a^2+\dfrac{b^2}{4}}$$

정육면체에서 정사각뿔을 파내고 남은 입체도형의 겉넓이는 정육면체의 바깥 부분과 정사각뿔의 옆면의 넓이의 합과 같으므로

$$(\text{겉넓이})=5a^2+(a^2-b^2)+4\times\dfrac{b}{2}\sqrt{a^2+\dfrac{b^2}{4}}$$
$$=6a^2-b^2+2b\sqrt{a^2+\dfrac{b^2}{4}}$$

이 값이 $50+4\sqrt{10}$과 같고 a, b는 유리수이므로

$$6a^2-b^2=50 \quad\cdots\cdots\text{㉠}$$
$$2b\sqrt{a^2+\dfrac{b^2}{4}}=4\sqrt{10} \quad\cdots\cdots\text{㉡}$$

㉡의 양변을 제곱하면

$$4b^2\left(a^2+\dfrac{b^2}{4}\right)=160$$
$$\therefore b^2\left(a^2+\dfrac{b^2}{4}\right)=40$$

㉠에서 $a^2=\dfrac{b^2+50}{6}$이므로 이것을 위의 식에 대입하면

$$b^2\left(\dfrac{b^2+50}{6}+\dfrac{b^2}{4}\right)=40$$

$b^4+20b^2-96=0$, $(b^2+24)(b^2-4)=0$

$\therefore b^2=4$ $(\because b^2>0)$, $a^2=\dfrac{4+50}{6}=9$

$\therefore a=3$, $b=2$

따라서 입체도형의 부피는 정육면체의 부피에서 정사각뿔의 부피를 빼면 되므로

$$3^3-\dfrac{1}{3}\times 2^2\times 3=23$$

답 23

23 해결단계

❶단계	두 원의 반지름의 길이를 r이라 하고 $\overline{BC}$의 길이를 구한다.
❷단계	l과 S를 r에 대한 식으로 나타낸다.
❸단계	r의 값을 구하여 $\overline{BD}^2$의 값을 구한다.

두 선분 AB, CD를 지름으로 하는 원을 각각 C_1, C_2라 하고, 두 선분 AB, DC의 중점을 각각 M, N이라 하면 두 점 M, N은 각각 두 원 C_1, C_2의 중심이다.

이때 $\overline{AB}=\overline{CD}$이므로 두 원 C_1, C_2는 반지름의 길이가 같다.

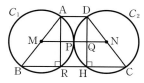

두 원 C_1, C_2가 오직 한 점에서 만나므로 이 점을 P라 하고 두 점 A, D에서 선분 BC에 내린 수선의 발을 각각 R, H, 두 선분 MN과 DH의 교점을 Q라 하자.

점 P는 선분 MN의 중점이고 $\overline{AD}=\overline{RH}=4$이므로

$\overline{PQ}=2$

원의 반지름의 길이를 r이라 하면 $\overline{QN}=r-2$이고,

$\triangle NDQ\backsim\triangle CDH$ (AA 닮음)이므로

$\overline{HC}=2\overline{QN}=2r-4$ $\quad\therefore \overline{BR}=2r-4$

$$\therefore \overline{BC}=\overline{BR}+\overline{RH}+\overline{HC}=(2r-4)+4+(2r-4)$$
$$=4r-4$$

즉, 사각형 ABCD의 둘레의 길이 l은

$$l=\overline{AD}+\overline{AB}+\overline{BC}+\overline{CD}$$
$$=4+2r+(4r-4)+2r=8r$$

한편, $\triangle CDH$에서 피타고라스 정리에 의하여

$$\overline{DH}=\sqrt{\overline{CD}^2-\overline{HC}^2}=\sqrt{(2r)^2-(2r-4)^2}=\sqrt{16r-16}$$

사각형 ABCD의 넓이 S는

$$S=\dfrac{1}{2}\times\{4+(4r-4)\}\times\sqrt{16r-16}$$
$$=2r\sqrt{16r-16}$$

이때 $S^2+8l=6720$이므로

$4r^2(16r-16)+8\times 8r=6720$

$r^3-r^2+r-105=0$

$(r-5)(r^2+4r+21)=0$

$\therefore r=5$

따라서 직각삼각형 BHD에서

$\overline{BH}=\overline{BR}+\overline{RH}=(2r-4)+4=2r=10$,

$\overline{DH}=\sqrt{16r-16}=8$이므로

$$\overline{BD}^2=\overline{BH}^2+\overline{DH}^2$$
$$=10^2+8^2=164$$

답 164

24 두 이차방정식 $x^2+px+q=0$, $x^2+qx+p=0$의 공통근을 k라 하면

$k^2+pk+q=0 \quad\cdots\cdots\text{㉠}$, $k^2+qk+p=0 \quad\cdots\cdots\text{㉡}$

㉠-㉡을 하면

$(p-q)k-(p-q)=0$

$(p-q)(k-1)=0$ $\quad\therefore k=1$ $(\because p\ne q)$

주어진 두 이차방정식의 공통이 아닌 두 근의 비가 $1:3$이므로 한 근을 α라 하면 다른 한 근은 3α이다.

이때 α는 이차방정식 $x^2+px+q=0$의 근, 3α는 이차방정식 $x^2+qx+p=0$의 근이므로 근과 계수의 관계에 의하여

$\alpha+1=-p$, $\alpha=q \quad\cdots\cdots\text{㉢}$

$3\alpha+1=-q$, $3\alpha=p \quad\cdots\cdots\text{㉣}$

㉢, ㉣에서 $\alpha+1=-3\alpha$이므로

$4\alpha=-1$ $\quad\therefore \alpha=-\dfrac{1}{4}$

$3a=p$, $a=q$이므로 $p=-\dfrac{3}{4}$, $q=-\dfrac{1}{4}$

$\therefore 32(p^2-q^2)=32\times\left(\dfrac{9}{16}-\dfrac{1}{16}\right)=16$　　　　답 16

• 다른 풀이 •

*에서 주어진 두 이차방정식의 공통근이 $x=1$이므로 이것을 이차방정식 $x^2+px+q=0$에 대입하면

$1+p+q=0$

$\therefore q=-p-1$　　　　　$\cdots\cdots$ ㉤

㉤을 두 이차방정식 $x^2+px+q=0$, $x^2+qx+p=0$에 대입하면

$x^2+px+q=0$에서 $x^2+px-p-1=0$

$(x-1)(x+p+1)=0$

$\therefore x=1$ 또는 $x=-p-1$

$x^2+qx+p=0$에서 $x^2-(p+1)x+p=0$

$(x-1)(x-p)=0$

$\therefore x=1$ 또는 $x=p$

이때 주어진 두 이차방정식의 공통이 아닌 두 근의 비가 $1:3$이므로

$(-p-1):p=1:3$, $p=3(-p-1)$

$4p=-3$　　　$\therefore p=-\dfrac{3}{4}$

이것을 ㉤에 대입하면

$q=-p-1=\dfrac{3}{4}-1=-\dfrac{1}{4}$

$\therefore 32(p^2-q^2)=32\times\left(\dfrac{9}{16}-\dfrac{1}{16}\right)=16$

25 두 이차방정식 $x^2+ax+\dfrac{1}{a}=0$, $x^2+bx+\dfrac{1}{b}=0$의 공통근이 α이므로

$\alpha^2+a\alpha+\dfrac{1}{a}=0$　$\cdots\cdots$ ㉠, $\alpha^2+b\alpha+\dfrac{1}{b}=0$　$\cdots\cdots$ ㉡

㉠$-$㉡을 하면

$(a-b)\alpha+\dfrac{1}{a}-\dfrac{1}{b}=0$, $(a-b)\alpha-\dfrac{a-b}{ab}=0$

$(a-b)\left(\alpha-\dfrac{1}{ab}\right)=0$

$\therefore \alpha=\dfrac{1}{ab}$ $(\because a\neq b)$ ......*

이때 $a+b=1$에서 $b=1-a$이므로

$\alpha=\dfrac{1}{a(1-a)}$

이것을 ㉠에 대입하면

$\dfrac{1}{a^2(1-a)^2}+\dfrac{1}{1-a}+\dfrac{1}{a}=0$

위의 식의 양변에 $a^2(1-a)^2$을 곱하면

$1+a^2(1-a)+a(1-a)^2=0$

$-a^2+a+1=0$

$\therefore a-a^2=-1$

$\therefore \alpha=\dfrac{1}{a-a^2}=\dfrac{1}{-1}=-1$　　　　답 -1

• 다른 풀이 1 •

*에서 $\alpha=\dfrac{1}{ab}$은 이차방정식 $x^2+ax+\dfrac{1}{a}=0$의 근이므로 이 식에 대입하면

$\dfrac{1}{(ab)^2}+\dfrac{1}{b}+\dfrac{1}{a}=0$, $\dfrac{1}{(ab)^2}+\dfrac{a+b}{ab}=0$

이때 $a+b=1$이므로

$\dfrac{1}{(ab)^2}+\dfrac{1}{ab}=0$, $1+ab=0$

$\therefore ab=-1$

$\therefore \alpha=\dfrac{1}{ab}=-1$

• 다른 풀이 2 •

㉠의 양변에 a를 곱하면

$a\alpha^2+a^2\alpha+1=0$　　$\cdots\cdots$ ㉢

㉡의 양변에 b를 곱하면

$a b^2+a^2 b+1=0$　　$\cdots\cdots$ ㉣

㉢, ㉣에서 두 상수 a, b는 이차방정식 $\alpha x^2+\alpha^2 x+1=0$의 서로 다른 두 실근이므로 근과 계수의 관계에 의하여

$a+b=-\dfrac{\alpha^2}{\alpha}=-\alpha$

이때 $a+b=1$이므로 $-\alpha=1$

$\therefore \alpha=-1$

26 ㄱ. 이차방정식의 근과 계수의 관계에 의하여 이차방정식

$ax^2-bx+c=0$의 두 근의 곱은 $\dfrac{c}{a}$이고, 이차방정식

$ax^2-2bx+c=0$의 두 근의 곱도 $\dfrac{c}{a}$이므로 서로 같다.

(참)

ㄴ. 두 이차방정식의 실수인 공통근을 $x=\alpha$라 하고 두 이차방정식에 각각 대입하면

$a\alpha^2-b\alpha+c=0$　　$\cdots\cdots$ ㉠

$a\alpha^2-2b\alpha+c=0$　　$\cdots\cdots$ ㉡

㉠$-$㉡을 하면

$b\alpha=0$

이때 $ac>0$에서 $c\neq0$이므로 주어진 두 이차방정식은 0을 근으로 갖지 않는다. 즉, $\alpha\neq0$이므로

$b=0$

㉠에서 $a\alpha^2+c=0$이므로 $\alpha^2=-\dfrac{c}{a}$

그런데 $ac>0$에서 a와 c는 같은 부호이므로

$\alpha^2<0$

즉, α가 실수라는 조건에 모순이다.

따라서 $ac>0$이면 두 이차방정식은 실수인 공통근을 갖지 않는다. (참)

ㄷ. (반례) $a=1$, $b=\sqrt{3}$, $c=1$일 때 이차방정식

$ax^2-bx+c=0$, 즉 $x^2-\sqrt{3}x+1=0$의 판별식을 D라 하면

$D=3-4=-1<0$

이므로 허근을 갖지만 이차방정식 $ax^2-2bx+c=0$,

즉 $x^2-2\sqrt{3}x+1=0$의 판별식을 D'이라 하면

$\dfrac{D'}{4}=3-1=2>0$

이므로 실근을 갖는다. (거짓)

따라서 옳은 것은 ㄱ, ㄴ이다.　　　　　　　　　답 ②

27 방정식 $(x-\alpha)(x-\beta)(x-\gamma)(x-\delta)=49$의 한 근이 2

이므로

$(2-\alpha)(2-\beta)(2-\gamma)(2-\delta)=49$

네 수 α, β, γ, δ는 서로 다른 정수이므로 $2-\alpha$, $2-\beta$,

$2-\gamma$, $2-\delta$도 서로 다른 정수이다.

이때 49를 서로 다른 네 정수의 곱으로 나타내면

$49=(-1)\times1\times(-7)\times7$이므로 $2-\alpha$, $2-\beta$, $2-\gamma$,

$2-\delta$는 각각 -1, 1, -7, 7 중에서 하나의 값을 갖는다.

$(2-\alpha)+(2-\beta)+(2-\gamma)+(2-\delta)=-1+1-7+7$

　　　　　　　　　　　　　　　　　　　　　$=0$

$\therefore \alpha+\beta+\gamma+\delta=8$　　　　　　　　답 ④

28 $\sqrt{x}+\sqrt{y}=\sqrt{4+\sqrt{z}}$의 양변을 제곱하면

$x+y+2\sqrt{xy}=4+\sqrt{z}$, $x+y+\sqrt{4xy}=4+\sqrt{z}$

x, y, z는 양의 정수이고, $\sqrt{z}$는 무리수이므로

$x+y=4$, $z=4xy$

$x+y=4$를 만족시키는 양의 정수 x, y의 순서쌍 (x, y)는

$(1, 3)$, $(2, 2)$, $(3, 1)$

그런데 $x=2$, $y=2$이면 $\sqrt{z}=4$이므로 $\sqrt{z}$가 무리수라는

조건에 모순이다.

$\therefore z=4\times1\times3=12$　　　　　　　　답 ③

29 $x^2+2mx+2m^2-2=0$에서

$x=-m\pm\sqrt{m^2-(2m^2-2)}$

　$=-m\pm\sqrt{-m^2+2}$

이때 x가 정수이려면 $-m^2+2\geq0$이어야 하므로

$m^2\leq2$　　$\therefore -\sqrt{2}\leq m\leq\sqrt{2}$

m은 정수이므로 조건을 만족시키는 정수 m의 값은

$m=-1$ 또는 $m=0$ 또는 $m=1$

(ⅰ) $m=-1$일 때,

　$x^2-2x=0$, $x(x-2)=0$

　$\therefore x=0$ 또는 $x=2$

(ⅱ) $m=0$일 때,

　$x^2-2=0$　$\therefore x=\pm\sqrt{2}$

　그런데 x는 정수이어야 하므로 조건을 만족시키지 않

　는다.

(ⅲ) $m=1$일 때,

　$x^2+2x=0$, $x(x+2)=0$

　$\therefore x=-2$ 또는 $x=0$

(ⅰ), (ⅱ), (ⅲ)에서 조건을 만족시키는 정수 m은 -1, 1의 2

개이다.　　　　　　　　　답 2

•다른 풀이•

x에 대한 이차방정식 $x^2+2mx+2m^2-2=0$의 두 근을

α, β라 하면 근과 계수의 관계에 의하여

$\alpha+\beta=-2m$

$\therefore m=-\dfrac{\alpha+\beta}{2}$　　……㉠

$\alpha\beta=2m^2-2$

$\therefore m^2=\dfrac{\alpha\beta+2}{2}$　　……㉡

㉠을 ㉡에 대입하면

$\left(-\dfrac{\alpha+\beta}{2}\right)^2=\dfrac{\alpha\beta+2}{2}$

$\dfrac{\alpha^2+2\alpha\beta+\beta^2}{4}=\dfrac{\alpha\beta+2}{2}$

$\dfrac{\alpha^2+\beta^2}{4}=1$　　$\therefore \alpha^2+\beta^2=4$

이 방정식을 만족시키는 정수 α, β는

$\begin{cases}\alpha=2\\\beta=0\end{cases}$ 또는 $\begin{cases}\alpha=0\\\beta=2\end{cases}$ 또는 $\begin{cases}\alpha=-2\\\beta=0\end{cases}$ 또는 $\begin{cases}\alpha=0\\\beta=-2\end{cases}$

(ⅰ) $\begin{cases}\alpha=2\\\beta=0\end{cases}$ 또는 $\begin{cases}\alpha=0\\\beta=2\end{cases}$일 때,

　㉠에 대입하면 $m=-1$

(ⅱ) $\begin{cases}\alpha=-2\\\beta=0\end{cases}$ 또는 $\begin{cases}\alpha=0\\\beta=-2\end{cases}$일 때,

　㉠에 대입하면 $m=1$

(ⅰ), (ⅱ)에서 조건을 만족시키는 정수 m은 -1과 1의 2개

이다.

30 방정식 $(x^2+y^2+x-3y-2)^2+(xy-2x+2y-7)^2=0$

에서 x, y가 정수이므로

$x^2+y^2+x-3y-2=0$　　……㉠

$xy-2x+2y-7=0$　　……㉡

㉡에서 $xy-2x+2y-4=3$

$x(y-2)+2(y-2)=3$, $(x+2)(y-2)=3$

$x+2$, $y-2$는 정수이므로 $x+2$, $y-2$의 값을 표로 나타

내면 다음과 같다.

$x+2$	-3	-1	1	3
$y-2$	-1	-3	3	1

즉, ㉡을 만족시키는 순서쌍 (x, y)는 $(-5, 1)$,

$(-3, -1)$, $(-1, 5)$, $(1, 3)$이고, 이 중에서 ㉠을 만족

시키는 순서쌍 (x, y)는 $(1, 3)$이다.

$\therefore x+y=4$　　　　　　　　답 4

01 11	02 -100	03 17	04 252	05 -4
06 21	07 45	08 6	09 46	

10 x의 최댓값: $\dfrac{7}{3}$, $y=z=\dfrac{4}{3}$

11 갑: $200\sqrt{3}$ m/분, 을: $250\sqrt{3}$ m/분 12 88

01 해결단계

❶단계	주어진 삼차방정식을 인수분해하여 세 실근을 1, α, β로 놓고, 이차방정식의 근과 계수의 관계를 이용하여 α, β 사이의 관계식을 구한다.
❷단계	1, α, β가 직각삼각형의 세 변의 길이임을 이용하여 경우를 나누고 그때의 삼각형의 넓이를 각각 구한다.
❸단계	조건을 만족시키는 경우를 찾아 p, q의 값을 각각 구한 후, $p+q$의 값을 계산한다.

$f(x)=x^3-3x^2+(k+2)x-k$라 하면 $f(1)=0$이므로 조립제법을 이용하여 인수분해하면

$$\begin{array}{r|rrr} 1 & 1 & -3 & k+2 & -k \\ & & 1 & -2 & k \\ \hline & 1 & -2 & k & 0 \end{array}$$

$\therefore f(x)=(x-1)(x^2-2x+k)$

$f(x)=0$에서 $x=1$ 또는 $x^2-2x+k=0$

방정식 $f(x)=0$의 세 실근을 1, α, β $(\alpha>\beta)$라 하자.

α, β는 이차방정식 $x^2-2x+k=0$의 두 실근이므로 판별식을 D라 하면

$\dfrac{D}{4}=(-1)^2-k>0$ $\therefore k<1$ $\cdots\cdots$ ㉠

또한, 이차방정식의 근과 계수의 관계에 의하여

$\alpha+\beta=2$, $\alpha\beta=k$ $\cdots\cdots$ ㉡

한편, 세 실근 1, α, β가 직각삼각형의 세 변의 길이이므로 피타고라스 정리를 만족시켜야 한다.

(ⅰ) 빗변의 길이가 1인 경우

피타고라스 정리에 의하여

$\alpha^2+\beta^2=1$, $(\alpha+\beta)^2-2\alpha\beta=1$

$4-2k=1$ $(\because$ ㉡$)$ $\therefore k=\dfrac{3}{2}$

그런데 $k>1$이므로 ㉠을 만족시키지 않는다.

(ⅱ) 빗변의 길이가 α인 경우

피타고라스 정리에 의하여

$\alpha^2=1+\beta^2$, $\alpha^2-\beta^2=1$

$(\alpha-\beta)(\alpha+\beta)=1$ $\therefore \alpha-\beta=\dfrac{1}{2}$ $(\because$ ㉡$)$

이 식과 $\alpha+\beta=2$를 연립하여 풀면

$\alpha=\dfrac{5}{4}$, $\beta=\dfrac{3}{4}$ $\therefore k=\dfrac{15}{16}$ $(\because$ ㉡$)$

즉, ㉠을 만족시키므로 이때의 직각삼각형의 넓이는

$\dfrac{1}{2}\times1\times\beta=\dfrac{1}{2}\times1\times\dfrac{3}{4}=\dfrac{3}{8}$

(ⅰ), (ⅱ)에서 구하는 삼각형의 넓이는 $\dfrac{3}{8}$이므로

$p=8$, $q=3$ $\therefore p+q=11$ 답 11

02 해결단계

❶단계	$\alpha_k(k=1, 2, 3, \cdots, 100)$가 주어진 방정식의 근임을 이용하여 $\alpha_k{}^{100}$을 α_k에 대한 식으로 나타낸다.
❷단계	근과 계수의 관계를 이용하여 $\alpha_1+\alpha_2+\alpha_3+\cdots+\alpha_{100}$의 값을 구한다.
❸단계	❶, ❷단계에서 구한 것을 이용하여 주어진 식의 값을 구한다.

방정식 $x^{100}-10x+1=0$의 근이 α_1, α_2, α_3, $\cdots$, α_{100}이므로 $\alpha_k{}^{100}-10\alpha_k+1=0$ $(k=1, 2, 3, \cdots, 100)$

$\therefore \alpha_k{}^{100}=10\alpha_k-1$

또한, 근과 계수의 관계에 의하여

$\alpha_1+\alpha_2+\alpha_3+\cdots+\alpha_{100}=0$

$\therefore \alpha_1{}^{100}+\alpha_2{}^{100}+\alpha_3{}^{100}+\cdots+\alpha_{100}{}^{100}$

$=(10\alpha_1-1)+(10\alpha_2-1)+(10\alpha_3-1)+\cdots$

$\qquad\qquad\qquad\qquad\qquad\qquad +(10\alpha_{100}-1)$

$=10(\alpha_1+\alpha_2+\alpha_3+\cdots+\alpha_{100})-100$

$=-100$ 답 -100

03 해결단계

❶단계	$a^3+b^3+c^3=3abc$를 이용하여 $a=b=c$임을 구한다.
❷단계	방정식 $x^2-x+1=0$을 이용하여 $x^3=-1$임을 구한다.
❸단계	$x^{2000}-x^{151}+18$의 값을 구한다.

$a^3+b^3+c^3=3abc$에서 $a^3+b^3+c^3-3abc=0$

$(a+b+c)(a^2+b^2+c^2-ab-bc-ca)=0$

$a^2+b^2+c^2-ab-bc-ca=0$ $(\because a+b+c\neq0)$

$\dfrac{1}{2}\{(a-b)^2+(b-c)^2+(c-a)^2\}=0$

$\therefore (a-b)^2+(b-c)^2+(c-a)^2=0$

그런데 a, b, c는 양의 실수이므로

$a-b=0$, $b-c=0$, $c-a=0$ $\therefore a=b=c$

즉,

$ax^2-bx+c=ax^2-ax+a=a(x^2-x+1)=0$

이므로 $x^2-x+1=0$ $(\because a>0)$

위의 식의 양변에 $x+1$을 곱하면

$(x+1)(x^2-x+1)=0$, $x^3+1=0$

$x^3=-1$ $\therefore x^6=1$

$\therefore x^{2000}-x^{151}+18=x^2(x^6)^{333}-x(x^6)^{25}+18$

$\qquad\qquad\qquad\quad =x^2-x+18$

$\qquad\qquad\qquad\quad =(x^2-x+1)+17$

$\qquad\qquad\qquad\quad =17$ $(\because x^2-x+1=0)$ 답 17

04 해결단계

❶단계	아들이 1시간 동안 만드는 공예품의 개수를 y라 하고, 아버지가 1시간 동안 만드는 공예품의 개수를 구한다.
❷단계	x시간 동안 아버지와 아들이 만드는 공예품의 개수의 합이 360임을 이용하여 방정식을 세운다.
❸단계	아들 혼자 180개의 공예품을 만드는 데 $(x+3)$시간이 걸리는 것을 이용하여 방정식을 세운다.
❹단계	연립방정식을 풀어 x, y의 값을 각각 구한 후 아들이 180개의 공예품을 만드는 동안 아버지가 만들 수 있는 공예품의 개수를 구한다.

아들이 1시간 동안 만드는 공예품의 개수를 y라 하면 아버지가 1시간 동안 만드는 공예품의 개수는 $y+4$이다.

아들과 아버지가 x시간 동안 만드는 공예품의 개수는 각각 xy, $x(y+4)$이고 그 합이 360이므로

$xy+x(y+4)=360$

$\therefore xy+2x=180$ ...... ㉠

아들이 혼자 180개의 공예품을 만드는 데 걸리는 시간이 $(x+3)$시간이므로

$(x+3)y=180$

$\therefore xy+3y=180$ ...... ㉡

㉠, ㉡에서 $xy+2x=xy+3y$이므로

$y=\dfrac{2}{3}x$

이것을 ㉠에 대입하면

$\dfrac{2}{3}x^2+2x=180$

$x^2+3x-270=0$

$(x+18)(x-15)=0$

$\therefore x=15\ (\because x>0),\ y=10$

따라서 아버지가 1시간 동안 만드는 공예품의 개수가 14이고, 아들이 혼자 180개의 공예품을 만드는 데 걸리는 시간은 18시간이므로 아버지가 18시간 동안 만들 수 있는 공예품의 개수는

$18\times14=252$ **답 252**

05 해결단계

❶단계	$x^2=t$로 놓고 주어진 방정식을 푼다.
❷단계	주어진 방정식이 실근과 허근을 모두 갖도록 하는 a의 값의 범위를 구한다.
❸단계	주어진 방정식이 정수인 근을 갖도록 하는 a의 값의 합을 구한다.

$x^4+(1-2a)x^2+a^2-a-12=0$에서

$x^2=t$로 놓으면

$t^2+(1-2a)t+a^2-a-12=0$

$t^2+(1-2a)t+(a-4)(a+3)=0$

$(t-a+4)(t-a-3)=0$

즉, $(x^2-a+4)(x^2-a-3)=0$이므로

$x^2=a-4$ 또는 $x^2=a+3$

방정식 $x^2=a-4$는 $a-4\geq0$이면 실근을 갖고,

$a-4<0$이면 허근을 갖는다.

방정식 $x^2=a+3$은 $a+3\geq0$이면 실근을 갖고,

$a+3<0$이면 허근을 갖는다.

따라서 방정식 $x^4+(1-2a)x^2+a^2-a-12=0$이 실근과 허근을 모두 가지므로 $a+3\geq0$, $a-4<0$이어야 한다.

$\therefore -3\leq a<4$ ...... ㉠

이때 방정식이 정수인 근을 가지려면 $x^2=a+3$에서

$a+3$이 제곱수이어야 하고, $0\leq a+3<7\ (\because$ ㉠)이므로

$a+3$의 값은 0 또는 1 또는 4이다.

$a+3=0$일 때, $a=-3$

$a+3=1$일 때, $a=-2$

$a+3=4$일 때, $a=1$

따라서 조건을 만족시키는 실수 a의 값이 -3, -2, 1이므로 구하는 합은

$-3+(-2)+1=-4$ **답 -4**

06 해결단계

❶단계	주어진 방정식을 인수분해한 후, $(a+1)(b+1)(c+1)$의 값을 구한다.
❷단계	a, b, c가 삼각형의 세 변의 길이임을 이용하여 $a+b+c$의 값을 구한다.
❸단계	삼각형 ABC의 넓이를 이용하여 내접원의 반지름의 길이의 제곱을 구한다.

$ab+a+b=14$에서 $ab+a+b+1=15$

$\therefore (a+1)(b+1)=15$ ...... ㉠

$bc+b+c=29$에서 $bc+b+c+1=30$

$\therefore (b+1)(c+1)=30$ ...... ㉡

$ac+a+c=17$에서 $ac+a+c+1=18$

$\therefore (a+1)(c+1)=18$ ...... ㉢

㉠, ㉡, ㉢을 변끼리 곱하면

$\{(a+1)(b+1)(c+1)\}^2=15\times30\times18=90^2$

$\therefore (a+1)(b+1)(c+1)=90\ (\because a, b, c$는 자연수$)$

이때 서로 다른 세 자연수 a, b, c는 삼각형의 세 변의 길이이므로 두 변의 길이의 합이 나머지 한 변의 길이보다 커야 한다.

즉, $a+1$, $b+1$, $c+1$은 각각 3, 5, 6 중에서 하나의 값을 가지므로

$(a+1)+(b+1)+(c+1)=3+5+6$

$\therefore a+b+c=11$

한편, 오른쪽 그림과 같이 삼각형 ABC의 내접원의 중심을 R이라 하면

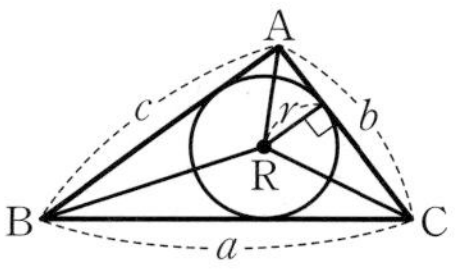

$\triangle ABC$

$=\triangle ABR+\triangle BCR+\triangle CAR$

이고

$\triangle ABC=\dfrac{\sqrt{231}}{4}$이므로

$\dfrac{\sqrt{231}}{4}=\dfrac{1}{2}cr+\dfrac{1}{2}ar+\dfrac{1}{2}br$

$\dfrac{\sqrt{231}}{4}=\dfrac{1}{2}r(a+b+c)$

$\dfrac{\sqrt{231}}{4}=\dfrac{1}{2}r\times11\ (\because a+b+c=11)$

$\therefore r=\dfrac{\sqrt{231}}{22}$

따라서 $r^2=\left(\dfrac{\sqrt{231}}{22}\right)^2=\dfrac{21}{44}$이므로

$44r^2=21$ **답 21**

07

❶단계	계수가 실수인 삼차방정식의 한 근이 $1-\sqrt{2}i$이면 $1+\sqrt{2}i$ 도 근임을 이해하고, 나머지 한 근을 α라 한 후, 근과 계수의 관계를 이용한다.
❷단계	하나의 공통근을 갖기 위해서는 실근이 공통근이어야 함을 이해한 후, 공통근을 구한다.
❸단계	❷단계에서 구한 공통근을 이용하여 a, b, c의 값을 구한 후, abc의 값을 계산한다.

세 실수 a, b, c에 대하여 삼차방정식 $x^3+ax^2+bx+c=0$
의 한 근이 $1-\sqrt{2}i$이므로 $1+\sqrt{2}i$도 이 삼차방정식의 근
이다.

나머지 한 근을 α라 하면 삼차방정식의 근과 계수의 관계
에 의하여

$(1-\sqrt{2}i)+(1+\sqrt{2}i)+\alpha=-a$

$\therefore a=-(2+\alpha)$ ······㉠

$(1-\sqrt{2}i)(1+\sqrt{2}i)+(1+\sqrt{2}i)\times\alpha+\alpha\times(1-\sqrt{2}i)=b$

$\therefore b=2\alpha+3$ ······㉡

$(1-\sqrt{2}i)(1+\sqrt{2}i)\alpha=-c$ $\quad\therefore c=-3\alpha$ ······㉢

그런데 주어진 두 방정식이 허근을 공통근으로 가지면 켤레
복소수도 반드시 공통근이 되므로 2개의 공통근을 갖는다.

따라서 공통근은 α이므로 이차방정식 $x^2+ax+2=0$은
α를 근으로 갖는다.

$\therefore \alpha^2+a\alpha+2=0$ ······㉣

㉠을 ㉣에 대입하면 $\alpha^2-(2+\alpha)\alpha+2=0$

$-2\alpha+2=0$ $\quad\therefore \alpha=1$

이것을 ㉠, ㉡, ㉢에 각각 대입하면

$a=-3$, $b=5$, $c=-3$

$\therefore abc=45$ **답** 45

08

❶단계	주어진 방정식의 네 근이 $\pm\alpha$, $\pm\beta$ 꼴임을 파악한다.
❷단계	α, β의 관계를 이용하여 k의 값을 구한다.
❸단계	주어진 방정식의 네 근을 구하여 p, q의 값을 구한 후, $p+q$의 값을 계산한다.

$f(x)=x^4-3x^2+k$라 하고 사차방정식 $f(x)=0$의 한 근
을 α라 하면

$f(-\alpha)=(-\alpha)^4-3(-\alpha)^2+k$

$\quad\quad\quad=\alpha^4-3\alpha^2+k$

$\quad\quad\quad=f(\alpha)$

즉, $x=-\alpha$도 사차방정식 $f(x)=0$의 근이다.

사차방정식 $f(x)=0$의 네 근을 $\pm\alpha$, $\pm\beta$라 하고, $x^2=t$
로 놓으면 이차방정식 $t^2-3t+k=0$의 두 근은 α^2, β^2이
므로 근과 계수의 관계에 의하여

$\alpha^2+\beta^2=3$, $\alpha^2\beta^2=k$

또한, 사차방정식의 두 근의 합이 1이므로 $\alpha+\beta=1$이라
하면

$(\alpha+\beta)^2=\alpha^2+\beta^2+2\alpha\beta$에서

$1=3+2\alpha\beta$ $\quad\therefore \alpha\beta=-1$

즉, $k=(\alpha\beta)^2=1$이므로 $f(x)=x^4-3x^2+1$

이때

$x^4-3x^2+1=(x^4-2x^2+1)-x^2$

$\quad\quad\quad\quad\quad=(x^2-1)^2-x^2$

$\quad\quad\quad\quad\quad=(x^2+x-1)(x^2-x-1)$

이므로 $f(x)=0$에서

$x^2+x-1=0$ 또는 $x^2-x-1=0$

$\therefore x=\dfrac{-1\pm\sqrt{5}}{2}$ 또는 $x=\dfrac{1\pm\sqrt{5}}{2}$

따라서 가장 큰 근과 가장 작은 근의 차는

$\dfrac{1+\sqrt{5}}{2}-\dfrac{-1-\sqrt{5}}{2}=1+\sqrt{5}$

이므로 $p=1$, $q=5$

$\therefore p+q=6$ **답** 6

> **BLACKLABEL 특강** 풀이 첨삭
>
> $\alpha+\beta=1$ 대신 $\alpha-\beta=1$ 또는 $-\alpha+\beta=1$ 또는 $-\alpha-\beta=1$로 놓고
> 계산해도 상관없다. α, β는 값이 정해지지 않은 수이므로 부호를 조정
> 하면 결국 다른 세 등식으로 계산했을 때와 같은 결과를 얻게 된다.

09

❶단계	주어진 삼차방정식의 좌변을 인수분해한다.
❷단계	이차방정식의 근과 계수의 관계를 이용하여 삼차방정식이 서로 다른 세 정수인 근을 갖도록 하는 조건을 파악한다.
❸단계	❷단계에서 구한 조건을 만족시키는 순서쌍 (a, b)의 개수를 구한다.

$f(x)=ax^3+2bx^2+4bx+8a$라 하면 $f(-2)=0$이므로
조립제법을 이용하여 인수분해하면

$$\begin{array}{r|rrrr} -2 & a & 2b & 4b & 8a \\ & & -2a & 4(a-b) & -8a \\ \hline & a & -2(a-b) & 4a & 0 \end{array}$$

$\therefore f(x)=(x+2)\{ax^2-2(a-b)x+4a\}$

이때 삼차방정식 $f(x)=0$이 서로 다른 세 정수를 근으로
가지려면 이차방정식 $ax^2-2(a-b)x+4a=0$은
$x\neq -2$인 서로 다른 두 정수를 근으로 가져야 한다.

이차방정식의 근과 계수의 관계에 의하여

(두 근의 합)$=\dfrac{2(a-b)}{a}$, (두 근의 곱)$=\dfrac{4a}{a}=4$

곱이 4인 서로 다른 두 정수인 근은

$x=1$, $x=4$ 또는 $x=-1$, $x=-4$

(i) 두 근이 $x=1$, $x=4$일 때,

두 근의 합은 5이므로 $\dfrac{2(a-b)}{a}=5$

$\therefore 2b=-3a$

즉, 자연수 k에 대하여 $|a|=2k$, $|b|=3k$이고 a, b
의 부호가 서로 반대이므로 $|a|\leq 50$, $|b|\leq 50$을 만
족시키는 순서쌍 (a, b)는

$(2, -3)$, $(4, -6)$, $(6, -9)$, $\cdots$, $(32, -48)$,

$(-2, 3)$, $(-4, 6)$, $(-6, 9)$, $\cdots$, $(-32, 48)$

의 32개이다.

(ii) 두 근이 $x=-1$, $x=-4$일 때,

두 근의 합은 -5이므로 $\dfrac{2(a-b)}{a}=-5$

$\therefore 2b=7a$

즉, 자연수 k'에 대하여 $|a|=2k'$, $|b|=7k'$이고 a, b의 부호가 같으므로 $|a|\leq50$, $|b|\leq50$을 만족시키는 순서쌍 (a,b)는

$(2,7)$, $(4,14)$, $(6,21)$, $\cdots$, $(14,49)$,

$(-2,-7)$, $(-4,-14)$, $(-6,-21)$, $\cdots$,

$(-14,-49)$

의 14개이다.

(i), (ii)에서 조건을 만족시키는 순서쌍 (a,b)의 개수는

$32+14=46$ **답 46**

• 다른 풀이 •

삼차방정식 $ax^3+2bx^2+4bx+8a=0$의 서로 다른 세 정수근을 각각 α, β, γ $(\alpha<\beta<\gamma)$라 하면 근과 계수의 관계에 의하여

$\alpha+\beta+\gamma=-\dfrac{2b}{a}$ ……㉠

$\alpha\beta+\beta\gamma+\gamma\alpha=\dfrac{4b}{a}$ ……㉡

$\alpha\beta\gamma=-8$

α, β, γ가 서로 다른 세 정수이므로 $\alpha\beta\gamma=-8$을 만족시키는 순서쌍 (α,β,γ)는 $(-1,1,8)$, $(-4,1,2)$, $(-2,1,4)$, $(-1,2,4)$, $(-4,-2,-1)$

㉠에서

$-2(\alpha+\beta+\gamma)=\dfrac{4b}{a}$

㉡을 위의 식에 대입하면

$-2(\alpha+\beta+\gamma)=\alpha\beta+\beta\gamma+\gamma\alpha$

이를 만족시키는 경우는

$(-2,1,4)$, $(-4,-2,-1)$

(i) (α,β,γ)가 $(-2,1,4)$일 때,

㉠에서 $-\dfrac{2b}{a}=3$이므로

$2b=-3a$

이를 만족시키는 순서쌍 (a,b)는

$(2,-3)$, $(4,-6)$, $(6,-9)$, $\cdots$, $(32,-48)$,

$(-2,3)$, $(-4,6)$, $(-6,9)$, $\cdots$, $(-32,48)$

의 32개이다.

(ii) (α,β,γ)가 $(-4,-2,-1)$일 때,

㉠에서 $-\dfrac{2b}{a}=-7$이므로

$2b=7a$

이를 만족시키는 순서쌍 (a,b)는

$(2,7)$, $(4,14)$, $(6,21)$, $\cdots$, $(14,49)$,

$(-2,-7)$, $(-4,-14)$, $(-6,-21)$, $\cdots$,

$(-14,-49)$

의 14개이다.

(i), (ii)에서 조건을 만족시키는 순서쌍 (a,b)의 개수는

$32+14=46$

---

10 해결단계

❶단계	주어진 두 방정식을 변형하여 y와 z에 대한 식을 구한다.
❷단계	y와 z를 두 근으로 하는 이차방정식을 구한다.
❸단계	y, z가 실수이므로 판별식을 이용하여 x의 값의 범위를 구한다.
❹단계	x의 최댓값을 구한 후, 이때의 y와 z의 값을 각각 구한다.

두 방정식 $x+y+z=5$, $x^2+y^2+z^2=9$에서

$y+z=5-x$ ……㉠

$y^2+z^2=9-x^2$ ……㉡

㉠의 양변을 제곱하면

$y^2+2yz+z^2=25-10x+x^2$

㉡을 위의 식에 대입하면

$9-x^2+2yz=25-10x+x^2$

$2yz=2x^2-10x+16$

$\therefore yz=x^2-5x+8$ ……㉢

㉠, ㉢에서 y, z를 두 근으로 하는 미지수가 t인 이차방정식은

$t^2-(5-x)t+(x^2-5x+8)=0$ ……㉣

이고, 이 방정식의 두 근인 y, z가 실수이므로 판별식을 D라 하면 $D=\{-(5-x)\}^2-4(x^2-5x+8)\geq0$에서

$3x^2-10x+7\leq0$, $(x-1)(3x-7)\leq0$

$\therefore 1\leq x\leq\dfrac{7}{3}$

따라서 x의 최댓값은 $\dfrac{7}{3}$이고, 이때의 y와 z의 값은

$x=\dfrac{7}{3}$일 때의 방정식 ㉣의 두 근이다.

즉, $t^2-\dfrac{8}{3}t+\dfrac{16}{9}=0$이므로

$\left(t-\dfrac{4}{3}\right)^2=0$ $\therefore t=\dfrac{4}{3}$ (중근)

$\therefore y=z=\dfrac{4}{3}$ **답 x의 최댓값 : $\dfrac{7}{3}$, $y=z=\dfrac{4}{3}$**

• 다른 풀이 •

$x+y+z=5$에서

$x=5-(y+z)$

$y+z=t$로 놓으면 $x=5-t$이고, x의 최댓값은 t, 즉 $y+z$가 최소일 때이다.

$x^2+y^2+z^2=9$에서

$x^2+(y+z)^2-2yz=9$

$(5-t)^2+t^2-2yz=9$

$\therefore yz=t^2-5t+8$

두 실수 y, z를 근으로 갖는 k에 대한 이차방정식은

$k^2-tk+t^2-5t+8=0$ ……㉤

이 이차방정식이 실근을 가지므로 판별식을 D라 하면

$D=(-t)^2-4(t^2-5t+8)\geq0$에서

$-3t^2+20t-32\geq0$

$3t^2-20t+32\leq0$

$(3t-8)(t-4)\leq0$

$\therefore \dfrac{8}{3}\leq t\leq4$

t의 최솟값이 $\dfrac{8}{3}$이므로 x의 최댓값은

$$5-\dfrac{8}{3}=\dfrac{7}{3}$$

또한, $t=\dfrac{8}{3}$을 ⓜ에 대입하면

$$k^2-\dfrac{8}{3}k+\dfrac{16}{9}=0$$

$$\left(k-\dfrac{4}{3}\right)^2=0 \qquad \therefore k=\dfrac{4}{3}\ (중근)$$

$$\therefore y=z=\dfrac{4}{3}$$

11 해결단계

❶단계	갑과 을이 40초 동안 달린 거리를 각각 x m, y m라 하고, $\overline{OA'}$, $\overline{OB'}$, $\overline{A'B'}$의 길이를 구한다.
❷단계	$\overline{OA'}=\overline{OB'}=\overline{A'B'}$임을 이해한 후, x, y에 대하여 정리한다.
❸단계	연립방정식을 풀어 x, y의 값을 구한 후, 갑과 을의 속력을 각각 구한다.

오른쪽 그림과 같이
$\overline{AA'}=x$ m, $\overline{BB'}=y$ m라
하면 피타고라스 정리에 의하여
$\overline{OA'}=\sqrt{x^2+200^2}\,(\mathrm{m})$,
$\overline{OB'}=\sqrt{y^2+100^2}\,(\mathrm{m})$,
$\overline{A'B'}=\sqrt{(y-x)^2+300^2}\,(\mathrm{m})$

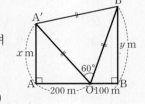

이때 $\overline{OA'}=\overline{OB'}$, $\angle A'OB'=60°$이므로 $\triangle A'OB'$은 정삼각형이다.

즉, $\overline{OA'}=\overline{OB'}=\overline{A'B'}$이므로

$$\sqrt{x^2+200^2}=\sqrt{y^2+100^2}=\sqrt{(y-x)^2+300^2}$$

$\sqrt{x^2+200^2}=\sqrt{y^2+100^2}$ 의 양변을 제곱하면

$$x^2+40000=y^2+10000$$

$$\therefore x^2-y^2+30000=0 \qquad \cdots\cdots\ ㉠$$

$\sqrt{x^2+200^2}=\sqrt{(y-x)^2+300^2}$의 양변을 제곱하면

$$x^2+40000=x^2-2xy+y^2+90000$$

$$\therefore y^2-2xy+50000=0 \qquad \cdots\cdots\ ㉡$$

㉠$\times5-$㉡$\times3$을 하면

$$5x^2+6xy-8y^2=0$$

$$(x+2y)(5x-4y)=0$$

$$\therefore y=\dfrac{5}{4}x\ (\because x>0,\ y>0) \qquad \cdots\cdots\ ㉢$$

㉢을 ㉠에 대입하면

$$x^2-\dfrac{25}{16}x^2+30000=0,\ \dfrac{9}{16}x^2=30000$$

$$x^2=\dfrac{160000}{3} \qquad \therefore x=\dfrac{400}{\sqrt{3}}\ (\because x>0)$$

이것을 ㉢에 대입하면 $y=\dfrac{500}{\sqrt{3}}$
$\left(\text{속력}=\dfrac{(거리)}{(시간)}\right)$
1분=60초, 40초=$\dfrac{2}{3}$분

따라서 갑의 속력은 $\dfrac{400}{\sqrt{3}}\div\dfrac{2}{3}=200\sqrt{3}\,(\mathrm{m/분})$이고,

을의 속력은 $\dfrac{500}{\sqrt{3}}\div\dfrac{2}{3}=250\sqrt{3}\,(\mathrm{m/분})$이다.

답 갑 : $200\sqrt{3}$ m/분, 을 : $250\sqrt{3}$ m/분

12 해결단계

❶단계	$(\alpha+\beta)^2=\alpha\beta$, $(\gamma+\delta)^2=\gamma\delta$를 이용하여 α, β를 근으로 갖는 이차방정식과 γ, δ를 근으로 갖는 이차방정식을 각각 구한다.
❷단계	❶단계에서 구한 두 이차방정식의 좌변이 주어진 사차방정식의 좌변의 인수임을 이용하여 식을 세운다.
❸단계	항등식의 성질을 이용하여 미지수의 값을 구한 후, $p+q$의 값을 구한다.

$(\alpha+\beta)^2=\alpha\beta$에서 $\alpha+\beta=t$로 놓으면 $\alpha\beta=t^2$
α, β는 x에 대한 이차방정식 $x^2-tx+t^2=0$의 두 근이다.
$(\gamma+\delta)^2=\gamma\delta$에서 $\gamma+\delta=s$로 놓으면 $\gamma\delta=s^2$
γ, δ는 x에 대한 이차방정식 $x^2-sx+s^2=0$의 두 근이다.
사차방정식 $x^4-px^3+114x^2-qx+49=0$의 서로 다른
네 근이 α, β, γ, δ이므로 사차식
$x^4-px^3+114x^2-qx+49$는 두 이차식 x^2-tx+t^2,
x^2-sx+s^2으로 나누어떨어진다. 즉,
$x^4-px^3+114x^2-qx+49$
$=(x^2-tx+t^2)(x^2-sx+s^2)$
$=x^4-(t+s)x^3+(t^2+s^2+ts)x^2-ts(t+s)x+(ts)^2$
위의 등식이 x에 대한 항등식이므로
$p=t+s$, $t^2+s^2+ts=114$, $q=ts(t+s)$, $t^2s^2=49$
이때 $\alpha+\beta>0$, $\gamma+\delta>0$에서 $t>0$, $s>0$이므로
$$ts=7$$
$t^2+s^2+ts=114$에서
$$(t+s)^2-ts=114$$
$$(t+s)^2=114+7=121$$
$$\therefore t+s=11\ (\because t+s>0)$$
따라서 $p=t+s=11$, $q=ts(t+s)=7\times11=77$이므로
$$p+q=88$$
답 88

07. 여러 가지 부등식

출제율 100% 우수 기출 대표 문제 pp.73~75

01 ④	02 ⑤	03 ②	04 12	05 ①
06 ③	07 $a \le \dfrac{1}{2}$	08 1 cm 이상 2 cm 이하		
09 ③	10 ④	11 $a > \dfrac{3}{2}$	12 6	13 ②
14 ④	15 5	16 ③	17 ①	18 ④
19 ②	20 ⑤	21 ④		

01 ① (반례) $a=-2$, $b=1$이면
$a<b$이지만 $a^2>b^2$이다. (거짓)
② (반례) $a=-3$, $b=2$이면
$a<b$이지만 $|a|>|b|$이다. (거짓)
③ (반례) $a=-3$, $b=-2$, $c=-1$이면
$a<b<c$이지만 $ac>bc$이다. (거짓)
④ $0<a<b<c$이므로 $\dfrac{1}{b}>\dfrac{1}{c}$

양변에 a를 곱하면 $\dfrac{a}{b}>\dfrac{a}{c}$ (참)
⑤ (반례) $a=-2$, $b=2$, $c=-1$, $d=1$이면
$a<b$, $c<d$이지만 $ac=bd$이다. (거짓)
따라서 옳은 것은 ④이다. 답 ④

02 $(2a-b)x+3a-2b<0$에서
$(2a-b)x<-3a+2b$ ······㉠
부등식 ㉠의 해가 $x<-3$이므로 $2a-b>0$ ······㉡
즉, $x<\dfrac{-3a+2b}{2a-b}$이므로 $\dfrac{-3a+2b}{2a-b}=-3$에서
$-3a+2b=-6a+3b$ ∴ $b=3a$ ······㉢
㉢을 ㉡에 대입하면 $-a>0$ ∴ $a<0$
㉢을 $(4a-b)x+a-2b<0$에 대입하면
$(4a-3a)x+a-6a<0$, $ax<5a$
∴ $x>5$ ($\because a<0$) 답 ⑤

03 $|4x+2|-1\le k$에서 $|4x+2|\le k+1$
(i) $k+1<0$, 즉 $k<-1$일 때,
$|4x+2|<0$이므로 조건을 만족시키는 x의 값은 존재하지 않는다.
(ii) $k+1\ge 0$, 즉 $k\ge -1$일 때,
$-k-1\le 4x+2\le k+1$에서 $-k-3\le 4x\le k-1$
∴ $\dfrac{-k-3}{4}\le x\le \dfrac{k-1}{4}$ ······㉠
㉠은 $-2\le x\le 1$과 같아야 하므로
$\dfrac{-k-3}{4}=-2$, $\dfrac{k-1}{4}=1$ ∴ $k=5$
(i), (ii)에서 $k=5$ 답 ②

04 $\overline{AP}=|x-4|$, $\overline{BP}=|x-8|$이므로
$\overline{AP}+\overline{BP}=|x-4|+|x-8|$
$|x-4|+|x-8|\le 10$에서
(i) $x<4$일 때,
$-(x-4)-(x-8)\le 10$ ∴ $x\ge 1$
∴ $1\le x<4$
(ii) $4\le x<8$일 때,
$(x-4)-(x-8)\le 10$
즉, $0\times x\le 6$이므로 이 부등식은 $4\le x<8$인 모든 실수 x에 대하여 성립한다.
∴ $4\le x<8$
(iii) $x\ge 8$일 때,
$(x-4)+(x-8)\le 10$ ∴ $x\le 11$
∴ $8\le x\le 11$
(i), (ii), (iii)에서 $1\le x\le 11$이므로
$1\le \overline{OP}\le 11$
따라서 $M=11$, $m=1$이므로
$M+m=12$ 답 12

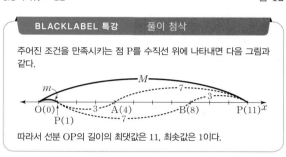

BLACKLABEL 특강 풀이 첨삭

주어진 조건을 만족시키는 점 P를 수직선 위에 나타내면 다음 그림과 같다.

따라서 선분 OP의 길이의 최댓값은 11, 최솟값은 1이다.

05 $x+5\ge 2x-1$에서 $-x\ge -6$
∴ $x\le 6$ ∴ $a=6$
$\dfrac{3x-2}{2}>x+1$에서 $3x-2>2x+2$
∴ $x>4$ ∴ $b=4$
$a=6$, $b=4$를 주어진 연립부등식에 대입하면
$\begin{cases} 6x-4<0 & ······㉠ \\ 4x+6\ge 0 & ······㉡ \end{cases}$
㉠에서 $6x<4$ ∴ $x<\dfrac{2}{3}$
㉡에서 $4x\ge -6$ ∴ $x\ge -\dfrac{3}{2}$
따라서 주어진 연립부등식의 해는
$-\dfrac{3}{2}\le x<\dfrac{2}{3}$ 답 ①

06 (i) $\dfrac{1}{2}x+\dfrac{1}{4}<x-\dfrac{3a+2}{4}$에서
$-\dfrac{1}{2}x<-\dfrac{3a+3}{4}$ ∴ $x>\dfrac{3a+3}{2}$

(ii) $x-\dfrac{3a+2}{4}\leq\dfrac{3}{4}x-\dfrac{a-1}{2}$에서

$\dfrac{1}{4}x\leq\dfrac{a+4}{4}$ $\therefore x\leq a+4$

$\dfrac{3a+3}{2}\geq a+4$, 즉 $a\geq5$일 때 주어진 부등식의 해는 없으므로 $\dfrac{3a+3}{2}<a+4$, 즉 $a<5$이어야 한다.

(i), (ii)에서 $\dfrac{3a+3}{2}<x\leq a+4$ $(a<5)$

이를 만족시키는 정수 x의 값이 7뿐이므로

$6\leq\dfrac{3a+3}{2}<7$,

$7\leq a+4<8$을 만족시켜야 한다.

$6\leq\dfrac{3a+3}{2}<7$에서 $12\leq3a+3<14$

$9\leq3a<11$ $\therefore 3\leq a<\dfrac{11}{3}$ ······㉠

$7\leq a+4<8$에서 $3\leq a<4$ ······㉡

㉠, ㉡에서 $3\leq a<\dfrac{11}{3}$ 답 ③

07 $3(x-2)-1<5(x-3)$에서

$3x-6-1<5x-15, 2x>8$

$\therefore x>4$ ······㉠

$ax-1\geq x-3$에서 $(a-1)x\geq-2$ ······㉡

(i) $a-1<0$, 즉 $a<1$일 때,

㉡의 양변을 $a-1$로 나누면

$x\leq-\dfrac{2}{a-1}$

이때 $-\dfrac{2}{a-1}>0$이므로 위의 부등식과 ㉠을 동시에

만족시키는 x의 값이 존재하지 않으려면

$-\dfrac{2}{a-1}\leq4$

$a-1<0$이므로 위의 부등식의 양변에 $a-1$을 곱하면

$4(a-1)\leq-2, 4a\leq2$ $\therefore a\leq\dfrac{1}{2}$

(ii) $a-1=0$, 즉 $a=1$일 때,

이것을 부등식 ㉡에 대입하면 $0\times x\geq-2$이므로 주어진 부등식은 항상 성립한다.

즉, 연립부등식의 해가 존재하므로 주어진 조건을 만족시키는 a의 값은 존재하지 않는다.

(iii) $a-1>0$, 즉 $a>1$일 때,

㉡의 양변을 $a-1$로 나누면

$x\geq-\dfrac{2}{a-1}$

이때 $-\dfrac{2}{a-1}<0$이므로 위의 부등식과 ㉠을 동시에

만족시키는 x의 값의 범위는

$x>4$

즉, 연립부등식의 해가 존재하므로 주어진 조건을 만족시키는 a의 값은 존재하지 않는다.

(i), (ii), (iii)에서 $a\leq\dfrac{1}{2}$ 답 $a\leq\dfrac{1}{2}$

08 □ABCD

$=\dfrac{1}{2}\times(2+10)\times8$

$=48(cm^2)$

$\overline{DP}=x$ cm라 하면

$\overline{CP}=(8-x)$ cm이므로

$\triangle ABP=48-\left\{\dfrac{1}{2}\times2\times x+\dfrac{1}{2}\times10\times(8-x)\right\}$

$=48-(-4x+40)$

$=4x+8(cm^2)$

삼각형 ABP의 넓이가 사다리꼴 ABCD의 넓이의 $\dfrac{1}{4}$ 이상 $\dfrac{1}{3}$ 이하이므로

$48\times\dfrac{1}{4}\leq4x+8\leq48\times\dfrac{1}{3}$

$12\leq4x+8\leq16, 4\leq4x\leq8$

$\therefore 1\leq x\leq2$

따라서 선분 DP의 길이는 1 cm 이상 2 cm 이하이다.

답 1 cm 이상 2 cm 이하

09 이차부등식 $ax^2+bx+c\geq0$은 x^2의 계수가 a이고, 해가 $x=3$뿐이므로 $a(x-3)^2\geq0$ $(a<0)$과 같다.

즉, $ax^2+bx+c=ax^2-6ax+9a$이므로

$b=-6a, c=9a$

이것을 $bx^2+cx+6a<0$에 대입하면

$-6ax^2+9ax+6a<0$

이때 $a<0$이므로 $2x^2-3x-2<0$

$(2x+1)(x-2)<0$

$\therefore -\dfrac{1}{2}<x<2$

따라서 조건을 만족시키는 정수 x는 0, 1의 2개이다.

답 ③

10 부등식 $(m-2)x^2-2(m-2)x+3>0$이 모든 실수 x에 대하여 성립하려면

(i) $m=2$일 때,

$3>0$이므로 모든 실수 x에 대하여 성립한다.

(ii) $m\neq2$일 때,

$f(x)=(m-2)x^2-2(m-2)x+3$이라 하면 이차함수 $y=f(x)$의 그래프는 오른쪽 그림과 같아야 한다.

즉, $m>2$이고, 방정식 $f(x)=0$의 판별식을 D라 하면

$\dfrac{D}{4}=\{-(m-2)\}^2-3(m-2)<0$에서

$(m-2)(m-5)<0$ $\therefore 2<m<5$

(i), (ii)에서 $2\leq m<5$ 답 ④

11 $a(2x^2+1)\leq(x-1)^2$에서

$2ax^2+a\leq x^2-2x+1$

$\therefore (2a-1)x^2+2x+a-1\leq 0$ ······㉠

이때 $2a-1=0$, 즉 $a=\dfrac{1}{2}$이면

$2x-\dfrac{1}{2}\leq 0$에서 $x\leq\dfrac{1}{4}$

즉, 부등식 ㉠의 해가 존재하므로 $a\neq\dfrac{1}{2}$

따라서 부등식 ㉠의 해가 존재하지
않으려면
$f(x)=(2a-1)x^2+2x+a-1$이
라 할 때, 이차함수 $y=f(x)$의 그
래프가 오른쪽 그림과 같아야 한다.

(i) $2a-1>0$에서 $a>\dfrac{1}{2}$

(ii) 이차방정식 $f(x)=0$의 판별식을 D라 하면

$\dfrac{D}{4}=1^2-(2a-1)(a-1)<0$에서

$2a^2-3a>0$, $a(2a-3)>0$

$\therefore a<0$ 또는 $a>\dfrac{3}{2}$

(i), (ii)에서 $a>\dfrac{3}{2}$ 　　　　답 $a>\dfrac{3}{2}$

12 이차함수 $y=f(x)$의 그래프가 아래로 볼록하고 x축과
만나는 점의 x좌표가 1, 3이므로 이차부등식 $f(x)\leq 0$의
해는 $1\leq x\leq 3$
또한, 이차부등식 $a(x-1)^2+b(x+1)-2b+c\leq 0$에서
$a(x-1)^2+b(x-1)+c\leq 0$
$x-1=t$로 놓으면
$at^2+bt+c\leq 0$
즉, 부등식 $f(t)\leq 0$과 같으므로 주어진 그래프에서
$1\leq t\leq 3$
이때 $t=x-1$이므로
$1\leq x-1\leq 3$　　$\therefore 2\leq x\leq 4$
따라서 x의 최댓값은 4, 최솟값은 2이므로 그 합은
$4+2=6$ 　　　　답 6

• 다른 풀이 •

이차함수 $y=f(x)$의 그래프가 아래로 볼록하고, x축과
만나는 점의 x좌표가 1, 3이므로
$f(x)=a(x-1)(x-3)=ax^2-4ax+3a$ (단, $a>0$)
라 할 수 있다.
$f(x)=ax^2+bx+c$이므로
$b=-4a$, $c=3a$ ······㉠
㉠을 이차부등식 $a(x-1)^2+b(x+1)-2b+c\leq 0$에 대
입하면
$a(x-1)^2-4a(x+1)+8a+3a\leq 0$
$\therefore ax^2-6ax+8a\leq 0$

이때 $a>0$이므로 위의 부등식의 양변을 a로 나누면
$x^2-6x+8\leq 0$, $(x-2)(x-4)\leq 0$
$\therefore 2\leq x\leq 4$
따라서 x의 최댓값은 4, 최솟값은 2이므로 그 합은
$4+2=6$

13 $x^2+|x|-6\leq 0$에서

(i) $x<0$일 때, $x^2-x-6\leq 0$
　　$(x+2)(x-3)\leq 0$　　$\therefore -2\leq x\leq 3$
　　그런데 $x<0$이므로 $-2\leq x<0$

(ii) $x\geq 0$일 때, $x^2+x-6\leq 0$
　　$(x+3)(x-2)\leq 0$　　$\therefore -3\leq x\leq 2$
　　그런데 $x\geq 0$이므로 $0\leq x\leq 2$

(i), (ii)에서 $-2\leq x\leq 2$
따라서 $a=-2$, $b=2$이므로
$a^2+b^2=(-2)^2+2^2=8$ 　　　　답 ②

• 다른 풀이 •

$|x|^2=x^2$이므로 $x^2+|x|-6\leq 0$에서
$|x|^2+|x|-6\leq 0$, $(|x|+3)(|x|-2)\leq 0$
$\therefore 0\leq|x|\leq 2$ ($\because |x|\geq 0$)
$\therefore -2\leq x\leq 2$
따라서 $a=-2$, $b=2$이므로
$a^2+b^2=(-2)^2+2^2=8$

14 $2[x]^2+[x]-3<0$에서

$(2[x]+3)([x]-1)<0$

$\therefore -\dfrac{3}{2}<[x]<1$

그런데 $[x]$의 값은 정수이므로 $[x]=-1$, 0
(i) $[x]=-1$일 때, $-1\leq x<0$
(ii) $[x]=0$일 때, $0\leq x<1$
(i), (ii)에서 $-1\leq x<1$ 　　　　답 ④

15 땅 전체의 넓이는

$20\times 30=600(\text{m}^2)$

$\overline{\text{AB}}=\overline{\text{CD}}=\overline{\text{EF}}=\overline{\text{GH}}=\sqrt{2}x$ m인 직각이등변삼각형의
나머지 두 변의 길이는 x m이므로 통행로와 광장의 넓이는

$20x+30x-x^2+4\times\dfrac{1}{2}x^2=x^2+50x(\text{m}^2)$

이때 통행로와 광장을 제외한 땅의 넓이가 325 m^2 이상
이어야 하므로
$600-(x^2+50x)\geq 325$
$x^2+50x-275\leq 0$, $(x+55)(x-5)\leq 0$
$-55\leq x\leq 5$　　$\therefore 0<x\leq 5$ ($\because x>0$)
따라서 x의 최댓값은 5이다. 　　　　답 5

16 (i) $x^2-3x-18\leq0$에서 $(x+3)(x-6)\leq0$

$\therefore -3\leq x\leq6$

그런데 연립부등식 $\begin{cases} x^2-3x-18\leq0 \\ x^2+ax+b\leq0 \end{cases}$의 해가

$3\leq x\leq6$이므로 이차방정식 $x^2+ax+b=0$의 근 중에서 작은 근은 3이다.

(ii) $x^2-12x+32<0$에서 $(x-4)(x-8)<0$

$\therefore 4<x<8$

그런데 연립부등식 $\begin{cases} x^2+ax+b<0 \\ x^2-12x+32<0 \end{cases}$의 해가

$4<x<7$이므로 이차방정식 $x^2+ax+b=0$의 근 중에서 큰 근은 7이다.

(i), (ii)에서 이차방정식 $x^2+ax+b=0$의 두 근이 3, 7이므로

$x^2+ax+b=(x-3)(x-7)=x^2-10x+21$

따라서 $a=-10$, $b=21$이므로

$a+b=11$　　　　　　　　　　　　　　답 ③

17 $2x-1<x+2a$에서 $x<2a+1$　　······㉠

$x^2-(a-3)x-3a\leq0$에서

$(x+3)(x-a)\leq0$　　······㉡

(i) $a<-3$일 때,

부등식 ㉡의 해는

$a\leq x\leq-3$이고, ㉠과

공통부분이 없어야 하므로

$2a+1\leq a$　　$\therefore a\leq-1$

그런데 $a<-3$이므로 $a<-3$

(ii) $a=-3$일 때,

㉡에서 $(x+3)^2\leq0$이므로 $x=-3$이고,

㉠에서 $x<-5$이므로 ㉠, ㉡은

공통부분이 없으므로 주어진 연립부등식은 해를 갖지 않는다.

(iii) $a>-3$일 때,

부등식 ㉡의 해는

$-3\leq x\leq a$이고, ㉠과

공통부분이 없어야 하므로

$2a+1\leq-3$, $2a\leq-4$　　$\therefore a\leq-2$

그런데 $a>-3$이므로 $-3<a\leq-2$

(i), (ii), (iii)에서 $a\leq-2$

따라서 구하는 실수 a의 최댓값은 -2이다.　답 ①

18 삼각형의 가장 긴 변의 길이가 나머지 두 변의 길이의 합보다 작아야 하므로

$x+2<x+(x+1)$　　$\therefore x>1$　　······㉠

또한, 둔각삼각형이 되기 위해서는 가장 긴 변의 길이의 제곱이 나머지 두 변의 길이의 제곱의 합보다 커야 하므로

$(x+2)^2>x^2+(x+1)^2$

$x^2-2x-3<0$, $(x+1)(x-3)<0$

$\therefore 0<x<3$ $(\because x>0)$　　　　······㉡

㉠, ㉡에서 $1<x<3$　　　　　　　　　답 ④

19 이차방정식 $x^2-2(k-1)x+2k^2+4k+a=0$이 허근을 가지므로 판별식을 D_1이라 하면

$\dfrac{D_1}{4}=\{-(k-1)\}^2-(2k^2+4k+a)<0$

$k^2+6k+a-1>0$

이때 이차부등식 $k^2+6k+a-1>0$이 실수 k의 값에 관계없이 항상 성립해야 하므로 이차방정식 $k^2+6k+a-1=0$의 판별식을 D_2라 하면

$\dfrac{D_2}{4}=3^2-(a-1)<0$

$10-a<0$　　$\therefore a>10$

따라서 조건을 만족시키는 정수 a의 최솟값은 11이다.

　　　　　　　　　　　　　　　　　답 ②

20 이차방정식 $3x^2+kx+2=0$의 판별식을 D라 하면 이 이차방정식이 실근을 가지므로

$D=k^2-4\times3\times2\geq0$, $k^2\geq24$

$\therefore k\leq-2\sqrt{6}$ 또는 $k\geq2\sqrt{6}$　　　　······㉠

두 근이 모두 음수이므로

(두 근의 합)$=-\dfrac{k}{3}<0$　　$\therefore k>0$　　······㉡

(두 근의 곱)$=\dfrac{2}{3}>0$

㉠, ㉡에서 $k\geq2\sqrt{6}$　　　　　　　　답 ⑤

21 이차방정식 $x^2-2x+k+2=0$에서

$f(x)=x^2-2x+k+2$라 하자.

이차방정식 $f(x)=0$의 두 근이 모두 2보다 작으려면 이차함수 $y=f(x)$의 그래프가 오른쪽 그림과 같아야 한다.

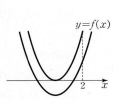

(i) 이차방정식 $f(x)=0$의 판별식을 D라 할 때,

$\dfrac{D}{4}=(-1)^2-(k+2)\geq0$

$-k-1\geq0$　　$\therefore k\leq-1$

(ii) $f(2)>0$에서 $4-4+k+2>0$

$\therefore k>-2$

(iii) $f(x)=x^2-2x+k+2=(x-1)^2+k+1$에서 꼭짓점의 x좌표가 1이므로 2보다 작다.

(i), (ii), (iii)에서 $-2<k\leq-1$ ······ ㉠

또한, 이차방정식 $x^2-(k+2)x-3=0$에서

$g(x)=x^2-(k+2)x-3$이라 하자.

이차방정식 $g(x)=0$의 두 근 사
이에 2가 있어야 하므로 이차함수
$y=g(x)$의 그래프가 오른쪽 그
림과 같아야 한다.

즉, $g(2)<0$이므로

$4-2(k+2)-3<0$

$-2k-3<0$ $\therefore k>-\dfrac{3}{2}$ ······ ㉡

㉠, ㉡에서 $-\dfrac{3}{2}<k\leq-1$ 답 ④

---

02 $\left|\left[\dfrac{x}{3}-1\right]-2\right|<1$에서 $-1<\left[\dfrac{x}{3}-1\right]-2<1$이므로

$1<\left[\dfrac{x}{3}-1\right]<3$

이때 $\left[\dfrac{x}{3}-1\right]$의 값은 정수이므로

$\left[\dfrac{x}{3}-1\right]=2$

즉, $2\leq\dfrac{x}{3}-1<3$이므로

$3\leq\dfrac{x}{3}<4$ $\therefore 9\leq x<12$

따라서 조건을 만족시키는 정수 x는 9, 10, 11이므로 그
합은

$9+10+11=30$ 답 ⑤

---

01 $ax+1>bx+3$에서 $(a-b)x>2$ ······ ㉠

① $a>b$, 즉 $a-b>0$이면 ㉠에서 $x>\dfrac{2}{a-b}$

② $a<b$, 즉 $a-b<0$이면 ㉠에서 $x<\dfrac{2}{a-b}$

③ $a=0$, $b>0$이면

  ㉠에서 $-bx>2$

  $bx<-2$ $\therefore x<-\dfrac{2}{b}$ $(\because b>0)$

④ $a<0$, $b=0$이면

  ㉠에서 $ax>2$ $\therefore x<\dfrac{2}{a}$ $(\because a<0)$

⑤ $a=b$, 즉 $a-b=0$이면

  ㉠에서 $0\times x>2$이므로 주어진 부등식을 만족시키는
  x의 값은 존재하지 않는다.

따라서 주어진 부등식에 대한 설명으로 옳지 않은 것은
②이다.   답 ②

---

03 $|x|+|x-a|<b$에서 a, b는 양수이므로

(i) $x<0$일 때,

  $-x-(x-a)<b$, $-2x<-a+b$

  $\therefore x>\dfrac{a-b}{2}$

  그런데 $x<0$이므로 $\dfrac{a-b}{2}<x<0$ $(\because a<b)$

(ii) $0\leq x<a$일 때,

  $x-(x-a)<b$

  $0\times x<-a+b$에서 $-a+b>0$이므로 이 부등식은
  $0\leq x<a$인 모든 실수 x에 대하여 성립한다.

  $\therefore 0\leq x<a$

(iii) $x\geq a$일 때,

  $x+(x-a)<b$, $2x<a+b$

  $\therefore x<\dfrac{a+b}{2}$

  그런데 $x\geq a$이므로 $a\leq x<\dfrac{a+b}{2}$ $(\because a<b)$

(i), (ii), (iii)에서 $\dfrac{a-b}{2}<x<\dfrac{a+b}{2}$

ㄱ. $f(2, 3)$은 $-\dfrac{1}{2}<x<\dfrac{5}{2}$를 만족시키는 정수 x의 개
  수이다.

  따라서 조건을 만족시키는 정수 x는 0, 1, 2의 3개
  이므로 $f(2, 3)=3$ (참)

ㄴ. $f(n, n+2)$는 $\dfrac{n-(n+2)}{2}<x<\dfrac{n+(n+2)}{2}$, 즉
  $-1<x<n+1$을 만족시키는 정수 x의 개수이다.

  따라서 조건을 만족시키는 정수 x는 0, 1, 2, $\cdots$, n의
  $(n+1)$개이므로

  $f(n, n+2)=n+1$ (참)

ㄷ. $f(n+2, n+4)$는

  $\dfrac{(n+2)-(n+4)}{2}<x<\dfrac{(n+2)+(n+4)}{2}$, 즉

  $-1<x<n+3$을 만족시키는 정수 x의 개수이다.

따라서 조건을 만족시키는 정수 x는 $0, 1, 2, \cdots, n+2$
의 $(n+3)$개이므로
$$f(n+2, n+4)=n+3$$
$$\therefore f(n, n+2)\ne f(n+2, n+4) \ (\because \text{ㄴ}) \ (\text{거짓})$$
그러므로 옳은 것은 ㄱ, ㄴ이다. 답 ②

04 $2x+3y=3$에서 $3y=3-2x$
$$\therefore y=\frac{3-2x}{3}$$
이것을 주어진 부등식에 대입하면
$$3(x-1)\le\frac{3-2x}{3}+1<x$$
(i) $3(x-1)\le\dfrac{3-2x}{3}+1$에서 $9(x-1)\le3-2x+3$
  $11x\le15$ $\therefore x\le\dfrac{15}{11}$
(ii) $\dfrac{3-2x}{3}+1<x$에서 $3-2x+3<3x$
  $-5x<-6$ $\therefore x>\dfrac{6}{5}$
(i), (ii)에서 $\dfrac{6}{5}<x\le\dfrac{15}{11}$ 답 $\dfrac{6}{5}<x\le\dfrac{15}{11}$

05 $ax-2a<x-2$에서 $(a-1)x<2(a-1)$ ······㉠
$ax-5a\le x+5$에서 $(a-1)x\le5a+5$ ······㉡
(i) $a<1$일 때,
  부등식 ㉠의 해는 $x>2$
  부등식 ㉡의 해는 $x\ge\dfrac{5a+5}{a-1}$
  이때 주어진 연립부등식의 해가 $x\ge3$이려면
  $\dfrac{5a+5}{a-1}=3$이어야 하므로
  $5a+5=3a-3$
  $2a=-8$ $\therefore a=-4$
(ii) $a=1$일 때,
  ㉠에서 $0\times x<0$이므로 주어진 연립부등식의 해는 존재하지 않는다.
(iii) $a>1$일 때,
  부등식 ㉠의 해는 $x<2$
  부등식 ㉡의 해는 $x\le\dfrac{5a+5}{a-1}$이므로
  주어진 연립부등식의 해가 $x\ge3$일 수 없다.
(i), (ii), (iii)에서 조건을 만족시키는 a의 값은 -4이다.
답 ①

06 $\dfrac{x}{3}-\dfrac{1-a}{6}<\dfrac{x}{2}-\dfrac{a}{6}$에서
$2x-1+a<3x-a$
$\therefore x>2a-1$ ······㉠

$|x-1|<2$에서 $-2<x-1<2$
$\therefore -1<x<3$ ······㉡
㉠, ㉡을 모두 만족시키는 정수 x가 2개이려면 다음 그림과 같아야 한다.

즉, $0\le2a-1<1$에서 $1\le2a<2$
$\therefore \dfrac{1}{2}\le a<1$
따라서 $p=\dfrac{1}{2}$, $q=1$이므로
$$4p^2+q^2=4\times\left(\dfrac{1}{2}\right)^2+1^2=2$$ 답 2

07 $\left[\dfrac{1}{4}x-1\right]=1$에서 $1\le\dfrac{1}{4}x-1<2$
$2\le\dfrac{1}{4}x<3$ $\therefore 8\le x<12$
위의 부등식을 만족시키는 자연수 x의 값은 8, 9, 10, 11이다.
(i) $\dfrac{5-2x}{3}\le\dfrac{x+2}{4}-6$에서 $4(5-2x)\le3(x+2)-72$
  $11x\ge86$ $\therefore x\ge\dfrac{86}{11}$
(ii) $-2(x-21)\ge\dfrac{a-x}{2}$에서 $-4(x-21)\ge a-x$
  $3x\le84-a$ $\therefore x\le\dfrac{84-a}{3}$
(i), (ii)에서 연립부등식의 해가 존재해야 하므로
$$\dfrac{86}{11}\le x\le\dfrac{84-a}{3}$$
이때 위의 부등식을 만족시키는 자연수 x의 값이 8, 9, 10, 11이어야 하므로
$11\le\dfrac{84-a}{3}<12$, $33\le84-a<36$
$\therefore 48<a\le51$
따라서 조건을 만족시키는 정수 a는 49, 50, 51이므로 그 합은
$49+50+51=150$ 답 150

08 $(x-a)(x+2a-4)<-16$에서
$x^2+(a-4)x-2a^2+4a+16<0$
위의 부등식을 만족시키는 실수 x가 존재하지 않아야 하므로 x에 대한 이차방정식
$x^2+(a-4)x-2a^2+4a+16=0$의 판별식을 D라 하면
$D=(a-4)^2-4(-2a^2+4a+16)\le0$에서
$9a^2-24a-48\le0$, $3a^2-8a-16\le0$
$(3a+4)(a-4)\le0$
$\therefore -\dfrac{4}{3}\le a\le4$

따라서 $M=4$, $m=-\dfrac{4}{3}$이므로

$$4M+3m=4\times4+3\times\left(-\dfrac{4}{3}\right)=12$$ 답 ③

09 이차부등식 $f(x)<0$의 해가 $-3<x<2$이므로

$f(x)=a(x+3)(x-2)$ $(a>0)$라 하면

$f(-x+100)=a(-x+103)(-x+98)$

$f(-x+100)<0$에서 $a(-x+103)(-x+98)<0$

$(x-103)(x-98)<0$ $(\because a>0)$

$\therefore 98<x<103$

따라서 해 중에서 가장 큰 자연수는 102이다. 답 ④

• 다른 풀이 •

이차부등식 $f(x)<0$의 해가 $-3<x<2$이므로 부등식

$f(-x+100)<0$의 해는 $-3<-x+100<2$에서

$-103<-x<-98$ $\therefore 98<x<103$

10 $a(x^2+x+1)>2x$에서 $ax^2+(a-2)x+a>0$

$f(x)=ax^2+(a-2)x+a$라 하면

(i) $a<0$일 때,

부등식 $f(x)>0$을 만족시키는 실수 x가 존재하기 위해서는 방정식 $f(x)=0$의 판별식을 D라 하면

$D=(a-2)^2-4a^2>0$에서

$3a^2+4a-4<0$, $(a+2)(3a-2)<0$

$\therefore -2<a<\dfrac{2}{3}$

그런데 $a<0$이므로 $-2<a<0$

(ii) $a=0$일 때,

$f(x)=-2x$이므로 부등식 $f(x)>0$, 즉 $-2x>0$을 만족시키는 실수 x는 $x<0$일 때 존재한다.

(iii) $a>0$일 때,

부등식 $f(x)>0$을 만족시키는 실수 x는 항상 존재한다.

(i), (ii), (iii)에서 구하는 상수 a의 값의 범위는

$a>-2$ 답 $a>-2$

11 $f(x)=(x-1)(x-2)$라 하면 등식

$(a-1)(a-2)=(b-1)(b-2)$에서 $f(a)=f(b)$이므로 다음 그림과 같이 두 실수 a, b $(a<b)$는 함수 $y=f(x)$의 그래프의 축에 대하여 대칭이다.

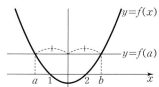

따라서 부등식 $(x-1)(x-2)>(a-1)(a-2)$, 즉

$f(x)>f(a)$의 해는

$x<a$ 또는 $x>b$ $(\because a<b)$ 답 $x<a$ 또는 $x>b$

• 다른 풀이 •

$h(x)=(x-1)(x-2)-(a-1)(a-2)$라 하자.

$(a-1)(a-2)=(b-1)(b-2)$이므로

$h(a)=h(b)=0$

$h(x)$는 x^2의 계수가 1인 이차식이므로

$h(x)=(x-a)(x-b)$

$(x-1)(x-2)>(a-1)(a-2)$에서

$(x-1)(x-2)-(a-1)(a-2)>0$

부등식 $h(x)>0$, 즉 $(x-a)(x-b)>0$의 해는

$x<a$ 또는 $x>b$ $(\because a<b)$

12 이차방정식 $x^2+2ax+2a^2-b^2+4b=0$이 중근을 가지므로 판별식을 D_1이라 하면

$$\dfrac{D_1}{4}=a^2-(2a^2-b^2+4b)=0$$

$-a^2+b^2-4b=0$ $\therefore a^2=b^2-4b$ $\cdots\cdots$ ㉠

a가 실수이므로 $a^2\geq0$에서 $b^2-4b\geq0$

$b(b-4)\geq0$ $\therefore b\leq0$ 또는 $b\geq4$ $\cdots\cdots$ ㉡

한편, $f(x)=x^3+ax^2+(b-2a^2)x-ab$라 하면

$f(a)=a^3+a^3+ab-2a^3-ab=0$이므로 조립제법을 이용하여 인수분해하면

$$\begin{array}{r|rrrr} a & 1 & a & b-2a^2 & -ab \\ & & a & 2a^2 & ab \\ \hline & 1 & 2a & b & 0 \end{array}$$

$\therefore f(x)=(x-a)(x^2+2ax+b)$

$f(x)=0$에서 $x=a$ 또는 $x^2+2ax+b=0$

이때 삼차방정식 $f(x)=0$이 허근과 실근을 모두 가져야 하고 $x=a$는 실근이므로 이차방정식 $x^2+2ax+b=0$이 허근을 가져야 한다.

이차방정식 $x^2+2ax+b=0$의 판별식을 D_2라 하면

$$\dfrac{D_2}{4}=a^2-b<0$$

㉠을 위의 부등식에 대입하면 $b^2-4b-b<0$

$b^2-5b<0$, $b(b-5)<0$ $\therefore 0<b<5$ $\cdots\cdots$ ㉢

㉡, ㉢에서 $4\leq b<5$

따라서 $p=4$, $q=5$이므로

$p+q=9$ 답 9

13 모든 실수 x에 대하여 부등식 $kx^2-kx+2>0$이 성립하려면

(i) $k=0$일 때, $2>0$이므로 모든 실수 x에 대하여 성립한다.

(ii) $k\neq0$일 때,

$f(x)=kx^2-kx+2$라 하면 이차함수 $y=f(x)$의 그래프는 오른쪽 그림과 같아야 한다.

즉, $k>0$이고 이차방정식 $kx^2-kx+2=0$의 판별식을 D_1이라 하면

$D_1=(-k)^2-8k<0$에서

$k(k-8)<0$ $\therefore 0<k<8$

(i), (ii)에서 $0\leq k<8$ $\cdots\cdots\bigcirc$

또한, 부등식 $(k+3)x^2-kx+1<0$을 만족시키는 실수 x가 존재하지 않으려면

(iii) $k+3=0$, 즉 $k=-3$일 때,

$3x+1<0$에서 $x<-\dfrac{1}{3}$

즉, 부등식을 만족시키는 실수 x가 존재한다.

(iv) $k+3\neq0$, 즉 $k\neq-3$일 때,

$g(x)=(k+3)x^2-kx+1$이라 하면 이차함수 $y=g(x)$의 그래프가 오른쪽 그림과 같아야 한다.

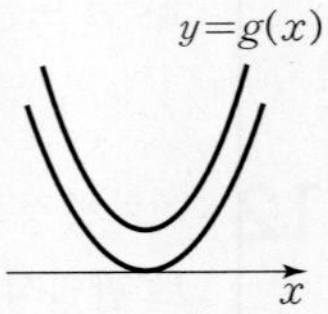

즉, $k+3>0$에서 $k>-3$이고, 이차방정식 $(k+3)x^2-kx+1=0$의 판별식을 D_2라 하면

$D_2=(-k)^2-4(k+3)\leq0$에서

$k^2-4k-12\leq0$, $(k+2)(k-6)\leq0$

$\therefore -2\leq k\leq6$

이때 $k>-3$이므로 $-2\leq k\leq6$

(iii), (iv)에서 $-2\leq k\leq6$ $\cdots\cdots\bigcirc$

$\bigcirc$, $\bigcirc$에서 $0\leq k\leq6$

따라서 조건을 만족시키는 정수 k는 0, 1, 2, $\cdots$, 6의 7개 이다. 답 ⑤

14 주어진 부등식을 x에 대한 내림차순으로 정리하면

$x^2+(2y+a)x+y^2+4y+b\geq0$

위의 부등식이 모든 실수 x에 대하여 성립해야 하므로 x에 대한 이차방정식 $x^2+(2y+a)x+y^2+4y+b=0$의 판별식을 D라 하면

$D=(2y+a)^2-4(y^2+4y+b)\leq0$

$\therefore 4(a-4)y\leq4b-a^2$ $\cdots\cdots\bigcirc$

이때 부등식 $\bigcirc$이 모든 실수 y에 대하여 성립해야 하므로

$a-4=0$, $4b-a^2\geq0$ $\therefore a=4$, $b\geq4$

따라서 구하는 상수 b의 최솟값은 4이다. 답 4

15 $x^2+ax>2a^2$에서 $x^2+ax-2a^2>0$

$\therefore (x+2a)(x-a)>0$ $\cdots\cdots\bigcirc$

$2<x<4$인 모든 실수 x에 대하여 부등식 $\bigcirc$이 성립하기 위해서는 $2<x<4$가 부등식 $\bigcirc$의 해의 범위에 포함되어야 한다.

(i) $a<0$일 때,

부등식 $\bigcirc$의 해는

$x<a$ 또는 $x>-2a$이므로 오른쪽 그림과 같아야 한다.

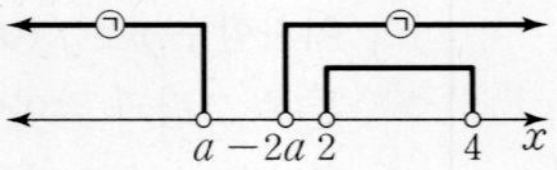

$-2a\leq2$ $\therefore a\geq-1$

그런데 $a<0$이므로 $-1\leq a<0$

(ii) $a\geq0$일 때,

부등식 $\bigcirc$의 해는

$x<-2a$ 또는 $x>a$이므로 오른쪽 그림과 같아야 한다.

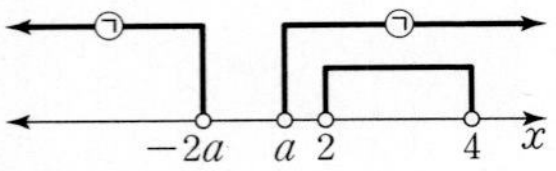

$\therefore a\leq2$

그런데 $a\geq0$이므로 $0\leq a\leq2$

(i), (ii)에서 $-1\leq a\leq2$

따라서 a의 최댓값은 2, 최솟값은 -1이므로 구하는 합은 1이다. 답 ①

16 $x^2-2x-3<3|x-1|$에서

(i) $x<1$일 때,

$x^2-2x-3<-3(x-1)$, $x^2+x-6<0$

$(x+3)(x-2)<0$ $\therefore -3<x<2$

그런데 $x<1$이므로 $-3<x<1$

(ii) $x\geq1$일 때,

$x^2-2x-3<3(x-1)$, $x^2-5x<0$

$x(x-5)<0$ $\therefore 0<x<5$

그런데 $x\geq1$이므로 $1\leq x<5$

(i), (ii)에서 $-3<x<5$ $\cdots\cdots\bigcirc$

이때 이차부등식 $ax^2+2x+b>0$은 x^2의 계수가 a이고, 해가 $\bigcirc$과 같아야 하므로 $a(x+3)(x-5)>0$ $(a<0)$과 같다.

즉, $ax^2+2x+b=ax^2-2ax-15a$이므로

$2=-2a$, $b=-15a$

따라서 $a=-1$, $b=15$이므로

$a+b=14$ 답 14

17 $(|x|-1)(x-3)>2$에서

(i) $x<0$일 때,

$(-x-1)(x-3)>2$, $x^2-2x-1<0$

이차방정식 $x^2-2x-1=0$의 근이 $x=1\pm\sqrt{2}$이므로

$1-\sqrt{2}<x<1+\sqrt{2}$

그런데 $x<0$이므로 $1-\sqrt{2}<x<0$

(ii) $x\geq0$일 때,

$(x-1)(x-3)>2$, $x^2-4x+1>0$

이차방정식 $x^2-4x+1=0$의 근이 $x=2\pm\sqrt{3}$이므로

$x<2-\sqrt{3}$ 또는 $x>2+\sqrt{3}$

그런데 $x\geq0$이므로

$0\leq x<2-\sqrt{3}$ 또는 $x>2+\sqrt{3}$

(i), (ii)에서 $1-\sqrt{2}<x<2-\sqrt{3}$ 또는 $x>2+\sqrt{3}$

따라서 $\alpha=1-\sqrt{2}$, $\beta=2-\sqrt{3}$, $\gamma=2+\sqrt{3}$이므로

$\alpha+\beta+\gamma=5-\sqrt{2}$ 답 ②

18 $[x]=n$ (n은 정수)이라 하면

$n \leq x < n+1$ ······㉠

$n-1 \leq x-1 < n$이므로

$[x-1]=n-1$

$[x-1]^2+3[x]-3<0$에서

$(n-1)^2+3n-3<0$, $n^2+n-2<0$

$(n+2)(n-1)<0$

$\therefore -2<n<1$

이때 n은 정수이므로 $n=-1$ 또는 $n=0$

(i) $n=-1$일 때,

㉠에서 $-1 \leq x < 0$

(ii) $n=0$일 때,

㉠에서 $0 \leq x < 1$

(i), (ii)에서 $-1 \leq x < 1$　　　　　　　　　답 ④

• 다른 풀이 •

$[x-1]$, $[x]$의 값은 모두 정수이므로

$[x-1]=[x]-1$

$[x-1]^2+3[x]-3=([x]-1)^2+3([x]-1)$

$\qquad\qquad\qquad\quad =([x]-1)([x]+2)<0$

이므로 $-2<[x]<1$

이때 $[x]$의 값은 정수이므로 $[x]=-1$ 또는 $[x]=0$

$\therefore -1 \leq x < 1$

19 함수 $y=(m+3)x^2+2x$의 그래프가 함수

$y=2(m+4)x-5$의 그래프보다 항상 위쪽에 있으므로

$(m+3)x^2+2x>2(m+4)x-5$에서

$(m+3)x^2-2(m+3)x+5>0$

(i) $m+3=0$, 즉 $m=-3$일 때,

$5>0$이므로 위의 부등식은 항상 성립한다.

(ii) $m+3 \neq 0$, 즉 $m \neq -3$일 때,

$f(x)=(m+3)x^2-2(m+3)x+5$라 하면 부등식

$f(x)>0$이 모든 실수 x에 대하여

성립해야 하므로 함수 $y=f(x)$의

그래프가 오른쪽 그림과 같아야 한

다. 즉, $m+3>0$이고, 이차방정식

$(m+3)x^2-2(m+3)x+5=0$의 판별식을 D라 하면

$\dfrac{D}{4}=\{-(m+3)\}^2-5(m+3)<0$

$m^2+m-6<0$, $(m+3)(m-2)<0$

$\therefore -3<m<2$

(i), (ii)에서 $-3 \leq m < 2$　　　　　　답 $-3 \leq m < 2$

20 임의의 두 실수 x_1, x_2에 대하여 부등식 $f(x_1) \geq g(x_2)$

가 성립하려면 함수 $f(x)$의 최솟값이 함수 $g(x)$의 최댓

값보다 항상 크거나 같아야 한다.

$f(x)=x^2-mx+4m=\left(x-\dfrac{m}{2}\right)^2-\dfrac{m^2}{4}+4m$,

$g(x)=-x^2+3x+3m-3=-\left(x-\dfrac{3}{2}\right)^2+3m-\dfrac{3}{4}$

이므로 함수 $f(x)$의 최솟값은 $-\dfrac{m^2}{4}+4m$, 함수 $g(x)$

의 최댓값은 $3m-\dfrac{3}{4}$

즉, $-\dfrac{m^2}{4}+4m \geq 3m-\dfrac{3}{4}$에서

$\dfrac{m^2}{4}-m-\dfrac{3}{4} \leq 0$, $m^2-4m-3 \leq 0$

$(m-2+\sqrt{7})(m-2-\sqrt{7}) \leq 0$　　←이차방정식 $x^2-4x-3=0$의

$\therefore 2-\sqrt{7} \leq m \leq 2+\sqrt{7}$　　　　　두 근이 $2\pm\sqrt{7}$ 이다.

　　　　　　　　　　　　　　　　　　　답 ①

21 주어진 그래프에서 $f(x)=a(x+1)(x-2)$ $(a>0)$,

$g(x)=-a(x-1)(x-3)$ $(a>0)$이라 하자.

$f(x)=g(x)$에서

$a(x+1)(x-2)=-a(x-1)(x-3)$

$a(x^2-x-2)=-a(x^2-4x+3)$

$x^2-x-2=-x^2+4x-3$ $(\because a \neq 0)$

$2x^2-5x+1=0$　　$\therefore x=\dfrac{5\pm\sqrt{17}}{4}$

즉, 두 이차함수 $y=f(x)$, $y=g(x)$의 그래프의 교점의

x좌표는 $\dfrac{5-\sqrt{17}}{4}$, $\dfrac{5+\sqrt{17}}{4}$이다.

이때 $\{f(x)\}^2>f(x)g(x)$에서

$\{f(x)\}^2-f(x)g(x)>0$

$f(x)\{f(x)-g(x)\}>0$

(i) $f(x)>0$, $f(x)-g(x)>0$일 때,

주어진 그래프에 의하여 $x<-1$ 또는 $x>\dfrac{5+\sqrt{17}}{4}$

(ii) $f(x)<0$, $f(x)-g(x)<0$일 때,

주어진 그래프에 의하여 $\dfrac{5-\sqrt{17}}{4}<x<2$

(i), (ii)에서

$x<-1$ 또는 $\dfrac{5-\sqrt{17}}{4}<x<2$ 또는 $x>\dfrac{5+\sqrt{17}}{4}$

따라서 구하는 10 이하의 자연수 x는 1, 3, 4, 5, 6, 7, 8,

9, 10의 9개이다.　　　　　　　　　　　　답 9

• 다른 풀이 •

두 이차함수 $y=f(x)$, $y=g(x)$의 그래프의 교점의 x좌

표를 α, β $(\alpha<\beta)$라 하면 주어진 그래프에서

$0<\alpha<1$, $2<\beta<3$ ······㉠

$\{f(x)\}^2>f(x)g(x)$에서 $f(x)\{f(x)-g(x)\}>0$

(i) $f(x)>0$, $f(x)-g(x)>0$일 때,

$f(x)>0$에서 $x<-1$ 또는 $x>2$

$f(x)-g(x)>0$, 즉 $f(x)>g(x)$에서

$x<\alpha$ 또는 $x>\beta$

$\therefore x<-1$ 또는 $x>\beta$ $(\because ㉠)$

(ii) $f(x)<0$, $f(x)-g(x)<0$일 때,

$f(x)<0$에서 $-1<x<2$

$f(x)-g(x)<0$, 즉 $f(x)<g(x)$에서

$\alpha<x<\beta$

$\therefore \alpha<x<2$ ($\because$ ㉠)

(i), (ii)에서 $x<-1$ 또는 $\alpha<x<2$ 또는 $x>\beta$

따라서 구하는 10 이하의 자연수 x는 1, 3, 4, 5, 6, 7, 8, 9, 10의 9개이다.

22 $f(x)=x^2-2x-3=(x+1)(x-3)$에서

(i) $x\leq-1$ 또는 $x\geq3$일 때,

$f(x)\geq0$, 즉 $|f(x)|=f(x)$이므로

$g(x)=\dfrac{f(x)+|f(x)|}{2}=\dfrac{2f(x)}{2}=f(x)$

(ii) $-1<x<3$일 때,

$f(x)<0$, 즉 $|f(x)|=-f(x)$이므로

$g(x)=\dfrac{f(x)+|f(x)|}{2}=\dfrac{f(x)-f(x)}{2}=0$

(i), (ii)에서 $g(x)=\begin{cases} f(x) & (x\leq-1 \text{ 또는 } x\geq3) \\ 0 & (-1<x<3) \end{cases}$

즉, 함수 $y=g(x)$의 그래프는 다음 그림과 같다.

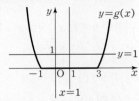

ㄱ. 함수 $y=g(x)$의 그래프는 직선 $x=1$에 대하여 대칭이다. (거짓)

ㄴ. 두 함수 $y=g(x)$와 $y=1$의 그래프는 서로 다른 두 점에서 만나므로 방정식 $g(x)=1$은 서로 다른 두 실근을 갖는다. (참)

ㄷ. 부등식 $g(x)\leq0$의 해는 $-1\leq x\leq3$이다. (참)

따라서 옳은 것은 ㄴ, ㄷ이다.　　　　　　　　답 ④

23 어떤 상품의 가격을 내리기 전의 판매 가격을 a, 그때의 판매량을 b라 하면

(총 판매액)$=$(판매 가격)$\times$(판매량)이므로

가격을 내리기 전의 총 판매액은

ab

가격을 내린 후의 총 판매액은

$a\left(1-\dfrac{x}{100}\right)\times b\left(1+\dfrac{2x}{100}\right)$

이때 가격을 내린 후의 총 판매액이 가격을 내리기 전의 총 판매액의 $\dfrac{10}{9}$배 이상이어야 하므로

$a\left(1-\dfrac{x}{100}\right)\times b\left(1+\dfrac{2x}{100}\right)\geq\dfrac{10}{9}ab$

$\left(1-\dfrac{x}{100}\right)\left(1+\dfrac{2x}{100}\right)\geq\dfrac{10}{9}$ ($\because a>0, b>0$)

$9(100-x)(50+x)\geq50000$, $9x^2-450x+5000\leq0$

$(3x-50)(3x-100)\leq0$　　$\therefore \dfrac{50}{3}\leq x\leq\dfrac{100}{3}$

따라서 $p=\dfrac{50}{3}$, $q=\dfrac{100}{3}$이므로

$p+q=50$　　　　　　　　　　　　　　　답 ③

24 직육면체 A와 정육면체 B의 겉넓이를 각각 S_A, S_B라 하면

$S_A=2(x+1)(x-1)+2(x+1)(2x-1)$
$\qquad\qquad\qquad +2(x-1)(2x-1)$

$\quad =10x^2-4x-2$

$S_B=6x^2$

S_A가 S_B의 1.5배 이상이므로

$10x^2-4x-2\geq1.5\times6x^2$, $x^2-4x-2\geq0$

이차방정식 $x^2-4x-2=0$의 근이 $x=2\pm\sqrt{6}$이므로 위의 이차부등식의 해는

$x\leq2-\sqrt{6}$ 또는 $x\geq2+\sqrt{6}$　　$\therefore x\geq2+\sqrt{6}$ ($\because x>1$)

이때 직육면체 A는 한 모서리의 길이가 1인 정육면체 모양의 블록으로 이루어져 있으므로 x는 자연수이다.

따라서 x의 최솟값은 5이다.　　　　　　　답 5

25 주어진 그림에서 화단과 길을 겹치지 않게 모아 다음 그림과 같이 변형하여도 화단과 길의 면적은 각각 같다.

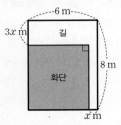

화단의 면적은 $(8-3x)(6-x)(\text{m}^2)$이고,

길의 면적은 $8x+3x(6-x)(\text{m}^2)$이므로

필요한 총 비용은

$2(8-3x)(6-x)+\{8x+3x(6-x)\}(\text{만 원})$

이때 총 비용이 56만 원 이하이어야 하므로

$2(8-3x)(6-x)+\{8x+3x(6-x)\}\leq56$

$3x^2-26x+40\leq0$, $(x-2)(3x-20)\leq0$

$\therefore 2\leq x\leq\dfrac{20}{3}$

그런데 $x>0$, $8-3x>0$, $6-x>0$에서 $0<x<\dfrac{8}{3}$이므로

$2\leq x<\dfrac{8}{3}$

따라서 x의 최솟값은 2이다.　　　　　　　답 2

단계	채점 기준	배점
(가)	직사각형 모양의 땅에 화단과 길을 만드는 데 필요한 총 비용을 x에 대한 식으로 나타내고 부등식을 세운 경우	50%
(나)	(가)의 부등식을 푼 경우	30%
(다)	x의 최솟값을 구한 경우	20%

26 보관창고와 A지점 사이의 거리를 t km라 하면 하루에 드는 총 운송비는
$$100t^2+200(t+10)^2+300(20-t)^2(원)$$
이때 하루에 드는 총 운송비가 155000원 이하이어야 하므로
$$100t^2+200(t+10)^2+300(20-t)^2\le155000$$
$$600t^2-8000t-15000\le0,\ 3t^2-40t-75\le0$$
$$(3t+5)(t-15)\le0,\ -\frac{5}{3}\le t\le15$$
$$\therefore 0<t\le15\ (\because 0<t<20)$$
따라서 보관창고는 A지점에서 최대 15 km 떨어진 지점까지 지을 수 있으므로
$$a=15$$
답 15

27 $x^2-5x+4<0$에서 $(x-1)(x-4)<0$
$$\therefore 1<x<4\quad\cdots\cdots\ \bigcirc$$
$x^2-7x+10\le0$에서 $(x-2)(x-5)\le0$
$$\therefore 2\le x\le5\quad\cdots\cdots\ \bigcirc$$
$\bigcirc$, $\bigcirc$에서 $2\le x<4$
$2\le x<4$가 방정식 $a[x]^2+b[x]+c=0$의 해이고, $[x]$는 정수이므로 $2\le x<4$에서
$[x]=2$ 또는 $[x]=3$
따라서 방정식 $a[x]^2+b[x]+c=0$에서 이차방정식의 근과 계수의 관계에 의하여
$$-\frac{b}{a}=2+3=5\quad\therefore \frac{b}{a}=-5$$
$$\frac{c}{a}=2\times3=6$$
$$\therefore \frac{b}{a}+\frac{c}{a}=-5+6=1$$
답 1

28 $x+a-3>0$에서 $x>-a+3$이므로 모든 양수 x에 대하여 부등식이 성립하기 위해서는
$$-a+3\le0\quad\therefore a\ge3\quad\cdots\cdots\ \bigcirc$$
또한, 모든 실수 x에 대하여 이차부등식 $x^2+ax+a>0$이 성립하기 위해서는 이차방정식 $x^2+ax+a=0$의 판별식을 D라 할 때 $D=a^2-4a<0$에서
$$a(a-4)<0\quad\therefore 0<a<4\quad\cdots\cdots\ \bigcirc$$
$\bigcirc$, $\bigcirc$에서 $3\le a<4$
답 ④

29 주어진 그래프에서
(ⅰ) $f(x)\le g(x)$를 만족시키는 x의 값의 범위는
$$a\le x\le b$$
(ⅱ) $g(x)\le h(x)$를 만족시키는 x의 값의 범위는
$$x\le0\ 또는\ x\ge a$$
(ⅰ), (ⅱ)에서 부등식 $f(x)\le g(x)\le h(x)$의 해는
$$a\le x\le b$$
답 $a\le x\le b$

30 (ⅰ) $-x^2+3x+2\le mx+n$에서
$$x^2+(m-3)x+n-2\ge0$$
이 부등식이 모든 실수 x에 대하여 성립해야 하므로 이차방정식 $x^2+(m-3)x+n-2=0$의 판별식을 D_1이라 하면
$$D_1=(m-3)^2-4(n-2)\le0$$
$$\therefore 4n\ge m^2-6m+17$$
(ⅱ) $mx+n\le x^2-x+4$에서
$$x^2-(m+1)x+4-n\ge0$$
이 부등식이 모든 실수 x에 대하여 성립해야 하므로 이차방정식 $x^2-(m+1)x+4-n=0$의 판별식을 D_2라 하면
$$D_2=\{-(m+1)\}^2-4(4-n)\le0$$
$$\therefore 4n\le-m^2-2m+15$$
(ⅰ), (ⅱ)에서
$$m^2-6m+17\le4n\le-m^2-2m+15\quad\cdots\cdots\ \bigcirc$$
즉, $m^2-6m+17\le-m^2-2m+15$이므로
$$2m^2-4m+2\le0,\ 2(m-1)^2\le0$$
$$(m-1)^2\le0\quad\therefore m=1$$
이것을 $\bigcirc$에 대입하면 $12\le4n\le12$이므로
$$4n=12\quad\therefore n=3$$
$$\therefore m^2+n^2=1^2+3^2=10$$
답 ②

• **다른 풀이** •
두 이차함수 $y=-x^2+3x+2$, $y=x^2-x+4$의 그래프의 교점의 x좌표를 구하면 $-x^2+3x+2=x^2-x+4$에서
$$2x^2-4x+2=0,\ 2(x-1)^2=0\quad\therefore x=1$$
즉, 점 $(1,4)$에서 두 이차함수의 그래프가 접한다.
이때 모든 실수 x에 대하여 주어진 부등식이 성립하려면 오른쪽 그림과 같이 두 이차함수의 그래프 사이에 직선 $y=mx+n$이 위치해야 하므로 직선 $y=mx+n$은 점 $(1,4)$에서 두 이차함수의 그래프에 접해야 한다.

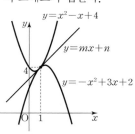

$y-4=m(x-1)$에서
$$y=mx-m+4$$
이 직선이 함수 $y=x^2-x+4$의 그래프와 접하려면 이차방정식 $x^2-x+4=mx-m+4$, 즉

$x^2-(m+1)x+m=0$이 중근을 가져야 하므로 판별식을 D라 하면

$D=\{-(m+1)\}^2-4m=0$

$m^2-2m+1=0$, $(m-1)^2=0$ $\quad\therefore m=1$

즉, 직선의 방정식은 $y=x+3$이므로 $n=3$

$\therefore m^2+n^2=1^2+3^2=10$

31 $|x-k|>5$에서

$x-k<-5$ 또는 $x-k>5$

$\therefore x<k-5$ 또는 $x>k+5$ $\quad\cdots\cdots\bigcirc$

$x^2-4x-12<0$에서 $(x+2)(x-6)<0$

$\therefore -2<x<6$ $\quad\cdots\cdots\bigcirc\!\!\bigcirc$

이때 연립부등식을 만족시키는 모든 정수 x의 값의 합이 5가 되는 경우는 다음과 같다.

(i) $k+5<6$, 즉 $k<1$일 때,

$k-5<-4$이므로 연립부등식을 만족시키는 모든 정수 x의 값의 합이 5이려면 조건을 만족시키는 x는 5 뿐이어야 한다.

따라서 $4\le k+5<5$이므로 $-1\le k<0$

(ii) $k+5\ge6$, 즉 $k\ge1$일 때,

$k-5\ge-4$이므로 연립부등식을 만족시키는 모든 정수 x의 값의 합이 5이려면 조건을 만족시키는 x는 -1, 0, 1, 2, 3이어야 한다.

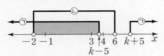

따라서 $3<k-5\le4$이므로

$8<k\le9$

(i), (ii)에서 $-1\le k<0$ 또는 $8<k\le9$이므로 정수 k의 최댓값은 9, 최솟값은 -1이다.

따라서 $M=9$, $m=-1$이므로

$M+m=8$ $\qquad\qquad$ 답 8

32 해결단계

❶단계	$[a]$의 값의 범위에 따른 부등식의 해를 구한다.
❷단계	조건을 만족시키는 $[a]$의 값의 범위를 구하고, a의 값의 범위를 구한다.
❸단계	p, q의 값을 구한 후, $p+q$의 값을 계산한다.

$\begin{cases} (x-2)(x-[a])<0 & \cdots\cdots\bigcirc \\ (x-4)\left(x-\dfrac{[a]}{2}\right)>0 & \cdots\cdots\bigcirc\!\!\bigcirc \end{cases}$

양수 a에 대하여 $[a]=0, 1, 2, \cdots$이고, $\dfrac{1}{2}[a]\le[a]$

$\bigcirc$에서

(i) $[a]<2$이면

$[a]<x<2$이므로 $\bigcirc$이 정수인 해를 가지려면 $[a]=0$

그런데 $[a]=0$이면

$\bigcirc\!\!\bigcirc$에서 $x<0$ 또는 $x>4$

이므로 $\bigcirc$, $\bigcirc\!\!\bigcirc$을 만족시키는 정수인 해는 없다.

(ii) $[a]=2$이면

$\bigcirc$에서 $(x-2)^2<0$이므로 부등식 $\bigcirc$의 해가 존재하지 않는다. 즉, $\bigcirc$, $\bigcirc\!\!\bigcirc$을 만족시키는 정수인 해는 없다.

(iii) $[a]>2$이면

$2<x<[a]$이므로 $\bigcirc$이 정수인 해를 가지려면 $[a]\ge4$

그런데 $[a]=4$이면

$\bigcirc$에서 $2<x<4$, $\bigcirc\!\!\bigcirc$에서 $x<2$ 또는 $x>4$

이므로 $\bigcirc$, $\bigcirc\!\!\bigcirc$을 만족시키는 정수인 해는 없다.

$\therefore [a]>4$

(i), (ii), (iii)에서 $[a]>4$

이때 주어진 연립부등식이 정수인 해를 1개 가지므로 다음 그림과 같이 경우를 나누어 생각할 수 있다.

①

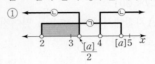

즉, $3<\dfrac{[a]}{2}\le4$이고 $4<[a]\le5$인 경우

$3<\dfrac{[a]}{2}\le4$에서 $6<[a]\le8$이므로 이것을 만족시키는 양수 a는 존재하지 않는다.

②

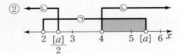

즉, $2<\dfrac{[a]}{2}\le3$이고 $5<[a]\le6$인 경우

$[a]=6$이고 정수인 해는 $x=5$로 해의 개수가 1이다.

③

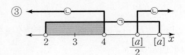

즉, $4<\dfrac{[a]}{2}$인 경우 $\dfrac{[a]}{2}<[a]-1<[a]$이므로 정수인 해는 $x=3$ 이외에도 $x=[a]-1$이 존재한다.

①, ②, ③에서

$[a]=6$이므로 $6\le a<7$

따라서 $p=6$, $q=7$이므로

$p+q=13$ $\qquad\qquad$ 답 13

33 원 C의 내부의 큰 원의 반지름의 길이를 x라 하면 작은 원의 반지름의 길이는 $6-x$이다.

큰 원의 반지름의 길이가 작은 원의 반지름의 길이보다 크므로

$x>6-x$, $2x>6$ $\quad\therefore x>3$ $\quad\cdots\cdots\bigcirc$

색칠한 부분의 넓이가 원 C의 넓이의 $\dfrac{1}{3}$ 이상이 되려면

내접하는 두 원의 넓이의 합이 원 C의 넓이의 $\dfrac{2}{3}$ 이하가

되어야 하므로

$\pi\{x^2+(6-x)^2\}\leq\dfrac{2}{3}\times\pi\times6^2$, $x^2-6x+6\leq0$

이차방정식 $x^2-6x+6=0$의 근이 $x=3\pm\sqrt{3}$이므로 위의 이차부등식의 해는

$3-\sqrt{3}\leq x\leq3+\sqrt{3}$　　　　　……ⓛ

ⓐ, ⓛ에서 $3<x\leq3+\sqrt{3}$

따라서 큰 원의 반지름의 길이의 최댓값은 $3+\sqrt{3}$이다.

　　　　　　　　　　　　　　　　답 $3+\sqrt{3}$

34 4개월 된 태아의 키는 18 cm 이상 20 cm 이하이므로

$18\leq16-4a^2+6a\leq20$

(i) $18\leq16-4a^2+6a$에서 $4a^2-6a+2\leq0$

　　$2a^2-3a+1\leq0$, $(2a-1)(a-1)\leq0$

　　$\therefore\dfrac{1}{2}\leq a\leq1$

(ii) $16-4a^2+6a\leq20$에서 $4a^2-6a+4\geq0$

　　$2a^2-3a+2\geq0$, $2\left(a-\dfrac{3}{4}\right)^2+\dfrac{7}{8}\geq0$

　　위의 부등식은 모든 실수 a에 대하여 성립한다.

(i), (ii)에서 $\dfrac{1}{2}\leq a\leq1$　　　　답 $\dfrac{1}{2}\leq a\leq1$

35 민석이가 하루에 7쪽씩 x일 동안 읽으면 3쪽이 남으므로 이 책의 쪽수는 $(7x+3)$쪽이고, 이 책을 다 읽는 데 $(x+1)$일이 걸린다.

이때 10쪽씩 읽으면 7쪽씩 읽을 때보다 4일 빨리 다 읽으므로

$10(x-4)<7x+3\leq10(x-3)$

(i) $10(x-4)<7x+3$에서

　　$10x-40<7x+3$, $3x<43$

　　$\therefore x<\dfrac{43}{3}$

(ii) $7x+3\leq10(x-3)$에서

　　$7x+3\leq10x-30$, $3x\geq33$

　　$\therefore x\geq11$

(i), (ii)에서 $11\leq x<\dfrac{43}{3}$

따라서 책은 하루에 7쪽 최대 14일을 읽을 때 3쪽이 남으므로 이 책의 최대 쪽수는

$7\times14+3=101$(쪽)　　　　　　답 ②

36 함수 $f(x)=-x^2+2kx+k^2+4$의 그래프가 y축과 만나는 점이 A이므로

A$(0, k^2+4)$

점 B는 점 A와 y좌표가 같고 곡선 $y=f(x)$ 위에 있으므로 점 B의 x좌표는 $-x^2+2kx+k^2+4=k^2+4$에서

$x^2-2kx=0$, $x(x-2k)=0$

$\therefore x=0$ 또는 $x=2k$

$\therefore$ B$(2k, k^2+4)$

사각형 OCBA의 둘레의 길이가

$g(k)$이므로

$g(k)=2\times2k+2\times(k^2+4)$

　　　$=2k^2+4k+8$

부등식 $14\leq g(k)\leq78$에서

$14\leq2k^2+4k+8\leq78$

$7\leq k^2+2k+4\leq39$

(i) $k^2+2k+4\geq7$에서 $k^2+2k-3\geq0$

　　$(k+3)(k-1)\geq0$　　$\therefore k\leq-3$ 또는 $k\geq1$

　　그런데 $k>0$이므로 $k\geq1$

(ii) $k^2+2k+4\leq39$에서 $k^2+2k-35\leq0$

　　$(k+7)(k-5)\leq0$　　$\therefore -7\leq k\leq5$

　　그런데 $k>0$이므로 $0<k\leq5$

(i), (ii)에서 $1\leq k\leq5$

따라서 조건을 만족시키는 자연수 k는 1, 2, 3, 4, 5이므로 그 합은

$1+2+3+4+5=15$　　　　　　　　답 15

37 이차방정식 $x^2-\sqrt{a}x+1-a=0$이 두 실근을 가지므로 판별식을 D라 하면

$D=(-\sqrt{a})^2-4(1-a)\geq0$, $5a-4\geq0$

$\therefore a\geq\dfrac{4}{5}$　　　　　……ⓐ

또한, 이차방정식 $x^2-\sqrt{a}x+1-a=0$의 두 근이 모두 양수이므로 두 근의 합과 곱도 양수이다.

즉, 이차방정식의 근과 계수의 관계에 의하여

$\sqrt{a}>0$에서 $a>0$　　　　……ⓛ

$1-a>0$에서 $a<1$　　　　……ⓒ

ⓐ, ⓛ, ⓒ에서 $\dfrac{4}{5}\leq a<1$

따라서 $p=\dfrac{4}{5}$, $q=1$이므로

$5p+q=5\times\dfrac{4}{5}+1=5$　　　　　답 5

38 이차방정식 $x^2+(k^2+3k-10)x+k^2-3k-18=0$의 두 근을 α, β라 하면 두 근의 부호가 서로 다르므로 주어진 이차방정식은 항상 실근을 갖는다.

이때 이차방정식의 근과 계수의 관계에 의하여

$\alpha+\beta=-(k^2+3k-10)$, $\alpha\beta=k^2-3k-18$

(i) 두 근의 부호가 서로 다르므로 $\alpha\beta<0$에서

　　$k^2-3k-18<0$

　　$(k+3)(k-6)<0$　　$\therefore -3<k<6$

(ii) 음수인 근의 절댓값이 양수인 근보다 크므로

　　$\alpha+\beta<0$에서

$-(k^2+3k-10)<0,\ k^2+3k-10>0$

$(k+5)(k-2)>0$ 　　$\therefore k<-5$ 또는 $k>2$

(ⅰ), (ⅱ)에서 $2<k<6$

따라서 조건을 만족시키는 정수 k는 3, 4, 5이므로 그 합은

$3+4+5=12$　　　　　　　　　　　　　　　답 12

39 $f(x)=x^2+2(k-1)|x|+k^2-3k-4$라 하면

$f(x)=|x|^2+2(k-1)|x|+k^2-3k-4$

이때 $|x|=t$로 놓으면

$f(t)=t^2+2(k-1)t+k^2-3k-4\ (t\geq 0)$

방정식 $f(x)=0$이 서로 다른 네 실근을 갖기 위해서는

방정식 $f(t)=0$이 서로 다른 두 양의 실근을 가져야 하

므로 이 이차방정식의 판별식을 D라 하면

$\dfrac{D}{4}=(k-1)^2-(k^2-3k-4)>0$에서

$k+5>0$ 　　$\therefore k>-5$ 　……㉠

또한, 두 근이 모두 양수이므로 두 근의 합과 곱도 양수이다.

이차방정식의 근과 계수의 관계에 의하여

$-2(k-1)>0$에서 $k<1$ 　……㉡

$k^2-3k-4>0$에서 $(k+1)(k-4)>0$

$\therefore k<-1$ 또는 $k>4$ 　……㉢

㉠, ㉡, ㉢에서 $-5<k<-1$　　　　　　　답 ①

• 다른 풀이 •

주어진 방정식이 서로 다른 네 실근을 가져야 하므로

$x<0,\ x\geq 0$일 때 각각 서로 다른 두 개의 실근을 가져야

한다.

(ⅰ) $x<0$일 때,

$g(x)=x^2-2(k-1)x+k^2-3k-4$라 하면 이차방

정식 $g(x)=0$이 서로 다른 두 개의 음의 실근을 가져

야 한다.

① 이 이차방정식의 판별식을 D_1이라 하면 서로 다른

두 실근을 가져야 하므로

$\dfrac{D_1}{4}=\{-(k-1)\}^2-(k^2-3k-4)>0$에서

$k+5>0$ 　　$\therefore k>-5$

② 이차함수 $y=g(x)$의 그래프의 대칭축이 직선

$x=0$의 왼쪽에 있어야 하므로

$k-1<0$에서 $k<1$

③ $g(0)>0$에서 $k^2-3k-4>0$

$(k+1)(k-4)>0$

$\therefore k<-1$ 또는 $k>4$

①, ②, ③에서 $-5<k<-1$

(ⅱ) $x\geq 0$일 때,

$h(x)=x^2+2(k-1)x+k^2-3k-4$라 하면 이차방

정식 $h(x)=0$이 서로 다른 두 개의 음이 아닌 실근을

가져야 한다.

④ 이 이차방정식의 판별식을 D_2라 하면 서로 다른 두

실근을 가져야 하므로

$\dfrac{D_2}{4}=(k-1)^2-(k^2-3k-4)>0$에서

$k+5>0$ 　　$\therefore k>-5$

⑤ 이차함수 $y=h(x)$의 그래프의 대칭축이 직선

$x=0$의 오른쪽에 있어야 하므로

$-(k-1)>0$에서 $k<1$

⑥ $h(0)\geq 0$에서 $k^2-3k-4\geq 0$

$(k+1)(k-4)\geq 0$

$\therefore k\leq -1$ 또는 $k\geq 4$

④, ⑤, ⑥에서 $-5<k\leq -1$

(ⅰ), (ⅱ)에서 $-5<k<-1$

40 $f(x)=x^2+(a-2)x-2a+4$라 하면 이차방정식

$f(x)=0$이 $-2<x<1$에서 서로 다른 두 실근을 갖기

위해서는 이차함수

$f(x)=x^2+(a-2)x-2a+4$

$\qquad =\left(x+\dfrac{a-2}{2}\right)^2-2a+4-\dfrac{(a-2)^2}{4}$

의 그래프가 다음 그림과 같아야 한다.

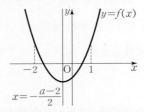

(ⅰ) 이차방정식 $f(x)=0$의 판별식을 D라 하면

$D=(a-2)^2-4(-2a+4)>0$에서

$a^2+4a-12>0,\ (a+6)(a-2)>0$

$\therefore a<-6$ 또는 $a>2$

(ⅱ) $f(-2)>0$에서 $4-2(a-2)-2a+4>0$

$-4a+12>0$ 　　$\therefore a<3$

(ⅲ) $f(1)>0$에서 $1+(a-2)-2a+4>0$

$-a+3>0$ 　　$\therefore a<3$

(ⅳ) 함수 $y=f(x)$의 그래프의 대칭축인 직선

$x=-\dfrac{a-2}{2}$가 -2와 1 사이에 있어야 하므로

$-2<-\dfrac{a-2}{2}<1,\ -2<a-2<4$

$\therefore 0<a<6$

(ⅰ)~(ⅳ)에서 $2<a<3$　　　　　　　　　　답 ③

41 $P(x)=3x^3+x+11,\ Q(x)=x^2-x+1$이므로

$P(x)-3(x+1)Q(x)+mx^2$

$=(3x^3+x+11)-3(x+1)(x^2-x+1)+mx^2$

$=3x^3+x+11-3(x^3+1)+mx^2$

$=mx^2+x+8$

$f(x)=mx^2+x+8$이라 하면 방정식 $f(x)=0$의 근은 함

수 $y=f(x)$의 그래프가 x축과 만나는 점의 x좌표이다.

이때 한 근이 2보다 작고, 다른 한 근이 2보다 크므로
$m \neq 0$이고 이 경우는 다음과 같다.

(ⅰ) $m > 0$일 때,

이차함수 $y = f(x)$의 그래프는
오른쪽 그림과 같아야 하므로
$f(2) = 4m + 10 < 0$에서

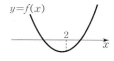

$$m < -\frac{5}{2}$$

그런데 $m > 0$이므로 이를 만족시키는 정수 m은 존재
하지 않는다.

(ⅱ) $m < 0$일 때,

이차함수 $y = f(x)$의 그래프는
오른쪽 그림과 같아야 하므로
$f(2) = 4m + 10 > 0$에서

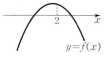

$$m > -\frac{5}{2}$$

$$\therefore -\frac{5}{2} < m < 0$$

(ⅰ), (ⅱ)에서 $-\frac{5}{2} < m < 0$

따라서 조건을 만족시키는 정수 m은 -2, -1의 2개이다.

답 ②

42 해결단계

❶단계	이차방정식이 $-1 \leq x \leq 1$에서 한 개의 실근을 갖도록 하는 m의 값의 범위를 구한다.
❷단계	이차방정식이 $-1 \leq x \leq 1$에서 두 개의 실근을 갖도록 하는 m의 값의 범위를 구한다.
❸단계	❶, ❷단계에서 구한 범위를 이용하여 p, q의 값을 각각 구한 후, $\frac{9}{2}p + q$의 값을 계산한다.

$f(x) = x^2 - (m+1)x + 2m$이라 하면 이차방정식
$f(x) = 0$이 $-1 \leq x \leq 1$에서 적어도 한 개의 실근을 가져
야 한다.

(ⅰ) $-1 \leq x \leq 1$에서 한 개의 실근을 갖는 경우

이차함수 $y = f(x)$의 그래프
가 오른쪽 그림과 같아야 하므
로 $f(-1)$과 $f(1)$의 값이 0
이거나 부호가 서로 달라야 한다.

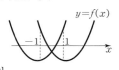

즉, $f(-1)f(1) \leq 0$에서
$(1 + m + 1 + 2m)(1 - m - 1 + 2m) \leq 0$
$m(3m + 2) \leq 0$

$$\therefore -\frac{2}{3} \leq m \leq 0$$

그런데 $m = 0$일 때 $f(x) = x^2 - x$이므로 $f(x) = 0$에
서 $x^2 - x = 0$, $x(x-1) = 0$

$$\therefore x = 0 \text{ 또는 } x = 1$$

따라서 $m = 0$일 때 $-1 \leq x \leq 1$에서 서로 다른 두 근
을 가지므로 $m \neq 0$

$$\therefore -\frac{2}{3} \leq m < 0$$

(ⅱ) $-1 \leq x \leq 1$에서 두 개의 실근을 갖는 경우

이차함수 $y = f(x)$의 그래프
가 오른쪽 그림과 같아야 한다.

① 이차방정식 $f(x) = 0$의 판
별식을 D라 하면
$$D = \{-(m+1)\}^2 - 4 \times 2m \geq 0$$에서
$$m^2 - 6m + 1 \geq 0$$
이때 이차방정식 $m^2 - 6m + 1 = 0$의 근이
$m = 3 \pm 2\sqrt{2}$이므로 위의 부등식의 해는
$m \leq 3 - 2\sqrt{2}$ 또는 $m \geq 3 + 2\sqrt{2}$

② $f(-1) \geq 0$에서 $(-1)^2 + (m+1) + 2m \geq 0$
$$3m + 2 \geq 0 \qquad \therefore m \geq -\frac{2}{3}$$

③ $f(1) \geq 0$에서 $1^2 - (m+1) + 2m \geq 0$
$$\therefore m \geq 0$$

④ 함수 $y = f(x)$의 그래프의 대칭축이 -1과 1 사이
에 있어야 한다.
$$f(x) = x^2 - (m+1)x + 2m$$
$$= \left(x - \frac{m+1}{2}\right)^2 - \frac{m^2 - 6m + 1}{4}$$

에서 대칭축이 $x = \frac{m+1}{2}$이므로

$$-1 < \frac{m+1}{2} < 1, \quad -2 < m+1 < 2$$

$$\therefore -3 < m < 1$$

①~④에서 $0 \leq m \leq 3 - 2\sqrt{2}$

(ⅰ), (ⅱ)에서 $-\frac{2}{3} \leq m \leq 3 - 2\sqrt{2}$

*따라서 $p = -\frac{2}{3}$, $q = 3 - 2\sqrt{2}$이므로

$$\frac{9}{2}p + q = \frac{9}{2} \times \left(-\frac{2}{3}\right) + (3 - 2\sqrt{2}) = -2\sqrt{2}$$

답 ①

• 다른 풀이 •

$x^2 - (m+1)x + 2m = 0$에서
$x^2 - x = m(x - 2)$

$f(x) = x^2 - x$, $g(x) = m(x-2)$라 하면 주어진 이차방
정식이 $-1 \leq x \leq 1$에서 적어도 한 개의 실근을 갖기 위해
서는 두 함수 $y = f(x)$와 $y = g(x)$의 그래프가
$-1 \leq x \leq 1$에서 적어도 한 번 만나야 한다.

이때 함수 $y = g(x)$의 그래프는 기울기 m의 값에 관계
없이 항상 점 $(2, 0)$을 지나는 직선이므로 두 함수의 그
래프를 좌표평면 위에 나타내면 다음 그림과 같다.

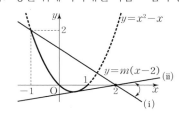

두 함수의 그래프가 $-1 \leq x \leq 1$에서 적어도 한 번 만나려
면 직선 $y = m(x-2)$가 (ⅰ) 또는 (ⅱ)이거나 두 가지 경우
사이에 존재하면 된다.

(i) 함수 $y=g(x)$의 그래프가 점 $(-1, 2)$를 지날 때,

$2=m(-1-2)$ $\therefore m=-\dfrac{2}{3}$

(ii) 함수 $y=g(x)$의 그래프가 함수 $y=f(x)$의 그래프에 접할 때, 이차방정식 $x^2-(m+1)x+2m=0$의 판별식을 D라 하면

$D=\{-(m+1)\}^2-8m=0$

$m^2-6m+1=0$ $\therefore m=3\pm2\sqrt{2}$

이때 함수 $y=g(x)$의 그래프와 함수 $y=f(x)$의 그래프가 제4사분면에서 접하므로

$m=3-2\sqrt{2}$

(i), (ii)에서 조건을 만족시키는 실수 m의 값의 범위는

$-\dfrac{2}{3}\le m\le 3-2\sqrt{2}$

다음은 *와 같다.

STEP **3**   1등급을 넘어서는 종합 사고력 문제   pp.83~84

01 10	**02** 6	**03** $a>b$	**04** ⑤	**05** 5
06 5	**07** 21	**08** $1+\sqrt{3}<x<3$		**09** $0\le a<\dfrac{1}{4}$
10 15	**11** $-\dfrac{9}{4}$	**12** $\dfrac{2}{3}<p<1$ 또는 $1<p\le\dfrac{4}{3}$		

01 해결단계

❶단계	주어진 부등식의 해를 구한다.
❷단계	$x\le5$일 때 ❶단계에서 구한 해가 항상 성립함을 이용하여 $a+b$의 최솟값을 구한다.

부등식 $|x-a|\le|x-b|$의 양변을 제곱하면

$x^2-2ax+a^2\le x^2-2bx+b^2$

$2(a-b)x\ge a^2-b^2$, $2(a-b)x\ge(a+b)(a-b)$

이때 $a<b$에서 $a-b<0$이므로 부등식의 해는

$x\le\dfrac{a+b}{2}$ ……㉠

$x\le5$일 때 ㉠이 항상 성립하려면 $\dfrac{a+b}{2}\ge5$이어야 하므로 $a+b\ge10$이다.

따라서 $a+b$의 최솟값은 10이다.   답 10

• 다른 풀이 •

$|x-a|\le|x-b|$에서 $a<b$이므로

(i) $x<a$일 때,

$-(x-a)\le-(x-b)$

$\therefore a\le b$

즉, $x<a$이면 주어진 부등식을 항상 만족시킨다.

(ii) $a\le x<b$일 때,

$x-a\le-(x-b)$

$2x\le a+b$ $\therefore x\le\dfrac{a+b}{2}$

$\therefore a\le x\le\dfrac{a+b}{2}$

(iii) $x\ge b$일 때,

$x-a\le x-b$, $-a\le-b$

$\therefore a\ge b$

그런데 $a<b$이므로 주어진 부등식을 만족시키지 않는다.

(i), (ii), (iii)에서 $x\le\dfrac{a+b}{2}$

이때 $x\le5$인 모든 실수 x에 대하여 주어진 부등식이 성립하려면

$5\le\dfrac{a+b}{2}$ $\therefore a+b\ge10$

따라서 $a+b$의 최솟값은 10이다.

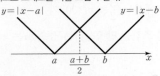

BLACKLABEL 특강   참고

부등식 $|x-a|\le|x-b|$를 만족시키는 x의 값을 두 함수 $y=|x-a|$, $y=|x-b|$의 그래프를 이용하여 구할 수 있다.

두 그래프의 교점의 x좌표를 구하면

$|x-a|=|x-b|$에서 $x-a=\pm(x-b)$

$x-a=x-b$는 $a<b$를 만족시키지 않으므로

$x-a=-x+b$에서 $x=\dfrac{a+b}{2}$

이때 $a<b$이므로 그래프는 다음 그림과 같다.

따라서 부등식 $|x-a|\le|x-b|$를 만족시키는 x의 값의 범위는

$x\le\dfrac{a+b}{2}$이다.

02 해결단계

❶단계	부등식 $|[x]-3|\le4$의 해를 구한다.
❷단계	a의 값의 범위에 따라 부등식 $(a^2-3a-4)x\ge a+1$의 해를 구한다.
❸단계	조건을 만족시키는 정수 a의 값의 합을 구한다.

$|[x]-3|\le4$에서 $-4\le[x]-3\le4$이므로

$-1\le[x]\le7$

이때 $[x]$의 값은 정수이므로 $[x]=-1, 0, 1, \cdots, 7$

$[x]=-1$일 때, $-1\le x<0$

$[x]=0$일 때, $0\le x<1$

$[x]=1$일 때, $1\le x<2$

     ⋮

$[x]=7$일 때, $7\le x<8$

$\therefore -1\le x<8$ ……㉠

한편, $(a^2-3a-4)x\ge a+1$에서

$(a+1)(a-4)x\ge a+1$ ……㉡

(i) $a<-1$일 때,

$(a+1)(a-4)>0$이므로

㉡의 해는 $x\ge\dfrac{1}{a-4}$

그런데 $a<-1$이면 $-\dfrac{1}{5}<\dfrac{1}{a-4}<0$이므로 ㉠, ㉡을 모두 만족시키는 정수 x는 $0, 1, 2, \cdots, 7$의 8개이다.

따라서 조건을 만족시키지 않는다.

(ii) $a=-1$일 때,

$0 \times x \geq 0$이므로 ㉡의 해는 모든 실수이다.

즉, ㉠, ㉡을 모두 만족시키는 정수 x는 -1, 0, 1, $\cdots$, 7의 9개이다.

따라서 조건을 만족시키지 않는다.

(iii) $-1<a<4$일 때,

$(a+1)(a-4)<0$이므로

㉡의 해는 $x \leq \dfrac{1}{a-4}$

㉠, ㉡을 모두 만족시키는 정수 x의 개수가 1이려면

$x=-1$이어야 하므로 ㉡의 해는 다음과 같아야 한다.

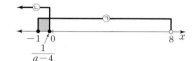

즉, $-1 \leq \dfrac{1}{a-4}<0$에서

$a-4 \leq -1$ ∴ $a \leq 3$

즉, $-1<a \leq 3$이므로 정수 a는 0, 1, 2, 3이다.

(iv) $a=4$일 때,

㉡에서 $0 \times x \geq 5$이므로 주어진 연립부등식의 해는 존재하지 않는다.

(v) $a>4$일 때,

$(a+1)(a-4)>0$이므로

㉡의 해는 $x \geq \dfrac{1}{a-4}$

㉠, ㉡을 모두 만족시키는 정수 x의 개수가 1이려면

$x=7$이어야 하므로 ㉡의 해는 다음과 같아야 한다.

즉, $6<\dfrac{1}{a-4} \leq 7$에서

$\dfrac{1}{7} \leq a-4 < \dfrac{1}{6}$ ∴ $\dfrac{29}{7} \leq a < \dfrac{25}{6}$

이것을 만족시키는 정수 a는 없다.

(i)~(v)에서 정수 a는 0, 1, 2, 3이고 그 합은

$0+1+2+3=6$ **답** 6

03 해결단계

❶단계	$x^2+x+1>0$임을 파악하고 x^2+x+1을 부등식의 양변에 곱한다.
❷단계	$a-b$를 t로 치환하여 t의 값의 범위를 구한다.
❸단계	a, b의 대소 관계를 구한다.

$x^2+x+1=\left(x+\dfrac{1}{2}\right)^2+\dfrac{3}{4}>0$이므로 주어진 부등식의 양변에 x^2+x+1을 곱하면

$(a+1)x^2+(a-2)x+(a+1)>b(x^2+x+1)$

$(a-b+1)x^2+(a-b-2)x+(a-b+1)>0$

$a-b=t$로 놓으면

$(t+1)x^2+(t-2)x+(t+1)>0$

이때 위의 부등식이 모든 실수 x에 대하여 성립해야 하므로

(i) $t+1>0$에서 $t>-1$

(ii) 이차방정식 $(t+1)x^2+(t-2)x+(t+1)=0$의 판별식을 D라 하면

$D=(t-2)^2-4(t+1)^2<0$에서

$-3t^2-12t<0$, $t(t+4)>0$

∴ $t<-4$ 또는 $t>0$

(i), (ii)에서 $t>0$

따라서 $a-b>0$이므로 $a>b$ **답** $a>b$

04 해결단계

❶단계	반례를 찾아 ㄱ의 참, 거짓을 판별한다.
❷단계	이차방정식의 판별식을 이용하여 ㄴ, ㄷ의 참, 거짓을 판별한다.

ㄱ. (반례) $ax^2-bx+c<0$에서 $a=1$, $b=2$, $c=1$이면

$x^2-2x+1<0$

그런데 모든 실수 x에 대하여

$x^2-2x+1=(x-1)^2 \geq 0$

즉, $c>0$이지만 부등식 $x^2-2x+1<0$의 해는 존재하지 않는다. (거짓)

ㄴ. 이차부등식 ㈎의 해가 존재하면 이차방정식

$ax^2-bx+c=0$의 판별식을 D_1이라 할 때

$D_1=(-b)^2-4ac>0$

∴ $b^2-4ac>0$ ·······㉠

한편, ㈏의 부등식 $a(x-1)^2-b(x-1)+c<0$에서

$ax^2-(2a+b)x+(a+b+c)<0$

이차방정식 $ax^2-(2a+b)x+(a+b+c)=0$의 판별식을 D_2라 하면

$D_2=\{-(2a+b)\}^2-4a(a+b+c)$
$\quad =b^2-4ac>0$ (∵ ㉠)

즉, ㈎의 해가 존재하면 ㈏의 해도 존재한다. (참)

ㄷ. 두 이차부등식 ㈎와 ㈏를 모두 만족시키는 해를 $x=t$라 하면

$at^2-bt+c<0$ ·······㉡

$at^2-(2a+b)t+(a+b+c)<0$ ·······㉢

㉡+㉢을 하면

$2at^2-2(a+b)t+(a+b+2c)<0$

즉, $x=t$는 이차부등식

$2ax^2-2(a+b)x+(a+b+2c)<0$의 해이므로 이차방정식 $2ax^2-2(a+b)x+(a+b+2c)=0$이 서로 다른 두 실근을 가져야 한다.

이 이차방정식의 판별식을 D_3이라 하면

$\dfrac{D_3}{4}=\{-(a+b)\}^2-2a(a+b+2c)>0$에서

$-a^2+b^2-4ac>0$

∴ $a^2-b^2+4ac<0$ (참)

따라서 옳은 것은 ㄴ, ㄷ이다. **답** ⑤

$f(x)=ax^2-bx+c$, $g(x)=a(x-1)^2-b(x-1)+c$
라 하면 함수 $y=f(x)$의 그래프를 x축의 방향으로 1만큼 평행이동한 그래프가 함수 $y=g(x)$의 그래프이다.

ㄴ. 이차부등식 ㈎의 해가 존재하면 곡선 $y=f(x)$가 x축과 서로 다른 두 점에서 만나야 하므로 두 함수 $y=f(x)$, $y=g(x)$의 그래프는 오른쪽 그림과 같다.
즉, ㈏의 해도 존재한다. (참)

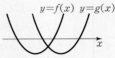

ㄷ. 두 이차부등식 ㈎, ㈏의 해가 존재하므로 함수 $y=f(x)$의 그래프가 x축과 만나는 서로 다른 두 점의 x좌표를 α, β $(\alpha<\beta)$라 하면 함수 $y=g(x)$의 그래프가 x축과 만나는 서로 다른 두 점의 x좌표는 $\alpha+1$, $\beta+1$이다.
즉, ㈎에서
$a(x-\alpha)(x-\beta)<0$ $\therefore \alpha<x<\beta$
㈏에서
$a(x-\alpha-1)(x-\beta-1)<0$
$\therefore \alpha+1<x<\beta+1$
이때 두 이차부등식 ㈎, ㈏를 동시에 만족시키는 해가 존재하므로 오른쪽 그림에서
$\alpha+1<\beta$
$\therefore \beta-\alpha>1$

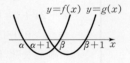

한편, $ax^2-bx+c=a(x-\alpha)(x-\beta)$이므로
$\alpha+\beta=\dfrac{b}{a}$, $\alpha\beta=\dfrac{c}{a}$
$\therefore \beta-\alpha=|\alpha-\beta|=\sqrt{(\alpha+\beta)^2-4\alpha\beta}$
$=\sqrt{\left(\dfrac{b}{a}\right)^2-\dfrac{4c}{a}}=\sqrt{\dfrac{b^2-4ac}{a^2}}$
이때 $\beta-\alpha>1$이므로 $\sqrt{\dfrac{b^2-4ac}{a^2}}>1$
$\sqrt{b^2-4ac}>\sqrt{a^2}$ $(\because \sqrt{a^2}>0)$
부등식의 양변을 제곱하면 $b^2-4ac>a^2$
$\therefore a^2-b^2+4ac<0$ (참)

05 해결단계

❶단계	$g(x)=f(x)-f(c)$라 하고, 함수 $y=g(x)$의 그래프를 이용하여 조건을 만족시키는 c의 값의 범위를 구한다.
❷단계	정수 c의 개수를 구한다.

$f(x)\leq f(c)$, 즉 $f(x)-f(c)\leq 0$에서
$g(x)=f(x)-f(c)$라 하면
$g(x)=x^2-8x-(c^2-8c)$
$=x^2-8x-c^2+8c$
이때 $g(x)\leq 0$을 만족시키는 x의 값의 범위가 $x>1$에 포함되므로 오른쪽 그림과 같이 $g(1)>0$이어야 한다.

즉, $g(1)=1-8-c^2+8c>0$이므로
$c^2-8c+7<0$, $(c-1)(c-7)<0$
$\therefore 1<c<7$

따라서 조건을 만족시키는 정수 c는 2, 3, 4, 5, 6의 5개이다.

답 5

$f(x)=x^2-8x$이므로 $f(x)\leq f(c)$에서
$x^2-8x\leq c^2-8c$
$x^2-c^2-8x+8c\leq 0$
$(x-c)(x+c)-8(x-c)\leq 0$
$(x-c)(x+c-8)\leq 0$ ……㉠
(i) $c<-c+8$, 즉 $c<4$일 때,
㉠에서 $c\leq x\leq -c+8$
이를 만족시키는 x의 값의 범위가 $x>1$에 포함되어야 하므로 $1<c$
이때 $c<4$이므로 $1<c<4$
(ii) $c\geq -c+8$, 즉 $c\geq 4$일 때,
㉠에서 $-c+8\leq x\leq c$
이를 만족시키는 x의 값의 범위가 $x>1$에 포함되어야 하므로
$1<-c+8$ $\therefore c<7$
이때 $c\geq 4$이므로 $4\leq c<7$
(i), (ii)에서 $1<c<7$이므로 조건을 만족시키는 정수 c는 2, 3, 4, 5, 6의 5개이다.

06 해결단계

❶단계	주어진 두 부등식의 해를 각각 구한다.
❷단계	n의 값을 기준으로 경우를 나누어 ❶단계에서 구한 두 부등식의 해의 공통부분을 구한다.
❸단계	조건을 만족시키는 자연수 n의 개수를 구한다.

$x^2-x+n-n^2>0$에서
$x^2-x+n(1-n)>0$
$\{x-(1-n)\}(x-n)>0$
이때 자연수 n에 대하여 $1-n<n$이므로
$x<1-n$ 또는 $x>n$ ……㉠
$x^2-(n^2-n+1)x+n^2-n^3\leq 0$에서
$x^2-(n^2-n+1)x+n^2(1-n)\leq 0$
$\{x-(1-n)\}(x-n^2)\leq 0$
이때 자연수 n에 대하여 $1-n<n^2$이므로
$1-n\leq x\leq n^2$ ……㉡
(i) $n=1$일 때,
㉠에서 $x<0$ 또는 $x>1$, ㉡에서 $0\leq x\leq 1$이므로 조건을 만족시키는 정수 x는 존재하지 않는다.

(ii) $n\geq 2$일 때,

2 이상의 자연수 n에 대하여 $n<n^2$이므로
㉠, ㉡에서 $n<x\leq n^2$

조건을 만족시키는 정수 x는 $n+1$, $n+2$, $n+3$, $\cdots$, n^2의 (n^2-n)개이다.

$n^2-n\leq30$에서

$n^2-n-30\leq0$, $(n+5)(n-6)\leq0$

$\therefore -5\leq n\leq6$

그런데 $n\geq2$이므로 $2\leq n\leq6$

(i), (ii)에서 조건을 만족시키는 자연수 n은

2, 3, 4, 5, 6의 5개이다.   **답** 5

07 해결단계

❶단계	이차방정식 $f(x)=2x-3$의 두 근이 1, 7임을 이용하여 $f(x)$의 식을 세운다.
❷단계	❶단계에서 구한 $f(x)$의 식을 이용하여 부등식 $f(x+1)\geq2x-1$, $f(2-x)\leq-2x+1$의 해를 각각 구한다.
❸단계	❷단계에서 구한 해의 공통부분을 구하여 a, b의 값을 각각 구한 후, $a-b$의 값을 계산한다.

이차함수 $y=f(x)$의 그래프와 직선 $y=2x-3$의 두 교점의 x좌표가 1, 7이므로 이차방정식 $f(x)=2x-3$, 즉 $f(x)-2x+3=0$의 두 근이 1, 7이다.

$f(x)-2x+3=k(x-1)(x-7)$ $(k>0)$이라 하면

$f(x)=k(x-1)(x-7)+2x-3$

(i) $f(x+1)\geq2x-1$에서

    $k(x+1-1)(x+1-7)+2(x+1)-3\geq2x-1$

    $kx(x-6)+2x-1\geq2x-1$

    $kx(x-6)\geq0$, $x(x-6)\geq0$ $(\because k>0)$

    $\therefore x\leq0$ 또는 $x\geq6$

(ii) $f(2-x)\leq-2x+1$에서

    $k(2-x-1)(2-x-7)+2(2-x)-3\leq-2x+1$

    $k(1-x)(-5-x)-2x+1\leq-2x+1$

    $k(x+5)(x-1)\leq0$, $(x+5)(x-1)\leq0$ $(\because k>0)$

    $\therefore -5\leq x\leq1$

(i), (ii)에서 $-5\leq x\leq0$

즉, 조건을 만족시키는 정수 x는

-5, -4, -3, -2, -1, 0의 6개이고 그 합은

$-5+(-4)+(-3)+(-2)+(-1)+0=-15$

따라서 $a=6$, $b=-15$이므로

$a-b=6-(-15)=21$ **답** 21

•다른 풀이•

$g(x)=f(x)-(2x-3)$이라 하면 함수 $y=f(x)$의 그래프와 직선 $y=2x-3$의 교점의 x좌표가 1, 7이므로 방정식 $g(x)=0$의 두 실근이 1, 7이다.

이때 $f(x)$의 최고차항의 계수가 양수이면 $g(x)$의 최고차항의 계수도 양수이므로

$g(x)=k(x-1)(x-7)$ $(k>0)$ $\cdots\cdots$㉠

이라 할 수 있다.

(i) $f(x+1)\geq2x-1$에서 $x+1=t$로 놓으면 $x=t-1$

    이므로

    $f(t)\geq2(t-1)-1$, $f(t)\geq2t-3$

$f(t)-(2t-3)\geq0$ $\therefore g(t)\geq0$

즉, ㉠에서 $k(t-1)(t-7)\geq0$

$(t-1)(t-7)\geq0$ $(\because k>0)$

$t\leq1$ 또는 $t\geq7$

$t=x+1$을 대입하면 $x+1\leq1$ 또는 $x+1\geq7$

$\therefore x\leq0$ 또는 $x\geq6$

(ii) $f(2-x)\leq-2x+1$에서 $2-x=t$로 놓으면

    $x=2-t$이므로

    $f(t)\leq-2(2-t)+1$, $f(t)\leq2t-3$

    $f(t)-(2t-3)\leq0$ $\therefore g(t)\leq0$

    즉, ㉠에서 $k(t-1)(t-7)\leq0$

    $(t-1)(t-7)\leq0$ $(\because k>0)$

    $1\leq t\leq7$

    $t=2-x$를 대입하면 $1\leq2-x\leq7$

    $-1\leq-x\leq5$ $\therefore -5\leq x\leq1$

(i), (ii)에서 $-5\leq x\leq0$이므로 조건을 만족시키는 정수 x는 -5, -4, -3, -2, -1, 0의 6개이고 그 합은

$-5+(-4)+(-3)+(-2)+(-1)+0=-15$

따라서 $a=6$, $b=-15$이므로

$a-b=6-(-15)=21$

08 해결단계

❶단계	부등식 $x^2-3x<0$의 해를 구한다.
❷단계	❶단계에서 구한 해를 이용하여 x의 값을 기준으로 경우를 나누어 부등식 $x^2-[x]x-2>0$의 해를 구한다.

$x^2-3x<0$에서 $x(x-3)<0$

$\therefore 0<x<3$

$0<x<3$일 때 부등식 $x^2-[x]x-2>0$의 해를 구하면 다음과 같다.

(i) $0<x<1$일 때,

    $[x]=0$이므로 $x^2-2>0$

    $\therefore x<-\sqrt{2}$ 또는 $x>\sqrt{2}$

    그런데 $0<x<1$이므로 주어진 부등식을 만족시키는 x의 값은 존재하지 않는다.

(ii) $1\leq x<2$일 때,

    $[x]=1$이므로 $x^2-x-2>0$

    $(x+1)(x-2)>0$

    $\therefore x<-1$ 또는 $x>2$

    그런데 $1\leq x<2$이므로 주어진 부등식을 만족시키는 x의 값은 존재하지 않는다.

(iii) $2\leq x<3$일 때,

    $[x]=2$이므로 $x^2-2x-2>0$

    이차방정식 $x^2-2x-2=0$의 근이 $x=1\pm\sqrt{3}$이므로

    $x<1-\sqrt{3}$ 또는 $x>1+\sqrt{3}$

    그런데 $2\leq x<3$이므로 $1+\sqrt{3}<x<3$

(i), (ii), (iii)에서 주어진 연립부등식의 해는

$1+\sqrt{3}<x<3$ **답** $1+\sqrt{3}<x<3$

❶단계	$0<x<1$일 때 ($f(x)$의 최솟값)>0이어야 함을 파악한다.
❷단계	꼭짓점의 x좌표의 범위에 따른 함수 $f(x)$의 최솟값을 구하고, a의 값의 범위를 구한다.
❸단계	조건을 만족시키는 a의 값의 범위를 구한다.

함수 $f(x)=x^2-4ax+a=(x-2a)^2+a-4a^2$에서
$0<x<1$일 때의 함숫값이 항상 양수가 되려면 이 구간에서 ($f(x)$의 최솟값)>0이어야 한다.

(i) $2a\leq0$, 즉 $a\leq0$일 때,
  $f(x)$의 최솟값은 $f(0)=a\geq0$에서
  $a=0$
  └ $0<x<1$에서 0을 포함하지 않으므로

(ii) $0<2a<1$, 즉 $0<a<\dfrac{1}{2}$일 때,
  $f(x)$의 최솟값은 $f(2a)=a-4a^2>0$
  $a(4a-1)<0$ ∴ $0<a<\dfrac{1}{4}$

(iii) $2a\geq1$, 즉 $a\geq\dfrac{1}{2}$일 때,
  $f(x)$의 최솟값은 $f(1)=1-3a\geq0$
  ∴ $a\leq\dfrac{1}{3}$
  └ $0<x<1$에서 1을 포함하지 않으므로

  그런데 $a\geq\dfrac{1}{2}$이므로 주어진 조건을 만족시키는 a의 값은 존재하지 않는다.

(i), (ii), (iii)에서 구하는 상수 a의 값의 범위는
$0\leq a<\dfrac{1}{4}$
답 $0\leq a<\dfrac{1}{4}$

● 다른 풀이 ●

$x^2-4ax+a>0$에서 $x^2>4ax-a$
즉, 함수 $f(x)=x^2-4ax+a$에서 $0<x<1$일 때의 함숫값이 항상 양수가 되려면 오른쪽 그림과 같이 $0<x<1$에서 포물선 $y=x^2$이 직선 $y=4ax-a$보다 항상 위쪽에 있어야 한다.

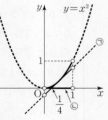

이때 직선 $y=4ax-a=4a\left(x-\dfrac{1}{4}\right)$은 a의 값에 관계없이 항상 점 $\left(\dfrac{1}{4},\ 0\right)$을 지나므로 $0<x<1$에서 직선 $y=4ax-a$는 직선 ㉠과 ㉡ 사이에 있거나 직선 ㉡이어야 한다.

(i) 직선 $y=4ax-a$가 ㉠일 때,
  이차방정식 $x^2=4ax-a$, 즉 $x^2-4ax+a=0$의 판별식을 D라 하면
  $\dfrac{D}{4}=(-2a)^2-a=0$에서
  $a(4a-1)=0$ ∴ $a=\dfrac{1}{4}$ ($\because a\neq0$)

(ii) 직선 $y=4ax-a$가 ㉡일 때, $a=0$
(i), (ii)에서 조건을 만족시키는 a의 값의 범위는
$0\leq a<\dfrac{1}{4}$

❶단계	통행로의 바깥 경계선의 가로, 세로의 길이를 각각 x m, y m라 하고, 안쪽 경계선의 가로, 세로의 길이를 구한다.
❷단계	두 원의 지름의 길이를 이용하여 x, y의 값의 범위를 구한다.
❸단계	x의 값에 따른 y의 값을 구하여 통행로의 가짓수를 구한다.

오른쪽 그림과 같이 통행로의 바깥 경계선의 가로, 세로의 길이를 각각 x m, y m라 하면 안쪽 경계선의 가로, 세로의 길이는 각각 $(x-2)$m, $(y-2)$m 이다.

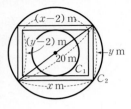

바깥 경계선의 직사각형은 원 C_2의 경계 또는 내부에 있어야 하므로
$x^2+y^2\leq20^2$ ······㉠
또한, 안쪽 경계선의 직사각형은 원 C_1의 경계 또는 외부에 있어야 하므로
$x-2\geq10,\ y-2\geq10$
∴ $x\geq12,\ y\geq12$

(i) $x=12$일 때,
  ㉠에서 $12^2+y^2\leq20^2$
  $y^2\leq256$ ∴ $12\leq y\leq16$
  그런데 y는 자연수이므로 12, 13, 14, 15, 16의 5개이다.

(ii) $x=13$일 때,
  ㉠에서 $13^2+y^2\leq20^2$
  $y^2\leq231$ ∴ $12\leq y\leq\sqrt{231}$
  그런데 y는 자연수이므로 12, 13, 14, 15의 4개이다.

(iii) $x=14$일 때,
  ㉠에서 $14^2+y^2\leq20^2$
  $y^2\leq204$ ∴ $12\leq y\leq\sqrt{204}$
  그런데 y는 자연수이므로 12, 13, 14의 3개이다.

(iv) $x=15$일 때,
  ㉠에서 $15^2+y^2\leq20^2$
  $y^2\leq175$ ∴ $12\leq y\leq\sqrt{175}$
  그런데 y는 자연수이므로 12, 13의 2개이다.

(v) $x=16$일 때,
  ㉠에서 $16^2+y^2\leq20^2$
  $y^2\leq144$ ∴ $y=12$
  즉, 자연수 y는 12의 1개이다.

(i)~(v)에서 구하는 통행로의 가짓수는
$5+4+3+2+1=15$
답 15

❶단계	두 이차방정식 ㉠, ㉡이 서로 다른 두 실근을 갖기 위한 m의 값의 범위를 구한다.
❷단계	그래프의 위치 관계를 이용하여 이차방정식 ㉠의 두 근이 이차방정식 ㉡의 두 근보다 항상 크기 위한 조건을 찾는다.
❸단계	❶, ❷단계를 모두 만족시키는 m의 값의 범위를 구한 후, a, b의 값을 각각 구하여 $a+b$의 값을 계산한다.

$x^2+2mx+1=0$ ······㉠

$x^2+2x+m=0$ ······㉡

이차방정식 ㉠이 서로 다른 두 실근을 가지므로 ㉠의 판별식을 D_1이라 하면

$\dfrac{D_1}{4}=m^2-1>0$에서

$(m+1)(m-1)>0$

$\therefore m<-1$ 또는 $m>1$ ······㉢

이차방정식 ㉡도 서로 다른 두 실근을 가지므로 ㉡의 판별식을 D_2라 하면

$\dfrac{D_2}{4}=1-m>0$에서

$m<1$ ······㉣

㉢, ㉣에서 $m<-1$ ······㉤

이때 이차방정식 ㉠의 두 근이 이차방정식 ㉡의 두 근보다 항상 크려면 다음 그림과 같이 두 이차함수 $y=x^2+2mx+1$, $y=x^2+2x+m$의 그래프의 교점의 y좌표가 0보다 커야 한다.

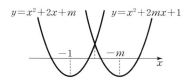

이때 교점의 x좌표는 $x^2+2mx+1=x^2+2x+m$에서

$2(m-1)x=m-1$

$\therefore x=\dfrac{1}{2}$ ($\because$ ㉤)

$x=\dfrac{1}{2}$에서의 함수 $y=x^2+2x+m$의 함숫값이 0보다 크면 되므로

$\left(\dfrac{1}{2}\right)^2+2\times\dfrac{1}{2}+m>0$

$\therefore m>-\dfrac{5}{4}$ ······㉥

㉤, ㉥에서 $-\dfrac{5}{4}<m<-1$

따라서 $a=-\dfrac{5}{4}$, $b=-1$이므로

$a+b=-\dfrac{9}{4}$ 　　　　　　　　답 $-\dfrac{9}{4}$

12 해결단계

❶단계	주어진 연립부등식의 해를 p에 대한 식으로 나타낸다.
❷단계	p의 값의 범위를 나누어 각 경우에 따른 x의 값의 범위를 구하고 1, 2, 3 중에서 적어도 2개를 포함하는지 확인한다.
❸단계	조건을 만족시키는 p의 값의 범위를 구한다.

$x^2-(3p-2)x\geq0$에서

$x\{x-(3p-2)\}\geq0$

$\therefore x\leq0$ 또는 $x\geq3p-2$ $\left(\because p>\dfrac{2}{3}\right)$ ······㉠

또한, $x^2-(p^2+p+2)x+p^3+2p<0$에서

$x^2-(p^2+p+2)x+p(p^2+2)<0$

$(x-p)\{x-(p^2+2)\}<0$

이때 모든 실수 p에 대하여 $p^2-p+2>0$이므로

$p<p^2+2$

$\therefore p<x<p^2+2$ ······㉡

(i) $\dfrac{2}{3}<p<1$일 때,

$3p-2<p$이고, $\dfrac{4}{9}<p^2<1$에서 $\dfrac{22}{9}<p^2+2<3$이므로 주어진 연립부등식을 만족시키는 x의 값의 범위는 다음 그림과 같고 1과 2를 포함한다.

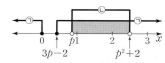

즉, 주어진 조건을 만족시킨다.

(ii) $p=1$일 때,

㉠에서 $x\leq0$ 또는 $x\geq1$

㉡에서 $1<x<3$

즉, 주어진 연립부등식을 만족시키는 x의 값의 범위는 $1<x<3$이고 2만 포함하므로 조건을 만족시키지 않는다.

(iii) $1<p\leq\dfrac{4}{3}$일 때,

$3p-2>p$이고, $1<p^2\leq\dfrac{16}{9}$에서 $3<p^2+2\leq\dfrac{34}{9}$이므로 연립부등식을 만족시키는 x의 값의 범위는 다음 그림과 같고 2와 3을 포함한다.

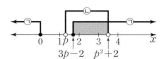

즉, 주어진 조건을 만족시킨다.

(iv) $p>\dfrac{4}{3}$일 때,

$3p-2>2$이므로 주어진 연립부등식을 만족시키는 x의 값의 범위는 1과 2를 포함할 수 없다.

즉, 조건을 만족시키지 않는다.

(i)~(iv)에서 조건을 만족시키는 p의 값의 범위는

$\dfrac{2}{3}<p<1$ 또는 $1<p\leq\dfrac{4}{3}$

답 $\dfrac{2}{3}<p<1$ 또는 $1<p\leq\dfrac{4}{3}$

> **BLACKLABEL 특강** 　풀이 첨삭
>
> ㉠의 $x\leq0$에서 1, 2, 3을 포함하지 않으므로 두 부등식 $x\geq3p-2$, $p<x<p^2+2$를 동시에 만족시키는 x의 값의 범위는 1, 2, 3 중에서 적어도 2개를 포함해야 한다.
>
> 이때 $3p-2<p^2+2$이므로 p와 $3p-2$의 대소 관계를 비교하면 $\dfrac{2}{3}<p<1$, $p=1$, $p>1$로 나누어 생각할 수 있다.
>
> 그런데 $p>1$이면 $p^2+2>3$이고 $3p-2>1$이므로 연립부등식의 해가 1, 2, 3 중에서 적어도 2개를 포함하려면 $3p-2\leq2$이어야 한다.
>
> 따라서 p의 값의 범위를 $\dfrac{2}{3}<p<1$, $p=1$, $1<p\leq\dfrac{4}{3}$, $p>\dfrac{4}{3}$로 나누어 풀어야 한다.

08. 순열과 조합

| STEP **1** | 출제율 100% 우수 기출 대표 문제 | | | pp.87~89 |

01 40	02 ④	03 ③	04 ①	05 ④
06 ④	07 ②	08 ②	09 12	10 1200
11 ④	12 40	13 ③	14 ②	15 126
16 ②	17 ④	18 420	19 ③	20 ①
21 ③				

01 $100=2^2 \times 5^2$이므로 100과 서로소인 자연수는 2의 배수도 아니고 5의 배수도 아니다.
100 이하의 자연수 중에서 2의 배수의 개수는 50, 5의 배수의 개수는 20, 2와 5의 최소공배수인 10의 배수의 개수는 10이므로 2의 배수 또는 5의 배수의 개수는
$50+20-10=60$
따라서 구하는 경우의 수는
$100-60=40$ 　　　　　　　　　　　　　　　답 40

02 나오는 두 개의 공에 적힌 수의 차가 2 이하인 경우는 다음과 같다.
(ⅰ) 두 수의 차가 0일 때,
　$(0, 0), (1, 1), \cdots, (5, 5)$의 6가지
(ⅱ) 두 수의 차가 1일 때,
　$(0, 1), (1, 0), (1, 2), (2, 1), (2, 3), (3, 2),$
　$(3, 4), (4, 3), (4, 5), (5, 4)$의 10가지
(ⅲ) 두 수의 차가 2일 때,
　$(0, 2), (2, 0), (1, 3), (3, 1), (2, 4), (4, 2),$
　$(3, 5), (5, 3)$의 8가지
(ⅰ), (ⅱ), (ⅲ)에서 구하는 경우의 수는
$6+10+8=24$ 　　　　　　　　　　　　　　답 ④

● 다른 풀이 ●
나오는 두 개의 공에 적힌 수의 차가 2 이하인 경우의 수는 두 개의 공을 꺼내는 모든 경우의 수에서 나오는 두 공에 적힌 수의 차가 3 이상인 경우의 수를 빼서 구할 수 있다.
6개의 공 중에서 한 개씩 두 개의 공을 꺼내는 경우의 수는
$6 \times 6=36$
이때 나오는 두 공에 적힌 수의 차가 3 이상인 경우는 다음과 같다.

(ⅰ) 두 수의 차가 3일 때,
　$(0, 3), (3, 0), (1, 4), (4, 1), (2, 5), (5, 2)$의 6가지
(ⅱ) 두 수의 차가 4일 때,
　$(0, 4), (4, 0), (1, 5), (5, 1)$의 4가지
(ⅲ) 두 수의 차가 5일 때,
　$(0, 5), (5, 0)$의 2가지
(ⅰ), (ⅱ), (ⅲ)에서 구하는 경우의 수는
$6+4+2=12$
따라서 구하는 경우의 수는
$36-12=24$

03 $x+3y<10-2z$에서 $x+3y+2z<10$
이때 x, y, z는 자연수이므로
$x \geq 1, y \geq 1, z \geq 1$
즉, $3y+3 \leq x+3y+2z<10$에서
$3y<7$ 　　$\therefore y=1, 2$
(ⅰ) $y=1$일 때,
　$x+2z<7$이므로 자연수 x, z의 순서쌍 (x, z)는
　$(1, 1), (1, 2), (2, 1), (2, 2), (3, 1), (4, 1)$의 6개
(ⅱ) $y=2$일 때,
　$x+2z<4$이므로 자연수 x, z의 순서쌍 (x, z)는
　$(1, 1)$의 1개
(ⅰ), (ⅱ)에서 구하는 순서쌍 (x, y, z)의 개수는
$6+1=7$ 　　　　　　　　　　　　　　　답 ③

04 4명의 대사들을 A, B, C, D라 하고 대사들의 현재 근무지를 각각 a, b, c, d라 하자. 이전에 파견되었던 나라에 연속으로 파견되지 않도록 4명의 대사들을 각 나라에 파견하는 방법을 수형도로 나타내면 다음과 같다.

$$
\begin{array}{cccc}
A & B & C & D
\end{array}
$$

따라서 구하는 방법의 수는 9이다. 　　　　　　답 ①

BLACKLABEL 특강　　참고

교란순열(완전순열)
일렬로 나열되어 있는 서로 다른 n개를 다시 배열하여 어떠한 것도 이전의 자리가 아닌 자리로 나열하는 순열의 수는
$$n!\left\{1-\frac{1}{1!}+\frac{1}{2!}-\cdots+(-1)^n\frac{1}{n!}\right\}$$
이 문제의 경우, 위의 방법을 이용하면 이전에 파견되었던 나라에 연속으로 파견되지 않도록 4명의 대사들을 파견하는 방법의 수는
$$4!\left(1-\frac{1}{1!}+\frac{1}{2!}-\frac{1}{3!}+\frac{1}{4!}\right)=4!\left(\frac{1}{2!}-\frac{1}{3!}+\frac{1}{4!}\right)$$
$$=4 \times 3-4+1$$
$$=9$$

05 $(a+b-2c)^2=a^2+b^2+4c^2+2ab-4bc-4ca$ ······㉠
이므로 서로 다른 항의 개수는 6이다.
$(2x-3y)^2=4x^2-12xy+9y^2$ ······㉡
이므로 서로 다른 항의 개수는 3이다.
이때 ㉠, ㉡의 모든 항이 서로 다른 문자로 되어 있으므로
구하는 전개식의 서로 다른 항의 개수는
$6\times3=18$　　　　　　　　　　　　　　　　　　답 ④

06 $N=200p=2^3\times5^2\times p$ (p는 소수)에서
(i) $p=2$일 때,
　$N=2^4\times5^2$이므로 양의 약수의 개수는
　$(4+1)\times(2+1)=5\times3=15$
　$\therefore k=15$
(ii) $p=5$일 때,
　$N=2^3\times5^3$이므로 양의 약수의 개수는
　$(3+1)\times(3+1)=4\times4=16$
　$\therefore k=16$
(iii) $p\neq2$, $p\neq5$일 때,
　$N=2^3\times5^2\times p^1$이므로 양의 약수의 개수는
　$(3+1)\times(2+1)\times(1+1)=4\times3\times2=24$
　$\therefore k=24$
(i), (ii), (iii)에서 모든 k의 값의 합은
$15+16+24=55$　　　　　　　　　　　　　　답 ④

> **BLACKLABEL 특강　필수 개념**
>
> **자연수의 양의 약수의 개수와 총합**
> a, b, c가 서로 다른 소수이고 p, q, r이 양의 정수일 때, 자연수
> $N=a^pb^qc^r$에 대하여
> (1) N의 양의 약수의 개수는 $(p+1)(q+1)(r+1)$
> (2) N의 양의 약수의 총합은
> 　$(1+a+a^2+\cdots+a^p)(1+b+b^2+\cdots+b^q)(1+c+c^2+\cdots+c^r)$
> (3) N의 약수의 개수가 홀수이면 그 수는 제곱수이다.
> (4) N의 약수의 개수가 3이면 그 수는 소수의 제곱수이다.

07 A영역에 칠할 수 있는 색은 5가지,
B영역에 칠할 수 있는 색은 A영역
에 칠한 색을 제외한 4가지, C영역
에 칠할 수 있는 색은 두 영역 A, B
에 칠한 색을 제외한 3가지, D영역
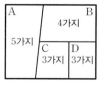
에 칠할 수 있는 색은 두 영역 B, C에 칠한 색을 제외한
3가지이다.
따라서 구하는 방법의 수는
$5\times4\times3\times3=180$　　　　　　　　　　　　　답 ②

• 다른 풀이 •

네 영역 A, B, C, D 중에서 이웃하지 않은 영역은 A, D
뿐이므로 다음과 같이 나누어 생각할 수 있다.
(i) 네 영역 모두 다른 색을 칠하는 경우
　칠하는 방법의 수는 5가지 색 중에서 4개를 선택하여
　일렬로 나열하는 순열의 수와 같으므로

$_5P_4=5\times4\times3\times2=120$
(ii) 두 영역 A, D에 같은 색을 칠하는 경우
　칠하는 방법의 수는 5가지 색 중에서 3개를 선택하여
　일렬로 나열하는 순열의 수와 같으므로
　$_5P_3=5\times4\times3=60$
(i), (ii)에서 구하는 방법의 수는
$120+60=180$

08 500원짜리 동전 2개로 지불할 수 있는 금액과 1000원짜
리 지폐 1장으로 지불할 수 있는 금액이 같으므로 1000원
짜리 지폐 2장을 500원짜리 동전 4개로 바꾸면 구하는 금
액의 가짓수는 500원짜리 동전 8개와 100원짜리 동전 3
개를 사용하여 지불할 수 있는 금액의 수와 같다.
500원짜리 동전 8개로 지불할 수 있는 금액은
0원, 500원, 1000원, $\cdots$, 4000원의 9가지
100원짜리 동전 3개로 지불할 수 있는 금액은
0원, 100원, 200원, 300원의 4가지
이때 0원을 지불하는 것은 제외하므로 구하는 금액의 수는
$9\times4-1=35$　　　　　　　　　　　　　　　답 ②

• 다른 풀이 •

지불할 수 있는 금액(단위 : 원)을 모두 구하면
100, 200, 300, 500, 600, 700, 800, 1000, 1100, 1200,
1300, 1500, 1600, 1700, 1800, 2000, 2100, 2200,
2300, 2500, 2600, 2700, 2800, 3000, 3100, 3200,
3300, 3500, 3600, 3700, 3800, 4000, 4100, 4200,
4300
이므로 구하는 금액의 수는 35이다.

> **BLACKLABEL 특강　참고**
>
> (1) 지불 방법의 수 : 곱의 법칙을 적용한 후, 0원을 지불하는 경우를
> 　제외한다.
> (2) 지불 금액의 수 : 지불 방법 중에서 중복되는 금액이 있는 경우 큰
> 　단위의 화폐를 작은 단위의 화폐로 바꾸어 생각한다.

09 6의 배수가 되려면 2의 배수이면서 동시에 3의 배수이어
야 한다.
이때 3의 배수가 되려면 각 자리의 수의 합이 3의 배수가
되어야 하므로 다섯 개의 숫자 1, 2, 3, 4, 5 중에서 1, 2,
4, 5를 택해야 한다.　　　┌네 개의 숫자의 합이 $1+2+4+5=12$┘
또한, 2의 배수가 되려면 일의 자리의 수는 2 또는 4이어
야 하므로
(i) 일의 자리의 수가 2인 경우
　6의 배수인 네 자리 자연수의 개수는 1, 4, 5를 일렬
　로 배열하는 경우의 수와 같으므로
　$3!=3\times2\times1=6$

(ii) 일의 자리의 수가 4인 경우

　　6의 배수인 네 자리 자연수의 개수는 1, 2, 5를 일렬로 배열하는 경우의 수와 같으므로

　　$3!=3\times2\times1=6$

(i), (ii)에서 구하는 자연수의 개수는

6+6=12　　　　　　　　　　　　　　　　　답 12

10 오른쪽 그림과 같이 각각의 지역을 a, b, c, d, e, f라 하고 서로 이웃한 2개 지역을 짝 지으면

(a, b), (a, c), (a, e), (b, c), (b, d), (c, d), (c, e), (c, f), (d, f), (e, f)의 10개이다.

이때 이웃한 2개의 지역을 하나로 생각하여 5개의 지역을 5명의 조사원에게 할당하는 경우의 수는 5!이므로 구하는 경우의 수는

$10\times5!=10\times120=1200$　　　　　　　　답 1200

11 남학생 12명을 일렬로 세우는 방법의 수는 12!

이때 남학생끼리는 서로 이웃한 학생 수가 항상 짝수가 되어야 하므로 다음 그림과 같이 남학생 12명을 일렬로 배열한 상태에서 2명씩 묶어 그 사이사이 및 양 끝의 7개의 자리에 여학생 2명을 각각 세워야 한다.

V(남)(남)V(남)(남)V(남)(남)V(남)(남)V(남)(남)V(남)(남)V

즉, 여학생을 세우는 방법의 수는

$_7P_2=7\times6=42$

따라서 조건을 만족시키는 경우의 수는 42×12!

∴ $N=42$　　　　　　　　　　　　　　　　　답 ④

12 어머니는 두 자녀 사이에 앉아야 하므로 양 끝을 제외하고 앉을 수 있다.

(i) 어머니가 2번째 또는 7번째 자리에 앉을 때,

　　한쪽 끝에 두 자녀 중 한 자녀가 앉고 다른 한쪽에 남은 자녀와 아버지가 앉으면 되므로 경우의 수는

　　$(2\times2!)\times2=8$

(ii) 어머니가 3, 4, 5, 6번째 자리에 앉을 때,

　　① 어머니 왼쪽에 1명이 앉는 경우

　　　어머니 왼쪽에 두 자녀 중 한 명이 앉고, 오른쪽에 남은 자녀와 아버지가 앉으면 되므로 경우의 수는

　　　$2\times2!=4$

　　② 어머니 왼쪽에 2명이 앉는 경우

　　　어머니 왼쪽에 두 자녀 중 한 명과 아버지가 앉고 오른쪽에 남은 자녀가 앉으면 되므로

　　　$2\times2!\times1=4$

　　①, ②에서 조건을 만족시키는 경우의 수는

　　$(4+4)\times4=32$

(i), (ii)에서 구하는 경우의 수는

8+32=40　　　　　　　　　　　　　　　　답 40

•다른 풀이•

아버지, 어머니, 두 자녀가 서로 이웃하므로 다음 그림과 같이 빈 의자 4개가 일렬로 배열된 상태에서 4명을 묶어 그 사이사이 및 양 끝의 5개의 자리 중 하나에 앉도록 해야 한다.

V(의자)V(의자)V(의자)V(의자)V

이때 어머니는 두 번째 또는 세 번째에 앉아야 하고, 아버지와 두 자녀가 남은 자리에 앉는 경우에서 두 자녀가 한쪽에 같이 앉는 경우를 제외해야 하므로 경우의 수는

$2\times(3!-2!)=2\times(6-2)=8$

따라서 구하는 경우의 수는

$5\times8=40$

13 전체 8명을 일렬로 세우는 방법의 수는 8!

이때 양 끝에 여학생을 세우는 방법의 수는 양 끝에 여학생 2명을 선택하여 세우고, 나머지 6명을 그 사이에 일렬로 세워야 하므로

$_3P_2\times6!$

따라서 적어도 한쪽 끝에 남학생을 세우는 방법의 수는

$8!-_3P_2\times6!=(8\times7-3\times2)\times6!$

　　　　　　　$=50\times720=36000$　　　　답 ③

•다른 풀이•

적어도 한쪽 끝에 남학생을 세우는 방법은 다음과 같다.

(i) 왼쪽 끝에 남학생을 세우는 경우

　　남학생 5명 중에서 1명을 선택하여 왼쪽 끝에 세우고, 나머지 7명을 남은 자리에 일렬로 배열하면 되므로

　　$_5P_1\times7!=5\times7!$

(ii) 오른쪽 끝에 남학생을 세우는 경우

　　남학생 5명 중에서 1명을 선택하여 오른쪽 끝에 세우고, 나머지 7명을 남은 자리에 일렬로 배열하면 되므로

　　$_5P_1\times7!=5\times7!$

(iii) 양쪽 끝에 남학생을 세우는 경우

　　남학생 5명 중에서 2명을 선택하여 양쪽 끝에 세우고,

나머지 6명을 그 사이에 일렬로 배열하면 되므로
$$_5P_2 \times 6! = 5 \times 4 \times 6! = 20 \times 6!$$
(i), (ii), (iii)에서 구하는 방법의 수는
$$5 \times 7! + 5 \times 7! - 20 \times 6! = 10 \times 7! - 20 \times 6!$$
$$= (10 \times 7 - 20) \times 6!$$
$$= 50 \times 6! = 36000$$

14 VISUAL의 6개의 문자를 알파벳 순서대로 나열하면
A, I, L, S, U, V
(i) A로 시작하는 문자열의 개수는 $5! = 120$
(ii) I로 시작하는 문자열의 개수는 $5! = 120$
(iii) LA로 시작하는 문자열의 개수는 $4! = 24$
(iv) LI로 시작하는 문자열을 순서대로 나열하면
LIASUV, LIASVU, LIAUSV, LIAUVS,
LIAVSU, LIAVUS의 6개
(i)~(iv)에서 $120 + 120 + 24 + 6 = 270$이므로 270번째에
오는 문자열은 LIAVUS이다.　　　　　　　　　답 ②

15 꺼낸 4개의 공의 색이 3종류가 되려면 종류별로 각각 1
개, 1개, 2개의 공을 꺼내야 한다.
(i) 흰 공을 2개 꺼내는 경우
흰 공을 2개 꺼내고, 빨간 공과 파란 공을 각각 1개씩
꺼내야 하므로 경우의 수는
$$_4C_2 \times _3C_1 \times _3C_1 = \frac{4 \times 3}{2 \times 1} \times 3 \times 3 = 54$$
(ii) 빨간 공을 2개 꺼내는 경우
빨간 공을 2개 꺼내고, 흰 공과 파란 공을 각각 1개씩
꺼내야 하므로 경우의 수는
$$_3C_2 \times _4C_1 \times _3C_1 = \frac{3 \times 2}{2 \times 1} \times 4 \times 3 = 36$$
(iii) 파란 공을 2개 꺼내는 경우
빨간 공 2개를 꺼내는 경우와 같으므로 경우의 수는
36
(i), (ii), (iii)에서 구하는 경우의 수는
$$54 + 36 + 36 = 126$$　　　　　　　　　　　답 126

16 (i) $a > b > c > d$를 만족시키는 네 자리 자연수는 0부터 9
까지의 10개의 숫자 중에서 4개를 택한 다음 크기 순
서에 맞게 각 자리의 숫자로 정하면 되므로 그 개수는
$$_{10}C_4 = \frac{10 \times 9 \times 8 \times 7}{4 \times 3 \times 2 \times 1} = 210$$
$$\therefore m = 210$$
(ii) $a < b < c < d$를 만족시키는 네 자리 자연수에서 천의
자리의 숫자는 0일 수 없으므로 1부터 9까지의 9개의

숫자 중에서 4개를 택한 다음 크기 순서에 맞게 각 자
리의 숫자로 정하면 되므로 그 개수는
$$_9C_4 = \frac{9 \times 8 \times 7 \times 6}{4 \times 3 \times 2 \times 1} = 126$$
$$\therefore n = 126$$
(i), (ii)에서
$$m + n = 210 + 126 = 336$$　　　　　　　답 ②

17 8개의 점 중에서 4개의 점을 택하는 경우의 수는
$$_8C_4 = \frac{8 \times 7 \times 6 \times 5}{4 \times 3 \times 2 \times 1} = 70$$
이때 택한 4개의 점으로 사각형을 만들 수 없는 경우는
다음과 같다.
(i) 일직선 위에 있는 4개의 점을 택하는 경우의 수는
$$_4C_4 = 1$$
(ii) 일직선 위에 있는 3개의 점과 호 위에 있는 한 개의 점
을 택하는 경우의 수는
$$_4C_3 \times _4C_1 = _4C_1 \times _4C_1 = 4 \times 4 = 16$$
(i), (ii)에서 사각형을 만들 수 없는 경우의 수는
$$1 + 16 = 17$$
따라서 구하는 사각형의 개수는
$$70 - 17 = 53$$　　　　　　　　　　　답 ④

•다른 풀이•

반원의 지름 위의 점이 4개이고 호 위의 점이 4개이므로
다음과 같이 사각형의 개수를 구할 수 있다.
(i) 지름 위에 있는 점을 꼭짓점으로 하지 않는 경우
호 위에 있는 4개의 점을 택하여 사각형을 만들면 되
므로 경우의 수는
$$_4C_4 = 1$$
(ii) 지름 위에 있는 점 1개를 꼭짓점으로 하는 경우
호 위에 있는 3개의 점을 택하여 사각형을 만들면 되
므로 경우의 수는
$$_4C_1 \times _4C_3 = _4C_1 \times _4C_1 = 4 \times 4 = 16$$
(iii) 지름 위에 있는 점 2개를 꼭짓점으로 하는 경우
호 위에 있는 2개의 점을 택하여 사각형을 만들면 되
므로 경우의 수는
$$_4C_2 \times _4C_2 = \frac{4 \times 3}{2 \times 1} \times \frac{4 \times 3}{2 \times 1} = 6 \times 6 = 36$$
(i), (ii), (iii)에서 구하는 사각형의 개수는
$$1 + 16 + 36 = 53$$

18 두 학생이 공통으로 신청하는 동아리가 1개 이하가 되는
경우는 다음과 같다.
(i) 두 학생이 공통으로 신청하는 동아리가 없는 경우
두 학생 중 한 명이 먼저 2개를 선택하고, 다른 학생이
남아 있는 5개의 동아리 중에서 2개를 선택하는 경우
의 수는

$$_7C_2 \times {}_5C_2 = \frac{7 \times 6}{2 \times 1} \times \frac{5 \times 4}{2 \times 1} = 21 \times 10 = 210$$

  (ii) 두 학생이 공통으로 신청하는 동아리가 1개인 경우

     두 학생이 공통으로 신청하는 동아리를 선택하는 경우의 수는

$$_7C_1 = 7$$

     남은 6개의 동아리 중에서 두 학생이 각각 한 개씩 선택하는 경우의 수는

$$_6C_1 \times {}_5C_1 = 6 \times 5 = 30$$

     즉, 조건을 만족시키는 경우의 수는 $7 \times 30 = 210$

(i), (ii)에서 구하는 경우의 수는

$210 + 210 = 420$ **답** 420

• 다른 풀이 •

두 학생이 공통으로 신청하는 동아리가 1개 이하인 경우의 수는 두 학생이 동아리를 신청하는 모든 경우의 수에서 두 학생이 공통으로 신청하는 동아리가 2개인 경우의 수를 빼서 구할 수 있다.

두 학생이 서로 다른 7개의 동아리 중에서 각각 2개의 동아리를 선택하는 경우의 수는

$$_7C_2 \times {}_7C_2 = \frac{7 \times 6}{2 \times 1} \times \frac{7 \times 6}{2 \times 1} = 21 \times 21 = 441$$

이때 두 학생이 2개의 동아리를 공통으로 택하는 경우의 수는

$$_7C_2 = 21$$

따라서 구하는 경우의 수는

$441 - 21 = 420$

19 지원자 11명 중에서 4명을 선발하는 경우의 수는

$$_{11}C_4 = \frac{11 \times 10 \times 9 \times 8}{4 \times 3 \times 2 \times 1} = 330$$

남학생 또는 여학생만으로 4명을 선발하는 경우의 수는

$$_6C_4 + {}_5C_4 = {}_6C_2 + {}_5C_1 = \frac{6 \times 5}{2 \times 1} + 5 = 15 + 5 = 20$$

따라서 남학생과 여학생이 적어도 한 명씩 포함되도록 하는 경우의 수는

$330 - 20 = 310$ **답** ③

• 다른 풀이 •

남학생 6명과 여학생 5명 중에서 남학생과 여학생이 적어도 한 명씩 포함되도록 4명을 선발하는 방법은 다음과 같다.

  (i) 남학생 1명, 여학생 3명을 선발하는 경우의 수는

$$_6C_1 \times {}_5C_3 = {}_6C_1 \times {}_5C_2 = 6 \times \frac{5 \times 4}{2 \times 1} = 60$$

  (ii) 남학생 2명, 여학생 2명을 선발하는 경우의 수는

$$_6C_2 \times {}_5C_2 = \frac{6 \times 5}{2 \times 1} \times \frac{5 \times 4}{2 \times 1} = 150$$

  (iii) 남학생 3명, 여학생 1명을 선발하는 경우의 수는

$$_6C_3 \times {}_5C_1 = \frac{6 \times 5 \times 4}{3 \times 2 \times 1} \times 5 = 100$$

(i), (ii), (iii)에서 구하는 경우의 수는

$60 + 150 + 100 = 310$

20 어른 5명, 어린이 3명 중에서 4명을 뽑아 일렬로 앉힐 때, 어린이가 2명 이상 뽑히는 경우는 다음과 같다.

  (i) 뽑은 4명 중에서 어린이가 2명 포함되는 경우

     어른 5명 중에서 2명, 어린이 3명 중에서 2명을 뽑은 후, 어린이 2명이 모두 이웃하도록 앉혀야 하므로 경우의 수는

$$_5C_2 \times {}_3C_2 \times 3! \times 2! = \frac{5 \times 4}{2 \times 1} \times 3 \times 6 \times 2 = 360$$

     (2명의 어린이가 자리 바꿈 / 2명의 어린이를 1명으로 생각)

  (ii) 뽑은 4명 중에서 어린이가 3명 포함되는 경우

     어른 5명 중에서 1명, 어린이는 3명을 모두 뽑은 후, 어린이 3명이 모두 이웃하도록 앉혀야 하므로 경우의 수는

$$_5C_1 \times {}_3C_3 \times 2! \times 3! = 5 \times 1 \times 2 \times 6 = 60$$

     (3명의 어린이가 자리 바꿈 / 3명의 어린이를 1명으로 생각)

(i), (ii)에서 구하는 경우의 수는

$360 + 60 = 420$ **답** ①

21 낚시터에서 2명 이상의 낚시꾼이 내려야 하므로 6명의 낚시꾼이 각 낚시터에 내릴 수 있는 경우는 다음과 같다.

  (i) 낚시꾼이 2명, 2명, 2명으로 나누어 내리는 경우

     낚시꾼 6명을 2명, 2명, 2명으로 나누는 경우의 수는

$$_6C_2 \times {}_4C_2 \times {}_2C_2 \times \frac{1}{3!} = \frac{6 \times 5}{2 \times 1} \times \frac{4 \times 3}{2 \times 1} \times 1 \times \frac{1}{6} = 15$$

     이때 낚시꾼들이 내릴 낚시터를 정하는 경우의 수는

$$_4P_3 = 4 \times 3 \times 2 = 24$$

     즉, 조건을 만족시키는 경우의 수는

$15 \times 24 = 360$

  (ii) 낚시꾼이 2명, 4명으로 나누어 내리는 경우

     낚시꾼 6명을 2명, 4명으로 나누는 경우의 수는

$$_6C_2 \times {}_4C_4 = \frac{6 \times 5}{2 \times 1} \times 1 = 15$$

     이때 낚시꾼들이 내릴 낚시터를 정하는 경우의 수는

$$_4P_2 = 4 \times 3 = 12$$

     즉, 조건을 만족시키는 경우의 수는

$15 \times 12 = 180$

  (iii) 낚시꾼이 3명, 3명으로 나누어 내리는 경우

     낚시꾼 6명을 3명, 3명으로 나누는 경우의 수는

$$_6C_3 \times {}_3C_3 \times \frac{1}{2!} = \frac{6 \times 5 \times 4}{3 \times 2 \times 1} \times 1 \times \frac{1}{2} = 10$$

     이때 낚시꾼들이 내릴 낚시터를 정하는 경우의 수는

$$_4P_2 = 4 \times 3 = 12$$

     즉, 조건을 만족시키는 경우의 수는

$10 \times 12 = 120$

  (iv) 낚시꾼 6명이 한 번에 내리는 경우

     낚시꾼들이 내릴 낚시터를 정하는 경우의 수는

$$_4P_1 = 4$$

(i)~(iv)에서 구하는 경우의 수는
$$360+180+120+4=664$$
답 ③

pp.90~95

1등급을 위한 최고의 변별력 문제

01 12	02 ③	03 10	04 9	05 135
06 ②	07 ⑤	08 ④	09 660	10 ④
11 4320	12 144	13 72	14 192	15 1008
16 풀이 참조	17 12	18 ③	19 175	20 ①
21 ②	22 ③	23 ③	24 252	25 ②
26 ②	27 3600	28 130	29 432	30 35
31 ④	32 82	33 900	34 30	35 ④

01 $1 \le m \le n \le 20$이고, m, n의 최대공약수가 3이므로
$m=3a$, $n=3b$ (단, a, b는 서로소인 자연수, $a \le b \le 6$)
따라서 두 자연수의 순서쌍 (a, b)는
$(1, 1)$, $(1, 2)$, $(1, 3)$, $(1, 4)$, $(1, 5)$, $(1, 6)$,
$(2, 3)$, $(2, 5)$, $(3, 4)$, $(3, 5)$, $(4, 5)$, $(5, 6)$의 12가
지이므로 순서쌍 (m, n)의 개수는 12이다. 답 12

02 $8^x \times 4^y \times 2^z = 2^{17}$에서 $2^{3x} \times 2^{2y} \times 2^z = 2^{17}$
$2^{3x+2y+z} = 2^{17}$
∴ $3x+2y+z=17$
(i) $x=1$일 때,
$2y+z=14$이므로 자연수 y, z의 순서쌍 (y, z)는
$(1, 12)$, $(2, 10)$, $(3, 8)$, $(4, 6)$, $(5, 4)$, $(6, 2)$
의 6개
(ii) $x=2$일 때,
$2y+z=11$이므로 자연수 y, z의 순서쌍 (y, z)는
$(1, 9)$, $(2, 7)$, $(3, 5)$, $(4, 3)$, $(5, 1)$의 5개
(iii) $x=3$일 때,
$2y+z=8$이므로 자연수 y, z의 순서쌍 (y, z)는
$(1, 6)$, $(2, 4)$, $(3, 2)$의 3개
(iv) $x=4$일 때,
$2y+z=5$이므로 자연수 y, z의 순서쌍 (y, z)는
$(1, 3)$, $(2, 1)$의 2개
(v) $x=5$일 때,
$2y+z=2$이고, 이것을 만족시키는 자연수 y, z의 순
서쌍 (y, z)는 존재하지 않는다.
(i)~(v)에서 구하는 순서쌍 (x, y, z)의 개수는
$$6+5+3+2=16$$
답 ③

03 수형도를 이용하여 k번째 자리에는 숫자 k가 적힌 카드
가 나오지 않도록 다섯 개의 숫자 2, 2, 3, 4, 4를 나열하
면 다음과 같다.

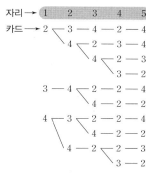

따라서 구하는 방법의 수는 10이다. 답 10

04 천의 자리의 숫자를 a, 십의 자리의 숫자를 b라 하면 비
밀번호가 9로 나누어떨어지므로 비밀번호의 각 자리의 숫
자의 합 $a+2+b+5$는 9의 배수이어야 한다.
이때 a, b는 모두 1부터 9까지의 자연수 중 하나이므로
$\underbrace{2+7}_{1+1} \le a+b+7 \le \underbrace{18+7}_{9+9}$
$9 \le a+b+7 \le 25$
∴ $a+b+7=9$ 또는 $a+b+7=18$
(i) $a+b+7=9$일 때,
$a+b=2$이므로 $a=b=1$로 1개이다.
(ii) $a+b+7=18$일 때,
$a+b=11$이므로 a, b의 순서쌍 (a, b)는
$(2, 9)$, $(3, 8)$, $(4, 7)$, $(5, 6)$, $(6, 5)$, $(7, 4)$,
$(8, 3)$, $(9, 2)$의 8개이다.
(i), (ii)에서 가능한 비밀번호의 개수는
$$1+8=9$$
답 9

05 $ab+bc+ca$의 값이 짝수가 되는 경우는 a, b, c가 모두
짝수이거나 a, b, c 중 한 개만 홀수일 때이다.
(i) a, b, c가 모두 짝수일 때,
가능한 짝수는 2, 4, 6의 3가지이므로 경우의 수는
$$3 \times 3 \times 3 = 27$$
(ii) a, b, c 중 한 개만 홀수일 때,
가능한 짝수는 2, 4, 6의 3가지이고, 홀수는 1, 3, 5,
7의 4가지이므로 경우의 수는
$$(3 \times 3 \times 4) \times 3 = 108$$
(i), (ii)에서 구하는 경우의 수는
$$27+108=135$$
답 135

06 교통비가 5000원 미만이 되도록 길을 선택하는 경우는
다음과 같다.
(i) A → C → A를 선택할 때,
A → C일 때 2000원, C → A일 때 2000원의 교통비
가 드는 도로를 이용하는 방법의 수는
$$2 \times 2 = 4$$

(ii) $A \to B \to C \to A$를 선택할 때,

$A \to B$일 때 1000원, $B \to C$일 때 1500원, $C \to A$일 때 2000원의 교통비가 드는 도로를 이용하는 방법의 수는

$2 \times 2 \times 2 = 8$

(iii) $A \to C \to B \to A$를 선택할 때,

$A \to C$일 때 2000원, $C \to B$일 때 1500원, $B \to A$일 때 1000원의 교통비가 드는 도로를 이용하는 방법의 수는

$2 \times 2 \times 2 = 8$

(i), (ii), (iii)에서 구하는 방법의 수는

$4 + 8 + 8 = 20$ 답 ②

07 ㄱ. $A = 2^2 \times 3^3$의 양의 약수의 개수는

$(2+1) \times (3+1) = 12$ (참)

ㄴ. (i) $m = 0$일 때,

$2^0 \times 3^0, \ 2^1 \times 3^0, \ \cdots, \ \underset{=64}{2^6 \times 3^0}$의 7개

(ii) $m = 1$일 때,

$2^0 \times 3^1, \ 2^1 \times 3^1, \ \cdots, \ \underset{=32 \times 3 = 96}{2^5 \times 3^1}$의 6개

(iii) $m = 2$일 때,

$2^0 \times 3^2, \ 2^1 \times 3^2, \ 2^2 \times 3^2, \ \underset{=8 \times 9 = 72}{2^3 \times 3^2}$의 4개

(iv) $m = 3$일 때,

$2^0 \times 3^3, \ \underset{=2 \times 27 = 54}{2^1 \times 3^3}$의 2개

(v) $m = 4$일 때,

$\underset{=1 \times 81 = 81}{2^0 \times 3^4}$의 1개

(i)~(v)에서 조건을 만족시키는 A의 개수는

$7 + 6 + 4 + 2 + 1 = 20$ (참)

ㄷ. $A = 2^l \times 3^m$의 양의 약수의 개수는 $(l+1)(m+1)$이므로 $(l+1)(m+1) = 12$를 만족시키는 l, m의 순서쌍 (l, m)은

$(0, 11), (1, 5), (2, 3), (3, 2), (5, 1), (11, 0)$의 6개이다.

따라서 조건을 만족시키는 A의 개수는 6이다. (참)

그러므로 ㄱ, ㄴ, ㄷ 모두 옳다.   답 ⑤

08 $a + b$의 값이 3의 배수가 되려면 a, b 모두 3의 배수이거나 a, b를 각각 3으로 나눈 나머지가 1, 2 또는 2, 1이어야 한다.

(i) a, b가 모두 3의 배수일 때,

가능한 3의 배수는 3, 6, 9의 3가지이므로 경우의 수는

$3 \times 2 = 6$

(ii) a, b를 각각 3으로 나눈 나머지가 1, 2 또는 2, 1일 때,

3으로 나눈 나머지가 1인 경우는 1, 4, 7, 10의 4가지, 3으로 나눈 나머지가 2인 경우는 2, 5, 8의 3가지이므로 경우의 수는

$4 \times 3 + 3 \times 4 = 24$

(i), (ii)에서 구하는 경우의 수는

$6 + 24 = 30$ 답 ④

• 다른 풀이 •

a, b는 1부터 10까지의 서로 다른 두 자연수이므로

$3 \leq a + b \leq 19$

즉, $a + b$의 값이 3의 배수가 되는 경우는 다음과 같다.

(i) $a + b = 3$일 때,

서로 다른 자연수 a, b의 순서쌍 (a, b)는

$(1, 2), (2, 1)$의 2개

(ii) $a + b = 6$일 때,

서로 다른 자연수 a, b의 순서쌍 (a, b)는

$(1, 5), (2, 4), (4, 2), (5, 1)$의 4개

(iii) $a + b = 9$일 때,

서로 다른 자연수 a, b의 순서쌍 (a, b)는

$(1, 8), (2, 7), (3, 6), (4, 5), (5, 4), (6, 3),$ $(7, 2), (8, 1)$의 8개

(iv) $a + b = 12$일 때,

서로 다른 자연수 a, b의 순서쌍 (a, b)는

$(2, 10), (3, 9), (4, 8), (5, 7), (7, 5), (8, 4),$ $(9, 3), (10, 2)$의 8개

(v) $a + b = 15$일 때,

서로 다른 자연수 a, b의 순서쌍 (a, b)는

$(5, 10), (6, 9), (7, 8), (8, 7), (9, 6), (10, 5)$의 6개

(vi) $a + b = 18$일 때,

서로 다른 자연수 a, b의 순서쌍 (a, b)는

$(8, 10), (10, 8)$의 2개

(i)~(vi)에서 구하는 경우의 수는

$2 + 4 + 8 + 8 + 6 + 2 = 30$

09 조건 ㈎, ㈏, ㈐에서 영역 ㉠에 칠할 수 있는 색은 노란색을 제외한 5가지,

영역 ㉊에 칠할 수 있는 색은 영역 ㉠에 칠한 색과 노란색을 제외한 4가지이다.

(i) 영역 ㉢에만 노란색으로 칠하는 경우

영역 ㉊에 칠할 수 있는 색은 세 영역 ㉠, ㉢, ㉊에 칠한 색을 제외한 3가지,

영역 ㉡에 칠할 수 있는 색은 네 영역 ㉠, ㉢, ㉣, ㉤에
칠한 색을 제외한 2가지,

영역 ㉣에 칠할 수 있는 색은 네 영역 ㉠, ㉢, ㉣, ㉤에
칠한 색을 제외한 2가지이다.

즉, 조건을 만족시키는 경우의 수는 $3 \times 2 \times 2 = 12$

(ii) 영역 ㉤에만 노란색으로 칠하는 경우

(i)과 같으므로 경우의 수는 12

(iii) 두 영역 ㉢, ㉤ 모두 노란색으로 칠하는 경우

영역 ㉡에 칠할 수 있는 색은 세 영역 ㉠, ㉢, ㉤에 칠
한 색을 제외한 3가지,

영역 ㉣에 칠할 수 있는 색은 세 영역 ㉠, ㉢, ㉤에 칠
한 색을 제외한 3가지이다.

즉, 조건을 만족시키는 경우의 수는

$3 \times 3 = 9$

(i), (ii), (iii)에서 구하는 경우의 수는

$5 \times 4 \times (12 + 12 + 9) = 660$　　　　　　　　　　답 660

10 모든 이웃하는 두 수의 곱이 4의 배수이어야 하므로 1과
3은 반드시 4의 배수와 이웃해야 한다. 이때 4의 배수는
4, 8뿐이므로 다음과 같이 경우를 나누어 생각할 수 있다.

(i) 양 끝자리에 1과 3이 위치할 경우

양 끝자리에 1, 3이 위치하면 그와 이웃한 자리에는 4
의 배수인 4, 8이 위치하고 남는 자리에는 2, 6이 위
치하면 된다.

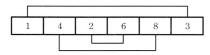

1, 3이 서로 자리를 바꾸는 경우의 수는 2가지,

4, 8이 서로 자리를 바꾸는 경우의 수는 2가지,

2, 6이 서로 자리를 바꾸는 경우의 수는 2가지이다.

즉, 조건을 만족시키는 경우의 수는

$2 \times 2 \times 2 = 8$

(ii) 1 또는 3 중 하나만 끝자리에 위치할 경우

① 1 또는 3이 왼쪽 끝자리에 위치할 경우

1이 왼쪽 끝자리에 위치할 때 1의 오른쪽과 3의 양
옆자리에는 4의 배수가 위치해야 하므로 왼쪽 끝자
리부터 (1, 4의 배수, 3, 4의 배수)의 순서로 위치
하고 남는 자리에 2, 6이 위치하면 된다.

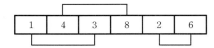

1, 3이 서로 자리를 바꾸는 경우의 수는 2가지,

4, 8이 서로 자리를 바꾸는 경우의 수는 2가지,

2, 6이 서로 자리를 바꾸는 경우의 수는 2가지이다.

즉, 조건을 만족시키는 경우의 수는

$2 \times 2 \times 2 = 8$

② 1 또는 3이 오른쪽 끝자리에 위치할 경우

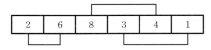

1 또는 3이 왼쪽 끝자리에 위치하는 경우와 같으므
로 경우의 수는 8

①, ②에서 구하는 경우의 수는 $8 + 8 = 16$

(i), (ii)에서 구하는 경우의 수는

$8 + 16 = 24$　　　　　　　　　　답 ④

11 5명에게 서로 다른 연필 4자루를 각각 하나씩 나누어 주
는 경우의 수는

$_5P_4 = 5 \times 4 \times 3 \times 2 = 120$

연필을 받지 못하는 1명에게 지우개 한 개를 나누어 주는
경우의 수는

$_3P_1 = 3$

남은 지우개 2개를 지우개를 받지 않은 4명에게 나누어
주는 방법의 수는

$_4P_2 = 4 \times 3 = 12$

따라서 구하는 경우의 수는

$120 \times 3 \times 12 = 4320$　　　　　　　　　　답 4320

12 오른쪽 그림과 같이 색칠하지 않은 상
자를 ①, ②, ③, ④라 하면 짝수가 적
힌 공을 넣을 수 있는 상자는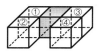

(①, ③) 또는 (①, ④) 또는 (②, ③) 또는 (②, ④)

이므로 짝수가 적힌 공을 넣는 경우의 수는

$4 \times _3P_2 = 4 \times 3 \times 2 = 24$

나머지 세 상자에 홀수가 적힌 공을 넣는 경우의 수는

$3! = 6$

따라서 구하는 경우의 수는

$24 \times 6 = 144$　　　　　　　　　　답 144

13 B 지점과 D 지점 사이를 잇는 도로를 이용할 수 있다고
하면 A 지점을 출발한 후 5개의 지점 B, C, D, E, F를
들르는 방법의 수는

$5! = 120$

이 중에서 2개의 지점 B, D를 연속하여 들르는 방법의
수는

$4! \times 2! = 48$

따라서 구하는 방법의 수는

$120 - 48 = 72$　　　　　　　　　　답 72

2개의 지점
B, D를 1개의
지점으로 생각　　　2개의 지점 B, D가 자리 바꿈

14 영화관의 좌석에 왼쪽부터 차례대로 번호를 부여하면 다
음과 같다.

A열	1번	2번	3번	4번	5번
B열	1번	2번	3번	4번	5번

(i) 아이가 B열 1번에 앉는 경우

아버지 또는 어머니가 아이와 이웃하여 앉는 경우의
수는 아버지와 어머니가 남은 네 자리에 앉는 경우의

수에서 B열 2번을 제외하고 남은 세 자리에 앉는 경우의 수를 뺀 것과 같으므로

$_4P_2-_3P_2=4\times3-3\times2$

$\qquad\qquad=12-6=6$

할아버지와 할머니가 이웃하여 앉는 경우의 수는 할아버지와 할머니가 A열 (2번, 3번) 또는 (3번, 4번) 또는 (4번, 5번)에 앉고 서로 바꿔 앉는 경우의 수와 같으므로

$3\times2!=6$

즉, 조건을 만족시키는 경우의 수는

$6\times6=36$

(ii) 아이가 B열 2번에 앉는 경우

아버지 또는 어머니가 아이와 이웃하여 앉는 경우의 수는 아버지와 어머니가 남은 네 자리에 앉는 경우의 수에서 아이의 양옆 자리를 제외한 두 자리에 앉는 경우의 수를 뺀 것과 같으므로

$_4P_2-2!=4\times3-2$

$\qquad\qquad=12-2=10$

할아버지와 할머니가 이웃하여 앉는 경우의 수는 할아버지와 할머니가 A열 (3번, 4번) 또는 (4번, 5번)에 앉고 서로 바꿔 앉는 경우의 수와 같으므로

$2\times2!=4$

즉, 조건을 만족시키는 경우의 수는

$10\times4=40$

(iii) 아이가 B열 3번에 앉는 경우

아버지 또는 어머니가 아이와 이웃하여 앉는 경우의 수는 아버지와 어머니가 남은 네 자리에 앉는 경우의 수에서 아이의 양옆 자리를 제외한 두 자리에 앉는 경우의 수를 뺀 것과 같으므로

$_4P_2-2!=4\times3-2$

$\qquad\qquad=12-2=10$

할아버지와 할머니가 이웃하여 앉는 경우의 수는 할아버지와 할머니가 A열 (1번, 2번) 또는 (4번, 5번)에 앉고 서로 바꿔 앉는 경우의 수와 같으므로

$2\times2!=4$

즉, 조건을 만족시키는 경우의 수는

$10\times4=40$

(iv) 아이가 B열 4번에 앉는 경우

아이가 B열 2번에 앉는 경우와 같으므로 경우의 수는

40

(v) 아이가 B열 5번에 앉는 경우

아이가 B열 1번에 앉는 경우와 같으므로 경우의 수는

36

(i)~(v)에서 구하는 경우의 수는

$36+40+40+40+36=192$ 　　　　　 답 192

15 해결단계

❶단계	각 꼭짓점을 A_1, A_2, $\cdots$, A_7이라 하고, 조건 (가), (나)를 이용하여 짝수와 홀수는 각각 적어도 2개씩은 이웃해야 함을 파악한다.
❷단계	칠각형에 배치하였을 때, 홀수끼리 모두 이웃하고 짝수끼리 모두 이웃해야 함을 파악한다.
❸단계	❷단계를 만족시키는 하나의 경우에 따라 칠각형의 각 꼭짓점에 7개의 수를 적는 방법이 각각 7가지씩 존재함을 이용하여 조건을 만족시키는 방법의 수를 구한다.

오른쪽 그림과 같이 칠각형의 각 꼭짓점을 A_1, A_2, $\cdots$, A_7이라 하고, 조건을 만족시키도록 각 꼭짓점에 적은 수를 $[A_1A_2A_3A_4A_5A_6A_7]$로 나타내자.

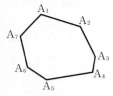

조건 (가), (나)에서 [짝홀짝], [홀짝홀]과 같이 홀수 양쪽에 짝수, 짝수 양쪽에 홀수를 배정하면 안 되므로 [홀홀] 또는 [짝짝]과 같이 홀수와 짝수는 최소 2개씩 이웃해야 한다.

그런데 짝수가 3개이므로 [홀짝짝홀]이면 남은 짝수의 양쪽에는 홀수가 배정되므로 조건을 만족시키지 못한다.

즉, 짝수 3개는 모두 이웃해야 한다.

마찬가지로 [짝홀홀홀짝]이면 남은 홀수 한 개의 양쪽에 짝수가 배정되므로 조건을 만족시키지 못한다. 즉, 홀수는 짝수개 단위로 이웃해야 한다.

이때 [짝짝짝], [홀홀], [홀홀]을 만족시키도록 칠각형의 각 꼭짓점에 수를 적으면 [홀홀], [홀홀]은 이웃하게 되므로 칠각형의 각 꼭짓점의 수는 짝수끼리 모두 이웃하고, 홀수끼리 모두 이웃하도록 배정되어야 한다.

따라서 일렬로 나열한 일곱 개의 수를 칠각형 위에 적는 경우는 일렬로 나열한 수마다 일곱 가지씩 존재하므로 구하는 경우의 수는

$7\times4!\times3!=1008$ 　　　　　 답 1008

（짝수끼리 자리 바뀜 / 홀수끼리 자리 바뀜）

16 서로 다른 n개에서 r개를 택하여 일렬로 나열하는 경우의 수 $_nP_r$은 n개 중 하나를 A라 할 때, 다음과 같이 나누어 생각할 수 있다.

(i) 택한 r개 중에 A가 포함되지 않을 때,

A를 제외한 ($\boxed{n-1}$)개에서 r개를 택하여 일렬로 나열하는 경우의 수는 $_{n-1}P_r$이다.

(ii) 택한 r개 중에 A가 포함될 때,

n개 중 A를 포함하여 r개를 택하고 일렬로 나열하는 경우의 수는 A를 이미 택했다고 가정하고 나머지 ($r-1$)개를 택하여 일렬로 나열한 후, A의 위치를 고려하면 된다.

A를 제외한 ($\boxed{n-1}$)개에서 ($r-1$)개를 택하여 일렬로 나열하는 경우의 수가 $\boxed{_{n-1}P_{r-1}}$이고, 각 경우에 대하여 A를 이미 배열된 ($r-1$)개의 양 끝 또는 사이사이에 배열하는 방법이 $\boxed{r}$ 가지이므로 그 경우의 수는 $r\times_{n-1}P_{r-1}$이다.

(i), (ii)는 동시에 일어날 수 없으므로 합의 법칙에 의하여
$$_n\mathrm{P}_r = {}_{n-1}\mathrm{P}_r + r \times {}_{n-1}\mathrm{P}_{r-1}$$
∴ ㈎: $n-1$, ㈏: $_{n-1}\mathrm{P}_{r-1}$, ㈐: r 답 풀이 참조

17 $_{n+2}\mathrm{C}_n$은 1부터 $n+2$까지의 $(n+2)$개의 자연수 중에서 n개의 자연수를 택하는 경우의 수이다.

이것을 택한 수 중에서 가장 큰 수에 따라 경우를 나누어 구할 수도 있다.

(i) 1부터 $n+2$까지의 $(n+2)$개의 자연수 중에서 n개를 택할 때, 가장 큰 수가 $\boxed{n}$인 경우의 수는 n을 먼저 택하고 n, $n+1$, $n+2$를 제외한 나머지 $(n-1)$개의 자연수 중에서 $(n-1)$개를 택하는 경우의 수와 같으므로 $_{n-1}\mathrm{C}_{n-1}$이다.

(ii) 1부터 $n+2$까지의 $(n+2)$개의 자연수 중에서 n개를 택할 때, 가장 큰 수가 $\boxed{n+1}$인 경우의 수는 $n+1$을 먼저 택하고 $n+1$, $n+2$를 제외한 나머지 n개의 자연수 중에서 $(n-1)$개를 택하는 경우의 수와 같으므로 $_n\mathrm{C}_{n-1}$이다.

(iii) 1부터 $n+2$까지의 $(n+2)$개의 자연수 중에서 n개를 택할 때, 가장 큰 수가 $\boxed{n+2}$인 경우의 수는 $n+2$를 먼저 택하고 $n+2$를 제외한 나머지 $(n+1)$개의 자연수 중에서 $(n-1)$개를 택하는 경우의 수와 같으므로 $_{n+1}\mathrm{C}_{n-1}$이다.

(i), (ii), (iii)은 동시에 일어날 수 없으므로 합의 법칙에 의하여
$$_{n-1}\mathrm{C}_{n-1} + {}_n\mathrm{C}_{n-1} + {}_{n+1}\mathrm{C}_{n-1} = {}_{n+2}\mathrm{C}_n$$
∴ $f(n)=n$, $g(n)=n+1$, $h(n)=n+2$
∴ $f(2)+g(3)+h(4)=2+4+6=12$ 답 12

18 1, 2, 3을 제외한 4, 5, 6, $\cdots$ 13 중에서 7개 이상의 수를 뽑은 후, 뽑은 수에 1과 2를 추가하면 된다.
따라서 구하는 경우의 수는
$$_{10}\mathrm{C}_7 + {}_{10}\mathrm{C}_8 + {}_{10}\mathrm{C}_9 + {}_{10}\mathrm{C}_{10}$$
$$= {}_{10}\mathrm{C}_3 + {}_{10}\mathrm{C}_2 + {}_{10}\mathrm{C}_1 + {}_{10}\mathrm{C}_0$$
$$= \frac{10 \times 9 \times 8}{3 \times 2 \times 1} + \frac{10 \times 9}{2 \times 1} + 10 + 1$$
$$= 120 + 45 + 10 + 1 = 176$$ 답 ③

19 A가 뽑은 카드에 적힌 수의 최댓값이 9이므로 다음과 같이 나누어 생각할 수 있다.

(i) B가 뽑은 3장의 카드 중에서 10이 적힌 카드가 있을 때, B는 4 이상 8 이하인 자연수가 적힌 카드 중에서 1장을 더 뽑아야 하므로 경우의 수는   3, 10 제외
$$_5\mathrm{C}_1 = 5$$
A는 8 이하의 자연수가 적힌 카드 중에서 B가 뽑은 2장을 제외한 6장의 카드에서 2장을 뽑아야 하므로 경

우의 수는
$$_6\mathrm{C}_2 = \frac{6 \times 5}{2 \times 1} = 15$$
즉, 조건을 만족시키는 경우의 수는
$$5 \times 15 = 75$$

(ii) B가 뽑은 3장의 카드 중에서 10이 적힌 카드가 없을 때, B는 4 이상 8 이하인 자연수가 적힌 카드 중에서 2장을 뽑아야 하므로 경우의 수는   3 제외
$$_5\mathrm{C}_2 = \frac{5 \times 4}{2 \times 1} = 10$$
A는 8 이하의 자연수가 적힌 카드 중에서 B가 뽑은 3장을 제외한 5장의 카드에서 2장을 뽑아야 하므로 경우의 수는
$$_5\mathrm{C}_2 = \frac{5 \times 4}{2 \times 1} = 10$$
즉, 조건을 만족시키는 경우의 수는
$$10 \times 10 = 100$$

(i), (ii)에서 구하는 경우의 수는
$$75 + 100 = 175$$ 답 175

20 9를 9개의 1로 분리하여 나열한 후, 그 사이에 +를 2개 넣어 세 묶음으로 나누면 된다.
9를 1로 분리하여 나열하면
$$1\bigcirc1\bigcirc1\bigcirc1\bigcirc1\bigcirc1\bigcirc1\bigcirc1\bigcirc1$$
따라서 구하는 방법의 수는 위의 8개의 ○ 안에 +를 2개 넣는 방법의 수와 같으므로
$$_8\mathrm{C}_2 = \frac{8 \times 7}{2 \times 1} = 28$$ 답 ①

• 다른 풀이 •
합하여 9가 되는 세 자연수를 순서쌍으로 나타내면
$$(1, 1, 7), (1, 2, 6), (1, 3, 5), (1, 4, 4), (2, 2, 5),$$
$$(2, 3, 4), (3, 3, 3)$$
이때 순서가 바뀌면 서로 다른 경우이므로 중복된 숫자의 개수에 따라 다음과 같이 나누어 구할 수 있다.

(i) 세 숫자가 모두 다른 경우, 즉 $(1, 2, 6)$, $(1, 3, 5)$, $(2, 3, 4)$일 때,
3개의 숫자를 일렬로 배열하는 경우의 수가 $3!=6$이므로 이때의 경우의 수는
$$3 \times 6 = 18$$

(ii) 세 숫자 중에서 두 개가 같은 경우, 즉 $(1, 1, 7)$, $(1, 4, 4)$, $(2, 2, 5)$일 때,
$(1, 1, 7)$의 경우 $(1, 1, 7)$, $(1, 7, 1)$, $(7, 1, 1)$을 다른 경우로 생각하므로 이때의 경우의 수는
$$3 \times 3 = 9$$

(iii) 세 숫자가 모두 같은 경우, 즉 $(3, 3, 3)$뿐이므로 경우의 수는 1가지

(i), (ii), (iii)에서 구하는 경우의 수는
$$18 + 9 + 1 = 28$$

21 세 방향의 직선 −, /, \을 각각 a, b, c라 하면 a가 3개, b가 3개, c가 4개이고 사각형을 만들 수 있는 경우의 수는 다음과 같다.

(ⅰ) a 중에서 2개, b 중에서 2개를 택하는 경우
$$_3C_2 \times {_3}C_2 = {_3}C_1 \times {_3}C_1 = 3 \times 3 = 9$$

(ⅱ) a 중에서 2개, c 중에서 2개를 택하는 경우
$$_3C_2 \times {_4}C_2 = {_3}C_1 \times {_4}C_2 = 3 \times \frac{4 \times 3}{2 \times 1} = 3 \times 6 = 18$$

(ⅲ) b 중에서 2개, c 중에서 2개를 택하는 경우
$$_3C_2 \times {_4}C_2 = {_3}C_1 \times {_4}C_2 = 3 \times \frac{4 \times 3}{2 \times 1} = 3 \times 6 = 18$$

(ⅳ) a 중에서 2개, b 중에서 1개, c 중에서 1개를 택하는 경우
$$_3C_2 \times {_3}C_1 \times {_4}C_1 = {_3}C_1 \times {_3}C_1 \times {_4}C_1 = 3 \times 3 \times 4 = 36$$

(ⅴ) a 중에서 1개, b 중에서 2개, c 중에서 1개를 택하는 경우
$$_3C_1 \times {_3}C_2 \times {_4}C_1 = {_3}C_1 \times {_3}C_1 \times {_4}C_1 = 3 \times 3 \times 4 = 36$$

(ⅵ) a 중에서 1개, b 중에서 1개, c 중에서 2개를 택하는 경우
$$_3C_1 \times {_3}C_1 \times {_4}C_2 = 3 \times 3 \times \frac{4 \times 3}{2 \times 1} = 3 \times 3 \times 6 = 54$$

(ⅰ)~(ⅵ)에서 구하는 사각형의 개수는
$$9 + 18 + 18 + 36 + 36 + 54 = 171 \qquad \text{답 ②}$$

• 다른 풀이 •
만들 수 있는 사각형의 개수는 10개의 직선 중에서 4개를 택하는 경우의 수에서 사각형을 만들 수 없는 경우의 수를 빼면 된다.
3개의 평행한 직선과 다른 하나의 직선을 택하거나 4개의 평행한 직선을 택하면 사각형을 만들지 못하므로 구하는 사각형의 개수는
$$_{10}C_4 - \{2 \times {_3}C_3 \times (3+4) + {_4}C_3 \times (3+3) + {_4}C_4\} = 171$$

22 서로 만나지 않도록 3개의 선분을 그으려면 두 변 AB, CD에서 택한 각각의 3개의 점을 위에서부터 첫 번째 점끼리, 두 번째 점끼리, 세 번째 점끼리 각각 연결하면 된다.
이때 변 AB 위에 있는 6개의 점 중에서 3개를 택하는 방법의 수는
$$_6C_3 = \frac{6 \times 5 \times 4}{3 \times 2 \times 1} = 20$$
마찬가지로 변 CD 위에 있는 6개의 점 중에서 3개를 택하는 방법의 수도 20이므로 구하는 방법의 수는
$$20 \times 20 = 400 \qquad \text{답 ③}$$

23 (ⅰ) 6개의 모서리 중에서 4개, 5개, 6개의 모서리에 색을 칠하면 네 꼭짓점이 모두 연결되므로 경우의 수는
$$_6C_4 + {_6}C_5 + {_6}C_6 = {_6}C_2 + {_6}C_1 + {_6}C_6$$
$$= \frac{6 \times 5}{2 \times 1} + 6 + 1 = 15 + 7 = 22$$

(ⅱ) 3개의 모서리에 색을 칠하면 세 모서리가 삼각형을 이루지 않아야 하므로 경우의 수는
$$_6C_3 - 4 = \frac{6 \times 5 \times 4}{3 \times 2 \times 1} - 4 = 20 - 4 = 16$$

(ⅲ) 2개 이하의 모서리에 색을 칠하여 네 개의 꼭짓점을 모두 연결할 수는 없다.

(ⅰ), (ⅱ), (ⅲ)에서 구하는 경우의 수는
$$22 + 16 = 38 \qquad \text{답 ③}$$

24 9개의 점 중에서 임의로 4개의 점을 택하는 경우의 수는
$$_9C_4 = \frac{9 \times 8 \times 7 \times 6}{4 \times 3 \times 2 \times 1} = 126$$
이때 서로 다른 4개의 점으로 만들어지는 두 직선이 원의 외부에서 만나는 경우는 다음과 같이 2가지이다.

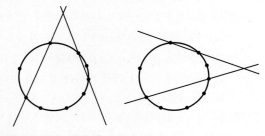

따라서 구하는 경우의 수는
$$126 \times 2 = 252 \qquad \text{답 252}$$

25 영국, 이탈리아에서 각각 적어도 1박을, 프랑스에서 적어도 2박을 해야 하므로 4박은 항상 E, I, F, F가 들어간다. 여행을 하는 나라의 순서는 상관하지 않고 나머지 3박을 지낼 나라의 개수를 정하면 다음과 같다.

(ⅰ) 3박을 모두 한 나라에서 할 때,
  3박 할 나라를 결정하는 방법의 수는 $_3C_1 = 3$

(ⅱ) 3박을 두 개의 나라에서 할 때,
  2박 할 나라와 1박 할 나라를 결정하는 방법의 수는
$$_3P_2 = 3 \times 2 = 6$$

(ⅲ) 3박을 세 개의 나라에서 할 때,
  세 나라에서 각각 1박씩 지내면 되므로 그 방법의 수는 1

(ⅰ), (ⅱ), (ⅲ)에서 나머지 3박을 할 나라의 개수를 정하는 방법의 수는
$$3 + 6 + 1 = 10$$
이때 3개국을 여행하는 순서를 정하는 방법의 수는
$$_3P_3 = 3! = 6 \quad \text{━ 같은 나라는 연속해서 머무르므로 나라의 순서만 정하면 된다.}$$
따라서 구하는 여행 코스의 개수는
$$10 \times 6 = 60 \qquad \text{답 ②}$$

26 남학생이 4명, 여학생이 3명이므로 전체 7명 중에서 초콜릿을 받을 4명을 뽑는 경우의 수는
$$_7C_4 = {_7}C_3 = \frac{7 \times 6 \times 5}{3 \times 2 \times 1} = 35$$

남학생 1명, 여학생 3명을 뽑는 경우의 수는

$_4C_1 \times _3C_3 = 4$

따라서 남학생을 적어도 2명 이상 포함하여 4명의 학생을 뽑는 경우의 수는

$35 - 4 = 31$

뽑은 4명의 학생에게 서로 다른 4개의 초콜릿을 1개씩 나누어주는 경우의 수는 4!이므로 구하는 경우의 수는

$31 \times 4! = 31 \times 24 = 744$　　　　　　　　답 ②

•다른 풀이•

7명의 학생 중 적어도 남학생을 2명 이상 포함하여 4명을 뽑아 서로 다른 4개의 초콜릿을 1개씩 나누어주는 경우는 다음과 같다.

(i) 남학생 2명, 여학생 2명을 뽑은 경우

　　$_4C_2 \times _3C_2 \times 4! = 6 \times 3 \times 24 = 432$

(ii) 남학생 3명, 여학생 1명을 뽑은 경우

　　$_4C_3 \times _3C_1 \times 4! = 4 \times 3 \times 24 = 288$

(iii) 남학생만 4명을 뽑은 경우

　　$_4C_4 \times 4! = 24$

(i), (ii), (iii)에서 구하는 경우의 수는

$432 + 288 + 24 = 744$

27 A팀이 B팀을 게임 스코어 3 : 1로 이기려면 3번째 게임까지 2번 승, 1번 패하고, 4번째 게임에서 이겨야 한다.

세 번의 경기 중에서 A팀이 이기는 두 번의 경기를 고르는 경우의 수는

$_3C_2 = _3C_1 = 3$

한편, 이 게임에 필요한 선수는 A팀은 2명, B팀은 3명이고 각 팀은 5명의 선수로 구성되어 있으므로 선수를 뽑아 순서를 정하는 경우의 수는

$_5P_2 \times _5P_3 = (5 \times 4) \times (5 \times 4 \times 3) = 20 \times 60 = 1200$

따라서 구하는 경우의 수는

$3 \times 1200 = 3600$　　　　　　　　답 3600

28 오른쪽 그림과 같이 정삼각형에 적힌 수를 a, 정사각형에 적힌 수를 왼쪽부터 차례로 b, c, d라 하면

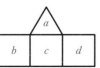

조건 (가)에서 $a > b$, $a > c$, $a > d$

조건 (나)에서 $b \neq c$, $c \neq d$

(i) $b = d$일 때,

　　6개의 자연수 중에서 a, b, c에 들어갈 서로 다른 3개의 수를 택하는 경우의 수는

　　$_6C_3 = \dfrac{6 \times 5 \times 4}{3 \times 2 \times 1} = 20$

　　택한 3개의 수 중 가장 큰 수를 a, 나머지 수를 b, c로 정하면 되므로 경우의 수는

　　$1 \times 2! = 2$

　　즉, 조건을 만족시키는 경우의 수는

$20 \times 2 = 40$

(ii) $b \neq d$일 때,

　　6개의 자연수 중에서 a, b, c, d에 들어갈 서로 다른 4개의 수를 택하는 경우의 수는

　　$_6C_4 = _6C_2 = \dfrac{6 \times 5}{2 \times 1} = 15$

　　택한 4개의 수 중 가장 큰 수를 a, 나머지 수를 b, c, d로 정하면 되므로 경우의 수는

　　$1 \times 3! = 6$

　　즉, 조건을 만족시키는 경우의 수는

$15 \times 6 = 90$

(i), (ii)에서 구하는 경우의 수는

$40 + 90 = 130$　　　　　　　　답 130

•다른 풀이•

조건 (가), (나)에서 정삼각형에 적을 수 있는 수는 3, 4, 5, 6이다.

(i) 정삼각형에 3을 적는 경우

　　정사각형에 적을 수 있는 수는 1, 2이므로 가운데 정사각형에 적을 수 있는 수는 2가지, 양옆에 있는 정사각형에 적을 수 있는 수는 각각 1가지이다.

　　즉, 조건을 만족시키는 경우의 수는

$2 \times 1 \times 1 = 2$

(ii) 정삼각형에 4를 적는 경우

　　정사각형에 적을 수 있는 수는 1, 2, 3이므로 가운데 정사각형에 적을 수 있는 수는 3가지, 양옆에 있는 정사각형에 적을 수 있는 수는 각각 2가지이다.

　　즉, 조건을 만족시키는 경우의 수는

$3 \times 2 \times 2 = 12$

(iii) 정삼각형에 5를 적는 경우

　　정사각형에 적을 수 있는 수는 1, 2, 3, 4이므로 가운데 정사각형에 적을 수 있는 수는 4가지, 양옆에 있는 정사각형에 적을 수 있는 수는 각각 3가지이다.

　　즉, 조건을 만족시키는 경우의 수는

$4 \times 3 \times 3 = 36$

(iv) 정삼각형에 6을 적는 경우

　　정사각형에 적을 수 있는 수는 1, 2, 3, 4, 5이므로 가운데 정사각형에 적을 수 있는 수는 5가지, 양옆에 있는 정사각형에 적을 수 있는 수는 각각 4가지이다.

　　즉, 조건을 만족시키는 경우의 수는

$5 \times 4 \times 4 = 80$

(i)~(iv)에서 구하는 경우의 수는

$2 + 12 + 36 + 80 = 130$

29 7개의 공 중에서 4개의 공을 꺼내는 경우는 다음과 같다.

(i) 꺼낸 4개의 공 중에서 같은 숫자가 없는 경우

　　숫자 1, 2, 3, 4가 적힌 공을 1개씩 꺼내어 일렬로 나열하는 경우의 수는

　　$_1C_1 \times _1C_1 \times _2C_1 \times _3C_1 \times 4! = 144$

(ii) 꺼낸 4개의 공 중에서 같은 숫자가 한 쌍 있는 경우

① 숫자 3이 적힌 공이 한 쌍 있는 경우

숫자 3이 적힌 공을 2개 꺼내는 경우의 수는

$_2C_2=1$

나머지 2개의 공에 적힌 숫자는 서로 달라야 하므로 각각의 공에 적힌 숫자를 순서쌍으로 나타내면 $(1, 2), (1, 4), (2, 4)$이다.

따라서 서로 다른 숫자가 적힌 2개의 공을 뽑는 경우의 수는

$_1C_1 \times _1C_1 + _1C_1 \times _3C_1 + _1C_1 \times _3C_1 = 7$

숫자 3이 적힌 2개의 공을 서로 이웃하지 않도록 나열하려면 남은 2개의 공을 일렬로 나열한 뒤, 양 끝과 사이사이에 숫자 3이 적힌 공을 나열해야 하므로 구하는 경우의 수는

$∨○∨○∨$
(3, 3, 3 화살표)

$_2P_2 \times _3P_2 = 2 \times 6 = 12$

따라서 구하는 경우의 수는

$1 \times 7 \times 12 = 84$

② 숫자 4가 적힌 공이 한 쌍 있는 경우

숫자 4가 적힌 공을 2개 꺼내는 경우의 수는

$_3C_2=3$

나머지 2개의 공에 적힌 숫자는 서로 달라야 하므로 각각의 공에 적힌 숫자를 순서쌍으로 나타내면 $(1, 2), (1, 3), (2, 3)$이다.

따라서 서로 다른 숫자가 적힌 2개의 공을 뽑는 경우의 수는

$_1C_1 \times _1C_1 + _1C_1 \times _2C_1 + _1C_1 \times _2C_1 = 5$

숫자 4가 적힌 2개의 공을 서로 이웃하지 않도록 나열하려면 남은 2개의 공을 일렬로 나열한 뒤, 양 끝과 사이사이에 숫자 4가 적힌 공을 나열해야 하므로 구하는 경우의 수는

$∨○∨○∨$
(4, 4, 4 화살표)

$_2P_2 \times _3P_2 = 2 \times 6 = 12$

따라서 구하는 경우의 수는

$3 \times 5 \times 12 = 180$

(iii) 꺼낸 4개의 공 중에서 같은 숫자가 두 쌍 있는 경우

숫자 3이 적힌 공과 숫자 4가 적힌 공을 각각 2개씩 꺼내어 교대로 나열해야 하므로 숫자 3이 적힌 공과 숫자 4가 적힌 공을 각각 2개씩 꺼내는 경우의 수는

$_2C_2 \times _3C_2 = 3$

같은 숫자가 적힌 공이 이웃하지 않도록 교대로 나열하는 경우의 수는

$2 \times 2! \times 2! = 8$

따라서 구하는 경우의 수는

$3 \times 8 = 24$

(i), (ii), (iii)에서 구하는 경우의 수는

$144+84+180+24=432$　　　　　답 432

30 해결단계

❶단계	1을 포함한 홀수 3개, 2를 포함한 짝수 3개를 택하는 경우의 수를 구한다.
❷단계	숫자를 배열하는 방법에 따른 경우의 수를 구한다.
❸단계	❶, ❷단계에서 구한 결과를 이용하여 경우의 수를 구한다.

9개의 자연수 $1, 2, 3, \cdots, 9$ 중에서 1을 제외한 홀수 2개를 택하는 경우의 수는 $_4C_2$이고, 2를 제외한 짝수 2개를 택하는 경우의 수는 $_3C_2$이므로 6개의 숫자를 택하는 경우의 수는

$$_4C_2 \times _3C_2 = \frac{4 \times 3}{2 \times 1} \times \frac{3 \times 2}{2 \times 1} = 18$$

이때 1의 양옆에 짝수를 배열하거나 2의 양옆에 홀수를 배열하여 여섯 자리 자연수를 만드는 경우는 다음과 같다.

(i) (짝수, 1, 짝수)로 배열하는 경우

1의 양쪽에 짝수를 배열하는 경우의 수는

$_3P_2 = 3 \times 2 = 6$

(짝수, 1, 짝수)를 한 묶음으로 생각하고 나머지 홀수 2개, 짝수 1개와 배열하는 경우의 수는

$4!=24$

즉, 조건을 만족시키는 경우의 수는

$6 \times 24 = 144$

(ii) (홀수, 2, 홀수)로 배열하는 경우

2의 양쪽에 홀수를 배열하는 경우의 수는

$_3P_2 = 3 \times 2 = 6$

(홀수, 2, 홀수)를 한 묶음으로 생각하고 나머지 홀수 1개, 짝수 2개와 배열하는 경우의 수는

$4!=24$

즉, 조건을 만족시키는 경우의 수는

$6 \times 24 = 144$

(iii) (짝수, 1, 2, 홀수)로 배열하는 경우

1의 왼쪽에 배열할 짝수를 택하는 경우의 수는 2가지, 2의 오른쪽에 배열할 홀수를 택하는 경우의 수는 2가지, (짝수, 1, 2, 홀수)를 한 묶음으로 생각하고 나머지 홀수 1개, 짝수 1개와 배열하는 경우의 수는

$3!=6$

즉, 조건을 만족시키는 경우의 수는

$2 \times 2 \times 6 = 24$

(iv) (홀수, 2, 1, 짝수)로 배열하는 경우

2의 왼쪽에 배열할 홀수를 택하는 경우의 수는 2가지, 1의 오른쪽에 배열할 짝수를 택하는 경우의 수는 2가지, (홀수, 2, 1, 짝수)를 한 묶음으로 생각하고 나머지 홀수 1개, 짝수 1개와 배열하는 경우의 수는

$3!=6$

즉, 조건을 만족시키는 경우의 수는

$2 \times 2 \times 6 = 24$

(v) (짝수, 1, 짝수), (홀수, 2, 홀수)로 배열하는 경우

1의 양쪽에 짝수를 배열하는 경우의 수는

$2!=2$

2의 양쪽에 홀수를 배열하는 경우의 수는

$2!=2$

(짝수, 1, 짝수)와 (홀수, 2, 홀수)의 묶음의 순서를 바꾸는 경우의 수는 2가지

즉, 조건을 만족시키는 경우의 수는

$2 \times 2 \times 2 = 8$

(i)~(v)에서 구하는 경우의 수는

$18 \times \{144 + 144 - \underbrace{(24 + 24 + 8)}_{\text{(i), (ii)가 동시에 일어나는 경우의 수}}\} = 18 \times 232$
$= 2^4 \times 3^2 \times 29$

따라서 $p=4$, $q=2$, $r=29$이므로

$p+q+r=35$

답 35

31 (i) 4명의 특정 선수를 2명, 2명으로 나누는 방법의 수는

$_4C_2 \times _2C_2 \times \dfrac{1}{2!} = \dfrac{4 \times 3}{2 \times 1} \times 1 \times \dfrac{1}{2} = 3$

(ii) 나머지 9명 중에서 3명, 3명을 뽑아 (i)의 각 팀에 배정하는 방법의 수는

$\left(_9C_3 \times _6C_3 \times \dfrac{1}{2!} \right) \times 2!$
$= \dfrac{9 \times 8 \times 7}{3 \times 2 \times 1} \times \dfrac{6 \times 5 \times 4}{3 \times 2 \times 1} \times \dfrac{1}{2} \times 2$
$= 1680$

(i), (ii)에서 구하는 방법의 수는

$3 \times 1680 = 5040$

답 ④

32 학생은 총 8명이고, 각 조에는 적어도 3명을 배정해야 하므로 두 개의 조는 3명, 5명 또는 4명, 4명으로 구성되어야 한다.

(i) 3명, 5명씩 2개조로 나누는 경우

① 3명인 조에 여학생 2명이 포함되려면 남학생 6명을 1명, 5명으로 나누어 남학생 1명이 있는 조에 여학생을 배정하면 되므로 경우의 수는

$_6C_1 \times _5C_5 = 6 \times 1 = 6$

② 5명인 조에 여학생 2명이 포함되려면 남학생 6명을 3명, 3명으로 나눈 후, 여학생 2명을 2개의 조 중에서 하나에 배정하면 되므로 경우의 수는

$\left(_6C_3 \times _3C_3 \times \dfrac{1}{2!} \right) \times 2! = \dfrac{6 \times 5 \times 4}{3 \times 2 \times 1} \times 1 \times \dfrac{1}{2} \times 2$
$= 20$

①, ②에서 조건을 만족시키는 경우의 수는

$6 + 20 = 26$

(ii) 4명, 4명씩 2개조로 나누는 경우

남학생 6명을 2명, 4명으로 나누어 남학생 2명이 있는 조에 여학생 2명을 배정하면 되므로 경우의 수는

$_6C_2 \times _4C_4 = \dfrac{6 \times 5}{2 \times 1} \times 1 = 15$

(i), (ii)에서 구한 2개조를 두 구역 A, B에 모두 배정하는 방법의 수는

$(26 + 15) \times 2! = 82$

답 82

33 조건 ㈎에서 상자 3개에 홀수가 적힌 카드를 1장 이상 넣어야 하므로 서로 다른 5장의 홀수 카드는 각 상자에 (2장, 2장, 1장) 또는 (3장, 1장, 1장)씩 넣을 수 있다.

즉, 홀수 카드 5장을 나누어 같은 종류의 세 상자에 넣는 방법의 수는

$\underset{=_5C_1}{_5C_2 \times _3C_2} \times _1C_1 \times \dfrac{1}{2!} + \underset{=_5C_2}{_5C_3 \times _2C_1} \times _1C_1 \times \dfrac{1}{2!}$
$= \dfrac{5 \times 4}{2 \times 1} \times 3 \times 1 \times \dfrac{1}{2} + \dfrac{5 \times 4}{2 \times 1} \times 2 \times 1 \times \dfrac{1}{2}$
$= 15 + 10 = 25$

조건 ㈏에서 각 상자에 넣은 카드에 적힌 수의 곱이 짝수이려면 세 상자에 짝수가 모두 들어가야 하므로 서로 다른 4장의 짝수 카드는 각 상자에 (2장, 1장, 1장)씩 넣을 수 있다.

즉, 짝수 카드 4장을 나누어 세 상자에 넣는 방법의 수는

$_4C_2 \times _2C_1 \times _1C_1 \times \dfrac{1}{2!} \times \overset{\text{같은 상자에 서로 다른 홀수 카드를 넣었으므로}}{\underset{\text{서로 다른 종류의 상자이다.}}{③!}}$
$= \dfrac{4 \times 3}{2 \times 1} \times 2 \times 1 \times \dfrac{1}{2} \times 6 = 36$

따라서 구하는 경우의 수는

$25 \times 36 = 900$

답 900

단계	채점 기준	배점
㈎	홀수 카드 5장을 세 상자에 넣는 방법의 수를 구한 경우	40%
㈏	짝수 카드 4장을 세 상자에 넣는 방법의 수를 구한 경우	40%
㈐	조건을 만족시키는 방법의 수를 구한 경우	20%

34 실력이 1위인 팀은 실력이 2위인 팀과 3위인 팀이 시합을 하기 전에 두 팀과 먼저 시합하면 안 된다.

따라서 오른쪽 그림과 같이 토너먼트가 진행되는 대진표 영역을 각각 A, B라 하면 실력이 2위인 팀과 3위인 팀이 시합을 할 수 있는 경우는 다음과 같다.

(i) 실력이 2위인 팀과 3위인 팀이 영역 A에 배정되는 경우

두 팀이 먼저 시합할 수 있으므로 나머지 팀은 임의로 배정할 수 있다.

남은 4개의 팀 중 두 팀의 경기에서 승리한 팀과 시합하는 팀을 고르는 경우의 수는

$_4C_1 = 4$

남은 3개의 팀을 2팀, 1팀으로 분할하여 배정하는 경우의 수는

$_3C_2 \times _1C_1 = 3 \times 1 = 3$

즉, 조건을 만족시키는 경우의 수는

$4 \times 3 = 12$

(ii) 실력이 3위인 팀이 A, 2위인 팀이 영역
   B에 배정되는 경우

   실력이 3위인 팀이 반드시 이겨야 하므
   로 실력이 4위, 5위, 6위인 팀 중에서 실
   력이 3위인 팀과 경기하게 되는 팀을 고르는 경우의
   수는

   $_3C_1=3$

   남은 3개의 팀을 2팀, 1팀으로 분할하여 배정하는 경
   우의 수는

   $_3C_2\times_1C_1=3\times1=3$

   즉, 조건을 만족시키는 경우의 수는

   $3\times3=9$

A　B

(iii) 실력이 2위인 팀이 A, 3위인 팀이 영역
   B에 배정되는 경우

   (ii)와 같으므로 경우의 수는 9

(i), (ii), (iii)에서 구하는 방법의 수는

$12+9+9=30$　　　　　　　　　　　　　답 30

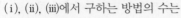
A　B

35 모든 공의 개수가 16이고, 각 상자에 들어갈 공의 개수의
   최솟값은 4이므로 각 상자에 들어 있는 공의 수가 4 또는
   8이어야 한다.
   상자를 검은 공이 들어 있는 개수가 가장 작은 것부터 순
   서대로 각각 A, B, C라 하면 각 상자에 흰 공 10개를 각
   상자에 나누어 넣는 경우의 수는 다음과 같다.

   (i) 세 상자 A, B, C에 들어 있는 공의 개수가 각각 4, 4,
   8일 때,

   세 상자에 흰 공을 각각 3, 2, 5개를 나누어 넣어야 하
   므로

   $_{10}C_3\times_7C_2\times_5C_5=\dfrac{10\times9\times8}{3\times2\times1}\times\dfrac{7\times6}{2\times1}\times1$

   　　　　　　　　　$=120\times21=2520$

   (ii) 세 상자 A, B, C에 들어 있는 공의 개수가 각각 4, 8,
   4일 때,

   세 상자에 흰 공을 각각 3, 6, 1개를 나누어 넣어야 하
   므로

   $_{10}C_3\times_7C_6\times_1C_1=\dfrac{10\times9\times8}{3\times2\times1}\times7\times1$

   　　　　　　　　　$=120\times7\times1=840$

   (iii) 세 상자 A, B, C에 들어 있는 공의 개수가 각각 8, 4,
   4일 때,

   세 상자에 흰 공을 각각 7, 2, 1개를 나누어 넣어야 하
   므로

   $_{10}C_7\times_3C_2\times_1C_1=\dfrac{10\times9\times8}{3\times2\times1}\times3\times1$

   　　　　　　　　　$=120\times3\times1=360$

   (i), (ii), (iii)에서 구하는 경우의 수는

   $2520+840+360=3720$　　　　　　　답 ④

STEP 3 1등급을 넘어서는 종합 사고력 문제　　　pp.96~97

01 16	02 53	03 944	04 266	05 9번
06 9	07 20	08 504	09 60	10 594
11 860	12 4235			

01 해결단계

❶단계	구슬을 1개, 2개, 4개씩 꺼내는 횟수를 각각 x, y, z라 하고 방정식을 세운다.
❷단계	z의 값에 따라 조건을 만족시키는 x, y의 값을 구한다.
❸단계	❷단계에서 구한 결과를 이용하여 구슬을 모두 꺼내는 방법의 수를 구한다.

구슬을 1개씩 꺼내는 횟수를 x, 2개씩 꺼내는 횟수를 y,
4개씩 꺼내는 횟수를 z라 하면

$x+2y+4z=12$　　$\cdots\cdots\ \bigcirc$

$x\geq0, y\geq0, z\geq0$에서

$4z\leq x+2y+4z=12$이므로

$4z\leq12, z\leq3$　　$\therefore z=0, 1, 2, 3$

(i) $z=0$일 때,

   $\bigcirc$에서 $x+2y=12$

   이 방정식을 만족시키는 x, y의 순서쌍 (x, y)는

   $(12, 0), (10, 1), (8, 2), (6, 3), (4, 4), (2, 5),$
   $(0, 6)$의 7개이다.

(ii) $z=1$일 때,

   $\bigcirc$에서 $x+2y+4=12$

   $\therefore x+2y=8$

   이 방정식을 만족시키는 x, y의 순서쌍 (x, y)는

   $(8, 0), (6, 1), (4, 2), (2, 3), (0, 4)$의 5개이다.

(iii) $z=2$일 때,

   $\bigcirc$에서 $x+2y+8=12$

   $\therefore x+2y=4$

   이 방정식을 만족시키는 x, y의 순서쌍 (x, y)는

   $(4, 0), (2, 1), (0, 2)$의 3개이다.

(iv) $z=3$일 때,

   $\bigcirc$에서 $x+2y+12=12$

   $\therefore x+2y=0$

   이 방정식을 만족시키는 x, y의 순서쌍 (x, y)는

   $(0, 0)$의 1개이다.

(i)~(iv)에서 구하는 경우의 수는

$7+5+3+1=16$　　　　　　　　　　　　답 16

02 해결단계

❶단계	학생을 A, B, C, D, 각각의 학생이 현재 앉아 있는 의자를 a, b, c, d, 현재 비어 있는 의자를 e라 한다.
❷단계	의자 e가 비어 있을 때, 수형도를 이용하여 조건을 만족시키는 경우의 수를 구한다.
❸단계	의자 e에 학생이 앉을 때, 수형도를 이용하여 조건을 만족시키는 경우의 수를 구한다.
❹단계	❷, ❸단계에서 구한 결과를 이용하여 경우의 수를 구한다.

4명의 학생을 A, B, C, D라 하고, 각각의 학생이 현재 앉아 있는 의자를 a, b, c, d라 하자.

현재 비어 있는 의자를 e라 할 때, 4명의 학생이 자신이 앉던 의자에 앉지 않고 다른 의자로 옮겨 앉는 경우는 다음과 같다.

(i) 의자 e가 비어 있는 경우

4명의 학생이 이전에 앉은 의자에 다시 앉지 않도록 하는 모든 방법을 수형도로 나타내면 다음과 같다.

A B C D
$b \begin{cases} a - d - c \\ c - d - a \\ d - a - c \end{cases}$
$c \begin{cases} a - d - b \\ d \begin{cases} a - b \\ b - a \end{cases} \end{cases}$
$d \begin{cases} a - b - c \\ c \begin{cases} a - b \\ b - a \end{cases} \end{cases}$

따라서 구하는 방법의 수는 9이다.

(ii) 의자 e에 앉아 있는 학생이 있는 경우

의자 e에 앉을 학생을 고르는 경우의 수는 4이고, A가 앉았다고 가정할 때, 세 명의 학생 B, C, D가 자신이 앉던 의자에 앉지 않고 다른 의자로 옮겨 앉는 경우는 다음과 같다.

① 의자 a에 앉아 있는 학생이 없는 경우

3명의 학생이 이전에 앉은 의자에 다시 앉지 않도록 하는 모든 방법을 수형도로 나타내면 다음과 같이 2가지이다.

B C D
$c - d - b$
$d - b - c$

따라서 구하는 방법의 수는
$$4 \times 2 = 8$$

② 의자 a에 앉아 있는 학생이 있는 경우

의자 a에 앉을 학생을 고르는 경우의 수는 3이고, B가 앉았다고 가정할 때, 두 명의 학생 C, D가 이전에 앉은 의자에 다시 앉지 않도록 하는 모든 방법을 수형도로 나타내면 다음과 같이 3가지이다.

C D
$b - c$
$d \begin{cases} b \\ c \end{cases}$

C, D가 a에 앉았다고 가정할 때, 같은 방법으로 3가지이므로 구하는 방법의 수는
$$4 \times 3 \times 3 = 36$$

(i), (ii)에서 구하는 경우의 수는
$$9 + 8 + 36 = 53$$

답 53

03 해결단계

❶단계	조건 ㈎, ㈏를 이용하여 다섯 자리 자연수에서 1의 개수로 가능한 경우를 파악한다.
❷단계	1의 개수에 따라 조건을 만족시키는 다섯 자리 자연수의 개수를 구한다.
❸단계	❷단계에서 구한 결과를 이용하여 조건을 만족시키는 자연수의 개수를 구한다.

1이 적힌 카드가 3장이고 조건 ㈎, ㈏에서 1끼리는 서로 이웃하지 않도록 배열하여 만든 다섯 자리 자연수에는 1이 최대 세 번 포함될 수 있다.

(i) 1이 포함되지 않는 경우

첫 번째 자리에는 0이 올 수 없으므로 경우의 수는
$$4 \times 4! = 4 \times 24 = 96$$

(ii) 1이 한 개 포함되는 경우

1로 시작되는 다섯 자리 자연수의 개수는 $_5P_4 = 120$

1이 아닌 수로 시작되는 경우의 수는 첫 번째 자리에 0이 올 수 없으므로

$$\overset{\text{1이 들어갈 수 있는 자릿수의 개수}}{4 \times 4 \times {}_4P_3} = 4 \times 4 \times 4 \times 3 \times 2 = 384$$
첫 번째 자리에 들어갈 수 있는 수는 2, 3, 4, 5의 4가지

즉, 조건을 만족시키는 자연수의 개수는
$$120 + 384 = 504$$

(iii) 1이 두 개 포함되는 경우

1로 시작되는 경우는

1○1○○, 1○○1○, 1○○○1

의 3가지이고, 각 경우에 대하여 ○에 수를 배열하는 방법이 $_5P_3$가지씩 존재하므로 경우의 수는
$$3 \times {}_5P_3 = 3 \times 5 \times 4 \times 3 = 180$$

1이 아닌 수 □로 시작되는 경우는

□1○1○, □1○○1, □○1○1

의 3가지이고, 각 경우에 대하여 ○에 수를 배열하는 방법이 $_4P_2$가지씩 존재하므로 경우의 수는
$$4 \times 3 \times {}_4P_2 = 4 \times 3 \times 4 \times 3 = 144$$
□에 들어갈 수 있는 수는 2, 3, 4, 5의 4가지

즉, 조건을 만족시키는 자연수의 개수는
$$180 + 144 = 324$$

(iv) 1이 세 개 포함되는 경우

1○1○1의 1가지이고, 각 경우에 대하여 ○에 수를 배열하는 방법이 $_5P_2$가지씩 존재하므로 경우의 수는
$$1 \times {}_5P_2 = 1 \times 5 \times 4 = 20$$

(i)~(iv)에서 구하는 자연수의 개수는
$$96 + 504 + 324 + 20 = 944$$

답 944

04 해결단계

❶단계	0부터 9까지의 수를 3으로 나눈 나머지를 기준으로 분류한다.
❷단계	일의 자리의 수가 1 또는 7일 때, ❶단계에서 나눈 수의 분류와 일의 자리의 수를 3으로 나눈 나머지가 1임을 이용하여 각 자리의 수의 합이 3의 배수가 되지 않도록 하는 경우의 수를 구한다.
❸단계	일의 자리의 수가 3 또는 9일 때, ❶단계에서 나눈 수의 분류와 일의 자리의 수를 3으로 나눈 나머지가 0임을 이용하여 각 자리의 수의 합이 3의 배수가 되지 않도록 하는 경우의 수를 구한다.
❹단계	❷, ❸단계에서 구한 결과를 이용하여 경우의 수를 구한다.

0부터 9까지의 자연수를 3으로 나눈 나머지를 기준으로 분류하면 다음과 같다.

나머지가 0인 경우 : 0, 3, 6, 9
나머지가 1인 경우 : 1, 4, 7
나머지가 2인 경우 : 2, 5, 8

조건 ㈎에서 적힌 수는 홀수이므로 1000은 주어진 조건을 만족시키지 못하고 조건 ㈐에서 적힌 수는 5의 배수가 아니므로 일의 자리의 수는 0, 5가 될 수 없다. 즉, 1부터 999까지의 수를 다음과 같이 나누어 생각할 수 있다.

(ⅰ) □□1 또는 □□7일 때,

백의 자리와 십의 자리에는 각각 0부터 9까지의 숫자가 들어갈 수 있으므로 경우의 수는

$10 \times 10 = 100$

조건 ㈏에서 각 자리의 수의 합이 3의 배수이면 안 되고, 일의 자리의 수를 3으로 나눈 나머지가 1이므로 백의 자리의 수와 십의 자리의 수를 3으로 나눈 나머지의 합은 2가 아니어야 한다.

이때 백의 자리의 수와 십의 자리의 수를 3으로 나눈 나머지의 합이 2가 되려면 나머지가 각각 0, 2 또는 1, 1 또는 2, 0이어야 하므로 경우의 수는

$100 - (4 \times 3 + 3 \times 3 + 3 \times 4) = 100 - 33 = 67$

즉, 조건을 만족시키는 경우의 수는

$67 \times 2 = 134$

(ⅱ) □□3 또는 □□9일 때,

같은 방법으로 일의 자리의 수를 3으로 나눈 나머지가 0이므로 백의 자리의 수와 십의 자리의 수를 3으로 나눈 나머지의 합은 0 또는 3이 아니어야 한다.

이때 백의 자리의 수와 십의 자리의 수를 3으로 나눈 나머지의 합이 0 또는 3이려면 나머지가 각각 0, 0 또는 1, 2 또는 2, 1이어야 하므로 경우의 수는

$100 - (4 \times 4 + 3 \times 3 + 3 \times 3) = 100 - 34 = 66$

즉, 조건을 만족시키는 경우의 수는

$66 \times 2 = 132$

(ⅰ), (ⅱ)에서 구하는 경우의 수는

$134 + 132 = 266$　　　　　　　　　　　　　답 266

BLACKLABEL 특강　　참고

조건 ㈐에서 카드에 적힌 수는 5의 배수가 아니고, 조건 ㈏에서 각 자리의 수의 합이 3의 배수가 아니므로 카드에 적힌 수는 3의 배수가 아니다. 따라서 조건을 만족시키는 수는 1부터 1000까지의 홀수 중에서 3의 배수도 아니고, 5의 배수도 아닌 수이다.

05　해결단계

❶단계	1부터 999까지의 자연수 중에서 5를 각각 1번, 2번, 3번 포함하는 수의 개수를 구한다.
❷단계	❶ 단계에서 구한 결과를 이용하여 1부터 1000까지의 자연수 중에서 5를 포함하지 않는 수의 개수를 구한다.
❸단계	❷ 단계에서 구한 결과를 이용하여 1000을 말한 사람의 번호를 구한다.

1부터 999까지의 자연수 중에서 5를 포함하는 수는 다음과 같다.

(ⅰ) 5를 한 번 포함하는 경우

백의 자리, 십의 자리, 일의 자리 중에서 5가 한 번 들어가고 나머지 자리에는 5를 제외한 0부터 9까지의 9개의 숫자가 들어갈 수 있으므로 그 개수는

$3 \times 9 \times 9 = 243$

(ⅱ) 5를 두 번 포함하는 경우

백의 자리, 십의 자리, 일의 자리 중에서 5가 두 번 들어가고, 나머지 자리에는 5를 제외한 0부터 9까지의 9개의 숫자가 들어갈 수 있으므로 그 개수는

$3 \times 9 = 27$

(ⅲ) 5를 세 번 포함하는 경우

555의 1개

(ⅰ), (ⅱ), (ⅲ)에서 1부터 999까지의 자연수 중에서 5를 포함하는 수의 개수는

$243 + 27 + 1 = 271$

즉, 1부터 1000까지의 자연수 중에서 5를 포함하지 않는 수의 개수는

$1000 - 271 = 729$

따라서 1번부터 10번까지의 사람이 주어진 규칙대로 수를 하나씩 말할 때 1000을 말하는 사람은 9번이다.

답 9번

● 다른 풀이 1 ●

1부터 999까지의 자연수 중에서 5를 포함하지 않는 수는 다음과 같다.

(ⅰ) 한 자리 자연수인 경우

0부터 9까지의 수 중에서 0과 5를 제외한 수이므로 8가지

(ⅱ) 두 자리 자연수인 경우

십의 자리에는 0과 5를 제외한 0부터 9까지의 8개의 숫자가 들어가고, 일의 자리에는 5를 제외한 0부터 9까지의 9개의 숫자가 들어갈 수 있으므로 그 개수는

$8 \times 9 = 72$

(ⅲ) 세 자리 자연수인 경우

백의 자리에는 0과 5를 제외한 0부터 9까지의 8개의 숫자가 들어가고, 십의 자리, 일의 자리에는 5를 제외한 0부터 9까지의 9개의 숫자가 들어갈 수 있으므로 그 개수는

$8 \times 9 \times 9 = 648$

(ⅰ), (ⅱ), (ⅲ)에서 1부터 999까지의 자연수 중에서 5를 포함하지 않는 수의 개수는

$8 + 72 + 648 = 728$

따라서 1000은 729번째로 말하게 되므로 1000을 말하는 사람은 9번이다.

● 다른 풀이 2 ●

1부터 999까지의 자연수 중에서 5를 포함하지 않은 수의 개수는 5를 제외한 0부터 9까지의 9개의 숫자를 3개의 자

리에 각각 넣어 만들 수 있는 자연수의 개수와 같다.

즉, 백의 자리, 십의 자리, 일의 자리에 5를 제외한 0부터 9까지의 9개의 숫자를 각각 넣은 후, 0을 제외하면 되므로 그 개수는

$9 \times 9 \times 9 - 1 = 729 - 1 = 728$

따라서 1000은 729번째로 말하게 되므로 1000을 말하는 사람은 9번이다.

06 해결단계

❶단계	세로 방향으로 이동한 길이의 합을 구한다.
❷단계	길이가 2인 세로 방향의 도로의 개수에 따라 경우를 나누어 조건을 만족시키는 경우의 수를 구한다.
❸단계	❷단계에서 구한 결과를 이용하여 경우의 수를 구한다.

가로 방향으로 이동한 길이의 합이 4이고 전체 이동한 길이가 12이므로 세로 방향으로 이동한 길이의 합은 8이다.

(ⅰ) 길이가 2인 세로 방향의 도로 4개를 지나는 경우

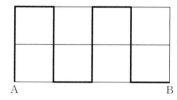

길이가 2인 세로 방향의 도로 4개를 지나는 경우의 수는 위의 그림과 같이 길이가 2인 세로 방향의 도로 5개 중에서 4개를 택하는 경우의 수와 같으므로

$_5C_4 = {}_5C_1 = 5$

(ⅱ) 길이가 2인 세로 방향의 도로 3개를 지나는 경우

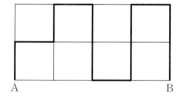

길이가 2인 세로 방향의 도로 3개를 지나는 경우의 수는 위의 그림과 같이 두 번째 줄의 가로 방향의 도로 4개 중에서 1개를 택하는 경우의 수와 같으므로

$_4C_1 = 4$

(ⅰ), (ⅱ)에서 구하는 경우의 수는

$5 + 4 = 9$ 답 9

07 해결단계

❶단계	검은색 블록의 개수에 따라 좌우의 구별 없이 만들 수 있는 막대기의 개수를 구한다.
❷단계	❶단계에서 구한 결과를 이용하여 조건을 만족시키는 막대기의 개수를 구한다.

(ⅰ) 검은색 블록이 없는 경우

5개의 흰색 블록을 붙여 만들면 되므로 막대기를 만드는 방법의 수는 1

(ⅱ) 검은색 블록이 1개인 경우

5개 중에서 검은색 블록이 위치할 1곳을 택하는 경우의 수는

$_5C_1 = 5$

이때 중앙에 검은색 블록이 위치할 때 막대기는 좌우대칭이므로 좌우의 구별 없이 막대기를 만드는 방법의 수는

$\dfrac{5-1}{2} + 1 = 3$

(ⅲ) 검은색 블록이 2개인 경우

5개 중에서 검은색 블록이 위치할 2곳을 택하는 경우의 수는

$_5C_2 = \dfrac{5 \times 4}{2 \times 1} = 10$

이때 중앙에 흰색 블록이 위치하고 흰색 블록 양 옆에 검은색 블록이 위치하거나 막대기의 양 끝에 검은색 블록이 위치할 때 막대기는 좌우대칭이므로 좌우대칭이 되도록 막대기를 만드는 방법의 수는

$_2C_1 = 2$

즉, 좌우의 구별 없이 막대기를 만드는 방법의 수는

$\dfrac{10-2}{2} + 2 = 6$

(ⅳ) 검은색 블록이 3개인 경우

흰색 블록이 3개인 경우, 즉 검은색 블록이 2개인 경우와 같으므로 방법의 수는 6

(ⅴ) 검은색 블록이 4개인 경우

흰색 블록이 4개인 경우, 즉 검은색 블록이 1개인 경우와 같으므로 방법의 수는 3

(ⅵ) 검은색 블록이 5개인 경우

흰색 블록이 5개인 경우, 즉 검은색 블록이 없는 경우와 같으므로 방법의 수는 1

(ⅰ)~(ⅵ)에서 조건에 맞게 만들 수 있는 막대기의 개수는

$2 \times (1+3+6) = 20$ 답 20

• 다른 풀이 •

5개의 각 자리에 흰색, 검은색이 올 수 있으므로 만들 수 있는 막대기의 개수는

$2^5 = 32$

이때 좌우대칭인 막대기는 중앙과 왼쪽 두 자리에 흰색 또는 검은색 블록을 배치하고, 오른쪽 두 자리에는 왼쪽 두 자리에 배치한 블럭과 대칭이 되는 블럭을 배치하면 되므로 그 개수는

$2 \times 2 \times 2 = 8$

즉, 좌우비대칭인 막대기의 개수는

$\dfrac{32-8}{2} = 12$

따라서 조건에 맞게 만들 수 있는 막대기의 개수는

$8 + 12 = 20$

❶단계	첫날 자동차 A에 탔던 2명을 P, Q라 하고, P, Q가 모두 첫날과 다른 자리에 앉는 경우의 수를 구한다.
❷단계	첫날 자동차 B에 탔던 세 명이 자동차 A의 남은 자리에 앉는 경우의 수를 구한다.
❸단계	❶, ❷단계에서 구한 결과를 이용하여 첫날 자동차 A에 탔던 2명이 모두 첫날과 다른 자리에 앉는 경우의 수를 구한다.

첫날 자동차 A에 탔던 2명을 P, Q라 하자.

(i) P가 첫날 Q가 앉은 자리에 앉는 경우

　Q는 7개의 자리 중에서 운전석과 첫날 앉은 자리를 제외한 5개의 자리에 앉을 수 있으므로 경우의 수는 5

(ii) P가 첫날 Q가 앉지 않은 자리에 앉는 경우

　P는 7개의 자리 중에서 운전석과 P, Q가 첫날 앉은 두 자리를 제외한 4개의 자리에 앉을 수 있고, Q는 7개의 자리 중에서 운전석과 Q가 첫날 앉은 자리, P가 다음 날에 앉은 자리를 제외한 4개의 자리에 앉을 수 있으므로 경우의 수는

　$4 \times 4 = 16$

(i), (ii)에서 P, Q가 첫날과 다른 자리에 앉는 경우의 수는

$5 + 16 = 21$

한편, 첫날 자동차 B에 탔던 세 명이 운전석과 P, Q가 앉은 두 자리를 제외한 4개의 자리에 앉는 경우의 수는

$_4P_3 = 4 \times 3 \times 2 = 24$

따라서 구하는 경우의 수는

$21 \times 24 = 504$　　　　　　　　　　　**답 504**

• 다른 풀이 •

첫날 자동차 A에 탔던 두 명을 P, Q라 하자.

P, Q는 모두 첫날과 다른 자리에 앉아야 하므로 P, Q가 자동차 A에 앉을 수 있는 전체 경우의 수에서 P 또는 Q가 첫날과 같은 자리에 앉는 경우의 수를 빼면 된다.

(i) P, Q가 자동차 A에 앉는 경우

　운전자는 자리를 바꾸지 않으므로 P, Q는 7개의 자리 중에서 운전석을 제외한 6개의 자리에 앉을 수 있으므로 경우의 수는

　$_6P_2 = 6 \times 5 = 30$

(ii) P, Q가 첫날 앉은 자리에 앉는 경우

　P, Q 모두 첫날 앉은 자리에 앉으면 되므로 1가지

(iii) P와 Q 중에서 한 명만 첫날 앉은 자리에 앉는 경우

　P만 첫날 앉은 자리에 앉는다면 Q는 7개의 자리 중에서 운전석과 P, Q가 첫날 앉은 두 자리를 제외한 4개의 자리에 앉을 수 있으므로 경우의 수는 4

　같은 방법으로 Q만 첫날 앉은 자리에 앉는 경우의 수는 4이다.

　즉, 조건을 만족시키는 경우의 수는

　$4 + 4 = 8$

(i), (ii), (iii)에서 P, Q 모두 첫날과 다른 자리에 앉는 경우의 수는

$30 - (1 + 8) = 21$

한편, 첫날 자동차 B에 탔던 세 명이 운전석과 P, Q가 앉

은 두 자리를 제외한 4개의 자리에 앉는 경우의 수는

$_4P_3 = 4 \times 3 \times 2 = 24$

따라서 구하는 경우의 수는

$21 \times 24 = 504$

❶단계	6개의 삼각형을 A, B, C, D, E, F라 한다.
❷단계	특정한 색을 칠하는 횟수에 따라 경우를 나누어 조건을 만족시키는 경우의 수를 구한다.
❸단계	❷단계에서 구한 결과를 이용하여 경우의 수를 구한다.

오른쪽 그림과 같이 서로 다른 6개의 삼각형을 A, B, C, D, E, F라 하자.

(i) 세 가지 색을 각각 1번, 1번, 4번 칠하는 경우

　조건 ㈏를 만족시키는 경우가 존재하지 않는다.

(ii) 세 가지 색을 각각 1번, 2번, 3번 칠하는 경우

　1번, 2번, 3번 칠할 색을 정하는 경우의 수는

　$3! = 6$

　3번 칠하는 색을 칠할 수 있는 삼각형은 (A, C, E), (B, D, F)의 2가지

　남은 3개의 삼각형 중에서 2번 칠하는 색을 칠할 수 있는 삼각형을 택하는 경우의 수는

　$_3C_2 = _3C_1 = 3$

　즉, 조건을 만족시키는 경우의 수는

　$6 \times 2 \times 3 = 36$

(iii) 세 가지 색을 각각 2번씩 칠하는 경우

　같은 색을 칠할 수 있는 삼각형끼리 묶으면

　(A, C), (B, E), (D, F)

　(A, D), (B, E), (C, F)

　(A, D), (B, F), (C, E)

　(A, E), (B, D), (C, F)

　의 4가지

　각 경우에 대하여 칠할 색을 정하는 경우의 수는

　$3! = 6$

　즉, 조건을 만족시키는 경우의 수는

　$4 \times 6 = 24$

(i), (ii), (iii)에서 구하는 경우의 수는

$36 + 24 = 60$　　　　　　　　　　　**답 60**

• 다른 풀이 •

오른쪽 그림과 같이 서로 다른 6개의 삼각형을 A, B, C, D, E, F라 하자. 빨간색을 칠하는 횟수에 따라 다음과 같은 경우로 나누어 생각할 수 있다.

(i) 빨간색을 3번 칠하는 경우

빨간색을 칠할 수 있는 삼각형은

(A, C, E), (B, D, F)의 2가지

① 빨간색을 (A, C, E)에 칠한 경우

B, D, F에 노란색, 파란색을 적어도 한 번씩 칠하기 위해서는 노란색을 2번, 파란색을 1번 칠하거나 노란색을 1번, 파란색을 2번 칠해야 한다.

B, D, F 중에서 같은 색을 칠하는 두 삼각형을 고르는 경우의 수는 $_3C_2$이고, 두 삼각형에 칠하는 색을 고르는 경우의 수는 $_2C_1$이므로 구하는 경우의 수는

$_3C_2 \times _2C_1 = 3 \times 2 = 6$

② 빨간색을 (B, D, F)에 칠한 경우

①과 같은 방법으로 6가지

①, ②에서 6개의 삼각형에 색을 칠하는 경우의 수는

$6 + 6 = 12$

(ii) 빨간색을 2번 칠하는 경우

빨간색을 칠할 수 있는 삼각형은

(A, C), (A, D), (A, E), (B, D), (B, E), (B, F), (C, E), (C, F), (D, F)의 9가지

① 빨간색을 (A, C)에 칠한 경우

B, D, E, F를 (B, E), (D, F)로 나누어 노란색, 파란색을 칠하거나

(E), (B, D, F)로 나누어 노란색, 파란색을 칠하면 되므로 경우의 수는

$2 \times 2 = 4$

② 빨간색을 (A, D)에 칠한 경우

B, C, E, F를 (B, E), (C, F) 또는 (B, F), (C, E)로 나누어 노란색, 파란색을 칠하면 되므로 경우의 수는

$2 \times 2 = 4$

③ ①, ② 이외의 다른 곳에 빨간색을 칠한 경우

① 또는 ②와 같은 방법으로 4가지

①, ②, ③에서 6개의 삼각형에 색을 칠하는 경우의 수는

$9 \times 4 = 36$

(iii) 빨간색을 1번 칠하는 경우

빨간색을 칠할 수 있는 삼각형은 A, B, C, D, E, F의 6가지

① 빨간색을 A에 칠한 경우

B, C, D, E, F를 (C, E), (B, D, F)로 나누어 노란색, 파란색을 칠하면 되므로 경우의 수는 2

② ① 이외의 다른 곳에 빨간색을 칠한 경우

①과 같은 방법으로 2가지

①, ②에서 삼각형에 색을 칠하는 경우의 수는

$6 \times 2 = 12$

(i), (ii), (iii)에서 구하는 경우의 수는

$12 + 36 + 12 = 60$

10 해결단계

❶단계	A, B가 동시에 선택한 과목이 수학일 때, 조건을 만족시키는 경우의 수를 구한다.
❷단계	A, B가 동시에 선택한 과목이 사회일 때, 조건을 만족시키는 경우의 수를 구한다.
❸단계	❶, ❷단계에서 구한 결과를 이용하여 경우의 수를 구한다.

(i) A, B가 동시에 선택한 과목이 수학일 때,

4개의 수학 과목 중 1개를 선택하는 경우의 수는

$_4C_1 = 4$

각 경우에 대하여 나머지 6개의 과목 중에서 A, B가 2개씩 선택하는 경우의 수는

$\left(_6C_2 \times _4C_2 \times \dfrac{1}{2!}\right) \times 2! = 90$

즉, 조건을 만족시키는 경우의 수는

$4 \times 90 = 360$

(ii) A, B가 동시에 선택한 과목이 사회일 때,

3개의 사회 과목 중 1개를 선택하는 경우의 수는

$_3C_1 = 3$

① A, B가 각각 수학과 사회를 1개씩 선택하는 경우의 수는

$(_4C_1 \times _3C_1) \times (_2C_1 \times _1C_1) = 24$

② A, B 중에서 1명은 수학과 사회를 1개씩 선택하고 1명은 수학을 2개 선택하는 경우의 수는

$2 \times (_4C_1 \times _2C_1) \times _3C_2 = 48$

③ A, B 모두 수학을 2개씩 선택하는 경우의 수는

$\left(_4C_2 \times _2C_2 \times \dfrac{1}{2!}\right) \times 2! = 6$

①, ②, ③에서 조건을 만족시키는 경우의 수는

$3 \times (24 + 48 + 6) = 234$

(i), (ii)에서 구하는 경우의 수는

$360 + 234 = 594$ **답 594**

11 해결단계

❶단계	한 방에 넣었을 때 꼬리잡기를 할 수 없는 조합을 찾은 후, 5명을 방의 개수에 따라 배정하는 방법을 구한다.
❷단계	❶단계에서 구한 결과를 이용하여 경우의 수를 구한다.

(i) 5개의 방에 각각 한 명씩 배정하는 경우

$5! = 120$

(ii) 4개의 방에 배정하는 경우

5개의 방 중에서 다섯 명이 들어갈 방 4개를 뽑는 경우의 수는

$_5C_4 = _5C_1 = 5$

다섯 명을 2명, 1명, 1명, 1명으로 나누어 방을 배정하고 한 방에 들어갈 때 서로 잡을 수 없는 경우는

(A, C), (A, E), (B, D), (C, E)

의 4가지이므로

$5 \times 4 \times 4! = 480$

4개의 방에 (2명, 1명, 1명, 1명)을 배정하는 경우의 수

(iii) 3개의 방에 배정하는 경우

　5개의 방 중에서 다섯 명이 들어갈 방 3개를 뽑는 경우의 수는

$$_5C_3={}_5C_2=\frac{5\times 4}{2\times 1}=10$$

　다섯 명을 2명, 2명, 1명으로 나누거나 3명, 1명, 1명으로 나누어 방을 배정하고 한 방에 들어갈 때 서로 잡을 수 없는 경우는

　[(A, C), (B, D), E], [(A, E), (B, D), C],

　[(B, D), (C, E), A], [(A, C, E), B, D]

　의 4가지이므로

$$10\times 4\times 3!=240$$ ──3개의 방에 (2명, 2명, 1명) 또는 (3명, 1명, 1명)을 배정하는 경우의 수

(iv) 2개의 방에 배정하는 경우

　5개의 방 중에서 다섯 명이 들어갈 방 2개를 뽑는 경우의 수는

$$_5C_2=\frac{5\times 4}{2\times 1}=10$$

　다섯 명을 3명, 2명으로 나누어 방을 배정하고 한 방에 들어갈 때 서로 잡을 수 없는 경우는

　[(A, C, E), (B, D)]

　의 1가지이므로

$$10\times 1\times 2!=20$$ ──2개의 방에 (3명, 2명)을 배정하는 경우의 수

(i)~(iv)에서 구하는 경우의 수는

$$120+480+240+20=860$$ 　　　　**답** 860

12 해결단계

❶단계	원판을 쌓아 만든 탑을 위에서 보았을 때 2개만 보이도록 하는 조건을 찾는다.
❷단계	8개의 원판을 4개, 4개로 나누는 경우의 수를 구한다.
❸단계	❶단계에서 구한 조건을 이용하여 4개의 원판을 쌓아 만든 탑이 위에서 보았을 때 2개의 원판만 보이도록 하는 경우의 수를 구한다.
❹단계	❷, ❸단계에서 구한 값을 이용하여 조건을 만족시키도록 두 개의 탑을 쌓는 경우의 수를 구한다.

맨 위에 쌓이는 원판은 위에서 항상 볼 수 있고, 크기가 가장 큰 원판은 어느 위치에 배정되어도 위에서 볼 수 있으므로 맨 위에 쌓이는 원판과 크기가 가장 큰 원판만 위에서 보이도록 탑이 쌓여야 한다.

또한, 위에서 보이는 두 원판 사이에는 맨 위에 쌓이는 원판보다 작은 크기의 원판이 배정될 수 있다.

이때 원판이 8개이므로 높이가 같은 두 개의 탑은 각각 원판 4개로 이루어져야 한다.

크기가 다른 8개의 원판을 4개, 4개로 나누는 경우의 수는

$$_8C_4\times {}_4C_4\times\frac{1}{2!}=\frac{8\times 7\times 6\times 5}{4\times 3\times 2\times 1}\times 1\times\frac{1}{2}=35$$

원판 4개를 크기가 작은 순서대로 1, 2, 3, 4라 하면 원판 4개로 탑을 쌓는 경우는 원판 4의 위치에 따라 다음과 같다.

(i) 원판 4가 위에서 두 번째 위치에 오는 경우

　원판 4 위에 배정될 한 개의 원판을 뽑고, 나머지 원판 2개를 원판 4 아래에 배정하면 되므로 경우의 수는

$$_3C_1\times 2!=3\times 2=6$$

(ii) 원판 4가 위에서 세 번째 위치에 오는 경우

　원판 4 위에 배정될 2개의 원판을 뽑아 큰 원판은 맨 위에, 작은 원판은 그 아래 배정하고, 남은 1개의 원판은 맨 밑에 배정하면 되므로 경우의 수는

$$_3C_2\times 1={}_3C_1=3$$

(iii) 원판 4가 마지막 위치에 오는 경우

　원판 3을 맨 위에 배정하고, 원판 1, 2를 그 아래에 배정하면 되므로 경우의 수는

$$2!=2$$

(i), (ii), (iii)에서 원판 4개로 조건에 맞게 탑을 쌓는 경우의 수는

$$6+3+2=11$$

원판 4개짜리 탑이 2개 있으므로 구하는 경우의 수는

$$35\times 11\times 11=4235$$ 　　　　**답** 4235

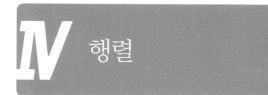

IV 행렬

09. 행렬과 그 연산

STEP 1 출제율 100% 우수 기출 대표 문제 pp.101~103

01 ④	02 ②	03 4	04 0	05 ③
06 ①	07 ①	08 ①	09 ②	10 12
11 $6\sqrt{5}$	12 -2	13 250	14 ③	15 ④
16 ①	17 ③	18 ③	19 ④	20 7
21 ⑤				

01 행렬 A의 각 성분을 구하면 다음과 같다.
$a_{11}=(1^2+1^2=2$를 3으로 나눈 나머지$)=2$
$a_{12}=(1^2+2^2=5$를 3으로 나눈 나머지$)=2$
$a_{13}=(1^2+3^2=10$을 3으로 나눈 나머지$)=1$
$a_{21}=(2^2+1^2=5$를 3으로 나눈 나머지$)=2$
$a_{22}=(2^2+2^2=8$을 3으로 나눈 나머지$)=2$
$a_{23}=(2^2+3^2=13$을 3으로 나눈 나머지$)=1$
$a_{31}=(3^2+1^2=10$을 3으로 나눈 나머지$)=1$
$a_{32}=(3^2+2^2=13$을 3으로 나눈 나머지$)=1$
$a_{33}=(3^2+3^2=18$을 3으로 나눈 나머지$)=0$
$$\therefore A=\begin{pmatrix} 2 & 2 & 1 \\ 2 & 2 & 1 \\ 1 & 1 & 0 \end{pmatrix}$$
따라서 구하는 모든 성분의 합은
$2+2+1+2+2+1+1+1+0=12$ 답 ④

02 지점 1에서 지점 1, 2, 3으로 가는 통로의 수는 각각
0, 1, 2이므로
$a_{11}=0$, $a_{12}=1$, $a_{13}=2$
지점 2에서 지점 1, 2, 3으로 가는 통로의 수는 각각
2, 0, 1이므로
$a_{21}=2$, $a_{22}=0$, $a_{23}=1$
지점 3에서 지점 1, 2, 3으로 가는 통로의 수는 각각
0, 1, 1이므로
$a_{31}=0$, $a_{32}=1$, $a_{33}=1$
$$\therefore A=\begin{pmatrix} 0 & 1 & 2 \\ 2 & 0 & 1 \\ 0 & 1 & 1 \end{pmatrix}$$
따라서 제3행의 모든 성분의 합은
$0+1+1=2$ 답 ②

03 두 행렬이 서로 같을 조건에 의하여
$2x-y=5$ ……㉠, $x^2+y^2=7+xy$ ……㉡
㉠에서 $y=2x-5$ ……㉢
㉢을 ㉡에 대입하면
$x^2+(2x-5)^2=7+x(2x-5)$
$3x^2-15x+18=0$, $3(x-2)(x-3)=0$
$\therefore x=2$ 또는 $x=3$
㉢에서 $x=2$일 때, $y=-1$ 또는 $x=3$일 때, $y=1$
이때 x, y가 모두 양수이므로 $x=3$, $y=1$
$\therefore x+y=3+1=4$ 답 4

04 $A+B=E$이므로
$$\begin{pmatrix} a & b \\ -b & a \end{pmatrix}+\begin{pmatrix} b & -a \\ a & b \end{pmatrix}=\begin{pmatrix} 1 & 0 \\ 0 & 1 \end{pmatrix}$$
$$\begin{pmatrix} a+b & b-a \\ -b+a & a+b \end{pmatrix}=\begin{pmatrix} 1 & 0 \\ 0 & 1 \end{pmatrix}$$
두 행렬이 서로 같을 조건에 의하여
$a+b=1$, $b-a=0$ $\therefore a=\dfrac{1}{2}$, $b=\dfrac{1}{2}$
즉, $A=\begin{pmatrix} \frac{1}{2} & \frac{1}{2} \\ -\frac{1}{2} & \frac{1}{2} \end{pmatrix}$, $B=\begin{pmatrix} \frac{1}{2} & -\frac{1}{2} \\ \frac{1}{2} & \frac{1}{2} \end{pmatrix}$이므로
$$A-B=\begin{pmatrix} \frac{1}{2} & \frac{1}{2} \\ -\frac{1}{2} & \frac{1}{2} \end{pmatrix}-\begin{pmatrix} \frac{1}{2} & -\frac{1}{2} \\ \frac{1}{2} & \frac{1}{2} \end{pmatrix}=\begin{pmatrix} 0 & 1 \\ -1 & 0 \end{pmatrix}$$
따라서 행렬 $A-B$의 모든 성분의 합은
$0+1+(-1)+0=0$ 답 0

05 $a_{ij}=2i+j-1$이므로
$a_{11}=2\times1+1-1=2$, $a_{12}=2\times1+2-1=3$,
$a_{13}=2\times1+3-1=4$, $a_{21}=2\times2+1-1=4$,
$a_{22}=2\times2+2-1=5$, $a_{23}=2\times2+3-1=6$
$$\therefore A=\begin{pmatrix} 2 & 3 & 4 \\ 4 & 5 & 6 \end{pmatrix}$$
$b_{ij}=4i-2j$이므로
$b_{11}=4\times1-2\times1=2$, $b_{12}=4\times1-2\times2=0$,
$b_{13}=4\times1-2\times3=-2$, $b_{21}=4\times2-2\times1=6$,
$b_{22}=4\times2-2\times2=4$, $b_{23}=4\times2-2\times3=2$
$$\therefore B=\begin{pmatrix} 2 & 0 & -2 \\ 6 & 4 & 2 \end{pmatrix}$$
$\dfrac{1}{2}(4A-3B)-3(A-B)$
$=2A-\dfrac{3}{2}B-3A+3B=-A+\dfrac{3}{2}B$
$=-\begin{pmatrix} 2 & 3 & 4 \\ 4 & 5 & 6 \end{pmatrix}+\dfrac{3}{2}\begin{pmatrix} 2 & 0 & -2 \\ 6 & 4 & 2 \end{pmatrix}$
$=\begin{pmatrix} -2 & -3 & -4 \\ -4 & -5 & -6 \end{pmatrix}+\begin{pmatrix} 3 & 0 & -3 \\ 9 & 6 & 3 \end{pmatrix}$

$$=\begin{pmatrix} 1 & -3 & -7 \\ 5 & 1 & -3 \end{pmatrix}$$

따라서 구하는 행렬의 모든 성분의 합은
$1+(-3)+(-7)+5+1+(-3)=-6$ 답 ③

06 $A+B=\begin{pmatrix} 1 & 2 \\ 1 & 2 \end{pmatrix}$ ······㉠

$A-B=\begin{pmatrix} 1 & -2 \\ -1 & 2 \end{pmatrix}$ ······㉡

㉠+㉡을 하면

$2A=\begin{pmatrix} 2 & 0 \\ 0 & 4 \end{pmatrix}$ $\therefore A=\begin{pmatrix} 1 & 0 \\ 0 & 2 \end{pmatrix}$

㉠-㉡을 하면

$2B=\begin{pmatrix} 0 & 4 \\ 2 & 0 \end{pmatrix}$

$\therefore A-2B=\begin{pmatrix} 1 & 0 \\ 0 & 2 \end{pmatrix}-\begin{pmatrix} 0 & 4 \\ 2 & 0 \end{pmatrix}=\begin{pmatrix} 1 & -4 \\ -2 & 2 \end{pmatrix}$ 답 ①

07 $2X-(A+B)=3(A-2B)$에서
$2X=4A-5B$

$\therefore X=2A-\dfrac{5}{2}B$

$=2\begin{pmatrix} 0 & 2 \\ 2 & -1 \end{pmatrix}-\dfrac{5}{2}\begin{pmatrix} 4 & 2 \\ -8 & 0 \end{pmatrix}$

$=\begin{pmatrix} 0 & 4 \\ 4 & -2 \end{pmatrix}-\begin{pmatrix} 10 & 5 \\ -20 & 0 \end{pmatrix}$

$=\begin{pmatrix} -10 & -1 \\ 24 & -2 \end{pmatrix}$ 답 ①

08 $xA+yB=C$에서

$x\begin{pmatrix} a & -1 \\ 5 & b \end{pmatrix}+y\begin{pmatrix} b & 2 \\ 3 & -a \end{pmatrix}=\begin{pmatrix} 3 & -4 \\ 7 & -7 \end{pmatrix}$이므로

$\begin{pmatrix} ax+by & -x+2y \\ 5x+3y & bx-ay \end{pmatrix}=\begin{pmatrix} 3 & -4 \\ 7 & -7 \end{pmatrix}$

두 행렬이 서로 같을 조건에 의하여
$ax+by=3$ ······㉠
$-x+2y=-4$ ······㉡
$5x+3y=7$ ······㉢
$bx-ay=-7$ ······㉣
㉡, ㉢을 연립하여 풀면
$x=2,\ y=-1$
이것을 ㉠, ㉣에 대입하면
$2a-b=3,\ a+2b=-7$
위의 두 식을 연립하여 풀면
$a=-\dfrac{1}{5},\ b=-\dfrac{17}{5}$

$\therefore 3a+b=-\dfrac{3}{5}-\dfrac{17}{5}=-4$ 답 ①

09 $A=(1\ \ 0),\ B=\begin{pmatrix} 2 \\ 3 \end{pmatrix},\ C=(1\ \ -2\ \ 3),$

$D=\begin{pmatrix} 7 & 1 & 2 \\ 6 & -5 & 3 \end{pmatrix}$

이라 하면 행렬 A, B, C, D는 각각 1×2, 2×1, 1×3, 2×3 행렬이므로 이 중 두 행렬을 곱하여 만들 수 있는 서로 다른 행렬은 AB, AD, BA, BC의 4개이다.

답 ②

10 $a_{ij}=i-2j+1$이므로
$a_{11}=1-2\times1+1=0,\ a_{12}=1-2\times2+1=-2,$
$a_{21}=2-2\times1+1=1,\ a_{22}=2-2\times2+1=-1$

$\therefore A=\begin{pmatrix} 0 & -2 \\ 1 & -1 \end{pmatrix}$

$b_{ij}=i\times j+1$이므로
$b_{11}=1\times1+1=2,\ b_{12}=1\times2+1=3,$
$b_{21}=2\times1+1=3,\ b_{22}=2\times2+1=5$

$\therefore B=\begin{pmatrix} 2 & 3 \\ 3 & 5 \end{pmatrix}$

$\therefore AB=\begin{pmatrix} 0 & -2 \\ 1 & -1 \end{pmatrix}\begin{pmatrix} 2 & 3 \\ 3 & 5 \end{pmatrix}=\begin{pmatrix} -6 & -10 \\ -1 & -2 \end{pmatrix}$

따라서 행렬 AB의 $(1,\ 1)$ 성분은 -6이고, $(2,\ 2)$ 성분은 -2이므로 그 곱은
$-6\times(-2)=12$ 답 12

11 이차방정식 $x^2-3x+1=0$의 두 근이 α, β이므로 근과 계수의 관계에 의하여
$\alpha+\beta=3,\ \alpha\beta=1$
$(\alpha-\beta)^2=(\alpha+\beta)^2-4\alpha\beta=3^2-4\times1=5$
$\therefore \alpha-\beta=\sqrt{5}\ (\because \alpha>\beta)$

$\begin{pmatrix} \alpha & \beta \\ -\beta & \alpha \end{pmatrix}\begin{pmatrix} \beta & \alpha \\ \alpha & -\beta \end{pmatrix}=\begin{pmatrix} 2\alpha\beta & \alpha^2-\beta^2 \\ \alpha^2-\beta^2 & -2\alpha\beta \end{pmatrix}$이므로 구하는

모든 성분의 합은
$2(\alpha^2-\beta^2)=2(\alpha+\beta)(\alpha-\beta)$
$=2\times3\times\sqrt{5}=6\sqrt{5}$ 답 $6\sqrt{5}$

12 $A=\begin{pmatrix} -1 & a \\ 0 & -1 \end{pmatrix}$에서

$A^2=AA=\begin{pmatrix} -1 & a \\ 0 & -1 \end{pmatrix}\begin{pmatrix} -1 & a \\ 0 & -1 \end{pmatrix}=\begin{pmatrix} 1 & -2a \\ 0 & 1 \end{pmatrix}$

$A^4=A^2A^2=\begin{pmatrix} 1 & -2a \\ 0 & 1 \end{pmatrix}\begin{pmatrix} 1 & -2a \\ 0 & 1 \end{pmatrix}=\begin{pmatrix} 1 & -4a \\ 0 & 1 \end{pmatrix}$

$A^8=A^4A^4=\begin{pmatrix} 1 & -4a \\ 0 & 1 \end{pmatrix}\begin{pmatrix} 1 & -4a \\ 0 & 1 \end{pmatrix}=\begin{pmatrix} 1 & -8a \\ 0 & 1 \end{pmatrix}$

이때 A^8의 모든 성분의 합이 18이므로
$1+(-8a)+0+1=18$
$-8a=16$ $\therefore a=-2$ 답 -2

13 $A=\begin{pmatrix} 1 & -1 \\ 1 & 1 \end{pmatrix}$에서

$$A^2=AA=\begin{pmatrix} 1 & -1 \\ 1 & 1 \end{pmatrix}\begin{pmatrix} 1 & -1 \\ 1 & 1 \end{pmatrix}=\begin{pmatrix} 0 & -2 \\ 2 & 0 \end{pmatrix}$$

$$A^3=A^2A=\begin{pmatrix} 0 & -2 \\ 2 & 0 \end{pmatrix}\begin{pmatrix} 1 & -1 \\ 1 & 1 \end{pmatrix}=\begin{pmatrix} -2 & -2 \\ 2 & -2 \end{pmatrix}$$

$$A^4=A^3A=\begin{pmatrix} -2 & -2 \\ 2 & -2 \end{pmatrix}\begin{pmatrix} 1 & -1 \\ 1 & 1 \end{pmatrix}=\begin{pmatrix} -4 & 0 \\ 0 & -4 \end{pmatrix}$$

$$=-4E$$

따라서 n은 1000 이하의 4의 배수이므로 구하는 자연수 n의 개수는 250이다. 답 250

14 $A+B=O$이므로 $B=-A$
이것을 $AB=E$에 대입하면
$-A^2=E$ ∴ $A^2=-E$
$A^3=A^2A=(-E)A=-A$
$A^4=(A^2)^2=(-E)^2=E$
$A+B=O$이므로 $A=-B$
이것을 $AB=E$에 대입하면
$-B^2=E$ ∴ $B^2=-E$
$B^3=B^2B=(-E)B=-B$
$B^4=(B^2)^2=(-E)^2=E$
∴ $(A+A^2+\cdots+A^{2000})+(B+B^2+\cdots+B^{2000})$
$=(A+A^2+A^3+A^4)+(A^5+A^6+A^7+A^8)+\cdots$
$\quad+(A^{1997}+A^{1998}+A^{1999}+A^{2000})$
$\quad+(B+B^2+B^3+B^4)+(B^5+B^6+B^7+B^8)+\cdots$
$\quad+(B^{1997}+B^{1998}+B^{1999}+B^{2000})$
$=(A-E-A+E)+(A-E-A+E)+\cdots$
$\quad+(A-E-A+E)$
$\quad+(B-E-B+E)+(B-E-B+E)+\cdots$
$\quad+(B-E-B+E)$
$=O$ 답 ③

15 $A+B=\begin{pmatrix} 1 & 2 \\ -1 & 3 \end{pmatrix}+\begin{pmatrix} 3 & 1 \\ 2 & -2 \end{pmatrix}=\begin{pmatrix} 4 & 3 \\ 1 & 1 \end{pmatrix}$이므로

$AC+BC=(A+B)C$

$\qquad\quad=\begin{pmatrix} 4 & 3 \\ 1 & 1 \end{pmatrix}\begin{pmatrix} 1 \\ 2 \end{pmatrix}=\begin{pmatrix} 10 \\ 3 \end{pmatrix}$ 답 ④

•다른 풀이•

$AC+BC=\begin{pmatrix} 1 & 2 \\ -1 & 3 \end{pmatrix}\begin{pmatrix} 1 \\ 2 \end{pmatrix}+\begin{pmatrix} 3 & 1 \\ 2 & -2 \end{pmatrix}\begin{pmatrix} 1 \\ 2 \end{pmatrix}$

$\qquad\quad=\begin{pmatrix} 5 \\ 5 \end{pmatrix}+\begin{pmatrix} 5 \\ -2 \end{pmatrix}=\begin{pmatrix} 10 \\ 3 \end{pmatrix}$

16 $(A+B)^2=\begin{pmatrix} 4 & -6 \\ 0 & 16 \end{pmatrix}$ ……㉠

$AB+BA=\begin{pmatrix} 4 & -2 \\ -4 & 8 \end{pmatrix}$ ……㉡

$(A+B)^2=A^2+B^2+AB+BA$이므로
$(A+B)^2-(AB+BA)=A^2+B^2$
㉠-㉡을 하면

$$A^2+B^2=\begin{pmatrix} 0 & -4 \\ 4 & 8 \end{pmatrix}$$

$\therefore (A-B)^2=A^2+B^2-AB-BA$
$\qquad\qquad\quad=A^2+B^2-(AB+BA)$
$\qquad\qquad\quad=\begin{pmatrix} 0 & -4 \\ 4 & 8 \end{pmatrix}-\begin{pmatrix} 4 & -2 \\ -4 & 8 \end{pmatrix}$
$\qquad\qquad\quad=\begin{pmatrix} -4 & -2 \\ 8 & 0 \end{pmatrix}$

따라서 행렬 $(A-B)^2$의 모든 성분의 합은
$-4+(-2)+8+0=2$ 답 ①

17 ㄱ. (반례) $A=O$, $B=O$이면 $AB=B$가 성립하지만 $A\neq E$이다. (거짓)

ㄴ. (반례) $A=\begin{pmatrix} 1 & -1 \\ -1 & 1 \end{pmatrix}$, $B=\begin{pmatrix} 1 & 1 \\ 1 & 1 \end{pmatrix}$이면

$AB=\begin{pmatrix} 1 & -1 \\ -1 & 1 \end{pmatrix}\begin{pmatrix} 1 & 1 \\ 1 & 1 \end{pmatrix}=\begin{pmatrix} 0 & 0 \\ 0 & 0 \end{pmatrix}$

즉, $AB=O$, $A\neq O$이지만 $B\neq O$이다. (거짓)

ㄷ. $A-B=2E$에서 $B=A-2E$이므로
$AB=A(A-2E)=A^2-2A=(A-2E)A=BA$
이때 $AB=O$이면 $BA=O$이다. (참)

따라서 옳은 것은 ㄷ뿐이다. 답 ③

18 $A=\begin{pmatrix} a & b \\ c & d \end{pmatrix}$라 하면

$A\begin{pmatrix} 1 \\ 0 \end{pmatrix}=\begin{pmatrix} a & b \\ c & d \end{pmatrix}\begin{pmatrix} 1 \\ 0 \end{pmatrix}=\begin{pmatrix} a \\ c \end{pmatrix}=\begin{pmatrix} -1 \\ 2 \end{pmatrix}$이므로 두 행렬이

서로 같을 조건에 의하여
$a=-1$, $c=2$ ……㉠

$A\begin{pmatrix} 2 \\ 1 \end{pmatrix}=\begin{pmatrix} a & b \\ c & d \end{pmatrix}\begin{pmatrix} 2 \\ 1 \end{pmatrix}=\begin{pmatrix} 2a+b \\ 2c+d \end{pmatrix}=\begin{pmatrix} 0 \\ -1 \end{pmatrix}$이므로 두 행렬

이 서로 같을 조건에 의하여
$2a+b=0$, $2c+d=-1$
∴ $b=2$, $d=-5$ (∵ ㉠)

따라서 $A=\begin{pmatrix} -1 & 2 \\ 2 & -5 \end{pmatrix}$이므로

$A\begin{pmatrix} 4 \\ 1 \end{pmatrix}=\begin{pmatrix} -1 & 2 \\ 2 & -5 \end{pmatrix}\begin{pmatrix} 4 \\ 1 \end{pmatrix}=\begin{pmatrix} -2 \\ 3 \end{pmatrix}$ 답 ③

•다른 풀이•

$p\begin{pmatrix} 1 \\ 0 \end{pmatrix}+q\begin{pmatrix} 2 \\ 1 \end{pmatrix}=\begin{pmatrix} 4 \\ 1 \end{pmatrix}$($p$, q는 실수)라 하면

$\begin{pmatrix} p+2q \\ q \end{pmatrix}=\begin{pmatrix} 4 \\ 1 \end{pmatrix}$

두 행렬이 서로 같을 조건에 의하여

$p+2q=4$, $q=1$

$\therefore p=2$, $q=1$

즉, $\binom{4}{1}=2\binom{1}{0}+\binom{2}{1}$이고

$A\binom{1}{0}=\binom{-1}{2}$, $A\binom{2}{1}=\binom{0}{-1}$이므로

$A\binom{4}{1}=A\left\{2\binom{1}{0}+\binom{2}{1}\right\}=2A\binom{1}{0}+A\binom{2}{1}$

$\qquad =2\binom{-1}{2}+\binom{0}{-1}=\binom{-2}{3}$

19 주어진 표에서 각 세트에 들어가는 과자와 사탕의 개수를

행렬로 나타내면 $\begin{pmatrix} 5 & 1 \\ 2 & 4 \end{pmatrix}$

이때 '고소한 세트'와 '달콤한 세트'의 개수가 각각 10, 15

이므로 전체 과자와 사탕의 개수를 행렬로 나타내면

$(10 \quad 15)\begin{pmatrix} 5 & 1 \\ 2 & 4 \end{pmatrix}=(80 \quad 70)$ ←전체 과자의 개수 / ←전체 사탕의 개수

이때 과자와 사탕의 한 개 당 가격이 각각 500원, 800원

이므로 전체를 구입할 때 필요한 금액을 행렬로 나타내면

$(80 \quad 70)\binom{500}{800}=(10 \quad 15)\begin{pmatrix} 5 & 1 \\ 2 & 4 \end{pmatrix}\binom{500}{800}$ 답 ④

20 행렬 $A=\begin{pmatrix} 2 & 3 \\ 1 & 3 \end{pmatrix}$에서 케일리-해밀턴 정리에 의하여

$A^2-5A+3E=O$ ······㉠

㉠의 양변에 A를 곱하면

$A^3-5A^2+3A=O$

$\therefore A^3-5A^2+4A-E$

$\quad =A^3-5A^2+3A+A-E=A-E$

$\quad =\begin{pmatrix} 2 & 3 \\ 1 & 3 \end{pmatrix}-\begin{pmatrix} 1 & 0 \\ 0 & 1 \end{pmatrix}=\begin{pmatrix} 1 & 3 \\ 1 & 2 \end{pmatrix}$

따라서 구하는 모든 성분의 합은

$1+3+1+2=7$ 답 7

21 (ⅰ) $A=kE$(k는 실수)일 때,

$A^2-5A+6E=O$에서

$k^2E^2-5kE+6E=O$이므로

$(k^2-5k+6)E=O$, $(k-2)(k-3)E=O$

$\therefore k=2$ 또는 $k=3$ ($\because E\neq O$)

즉, $A=\begin{pmatrix} 2 & 0 \\ 0 & 2 \end{pmatrix}$ 또는 $A=\begin{pmatrix} 3 & 0 \\ 0 & 3 \end{pmatrix}$이므로

$m=4$ 또는 $m=6$

(ⅱ) $A\neq kE$(k는 실수)일 때,

$A=\begin{pmatrix} a & b \\ c & d \end{pmatrix}$에서 케일리-해밀턴 정리에 의하여

$A^2-(a+d)A+(ad-bc)E=O$

이때 $A^2-5A+6E=O$이므로

$m=a+d=5$

(ⅰ), (ⅱ)에서 모든 실수 m의 값의 합은

$4+5+6=15$ 답 ⑤

BLACKLABEL 특강 오답 피하기

케일리-해밀턴 정리의 역이 성립하지 않기 때문에 주어진 행렬 A의

이차식과 케일리-해밀턴 정리로 얻은 식이 항상 같은 것은 아니다.

(ⅰ) $A=kE$(k는 실수)일 때, 주어진 이차식과 케일리-해밀턴 정리로 얻은 식은 다르다.

(ⅱ) $A\neq kE$(k는 실수)일 때, 주어진 이차식과 케일리-해밀턴 정리로 얻은 식은 동일하다.

STEP 2 1등급을 위한 최고의 변별력 문제 pp.104~109

01 ③	02 5	03 ④	04 8	05 ②
06 ⑤	07 ②	08 60	09 ④	10 ②
11 ②	12 3	13 ⑤	14 26	15 ⑤
16 ③	17 ⑤	18 8	19 ③	20 ④
21 10	22 2	23 16	24 A	25 ①
26 ①	27 63	28 6	29 ①	30 16
31 3	32 5	33 5	34 3	35 ④
36 -1				

01 정류장 B_1에 1번, 2번 버스가 정차하므로

$a_{11}=1$, $a_{12}=1$, $a_{13}=0$

정류장 B_2에 1번, 3번 버스가 정차하므로

$a_{21}=1$, $a_{22}=0$, $a_{23}=1$

정류장 B_3에 2번 버스가 정차하므로

$a_{31}=0$, $a_{32}=1$, $a_{33}=0$

$\therefore A=\begin{pmatrix} 1 & 1 & 0 \\ 1 & 0 & 1 \\ 0 & 1 & 0 \end{pmatrix}$ 답 ③

02 1은 1의 배수이므로

$a_{11}=1+k$

2는 1의 배수이므로

$a_{21}=2+k$

3은 2의 약수도 배수도 아니므로

$a_{32}=3+2=5$

4는 3의 약수도 배수도 아니므로

$a_{43}=4+3=7$

$$\therefore a_{11}+a_{21}+a_{32}+a_{43}=(1+k)+(2+k)+5+7$$
$$=2k+15$$

즉, $2k+15=25$이므로 $k=5$ **답 5**

03 $x^2-(2i+3j)x+6ij\leq0$에서
$(x-2i)(x-3j)\leq0$ ……㉠

행렬 A의 (i, j) 성분을 a_{ij}라 할 때, $i, j=1$, 2이므로 a_{ij}는 다음과 같이 경우를 나누어 구할 수 있다.

(i) $i=j=1$일 때, ㉠에서
   $(x-2)(x-3)\leq0$
   $\therefore 2\leq x\leq3$
   즉, 조건을 만족시키는 모든 정수 x의 값의 합 a_{11}은
   $a_{11}=2+3=5$

(ii) $i=1$, $j=2$일 때, ㉠에서
   $(x-2)(x-6)\leq0$
   $\therefore 2\leq x\leq6$
   즉, 조건을 만족시키는 모든 정수 x의 값의 합 a_{12}는
   $a_{12}=2+3+4+5+6=20$

(iii) $i=2$, $j=1$일 때, ㉠에서
   $(x-4)(x-3)\leq0$
   $\therefore 3\leq x\leq4$
   즉, 조건을 만족시키는 모든 정수 x의 값의 합 a_{21}은
   $a_{21}=3+4=7$

(iv) $i=j=2$일 때, ㉠에서
   $(x-4)(x-6)\leq0$
   $\therefore 4\leq x\leq6$
   즉, 조건을 만족시키는 모든 정수 x의 값의 합 a_{22}는
   $a_{22}=4+5+6=15$

(i)~(iv)에서 행렬 A는
$$A=\begin{pmatrix}5 & 20\\7 & 15\end{pmatrix}$$ **답 ④**

04 $A=\begin{pmatrix}a & b & c\\d & e & f\\g & h & i\end{pmatrix}$

(단, $a, b, \cdots, i$는 1 이상 9 이하의 서로 다른 자연수)
로 놓으면
$abc=144$, $def=140$, $ghi=18$,
$adg=36$, $beh=42$, $cfi=240$
$ghi=18$, $cfi=240$에서 $i=\dfrac{18}{gh}=\dfrac{240}{cf}$이므로 i는 18과 240의 최대공약수인 6의 약수이다.

i가 1 또는 2 또는 3이면 cf는 240 또는 120 또는 80이고, 이것을 만족시키는 9 이하의 자연수 c, f는 없으므로
$i=6$
$\therefore gh=3$ …… ㉠, $cf=40$ …… ㉡

$def=140$, $beh=42$에서 $e=\dfrac{140}{df}=\dfrac{42}{bh}$이므로 e는 140과 42의 최대공약수인 14의 약수이다.

e가 1 또는 2이면 df는 140 또는 70이고, 이것을 만족시키는 9 이하의 자연수 d, f는 없으므로
$e=7$
$\therefore df=20$ …… ㉢, $bh=6$ …… ㉣

㉠에서 $g=1$, $h=3$ 또는 $g=3$, $h=1$
이때 $g=3$, $h=1$이면 ㉣에서 $b=6$
즉, $b=i$이므로 조건을 만족시키지 않는다.
$\therefore g=1$, $h=3$, $b=2$

㉡, ㉢에서 f는 20의 약수이므로
$f=4$ 또는 $f=5$ ($\because g=1$, $b=2$)
$f=4$이면 $c=10$이고, 이는 조건을 만족시키지 않으므로
$f=5$ $\therefore c=8$
$\therefore a_{13}=c=8$ **답 8**

05 ㄱ. 행렬 M에서 $a_{12}=a_{14}=1$이므로 A_1은 A_2, A_4와 악수하였다. (참)

ㄴ. 행렬 M에서 $a_{12}=a_{32}=a_{42}=1$이고, $a_{52}=0$이므로 A_2는 A_1, A_3, A_4와 악수하였다.
   따라서 A_2와 악수한 사람은 모두 3명이다. (참)

ㄷ. $a_{ij}=a_{ji}$이므로 $M=\begin{pmatrix}0 & 1 & 0 & 1 & 0\\1 & 0 & 1 & 1 & 0\\0 & 1 & 0 & a & b\\1 & 1 & a & 0 & c\\0 & 0 & b & c & 0\end{pmatrix}$ 이라 하면

   $8+2a+2b+2c=12$
   $2(a+b+c)=4$ $\therefore a+b+c=2$

   이때 $a=0$, $b=1$, $c=1$이면 $M=\begin{pmatrix}0 & 1 & 0 & 1 & 0\\1 & 0 & 1 & 1 & 0\\0 & 1 & 0 & 0 & 1\\1 & 1 & 0 & 0 & 1\\0 & 0 & 1 & 1 & 0\end{pmatrix}$

이므로 악수를 한 번만 한 사람은 없다. (거짓)
그러므로 옳은 것은 ㄱ, ㄴ이다.   **답 ②**

06 두 행렬이 서로 같을 조건에 의하여
$a+b=2$, $a^2+b^2=3$ ……㉠
$a^3+b^3=x$, $a^5+b^5=y$ ……㉡

㉠을 $(a+b)^2-(a^2+b^2)=2ab$에 대입하면
$2ab=1$ $\therefore ab=\dfrac{1}{2}$

$a^3+b^3=(a+b)^3-3ab(a+b)$
$=8-3\times\dfrac{1}{2}\times2=5$

$a^5+b^5=(a^2+b^2)(a^3+b^3)-(ab)^2(a+b)$
$=3\times5-\left(\dfrac{1}{2}\right)^2\times2=\dfrac{29}{2}$

따라서 ㉡에서 $x=5$, $y=\dfrac{29}{2}$이므로
$$xy=\dfrac{145}{2}$$ **답 ⑤**

07 $a_{ij}=4i-3j$이므로

$a_{11}=4\times1-3\times1=1$, $a_{12}=4\times1-3\times2=-2$,

$a_{21}=4\times2-3\times1=5$, $a_{22}=4\times2-3\times2=2$

$\therefore A=\begin{pmatrix}1 & -2\\ 5 & 2\end{pmatrix}$

이때 $A=B$이므로 두 행렬이 서로 같을 조건에 의하여

$x^2-y^2=1$ ……㉠

$-2y^2-z^2=-2$ ……㉡

$x+y+z=5$ ……㉢

㉠$-$㉡을 하면

$x^2+y^2+z^2=3$ ……㉣

$(x+y+z)^2=x^2+y^2+z^2+2(xy+yz+zx)$에서

$25=3+2(xy+yz+zx)$ ($\because$ ㉢, ㉣)

$\therefore xy+yz+zx=11$ 답 ②

08 $A=B$이므로

$\begin{pmatrix}x^3+y^3+z^3 & x+y+z\\ xy+yz+zx & xyz\end{pmatrix}=\begin{pmatrix}3xyz & a\\ b & 64\end{pmatrix}$

두 행렬이 서로 같을 조건에 의하여

$x^3+y^3+z^3=3xyz$ ……㉠

$x+y+z=a$ ……㉡

$xy+yz+zx=b$ ……㉢

$xyz=64$ ……㉣

㉠에서 $x^3+y^3+z^3-3xyz=0$이므로

$(x+y+z)(x^2+y^2+z^2-xy-yz-zx)=0$

이때 세 양수 x, y, z에 대하여 $x+y+z>0$이므로

$x^2+y^2+z^2-xy-yz-zx=0$

$\dfrac{1}{2}\{(x-y)^2+(y-z)^2+(z-x)^2\}=0$

$\therefore x=y=z$

㉣에서 $xyz=64$이므로 $x=y=z=4$

따라서 ㉡, ㉢에서

$a=x+y+z=12$, $b=xy+yz+zx=48$이므로

$a+b=12+48=60$ 답 60

09 $A=\begin{pmatrix}a_{11} & a_{12}\\ a_{21} & a_{22}\end{pmatrix}$이고 $b_{ij}=2a_{ji}-1$이므로

$B=\begin{pmatrix}2a_{11}-1 & 2a_{21}-1\\ 2a_{12}-1 & 2a_{22}-1\end{pmatrix}$

$\therefore 3A-B=\begin{pmatrix}a_{11}+1 & 3a_{12}-2a_{21}+1\\ 3a_{21}-2a_{12}+1 & a_{22}+1\end{pmatrix}$

이때 $3A-B=\begin{pmatrix}1 & 2\\ -2 & 3\end{pmatrix}$이므로

$\begin{pmatrix}a_{11}+1 & 3a_{12}-2a_{21}+1\\ 3a_{21}-2a_{12}+1 & a_{22}+1\end{pmatrix}=\begin{pmatrix}1 & 2\\ -2 & 3\end{pmatrix}$

두 행렬이 서로 같을 조건에 의하여

$a_{11}+1=1$에서 $a_{11}=0$

$3a_{12}-2a_{21}+1=2$, $3a_{21}-2a_{12}+1=-2$를 연립하여 풀면

$a_{12}=-\dfrac{3}{5}$, $a_{21}=-\dfrac{7}{5}$

$a_{22}+1=3$에서 $a_{22}=2$

따라서 행렬 A의 모든 성분의 합은

$a_{11}+a_{12}+a_{21}+a_{22}=0+\left(-\dfrac{3}{5}\right)+\left(-\dfrac{7}{5}\right)+2=0$ 답 ④

10 $2A-B=A+kB$에서 $A=(k+1)B$이므로

$a_{ij}=(k+1)b_{ij}$, $a_{ij}=(k+1)ka_{ij}$

$(k^2+k-1)a_{ij}=0$

이때 $A\neq O$이므로

$k^2+k-1=0$

따라서 이차방정식의 근과 계수의 관계에 의하여 모든 실수 k의 값의 합은 -1이다. 답 ②

11 $A=\begin{pmatrix}4 & 1\\ 1 & 0\end{pmatrix}$, $B=\begin{pmatrix}17 & 4\\ 4 & 1\end{pmatrix}$을

$(x^2+y^2)A-(x-y)E=B$에 대입하면

$\begin{pmatrix}4(x^2+y^2)-(x-y) & x^2+y^2\\ x^2+y^2 & -(x-y)\end{pmatrix}=\begin{pmatrix}17 & 4\\ 4 & 1\end{pmatrix}$

두 행렬이 서로 같을 조건에 의하여

$x-y=-1$에서 $y=x+1$ ……㉠

$x^2+y^2=4$ ……㉡

㉠을 ㉡에 대입하면

$x^2+(x+1)^2=4$, $2x^2+2x-3=0$

$\therefore x=\dfrac{-1\pm\sqrt{7}}{2}$

따라서 연립방정식의 해는

$\begin{cases}x=\dfrac{-1-\sqrt{7}}{2}\\ y=\dfrac{1-\sqrt{7}}{2}\end{cases}$ 또는 $\begin{cases}x=\dfrac{-1+\sqrt{7}}{2}\\ y=\dfrac{1+\sqrt{7}}{2}\end{cases}$

$\therefore \alpha_1\beta_2+\alpha_2\beta_1$

$=\dfrac{-1-\sqrt{7}}{2}\times\dfrac{1+\sqrt{7}}{2}+\dfrac{-1+\sqrt{7}}{2}\times\dfrac{1-\sqrt{7}}{2}$

$=\dfrac{-8-2\sqrt{7}}{4}+\dfrac{-8+2\sqrt{7}}{4}$

$=-4$ 답 ②

12 $kA=\begin{pmatrix}2k & k\\ -k & mk\end{pmatrix}$이므로

$D(kA)=2mk^2+k^2=(2m+1)k^2$

$A-E=\begin{pmatrix}1 & 1\\ -1 & m-1\end{pmatrix}$이므로

$D(A-E)=m-1+1=m$

이때 $D(kA)=D(A-E)$이므로
$$(2m+1)k^2=m$$

이때 m, k가 정수이므로 $k^2=\dfrac{m}{2m+1}$에서

(i) $m=0$일 때,

$\dfrac{m}{2m+1}=0$이므로 $k^2=0$ $\quad\therefore k=0$

(ii) $m=\pm1$, ±2, ±3, $\cdots$일 때,

$\dfrac{m}{2m+1}=\dfrac{1}{2+\dfrac{1}{m}}\leq1$이므로 $\dfrac{m}{2m+1}=1$

따라서 $m=-1$이고 $k^2=1$이므로 $k=\pm1$

(i), (ii)에서 조건을 만족시키는 정수 k의 개수는 3이다.

답 3

13 ㄱ. $L(A)=|x_2-x_1|+|y_2-y_1|$
$\quad L(B)=|x_2-x_1|+|-y_2-(-y_1)|$
$\qquad\qquad =|x_2-x_1|+|y_2-y_1|$
$\quad\therefore L(A)=L(B)$ (참)

ㄴ. $2A=\begin{pmatrix} 2x_1 & 2x_2 \\ 2y_1 & 2y_2 \end{pmatrix}$이므로

$\quad L(2A)=|2x_2-2x_1|+|2y_2-2y_1|$
$\qquad\qquad =2(|x_2-x_1|+|y_2-y_1|)$
$\qquad\qquad =2L(A)=2L(B)\ (\because ㄱ)$ (참)

ㄷ. $A+B=2\begin{pmatrix} x_1 & x_2 \\ 0 & 0 \end{pmatrix}$이므로

$\quad L(A+B)=2|x_2-x_1|$
$\quad L(A)+L(B)=2L(A)\ (\because ㄱ)$
$\qquad\qquad\qquad =2(|x_2-x_1|+|y_2-y_1|)$
$\quad\therefore L(A+B)\leq L(A)+L(B)$ (참)

따라서 ㄱ, ㄴ, ㄷ 모두 옳다.

답 ⑤

14 $A+B=\begin{pmatrix} a & -3 \\ 3 & b \end{pmatrix}+\begin{pmatrix} -b & -3 \\ 3 & -a \end{pmatrix}=\begin{pmatrix} a-b & -6 \\ 6 & b-a \end{pmatrix}$

이때 $A+B=\begin{pmatrix} 7 & -6 \\ 6 & -7 \end{pmatrix}$이므로

$\begin{pmatrix} a-b & -6 \\ 6 & b-a \end{pmatrix}=\begin{pmatrix} 7 & -6 \\ 6 & -7 \end{pmatrix}$

두 행렬이 서로 같을 조건에 의하여
$a-b=7$에서 $a=b+7$ $\quad\cdots\cdots\,㉠$

$A^2=\begin{pmatrix} a & -3 \\ 3 & b \end{pmatrix}\begin{pmatrix} a & -3 \\ 3 & b \end{pmatrix}=\begin{pmatrix} a^2-9 & -3a-3b \\ 3a+3b & b^2-9 \end{pmatrix}$

$B^2=\begin{pmatrix} -b & -3 \\ 3 & -a \end{pmatrix}\begin{pmatrix} -b & -3 \\ 3 & -a \end{pmatrix}=\begin{pmatrix} b^2-9 & 3a+3b \\ -3a-3b & a^2-9 \end{pmatrix}$

$A^2+B^2=\begin{pmatrix} a^2+b^2-18 & 0 \\ 0 & a^2+b^2-18 \end{pmatrix}=kE$에서

$k=a^2+b^2-18$

㉠을 위의 식에 대입하면
$k=(b+7)^2+b^2-18$

$\qquad =2b^2+14b+31$
$\qquad =2\left(b+\dfrac{7}{2}\right)^2+\dfrac{13}{2}$

따라서 실수 k의 최솟값은 $m=\dfrac{13}{2}$이므로

$4m=4\times\dfrac{13}{2}=26$

답 26

15 $BA=\begin{pmatrix} 1 & 1 \\ 0 & 1 \end{pmatrix}\begin{pmatrix} a & b \\ c & d \end{pmatrix}=\begin{pmatrix} a+c & b+d \\ c & d \end{pmatrix}$에서 모든 성분

$a+c$, $b+d$, c, d가 홀수이어야 하므로 c, d는 홀수이고, a, b는 짝수이다.

9 이하의 자연수 중에서 홀수의 개수는 5이고, 짝수의 개수는 4이므로 서로 다른 행렬 A의 개수는

${}_5\mathrm{P}_2\times{}_4\mathrm{P}_2=5\times4\times4\times3=240$

답 ⑤

16 $AB=\begin{pmatrix} 2 & 3 \\ 0 & 2 \end{pmatrix}\begin{pmatrix} 1 & 0 \\ -2 & 1 \end{pmatrix}=\begin{pmatrix} -4 & 3 \\ -4 & 2 \end{pmatrix}$에서

$f(AB)=\begin{pmatrix} 2 & -4 \\ 3 & -4 \end{pmatrix}$

또한, $f(A)=\begin{pmatrix} 2 & 0 \\ 3 & 2 \end{pmatrix}$, $f(B)=\begin{pmatrix} 1 & -2 \\ 0 & 1 \end{pmatrix}$에서

$f(A)f(B)=\begin{pmatrix} 2 & 0 \\ 3 & 2 \end{pmatrix}\begin{pmatrix} 1 & -2 \\ 0 & 1 \end{pmatrix}=\begin{pmatrix} 2 & -4 \\ 3 & -4 \end{pmatrix}$

$\therefore f(AB)+f(A)f(B)$
$=\begin{pmatrix} 2 & -4 \\ 3 & -4 \end{pmatrix}+\begin{pmatrix} 2 & -4 \\ 3 & -4 \end{pmatrix}$
$=\begin{pmatrix} 4 & -8 \\ 6 & -8 \end{pmatrix}$

따라서 행렬 $f(AB)+f(A)f(B)$의 모든 성분의 합은
$4+(-8)+6+(-8)=-6$

답 ③

17 연립방정식 $\begin{cases} x_1=2y_2+y_3 \\ x_2=y_1+2y_2 \end{cases}$를 행렬을 이용하여 나타내면

$\begin{pmatrix} x_1 \\ x_2 \end{pmatrix}=\begin{pmatrix} 0 & 2 & 1 \\ 1 & 2 & 0 \end{pmatrix}\begin{pmatrix} y_1 \\ y_2 \\ y_3 \end{pmatrix}$ $\quad\cdots\cdots\,㉠$

연립방정식 $\begin{cases} y_1=z_1+2z_2 \\ y_2=2z_1-z_2 \\ y_3=-z_1+z_2 \end{cases}$를 행렬을 이용하여 나타내면

$\begin{pmatrix} y_1 \\ y_2 \\ y_3 \end{pmatrix}=\begin{pmatrix} 1 & 2 \\ 2 & -1 \\ -1 & 1 \end{pmatrix}\begin{pmatrix} z_1 \\ z_2 \end{pmatrix}$ $\quad\cdots\cdots\,㉡$

$\therefore \begin{pmatrix} x_1 \\ x_2 \end{pmatrix}=\begin{pmatrix} 0 & 2 & 1 \\ 1 & 2 & 0 \end{pmatrix}\begin{pmatrix} 1 & 2 \\ 2 & -1 \\ -1 & 1 \end{pmatrix}\begin{pmatrix} z_1 \\ z_2 \end{pmatrix}$ $(\because ㉠, ㉡)$

$$= \begin{pmatrix} 3 & -1 \\ 5 & 0 \end{pmatrix} \begin{pmatrix} z_1 \\ z_2 \end{pmatrix}$$

$$\therefore A = \begin{pmatrix} 3 & -1 \\ 5 & 0 \end{pmatrix}$$

• 다른 풀이 •

$$\begin{cases} x_1 = 2y_2 + y_3 \\ x_2 = y_1 + 2y_2 \end{cases}, \quad \begin{cases} y_1 = z_1 + 2z_2 \\ y_2 = 2z_1 - z_2 \\ y_3 = -z_1 + z_2 \end{cases} \text{에서}$$

$$x_1 = 2y_2 + y_3$$
$$= 2(2z_1 - z_2) + (-z_1 + z_2) = 3z_1 - z_2$$
$$x_2 = y_1 + 2y_2$$
$$= (z_1 + 2z_2) + 2(2z_1 - z_2) = 5z_1$$

이므로 주어진 관계식을 행렬로 나타내면

$$\begin{pmatrix} x_1 \\ x_2 \end{pmatrix} = \begin{pmatrix} 3 & -1 \\ 5 & 0 \end{pmatrix} \begin{pmatrix} z_1 \\ z_2 \end{pmatrix}$$

$$\therefore A = \begin{pmatrix} 3 & -1 \\ 5 & 0 \end{pmatrix}$$ 답 ⑤

18 삼차방정식 $x^3 - 3x^2 - 2x + k = 0$의 세 근이 α, β, γ이므로 근과 계수의 관계에 의하여

$$\alpha + \beta + \gamma = 3 \quad \cdots\cdots \text{㉠}$$
$$\alpha\beta + \beta\gamma + \gamma\alpha = -2 \quad \cdots\cdots \text{㉡}$$
$$\alpha\beta\gamma = -k \quad \cdots\cdots \text{㉢}$$

$$AB = \begin{pmatrix} 1 & \alpha \\ \gamma & 1 \end{pmatrix} \begin{pmatrix} \alpha & \beta \\ \beta & 1 \end{pmatrix} = \begin{pmatrix} \alpha + \alpha\beta & \alpha + \beta \\ \gamma\alpha + \beta & \beta\gamma + 1 \end{pmatrix}$$ 이고 행렬

AB의 모든 성분의 합이 1이므로

$$(\alpha + \alpha\beta) + (\alpha + \beta) + (\gamma\alpha + \beta) + (\beta\gamma + 1) = 1$$
$$2(\alpha + \beta) + (\alpha\beta + \beta\gamma + \gamma\alpha) + 1 = 1$$
$$2(\alpha + \beta) - 2 = 0 \ (\because \text{㉡})$$
$$\therefore \alpha + \beta = 1, \ \gamma = 2 \ (\because \text{㉠})$$

$\gamma = 2$를 ㉡에 대입하면

$$\alpha\beta + 2\beta + 2\alpha = -2$$
$$\alpha\beta + 2(\alpha + \beta) = -2$$
$$\therefore \alpha\beta = -4 \ (\because \alpha + \beta = 1)$$

따라서 ㉢에서

$$k = -\alpha\beta\gamma = -(-4) \times 2 = 8$$ 답 8

19 $B = \begin{pmatrix} p & q \\ r & s \end{pmatrix}$라 하면 조건 (개)에서

$$\begin{pmatrix} p & q \\ r & s \end{pmatrix} \begin{pmatrix} 1 \\ -1 \end{pmatrix} = \begin{pmatrix} p - q \\ r - s \end{pmatrix} = \begin{pmatrix} 0 \\ 0 \end{pmatrix}$$

두 행렬이 서로 같을 조건에 의하여

$$p = q, \ r = s$$

$$\therefore B = \begin{pmatrix} p & p \\ r & r \end{pmatrix}$$

조건 (나)에서

$$AB = \begin{pmatrix} 1 & 1 \\ a & a \end{pmatrix} \begin{pmatrix} p & p \\ r & r \end{pmatrix} = \begin{pmatrix} p + r & p + r \\ a(p+r) & a(p+r) \end{pmatrix},$$

$$4A = 4 \begin{pmatrix} 1 & 1 \\ a & a \end{pmatrix} = \begin{pmatrix} 4 & 4 \\ 4a & 4a \end{pmatrix} \text{이고 } AB = 4A \text{이므로}$$

$$\begin{pmatrix} p + r & p + r \\ a(p+r) & a(p+r) \end{pmatrix} = \begin{pmatrix} 4 & 4 \\ 4a & 4a \end{pmatrix}$$

두 행렬이 서로 같을 조건에 의하여

$$p + r = 4 \quad \cdots\cdots \text{㉠}$$

또한, $BA = \begin{pmatrix} p & p \\ r & r \end{pmatrix} \begin{pmatrix} 1 & 1 \\ a & a \end{pmatrix} = \begin{pmatrix} p(1+a) & p(1+a) \\ r(1+a) & r(1+a) \end{pmatrix},$

$$8B = 8 \begin{pmatrix} p & p \\ r & r \end{pmatrix} = \begin{pmatrix} 8p & 8p \\ 8r & 8r \end{pmatrix} \text{이고 } BA = 8B \text{이므로}$$

$$\begin{pmatrix} p(1+a) & p(1+a) \\ r(1+a) & r(1+a) \end{pmatrix} = \begin{pmatrix} 8p & 8p \\ 8r & 8r \end{pmatrix}$$

두 행렬이 서로 같을 조건에 의하여

$p = 0$, $r = 0$ 또는 $1 + a = 8$

$p = 0$, $r = 0$이면 ㉠을 만족시키지 못하므로

$1 + a = 8 \quad \therefore a = 7$

따라서 $A + B = \begin{pmatrix} 1 & 1 \\ 7 & 7 \end{pmatrix} + \begin{pmatrix} p & p \\ r & r \end{pmatrix} = \begin{pmatrix} 1+p & 1+p \\ 7+r & 7+r \end{pmatrix}$이

므로 행렬 $A + B$의 $(1, 2)$성분과 $(2, 1)$성분의 합은

$$(1+p) + (7+r) = 8 + (p+r) = 8 + 4 \ (\because \text{㉠})$$
$$= 12$$ 답 ③

20 $A = \begin{pmatrix} 1 & -1 \\ 0 & 1 \end{pmatrix}$에서

$$A^2 = AA = \begin{pmatrix} 1 & -1 \\ 0 & 1 \end{pmatrix} \begin{pmatrix} 1 & -1 \\ 0 & 1 \end{pmatrix} = \begin{pmatrix} 1 & -2 \\ 0 & 1 \end{pmatrix}$$

$$A^3 = A^2 A = \begin{pmatrix} 1 & -2 \\ 0 & 1 \end{pmatrix} \begin{pmatrix} 1 & -1 \\ 0 & 1 \end{pmatrix} = \begin{pmatrix} 1 & -3 \\ 0 & 1 \end{pmatrix}$$

$$A^4 = A^3 A = \begin{pmatrix} 1 & -3 \\ 0 & 1 \end{pmatrix} \begin{pmatrix} 1 & -1 \\ 0 & 1 \end{pmatrix} = \begin{pmatrix} 1 & -4 \\ 0 & 1 \end{pmatrix}$$

$$\vdots$$

$$\therefore A^n = \begin{pmatrix} 1 & -n \\ 0 & 1 \end{pmatrix}$$

따라서

$$a = (1-1) + (1-1) + \cdots + (1-1) = 0,$$
$$b = (-1+2) + (-3+4) + \cdots + (-1003 + 1004)$$
$$= 502,$$
$$c = 0,$$
$$d = (1-1) + (1-1) + \cdots + (1-1) = 0$$

이므로

$$a + b + c + d = 0 + 502 + 0 + 0 = 502$$ 답 ④

21 $AB = \begin{pmatrix} 1 & -2 \\ 0 & 2 \end{pmatrix} \begin{pmatrix} 1 & 1 \\ 0 & 1 \end{pmatrix} = \begin{pmatrix} 1 & -1 \\ 0 & 2 \end{pmatrix}$

$$(AB)^2 = (AB)(AB) = \begin{pmatrix} 1 & -1 \\ 0 & 2 \end{pmatrix} \begin{pmatrix} 1 & -1 \\ 0 & 2 \end{pmatrix} = \begin{pmatrix} 1 & -3 \\ 0 & 4 \end{pmatrix}$$

$$(AB)^3=(AB)^2(AB)=\begin{pmatrix}1 & -3\\0 & 4\end{pmatrix}\begin{pmatrix}1 & -1\\0 & 2\end{pmatrix}$$

$$=\begin{pmatrix}1 & -7\\0 & 8\end{pmatrix}$$

$$\vdots$$

$$\therefore (AB)^n=\begin{pmatrix}1 & 1-2^n\\0 & 2^n\end{pmatrix}$$

$$B(AB)^nA=\begin{pmatrix}1 & 1\\0 & 1\end{pmatrix}\begin{pmatrix}1 & 1-2^n\\0 & 2^n\end{pmatrix}\begin{pmatrix}1 & -2\\0 & 2\end{pmatrix}$$

$$=\begin{pmatrix}1 & 1\\0 & 2^n\end{pmatrix}\begin{pmatrix}1 & -2\\0 & 2\end{pmatrix}$$

$$=\begin{pmatrix}1 & 0\\0 & 2^{n+1}\end{pmatrix}$$

이때 행렬 $B(AB)^nA$의 모든 성분의 합이 2049가 되려면
$2^{n+1}+1=2049$, $2^{n+1}=2048=2^{11}$
$n+1=11$ $\therefore n=10$ 답 10

22 $A=\begin{pmatrix}1 & 3\\-1 & -2\end{pmatrix}$에서

$$A^2=AA=\begin{pmatrix}1 & 3\\-1 & -2\end{pmatrix}\begin{pmatrix}1 & 3\\-1 & -2\end{pmatrix}=\begin{pmatrix}-2 & -3\\1 & 1\end{pmatrix}$$

$$A^3=A^2A=\begin{pmatrix}-2 & -3\\1 & 1\end{pmatrix}\begin{pmatrix}1 & 3\\-1 & -2\end{pmatrix}=\begin{pmatrix}1 & 0\\0 & 1\end{pmatrix}=E$$

또한, $B=\begin{pmatrix}2 & 3\\-1 & -1\end{pmatrix}$에서

$$B^2=BB=\begin{pmatrix}2 & 3\\-1 & -1\end{pmatrix}\begin{pmatrix}2 & 3\\-1 & -1\end{pmatrix}=\begin{pmatrix}1 & 3\\-1 & -2\end{pmatrix}$$

$$B^3=B^2B=\begin{pmatrix}1 & 3\\-1 & -2\end{pmatrix}\begin{pmatrix}2 & 3\\-1 & -1\end{pmatrix}$$

$$=\begin{pmatrix}-1 & 0\\0 & -1\end{pmatrix}=-E$$

$$A^{100}+A^{99}B+A^{98}B^2+\cdots+AB^{99}+B^{100}$$
$$=(A^3)^{33}A+(A^3)^{33}B+(A^3)^{32}A^2B^2+(A^3)^{32}AB^3$$
$$\quad+(A^3)^{32}B^3B+(A^3)^{31}A^2B^3B^2+\cdots+A(B^3)^{33}$$
$$\quad+(B^3)^{33}B$$
$$=(A+B+A^2B^2-A-B-A^2B^2)$$
$$\quad+(A+B+A^2B^2-A-B-A^2B^2)+\cdots$$
$$\quad+(A+B+A^2B^2-A-B-A^2B^2)$$
$$\quad+A+B+A^2B^2-A-B$$
$$=A^2B^2=\begin{pmatrix}-2 & -3\\1 & 1\end{pmatrix}\begin{pmatrix}1 & 3\\-1 & -2\end{pmatrix}=\begin{pmatrix}1 & 0\\0 & 1\end{pmatrix}$$
$$\therefore a+b+c+d=1+0+0+1=2$$ 답 2

23 $1+i=a_1+ib_1$이므로 $a_1=1$, $b_1=1$
$(1+i)^2=2i=a_2+ib_2$이므로 $a_2=0$, $b_2=2$

$A=\begin{pmatrix}a & b\\c & d\end{pmatrix}$라 하면

$\begin{pmatrix}a_1\\b_1\end{pmatrix}=A\begin{pmatrix}1\\0\end{pmatrix}$에서

$$\begin{pmatrix}1\\1\end{pmatrix}=\begin{pmatrix}a & b\\c & d\end{pmatrix}\begin{pmatrix}1\\0\end{pmatrix}=\begin{pmatrix}a\\c\end{pmatrix}$$

두 행렬이 서로 같을 조건에 의하여
$a=1$, $c=1$

이때 $A^2=\begin{pmatrix}1 & b\\1 & d\end{pmatrix}\begin{pmatrix}1 & b\\1 & d\end{pmatrix}=\begin{pmatrix}1+b & b+bd\\1+d & b+d^2\end{pmatrix}$이므로

$\begin{pmatrix}a_2\\b_2\end{pmatrix}=A^2\begin{pmatrix}1\\0\end{pmatrix}$에서

$$\begin{pmatrix}0\\2\end{pmatrix}=\begin{pmatrix}1+b & b+bd\\1+d & b+d^2\end{pmatrix}\begin{pmatrix}1\\0\end{pmatrix}=\begin{pmatrix}1+b\\1+d\end{pmatrix}$$

두 행렬이 서로 같을 조건에 의하여
$1+b=0$, $1+d=2$
$\therefore b=-1$, $d=1$

즉, $A=\begin{pmatrix}1 & -1\\1 & 1\end{pmatrix}$이므로

$$A^2=AA=\begin{pmatrix}1 & -1\\1 & 1\end{pmatrix}\begin{pmatrix}1 & -1\\1 & 1\end{pmatrix}=\begin{pmatrix}0 & -2\\2 & 0\end{pmatrix}$$

$$A^3=A^2A=\begin{pmatrix}0 & -2\\2 & 0\end{pmatrix}\begin{pmatrix}1 & -1\\1 & 1\end{pmatrix}=\begin{pmatrix}-2 & -2\\2 & -2\end{pmatrix}$$

$$A^4=A^3A=\begin{pmatrix}-2 & -2\\2 & -2\end{pmatrix}\begin{pmatrix}1 & -1\\1 & 1\end{pmatrix}=\begin{pmatrix}-4 & 0\\0 & -4\end{pmatrix}$$

$$=-4E$$

$$\vdots$$

$$A^8=16E$$

따라서 자연수 k의 최솟값은 16이다. 답 16

24 해결단계

❶단계	방정식 $x^3=1$의 한 허근 ω에 대한 관계식을 구한다.
❷단계	행렬 A의 거듭제곱을 이용하여 규칙성을 찾고 주어진 식을 규칙을 갖는 것끼리 묶어 간단히 한다.

$x^3-1=0$에서
$(x-1)(x^2+x+1)=0$
ω가 이 방정식의 한 허근이므로
$\omega^3=1$, $\omega^2+\omega+1=0$
$A=\begin{pmatrix}-\omega & \omega^2\\\omega^2 & -1\end{pmatrix}$에서

$$A^2=AA=\begin{pmatrix}-\omega & \omega^2\\\omega^2 & -1\end{pmatrix}\begin{pmatrix}-\omega & \omega^2\\\omega^2 & -1\end{pmatrix}$$

$$=\begin{pmatrix}\omega^2+\omega^4 & -\omega^3-\omega^2\\-\omega^3-\omega^2 & \omega^4+1\end{pmatrix}$$

$$=\begin{pmatrix}\omega^2+\omega & -1-\omega^2\\-1-\omega^2 & \omega+1\end{pmatrix}=\begin{pmatrix}-1 & \omega\\\omega & -\omega^2\end{pmatrix}$$

$$A^3=A^2A=\begin{pmatrix}-1 & \omega\\\omega & -\omega^2\end{pmatrix}\begin{pmatrix}-\omega & \omega^2\\\omega^2 & -1\end{pmatrix}$$

$$=\begin{pmatrix}\omega+\omega^3 & -\omega^2-\omega\\-\omega^2-\omega^4 & \omega^3+\omega^2\end{pmatrix}$$

$$=\begin{pmatrix}\omega+1 & 1\\-\omega^2-\omega & 1+\omega^2\end{pmatrix}=\begin{pmatrix}-\omega^2 & 1\\1 & -\omega\end{pmatrix}$$

$$A^4 = A^3 A = \begin{pmatrix} -\omega^2 & 1 \\ 1 & -\omega \end{pmatrix}\begin{pmatrix} -\omega & \omega^2 \\ \omega^2 & -1 \end{pmatrix}$$

$$= \begin{pmatrix} \omega^3 + \omega^2 & -\omega^4 - 1 \\ -\omega - \omega^3 & \omega^2 + \omega \end{pmatrix}$$

$$= \begin{pmatrix} 1 + \omega^2 & -\omega - 1 \\ -\omega - 1 & -1 \end{pmatrix} = \begin{pmatrix} -\omega & \omega^2 \\ \omega^2 & -1 \end{pmatrix} = A$$

$$\vdots$$

$$\therefore A^{3k+1} = A, \ A^{3k+2} = A^2, \ A^{3k+3} = A^3$$

(단, k는 음이 아닌 정수)

$$\therefore A + A^2 + A^3 + \cdots + A^{1000}$$
$$= (A + A^2 + A^3) + (A + A^2 + A^3) + \cdots$$
$$\qquad\qquad\qquad + (A + A^2 + A^3) + A$$
$$= 333(A + A^2 + A^3) + A$$

$$= 333\left\{ \begin{pmatrix} -\omega & \omega^2 \\ \omega^2 & -1 \end{pmatrix} + \begin{pmatrix} -1 & \omega \\ \omega & -\omega^2 \end{pmatrix} \right.$$
$$\left. + \begin{pmatrix} -\omega^2 & 1 \\ 1 & -\omega \end{pmatrix} \right\} + A$$

$$= 333\begin{pmatrix} -\omega - 1 - \omega^2 & \omega^2 + \omega + 1 \\ \omega^2 + \omega + 1 & -1 - \omega^2 - \omega \end{pmatrix} + A$$

$$= O + A = A$$

답 A

25 ㄱ. $(A-E)^2 = A^2 - 2A + E = E - 2A + E$
$$\qquad\qquad = -2A + 2E = O$$

즉, $2A = 2E$이므로 $A = E$ (참)

ㄴ. (반례) $A = \begin{pmatrix} 1 & 0 \\ 1 & 0 \end{pmatrix}$이면

$$A^2 = \begin{pmatrix} 1 & 0 \\ 1 & 0 \end{pmatrix}\begin{pmatrix} 1 & 0 \\ 1 & 0 \end{pmatrix} = \begin{pmatrix} 1 & 0 \\ 1 & 0 \end{pmatrix} = A$$

즉, $A \neq O$이고, $A^2 = A$이지만 $A \neq E$이다. (거짓)

ㄷ. (반례) $A = \begin{pmatrix} 0 & 0 \\ 1 & 0 \end{pmatrix}$, $B = \begin{pmatrix} 0 & 0 \\ 0 & 0 \end{pmatrix}$, $C = \begin{pmatrix} 0 & 0 \\ 0 & 1 \end{pmatrix}$이면

$$AC = \begin{pmatrix} 0 & 0 \\ 1 & 0 \end{pmatrix}\begin{pmatrix} 0 & 0 \\ 0 & 1 \end{pmatrix} = \begin{pmatrix} 0 & 0 \\ 0 & 0 \end{pmatrix},$$

$$BC = \begin{pmatrix} 0 & 0 \\ 0 & 0 \end{pmatrix}\begin{pmatrix} 0 & 0 \\ 0 & 1 \end{pmatrix} = \begin{pmatrix} 0 & 0 \\ 0 & 0 \end{pmatrix}$$

즉, $C \neq O$이고, $AC = BC$이지만 $A \neq B$이다. (거짓)

따라서 옳은 것은 ㄱ뿐이다. 답 ①

> **BLACKLABEL 특강** 　오답 피하기
>
> 행렬에서 두 행렬이 모두 영행렬이 아니더라도 그 곱은 영행렬일 수 있다. 이것은 두 실수의 곱이 0일 때, 두 실수 중 적어도 하나는 0인 것과는 대조된다. 행렬에서는 두 행렬의 곱이 영행렬이더라도 두 행렬 모두 영행렬이 아닐 수 있다는 점은 실수 연산의 성질과 비교되는 중요한 특징이다.
> ㄴ. $A^2 = A$에서 $A^2 - A = O$, $A(A-E) = O$이다.
> 　이때 $A \neq O$라고 해서 반드시 $A - E = O$, 즉 $A = E$는 아니다.
> ㄷ. $AC = BC$에서 $AC - BC = O$, $(A-B)C = O$이다.
> 　이때 $C \neq O$라고 해서 반드시 $A - B = O$, 즉 $A = B$는 아니다.

26 ㄱ. $A + B = E$에서 $A = E - B$
$$\therefore A^2 - B^2 = (E-B)^2 - B^2 = E - 2B$$
$$= (E - B) - B = A - B \text{ (참)}$$

ㄴ. (반례) $A = \begin{pmatrix} 1 & -1 \\ -1 & 1 \end{pmatrix}$이면

$$A^2 = \begin{pmatrix} 1 & -1 \\ -1 & 1 \end{pmatrix}\begin{pmatrix} 1 & -1 \\ -1 & 1 \end{pmatrix} = \begin{pmatrix} 2 & -2 \\ -2 & 2 \end{pmatrix} = 2A$$

즉, $A^2 = 2A$이지만 $A \neq O$이고, $A \neq 2E$이다. (거짓)

ㄷ. (반례) $A = \begin{pmatrix} 1 & 0 \\ 0 & 0 \end{pmatrix}$, $B = \begin{pmatrix} 1 & 0 \\ 1 & 0 \end{pmatrix}$이면

$$AB = \begin{pmatrix} 1 & 0 \\ 0 & 0 \end{pmatrix}\begin{pmatrix} 1 & 0 \\ 1 & 0 \end{pmatrix} = \begin{pmatrix} 1 & 0 \\ 0 & 0 \end{pmatrix} = A,$$

$$BA = \begin{pmatrix} 1 & 0 \\ 1 & 0 \end{pmatrix}\begin{pmatrix} 1 & 0 \\ 0 & 0 \end{pmatrix} = \begin{pmatrix} 1 & 0 \\ 1 & 0 \end{pmatrix} = B$$

즉, $AB = A$이고, $BA = B$이지만 $A \neq B$이므로
$AB \neq BA$이다. (거짓)

따라서 옳은 것은 ㄱ뿐이다. 답 ①

27 $A^2 + 2A - E = O$의 양변의 오른쪽에 행렬 B를 곱하면
$$A^2 B + 2AB - B = O$$
이때 $AB = 3E$를 위의 식에 대입하면
$3A + 6E - B = O$에서 $B = 3A + 6E$
$$\therefore B^2 = (3A + 6E)^2 = 9A^2 + 36A + 36E$$
$$= 9(-2A + E) + 36A + 36E$$
$$= 18A + 45E$$
따라서 $p = 18$, $q = 45$이므로
$$p + q = 18 + 45 = 63$$
답 63

28 조건 (가)에서
$(A+B)^2 = A^2 + 2AB + B^2$이므로
$A^2 + AB + BA + B^2 = A^2 + 2AB + B^2$
$$\therefore AB = BA$$
즉, $\begin{pmatrix} a & b \\ c & d \end{pmatrix}\begin{pmatrix} 0 & 1 \\ -1 & 0 \end{pmatrix} = \begin{pmatrix} 0 & 1 \\ -1 & 0 \end{pmatrix}\begin{pmatrix} a & b \\ c & d \end{pmatrix}$에서

$$\begin{pmatrix} -b & a \\ -d & c \end{pmatrix} = \begin{pmatrix} c & d \\ -a & -b \end{pmatrix}$$

두 행렬이 서로 같을 조건에 의하여
$$c = -b, \ d = a$$
$$\therefore A = \begin{pmatrix} a & b \\ -b & a \end{pmatrix}$$

이때 조건 (나)에서

$$A^2 = \begin{pmatrix} a & b \\ -b & a \end{pmatrix}\begin{pmatrix} a & b \\ -b & a \end{pmatrix}$$

$$= \begin{pmatrix} a^2 - b^2 & 2ab \\ -2ab & a^2 - b^2 \end{pmatrix} = \begin{pmatrix} 8 & 6 \\ -6 & 8 \end{pmatrix}$$

두 행렬이 서로 같을 조건에 의하여
$$a^2 - b^2 = 8, \ ab = 3$$

$ab = 3$에서 $b = \dfrac{3}{a}(\because a > 0)$을 $a^2 - b^2 = 8$에 대입하면

$$a^2 - \frac{9}{a^2} = 8, \ a^4 - 8a^2 - 9 = 0$$

$(a^2+1)(a^2-9)=0$, $(a^2+1)(a+3)(a-3)=0$

$\therefore a=3$, $b=1(\because a>0)$

따라서 $A=\begin{pmatrix} 3 & 1 \\ -1 & 3 \end{pmatrix}$이므로 행렬 A의 모든 성분의 합은

$3+1+(-1)+3=6$ 답 6

단계	채점 기준	배점
(가)	a, b, c, d의 관계식을 구하여 행렬 A를 나타낸 경우	30%
(나)	(가)에서 구한 행렬 A를 $A^2=\begin{pmatrix} 8 & 6 \\ -6 & 8 \end{pmatrix}$에 대입하여 연립방정식의 해를 구한 경우	50%
(다)	행렬 A의 모든 성분의 합을 구한 경우	20%

29 $A+B=2E$에서 $B=2E-A$이므로

$AB=A(2E-A)=2A-A^2$

$BA=(2E-A)A=2A-A^2$

$\therefore AB=BA$ ·······㉠

이때 $(A+B)^2=A^2+AB+BA+B^2$에서

$(A+B)^2=A^2+2AB+B^2 (\because ㉠)$

$4E=A^2+B^2+2AB$

$\begin{pmatrix} 4 & 0 \\ 0 & 4 \end{pmatrix}=\begin{pmatrix} 6 & -2 \\ 0 & 6 \end{pmatrix}+2AB$, $2AB=\begin{pmatrix} -2 & 2 \\ 0 & -2 \end{pmatrix}$

$\therefore AB=\begin{pmatrix} -1 & 1 \\ 0 & -1 \end{pmatrix}$

$(AB)^2=(AB)(AB)$

$=\begin{pmatrix} -1 & 1 \\ 0 & -1 \end{pmatrix}\begin{pmatrix} -1 & 1 \\ 0 & -1 \end{pmatrix}=\begin{pmatrix} 1 & -2 \\ 0 & 1 \end{pmatrix}$

$(AB)^3=(AB)^2(AB)$

$=\begin{pmatrix} 1 & -2 \\ 0 & 1 \end{pmatrix}\begin{pmatrix} -1 & 1 \\ 0 & -1 \end{pmatrix}=\begin{pmatrix} -1 & 3 \\ 0 & -1 \end{pmatrix}$

$\vdots$

$(AB)^n=\begin{pmatrix} (-1)^n & (-1)^{n+1}\times n \\ 0 & (-1)^n \end{pmatrix}$ (단, n은 자연수)

$\therefore A^{10}B^{10}=(AB)^{10} (\because ㉠)$

$=\begin{pmatrix} 1 & -10 \\ 0 & 1 \end{pmatrix}$

따라서 구하는 행렬의 모든 성분의 합은

$1+(-10)+0+1=-8$ 답 ①

30 $A^2+B=2E$의 양변의 왼쪽에 행렬 A를 곱하면

$A^3+AB=2A$ $\therefore AB=-A^3+2A$

이때 $AB=-A^3+2A^2$이므로

$-A^3+2A^2=-A^3+2A$

$\therefore A^2=A$, $A^3=A^2=A$

즉, $B=-A^2+2E=-A+2E$이므로

$(A-B)^3=\{A-(-A+2E)\}^3$

$=\{2(A-E)\}^3$

$=8(A^3-3A^2+3A-E)$

$=8(A-3A+3A-E)$

$=8A-8E$

따라서 $a=8$, $b=-8$이므로

$a-b=8-(-8)=16$ 답 16

31 $A=\begin{pmatrix} a & b \\ c & d \end{pmatrix}$라 하면

$A\begin{pmatrix} 1 \\ 1 \end{pmatrix}=\begin{pmatrix} 2 \\ 3 \end{pmatrix}$에서 $\begin{pmatrix} a & b \\ c & d \end{pmatrix}\begin{pmatrix} 1 \\ 1 \end{pmatrix}=\begin{pmatrix} a+b \\ c+d \end{pmatrix}=\begin{pmatrix} 2 \\ 3 \end{pmatrix}$

두 행렬이 서로 같을 조건에 의하여

$a+b=2$, $c+d=3$ ·······㉠

$A\begin{pmatrix} 2 \\ 3 \end{pmatrix}=\begin{pmatrix} 4 \\ 3 \end{pmatrix}$에서 $\begin{pmatrix} a & b \\ c & d \end{pmatrix}\begin{pmatrix} 2 \\ 3 \end{pmatrix}=\begin{pmatrix} 2a+3b \\ 2c+3d \end{pmatrix}=\begin{pmatrix} 4 \\ 3 \end{pmatrix}$

두 행렬이 서로 같을 조건에 의하여

$2a+3b=4$, $2c+3d=3$ ·······㉡

㉠, ㉡을 연립하여 풀면

$a=2$, $b=0$, $c=6$, $d=-3$

$\therefore (pA+qE)\begin{pmatrix} 2 \\ -1 \end{pmatrix}=\left\{p\begin{pmatrix} 2 & 0 \\ 6 & -3 \end{pmatrix}+q\begin{pmatrix} 1 & 0 \\ 0 & 1 \end{pmatrix}\right\}\begin{pmatrix} 2 \\ -1 \end{pmatrix}$

$=\begin{pmatrix} 2p+q & 0 \\ 6p & -3p+q \end{pmatrix}\begin{pmatrix} 2 \\ -1 \end{pmatrix}$

$=\begin{pmatrix} 4p+2q \\ 15p-q \end{pmatrix}$

즉, $\begin{pmatrix} 4p+2q \\ 15p-q \end{pmatrix}=\begin{pmatrix} m \\ n \end{pmatrix}$이므로 두 행렬이 서로 같을 조건에 의하여

$4p+2q=m$, $15p-q=n$

$\therefore m+n=19p+q=70$

따라서 조건을 만족시키는 자연수 p, q의 순서쌍 (p, q)는

$(1, 51)$, $(2, 32)$, $(3, 13)$의 3개이다. 답 3

• 다른 풀이 •

$x\begin{pmatrix} 1 \\ 1 \end{pmatrix}+y\begin{pmatrix} 2 \\ 3 \end{pmatrix}=\begin{pmatrix} 2 \\ -1 \end{pmatrix}$($x, y$는 실수)이라 하면

$\begin{pmatrix} x+2y \\ x+3y \end{pmatrix}=\begin{pmatrix} 2 \\ -1 \end{pmatrix}$

두 행렬이 서로 같을 조건에 의하여

$x+2y=2$, $x+3y=-1$

$\therefore x=8$, $y=-3$

즉, $\begin{pmatrix} 2 \\ -1 \end{pmatrix}=8\begin{pmatrix} 1 \\ 1 \end{pmatrix}-3\begin{pmatrix} 2 \\ 3 \end{pmatrix}$이고 $A\begin{pmatrix} 1 \\ 1 \end{pmatrix}=\begin{pmatrix} 2 \\ 3 \end{pmatrix}$,

$A\begin{pmatrix} 2 \\ 3 \end{pmatrix}=\begin{pmatrix} 4 \\ 3 \end{pmatrix}$이므로

$A\begin{pmatrix} 2 \\ -1 \end{pmatrix}=A\left\{8\begin{pmatrix} 1 \\ 1 \end{pmatrix}-3\begin{pmatrix} 2 \\ 3 \end{pmatrix}\right\}=8A\begin{pmatrix} 1 \\ 1 \end{pmatrix}-3A\begin{pmatrix} 2 \\ 3 \end{pmatrix}$

$=8\begin{pmatrix} 2 \\ 3 \end{pmatrix}-3\begin{pmatrix} 4 \\ 3 \end{pmatrix}=\begin{pmatrix} 4 \\ 15 \end{pmatrix}$

$$\therefore (pA+qE)\binom{2}{-1}=pA\binom{2}{-1}+q\binom{2}{-1}$$
$$=p\binom{4}{15}+q\binom{2}{-1}$$
$$=\binom{4p+2q}{15p-q}$$

즉, $m=4p+2q$, $n=15p-q$이므로

$m+n=19p+q=70$

따라서 조건을 만족시키는 자연수 p, q의 순서쌍 $(p,\,q)$는 $(1,\,51)$, $(2,\,32)$, $(3,\,13)$의 3개이다.

32 $A\binom{1}{-2}=\binom{-2}{1}$ ······㉠

$A^2-2A+2E=O$에서 $A^2=2A-2E$이므로

$$A^2\binom{1}{-2}=2A\binom{1}{-2}-2\binom{1}{-2}$$
$$A\binom{-2}{1}=2\binom{-2}{1}-2\binom{1}{-2}\ (\because ㉠)$$
$$\therefore A\binom{-2}{1}=\binom{-6}{6}\quad ······㉡$$

이때 $A=\begin{pmatrix} a & b \\ c & d \end{pmatrix}$라 하면

㉠에서 $\begin{pmatrix} a & b \\ c & d \end{pmatrix}\binom{1}{-2}=\binom{-2}{1}$

$$\binom{a-2b}{c-2d}=\binom{-2}{1}$$

두 행렬이 서로 같을 조건에 의하여

$a-2b=-2$, $c-2d=1$ ······㉢

㉡에서 $\begin{pmatrix} a & b \\ c & d \end{pmatrix}\binom{-2}{1}=\binom{-6}{6}$

$$\binom{-2a+b}{-2c+d}=\binom{-6}{6}$$

두 행렬이 서로 같을 조건에 의하여

$-2a+b=-6$, $-2c+d=6$ ······㉣

㉢, ㉣을 연립하여 풀면

$a=\dfrac{14}{3}$, $b=\dfrac{10}{3}$, $c=-\dfrac{13}{3}$, $d=-\dfrac{8}{3}$

$$\therefore A\binom{5}{5}=\dfrac{1}{3}\begin{pmatrix} 14 & 10 \\ -13 & -8 \end{pmatrix}\binom{5}{5}=\binom{40}{-35}$$

따라서 행렬 $A\binom{5}{5}$의 모든 성분의 합은

$40+(-35)=5$ 　　　　　답 5

● 다른 풀이 ●

$A^2-2A+2E=O$에서 $A^2=2A-2E$이고

$A\binom{1}{-2}=\binom{-2}{1}$ ······㉤

이므로

$$A^2\binom{1}{-2}=(2A-2E)\binom{1}{-2}=2A\binom{1}{-2}-2\binom{1}{-2}$$
$$=2\binom{-2}{1}-2\binom{1}{-2}=\binom{-6}{6}$$
$$\therefore A\binom{-2}{1}=\binom{-6}{6}\quad ······㉥$$

$p\binom{1}{-2}+q\binom{-2}{1}=\binom{5}{5}$ (p, q는 실수)라 하면

$$\binom{p-2q}{-2p+q}=\binom{5}{5}$$

두 행렬이 서로 같을 조건에 의하여

$p-2q=5$, $-2p+q=5$

$\therefore p=-5$, $q=-5$

즉, $\binom{5}{5}=-5\binom{1}{-2}-5\binom{-2}{1}$이므로

$$A\binom{5}{5}=A\left\{-5\binom{1}{-2}-5\binom{-2}{1}\right\}$$
$$=-5A\binom{1}{-2}-5A\binom{-2}{1}$$
$$=-5\binom{-2}{1}-5\binom{-6}{6}\ (\because ㉤,㉥)$$
$$=\binom{40}{-35}$$

따라서 행렬 $A\binom{5}{5}$의 모든 성분의 합은

$40+(-35)=5$

33 (i) $A=kE$ $(k\neq 0)$일 때,

$$A^2=k^2E=\begin{pmatrix} k^2 & 0 \\ 0 & k^2 \end{pmatrix}$$

이므로 조건 ㈏를 만족시키지 않는다.

(ii) $A\neq kE$ $(k\neq 0)$일 때,

케일리-해밀턴 정리에 의하여

$A^2-2aA+(a^2-bc)E=O$

조건 ㈎에서

$2a=16$ 　$\therefore a=8$

$a^2-bc=64-bc=48$ 　$\therefore bc=16$

이때 $A^2=\begin{pmatrix} a & b \\ c & a \end{pmatrix}\begin{pmatrix} a & b \\ c & a \end{pmatrix}=\begin{pmatrix} a^2+bc & 2ab \\ 2ac & a^2+bc \end{pmatrix}$

$$=\begin{pmatrix} 80 & 16b \\ 16c & 80 \end{pmatrix}$$

이므로 행렬 A^2의 모든 성분이 양수이려면 b, c가 모두 자연수이어야 한다.

따라서 $bc=16$을 만족시키는 자연수 b, c의 순서쌍은 $(1,\,16)$, $(2,\,8)$, $(4,\,4)$, $(8,\,2)$, $(16,\,1)$의 5개이다.

(i), (ii)에서 조건을 만족시키는 행렬 A의 개수는 5이다.

　　　　　답 5

34 행렬 $A=\begin{pmatrix} 3 & 2 \\ -2 & -1 \end{pmatrix}$에서 케일리-해밀턴 정리에 의하여

$A^2-2A+E=O$

$A^2=2A-E$

$A^3=A(2A-E)=2A^2-A$

$\quad=2(2A-E)-A=3A-2E$

$A^4=A(3A-2E)=3A^2-2A$

$\quad=3(2A-E)-2A=4A-3E$

$\quad\vdots$

$A^n=nA-(n-1)E$ (단, n은 자연수)

$\therefore A^{1000}-A^{999}$

$\quad=(1000A-999E)-(999A-998E)$

$\quad=A-E$

따라서 $a=1$, $b=-1$이므로

$2a-b=2\times1-(-1)=3$

답 3

BLACKLABEL 특강 | **필수 원리**

A^n(n은 자연수)을 추정하는 방법

(1) A^2, A^3, A^4, $\cdots$을 차례로 구하여 A^n을 추정한다.

(2) 케일리-해밀턴 정리를 이용하여 A^2을 $pA+qE$ (p, q는 상수) 꼴로 나타낸 후 A^3, A^4, $\cdots$도 차례로 $pA+qE$ 꼴로 나타내어 A^n을 추정한다.

---

35 $A\neq kE$이므로 행렬 A에서 케일리-해밀턴 정리에 의하여

$A^2-(1+x)A+xE=O$

이때 $A^2-3A+2E=O$이므로 $x=2$

$\therefore A=\begin{pmatrix} 1 & 1 \\ 0 & 2 \end{pmatrix}$

$A^2=AA=\begin{pmatrix} 1 & 1 \\ 0 & 2 \end{pmatrix}\begin{pmatrix} 1 & 1 \\ 0 & 2 \end{pmatrix}=\begin{pmatrix} 1 & 3 \\ 0 & 4 \end{pmatrix}$

$A^3=A^2A=\begin{pmatrix} 1 & 3 \\ 0 & 4 \end{pmatrix}\begin{pmatrix} 1 & 1 \\ 0 & 2 \end{pmatrix}=\begin{pmatrix} 1 & 7 \\ 0 & 8 \end{pmatrix}$

$\quad\vdots$

$A^n=\begin{pmatrix} 1 & 2^n-1 \\ 0 & 2^n \end{pmatrix}$

따라서 행렬 A^n의 모든 성분의 합은

$1+(2^n-1)+0+2^n=2^{n+1}$

이때 $2^6=64$, $2^7=128$이므로 $2^{n+1}>100$이 되도록 하는 자연수 n의 최솟값은 6이다.

답 ④

---

36 $A^3B-5A^2B+5AB^2-AB^3=O$에서

$(A^3-5A^2)B-A(B^3-5B^2)=O \quad \cdots\cdots \text{㉠}$

이때 $A=\begin{pmatrix} 1 & x^2 \\ 1 & 4 \end{pmatrix}$에서 케일리-해밀턴 정리에 의하여

$A^2-5A+(4-x^2)E=O$

$A^3-5A^2+(4-x^2)A=O$

$\therefore A^3-5A^2=(x^2-4)A \quad \cdots\cdots \text{㉡}$

$B=\begin{pmatrix} 3 & 2 \\ y^2 & 2 \end{pmatrix}$에서 케일리-해밀턴 정리에 의하여

$B^2-5B+(6-2y^2)E=O$

$B^3-5B^2+(6-2y^2)B=O$

$\therefore B^3-5B^2=(2y^2-6)B \quad \cdots\cdots \text{㉢}$

㉡, ㉢을 ㉠에 대입하면

$(x^2-4)AB-(2y^2-6)AB=O$

$(x^2-2y^2+2)AB=O$

한편, $AB=\begin{pmatrix} 1 & x^2 \\ 1 & 4 \end{pmatrix}\begin{pmatrix} 3 & 2 \\ y^2 & 2 \end{pmatrix}=\begin{pmatrix} 3+x^2y^2 & 2+2x^2 \\ 3+4y^2 & 10 \end{pmatrix}$에서

$AB\neq O$이므로 $x^2-2y^2+2=0$

$x^2=2y^2-2$에서 $2y^2-2\geq0$이므로

$y\leq-1$ 또는 $y\geq1$

$\therefore x^2+y^2-2y=3y^2-2y-2=3\left(y-\dfrac{1}{3}\right)^2-\dfrac{7}{3}$

따라서 x^2+y^2-2y는 $y=1$일 때 최솟값 -1을 갖는다.

답 -1

STEP 3 **1등급을 넘어서는 종합 사고력 문제** pp.110~111

01 10	02 11	03 3	04 18000원	05 288
06 12	07 2	08 146	09 86	10 ④
11 1003				

---

01 해결단계

❶단계	a_{ii}의 특징을 파악한다.
❷단계	a_{11}, a_{22}, a_{33}, $\cdots$의 값을 구한다.
❸단계	조건을 만족시키는 자연수 n의 최솟값을 구한다.

$a_{ij}=\left[\dfrac{i^2-4j-12}{2}\right]$에서

$a_{ii}=\left[\dfrac{i^2-4i-12}{2}\right]=\left[\dfrac{(i+2)(i-6)}{2}\right]$

$a_{11}=\left[\dfrac{3\times(-5)}{2}\right]=\left[-\dfrac{15}{2}\right]=-8$

$a_{22}=\left[\dfrac{4\times(-4)}{2}\right]=[-8]=-8$

$a_{33}=\left[\dfrac{5\times(-3)}{2}\right]=\left[-\dfrac{15}{2}\right]=-8$

$a_{44}=\left[\dfrac{6\times(-2)}{2}\right]=[-6]=-6$

$a_{55}=\left[\dfrac{7\times(-1)}{2}\right]=\left[-\dfrac{7}{2}\right]=-4$

$a_{66}=\left[\dfrac{8\times0}{2}\right]=[0]=0$

$a_{77}=\left[\dfrac{9\times1}{2}\right]=\left[\dfrac{9}{2}\right]=4$

$a_{88}=\left[\dfrac{10\times2}{2}\right]=[10]=10$

$a_{99}=\left[\dfrac{11\times3}{2}\right]=\left[\dfrac{33}{2}\right]=16$

$a_{1010}=\left[\dfrac{12\times4}{2}\right]=[24]=24$

$\quad\vdots$

6 이상의 자연수 n에 대하여 $a_{nn}\geq0$이고,

$a_{11}+a_{22}+a_{33}+\cdots+a_{88}+a_{99}=-4<0$

$a_{11}+a_{22}+a_{33}+\cdots+a_{99}+a_{1010}=20>0$

이므로 $n\geq10$일 때, $a_{11}+a_{22}+a_{33}+\cdots+a_{nn}>0$

따라서 조건을 만족시키는 자연수 n의 최솟값은 10이다.

답 10

02 해결단계

❶단계	주어진 조건을 이용하여 두 행렬 A, B를 구한다.
❷단계	A^n의 규칙성을 파악한다.
❸단계	행렬 C의 모든 성분의 합을 구하여 n의 값을 구한다.

$a_{ij}-a_{ji}=0$, $b_{ij}+b_{ji}=0$이므로

$a_{ij}=a_{ji}$에서 $a_{12}=a_{21}$

$b_{ij}=-b_{ji}$에서 $b_{11}=b_{22}=0$, $b_{21}=-b_{12}$

$\therefore A=\begin{pmatrix} a_{11} & a_{12} \\ a_{12} & a_{22} \end{pmatrix}$, $B=\begin{pmatrix} 0 & b_{12} \\ -b_{12} & 0 \end{pmatrix}$

$A-2B=\begin{pmatrix} 1 & 1 \\ 1 & 1 \end{pmatrix}$이므로

$\begin{pmatrix} a_{11} & a_{12}-2b_{12} \\ a_{12}+2b_{12} & a_{22} \end{pmatrix}=\begin{pmatrix} 1 & 1 \\ 1 & 1 \end{pmatrix}$

두 행렬이 서로 같을 조건에 의하여

$a_{11}=1$

$a_{12}-2b_{12}=1$ ……㉠

$a_{12}+2b_{12}=1$ ……㉡

$a_{22}=1$

㉠과 ㉡을 연립하여 풀면 $a_{12}=1$, $b_{12}=0$

$\therefore A=\begin{pmatrix} 1 & 1 \\ 1 & 1 \end{pmatrix}$, $B=\begin{pmatrix} 0 & 0 \\ 0 & 0 \end{pmatrix}$

$A^n-C=B$에서 $C=A^n$이므로

$A^2=\begin{pmatrix} 1 & 1 \\ 1 & 1 \end{pmatrix}\begin{pmatrix} 1 & 1 \\ 1 & 1 \end{pmatrix}=\begin{pmatrix} 2 & 2 \\ 2 & 2 \end{pmatrix}$

$A^3=\begin{pmatrix} 2 & 2 \\ 2 & 2 \end{pmatrix}\begin{pmatrix} 1 & 1 \\ 1 & 1 \end{pmatrix}=\begin{pmatrix} 4 & 4 \\ 4 & 4 \end{pmatrix}$

$A^4=\begin{pmatrix} 4 & 4 \\ 4 & 4 \end{pmatrix}\begin{pmatrix} 1 & 1 \\ 1 & 1 \end{pmatrix}=\begin{pmatrix} 8 & 8 \\ 8 & 8 \end{pmatrix}$

$\vdots$

$\therefore A^n=\begin{pmatrix} 2^{n-1} & 2^{n-1} \\ 2^{n-1} & 2^{n-1} \end{pmatrix}$

따라서 행렬 C의 모든 성분의 합은 $4\times2^{n-1}=2^{n+1}$이므로

$2^{n+1}=2^{12}$에서 $n=11$

답 11

03 해결단계

❶단계	$M=\begin{pmatrix} a & b \\ c & d \end{pmatrix}$라 하고 두 행렬이 서로 같을 조건을 이용하여 조건 ㈎를 만족시키는 연립방정식을 세운다.
❷단계	조건 ㈏를 a, b, c, d에 대한 식으로 나타내고, ❶단계에서 구한 식과 연립하여 a, b, c, d에 대한 관계식을 구한다.
❸단계	조건 ㈐를 만족시키는 a, b, c, d의 값을 구하여 행렬 M의 개수를 구한다.

$M=\begin{pmatrix} a & b \\ c & d \end{pmatrix}$라 하면 조건 ㈎에서

$AM=\begin{pmatrix} 0 & 0 \\ 1 & -1 \end{pmatrix}\begin{pmatrix} a & b \\ c & d \end{pmatrix}=\begin{pmatrix} 0 & 0 \\ a-c & b-d \end{pmatrix}$,

$MA=\begin{pmatrix} a & b \\ c & d \end{pmatrix}\begin{pmatrix} 0 & 0 \\ 1 & -1 \end{pmatrix}=\begin{pmatrix} b & -b \\ d & -d \end{pmatrix}$

두 행렬이 서로 같을 조건에 의하여

$b=0$, $a-c=d$, $b-d=-d$ ……㉠

조건 ㈏에서 $a+b+c+d=4$ ……㉡

㉠, ㉡에서 $a=2$, $b=0$, $c+d=2$

이때 조건 ㈐에서

$c=0$, $d=2$ 또는 $c=1$, $d=1$ 또는 $c=2$, $d=0$

따라서 조건을 만족시키는 행렬 M은

$\begin{pmatrix} 2 & 0 \\ 0 & 2 \end{pmatrix}$, $\begin{pmatrix} 2 & 0 \\ 1 & 1 \end{pmatrix}$, $\begin{pmatrix} 2 & 0 \\ 2 & 0 \end{pmatrix}$의 3개이다.

답 3

04 해결단계

❶단계	A 문구점, B 문구점의 제 1일의 매출액과 제 2일의 매출액을 각각 행렬로 나타낸다.
❷단계	두 문구점의 이틀 동안의 매출액이 서로 같도록 하는 x에 대한 방정식을 세운다.
❸단계	❷단계에서 얻은 방정식을 풀어 B 문구점의 제 2일의 매출액을 구한다.

A 문구점의 제 1일의 매출액과 제 2일의 매출액을 행렬로 나타내면

$\begin{pmatrix} 6 & 7 \\ 9 & 4 \end{pmatrix}\begin{pmatrix} 2500 \\ 1500 \end{pmatrix}=\begin{pmatrix} 25500 \\ 28500 \end{pmatrix}$

B 문구점의 제 1일의 매출액과 제 2일의 매출액을 행렬로 나타내면

$\begin{pmatrix} 7 & x(x-2) \\ x & 3 \end{pmatrix}\begin{pmatrix} 3000 \\ 1000 \end{pmatrix}=\begin{pmatrix} 21000+1000x(x-2) \\ 3000x+3000 \end{pmatrix}$

두 문구점의 이틀 동안의 매출액이 서로 같으려면

$21000+1000x(x-2)+3000x+3000=25500+28500$

$1000x(x-2)+3000x-30000=0$

$x^2+x-30=0$, $(x+6)(x-5)=0$

$\therefore x=-6$ 또는 $x=5$

$\therefore x=5$ ($\because x\geq2$)

따라서 B 문구점의 제 2일의 매출액은

$3000\times5+3000=18000$(원)

답 18000원

05 해결단계

❶단계	$A^2-B^2=(A+B)(A-B)$를 만족시키기 위한 두 행렬 A, B의 관계를 파악한다.
❷단계	❶단계의 조건을 만족시키는 점 (x, y)가 나타내는 도형의 둘레의 길이 l을 구한 후, l^2의 값을 구한다.

$A^2-B^2=(A+B)(A-B)$에서

$A^2-B^2=A^2-AB+BA-B^2$

$\therefore AB=BA$

$$\begin{pmatrix} 2 & 1 \\ 1 & |x| \end{pmatrix}\begin{pmatrix} |y-2| & 1 \\ 1 & 1 \end{pmatrix} = \begin{pmatrix} |y-2| & 1 \\ 1 & 1 \end{pmatrix}\begin{pmatrix} 2 & 1 \\ 1 & |x| \end{pmatrix}$$

이므로

$$\begin{pmatrix} 2|y-2|+1 & 3 \\ |x|+|y-2| & |x|+1 \end{pmatrix}$$

$$= \begin{pmatrix} 2|y-2|+1 & |x|+|y-2| \\ 3 & |x|+1 \end{pmatrix}$$

두 행렬이 서로 같을 조건에 의하여

$$|x|+|y-2|=3 \quad \cdots\cdots \text{㉠}$$

따라서 ㉠을 좌표평면 위에 나타내면 그림과 같으므로 구하는 도형의 둘레의 길이는 한 변의 길이가 $\sqrt{3^2+3^2}=3\sqrt{2}$인 마름모의 둘레의 길이이다.

즉, $l=4\times3\sqrt{2}=12\sqrt{2}$이므로

$$l^2=288$$

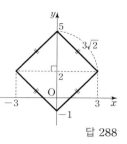

답 288

06 해결단계

①단계	$\begin{pmatrix} a_{n+1} \\ b_{n+1} \end{pmatrix}=A\begin{pmatrix} a_n \\ b_n \end{pmatrix}$에서 규칙을 찾아 $A^n=E$를 만족시키는 n의 값을 구한다.
②단계	$E+A+A^2+\cdots+A^{12}$을 규칙성을 갖는 것들끼리 적당히 묶어 간단히 한 후, $\dfrac{abc}{d}$의 값을 구한다.

$$A\begin{pmatrix} a_1 \\ b_1 \end{pmatrix}=\begin{pmatrix} a_2 \\ b_2 \end{pmatrix}$$

$$A\begin{pmatrix} a_2 \\ b_2 \end{pmatrix}=A^2\begin{pmatrix} a_1 \\ b_1 \end{pmatrix}=\begin{pmatrix} a_3 \\ b_3 \end{pmatrix}$$

$$A\begin{pmatrix} a_3 \\ b_3 \end{pmatrix}=A^2\begin{pmatrix} a_2 \\ b_2 \end{pmatrix}=A^3\begin{pmatrix} a_1 \\ b_1 \end{pmatrix}=\begin{pmatrix} a_4 \\ b_4 \end{pmatrix}$$

$$A\begin{pmatrix} a_4 \\ b_4 \end{pmatrix}=A^2\begin{pmatrix} a_3 \\ b_3 \end{pmatrix}=A^3\begin{pmatrix} a_2 \\ b_2 \end{pmatrix}=A^4\begin{pmatrix} a_1 \\ b_1 \end{pmatrix}=\begin{pmatrix} a_1 \\ b_1 \end{pmatrix}$$

$$\therefore A^4=E$$

$$\therefore E+A+A^2+\cdots+A^{12}$$
$$=(E+A+A^2+A^3)+A^4(E+A+A^2+A^3)$$
$$\quad+(A^4)^2(E+A+A^2+A^3)+(A^4)^3$$
$$=4E+3A+3A^2+3A^3$$

따라서 $a=4$, $b=3$, $c=3$, $d=3$이므로

$$\frac{abc}{d}=\frac{4\times3\times3}{3}=12$$

답 12

07 해결단계

①단계	$A+B=3E$를 이용하여 두 행렬 A, B의 관계를 파악한다.
②단계	B의 거듭제곱의 특징을 찾는다.
③단계	k에 대한 방정식을 세워 k의 값을 구한다.

$$A+B=3E \quad \cdots\cdots \text{㉠}$$

에서

$$A(A+B)=A^2+AB=3A$$
$$(A+B)A=A^2+BA=3A$$
$$\therefore AB=BA \quad \cdots\cdots \text{㉡}$$

$$(A+B)^2=A^2+AB+BA+B^2$$
$$\qquad\qquad =A^2+2AB+B^2 \ (\because \text{㉡})$$

이므로 $(A+B)^2=A^2+B^2$에서

$$A^2+2AB+B^2=A^2+B^2$$
$$\therefore AB=O$$

㉠에서 $A=3E-B$이고, 이것을 위의 식에 대입하면

$$(3E-B)B=O, \ 3B-B^2=O$$
$$\therefore B^2=3B \quad \cdots\cdots \text{㉢}$$

$$A+kB=\begin{pmatrix} 4 & 2 \\ 1 & 5 \end{pmatrix}$$에서

$$A+kB-(A+B)=A+kB-3E \ (\because \text{㉠})$$
$$=\begin{pmatrix} 4 & 2 \\ 1 & 5 \end{pmatrix}-\begin{pmatrix} 3 & 0 \\ 0 & 3 \end{pmatrix}$$
$$=\begin{pmatrix} 1 & 2 \\ 1 & 2 \end{pmatrix}$$

$$\therefore (k-1)B=\begin{pmatrix} 1 & 2 \\ 1 & 2 \end{pmatrix} \quad \cdots\cdots \text{㉣}$$

$$(k-1)^2B^2=\begin{pmatrix} 1 & 2 \\ 1 & 2 \end{pmatrix}\begin{pmatrix} 1 & 2 \\ 1 & 2 \end{pmatrix}=\begin{pmatrix} 3 & 6 \\ 3 & 6 \end{pmatrix}=3(k-1)B$$

즉, $(k-1)^2B^2=3(k-1)B$이고 ㉢에서

$$3(k-1)^2B=3(k-1)B$$
$$(k-1)^2=k-1$$
$$k^2-3k+2=0, \ (k-1)(k-2)=0$$
$$\therefore k=1 \ \text{또는} \ k=2$$

$k=1$이면 ㉣에서 $(k-1)B=O$이므로

$$(k-1)B\neq\begin{pmatrix} 1 & 2 \\ 1 & 2 \end{pmatrix}$$

$$\therefore k=2$$

답 2

08 해결단계

①단계	A^n의 규칙성을 찾는다.
②단계	조건 ㈎, ㈏를 이용하여 $m-n$이 6과 n의 최소공배수의 배수임을 파악한다.
③단계	$m-n$의 값이 최대, 최소일 때의 $m+n$의 값을 구하여 $p+q$의 값을 구한다.

$$A=\begin{pmatrix} 1 & 1 \\ -1 & 0 \end{pmatrix}$$에서

$$A^2=AA=\begin{pmatrix} 1 & 1 \\ -1 & 0 \end{pmatrix}\begin{pmatrix} 1 & 1 \\ -1 & 0 \end{pmatrix}=\begin{pmatrix} 0 & 1 \\ -1 & -1 \end{pmatrix}$$

$$A^3=A^2A=\begin{pmatrix} 0 & 1 \\ -1 & -1 \end{pmatrix}\begin{pmatrix} 1 & 1 \\ -1 & 0 \end{pmatrix}=\begin{pmatrix} -1 & 0 \\ 0 & -1 \end{pmatrix}=-E$$

$$\therefore A^6=E$$

조건 ㈎에서 $m-n=6l$ (l은 자연수)이라 할 수 있다.

조건 ㈏에서 $m=nk$ (k는 자연수)라 하면

$$m-n=nk-n=n(k-1)$$

즉, $m-n$은 6의 배수이면서 n의 배수이므로 6과 n의 최소공배수의 배수이다.

따라서 n의 값에 따른 m의 값은 다음과 같다.

$n=10$일 때, $m=40, 70, 100$ ←$m-n$은 30의 배수

$n=11$일 때, $m=77$ ←$m-n$은 66의 배수

$n=12$일 때, $m=24, 36, 48, \cdots, 96$ ←$m-n$은 12의 배수

$n=13$일 때, $m=91$ ←$m-n$은 78의 배수

$\vdots$

그러므로 $m-n$의 값은 $n=10$, $m=100$일 때 최대이고,

$n=12$, $m=24$일 때 최소이다.

$\therefore p=100+10=110$, $q=24+12=36$

$\therefore p+q=110+36=146$ 답 146

09 해결단계

❶단계	B^n의 규칙성을 찾는다.
❷단계	$A_{n+1}=B^n A_n$을 이용하여 행렬 A_7의 모든 성분의 합을 구한다.

$B=\begin{pmatrix} 1 & 0 \\ 4 & 1 \end{pmatrix}$에서

$B^2=BB=\begin{pmatrix} 1 & 0 \\ 4 & 1 \end{pmatrix}\begin{pmatrix} 1 & 0 \\ 4 & 1 \end{pmatrix}=\begin{pmatrix} 1 & 0 \\ 8 & 1 \end{pmatrix}$

$B^3=B^2B=\begin{pmatrix} 1 & 0 \\ 8 & 1 \end{pmatrix}\begin{pmatrix} 1 & 0 \\ 4 & 1 \end{pmatrix}=\begin{pmatrix} 1 & 0 \\ 12 & 1 \end{pmatrix}$

$\vdots$

$\therefore B^n=\begin{pmatrix} 1 & 0 \\ 4n & 1 \end{pmatrix}$

이때 $A_{n+1}=B^n A_n$에서

$n=1$일 때, $A_2=BA_1=BE=B$

$n=2$일 때, $A_3=B^2A_2=B^2B=B^3$

$n=3$일 때, $A_4=B^3A_3=B^3B^3=B^6$

$n=4$일 때, $A_5=B^4A_4=B^4B^6=B^{10}$

$n=5$일 때, $A_6=B^5A_5=B^5B^{10}=B^{15}$

$n=6$일 때, $A_7=B^6A_6=B^6B^{15}=B^{21}$

따라서 행렬 $A_7=B^{21}=\begin{pmatrix} 1 & 0 \\ 84 & 1 \end{pmatrix}$이므로 모든 성분의 합은

$1+0+84+1=86$ 답 86

10 해결단계

❶단계	ㄱ의 반례를 구하여 참, 거짓을 판별한다.
❷단계	A^2, B^2과 같은 행렬을 구하여 ㄴ의 참, 거짓을 판별한다.
❸단계	C를 A, B에 대한 식으로 나타내어 ㄷ의 참, 거짓을 판별한다.

ㄱ. (반례) $A=\begin{pmatrix} 0 & 1 \\ 1 & 0 \end{pmatrix}$이면

$A^2=\begin{pmatrix} 0 & 1 \\ 1 & 0 \end{pmatrix}\begin{pmatrix} 0 & 1 \\ 1 & 0 \end{pmatrix}=\begin{pmatrix} 1 & 0 \\ 0 & 1 \end{pmatrix}=E$

이지만 $A\neq E$이다. (거짓)

ㄴ. $AB=A$의 양변의 오른쪽에 행렬 A를 곱하면

$ABA=A^2$

이때 $BA=B$이므로 $A^2=AB=A$

$BA=B$의 양변의 오른쪽에 행렬 B를 곱하면

$BAB=B^2$

이때 $AB=A$이므로 $B^2=BA=B$

$\therefore A^2+B^2=A+B$ (참)

ㄷ. $A+B+C=O$이면 $C=-A-B$이므로

$AB=BC$에서

$AB=B(-A-B)$

$\therefore AB+BA=-B^2$ ⋯⋯㉠

$BC=CA$에서

$B(-A-B)=(-A-B)A$

$\therefore A^2=B^2$ ⋯⋯㉡

이때

$BA-CB=BA-(-A-B)B$

$\qquad =BA+AB+B^2=O$ ($\because$ ㉠)

이므로 $BA=CB$

$CB-AC=(-A-B)B-A(-A-B)$

$\qquad =-AB-B^2+A^2+AB=O$ ($\because$ ㉡)

이므로 $CB=AC$

$\therefore BA=CB=AC$ (참)

따라서 옳은 것은 ㄴ, ㄷ이다.   답 ④

11 해결단계

❶단계	행렬 A에 대하여 케일리-해밀턴 정리를 이용하여 A^2을 A, E에 대한 식으로 나타낸다.
❷단계	A의 거듭제곱의 규칙성을 찾는다.
❸단계	행렬 $A^{1000}+A-2E$의 모든 성분의 합을 구하여 $a+b$의 값을 구한다.

행렬 $A=\begin{pmatrix} 3 & 2 \\ -1 & 0 \end{pmatrix}$에서 케일리-해밀턴 정리에 의하여

$A^2-3A+2E=O$

$\therefore A^2=3A-2E$

$A^3=A^2A=(3A-2E)A=3A^2-2A$

$\quad =3(3A-2E)-2A=7A-6E$

$A^4=A^3A=(7A-6E)A=7A^2-6A$

$\quad =7(3A-2E)-6A=15A-14E$

$\vdots$

$A^n=(2^n-1)A-(2^n-2)E$ (단, n은 자연수)

$\therefore A^{1000}+A-2E$

$=(2^{1000}-1)A-(2^{1000}-2)E+A-2E$

$=2^{1000}A-2^{1000}E$

$=2^{1000}(A-E)$

$=2^{1000}\left\{\begin{pmatrix} 3 & 2 \\ -1 & 0 \end{pmatrix}-\begin{pmatrix} 1 & 0 \\ 0 & 1 \end{pmatrix}\right\}$

$=2^{1000}\begin{pmatrix} 2 & 2 \\ -1 & -1 \end{pmatrix}$

따라서 구하는 모든 성분의 합은

$2^{1000}\times(2+2-1-1)=2^{1001}$

이때 a는 소수, b는 자연수이므로

$a=2$, $b=1001$

$\therefore a+b=2+1001=1003$ 답 1003

impossible

+

 땀 한 방울

=

i'm possible

불가능을 가능으로 바꾸는 것은
한 방울의 땀입니다.

1등급을 위한 명품 수학

블랙라벨 공통수학 1

Tomorrow
better than today

WWW.**JINHAK**.COM

원서접수 **+** 입시정보 **+** 모의지원·합격예측 **+** 블랙라벨

수능 & 내신을 위한
명품 영단어장

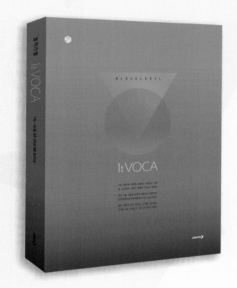

상위권 어휘로 실력을 **레벨업**하고 싶다면?

BLACKLABEL

1등급
VOCA

고1 (상위권)
~ 고3

고등 내신의 **어휘변형**을 준비하고 싶다면?

BLACKLABEL

커넥티드
VOCA

예비 고1
~ 고2

전교 1등의 책상 위에는
블랙라벨

국어	독서(비문학) | 문법	
영어	커넥티드 VOCA | 1등급 VOCA | 내신 어법 | 독해	
15개정 고등 수학	수학(상) | 수학(하) | 수학Ⅰ | 수학Ⅱ | 확률과 통계 | 미적분 | 기하	
15개정 중학 수학	1-1 | 1-2 | 2-1 | 2-2 | 3-1 | 3-2	
15개정 수학 공식집	중학 | 고등	
22개정 고등 수학	공통수학1 | 공통수학2	
22개정 중학 수학	1-1 | 1-2	

단계별 학습을 위한 플러스 기본서
더 개념 블랙라벨

국어	문학 | 독서 | 문법	
15개정 수학	수학(상) | 수학(하) | 수학Ⅰ | 수학Ⅱ | 확률과 통계 | 미적분	
22개정 수학	공통수학1 | 공통수학2	

내신 서술형 명품 영어
WHITE *label*

영어	서술형 문장완성북 | 서술형 핵심패턴북

마인드맵 + 우선순위
링크랭크

영어	고등 VOCA | 수능 VOCA

완벽한 학습을 위한 수학 공식집

블랙라벨 BLACKLABEL

수학 공식집 15개정

| 블랙라벨의 모든 개념을 한 권에 | 블랙라벨 외 내용 추가 수록 | 목차에 개념 색인 수록 | 한 손에 들어오는 크기 |

중학 수학   고등 수학